普通高等教育“十一五”国家级规划教材

化工热力学

(通用型)

第二版

马沛生　李永红　主编

陈明鸣　夏淑倩　编写
常贺英　杨长生

化学工业出版社

·北京·

图书在版编目（CIP）数据

化工热力学：通用型/马沛生，李永红主编．—2 版．
北京：化学工业出版社，2009.8（2023.8重印）
普通高等教育“十一五”国家级规划教材
ISBN 978-7-122-05939-0

Ⅰ．化… Ⅱ．①马…②李… Ⅲ．化工热力学-高等学校-教材 Ⅳ．TQ013.1

中国版本图书馆 CIP 数据核字（2009）第 100677 号

责任编辑：徐雅妮　何曙霓　　文字编辑：昝景岩
责任校对：李　林　　装帧设计：关　飞

出版发行：化学工业出版社（北京市东城区青年湖南街 13 号　邮政编码 100011）
印　　装：大厂聚鑫印刷有限责任公司
787mm×1092mm　1/16　印张 21　字数 559 千字　　2023 年 8 月北京第 2 版第 17 次印刷

购书咨询：010-64518888　　售后服务：010-64518899
网　　址：http://www.cip.com.cn
凡购买本书，如有缺损质量问题，本社销售中心负责调换。

定　　价：**49.00 元**

第二版前言

本书于2005年出版后，在多所高校中得到使用，在此深表谢意！同时我们感到应对本书及时修订改进。

在第二版中我们坚持通用型的特色，力图使本书适用范围更广，并且更关注化工热力学的实用性，特别是在化工计算或设计中的应用。书中调整了部分内容，例如增加了热泵精馏，氨的 t-s 图单位改用国际标准单位。最大的变化是增加了“化工热力学的应用与展望”这一章，在此章中先总结了化工热力学在化工计算及设计中的应用和重要性，然后对化工热力学的发展进行了展望。增加这一章的目的是激发学生学习本课程的兴趣，使学生更好地理解化工热力学的精髓，也有助于学习与化工热力学有关的课程，包括毕业设计及今后的专业工作。

书中所附的“参考文献”是编写本书时所参考引用过的，也包括近几年国内外部分化工热力学及相关分支的重要教材或著作。

本书由马沛生、李永红主编，马沛生编写第1、7、8、10、11、12章及附录，李永红编写第3、9章，杨长生编写第4章，夏淑倩编写第2章，常贺英编写第5章，陈明鸣编写第6章。

书中难免有不当之处，欢迎读者批评指正。

编者

2009年4月

第一版前言

化工热力学是化学工程学科的一个重要分支，是化学工艺或化学工程学科的学生所必须掌握的，因此是化工类专业所必修的基础技术课程。

编者们在多年的教学实践中，深感作为大学课程，化工热力学教材不必追求过深，在不失热力学体系严谨性的同时，务必使学生能体会化工热力学的实用性，目标是使学生有能力、有兴趣在课堂内学习，并减少学生对本课程的“恐惧感”。考虑到近年精细化学品生产的发展及环境热力学的兴起，我们力图使本教材成为一本使用面广、更易为学生接受的“十五”教材。

我们认为本书的特点如下。

(1) 化工热力学是一门非常实用的课程，虽然有许多抽象的概念和复杂的公式，但其目的绝不限于概念的推演和现象的解释，更要定量地给出求取能量或组成的方法，因此在化工计算及设计中有直接的应用。本书注意讲清应用，力图使学生能更好理解及掌握抽象的概念及复杂的公式。

(2) 化学品对环境的影响越来越显著，成为社会发展的大问题，也成为化学工业能否发展的关键，同时也是化工进入环保企业的契机。环境热力学已成为新的交叉学科，为使化工类学生能掌握环境热力学知识，也使环境类学生能进入化工热力学领域，本教材加入一章进行讨论。

(3) 化工热力学已成功地在石油化工中建立了计算方法体系，但对摩尔质量大的精细化学品尚很难推广使用。本书增加了“化工热力学在精细化工中的应用”一章，力图阐明化工热力学在精细化工应用中的特点及难点，希望使化工热力学在化工各方面（包括制药）都能应用，甚至扩大到环保工程专业。

(4) 本书在处理模型与计算方法时，更偏重于计算方法，对所用的模型指出其来源，但不作微观推导。总之，本书属经典热力学范围，建议把分子热力学的要求安排在硕士层面上。

(5) 本书的重点在于能量计算及组成计算，中心内容是 p-V-T 关系、逸度和活度、相平衡，书中也包括了少量工程热力学内容，例如在化工中常用的制冷原理及计算。

(6) 在化工热力学计算中，一要模型，即提供计算方法及计算式；二要数据。如果缺乏数据，再好的计算方程也无法投入使用，因此化工数据已成为化工热力学的一个重要分支。本书加入“物性数据的估算”这一章，介绍化工数据中的一些入门知识。

(7) 考虑到反应热的计算比化学平衡计算更重要，本书补入一些热化学内容，压缩了部分化学平衡内容。

(8) 国内目前化工热力学课时有所差异，还要考虑自学之用，所以本书编排有弹性。本书分为两部分，前一部分（主修部分）共 9 章，后一部分（辅修部分）共 3 章，教师可按不同情况做出变动，若为少学时，大体上只能学习主修部分。另有附录，提供了约 200 个石油化工中常用物质的一批数据，相当于一个小型数据库，除供本书的例题及习题使用外，还可供读者在石油化工的热力学计算中使用。

(9) 本书除作为教材外，也可供化工设计院、研究院、化工厂、环境化工工作者作为热力学方面的参考书。

本书由马沛生主编，并编写第 1 章、第 8 章、第 9 章、第 10 章、第 11 章、第 12 章及附录。夏淑倩编写第 2 章、第 3 章及第 5 章的第 5～7 节。常贺英编写第 4 章及第 7 章。陈明鸣编写第 5 章的第 1～4 节及第 6 章。

如需教学辅助材料，请登录天津大学化工热力学教学网站 http：//202.113.13.67/course/reli。

作者力图使本书具有特色，有更大的适用面，有更强的实用性，易于理解，并为后继课程（分离工程、反应工程等）打好基础。但本书内容变化较大，加之作者水平有限，对化工热力学的理解未必很深入，不当之处敬请批评指正。

编　者

2005 年 3 月

目　录

主修部分

辅修部分

附 录

主修部分

第1章 绪 论

1.1 热力学发展简史

热力学的研究是从人类对热的认识开始的。1593年，伽利略制出了第一支温度计，使热学研究开始定量。温度计的制作与改进、测温物质的选择，带动了与物质热性质有关的研究，如相变温度（熔点、沸点等）、相变热、热膨胀等。当时人们还不了解温度计测出的是什么物理量，还以为测得的是热量。直到1784年，有了比热容的概念，才从概念上把“温度”与“热”区分开。18世纪中期以前，许多科学家认为热是一种无质量的物质，即所谓热质说。直至18世纪末至19世纪中叶，多人分别用实验证明热不是一种物质，而是一种运动形态，即热是由物体内部运动激发起来的一种能量（热动说）。

蒸汽机的发明及使用范围扩大，从工业应用上提出了热与功转换问题，1824年Carnot（卡诺）提出了理想热机的设想，通过一个循环过程，研究其热与功之间的关系，为热功转换的热效率给出一个上限。这种研究方法，在工程上为热机设计指出了方向，而且有理论高度，可以说是热力学这门学科的萌芽。由此也可知热力学研究从一开始是被工程应用所推动的，研究成果又可以为工程发展服务。

热力学（thermodynamics）这个中英文字本身就是把热与力结合起来的，这也说明时代需要研究机械运动、热、电等各种现象的普遍联系及其定量规律。首先论证的是热力学第一定律。1738年Bernolli（伯努利）的机械能守恒定律提出了第一个能量守恒的实例。1824年出现了第一个热功当量，并阐述了能量相互转化及守恒的思想。Joule（焦耳）反复测定了热功当量，同时也有多位科学家独立地提出了热力学第一定律，该定律也彻底否定了热质说。

1850年Clausis（克劳修斯）进一步发展了Carnot的设想，证明了热机效率，并指出热不能自动（无代价地）从低温转向高温，1854年他正式命名了热力学第二定律。

第一定律和第二定律的建立，为热力学奠定了理论基础，1913年Nernst（能斯特）补充了关于热力学零度的定律，称为热力学第三定律。1931年Fowler补充了关于温度定义的定律，称为热力学第零定律，热力学的发展更趋于完善。

在热力学发展初期，所讨论的只是热、机械能和功之间的互换规律，对热机效率的提高有很好的指导作用，也促进了工业革命的发展。

热力学规律具有普遍性，它虽然起源于热功及物理学科，但又扩充到化学、化学工程、动力工程、生物学（工程）、环境科学（工程）等领域，在结合过程中又有发展，或形成新的学科分支。一般热力学与动力工程结合产生了工程热力学分支，它不但讨论能量转换规律，并结合锅炉、蒸汽机、压缩机、汽轮机、冷冻机、喷管等设备，讨论工艺条件与功能转换之间的定量关系。热力学与化学相结合，产生了化学热力学，它在热力学内容中补入化学反应的内容，给出反应热和反应平衡的定量计算方法，又考虑了化合物众多的特点，并增加了溶液热力学性质的内容。热力学与化工相结合，形成了化工热力学，它包括化学热力学的内容，更强化了组成变化规律的讨论，要更严格计算产物与反应物在各种条件下的化学平衡组成，更要解决各种相平衡问题，并能计算各种条件下各相组成。

1.2　化工热力学的主要内容

1940 年前后国外有几本重要的化工热力学专著出版，之后化工热力学的教材及专著逐渐增多，其主要内容也在不断丰富。

下面简要介绍化工热力学教材中的主要内容。

化工热力学也包括热力学第一定律和第二定律，但与物理化学或化学热力学不同，化工热力学不只限于讨论系统与环境只有能量交换而没有物质交换的体系，即要涉及敞开体系，并讨论与环境有物质交换的情况。在物理化学中，通过热力学第二定律导出了一批热力学函数，也初步讨论了其在相平衡中的应用。在化工热力学中进一步通过逸度、活度及 Gibbs（吉布斯）自由能分析了相平衡条件与各相组成的关系，在解决化学工业中组分分离理论基础的同时，也扩大了热力学使用范围。此外，化工热力学也包括了在化工中广泛使用的工程热力学的内容，其中主要有压缩、冷冻和过程热力学分析。

总之，化工热力学是在基本热力学关系的基础上，重点讨论能量关系和组成关系。能量关系要比物理化学中简单的能量守恒有很大扩展，例如包括流动体系能量守恒，温度、压力改变时焓变的计算，压缩、冷冻过程的能耗。在组成计算中包括化学平衡及相平衡组成计算及预测，后者更复杂，需适用于各类相平衡，并在各种不对称体系（极性及分子大小的差异）情况下，可以有适用的关联式。

化工热力学还有一些分支，其中之一是化工数据，它包括化工数据的测定、收集、评价、关联及估算，以适应化学品种极其繁多所导致的数据缺乏而难于进行计算的困难。另一分支是环境热力学，它包括化学品在大气、水体、固体物（废渣或土壤）中的分布，除个别情况有化学作用外，主要问题是相平衡。

1.3　化工热力学的研究方法及其发展

化工热力学的研究方法分为经典热力学方法和分子热力学方法。经典热力学不研究物质结构，不考虑过程机理，只从状态的起点和终点，用宏观角度研究大量分子组成的系统达到平衡时所表现出的宏观性质。经典热力学只能以实验数据为基础，进行宏观性质的关联，又基于基本热力学关系，从某些宏观性质推算另一些性质，例如由 p-V-T 的实验数据或关联式，计算内能、焓、熵的变化和相平衡组成，这样的计算可大大减少实验工作量。

分子热力学从微观角度应用统计的方法,研究大量粒子群的特性，将宏观性质看作是相应微观量的统计平均值。因此，可以应用统计力学的方法通过理论模型预测宏观性质。这种方法在化工热力学的发展过程中，起着越来越重要的作用。但是，由于分子结构十分复杂，分子内作用力和分子间作用力都要考虑，目前统计力学只能处理比较简单的情况，所得的结论基本上是近似的。

经典热力学和分子热力学没有绝对的分界线。目前经典化工热力学也越来越多使用分子热力学的成果，特别是从微观的结果导出的模型及相应的计算式。由于理论计算的困难，在使用分子热力学解决实际问题时，不得不使用实验数据确定参数或一些经验方法作为补充。

除了从理论上改进的分子热力学方向外，化工热力学还有许多新发展，一是发展新的计算方法，解决摩尔质量较大化合物的热力学计算，也就是从主要解决“石油化工”产品的热力学转变到能广泛计算精细化学品的热力学，从而大大扩充热力学在化工中的使用范围，此项工作刚开始；二是把热力学扩充到化学工业之外，最典型的是发展环境热力学，以解决环境中的化学品污染问题，也为发展化学工业时打破环境限制做出贡献。化工热力学规律还可应用于能源化工、生物化工，因此其应用领域还可进一步扩大。

本书限于经典热力学范围，但要为有志者进一步研究分子热力学打好基础。本书列出了一些环境热力学与热力学应用于精细化工时的一些注意点，希望本书能为更多学习者打开更大的门。

解决热力学问题首先要有模型方法、方程，另外化工数据也是必不可少的，若缺乏化工数据，好的方程也只限于定性的指导。考虑到化工中化合物极多及更多的化合物被使用，化工数据的重要性就更突出了。本书也包括一些化工数据中的入门知识。

1.4 化工热力学在化工中的重要性

化工热力学是一门定性的科学，更是一门定量的科学。在定性方面，可以指导改进工艺参数，指引温度、压力宜高还是宜低，物料配比宜多还是宜少，反应或分离是否可能。在化工计算或设计中，主要可分为物料衡算、热量衡算和设备计算，在这些计算中，化工热力学方法都是为定量计算所不可或缺的。物料衡算就是要确定物料量及组成，而化学平衡和相平衡都是为确定组成的化工热力学方法，尤其是许多分离操作，必须由相平衡计算确定量和组成，例如某气相混合物经冷却后产生冷凝液，分离成汽液两相，这两相组成及量就要依靠汽液平衡求出。在热量衡算中，为确定换热器及反应器的热负荷，需要不同温度、压力下的焓变，同温、同压下真实流体与理想气体的焓变，有化学反应时还要计算反应热。在冷冻操作中，也是由热力学计算决定热功转换关系的。在设备计算中，反应器、精馏塔或吸收塔、管道的设计（计算）都离不开流体的 p-V-T 关系，热负荷是计算换热器尺寸的决定性因素之一，而传热系数计算时也需要许多与热力学有关的物性数据，而各种分离设备计算也离不开相平衡计算。总之，化工热力学是化学工程和化学工艺的基石之一，离开化工热力学就没有定量的化学工程和现代的化学工艺。化学工业要发展，要克服化学品对环境的制约，在解决此难题时，化工热力学也将起重大作用。

化工热力学在化工计算中具有不可替代的地位，但化工热力学与其他热力学一样，也是有局限性的。问题是热力学不涉及速度，因此一定要有其他学科配合以解决许多化工问题。化工热力学不涉及微观，因此在理论上有局限，虽然有望通过分子热力学解决此项困难，但在相当长时间内还不能有根本的改变。

上面综合了化工热力学的几个主要方面，有关化工热力学的重要性、应用发展将在本书最后一章中作较详尽的介绍，更希望学生在随后的课程中进一步体会。

第2章　流体的 p-V-T 关系

众所周知，物质的状态及性质是与其温度、压力相关的，如在恒定压力下，随着温度的升高，固体会变为液体，甚至气体；随着温度、压力的变化，其热力学性质及传递性质等也将发生很大的变化。在化工过程中涉及的多数是流体——气体和液体，因此研究流体的压力 p、体积 V 和温度 T 关系在化工过程的分析、研究与设计中具有非常重要的意义，其在流体热力学性质计算中具有非常重要的作用。首先，可以通过流体的 p-V-T 关系实现流体的压力 p、体积 V 和温度 T 三者之间互算。如已知某个反应的温度和体积，可以计算一个反应釜需要承受的压力；已知某个反应的温度和压力，也可以计算该反应釜的体积；在流体流动过程中，可以计算一定质量流速的流体需要的管道直径。此外，流体的 p-V-T 是可以通过实验直接测量的，而许多其他热力学性质如内能 U、焓 H、熵 S、Gibbs 自由能 G 等都不方便直接测量，它们需要利用流体的 p-V-T 数据和热力学基本关系式进行推算。因此，流体 p-V-T 关系的另一个重要用途是计算其他热力学性质，如根据 p-V-T 关系研究一个过程的焓 H、熵 S 等热力学性质的变化。另外，相平衡的研究也同样离不开流体的 p-V-T 关系。综上，对流体的 p-V-T 关系的研究是一项重要而且基础的工作，它在热力学研究中具有举足轻重的作用。

本章学习的主要目的：①定性了解纯物质 p-V-T 的相行为；②掌握常用的状态方程和对比态原理，熟悉不同方程的计算方法和使用情况；③掌握混合物 p-V-T 关系的处理方法，熟悉不同方程常用的混合规则。

2.1　纯物质 p-V-T 的相行为

先直观地定性认识纯物质 p-V-T 的相行为对于理解物质 p-V-T 的定量关系具有重要的意义。在平衡态下的 p-V-T 关系，可以表示为三维曲面，如图 2-1。

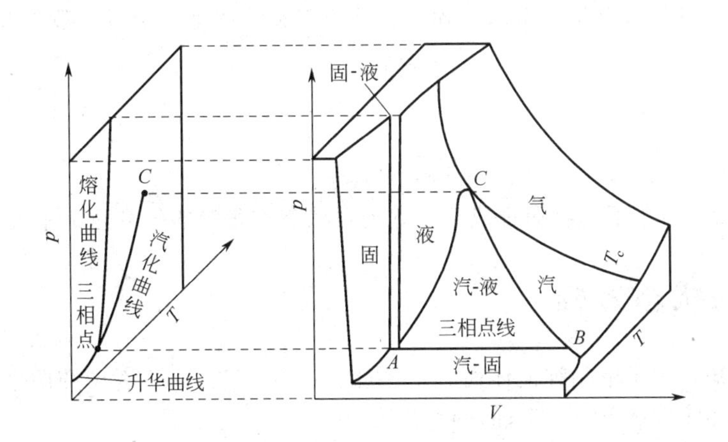

图 2-1　纯物质的 p-V-T 图

曲面上“固”、“液”、“汽（气）”分别代表固体、液体、汽（气）体的单相区；“固-液”、“汽-固”、“汽-液”分别代表固液、汽固、汽液两相共存区。曲线 AC 和 BC 代表汽液共存的边界线，它们相交于点 C，点 C 是纯物质汽液平衡的最高温度和最高压力点，称作临界点，它所对应的温度、压力和摩尔体积分别称为临界温度 T_c、临界压力 p_c 和临界体积 V_c。流体的临界参数是流体重要的基础数据，人们已经测定了大量物质的临界参数，在附录三中给出了一些重要物质的临界性质。

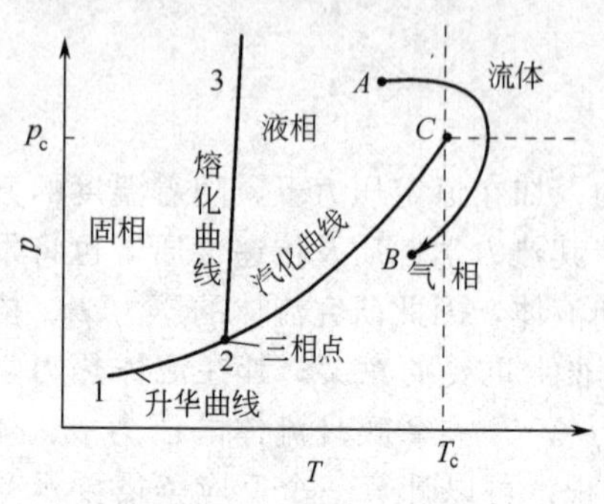

图 2-2 纯物质的 p-T 图

将 p-V-T 曲面投影到平面上，则可以得到二维图形。图 2-2 和图 2-3 分别为图 2-1 投影出的 p-T 图和 p-V 图。

图 2-2 中的三条相平衡曲线：升华线、熔化线和汽化线分别是图 2-1 中的固汽、固液和气液两相区在 p-T 图上的投影，三线的交点是三相点。高于临界温度和压力的流体称为超临界流体，简称流体。如图 2-2，从 A 点到 B 点，即从液体到气体，但没有穿过相界面，这个变化过程是渐变的过程，即从液体到流体或从气体到流体都是渐变的过程，不存在突发的相变。超临界流体的性质非常特殊，既不同于液体，又不同于气体，它的密度接近于液体，而传递性质则接近于气体，可作为特殊的萃取溶剂和反应介质。近些年来，利用超临界流体特殊性质开发的超临界分离技术和反应技术成为引人注目的热点。

图 2-3 是以温度 T 为参变量的 p-V 图。图 2-2 中的相平衡曲线在图 2-3 中表现为区域。另外，图 2-3 中，包含了若干条等温线，高于临界温度的等温线曲线平滑并且不与相界面相交。小于临界温度的等温线由三个部分组成，中间水平段为气液平衡共存区，每个等温线对应一个确定的压力，即为该纯物质在此温度下的饱和蒸气压。气液平衡组成从水平段最左端的 100％液体到最右端的 100％气体。曲线 AC 和 BC 分别为饱和液相线和饱和气相线，曲线 ACB 包含的区域为气液共存区，其左右分别为液相区和气相区。

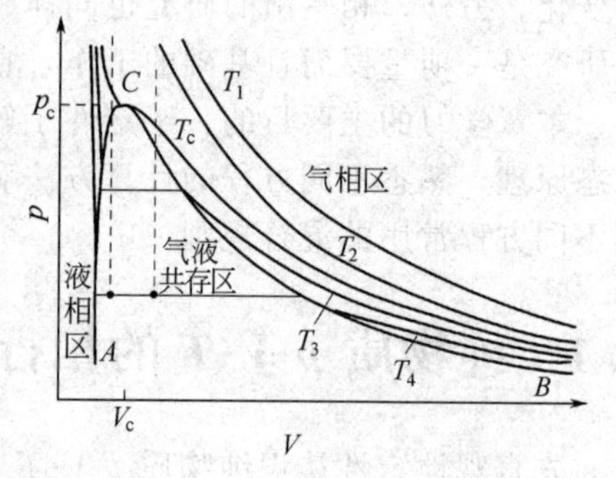

图 2-3 纯物质的 p-V 图

等温线在两相区的水平段随着温度的升高而逐渐变短，到临界温度时最后缩成一点 C。从图 2-3 中可以看出，临界等温线在临界点上是一个水平拐点，其斜率和曲率都等于零，数学上表示为：

$$\left(\frac{\partial p}{\partial V}\right)_{T=T_c}=0 \tag{2-1}$$

$$\left(\frac{\partial^2 p}{\partial V^2}\right)_{T=T_c}=0 \tag{2-2}$$

式(2-1) 和式(2-2) 对于不同物质都成立，它们对状态方程等的研究意义重大。

2.2 流体的状态方程

根据相律可知，对于单相纯流体而言，任意确定 p、V、T 三者中的两个，则它们的状态即完全确定，描述流体 p-V-T 关系的函数式为

$$f(p,V,T)=0 \tag{2-3}$$

式(2-3) 称为状态方程（equation of state，EOS)，用来描述在平衡态下纯流体的压力、摩尔体积、温度之间的关系。在化工热力学中，状态方程具有非常重要的价值，它不仅表示在较广泛的范围内 p、V、T 之间的函数关系，而且可以通过它计算不能直接从实验测得的其他

热力学性质。

对状态方程的研究已经延续了数百年，人们希望得到形式简单、计算方便、适用于不同极性及分子形状的化合物、计算各种热力学性质时均有较高精确度的状态方程，但到目前为止，能完全满足要求的方程为数不多。因此，对状态方程的研究尚在进行。

目前存在的状态方程分为如下几类：①理想气体状态方程；②维里方程；③立方型状态方程；④其他类型状态方程。以下对各类方程进行介绍。

2.2.1 理想气体状态方程

假定分子的大小如同几何点一样，分子间不存在相互作用力，由这样的分子组成的气体叫做理想气体。严格地说，理想气体是不存在的，在极低的压力下，真实气体是非常接近理想气体的，可以当作理想气体处理，以便简化问题。

理想气体状态方程是最简单的状态方程：

$$pV=RT \tag{2-4}$$

有时，在工程设计中，可以用理想气体状态方程进行近似的估算。另一重要的用途是它可以作为衡量真实气体状态方程是否正确的标准之一，当 $p\to 0$ 或者 $V\to\infty$ 时，任何真实气体状态方程都应还原为理想气体状态方程。

另外，在使用状态方程时，应注意通用气体常数 R 的单位必须和 p、V、T 的单位相适应，所用 R 的单位见附录一。

2.2.2 维里方程

“维里”(virial) 这个词是从拉丁文演变而来的，它的原义是“力”。该方程利用统计力学分析了分子间的作用力，具有较坚实的理论基础。方程的形式为

$$Z=\frac{pV}{RT}=1+B'p+C'p^2+D'p^3+\cdots \tag{2-5}$$

$$=1+\frac{B}{V}+\frac{C}{V^2}+\frac{D}{V^3}+\cdots \tag{2-6}$$

$$=1+B\rho+C\rho^2+D\rho^3+\cdots \tag{2-7}$$

式中，$B(B')$、$C(C')$、$D(D')$ ……分别称为第二、第三、第四……维里 (virial) 系数。

当式(2-5)～式(2-7) 取无穷级数时，不同形式的维里系数之间存在着下述关系：

$$B'=\frac{B}{RT} \tag{2-8a}$$

$$C'=\frac{C-B^2}{(RT)^2} \tag{2-8b}$$

$$D'=\frac{D-3BC+2B^3}{(RT)^3} \tag{2-8c}$$

从统计力学分析，它们具有确切的物理意义，第二维里系数表示两个分子碰撞或相互作用导致的与气体理想性的差异，第三维里系数则反映三个分子碰撞或相互作用导致的与气体理想性的差异。

原则上，式(2-5)～式(2-7) 均应是无穷项，但由于多个分子相互碰撞的概率依分子数递减，重要性也在递减，又由于高阶维里系数的数据有限，一般在工程实践中，最常用的是二阶舍项的维里方程，其形式为

$$Z=1+\frac{B}{V} \tag{2-9}$$

$$=1+B'p \tag{2-10a}$$

$$=1+\frac{Bp}{RT} \tag{2-10b}$$

实践表明：当温度低于临界温度、压力不高于1.5MPa时，用二阶舍项的维里方程可以很精确地表示气体的 p-V-T 关系，当压力高于5.0MPa时，需要用更多阶的维里方程。

对第二维里系数 $B(B')$，不但有较为丰富的实测的文献数据，而且还可能通过理论方法计算。

由于高阶维里系数的缺乏限制了维里方程的使用范围，但绝不能因此忽略维里方程的理论价值。目前，维里方程不仅可以用于 p-V-T 关系的计算，而且可以基于分子热力学，利用维里系数联系气体的黏度、声速、热容等性质。常用物质的维里系数可以从文献或数据手册中查到，并且可以用普遍化的方法估算，这将在下一节讨论。

【例 2-1】 试用下列方法计算200℃、1.013MPa的异丙醇蒸气的 V 值与 Z 值。已知异丙醇的维里系数实验值 $B=-388\text{cm}^3\cdot\text{mol}^{-1}$，$C=-26000\text{cm}^6\cdot\text{mol}^{-2}$。

(1) 理想气体方程；(2) $Z=1+\dfrac{Bp}{RT}$；(3) $Z=1+\dfrac{B}{V}+\dfrac{C}{V^2}$。

解： (1) 理想气体方程

$$V=\frac{RT}{p}=\frac{8.314\times10^6\times(200+273.15)}{1.013\times10^6}=3883\ (\text{cm}^3\cdot\text{mol}^{-1})$$

(2) $Z=1+\dfrac{Bp}{RT}$

$$Z=1+\frac{(-388)\times1.013\times10^6}{8.314\times10^6\times(200+273.15)}=0.9000$$

$$V=\frac{ZRT}{p}=\frac{0.9000\times8.314\times(200+273.15)\times10^6}{1.013\times10^6}=3495\ (\text{cm}^3\cdot\text{mol}^{-1})$$

(3) $Z=1+\dfrac{B}{V}+\dfrac{C}{V^2}$

$$\frac{pV}{RT}=1+\frac{B}{V}+\frac{C}{V^2}$$

将各已知值代入上式得

$$\frac{1.013\times10^6\times V}{8.314\times10^6\times(200+273.15)}=1-\frac{388}{V}-\frac{26000}{V^2}$$

迭代计算得

$$V=3426\text{cm}^3\cdot\text{mol}^{-1},\qquad Z=0.8848$$

2.2.3 立方型状态方程

立方型状态方程是指方程可展开为体积（或密度）的三次方形式。这类方程能够解析求根，有较高精度，又不太复杂，受工程界欢迎，另外还常作为状态方程进一步改进的基础。

(1) van der Waals 状态方程（1873年）

1873年 van der Waals（范德华）首次提出了能表达从气态到液态连续性的状态方程：

$$p=\frac{RT}{V-b}-\frac{a}{V^2} \tag{2-11}$$

该方程是第一个适用于实际气体的状态方程，它虽然精确度不高，从现在看来已经无多大的实用价值，但是它建立方程的推理过程和方法对立方型状态方程的发展具有重大的意义，并且它对于对比态原理的提出也具有重大的贡献。

与理想气体状态方程相比，它加入了参数 a 和 b，它们是流体特性的常数，参数 a 表征了分子间的引力，参数 b 表示气体总体积中包含分子本身体积的部分。它们一般可以由两种途径获得：从流体的 p-V-T 实验数据拟合得到或依据式(2-1)、式(2-2)由纯物质的临界数据计算得到。对于 van der Waals 方程，其计算式为

$$a = 27R^2T_c^2/(64p_c) \tag{2-12a}$$

$$b = RT_c/(8p_c) \tag{2-12b}$$

在 van der Waals 方程的基础上，后来又衍生出许多有实用价值的立方型状态方程。

(2) Redlich-Kwong 方程（1949 年）

Redlich-Kwong 方程简称 RK 方程，其形式为

$$p = \frac{RT}{V-b} - \frac{a}{T^{0.5}V(V+b)} \tag{2-13}$$

式中，a、b 为 RK 参数，与流体的特性有关，可以用下式计算：

$$a = 0.42748R^2T_c^{2.5}/p_c \tag{2-14a}$$

$$b = 0.08664RT_c/p_c \tag{2-14b}$$

RK 方程的计算准确度比 van der Waals 方程有较大的提高，可以比较准确地用于非极性和弱极性化合物，但对于许多强极性及含有氢键的化合物仍会产生较大的偏差，不能用于预测蒸气压，表明不能用于纯物质的汽液平衡，总的说，一般不用于液体 p-V-T 的计算。为了进一步提高 RK 方程的精度，扩大其使用范围，便提出了更多的立方型状态方程。

(3) Soave-Redlish-Kwang 方程（1972 年）

为了提高 RK 方程对极性物质及饱和液体 p-V-T 计算的准确度，Soave 对 RK 方程进行了改进，称为 RKS（或 SRK，或 Soave）方程。它将 RK 方程中与温度有关的 $a/T^{0.5}$ 改为 $a(T)$，方程形式为

$$p = \frac{RT}{V-b} - \frac{a(T)}{V(V+b)} \tag{2-15}$$

其中，

$$a(T) = a \cdot \alpha(T) = (0.4278R^2T_c^2/p_c) \cdot \alpha(T) \tag{2-16a}$$

$$b = 0.08664RT_c/p_c \tag{2-16b}$$

$$\alpha(T) = [1 + m(1 - T_r^{0.5})]^2 \tag{2-16c}$$

$$T_r = T/T_c \tag{2-16d}$$

$$m = 0.480 + 1.574\omega - 0.176\omega^2 \tag{2-16e}$$

式中，ω 为偏心因子。

RKS 方程提高了对极性物质及含有氢键物质的 p-V-T 计算精度。更主要的是该方程在饱和液体密度的计算中更准确。

RK 或 RKS 方程展开后都是体积的三次方程，可以有通解数值解，但通常都是用迭代求解的方法计算。为了便于利用计算机求解，RK 方程和 RKS 方程也可以表示成下列形式：

$$Z = \frac{1}{1-h} - \frac{A}{B}\left(\frac{h}{1+h}\right) \tag{2-17a}$$

$$h = b/V = B/Z \tag{2-17b}$$

式中，

$$B = \frac{bp}{RT} \tag{2-17c}$$

$$A = \frac{ap}{R^2T^{2.5}}\ (\text{RK 方程}), \qquad A = \frac{ap}{R^2T^2}\ (\text{RKS 方程}) \tag{2-17d}$$

迭代步骤是：

① 设初值 Z（可取 $Z=1$）；

② 将 Z 值代入式(2-17b)，计算 h；

③ 将 h 值代入式(2-17a)，计算 Z 值；

④ 比较前后两次计算的 Z 值，若误差已达到允许范围，迭代结束，否则返回步骤②再进行运算。

引入 h 后，使迭代过程简单，便于直接三次方程求解。但需要注意的是，该迭代方法不能用于饱和液相摩尔体积根的计算。

(4) Peng-Robinson 方程（1976 年）

RK 方程和 RKS 方程在计算临界压缩因子 Z_c 和液体密度时都会出现较大的偏差，为了弥补这一明显的不足，Peng-Robinson 于 1976 年提出了他们的方程，简称 PR 方程。

$$p=\frac{RT}{V-b}-\frac{a(T)}{V(V+b)+b(V-b)} \tag{2-18}$$

其中，

$$a(T)=a\cdot\alpha(T)=(0.45724R^2T_c^2/p_c)\cdot\alpha(T) \tag{2-19a}$$

$$b=0.07780RT_c/p_c \tag{2-19b}$$

$$\alpha(T)=[1+k(1-T_r^{0.5})]^2 \tag{2-19c}$$

$$k=0.3746+1.54226\omega-0.26992\omega^2 \tag{2-19d}$$

PR 方程在计算饱和蒸气压、饱和液体密度等方面有更好的准确度。它也是工程相平衡计算中最常用的方程之一。

PR 方程也可以写为压缩因子 Z 的形式：

$$Z^3-(1-B)Z^2+(A-2B-3B^2)Z-(AB-B^2-B^3)=0 \tag{2-20a}$$

式中，

$$A=\frac{ap}{R^2T^2} \tag{2-20b}$$

$$B=\frac{bp}{RT} \tag{2-20c}$$

(5) 立方型状态方程的通用形式

除了以上介绍的几个方程外，常用的立方型状态方程还有 PT 方程（Patel-Teja 方程）等。

归纳立方型状态方程，可以将其表示为如下的形式：

$$p=\frac{RT}{V-b}-\frac{a(T)}{(V+\varepsilon b)(V+\sigma b)} \tag{2-21}$$

式中，参数 ε 和 σ 为纯数据，对所有的物质均相同；参数 b 是物质的参数，对于不同的状态方程会有不同的温度函数 $a(T)$。

立方型方程形式简单，方程中一般只有两个参数，且参数可用纯物质临界性质和偏心因子计算。由于方程是体积的三次方形式，故解立方型方程可以得到三个体积根。在临界点，方程有三重相等的实根，所求实根即为 V_c；当 $T<T_c$，压力为相应温度下的饱和蒸气压时，方程有三个实根，最大根是气相摩尔体积 V^v，最小根是液相摩尔体积 V^l，中间的根无物理意义；其他情况时，方程有一个实根和两个虚根，其实根为液相摩尔体积 V^l 或气相摩尔体积 V^v。在方程的使用中，准确地求取方程的体积根是一个重要环节。

此外，值得注意的是，立方型状态方程都可以依据式(2-1) 和式(2-2) 写出对应的两个方程，并结合临界点处的方程式，解得不同的参数表达式，并可以依据相互转换关系得到固定的临界压缩因子值，对于 van de Waals 方程，$Z_c=0.375$；而对于 RK 方程和 RKS 方程，$Z_c=0.333$；对于 PR 方程，$Z_c=0.307$。然而，从附录三中可以看出，各种物质的 Z_c 均小于 0.30，大部分在 0.25～0.27 之间，由此可知立方型状态方程有一定的“先天”不足，不但对

应 Z_c 值固定，而且太大。另外，从 Z_c 值也可见：从 van de Waals 方程至 RK 式及 RKS 式，方程有改进，而 PR 方程虽然仍然偏大，但更好些。

【例 2-2】 试应用 RK 方程，计算异丙醇蒸气在 473K、10×10^5Pa 压力下的摩尔体积。已知异丙醇的临界常数为：$T_c=508.3$K，$p_c=47.64\times10^5$Pa。

解：首先计算 RK 参数：

$$a=\frac{0.42748R^2T_c^{2.5}}{p_c}=\frac{0.42748\times(8.314)^2\times(508.3)^{2.5}}{47.64\times10^5}=36.130\text{Pa}\cdot\text{m}^6\cdot\text{K}^{0.5}\cdot\text{mol}^{-2}$$

$$b=\frac{0.08664RT_c}{p_c}=\frac{0.08664\times8.314\times508.3}{47.64\times10^5}=7.686\times10^{-5}\text{m}^3\cdot\text{mol}^{-1}$$

方法一 将参数代入式(2-13) 得

$$10\times10^5=\frac{8.314\times473}{V-7.686\times10^{-5}}-\frac{36.130}{(473)^{0.5}V(V+7.686\times10^{-5})}$$

整理得 $V^3=3.932\times10^{-3}\times V^2-1.353\times10^{-6}\times V+1.277\times10^{-10}$

假设 $V_0=\dfrac{RT}{p}=\dfrac{8.314\times473}{10\times10^5}=3.933\times10^{-3}\text{m}^3\cdot\text{mol}^{-1}$

将 $V_0=3.933\times10^{-3}$ 代入式(A)，采用直接迭代法计算，结果为 $V=3.563\times10^{-3}\text{m}^3\cdot\text{mol}^{-1}$。

方法二 将 a、b 值代入式(2-17c) 和式(2-17d) 得

$$B=\frac{bp}{RT}=\frac{7.686\times10^{-5}\times10^6}{8.314\times473}=1.954\times10^{-2}$$

$$\frac{A}{B}=\frac{a}{bRT^{1.5}}=\frac{36.130}{7.686\times10^{-5}\times8.314\times(473)^{1.5}}=5.496$$

将 B、$\dfrac{A}{B}$ 的计算结果代入式(2-17a) 和式(2-17b) 中得

$$Z=\frac{1}{1-h}-5.496\left(\frac{h}{1+h}\right) \tag{A}$$

$$h=\frac{(1.954\times10^{-8})(10\times10^5)}{Z}=\frac{1.954\times10^{-2}}{Z} \tag{B}$$

利用上两式迭代求解，迭代步骤如下：

(1) 设 $Z=Z_1=1$ 代入式(B) 求 $h=h_1$；

(2) 将 $h=h_1$ 代入式(A) 求出 $Z=Z_2$；

(3) 将 $Z=Z_2$ 代入式(B) 求出 $h=h_3$；

(4) 将 $h=h_3$ 代入式(A) 求出 $Z=Z_3$；

(5) 比较 Z_2 与 Z_3，若在允许误差范围之内，迭代结束，否则再次重复步骤(3) 与 (5)。

本题迭代结果 $Z=0.911$。由 $pV=ZRT$ 求出

$$V=\frac{0.911\times8.314\times473}{10\times10^5}=3.58\times10^{-3}\text{m}^3\cdot\text{mol}^{-1}$$

从以上结果可见，无论采用原始的 RK 方程形式还是 RK 方程的迭代式，都可以计算流体的体积，并且两种迭代方法计算出的结果也基本是一致的。

除此以外，还可以采用其他的迭代方法如牛顿迭代法等进行计算，也可以用相关的计算软件进行计算。

【例 2-3】 将 1kmol 氮气压缩贮于容积为 0.04636m^3、温度为 273.15K 的钢瓶内。此时氮

气的压力多大？分别用理想气体方程、RK 方程和 RKS 方程计算。其实验值为 101.33MPa。

解：从附录三中查得氮的临界参数为：$T_c=126.1\text{K}$，$p_c=3.394\text{MPa}$，$\omega=0.040$。氮气的摩尔体积为 $V=0.04636/1000=4.636\times10^{-5}\text{m}^3\cdot\text{mol}^{-1}$。

(1) 理想气体方程

$$p=RT/V=8.314\times273.15/(4.636\times10^{-5})=4.8987\times10^7\text{Pa}$$

误差为
$$(1.0133\times10^8-4.8987\times10^7)/(1.0133\times10^8)=51.7\%$$

(2) RK 方程

将 T_c、p_c 值代入式(2-14a) 和式(2-14b) 得

$$a=\frac{0.42748\times(8.314)^2\times(126.1)^{2.5}}{3.394\times10^6}=1.5546\text{Pa}\cdot\text{m}^6\cdot\text{K}^{0.5}\cdot\text{mol}^{-2}$$

$$b=\frac{0.08664\times8.314\times126.1}{3.394\times10^6}=2.6763\times10^{-5}\text{m}^3\cdot\text{mol}^{-1}$$

代入式(2-13) 得

$$p=\frac{8.314\times273.15}{(4.636-2.6763)\times10^{-5}}-\frac{1.5546}{(273.15)^{0.5}\times4.636\times(4.636+2.6763)\times10^{-10}}=8.8307\times10^7\text{Pa}$$

误差为
$$(1.0133\times10^8-8.8307\times10^7)/(1.0133\times10^8)=12.9\%$$

(3) RKS 方程

将 ω 代入式(2-16e) 得

$$m=0.480+1.574\times0.040-0.176\times(0.040)^2=0.5426$$
$$T_r=273.15/126.1=2.1661$$

代入式(2-16c) 得

$$\alpha(T)=[1+0.5426(1-2.1661^{0.5})]^2=0.5536$$

从式(2-16a)、式(2-16b) 得

$$a(T)=a\cdot\alpha(T)=0.42748\times\frac{(8.314)^2\times(126.1)^2}{3.394\times10^6}\times0.5536=7.6639\times10^{-2}\text{Pa}\cdot\text{m}^6\cdot\text{mol}^{-2}$$

$$b=\frac{0.08664\times8.314\times126.1}{3.394\times10^6}=2.6763\times10^{-5}\text{m}^3\cdot\text{mol}^{-1}$$

将上述值代入式(2-15) 得

$$p=\frac{8.314\times273.15}{(4.636-2.6763)\times10^{-5}}-\frac{7.6639\times10^{-2}}{4.636\times(4.636+2.6763)\times10^{-10}}=9.3276\times10^7\text{Pa}$$

误差为
$$(1.0133\times10^8-9.3276\times10^7)/(1.0133\times10^8)=7.9\%$$

上述计算表明：在高压下理想气体状态方程完全不能适用，RK 方程计算也会带来较大的误差，相对来说，RKS 方程精度较好。

2.2.4 硬球扰动状态方程

立方型状态方程主要是集中在对 van der Waals 方程引力项的改进，这种改进对于在低温、低压下的相平衡获得了良好的精度，但是在高温、高压下斥力项可能是影响流体性质的主要因素。考虑到 van der Waals 状态方程的斥力项过分简化，因此，提出较好的斥力项表达式来模拟硬球的行为（将流体的分子假设为完全不可压缩或变形的刚性球体），硬球扰动（偏离硬球的行为加入扰动项表示）方程一般来说有两种类型：一类是通过修改 van der Waals 方程的斥力项，另一类是通过修改斥力项与引力项或结合其他方程的引力项。

(1) Carnahan-Starling 方程（1969 年）

$$p=\frac{RT(1+y+y^2-y^3)}{V(1-y)^3}-\frac{a}{V^2} \tag{2-22}$$

其中，
$$y=\frac{b}{4V} \tag{2-23}$$

该方程是由 Carnahan-Starling 提出的，是通过修改 van der Waals 方程的斥力项实现的。它可以更好地表达中密度下斥力对流体性质的影响，是应用非常广泛的一种硬球型方程。很明显，该方程的斥力项不是立方型的，计算更加复杂。

(2) Ishikawa et al 方程（1980 年）

$$p=\frac{RT(2V+b)}{V(2V-b)}-\frac{a}{T^{0.5}V(V+b)} \tag{2-24}$$

该方程修正了立方型状态方程的斥力项，并将该斥力项与 RK 方程的引力项相结合。

由于硬球型状态方程能处理在石油炼制和天然气工业中所遇到的大部分混合物的大小、形状和势能分布不同的混合物，因此硬球型状态方程是一种新的且很有开发前途的方程。目前这方面工作仍在继续。

2.2.5 多参数状态方程

与简单的状态方程相比，多参数状态方程可以在更宽的 T、p 范围内准确地描述不同物系的 p-V-T 关系；但其缺点是方程形式复杂，计算难度和工作量都较大。

(1) Benedict-Webb-Rubin 方程（1940 年）

该方程属于维里型方程，简称 BWR 方程，在计算和关联轻烃及其混合物的液体和气体热力学性质时极有价值。其表达式为：

$$p=RT\rho+\left(B_0RT-A_0-\frac{C_0}{T^2}\right)\rho^2+(bRT-a)\rho^3+a\alpha\rho^6+\frac{c}{T^2}\rho^3(1+\gamma\rho^2)\exp(-\gamma\rho^2) \tag{2-25}$$

式中，ρ 为密度；A_0、B_0、C_0、a、b、c、α 和 γ 等 8 个常数由纯物质的 p-V-T 数据和蒸气压数据确定。目前已具有参数的物质有三四十个，其中绝大多数是烃类。

在烃类热力学性质计算中，BWR 方程计算的平均误差为 0.3%左右，但该方程不能用于含水体系。

以提高 BWR 方程在低温区域的计算精度为目的，Starling 等人提出了 11 个常数的 Starling 式(或称 BWRS 式)。该方程的应用范围更广，对比温度可以低到 0.3，对轻烃气体，CO_2、H_2S 和 N_2 的广度性质计算，精度较高。总的说，BWRS 式更准确些，也更复杂些。

(2) Martin-Hou 方程（1955 年）

该方程是 1955 年 Martin 教授和我国学者侯虞钧提出的，简称 MH 方程（后又称为 MH-55 型方程）。为了提高该方程在高密度区的精确度，Martin 于 1959 年对该方程进一步改进，1981 年侯虞钧教授等又将该方程的适用范围扩展到液相区，改进后的方程称为 MH-81 型方程。

MH 方程的通式为：

$$p=\sum_{i=1}^{5}\frac{f_i(T)}{(V-b)^i} \tag{2-26}$$

式中 $f_i(T)=A_i+B_iT+C_i\exp(-5.475T/T_c)(2\leqslant i\leqslant 5)$

$$f_1(T)=RT \quad (i=1)$$

式中，A_i、B_i、C_i、b 皆为方程的常数，可从纯物质临界参数及饱和蒸气压曲线上的一点数据求得。其中，MH-55 方程中，常数 $B_4=C_4=A_5=C_5=0$，MH-81 型方程中，常数 $C_4=A_5=C_5=0$。

MH-81 型状态方程能同时用于汽、液两相，方程准确度高，适用范围广，能用于包括非极性至强极性的物质（如 NH_3、H_2O），对量子气体 H_2、He 等也可应用，在合成氨等工程设计中得到广泛使用。

2.3 对比态原理及其应用

2.3.1 对比态原理

对比态原理（对应状态原理）认为，在相同的对比态下，所有的物质表现出相同的性质。

定义：
$$T_r=\frac{T}{T_c}, \quad p_r=\frac{p}{p_c}, \quad V_r=\frac{V}{V_c}=\frac{1}{\rho_r}$$
式中，T_r、p_r、V_r、ρ_r 分别称为对比温度、对比压力、对比摩尔体积和对比密度。

对比态原理最初提出是经验的，但后来也有人从理论上进行分析，例如从统计热力学指出它的合理性，也可以从微观的角度进行讨论，用微观参数代替 T_c、p_c、V_c 确定对比态。用微观参数后，对比态法的应用范围可扩大到传递性质，还可以应用于混合物。

将对比变量的定义式代入 van der Waals 方程得到
$$(p_r+3/V_r^2)(3V_r-1)=8T_r \tag{2-27}$$
该方程就是 van der Waals 提出的简单对比态原理。

简单对比态原理就是两参数对比态原理，表述为：对于不同的流体，当具有相同的对比温度和对比压力时，则具有大致相同的压缩因子，并且其偏离理想气体的程度相同。

这种简单对比态原理对应简单流体（如氩、氪、氙）是非常准确的。这就是二参数压缩因子图的依据，至今几乎所有的物理化学教材中都附有这张图。

van der Waals 提出的简单对比态原理表明，对不同的气体，若其 p_r 和 T_r 相同，则 V_r 也必相同。

又因为
$$Z=\frac{pV}{RT}=\frac{p_cV_c}{RT_c}\times\frac{p_rV_r}{T_r}=Z_c\frac{p_rV_r}{T_r} \tag{2-28}$$
由简单对比态原理知：只有在各种气体的临界压缩因子 Z_c 相等的条件下，才能严格成立。而实际上，大部分物质的临界压缩因子 Z_c 在 0.2～0.3 范围内变动，并不是一个常数。可见，范德华提出的简单对比态原理只是一个近似的关系，只适用于球形非极性的简单分子。虽然在 20 世纪 60 年代以前，在化工热力学及其他热力学计算中得到广泛的使用，但精度、准确性、广泛性都有限，拓宽对比态原理的应用范围和提高计算精度的有效方法是在简单对比态原理（二参数对比态原理）的关系式中引入第三参数。

2.3.2 三参数对比态原理

(1) 以 Z_c 为第三参数的对比态原理

从式(2-28) 中可以看出，可以引入物质的临界压缩因子 Z_c 作为第三参数。1955 年 Lydersen 等人以 Z_c 作为第三参数，将压缩因子表示为
$$Z=f(T_r,p_r,Z_c) \tag{2-29}$$
即认为 Z_c 相等的真实气体，如果两个对比变量相等，则第三个对比变量必相等。Lydersen 等人根据包括烃、醇、醚、酯、硫醇、有机卤化物、部分无机物和水在内的 82 种不同液体与气体的 p-V-T 性质和临界性质数据，作出了 Z_c 在 0.23～0.30 范围内的四张压缩因子图，不仅可用于气相，还可用于液相。其中 $Z_c=0.27$ 的图应用最广。其相应的计算压缩因子 Z 为
$$Z'=Z+D(Z_c-0.27) \tag{2-30}$$
式中 Z'为所求的流体的压缩因子；Z 为 $Z_c=0.27$ 时流体的压缩因子；D 为 $Z_c\neq0.27$ 时的校正系数。

相应的图为图 2-4 和图 2-5。

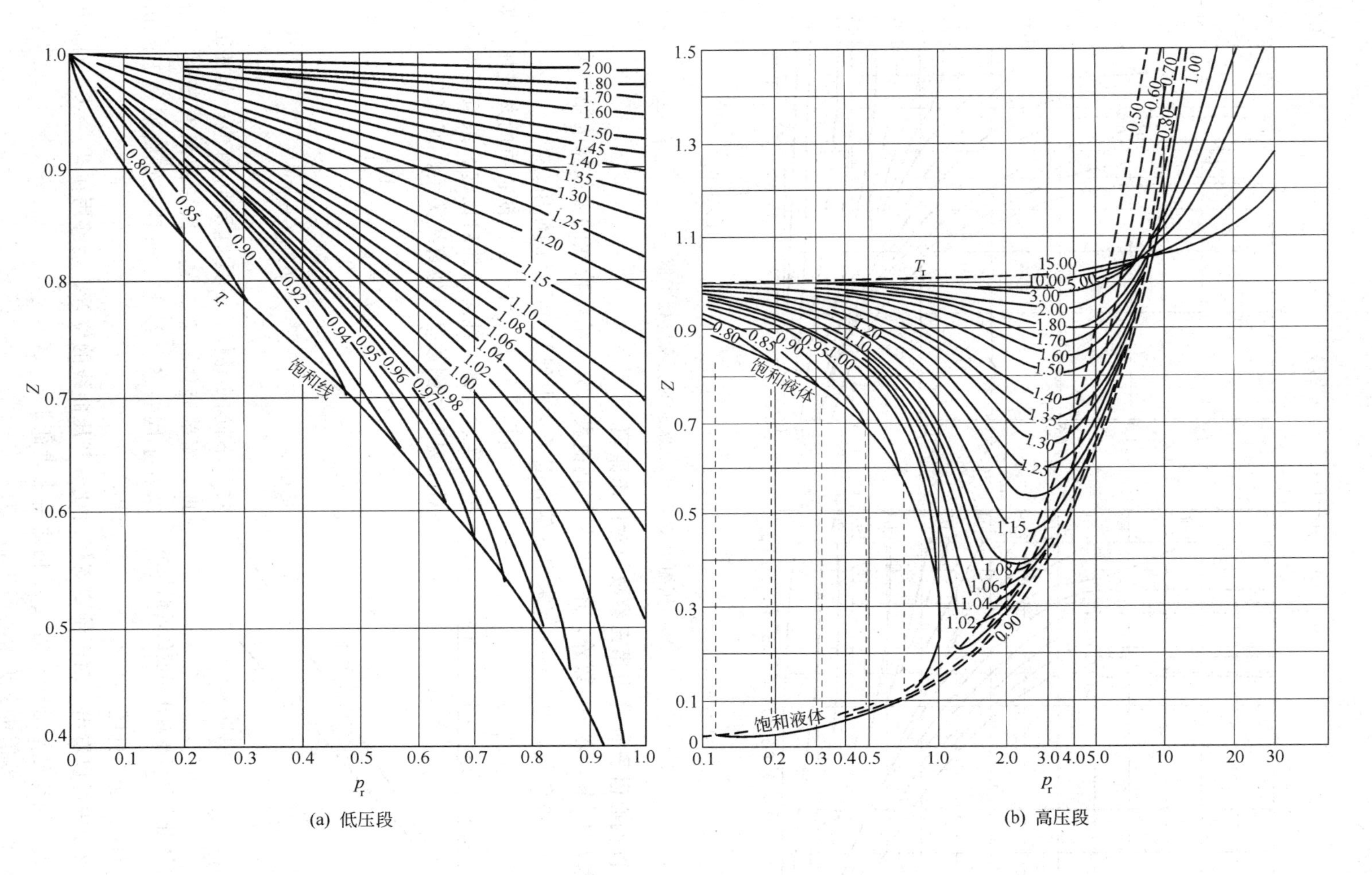

图 2-4 纯液体普遍化对比密度图（$Z_c=0.27$）

该原理和方法不仅用于流体压缩因子的计算，同时还可用于液体对比密度的计算，类似地，采用公式：

$$\rho'=\rho+D(Z_c-0.27) \tag{2-31}$$

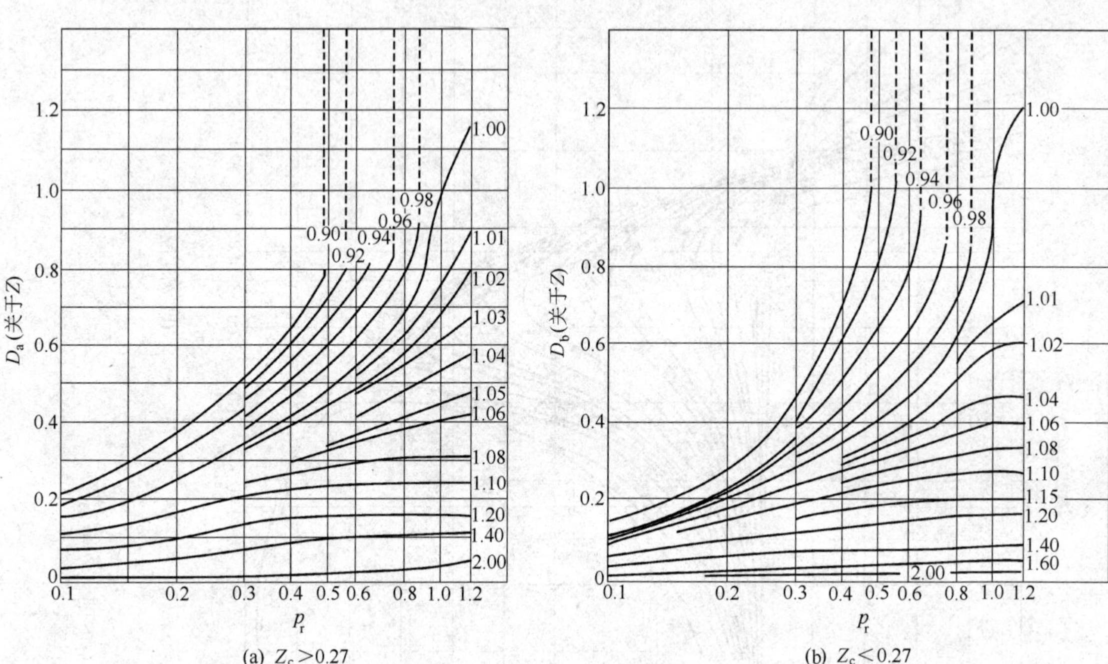

图 2-5 压缩因子 $Z_c\neq0.27$ 时对比密度校正值

(2) 以偏心因子 ω 作为第三参数的对比态原理

除了以 Z_c 作为第三参数外，还可以采用其他表示分子结构特性的参数作为第三参数，也是在20世纪50年代，由 Pitzer 等提出的偏心因子 ω 得到了更广泛的使用。

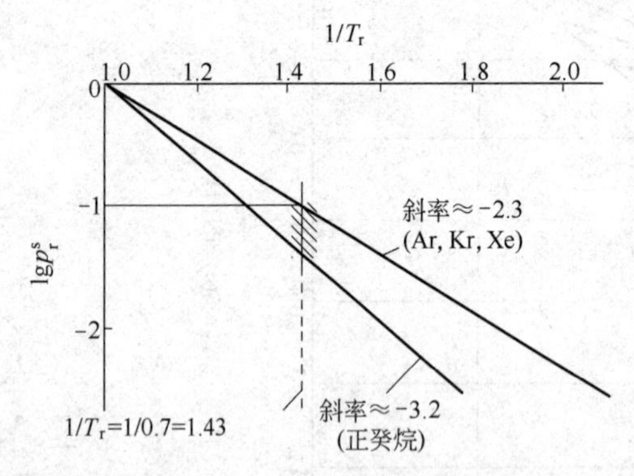

图 2-6 对比蒸气压与对比温度的近似关系

纯物质的偏心因子是根据物质的蒸气压来定义的。实验发现，纯态流体对比饱和蒸气压的对数与对比温度的倒数呈近似直线关系，即符合

$$\lg p_r^s=\alpha\left(1-\frac{1}{T_r}\right) \tag{2-32}$$

其中，

$$p_r^s=\frac{p^s}{p_c}$$

对于不同的流体，α 具有不同的值。但 Pitzer 发现，简单流体（氩、氪、氙）的所有蒸气压数据落在了同一条直线上，而且该直线通过 $T_r=0.7$，$\lg p_r^s=-1$ 这一点，见图 2-6。

从图 2-6 中可以看出，对于给定流体对比蒸气压曲线的位置，能够用在 $T_r=0.7$ 的流体与氩、氪、氙（简单球形分子）的 $\lg p_r^s$ 值之差来表征。

Pitzer 把这一差值定义为偏心因子 ω，即

$$\omega=-\lg p_r^s-1.00\quad(T_r=0.7) \tag{2-33}$$

因此，任何流体的 ω 值均可由该流体的临界温度 T_c、临界压力 p_c 值及 $T_r=0.7$ 时的饱

和蒸气压 p^s 来确定。附录三中列出了若干流体 ω 的值。

由 ω 的定义知：氩、氪、氙这类简单球形流体的 $\omega=0$，而非球形流体的 ω 表征物质分子的偏心度，即非球形分子偏离球对称的程度。

Pitzer 提出的三参数对比态原理可以表述为：对于所有 ω 相同的流体，若处在相同的 T_r、

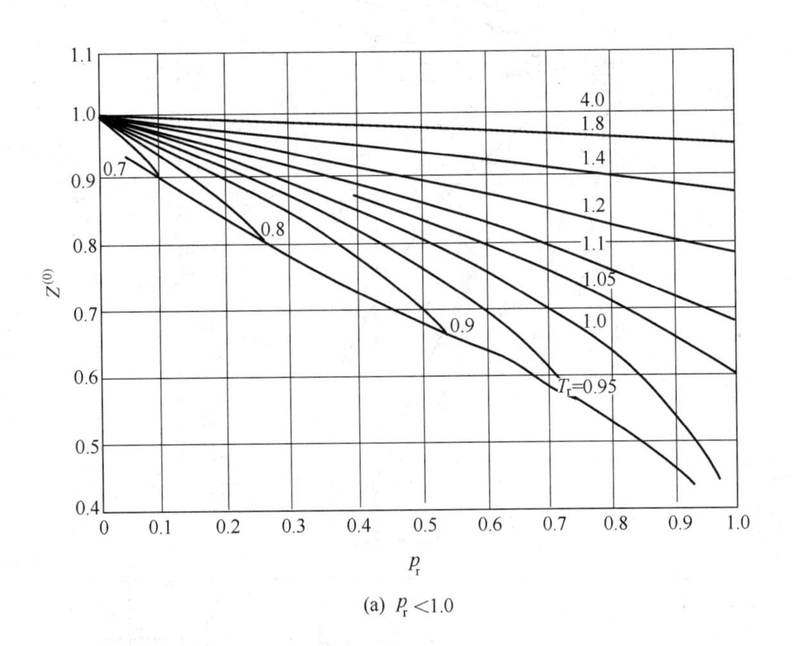

(a) $p_r<1.0$

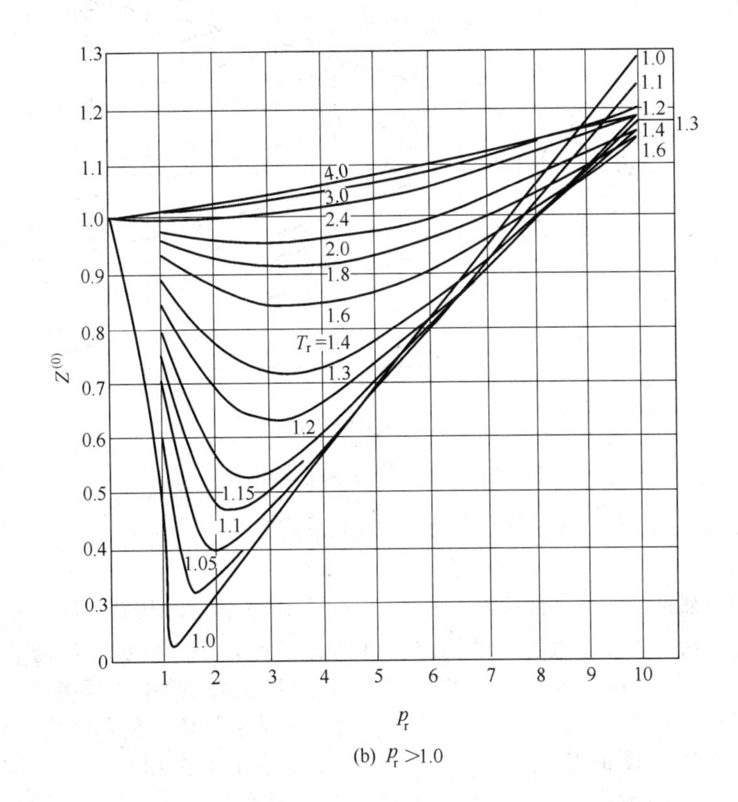

(b) $p_r>1.0$

图 2-7 $Z^{(0)}$ 普遍化关系图

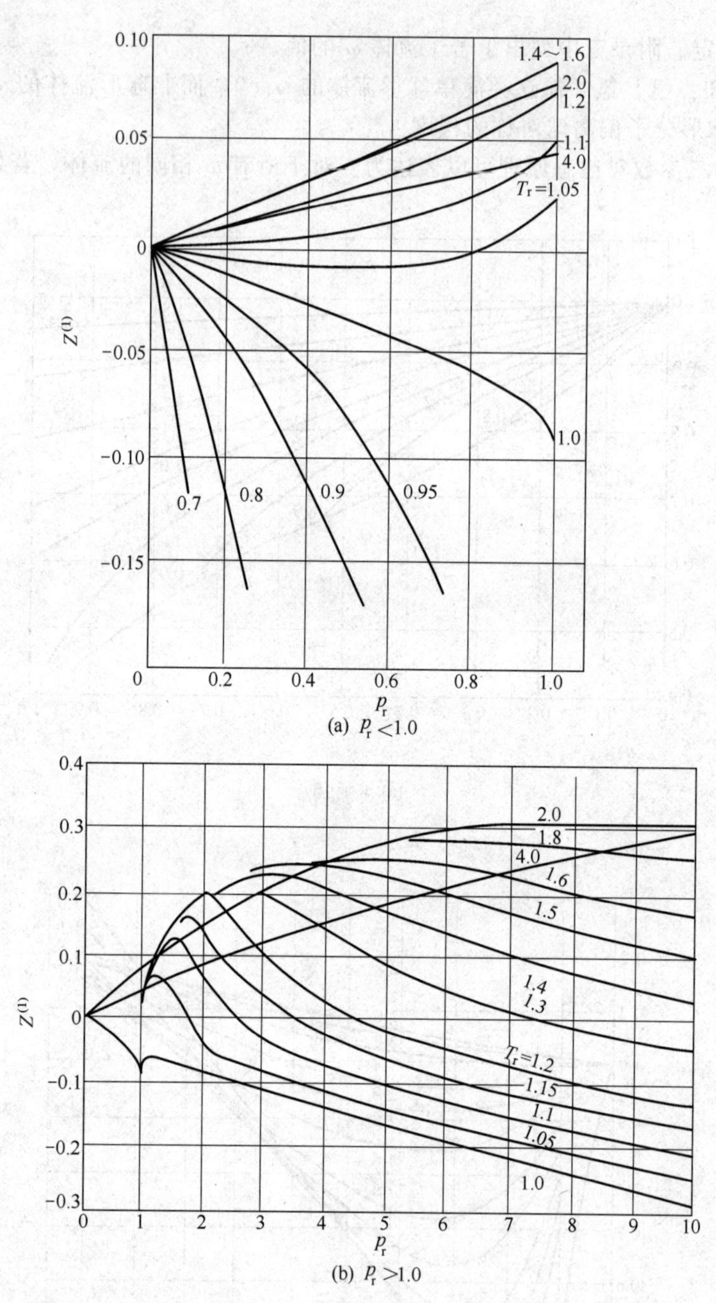

(a) $p_r<1.0$

(b) $p_r>1.0$

图 2-8 $Z^{(1)}$ 普遍化关系图

p_r 下，其压缩因子 Z 必定相等。压缩因子 Z 的关系式为

$$Z=Z^{(0)}+\omega Z^{(1)} \tag{2-34}$$

式中，$Z^{(0)}$、$Z^{(1)}$ 都是 T_r、p_r 的函数。图 2-7 是建立在简单流体基础上的表示 $Z^{(0)}=f^{(0)}(T_r, p_r)$ 函数关系的曲线，图 2-8 表征了非简单流体的 $Z^{(1)}=f^{(1)}(T_r,p_r)$ 的函数关系。

Pitzer 关系式对于非极性或弱极性的气体能够提供可靠的结果，误差<3%，应用于极性气体时，误差要增大到 5%～10%，而对于缔合气体和量子气体，使用时应当更加注意。

在 Pitzer 压缩因子图的基础上，Lee 和 Kesler 也给出了类似的关系，其中的参数 $Z^{(0)}$、$Z^{(1)}$ 也都是 T_r、p_r 的函数，其数值从表格中查出，计算时需要内插，计算精度一般要优于 Pitzer 关系式。但用于极性气体或缔合流体同样会带来较大误差。当处理量子流体时（如氢、氦、氖)，其对比性质的计算要特别处理，即使用与温度有关的“有效临界参数”进行计算。

【例 2-4】 利用 Pitzer 提出的普遍化压缩因子关联式，计算水在 973.1K 及 2.5MPa 下的压缩因子，并与实验值 $Z=0.97$ 进行比较。

解： 在题给条件下，水的对比温度、对比压力分别为

$$T_r=1.50, \qquad p_r=1.13$$

水的偏心因子为 $\omega=0.345$，由图 2-7 与图 2-8 分别查出

$$Z^{(0)}=0.898, \qquad Z^{(1)}=0.08$$

根据式(2-34) 得

$$Z=Z^{(0)}+\omega Z^{(1)}=0.898+0.345\times 0.08=0.926$$

本题计算结果比以 Z_c 作为第三参数的压缩因子图求出的值为好。

2.4 普遍化状态方程

所谓普遍化状态方程是指用对比参数 T_r、p_r、V_r 代替变量 T、p、V，消去状态方程中反映气体特性的常数，适用于任何气体的状态方程。

2.4.1 普遍化第二维里系数

将 $T=T_rT_c$、$p=p_rp_c$ 代入舍项维里方程式(2-10b) 中得到

$$Z=1+\frac{Bp}{RT}=1+\frac{Bp_c}{RT_c}\left(\frac{p_r}{T_r}\right) \tag{2-35}$$

式中，$\frac{Bp_c}{RT_c}$是无量纲的，称作普遍化第二维里系数。

由于对于指定的气体，B 仅仅是温度的函数，与压力无关，Pitzer 提出如下的关联式：

$$\frac{Bp_c}{RT_c}=B^{(0)}+\omega B^{(1)} \tag{2-36}$$

式中，$B^{(0)}$ 和 $B^{(1)}$ 都只是对比温度的函数，表示为

$$B^{(0)}=0.083-0.422/T_r^{1.6} \tag{2-37a}$$

$$B^{(1)}=0.139-0.172/T_r^{4.2} \tag{2-37b}$$

由于二阶舍项维里方程只适用于中、低压力下，普遍化第二维里系数的使用必然也是有限制的。并且可以发现：式(2-34) 和式(2-35) 均将压缩因子 Z 表示为 (T_r, p_r, ω) 的函数。有人建议，两种方法的选择可以根据其对比温度和对比压力参照图 2-9。但这种选择依据没有经过严格的考核和证明。也有人研究指出：当对比温度大于 3 以后，两种方法的计算结果差异不大。随着对比温度降低，适用普遍化第二维里系数的压力范围也将缩小。当对于温度到达 0.7 时，适用压力应小于饱和蒸气压。

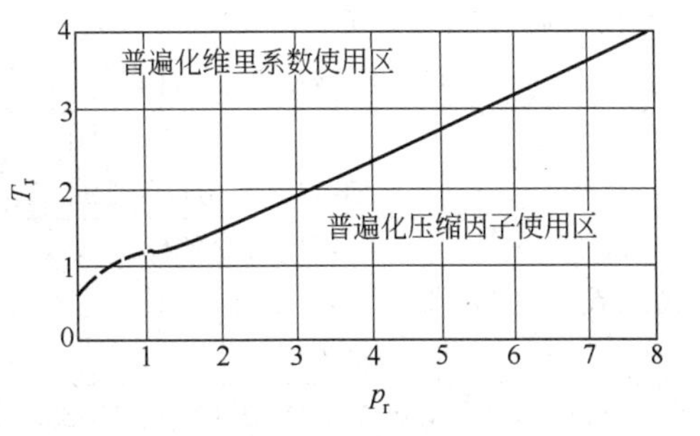

图 2-9 普遍化关系式适用区域

【例 2-5】 试计算正丁烷在 510K 和 2.5MPa 时的摩尔体积。已知实验值为 1480.7$cm^3\cdot mol^{-1}$。(1) 使用理想气体状态方程计算；(2) 使用 Pitzer 三参数压缩因子图计算；(3) 使用普遍

化第二维里系数计算。

解：

(1) 使用理想气体状态方程：

$$V=\frac{RT}{p}=\frac{8.314\times510}{2.5}=1696.1\text{cm}^3\cdot\text{mol}^{-1}$$

(2) 首先从附录三中查出其临界参数：$T_c=425.12\text{K}$，$p_c=3.796\text{MPa}$，$\omega=0.199$，$Z_c=0.274$

$$T_r=\frac{510}{425.12}=1.200,\qquad p_r=\frac{2.5}{3.796}=0.659$$

由图 2-7 和图 2-8 查得 $Z^{(0)}=0.865$，$Z^{(1)}=0.038$

$$Z=Z^{(0)}+\omega Z^{(1)}=0.865+0.199\times0.038=0.873$$

$$V=\frac{ZRT}{p}=\frac{0.873\times8.314\times510}{2.5}=1480.7\text{cm}^3\cdot\text{mol}^{-1}$$

(3) 由式(2-37a) 和式(2-37b) 计算得

$$B^{(0)}=0.083-0.422/(1.200)^{1.6}=-0.232$$

$$B^{(1)}=0.139-0.172/(1.200)^{4.2}=0.059$$

由式(2-36) 得 $$\frac{Bp_c}{RT_c}=B^{(0)}+\omega B^{(1)}=-0.232+0.199\times0.059=-0.220$$

由式(2-35) 得 $$Z=1+(-0.220)\times\frac{0.659}{1.200}=0.879$$

$$V=\frac{ZRT}{p}=\frac{0.879\times8.314\times510}{2.5}=1489.1\text{cm}^3\cdot\text{mol}^{-1}$$

结果表明，对于本题使用两种对比态法的计算偏差在1%以内。

【例 2-6】 试计算 0.4536kmol 甲烷贮存于 2ft^3 (0.0566m^3) 的钢瓶内，当温度为 122℉ (323.15K) 时钢瓶承受的压力。已知实验值为 $18.75\times10^6\text{Pa}$。

(1) 使用理想气体状态方程计算；(2) 使用 Redlich-Kwong 方程计算；(3) 使用对比态原理进行计算。

解：

(1) 根据理想气体状态方程：

$$p=\frac{RT}{V}=\frac{8.314\times323.15}{(0.0566/453.6)}=21.53\times10^6\text{Pa}$$

(2) 首先从附录三中查出甲烷的临界参数为：$T_c=190.56\text{K}$，$p_c=4.599\text{MPa}$，$\omega=0.011$。将 T_c、p_c 值代入式(2-14a) 和式(2-14b) 得

$$a=\frac{0.42748\times(8.314)^2\times(190.56)^{2.5}}{4.599\times10^6}=3.2207\text{Pa}\cdot\text{m}^6\cdot\text{K}^{0.5}\cdot\text{mol}^{-2}$$

$$b=\frac{0.08664\times8.314\times190.56}{4.599\times10^6}=2.9847\times10^{-5}\text{m}^3\cdot\text{mol}^{-1}$$

代入式(2-13) 得

$$p=\frac{8.314\times323.15}{0.0566/453.6-2.9847\times10^{-5}}-\frac{3.2207}{(323.15)^{0.5}\times(0.0566/453.6)\times(0.0566/453.6+2.9847\times10^{-5})}$$
$$=19.01\times10^6\text{Pa}$$

(3) 由于此题压力比较高，易选用压缩因子图进行计算；但此时缺少压力 p，无法计算对比压力 p_r，必须进行试差计算。

$$p=\frac{ZRT}{V}=\frac{8.314\times323.15}{(0.0566/453.6)}=21.53\times10^6 Z$$

又 $p=p_c p_r=4.599\times10^6 p_r$，故

$$p_r=4.68Z \qquad 或 \qquad Z=0.2137p_r$$

可以首先假设 $Z=1$，则根据 $T_r=\dfrac{323.15}{190.56}=1.695$ 和 $p_r=4.68$，查图 2-7 和图 2-8 得到 $Z^{(0)}$、$Z^{(1)}$。使用式(2-34) 进行计算，得到一个新的 Z，由这个新 Z 值得到一个新 p_r 值。这样反复计算，直到两步的 Z 值没有明显变化为止。最后可以得到 $Z=0.890$，$p_r=4.14$。则

$$p=\frac{ZRT}{V}=\frac{8.314\times323.15\times0.890}{(0.0566/453.6)}=19.16\times10^6\,\text{Pa}$$

结果表明：三参数压缩因子图及 RK 方程均能给出比较好的结果，而理想气体状态方程的计算误差则高达 14.6%。

【例 2-7】 将 20×10^5Pa、478.6K 的 NH_3，由 3m^3 压缩至 0.15m^3。若终温为 450.2K，压力是多少？已知 NH_3 的临界参数及偏心因子分别为：$T_c=405.65\text{K}$，$p_c=112.78\times10^5\text{Pa}$，$V_c=72.6\times10^{-5}\text{m}^3\cdot\text{mol}^{-1}$，$\omega=0.252$。

解：始态时

$$T_r=\frac{T}{T_c}=\frac{478.6}{405.65}=1.18$$

$$p_r=\frac{p}{p_c}=\frac{20\times10^5}{112.78\times10^5}=0.177$$

由于压力较低，可以使用普遍化第二维里系数计算。由式(2-37a) 和式(2-37b) 得

$$B^{(0)}=0.083-0.422/T_r^{1.6}=0.083-0.422/(1.18)^{1.6}=-0.241$$

$$B^{(1)}=0.139-0.172/T_r^{4.2}=0.139-0.172/(1.18)^{4.2}=0.053$$

由式(2-35) 和式(2-36) 得

$$Z=1+\frac{Bp}{RT}=1+[B^{(0)}+\omega B^{(1)}]\left(\frac{p_r}{T_r}\right)=1+(-0.241+0.250\times0.053)\times\frac{0.177}{1.18}=0.966$$

$$n=\frac{p(nV)}{ZRT}=\frac{20\times10^5\times3}{0.966\times8.314\times478.6}=1561\,\text{mol}$$

终态时可以采用 RK 方程进行计算。将 T_c、p_c 值代入式(2-14a) 和式(2-14b) 得

$$a=\frac{0.42748\times(8.314)^2\times(405.65)^{2.5}}{11.278\times10^6}=8.683\,\text{Pa}\cdot\text{m}^6\cdot\text{K}^{0.5}\cdot\text{mol}^{-2}$$

$$b=\frac{0.08664\times8.314\times405.65}{11.278\times10^6}=2.5909\times10^{-5}\,\text{m}^3\cdot\text{mol}^{-1}$$

代入式(2-13) 得

$$p=\frac{8.314\times450.2}{0.15/1561-2.5909\times10^{-5}}-\frac{8.683}{(450.2)^{0.5}\times(0.15/1561)\times(0.15/1561+2.5909\times10^{-5})}$$
$$=18.42\times10^6\,\text{Pa}$$

2.4.2 普遍化立方型状态方程

将 2.2.2 节中讨论的立方型状态方程中的 p、V、T 参数，在对比态原理的基础上，改换成对比态参数 T_r、p_r、V_r 的形式，并消去方程中的特定常数项，则可得到相应的普遍化立方型状态方程。

如 van der Waals 方程为

$$p=\frac{RT}{V-b}-\frac{a}{V^2} \tag{2-11}$$

利用等温线在临界点上的斜率、曲率均为零的特征，即

$$\left(\frac{\partial p}{\partial V}\right)_{T_c}=-\frac{RT_c}{(V_c-b)^2}+\frac{2a}{V_c^3}=0 \tag{2-38a}$$

$$\left(\frac{\partial^2 p}{\partial V^2}\right)_{T_c}=\frac{2RT_c}{(V_c-b)^3}-\frac{6a}{V_c^4}=0 \tag{2-38b}$$

联立式(2-38a) 和式(2-38b) 得

$$V_c=3b \tag{2-39a}$$

$$T_c=\frac{8}{27}\times\frac{a}{bR} \tag{2-39b}$$

将式(2-39a) 和式(2-39b) 代入式(2-11) 中得

$$p_c=\frac{a}{27b^2} \tag{2-39c}$$

$$Z_c=\frac{RT_c}{p_cV_c}=\frac{R\times\frac{8}{27}\times\frac{a}{bR}}{\frac{a}{27b^2}\times 3b}=\frac{8}{3} \tag{2-39d}$$

$$V_c=\frac{3RT_c}{8p_c} \tag{2-39e}$$

代入式(2-39a) 得

$$b=\frac{RT_c}{8p_c} \tag{2-40a}$$

将式(2-40a) 代入式(2-39b) 中整理得

$$a=\frac{27R^2T_c^2}{64p_c} \tag{2-40b}$$

将 $T=T_rT_c$、$p=p_rp_c$、$V=V_rV_c$ 及式(2-40a)、式(2-40b) 代入式(2-11) 并整理可得

$$\left(p_r+\frac{3}{V_r^2}\right)(3V_r-1)=8T_r \tag{2-41}$$

即为普遍化 van der Waals 方程

利用同样的方法可得到普遍化 RK 方程。

$$p_r=\frac{3T_r}{V_r-3\Omega_b}-\frac{9\Omega_a}{T_r^{0.5}V_r(V_r+3\Omega_b)} \tag{2-42}$$

其中：$\Omega_a=0.427480$，$\Omega_b=0.086640$

【例 2-8】 将以下形式表示的 RK 方程，改成普遍化的形式

$$Z=\frac{1}{1-h}-\frac{A}{B}\left(\frac{h}{1+h}\right)$$

$$h=\frac{Bp}{Z}$$

式中，$B=\frac{b}{RT}$；$\frac{A}{B}=\frac{a}{bRT^{1.5}}$；$a$ 和 b 为 RK 参数。

解：将式(2-14a) 及式(2-14b) 代入题给的 B 及 A/B 的表达式中，并令 $T=T_rT_c$，化简后得到

$$B=\frac{\Omega_b}{p_cT_r},\qquad \frac{A}{B}=\frac{\Omega_a}{\Omega_bT_r^{1.5}}$$

分别将 B、A/B 值代入式(2-17a) 和式(2-17b) 中，并令式(2-17b) 中 $p=p_rp_c$，得到 RK 方程另一个普遍化的形式为

$$Z=\frac{1}{1-h}-\frac{\Omega_a}{\Omega_b T_r^{1.5}}\left(\frac{h}{1+h}\right) \tag{2-43a}$$

$$h=\frac{\Omega_b p_r}{ZT_r} \tag{2-43b}$$

【例 2-9】 将某刚性容器抽空，充以正常沸点下的液氮至容器的一半体积，然后将该容器关闭，并加热至 294.4K，计算加热后的压力。已知液氮的正常沸点为 $T_b=77.36$K，正常沸点下液氮的摩尔体积为 $V=34.7\times10^{-6}\text{m}^3\cdot\text{mol}^{-1}$。氮的临界参数及偏心因子分别为：$T_c=126.1$K，$p_c=33.94\times10^5$Pa，$V_c=90.1\times10^{-6}\text{m}^3\cdot\text{mol}^{-1}$，$\omega=0.04$。

解：容器的体积可以任意假设。设总体积为 $V=2\times34.7\times10^{-6}=69.4\times10^{-6}\text{m}^3$，则容器内含有饱和液氮 1mol，此外，尚有 $34.7\times10^{-6}\text{m}^3$ 的饱和蒸气，其压力为 1.013×10^5Pa，温度为 77.36K。

常压下蒸气可以按照理想气体状态方程计算为

$$n=\frac{p(nV)}{RT}=\frac{1.013\times10^5\times34.7\times10^{-6}}{8.314\times77.36}=0.0055\text{mol}$$

故容器内共有 N_2 的量为

$$n_{总}=1+0.0055=1.0055\text{mol}$$

由于考虑到压力可能会比较高，因此采用 RK 方程计算。

$$T_r=\frac{T}{T_c}=\frac{294.4}{126.1}=2.335$$

由［例 2-8］所得的普遍化 RK 方程式(2-43a) 和式(2-43b) 得

$$Z=\frac{1}{1-h}-\frac{\Omega_a}{\Omega_b T_r^{1.5}}\left(\frac{h}{1+h}\right)=\frac{1}{1-h}-\frac{4.934}{T_r^{1.5}}\left(\frac{h}{1+h}\right) \tag{A}$$

$$h=\frac{\Omega_b p_r}{ZT_r}=\frac{0.08664RT_c}{Vp_c}=\frac{0.08664\times8.314\times126.1}{(69.4\times10^{-6}/1.0055)\times33.94\times10^5}=0.3878 \tag{B}$$

将 $h=0.3878$ 代入式(A) 中，得

$$Z=\frac{1}{1-0.3878}-\frac{4.934}{(2.335)^{1.5}}\left(\frac{0.3878}{1+0.3878}\right)=1.247$$

$$p=\frac{ZnRT}{V}=\frac{1.247\times1.005\times8.314\times294.4}{69.4\times10^{-6}}=44.2\times10^6\text{Pa}$$

当然，也可以直接使用 RK 方程的一般形式进行计算。将 T_c、p_c 值代入式(2-14a) 和式(2-14b) 得

$$a=\frac{0.42748\times(8.314)^2\times(126.1)^{2.5}}{3.394\times10^6}=1.5546\text{Pa}\cdot\text{m}^6\cdot\text{K}^{0.5}\cdot\text{mol}^{-2}$$

$$b=\frac{0.08664\times8.314\times126.1}{3.394\times10^6}=2.6763\times10^{-5}\text{m}^3\cdot\text{mol}^{-1}$$

代入式(2-13) 得

$$p=\frac{8.314\times294.4}{(6.94/1.0055-2.6763)\times10^{-5}}-\frac{1.5546}{(294.4)^{0.5}\times(6.94/1.0055)\times(6.94/1.0055+2.6763)\times10^{-10}}$$
$$=44.2\times10^6\text{Pa}$$

2.5 流体 p-V-T 关系式的比较

定量地描述真实流体及混合物的 p-V-T 关系一直以来是备受关注的问题，尽管该工作已经持续了 130 多年，也已开发出数百个状态方程，但是企图用一个完美的状态方程来同时适应各

种不同物质——不同的分子形状、大小、极性，满足不同温度、压力范围，同时形式简单，计算方便，可以用于计算多种热力学性质，还是很困难的。作为化工工程师和设计人员的主要任务就是根据研究体系、设计任务、对精度的要求等来选择状态方程，因此，在选择方程时一定要注意每一个方程的特点和使用情况，详细情况见表 2-1。

表 2-1 各类 p-V-T 关系式的使用范围和优缺点

状态方程	使用范围	优 点	缺 点
理想气体方程	仅适用于压力很低的气体	非常简单，用于精度要求不高、半定量的近似估算	不适合带压的真实气体
二阶舍项的维里方程	适用于压力不高于 1.5MPa 的气体	计算简单；在理论上有重要价值	不能同时用于汽液两相；对强极性物质误差较大；压力高于 5.0MPa 时会有较大误差
三阶舍项的维里方程	与二阶舍项维里方程相比，适用压力至少可提高至 5MPa	计算不太复杂；在理论上有重要价值	不能同时用于液相；用于混合物时太复杂，具有第三维里系数(C)的物质也很少
van der Waals 方程	一般用于压力不高的非极性和弱极性气体，实用意义已不高	形式比较简单，是立方型状态方程的起源，已开始能用于计算汽、液两相	精度低，特别是对液相计算误差可能很大
RK 方程	一般用于非极性和弱极性气体	计算气相体积准确性高，很实用；对非极性、弱极性物质误差小	计算强极性物质及含有氢键的物质偏差较大，液相误差在 10%～20%
RKS 方程	可同时计算气体和液体	精度高于 RK，工程上广泛应用。能计算饱和液相体积	计算蒸气压误差还比较大，整体来说计算液相 p、V、T 精度还不够
PR 方程	可同时计算气体和液体	工程上广泛应用，大多数情况精度高于 SRK。能计算液相体积；能同时用于汽液两相平衡	计算液相 p、V、T 还不够精确
多参数状态方程	可用于液体和气体	T、p 适用范围广，能同时用于汽、液两相；有的能用于强极性物质甚至量子气体；精度高	形式复杂，计算难度和工作量大；某些状态方程由于参数过多，导致无法用于不同物系的混合物，适合使用物系有限
普遍化第二维里系数法	适用于压力不高于 1.5MPa 的气体	计算非常简单；对非极性物质比较精确；维里系数可以估算得到	不能同时用于汽液两相；对强极性物质误差较大；压力高于 5.0MPa 时会有较大误差
两参数压缩因子图	适用于简单流体	计算非常简单，需要参数少	仅用于计算简单流体及非极性物质，计算精度不高
三参数压缩因子法	一般用于极性不强的气体	工程计算简便；适用于手算，对非极性、弱极性物质误差不大	对强极性物质及液相误差在 5%～10%；对氢、氦、氖等量子气体计算方法要修改，不便于电算

要对所有状态方程的计算精度作准确的排序是很困难的，我们给出的只是一个比较粗略的、大致的评价，其计算精度和方程的复杂程度是有关系的，方程计算简单，其计算精度和适用范围则会受到限制，一般对于纯物质而言，精度从高到低的排序是：多参数状态方程＞立方型状态方程＞两项舍项维里方程＞理想气体状态方程。而立方型状态方程的计算精度排序是：PR＞SRK＞RK＞vdW。

从工程角度，可以遵循以下原则：因为实验数据最为可靠，所以如果有实验数据，就用实验数据；若没有，则根据求解精度的要求和方程计算的难易程度选用状态方程，在计算的精度与复杂性上找一个平衡。

2.6 真实流体混合物的 p-V-T 关系

在化工生产和计算中，处理的物系大都是多组分的真实流体混合物。目前虽然有一些纯物质的 p-V-T 数据，但混合物的实验数据更少，为了满足工程设计计算的需要，必须求助于计算、关联甚至估算的方法，用纯物质的 p-V-T 关系预测或推算混合物的性质。

前已叙述，对于纯流体的 p-V-T 关系可以概括为

$$f(p,V,T)=0 \tag{2-3}$$

的形式，若要将这些方程扩展到混合物，必须增加组成 x 这个变量，即表示为

$$\phi(p,V,T,x)=0 \tag{2-44}$$

的形式，如何反映组成 x 对混合物 p-V-T 性质的影响，成为研究混合物状态方程 p-V-T 关系的关键之处。

2.6.1 混合规则

对于理想气体的混合物，其压力和体积与组成的关系分别表示成 Dalton 分压定律和 Amagat 分体积定律：

$$p_i=py_i \tag{2-45}$$

$$V_i=(nV)y_i \tag{2-46}$$

对于真实气体，由于气体纯组分的非理想性及由于混合引起的非理想性，使得分压定律和分体积定律无法准确地描述气体混合物的 p-V-T 关系。那么，如何将适用于纯物质的状态方程扩展到真实流体混合物是化工热力学中的一个热点问题。目前广泛采用的方法是将状态方程中的常数项，表示成组成 x 以及纯物质参数项的函数，这种函数关系称作为混合规则。

对于不同的状态方程，有不同的混合规则。寻找适当的混合规则，计算状态方程中的常数项，使其能准确地描述真实流体混合物的 p-V-T 关系，常常是计算混合流体热力学性质的关键。

2.6.2 流体混合物的虚拟临界参数

在 2.3 节中讲述了对比态原理，许多 p-V-T 关系可以用对比态原理表述和计算，例如 Pitzer 的三参数压缩因子图。

如果用对比态原理处理气体混合物的 p-V-T 关系，如计算其压缩因子时，就需要确定对比参数 T_r、p_r，就涉及到如何解决混合物临界性质的问题。可以将混合物视为假想的纯物质，将虚拟纯物质的临界参数称作虚拟临界参数。这样便可以把适用于纯物质的对比态方法应用到混合物上。为此，不同人提出了许多混合规则，其中最简单的是 Kay 规则。该规则将混合物的虚拟临界参数表示成

$$T_{pc}=\sum_i y_iT_{ci},\qquad p_{pc}=\sum_i y_ip_{ci} \tag{2-47}$$

式中，T_{pc}、p_{pc} 分别称为虚拟临界温度与虚拟临界压力；T_{ci}、p_{ci} 分别表示混合物中 i 组元的临界温度和临界压力；y_i 为 i 组元在混合物中的摩尔分数。

需要说明的是：虚拟临界温度与虚拟临界压力并不是混合物真实的临界参数，它们仅仅是数学上的参数，为了使用纯物质的 p-V-T 关系进行计算时采用的参数，没有任何物理意义。用这些虚拟临界参数计算混合物 p-V-T 关系时，所得结果一般较好。实践证明，若混合物中所有组分的临界温度和临界压力之比在以下范围内：

$$0.5<T_{ci}/T_{cj}<2,\qquad 0.5<p_{ci}/p_{cj}<2$$

Kay 规则与其他较复杂的规则相比，所得数值的差别不到 2%。但是，对于 p_{pc}，除非所有组元的 p_c、V_c 都比较接近，否则式(2-47) 这种简单加和方法的计算结果均不能令人满意。Prausnitz-Gunn 提出一个简单的改进规则，将 T_{pc} 仍用 Kay 规则，p_{pc} 表示为

$$p_{pc}=\frac{R\left(\sum_i y_iZ_{ci}\right)T_{pc}}{\sum_i y_iV_{ci}} \tag{2-48}$$

混合物的偏心因子 ω_M 一般可表示为

$$\omega_M=\sum_i y_i\omega_i \tag{2-49}$$

式中，ω_i 为混合物中 i 组元的偏心因子。

以上几个式子表示的混合规则都没有涉及组元间的相互作用参数。因此，这些混合规则均不能真正反映混合物的性质。对于组分差别很大的混合物，尤其对于具有极性组元的系统以及可以缔合为二聚物的系统均不适用。并且在发表这些混合规则时所用的数据全是气体的，因此这样的混合规则只能适用于气体。

2.6.3 气体混合物的第二维里系数

在 2.2.2 节中已讲述，维里方程是一个理论型方程，其中维里系数反映分子间的交互作用，如第二维里系数 B 反映两个分子间的交互作用。对于纯气体，仅有同一种分子间的交互作用，但对于混合物而言，第二维里系数 B 不仅要反映相同分子之间的相互作用，同时还要反映不同类型的两个分子交互作用的影响。

由统计力学可以导出气体混合物的第二维里系数为

$$B_M=\sum_i\sum_j y_iy_jB_{ij} \tag{2-50}$$

式中，y 为混合物各组元的摩尔分数；B_{ij} 为组元 i 和 j 之间的相互作用。显然，i 和 j 相同，表示同类分子作用，否则，表示异类分子作用，且 $B_{ij}=B_{ji}$。对于二元混合物，式(2-50）的展开式为

$$B_M=y_1^2B_{11}+2y_1y_2B_{12}+y_2^2B_{22} \tag{2-51}$$

显然，式中 B_{11}、B_{22} 分别为纯物质 1 和 2 的第二维里系数；B_{12} 代表混合物性质，称为交叉第二维里系数，用以下经验式计算：

$$B_{ij}=\frac{RT_{cij}}{p_{cij}}[B^{(0)}+\omega_{ij}B^{(1)}] \tag{2-52}$$

式中，$B^{(0)}$ 和 $B^{(1)}$ 的计算用式(2-37a）和式(2-37b)，它们仍然是对比温度 T_r 的函数。Prausnitz 对计算各临界参数提出如下的混合规则：

$$T_{cij}=(1-k_{ij})\sqrt{T_{ci}T_{cj}} \tag{2-53a}$$

$$V_{cij}=\left(\frac{V_{ci}^{1/3}+V_{cj}^{1/3}}{2}\right)^3 \tag{2-53b}$$

$$Z_{cij}=\frac{Z_{ci}+Z_{cj}}{2} \tag{2-53c}$$

$$p_{cij}=\frac{Z_{cij}RT_{cij}}{V_{cij}} \tag{2-53d}$$

$$\omega_{ij}=\frac{\omega_i+\omega_j}{2} \tag{2-53e}$$

式中，k_{ij} 称为二元交互作用参数。不同分子的交互作用很自然地会影响混合物的性质，若存在极性分子时，影响更大。以上计算式的特点是：①引入交互作用系数 k_{ij}，k_{ij} 值一般不大，在 0～0.2 之间，但对于计算可能有较大的影响；②k_{ij} 引入于 T_{cij} 的校正项中；③p_{cij} 更难求得，本法所用的是按 Z_{cij} 的定义式求得；④至今尚未得到一个 k_{ij} 值的理论式或经验式，一般通过实验的 p-V-T 数据或相平衡数据拟合得到；⑤在近似计算中，k_{ij} 可以取作为零，虽然误差可能大大增加。

用普遍化第二维里系数计算气体混合物压缩因子的步骤是：计算纯物质普遍化第二维里系数（如 B_{11}、B_{22}），再用式(2-53a)～式(2-53e）计算各个交互临界参数，代入式(2-52）计算交叉第二维里系数，然后使用式(2-50）计算混合物的 B_M，最后用下式计算混合物的压缩因子：

$$Z=1+\frac{B_Mp}{RT} \tag{2-54}$$

可见，气体混合物压缩因子的计算包括许多步骤，但每个步骤都可以非常方便地编成计算机程

序完成。

【例 2-10】 试求 $CO_2(1)$-$C_3H_8(2)$ 体系在 311K 和 1.5MPa 的条件下的混合物摩尔体积，两组元的摩尔比为 3∶7（二元交互作用参数 k_{ij} 近似取为 0）。

解： 首先查得两种纯组元的临界参数，并依据式(2-53a)～式(2-53e) 计算混合物的交互临界参数，有关的临界数据列表如下：

ij	T_{cij}/K	p_{cij}/MPa	V_{cij}/m^3·$kmol^{-1}$	Z_{cij}	ω_{ij}
11	304.2	7.382	0.0940	0.274	0.228
22	369.8	4.248	0.2000	0.277	0.152
12	335.4	5.472	0.1404	0.2755	0.190

采用二阶舍项的维里方程计算混合物的性质，需要计算混合物的交互第二维里系数，计算结果见下表。

ij	$B^{(0)}$	$B^{(1)}$	B_{ij}/m^3·$kmol^{-1}$
11	−0.324	−0.0178	−0.1125
22	−0.474	−0.217	−0.3667
12	−0.393	−0.0972	−0.2098

由式(2-51) 得

$$B_M = y_1^2 B_{11} + 2y_1 y_2 B_{12} + y_2^2 B_{22} = 0.3^2 \times (-0.1125) + 2 \times 0.3 \times 0.7 \times (-0.2098) + 0.7^2 \times (-0.3667)$$

$$= -0.2779 \mathrm{m^3 \cdot kmol^{-1}}$$

$$Z = \frac{pV}{RT} = 1 + \frac{Bp}{RT} = 1 + \frac{(-0.2779 \times 10^{-3}) \times 1.50 \times 10^6}{8.314 \times 311} = 0.839$$

$$V = \frac{ZRT}{p} = \frac{0.839 \times 8.314 \times 311}{1.50 \times 10^6} = 1.45 \times 10^{-3} \mathrm{m^3 \cdot mol^{-1}}$$

2.6.4 混合物的立方型状态方程

若将气体混合物虚拟为一种纯物质，就可以将纯物质的状态方程应用于气体混合物的 p-V-T 计算中。但由于分子间的相互作用非常复杂，所以不同的状态方程当用于混合物 p-V-T 计算时应采用不同的混合规则，一个状态方程也可使用不同的混合规则。除维里方程的混合规则由统计力学给出了严密的组成关系外，大多数状态方程均采用经验的混合规则。混合规则的优劣只能由实践来检验，检验的内容不单是 p-V-T 关系，还应包括其他一系列热力学性质，特别是汽液平衡计算。

立方型状态方程（van der Waals、RK、RKS、PR 方程）用于混合物时，方程中参数 a 和 b 常采用以下的混合规则：

$$a_M = \sum_i \sum_j y_i y_j a_{ij} \quad (2\text{-}55a) \qquad b_M = \sum_i y_i b_i \quad (2\text{-}55b)$$

同样，对于二元混合物，应写为

$$a_M = y_1^2 a_{11} + 2y_1 y_2 a_{12} + y_2^2 a_{22} \quad (2\text{-}56a)$$

$$b_M = y_1 b_1 + y_2 b_2 \quad (2\text{-}56b)$$

可见，a_M 中包括交叉项 a_{ij}，而 b_M 的计算中只有纯组元参数，没有交叉项。交叉项 a_{ij} 可以用下式计算：

$$a_{ij} = (a_i a_j)^{0.5}(1 - k_{ij}) \quad (2\text{-}57)$$

式中，k_{ij} 为二元交互作用参数，一般由实验数据拟合可以得到，当混合物各组分性质非常相近时，可以近似取 $k_{ij}=0$。

Prausnitz 等人建议用下式计算交叉项 a_{ij}：

$$a_{ij}=\frac{\Omega_a R^2 T_{cij}^{2.5}}{p_{cij}} \tag{2-58}$$

式中，交叉临界参数的计算仍然采用式(2-53a)～式(2-53e)，而交互作用系数引入 T_{cij}。

通过计算得到混合物参数 a_M、b_M 后，就可以利用立方型状态方程计算混合物的 p-V-T 关系和其他热力学性质了。

当然，除了式(2-55a) 和式(2-55b) 外，不同的学者针对不同的性质及不同的方程提出了许多其他的立方型状态方程的混合规则，不同的混合规则有不同的精度和适用范围。

【例 2-11】 试求等分子比的 CO_2 与 C_3H_8 的混合气体，在 303.16K、25.5×10^5Pa 下的压缩因子。已知实验值为 $Z=0.737$。混合气体真实临界性质为 $T_c=319.8$K，$p_c=71.6\times10^5$Pa，计算时采用下列各种混合规则：

(1) 使用混合气体的真实临界性质求 RK 参数 a、b；

(2) 使用式 $a_{ij}=\sqrt{a_i a_j}$ 计算 RK 方程中的交互参数 a_{ij}；

(3) 使用 Prausnitz 等人建议的关联式(2-58) 计算 RK 方程中的交互参数 a_{ij}。

计算中近似取交互作用参数 $k_{ij}=0$。

解： 用于混合物的 RK 方程为

$$Z=\frac{1}{1-h}-\frac{a_M}{b_M RT^{1.5}}\left(\frac{h}{1+h}\right) \tag{A}$$

$$h=\frac{b_M p}{ZRT} \tag{B}$$

纯物质 RK 方程参数为

$$a=0.42748R^2T_c^{2.5}/p_c \tag{2-14a}$$

$$b=0.08664RT_c/p_c \tag{2-14b}$$

混合物 RK 参数为

$$a_M=y_1^2a_{11}+2y_1y_2a_{12}+y_2^2a_{22} \tag{2-56a}$$

$$b_M=y_1b_1+y_2b_2 \tag{2-56b}$$

(1) 利用混合物真实临界性质求 a_M、b_M

将 $T_c=319.8$K、$p_c=71.6\times10^5$Pa 代入式(2-14a) 和式(2-14b) 得

$$a=0.42748R^2T_c^{2.5}/p_c=0.42748\times\frac{(8.314)^2(319.8)^{2.5}}{71.6\times10^5}=7.55\text{Pa}\cdot\text{m}^6\cdot\text{K}^{0.5}\cdot\text{mol}^{-2}$$

$$b=0.08664RT_c/p_c=0.08664\times\frac{8.314\times319.8}{71.6\times10^5}=3.218\times10^{-5}\text{m}^3\cdot\text{mol}^{-1}$$

将以上所得 a_M、b_M 值代入式(A) 和式(B)，迭代求解得 $Z=0.843$

(2) CO_2 及 C_3H_8 的临界参数及由临界参数计算得到的 a、b 值见下表。

组元	T_c/K	$p_c\times10^{-5}$/Pa	$V_c\times10^6$/$m^3\cdot mol^{-1}$	Z_c	a/$Pa\cdot m^6\cdot K^{0.5}\cdot mol^{-2}$	$b\times10^5$/$m^3\cdot mol^{-1}$
CO_2(1)	304.2	73.82	94.0	0.274	6.460	2.968
C_3H_8(2)	369.8	42.48	200	0.277	18.29	6.271

交互 RK 参数 $a_{12}=\sqrt{a_1a_2}=\sqrt{6.460\times18.29}=10.87\text{Pa}\cdot\text{m}^6\cdot\text{K}^{0.5}\cdot\text{mol}^{-2}$

气体混合物的 a_M、b_M 值由式(2-56a) 和式(2-56b) 得

$$a_M=0.5^2\times6.460+2\times0.5\times0.5\times10.87+0.5^2\times18.29=11.62\text{Pa}\cdot\text{m}^6\cdot\text{K}^{0.5}\cdot\text{mol}^{-2}$$

$$b_M=0.5\times2.968\times10^{-5}+0.5\times6.271\times10^{-5}=4.62\times10^{-5}\text{m}^3\cdot\text{mol}^{-1}$$

将 a_M、b_M 值代入式(A)、式(B) 中迭代求解得 $Z=0.745$。

(3) 使用 Prausnitz 等建议的关联式(2-58) 计算 RK 方程中的交互参数 a_{12} 时，根据式(2-53a)～式(2-53d) 求出混合物的虚拟临界参数：

$$T_{c12}=335.4\text{K},\qquad p_{c12}=54.72\times10^5\text{Pa}$$

交叉 RK 参数：

$$a_{12}=\frac{\Omega_a R^2 T_{c12}^{2.5}}{p_{c12}}=\frac{0.42748\times(8.314)^2\times(335.4)^{2.5}}{54.72\times10^5}=11.12\text{Pa}\cdot\text{m}^6\cdot\text{K}^{0.5}\cdot\text{mol}^{-2}$$

气体混合物的 a_M、b_M 值由式(2-56a) 和式(2-56b) 得

$$a_M=11.75\text{Pa}\cdot\text{m}^6\cdot\text{K}^{0.5}\cdot\text{mol}^{-2}$$

$$b_M=4.62\times10^{-5}\text{m}^3\cdot\text{mol}^{-1}$$

将 a_M、b_M 值代入式(A)、式(B) 中迭代求解得 $Z=0.737$

将以上三种方法计算得到的结果与实验值比较可以看出，使用气体混合物的真实临界性质进行计算，所得结果最差。因此也说明真实流体混合物的临界性质数据在化工热力学中意义不大。Prausnitz 等人建议的混合规则，与实验值吻合得最好，但计算过程复杂，如果精度要求不高，可以采用简单的混合规则。

2.7 液体的 p-V-T 关系

前面已经讨论的 p-V-T 关系如 RKS 方程、PR 方程及 BWR 方程、Martin-Hou 方程等都可以用到液相区，由这些方程解出的最小体积根即为液体的摩尔体积。但也有许多状态方程只能较好地说明气体的 p-V-T 关系，不适用于液体，当应用到液相区时会产生较大的误差。这是由于液体的 p-V-T 关系较复杂，对液体理论的研究远不如对气体的研究深入。但与气体相比，液体的摩尔体积容易测定。且一般条件下，压力对液体密度影响不大，温度的影响也不很大。而在临界区，压力和温度对液体容积性质的影响比较复杂。除状态方程外，工程上还常常选用经验关系式和普遍化关系式等方法来估算。

2.7.1 饱和液体体积

(1) Rackett 方程

Rackett 在 1970 年提出了饱和液体体积方程，为

$$V_s=V_c Z_c^{(1-T_r)^{2/7}}\tag{2-59}$$

式中，V_s 为饱和液体体积。

该式准确性还很好，因而出现了一些修正式，如 Spencer 和 Danner 提出：

$$V_s=\frac{RT_c}{p_c}Z_{RA}^{[1+(1-T_r)^{2/7}]}\tag{2-60}$$

式中，Z_{RA} 是每个物质特有的常数，虽然可以由实验数据回归求得，但依然有更多物质缺乏该值，不得不选用 Z_c 代替 Z_{RA}，此时方程又回到 Rackett 式，写为

$$V_s=\frac{RT_c}{p_c}Z_c^{[1+(1-T_r)^{2/7}]}\tag{2-61}$$

Rackett 式对于多数物质相当精确，只是不适于 $Z_c<0.22$ 的体系和缔合液体。

Yamada 和 Gunn 在 1973 年提出，式(2-59) 和式(2-61) 中的临界压缩因子 Z_c 可以用偏

心因子 ω 来关联，它们变为

$$V_s=V_c(0.29056-0.08775\omega)^{(1-T_r)^{2/7}} \tag{2-62a}$$

$$V_s=\frac{RT_c}{p_c}(0.29056-0.08775\omega)^{[1+(1-T_r)^{2/7}]} \tag{2-62b}$$

如果应用在某一参比温度 T^R 下的一个实测体积 V_s^R，式(2-62a) 改写为以下形式：

$$V_s=V_s^R(0.29056-0.08775\omega)^{\phi} \tag{2-63}$$

式中， $\phi=(1-T_r)^{2/7}-(1-T_r^R)^{2/7}$， $T_r^R=T^R/T_c$

只要知道任意一个温度下的摩尔体积，将此温度作为参比温度，便可以利用式(2-63) 计算其他温度下饱和液体体积。该式的估算精度比其他形式的 Rackett 方程要高。

(2) Yen-Woods 关系式

估算极性物质饱和液体密度时，可以采用 Yen-Woods 关系式。据报道，利用该式计算液体体积时，计算温度从冰点附近至接近临界点，压力达到 $p_r=30$，误差一般小于 3%～6%。该式的形式如下

$$\frac{\rho^s}{\rho_c}=1+\sum_{j=1}^{4}K_j(1-T_r)^{j/3} \tag{2-64}$$

式中，ρ^s 为饱和液体密度；K_j 为 Z_c 的函数：

$$K_j=a+bZ_c+cZ_c^2+dZ_c^3 \tag{2-65}$$

j=1～3 时，参数 a、b、c、d 的值见表 2-2。

表 2-2 式(2-65) 中各常数项

j	a	b	c	d
1	17.4425	−214.578	989.625	−1522.06
2($Z_c\leqslant0.26$)	−3.28257	13.6377	107.4844	−384.201
2($Z_c>0.26$)	60.2091	−402.063	501.0	641.0
3	0.0	0.0	0.0	0.0

j=4 时， $K_4=0.93-K_2$

2.7.2 压缩液体（过冷液体）体积

若压力不高，可视压缩液体（过冷液体）密度（d）与饱和液体密度（d_s）相同，在工程计算中常被混用。但是在较高压力下两者有差异，在接近临界点时差异更大。

许多方法是从饱和液体密度出发进行的，一般的计算式表现为 d 和 d_s 的差值或比值。

如 Chang-Zhao 在 1990 年提出的 Chang-Zhao 法，计算式为：

$$\frac{d_s}{d}=\frac{V}{V_s}=\frac{A+2.810^C(p_r-p^s)}{A+2.810(p_r-p^s)}=\frac{Ap_c+2.810^C(p-p^s)}{Ap_c+2.810(p-p^s)} \tag{2-66}$$

式中，

$$A=99.42+6.502T_r-78.68T_r^2-75.18T_r^3+31.49T_r^4+7.257T_r^5 \tag{2-67a}$$

$$B=0.38144-0.30144\omega-0.08457\omega^2 \tag{2-67b}$$

$$C=(1.1-T_r)^B \tag{2-67c}$$

式中，$d_s(V_s)$ 是由 Spencer-Danner 所提出的式(2-61) 计算得到的。

2.7.3 液体混合物的 p-V-T 关系

一般来说，若采用合适的混合规则，上面介绍的经验关联式都可以用来计算液体混合物的密度（体积）。以修正的 Rackett 式(2-55) 为例，当用于液体混合物时，相应的公式为

$$V=R\left(\sum_i\frac{x_iT_{ci}}{p_{ci}}\right)Z_{RA}^{[1+(1-T_r)^{2/7}]} \tag{2-68}$$

$$Z_{RA}=\sum_i x_i Z_{RAi} \tag{2-69}$$

式中，

$$T_{ci}=\sum_i\sum_j \phi_i\phi_j T_{cij} \tag{2-70a}$$

$$\varphi_i=\frac{x_i V_{ci}}{\sum_k x_k V_{ck}} \tag{2-70b}$$

$$T_{cij}=(1-k_{ij})\sqrt{T_{ci}T_{cj}} \tag{2-53a}$$

当然，也可以选用合适的状态方程处理液体混合物的 p-V-T 关系，则需要选择与此状态方程相一致的混合规则，混合规则的原则与基本方法和处理气体混合物时相同。

除了状态方程和经验关联式外，在 2.3.2 节中提到的 Lydesen 等人提出的液体对比密度普遍化关联式(2-31) 也可以很方便地计算液体的密度。

本章小结

1. 通过纯物质的 p-V-T 图、p-V 图和 p-T 图，定性地了解纯物质的 p-V-T 关系。理解和掌握纯物质临界点的概念和特征；了解图中的饱和液相线和饱和气相线以及相平衡的面。

2. 介绍了几类状态方程，其中包括维里方程、立方型状态方程、硬球型状态方程及多参数状态方程，要求重点掌握维里方程（virial 方程）和立方型状态方程。维里方程是一类理论型状态方程，可以写为几种不同形式，其维里系数具有明显的物理意义。但是由于目前高阶维里系数的缺乏，通常采用二阶舍项的维里方程，它使用方便，但由于舍去了多分子间的相互作用，使得它仅能较好地用于中低压下的气体。立方型状态方程是目前工业界常用的方程，其由于表示为体积的三次方而得名。本章重点介绍了立方型状态方程的几个典型代表——van der Waals 方程、RK 方程、RKS 方程及 PR 方程。随着方程形式的复杂化，方程的计算精度和使用范围均有所提高，请大家理解每个方程的特点、计算方法和使用情况，根据不同的计算要求选择不同的方程。立方型状态方程是压力的显函数，为了更方便于计算体积，工业上还常用立方型状态方程的迭代形式。硬球扰动状态方程和多参数状态方程更加复杂，但在计算某些特殊流体时呈现出非常好的计算精度。

3. 对比态原理是描述流体 p-V-T 关系的另一类方法，其基本原理为：不同物质在相同的对比态下性质相同。用对比态原理计算流体的 p-V-T 关系又可以分为两大类，一类是压缩因子图，另一类是普遍化状态方程。最初的对比态原理起源于两参数压缩因子图，即以对比温度 T_r 及对比压力 p_r 为两个参数，认为当不同物质具有相同的对比温度和对比压力时必然具有相同的压缩因子，但仅适用于简单的球形分子，为了提高其计算精度，需要加入第三参数。本章介绍了两类三参数压缩因子图，分别以临界压缩因子 Z_c 及偏心因子 ω 作为第三参数，其中以偏心因子 ω 为第三参数的 Pitzer 三参数压缩因子图使用广泛得多，要重点掌握偏心因子的概念，以便在许多计算中应用。普遍化状态方程是指方程中不含特性参数，以对比变量为参数的状态方程，要重点掌握普遍化的第二维里系数，其使用简单，但应注意其使用范围。此外，也可以利用临界等温线是拐点的特征将立方型状态方程普遍化。

4. 流体混合物的 p-V-T 关系计算不需要重新建立新的方程，依然使用纯物质建立的状态方程，只需要将状态方程中的特性参数表示为混合物组成和纯物质参数的关系式，这种关系式称为混合规则。混合规则在处理真实流体混合物的 p-V-T 关系中起着举足轻重的作用。不同的状态方程要使用不同的混合规则，有时一个状态方程也可以使用不同的混合规则，则可能具有不同的计算精度，混合规则的优劣只能用计算结果来检验。本章重点介绍了使用于Pitzer三参数压缩因子图的Kay规则、气体混合物的第二维里系数和立方型状态方程的混合规则，混合规则不但用于状态方程，也应用于对比态法的图。

5. 不同的 p-V-T 关系使用范围和计算精度不同，有些是可以用于液体计算的，如RKS方程、PR方程及多参数状态方程及Pizer的三参数压缩因子图，但总的来说，所有方法应用于液体误差都增大，有的方法，例如截项的维里方程是完全不能用于液体的。以 Z_c 作为第三参数的Lydersen关系式可以专门用来计算液体的对比密度。此外，还有一系列经验关联式专门用来计算液体的 p-V-T 关系。

6. 流体的 p-V-T 关系非常重要，在化工设计计算中有许多直接应用，例如设备的压力计算、加压设备的流体线速度计算以及计算塔径和管径等，一定要熟练掌握不同 p-V-T 关系的计算方法，掌握不同方程的特点及使用情况。但更要注意流体的 p-V-T 关系还是其他热力学性质计算的基点，在第三章流体的焓变和熵变计算、第五章流体的逸度计算及第六章流体的相平衡计算中都要使用流体的 p-V-T 关系，因此在后续几章的学习中要常常温习本章的内容。

习　题

2-1 为什么要研究流体的 p-V-T 关系？

2-2 理想气体的特征是什么？

2-3 偏心因子的概念是什么？为什么要提出这个概念？它可以直接测量吗？

2-4 纯物质的饱和液体的摩尔体积随着温度升高而增大，饱和蒸气的摩尔体积随着温度的升高而减小吗？

2-5 同一温度下，纯物质的饱和液体与饱和蒸气的热力学性质均不同吗？

2-6 常用的三参数的对比态原理有哪几种？

2-7 总结纯气体和纯液体 p-V-T 计算的异同。

2-8 简述对比态原理。其在化工热力学中有什么重要性？

2-9 如何理解混合规则？为什么要提出这个概念？有哪些类型的混合规则？

2-10 将下列纯物质经历的过程表示在 p-V 图上：(1) 过热蒸气等温冷凝为过冷液体；(2) 过冷液体等压加热为过热蒸气；(3) 饱和蒸气可逆绝热压缩；(4) 饱和液体恒容加热；(5) 在临界点进行的恒温膨胀。

2-11 已知 SO_2 在431K下，第二、第三维里系数分别为：$B=-0.159\text{m}^3\cdot\text{kmol}^{-1}$，$C=-9.0\times10^{-3}\text{m}^6\cdot\text{kmol}^{-2}$，试计算：

(1) SO_2 在431K、10×10^5Pa下的摩尔体积；

(2) 在封闭系统内，将1kmol SO_2 由 10×10^5Pa恒温（431K）可逆压缩到 75×10^5Pa时所做的功。

2-12 试计算一个 125cm^3 的刚性容器，在50℃和18.745MPa条件下能贮存甲烷多少克（实验值为17g）？分别用理想气体方程和RK方程计算（RK方程可以用软件计算）。

2-13 欲在一个 7810cm^3 的钢瓶中装入1kg的丙烷，且在253.2℃下工作，若钢瓶的安全工作压力为10MPa，问是否安全？

2-14 试用RKS方程计算异丁烷在300K、3.704×10^5Pa时的饱和蒸气的摩尔体积。已知实验值为 $V=6.081\times10^{-3}\text{m}^3\cdot\text{mol}^{-1}$。

2-15 试分别用RK方程及RKS方程计算在273K、1000×10^5Pa下，氮的压缩因子值。已知实验值为 $Z=2.0685$。

2-16 试用下列各种方法计算水蒸气在 107.9×10^5Pa、593K下的比容，并与水蒸气表查出的数据（$V=0.01687\text{m}^3\cdot\text{kg}^{-1}$）进行比较。

(1) 理想气体定律；(2) 维里方程；(3) 普遍化RK方程。

2-17 试分别用 (1) van der Waals方程；(2) RK方程；(3) RKS方程计算273.15K时将 CO_2 压缩到

体积为 $550.1cm^3 \cdot mol^{-1}$ 所需要的压力。实验值为 3.090MPa。

2-18 一个体积为 $0.3m^3$ 的封闭储槽内贮乙烷，温度为 290K，压力为 $25\times10^5 Pa$，若将乙烷加热到 479K，试估算压力将变为多少？

2-19 如果希望将 22.7kg 的乙烯在 294K 时装入 $0.085m^3$ 的钢瓶中，问压力应为多少？

2-20 一个 $0.5m^3$ 的压力容器，其极限压力为 2.75MPa，出于安全的考虑，要求操作压力不得超过极限压力的一半。试问容器在 130℃条件下最多能装入多少丙烷？

2-21 用 Pitzer 的普遍化关系式计算甲烷在 323.16K 时产生的压力。已知甲烷的摩尔体积为 $1.25\times10^{-4}m^3 \cdot mol^{-1}$，压力的实验值为 $1.875\times10^7 Pa$。

2-22 试用 RK 方程计算二氧化碳和丙烷的等分子混合物在 151℃和 13.78MPa 下的摩尔体积。

2-23 混合工质的性质是人们有兴趣的研究课题。试用 RKS 状态方程计算由 R12（CCl_2F_2）和 R22（$CHClF_2$）组成的等摩尔混合工质气体在 400K 及 1.0MPa、2.0MPa、3.0MPa、4.0MPa 和 5.0MPa 时的摩尔体积。可以认为该二元混合物的相互作用参数 $k_{12}=0$（建议自编软件计算）。计算中所使用的临界参数如下表。

组元(i)	T_c/K	p_c/MPa	ω
R22(1)	369.2	4.975	0.215
R12(2)	385	4.224	0.176

2-24 试用下列方法计算由 30%（摩尔分数）的氮（1）和 70%正丁烷（2）所组成的二元混合物，在 462K、$69\times10^5 Pa$ 下的摩尔体积。

（1）使用 Pitzer 三参数压缩因子关联式。

（2）使用 RK 方程，其中参数项为：

$$b_i=\frac{0.086640RT_{ci}}{p_{ci}},\qquad a_{ij}=\frac{0.427480R^2T_{cij}^{2.5}}{p_{cij}}$$

（3）使用三项维里方程，维里系数实验值为：

$B_{11}=14\times10^{-6}$，$B_{22}=-265\times10^{-6}$，$B_{12}=-9.5\times10^{-6}$ （B 的单位为 $m^3 \cdot mol^{-1}$）

$C_{111}=1.3\times10^{-9}$，$C_{222}=3.025\times10^{-9}$，$C_{112}=4.95\times10^{-9}$，$C_{122}=7.27\times10^{-9}$ （C 的单位为 $m^6 \cdot mol^{-2}$）

已知氮及正丁烷的临界参数和偏心因子为：

N_2 $T_c=126.10K$， $p_c=3.394MPa$， $\omega=0.040$

$n\text{-}C_4H_{10}$ $T_c=425.12K$， $p_c=3.796MPa$， $\omega=0.199$

2-25 一压缩机，每小时处理 454kg 甲烷及乙烷的等摩尔混合物。气体在 $50\times10^5 Pa$、422K 下离开压缩机，试问离开压缩机的气体体积流率（$cm^3 \cdot h^{-1}$）为多少？

2-26 H_2 和 N_2 的混合物，按合成氨反应的化学计量比，加入到反应器中

$$N_2+3H_2 = 2NH_3$$

混合物进反应器的压力为 $600\times10^5 Pa$，温度为 298K，流率为 $6m^3 \cdot h^{-1}$。其中 15%的 N_2 转化为 NH_3，离开反应器的气体被分离后，未反应的气体循环使用，试计算：（1）每小时生成多少千克 NH_3？（2）若反应器出口物流（含 NH_3 的混合物）的压力为 $550\times10^5 Pa$，温度为 451K，试问在内径 $D=0.05m$ 管内的流速为多少？

2-27 测得天然气（摩尔组成为 CH_4 84%、N_2 9%、C_2H_6 7%）在压力 9.27MPa、温度 37.8℃下的平均时速为 $25m^3 \cdot h^{-1}$。试用下述方法计算在标准状况下的气体流速。

（1）理想气体方程；（2）虚拟临界参数；（3）Dalton 定律和普遍化压缩因子图；（4）Amagat 定律和普遍化压缩因子图。

2-28 试分别用下述方法计算 CO_2（1）和丙烷（2）以 3.5∶6.5 的摩尔比混合的混合物在 400K 和 13.78MPa 下的摩尔体积。

（1）RK 方程，采用 Prausnitz 建议的混合规则（令 $k_{ij}=0.1$）；

（2）Pitzer 的普遍化压缩因子关系式。

2-29 试计算甲烷（1）、丙烷（2）及正戊烷（3）的等摩尔三元体系在 373K 下的 B 值。已知 373K 温度下：

$B_{11}=-20cm^3 \cdot mol^{-1}$， $B_{22}=-241cm^3 \cdot mol^{-1}$， $B_{33}=-241cm^3 \cdot mol^{-1}$

$B_{12}=-75cm^3 \cdot mol^{-1}$， $B_{13}=-122cm^3 \cdot mol^{-1}$， $B_{23}=-399cm^3 \cdot mol^{-1}$

第3章　单组元流体及其过程的热力学性质

流体的压力（p）、温度（T）、体积（V）是表征流体状态的三个基本物理量，是流体热力学性质的重要组成部分。描述平衡状态下流体的宏观性质除了 p、V、T 以外，以下几个能量函数也是流体热力学性质的组成部分：

热力学能（也称内能 U，internal energy）；焓（H，enthalpy）；熵（S，entropy）；Gibbs 自由能（G，Gibbs free energy）；Helmholtz 自由能（A，Helmholtz free energy）。

这些能量参数都是热力学状态函数，其数值对于化学工业过程中热和功的计算是必不可少的。它们不易直接测量，但是它们与 p、V、T 之间存在一定的关系。根据这些能量参数的定义，它们之间的关系可表示如下：

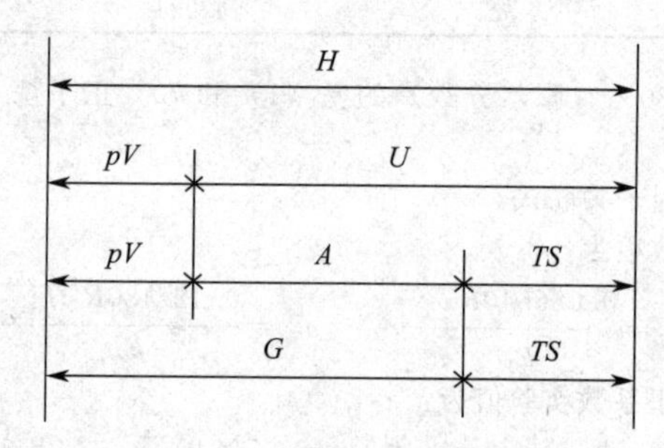

本章从热力学第一定律和第二定律出发，导出各种热力学性质的关系式，并以过程的焓变和熵变为例，说明怎样借助 p-V-T 关系求解真实流体的热力学性质。这些计算广泛应用于化工过程的能量计算以及热力学图和热力学表的制作。

3.1　热力学性质间的关系

3.1.1　热力学基本方程

对于封闭体系，根据能量守恒原理得到体系的热力学能变化与可逆过程的热和功之间的关系为

$$\mathrm{d}U=\mathrm{d}Q+\mathrm{d}W$$

假设过程无非体积功，则有

$$\mathrm{d}Q=T\mathrm{d}S, \qquad \mathrm{d}W=-p\mathrm{d}V$$

$$\mathrm{d}U=T\mathrm{d}S-p\mathrm{d}V \tag{3-1}$$

式中，U、S 和 V 分别表示系统的热力学能、熵和体积。

式(3-1) 的建立以可逆过程为基础，但是它只包含与状态有关的系统性质，这些性质不随过程的改变而变化，因此式(3-1) 亦可用于非可逆过程，只要求系统是封闭的，而且过程的始点和终点均为平衡状态。

又根据焓、Helmholtz 自由能和 Gibbs 自由能的定义分别得到

$$\mathrm{d}H=\mathrm{d}U+\mathrm{d}(pV)=T\mathrm{d}S+V\mathrm{d}p \tag{3-2}$$

$$\mathrm{d}A=\mathrm{d}U-\mathrm{d}(TS)=-S\mathrm{d}T-p\mathrm{d}V \tag{3-3}$$

$$\mathrm{d}G=\mathrm{d}H-\mathrm{d}(TS)=-S\mathrm{d}T+V\mathrm{d}p \tag{3-4}$$

关系式(3-1)～式(3-4) 称为热力学基本方程，它们是定组成流体的热力学性质计算关系式，适用于封闭体系。但是，对于 1mol（或 1kg）纯流体，上述的热力学基本方程式也适用于敞开体系。

因为热力学基本方程式中的参量 U、H、G、A 都是状态函数，所以具有全微分性质。

由 dU 的全微分和式(3-1) 得到

$$\left.\begin{aligned} dU&=\left(\frac{\partial U}{\partial S}\right)_V dS+\left(\frac{\partial U}{\partial V}\right)_S dV \\ dU&=TdS-pdV \end{aligned}\right\} \Longrightarrow \begin{aligned} \left(\frac{\partial U}{\partial S}\right)_V&=T \quad (3\text{-}5) \\ \left(\frac{\partial U}{\partial V}\right)_S&=-p \quad (3\text{-}6) \end{aligned}$$

由 dH 的全微分和式(3-2) 得到

$$\left.\begin{aligned} dH&=\left(\frac{\partial H}{\partial S}\right)_p dS+\left(\frac{\partial H}{\partial p}\right)_S dp \\ dH&=TdS+Vdp \end{aligned}\right\} \Longrightarrow \begin{aligned} \left(\frac{\partial H}{\partial S}\right)_p&=T \quad (3\text{-}7) \\ \left(\frac{\partial H}{\partial p}\right)_S&=V \quad (3\text{-}8) \end{aligned}$$

由 dA 的全微分和式(3-3) 得到

$$\left.\begin{aligned} dA&=\left(\frac{\partial A}{\partial T}\right)_V dT+\left(\frac{\partial A}{\partial V}\right)_T dV \\ dA&=-SdT-pdV \end{aligned}\right\} \Longrightarrow \begin{aligned} \left(\frac{\partial A}{\partial T}\right)_V&=-S \quad (3\text{-}9) \\ \left(\frac{\partial A}{\partial V}\right)_T&=-p \quad (3\text{-}10) \end{aligned}$$

由 dG 的全微分和式(3-4) 得到

$$\left.\begin{aligned} dG&=\left(\frac{\partial G}{\partial p}\right)_T dp+\left(\frac{\partial G}{\partial T}\right)_p dT \\ dG&=Vdp-SdT \end{aligned}\right\} \Longrightarrow \begin{aligned} \left(\frac{\partial G}{\partial p}\right)_T&=V \quad (3\text{-}11) \\ \left(\frac{\partial G}{\partial T}\right)_p&=-S \quad (3\text{-}12) \end{aligned}$$

由式(3-5) 和式(3-7) 得到

$$\left(\frac{\partial U}{\partial S}\right)_V=\left(\frac{\partial H}{\partial S}\right)_p=T \tag{3-13}$$

由式(3-6) 和式(3-10) 得到

$$\left(\frac{\partial U}{\partial V}\right)_S=\left(\frac{\partial A}{\partial V}\right)_T=-p \tag{3-14}$$

由式(3-8) 和式(3-11) 得到

$$\left(\frac{\partial H}{\partial p}\right)_S=\left(\frac{\partial G}{\partial p}\right)_T=V \tag{3-15}$$

由式(3-9) 和式(3-12) 得到

$$\left(\frac{\partial G}{\partial T}\right)_p=\left(\frac{\partial A}{\partial T}\right)_V=-S \tag{3-16}$$

3.1.2 Maxwell（麦克斯韦尔）关系式

根据全微分量的二阶导数性质，由热力学基本方程结合关系式(3-5)～式(3-12) 得到 Maxwell 关系式如下：

$$\left(\frac{\partial T}{\partial V}\right)_S=\frac{\partial}{\partial V}\left[\left(\frac{\partial U}{\partial S}\right)_V\right]_S=\frac{\partial}{\partial S}\left[\left(\frac{\partial U}{\partial V}\right)_S\right]_V=-\left(\frac{\partial p}{\partial S}\right)_V \Longrightarrow \left(\frac{\partial T}{\partial V}\right)_S=-\left(\frac{\partial p}{\partial S}\right)_V \tag{3-17}$$

$$\left(\frac{\partial T}{\partial p}\right)_S=\frac{\partial}{\partial p}\left[\left(\frac{\partial H}{\partial S}\right)_p\right]_S=\frac{\partial}{\partial S}\left[\left(\frac{\partial H}{\partial p}\right)_S\right]_p=\left(\frac{\partial V}{\partial S}\right)_p \Longrightarrow \left(\frac{\partial T}{\partial p}\right)_S=\left(\frac{\partial V}{\partial S}\right)_p \tag{3-18}$$

$$-\left(\frac{\partial S}{\partial V}\right)_T=\frac{\partial}{\partial V}\left[\left(\frac{\partial A}{\partial T}\right)_V\right]_T=\frac{\partial}{\partial T}\left[\left(\frac{\partial A}{\partial V}\right)_T\right]_V=-\left(\frac{\partial p}{\partial T}\right)_V \Longrightarrow \left(\frac{\partial S}{\partial V}\right)_T=\left(\frac{\partial p}{\partial T}\right)_V \quad (3\text{-}19)$$

$$\left(\frac{\partial V}{\partial T}\right)_p=\frac{\partial}{\partial T}\left[\left(\frac{\partial G}{\partial p}\right)_T\right]_p=\frac{\partial}{\partial p}\left[\left(\frac{\partial G}{\partial T}\right)_p\right]_T=-\left(\frac{\partial S}{\partial p}\right)_T \Longrightarrow \left(\frac{\partial V}{\partial T}\right)_p=-\left(\frac{\partial S}{\partial p}\right)_T \quad (3\text{-}20)$$

由式(3-19)和式(3-20)还可进一步得到 p-V-T 之间的偏导数循环关系。

因为
$$\left(\frac{\partial V}{\partial T}\right)_p\left(\frac{\partial T}{\partial p}\right)_V=-\left(\frac{\partial S}{\partial p}\right)_T\left(\frac{\partial V}{\partial S}\right)_T=-\left(\frac{\partial V}{\partial p}\right)_T$$

所以
$$\left(\frac{\partial V}{\partial T}\right)_p\left(\frac{\partial T}{\partial p}\right)_V\left(\frac{\partial p}{\partial V}\right)_T=-1 \quad (3\text{-}21)$$

Maxwell关系式表达了熵与 p、V、T 之间的函数关系。在恒温条件下，将Maxwell关系与 p-V-T 关系相结合就能实现熵随压力变化和熵随体积变化的计算，但是熵随温度的变化不能由Maxwell关系直接计算。Maxwell关系式的重要应用是用易于实测的热力学数据来计算不能直接测定的物理量（热力学函数），如熵 S 是不能直接测量的，S 随 p、V、T 的变化也不能直接测量，需要通过Maxwell关系式由 p-V-T 关系求取 S 的数值。

对于恒容或恒压体系，通过流体的热容可以建立 S 与 T 的关系。

在恒容条件下，将方程 $\mathrm{d}U=T\mathrm{d}S-p\mathrm{d}V$ 两边同时除以 $\mathrm{d}T$ 得

$$\left(\frac{\partial U}{\partial T}\right)_V=T\left(\frac{\partial S}{\partial T}\right)_V$$

由恒容热容 C_V 的定义式
$$\left(\frac{\partial U}{\partial T}\right)_V=C_V \quad (3\text{-}22)$$

得
$$\left(\frac{\partial S}{\partial T}\right)_V=\frac{1}{T}\left(\frac{\partial U}{\partial T}\right)_V=\frac{1}{T}C_V \quad (3\text{-}23)$$

同理，在恒压条件下，将方程式 $\mathrm{d}H=T\mathrm{d}S+V\mathrm{d}p$ 两边同时除以 $\mathrm{d}T$ 得

$$\left(\frac{\partial H}{\partial T}\right)_p=T\left(\frac{\partial S}{\partial T}\right)_p$$

由恒压热容 C_p 的定义式
$$\left(\frac{\partial H}{\partial T}\right)_p=C_p \quad (3\text{-}24)$$

得
$$\left(\frac{\partial S}{\partial T}\right)_p=\frac{1}{T}\left(\frac{\partial H}{\partial T}\right)_p=\frac{1}{T}C_p \quad (3\text{-}25)$$

最后，将本节建立的重要热力学性质关系归纳于表3-1。

表3-1 热力学性质关系

类 别	关系式	编号
热力学基本方程	$\mathrm{d}U=T\mathrm{d}S-p\mathrm{d}V$	(3-1)
	$\mathrm{d}H=T\mathrm{d}S+V\mathrm{d}p$	(3-2)
	$\mathrm{d}A=-S\mathrm{d}T-p\mathrm{d}V$	(3-3)
	$\mathrm{d}G=-S\mathrm{d}T+V\mathrm{d}p$	(3-4)
U、H、A、G 的一阶偏导数式	$\left(\frac{\partial U}{\partial S}\right)_V=\left(\frac{\partial H}{\partial S}\right)_p=T$	(3-13)
	$\left(\frac{\partial U}{\partial V}\right)_S=\left(\frac{\partial A}{\partial V}\right)_T=-p$	(3-14)
	$\left(\frac{\partial H}{\partial p}\right)_S=\left(\frac{\partial G}{\partial p}\right)_T=V$	(3-15)
	$\left(\frac{\partial G}{\partial T}\right)_p=\left(\frac{\partial A}{\partial T}\right)_V=-S$	(3-16)
Maxwell关系式	$\left(\frac{\partial T}{\partial V}\right)_S=-\left(\frac{\partial p}{\partial S}\right)_V$	(3-17)

续表

类　别	关系式	编号
	$\left(\frac{\partial T}{\partial p}\right)_S=\left(\frac{\partial V}{\partial S}\right)_p$	(3-18)
	$\left(\frac{\partial S}{\partial V}\right)_T=\left(\frac{\partial p}{\partial T}\right)_V$	(3-19)
	$\left(\frac{\partial V}{\partial T}\right)_p=-\left(\frac{\partial S}{\partial p}\right)_T$	(3-20)
p-V-T 转换关系	$\left(\frac{\partial V}{\partial T}\right)_p\left(\frac{\partial T}{\partial p}\right)_V\left(\frac{\partial p}{\partial V}\right)_T=-1$	(3-21)
温度变化对熵的影响	$\left(\frac{\partial S}{\partial T}\right)_V=\frac{C_V}{T}$	(3-23)
	$\left(\frac{\partial S}{\partial T}\right)_p=\frac{C_p}{T}$	(3-25)

上述的热力学关系式均基于热力学基本方程导出。事实上对于同一流体，所有的热力学性质之间都是相互关联的，从相律得出单组元单相系统的自由度为 2，即每个热力学性质都可以表示为任何其他两个热力学性质的函数，例如：$S=S(T,V)$ 或 $S=S(T,p)$ 等等。在计算中选择哪两个热力学性质为自变量应视具体情况而定。

【例 3-1】 利用热力学性质间的关系推导出由 p、V、T 和 C_p 计算 S 的表达式。

解： $S=S(T,p)$，则有：

$$dS=\left(\frac{\partial S}{\partial T}\right)_p dT+\left(\frac{\partial S}{\partial p}\right)_T dp$$

由式(3-25) 知

$$\left(\frac{\partial S}{\partial T}\right)_p=\frac{1}{T}C_p$$

又由于

$$\left(\frac{\partial S}{\partial p}\right)_T=-\left(\frac{\partial V}{\partial T}\right)_p \tag{3-20}$$

故

$$dS=C_p\frac{dT}{T}-\left(\frac{\partial V}{\partial T}\right)_p dp \tag{3-26}$$

【例 3-2】 在大气压下将钢制容器中装满液体汞，密封后加热，使温度从 275K 升到 277K，试计算容器所承受的压力。

解： 在加热过程中，液体的体积被容器限制不能膨胀，所以压力在恒容条件下随流体温度而变。根据流体 p-V-T 关系式(3-21) 得

$$\left(\frac{\partial p}{\partial T}\right)_V=-\frac{(\partial V/\partial T)_p}{(\partial V/\partial p)_T}$$

由膨胀系数的定义式

$$\beta=\frac{1}{V}\left(\frac{\partial V}{\partial T}\right)_p \tag{3-27}$$

得到

$$\left(\frac{\partial V}{\partial T}\right)_p=\beta V$$

由压缩系数的定义式

$$k=-\frac{1}{V}\left(\frac{\partial V}{\partial p}\right)_T \tag{3-28}$$

得到

$$\left(\frac{\partial V}{\partial p}\right)_T=-kV$$

从手册查得液态汞的 $\beta=1.8\times10^{-4}K^{-1}$ 以及 $k=3.85\times10^{-5}MPa^{-1}$，代入得：

$$\left(\frac{\partial p}{\partial T}\right)_V=\frac{\beta}{k}=\frac{1.8\times10^{-4}}{3.85\times10^{-5}}=4.675\mathrm{MPa}\cdot\mathrm{K}^{-1}$$

$$\Delta p=4.675\Delta T$$

$$p_2=p_1+4.675\Delta T=0.1+4.675(277-275)=9.35\mathrm{MPa}$$

3.1.3 汽液平衡系统的热力学性质关系

对于汽液两相平衡系统，可以采用一种简单的方法把混合物的性质和每一相的性质及每一相的量关联起来，对单位量的混合物有

$$U=U^{\mathrm{l}}(1-x)+U^{\mathrm{v}}x \tag{3-29}$$

$$S=S^{\mathrm{l}}(1-x)+S^{\mathrm{v}}x \tag{3-30}$$

$$H=H^{\mathrm{l}}(1-x)+H^{\mathrm{v}}x \tag{3-31}$$

式中，x 为气相的质量分数或摩尔分数（通常称为品质干度）；U、S、H 都是按每单位质量或每摩尔物料度量的。气相中的这些值是指饱和蒸气的性质，同样，液体的热力学性质是指液体饱和状态的性质。

式(3-29)～式(3-31) 的通式为

$$M=M^{\mathrm{l}}(1-x)+M^{\mathrm{v}}x \tag{3-32}$$

式中，M 是泛指两相混合物的广度热力学性质。

3.2 焓变和熵变的计算

3.2.1 单相流体焓变的计算

焓是化工过程的重要热力学变量。多数化工过程都是在恒压条件下进行的，而此时流体的焓变表达了过程对热量的要求。因此，过程能量分析常常涉及流体焓变的计算。

3.2.1.1 焓变与 p、V、T 的关系

通过热力学基本方程式结合 Maxwell 关系式可以将焓变表达成 p-V-T 和热容的函数。例如，将 $H(T,p)$ 表示成 T、p 的全微分形式，可以得到气体的焓随温度和压力的变化：

$$\mathrm{d}H=\left(\frac{\partial H}{\partial T}\right)_p\mathrm{d}T+\left(\frac{\partial H}{\partial p}\right)_T\mathrm{d}p$$

其中，第一项，$\left(\frac{\partial H}{\partial T}\right)_p=C_p$；第二项，由热力学基本方程式(3-2)，在恒温下等号两边同时除以 $\mathrm{d}p$ 得

$$\mathrm{d}H=T\mathrm{d}S+V\mathrm{d}p \Longrightarrow \left(\frac{\partial H}{\partial p}\right)_T=T\left(\frac{\partial S}{\partial p}\right)_T+V$$

将 Maxwell 关系式(3-20) 代入得

$$\left(\frac{\partial H}{\partial p}\right)_T=V-T\left(\frac{\partial V}{\partial T}\right)_p \tag{3-33}$$

所以

$$\mathrm{d}H=C_p\mathrm{d}T+\left[V-T\left(\frac{\partial V}{\partial T}\right)_p\right]\mathrm{d}p \tag{3-34}$$

同理可以得到气体的焓随温度和体积的变化关系：

$$\mathrm{d}H=\left[C_V+V\left(\frac{\partial p}{\partial T}\right)_V\right]\mathrm{d}T+\left[T\left(\frac{\partial p}{\partial T}\right)_V-V\left(\frac{\partial p}{\partial V}\right)_T\right]\mathrm{d}V \tag{3-35}$$

以及气体的焓随体积和压力的变化关系：

$$dH=C_p\left(\frac{\partial T}{\partial V}\right)_p dV+\left[V+C_V\left(\frac{\partial T}{\partial p}\right)_V\right]dp \tag{3-36}$$

对于理想气体，恒压热容（C_p^{ig}）仅是温度的函数，大量物质的温度系数均可从手册中获得，恒容热容 $C_V^{ig}=C_p^{ig}+R$，再结合理想气体状态方程，很容易计算过程的焓变。

对于恒温过程或恒压过程，由式(3-34) 可以得到理想气体的焓变分别为

$$\Delta H_T^{ig}=0 \quad (3\text{-}37) \qquad \Delta H_p^{ig}=\int_{T_1}^{T_2} C_p^{ig}dT \quad (3\text{-}38)$$

液体热容是温度和压力的函数，但是热容的数值受压力改变的影响很小，在大多数情况下可以忽略不计。因此，许多物质的液体热容随温度变化的数据亦可从数据手册中获得。

用式(3-34) 计算液体的焓变时，需要引入膨胀系数。

将膨胀系数的定义式 $\beta=\frac{1}{V}\left(\frac{\partial V}{\partial T}\right)_p$ 代入式(3-34) 得

$$dH=C_p^{LE}dT+V(1-\beta T)dp \tag{3-39}$$

【例 3-3】 水的始态为 298K、0.1MPa，终态为 323K、100MPa。计算水从始态到终态过程的焓变。

解： 查热力学数据手册得到水在有关温度和压力下的恒压热容、摩尔体积和膨胀系数如下表。

T/K	p/MPa	C_p/J·mol^{-1}·K^{-1}	V/cm^3·mol^{-1}	$\beta\times10^6$/K^{-1}
298	0.1	75.305	18.071	256
298	100		18.012	366
323	0.1	75.314	18.234	458
323	100		18.174	568

由于焓是状态函数，故设计如下变化途径：

$$0.1\text{MPa},\ 298\text{K}\xrightarrow{\Delta H_p}0.1\text{MPa},\ 323\text{K}\xrightarrow{\Delta H_T}100\text{MPa},\ 323\text{K}$$

分析表中数据得知，压力对 V 和 β 的影响不大；C_p 在 298～323K 范围内的变化很小。所以，采用式(3-39) 计算焓变时，V、β 和 C_p 可近似按常数积分，即

当 $p=0.1$MPa 时，$C_p=\frac{1}{2}(75.305+75.314)=75.310\text{J}\cdot\text{mol}^{-1}\cdot\text{K}^{-1}$

当 $T=323$K 时，$V=\frac{1}{2}(18.234+18.174)=18.204\text{cm}^3\cdot\text{mol}^{-1}$，

$$\beta=\frac{1}{2}(458+568)\times10^{-6}=513\times10^{-6}\text{K}^{-1}$$

代入式(3-39)

$$\begin{aligned}\Delta H&=C_p(T_2-T_1)+V(1-\beta T_2)(p_2-p_1)\\&=75.310\times(323-298)+18.204\times(1-513\times10^{-6}\times323)\times(100-0.1)\\&=1882.75+1517.24=3400\text{J}\cdot\text{mol}^{-1}\end{aligned}$$

非理想气体的恒压热容不易获得，因此在实际化工过程中，难以直接应用式(3-34)～式(3-36) 计算流体的焓变。对于真实流体，必须利用焓的状态函数特性，设计变化的虚拟途径。当无化学反应时，如果流体由状态 A（T_1，p_1）变化到状态 B（T_2，p_2），虚拟途径如图 3-1 所示。图中 H_i^R 表示相同温度压力下，真实流体与理想气体焓值的差额。

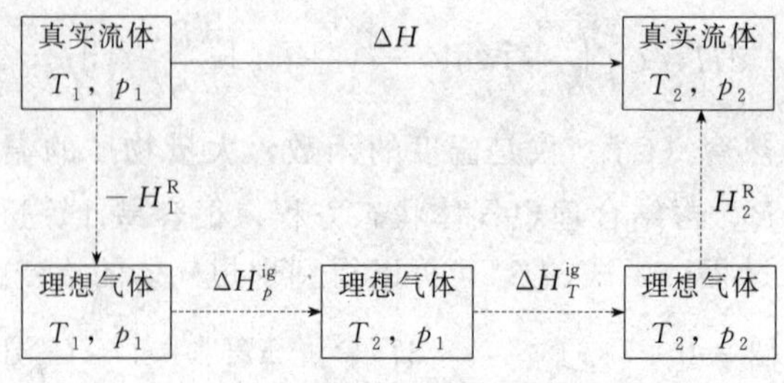

图 3-1 计算焓变的虚拟路线图

由状态函数的变化与途径无关得到

$$\Delta H=-H_1^{\mathrm{R}}+\Delta H_p^{\mathrm{ig}}+\Delta H_T^{\mathrm{ig}}+H_2^{\mathrm{R}}$$

其中，理想气体焓变

$$\Delta H_p^{\mathrm{ig}}=\int_{T_1}^{T_2} C_p^{\mathrm{ig}}\mathrm{d}T \tag{3-40}$$

$$\Delta H_T^{\mathrm{ig}}=0 \tag{3-41}$$

从而真实流体焓变

$$\Delta H=H_2^{\mathrm{R}}-H_1^{\mathrm{R}}+\int_{T_1}^{T_2} C_p^{\mathrm{ig}}\mathrm{d}T \tag{3-42}$$

所以只有解决 H_i^{R} 的计算问题，方可借助理想气体的焓变计算出真实流体的焓变。

3.2.1.2 剩余性质

真实流体的分子之间存在相互作用，这种分子间的作用力随着系统压力升高或者流体密度的增大而变得不容忽视。从第 2 章的讨论得知，随着系统压力的升高，理想气体状态方程已不能准确描述真实流体的 p-V-T 关系，说明高压下的理想气体实际上是不存在的，只是个假想态。高压下的真实流体广延热力学性质也不会与同温、同压的“理想气体”相同，即 H_1^{R} 和 H_2^{R} 不等于零，并且 H_1^{R} 和 H_2^{R} 的绝对值随着流体的非理想性增强而增大。

广义的说，图 3-1 所示的虚拟途径对其他广延热力学性质的计算同样有效，故将同温、同压下真实流体与理想气体广延热力学性质（M）的差额定义为剩余性质，用符号 M^{R} 表示。

用公式表达为

$$M^{\mathrm{R}}=M(T,p)-M^{\mathrm{ig}}(T,p) \tag{3-43}$$

式(3-43) 是剩余性质定义式的通式，M 和 M^{ig} 分别表示相同温度压力下真实流体和理想气体广延热力学性质的摩尔量，如摩尔体积、摩尔热力学能、摩尔焓、摩尔熵和摩尔 Gibbs 自由能等等。例如，剩余焓的计算式可用式(3-44) 表示。

$$H^{\mathrm{R}}=H(T,p)-H^{\mathrm{ig}}(T,p) \tag{3-44}$$

既然气体是在真实状态下，那么在相同 T、p 下，本来是不可能处于理想状态的，所以剩余性质也只是一个假想的概念。

3.2.1.3 剩余焓与 p、V、T 的关系

由剩余焓的定义式(3-44)，等号两边同时对压力求偏导

$$\left(\frac{\partial H^{\mathrm{R}}}{\partial p}\right)_T=\left(\frac{\partial H}{\partial p}\right)_T-\left(\frac{\partial H^{\mathrm{ig}}}{\partial p}\right)_T=\left(\frac{\partial H}{\partial p}\right)_T$$

积分得

$$\int_{H^{\mathrm{R}}\to 0}^{H^{\mathrm{R}}}\mathrm{d}H^{\mathrm{R}}=\int_{p\to 0}^{p}\left[\left(\frac{\partial H}{\partial p}\right)_T\right]_T\mathrm{d}p$$

$$H^{\mathrm{R}}=\int_{p\to 0}^{p}\left[\left(\frac{\partial H}{\partial p}\right)_T\right]_T\mathrm{d}p \tag{3-45}$$

根据热力学基本方程和 Maxwell 关系式得到

$$\left(\frac{\partial H}{\partial p}\right)_T=T\left(\frac{\partial S}{\partial p}\right)_T+V\xrightarrow{\left(\frac{\partial S}{\partial p}\right)_T=-\left(\frac{\partial V}{\partial T}\right)_p}\left(\frac{\partial H}{\partial p}\right)_T=V-T\left(\frac{\partial V}{\partial T}\right)_p$$

$$H^{\mathrm{R}}=\int_{p\to 0}^{p}\left[V-T\left(\frac{\partial V}{\partial T}\right)_p\right]_T\mathrm{d}p \tag{3-46}$$

式(3-46) 是以 p、V、T 函数表示的剩余焓计算式，通过第 2 章描述的状态方程以及 p-V-T 关系曲线可求取 H^{R} 的数值，也可由对应状态法所对应的 p、V、T 求取。如果状态方程是 $V=f(T,p)$形式，如维里方程等，可直接利用式(3-46) 求取 H^{R}。如果状态方程是 $p=f(T,V)$ 形式，如立方型状态方程等，则需要先将$\left(\frac{\partial V}{\partial T}\right)_p$ 转换成$\left(\frac{\partial p}{\partial T}\right)_V$ 的形式。

由式(3-21) 移项得

$$\left(\frac{\partial V}{\partial T}\right)_p=-\left(\frac{\partial p}{\partial T}\right)_V\left(\frac{\partial V}{\partial p}\right)_T$$

进一步改写成

$$\left[\left(\frac{\partial V}{\partial T}\right)_p\mathrm{d}p\right]_T=-\left[\left(\frac{\partial p}{\partial T}\right)_V\mathrm{d}V\right]_T \tag{3-47}$$

又因为

$$V\mathrm{d}p=\mathrm{d}(pV)-p\,\mathrm{d}V \tag{3-48}$$

将式(3-47) 及式(3-48) 代入式(3-46) 中得

$$\begin{aligned}H^{\mathrm{R}}&=\int_{p\to 0}^{p}V\mathrm{d}p-\int_{p\to 0}^{p}T\left(\frac{\partial V}{\partial T}\right)_p\mathrm{d}p\\&=\int_{(pV)_{p\to 0}}^{pV}\mathrm{d}(pV)-\int_{V\to\infty}^{V}p\,\mathrm{d}V+\int_{V\to\infty}^{V}T\left(\frac{\partial p}{\partial T}\right)_V\mathrm{d}V\end{aligned} \tag{3-49}$$

当 $p\to 0$ 时，$V\to\infty$，$pV=RT$，整理上式得到

$$H^{\mathrm{R}}=pV-RT+\int_{V\to\infty}^{V}\left[T\left(\frac{\partial p}{\partial T}\right)_V-p\right]_T\mathrm{d}V \tag{3-50}$$

将第 2 章提出的状态方程或普遍化关系代入式(3-46) 或式(3-50) 可以计算剩余焓的值。对比态方法计算简便，状态方程法则更精确，并且便于在计算机上运行。目前，化工设计计算机软件中广泛采用的方法是利用状态方程计算过程的焓变。下面将讨论如何利用状态方程或对比态法计算 H^{R}。

(1) 利用二阶维里方程计算

对于低压的气体，p-V-T 关系可用省略到第二项的维里方程表示

$$Z=\frac{pV}{RT}=1+\frac{Bp}{RT} \tag{2-10b}$$

其中

$$V=\frac{RT}{p}+B$$

恒压下对温度求偏导

$$\left(\frac{\partial V}{\partial T}\right)_p=\frac{R}{p}+\frac{\mathrm{d}B}{\mathrm{d}T} \tag{3-51}$$

代入式(3-46) 得

$$H^{\mathrm{R}}=\int_{p\to 0}^{p}\left[V-T\left(\frac{\partial V}{\partial T}\right)_p\right]_T\mathrm{d}p=\int_{p\to 0}^{p}\left[\frac{RT}{p}+B-T\left(\frac{R}{p}+\frac{\mathrm{d}B}{\mathrm{d}T}\right)\right]_T\mathrm{d}p=\int_{p\to 0}^{p}\left[B-T\left(\frac{\mathrm{d}B}{\mathrm{d}T}\right)\right]_T\mathrm{d}p \tag{3-52}$$

由于 B 只是温度 T 的函数，积分式(3-52) 得

$$H^{\mathrm{R}}=p\left[B-T\left(\frac{\mathrm{d}B}{\mathrm{d}T}\right)\right] \tag{3-53}$$

(2) 利用普遍化第二维里系数计算

首先将式(3-53) 变成无因次形式

$$\frac{H^{\mathrm{R}}}{RT}=\frac{p}{R}\left(\frac{B}{T}-\frac{\mathrm{d}B}{\mathrm{d}T}\right) \tag{3-54}$$

根据普遍化第二维里系数的定义式

$$B=\frac{RT_{\mathrm{c}}}{p_{\mathrm{c}}}\left[B^{(0)}+\omega B^{(1)}\right] \tag{2-36}$$

式中，$B^{(0)}=0.083-\dfrac{0.422}{T_{\mathrm{r}}^{1.6}}$，$B^{(1)}=0.139-\dfrac{0.172}{T_{\mathrm{r}}^{4.2}}$

等式两边对 T 求导

$$\frac{\mathrm{d}B}{\mathrm{d}T}=\frac{RT_{\mathrm{c}}}{p_{\mathrm{c}}}\left[\frac{\mathrm{d}B^{(0)}}{\mathrm{d}T}+\omega\frac{\mathrm{d}B^{(1)}}{\mathrm{d}T}\right] \tag{3-55}$$

将上两式代入式(3-54) 并改写成对比态形式为

$$\frac{H^{\mathrm{R}}}{RT}=p_{\mathrm{r}}\left\{\frac{B^{(0)}}{T_{\mathrm{r}}}-\frac{\mathrm{d}B^{(0)}}{\mathrm{d}T_{\mathrm{r}}}+\omega\left[\frac{B^{(1)}}{T_{\mathrm{r}}}-\frac{\mathrm{d}B^{(1)}}{\mathrm{d}T_{\mathrm{r}}}\right]\right\} \tag{3-56}$$

其中，$\dfrac{\mathrm{d}B^{(0)}}{\mathrm{d}T_{\mathrm{r}}}=\dfrac{0.675}{T_{\mathrm{r}}^{2.6}}$，　$\dfrac{\mathrm{d}B^{(1)}}{\mathrm{d}T_{\mathrm{r}}}=\dfrac{0.722}{T_{\mathrm{r}}^{5.2}}$

用式(3-56) 计算 H^{R} 的适用范围与截项第二维里系数的应用范围对应，压力太高时不适用。

(3) 利用 RK 方程计算

对于中、高压的气体，p-V-T 关系可用 RK 方程表示：

$$p=\frac{RT}{V-b}-\frac{a}{T^{0.5}V(V+b)} \tag{2-13}$$

上式在体积 V 不变的条件下对温度 T 求偏导：

$$\left(\frac{\partial p}{\partial T}\right)_V=\frac{R}{V-b}+\frac{a}{2T^{1.5}V(V+b)} \tag{3-57}$$

所以，

$$\begin{aligned}H^{\mathrm{R}}&=pV-RT+\int_{V_{\mathrm{m}}\to\infty}^{V_{\mathrm{m}}}\left[T\left(\frac{\partial p}{\partial T}\right)_V-p\right]_T\mathrm{d}V\\&=pV-RT+\frac{3a}{2T^{0.5}}\left[-\frac{1}{b}\ln\left(\frac{b}{V}+1\right)\right]_{V\to\infty}^{V}\end{aligned} \tag{3-58}$$

当 $V\to\infty$ 时，$\lim\limits_{V\to\infty}\left(\ln\dfrac{V+b}{V}\right)=0$

故

$$H^{\mathrm{R}}=pV-RT-\frac{3a}{2T^{0.5}b}\ln\left(1+\frac{b}{V}\right) \tag{3-59}$$

用类似的方法结合各种立方型状态方程，还可以得到相应的剩余焓作为 p、V、T 函数的表达式。

(4) 利用普遍化三参数压缩因子法计算

由压缩因子定义式得 $V=\dfrac{RTZ}{p}$

等式两边对温度求偏导得

$$\left(\frac{\partial V}{\partial T}\right)_p=\frac{R}{p}\left[Z+T\left(\frac{\partial Z}{\partial T}\right)_p\right] \tag{3-60}$$

将上两式代入式(3-46) 得

$$H^{R}=\int_{p\to 0}^{p}\left[V-T\left(\frac{\partial V}{\partial T}\right)_{p}\right]_{T}\mathrm{d}p=-RT^{2}\int_{p\to 0}^{p}\left[\frac{1}{p}\left(\frac{\partial Z}{\partial T}\right)_{p}\right]_{T}\mathrm{d}p \tag{3-61}$$

用对比态形式表示为

$$\frac{H^{R}}{RT_{c}}=-T_{r}^{2}\int_{p_{r}\to 0}^{p_{r}}\left[\frac{1}{p_{r}}\left(\frac{\partial Z}{\partial T_{r}}\right)_{p_{r}}\right]_{T_{r}}\mathrm{d}p_{r} \tag{3-62}$$

采用以 ω 为第三参数的 Pitzer 关系式：

$$Z=Z^{(0)}+\omega Z^{(1)} \tag{2-34}$$

对 T_r 求偏导：

$$\left(\frac{\partial Z}{\partial T_{r}}\right)_{p_{r}}=\left[\frac{\partial Z^{(0)}}{\partial T_{r}}\right]_{p_{r}}+\omega\left[\frac{\partial Z^{(1)}}{\partial T_{r}}\right]_{p_{r}} \tag{3-63}$$

代入式(3-62) 得

$$\frac{H^{R}}{RT_{c}}=-T_{r}^{2}\int_{p\to 0}^{p_{r}}\left\{\frac{1}{p_{r}}\left[\frac{\partial Z^{(0)}}{\partial T_{r}}\right]_{p_{r}}\right\}_{T_{r}}\mathrm{d}p_{r}-\omega T_{r}^{2}\int_{p\to 0}^{p_{r}}\left\{\frac{1}{p_{r}}\left[\frac{\partial Z^{(1)}}{\partial T_{r}}\right]_{p_{r}}\right\}_{T_{r}}\mathrm{d}p_{r} \tag{3-64}$$

对比式(3-62) 和式(3-64) 的各项，将式(3-64) 中与式(3-62) 具有相同结构的部分分别以$\frac{(H^{R})^{0}}{RT_{c}}$和$\frac{(H^{R})^{1}}{RT_{c}}$表示，从而得到

$$\frac{H^{R}}{RT_{c}}=\frac{(H^{R})^{0}}{RT_{c}}+\omega\frac{(H^{R})^{1}}{RT_{c}} \tag{3-65}$$

其中，

$$\frac{(H^{R})^{0}}{RT_{c}}=-T_{r}^{2}\int_{p_{r}\to 0}^{p_{r}}\left\{\frac{1}{p_{r}}\left[\frac{\partial Z^{(0)}}{\partial T_{r}}\right]_{p_{r}}\right\}_{T_{r}}\mathrm{d}p_{r} \tag{3-66}$$

$$\frac{(H^{R})^{1}}{RT_{c}}=-T_{r}^{2}\int_{p_{r}\to 0}^{p_{r}}\left\{\frac{1}{p_{r}}\left[\frac{\partial Z^{(1)}}{\partial T_{r}}\right]_{p_{r}}\right\}_{T_{r}}\mathrm{d}p_{r} \tag{3-67}$$

根据式(3-66) 和普遍化压缩因子图（图 2-7）绘制出普遍化焓图（图 3-2 和图 3-3），以及根据式(3-67) 和普遍化压缩因子图（图 2-8）绘制出普遍化焓图（图 3-4 和图 3-5）。曾有人提出，普遍化焓图的使用范围是 $V_r \leqslant 2$ 或 T_r、p_r 位于图 2-9 斜线下部区域更适宜。

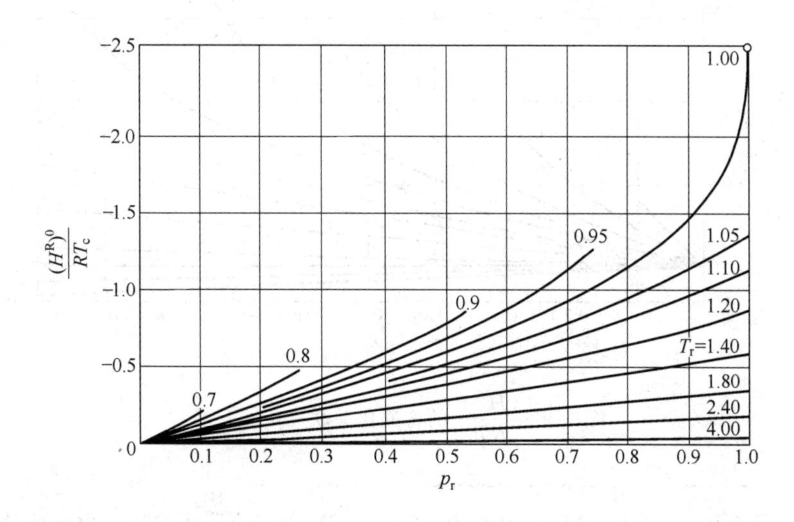

图 3-2 $\frac{(H^{R})^{0}}{RT_{c}}$的普遍化关联（$p_r$<1.0）

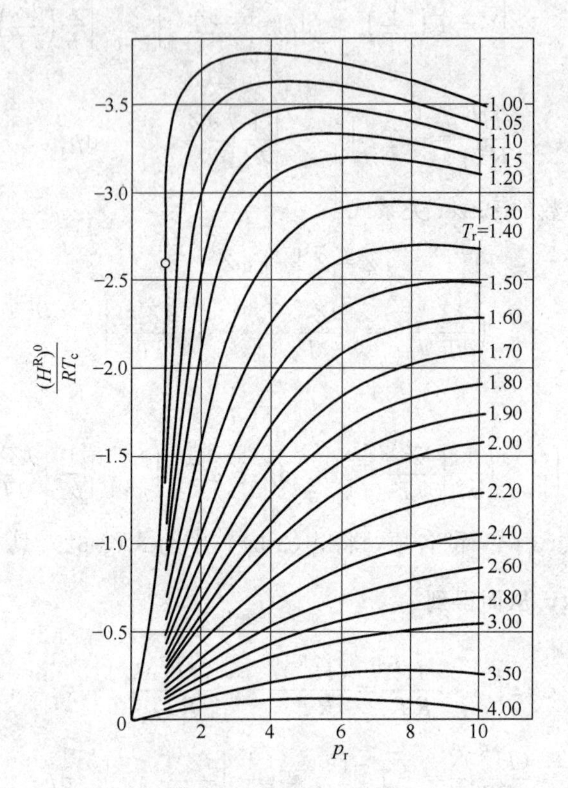

图 3-3 $\frac{(H^R)^0}{RT_c}$的普遍化关联（$p_r>1.0$）

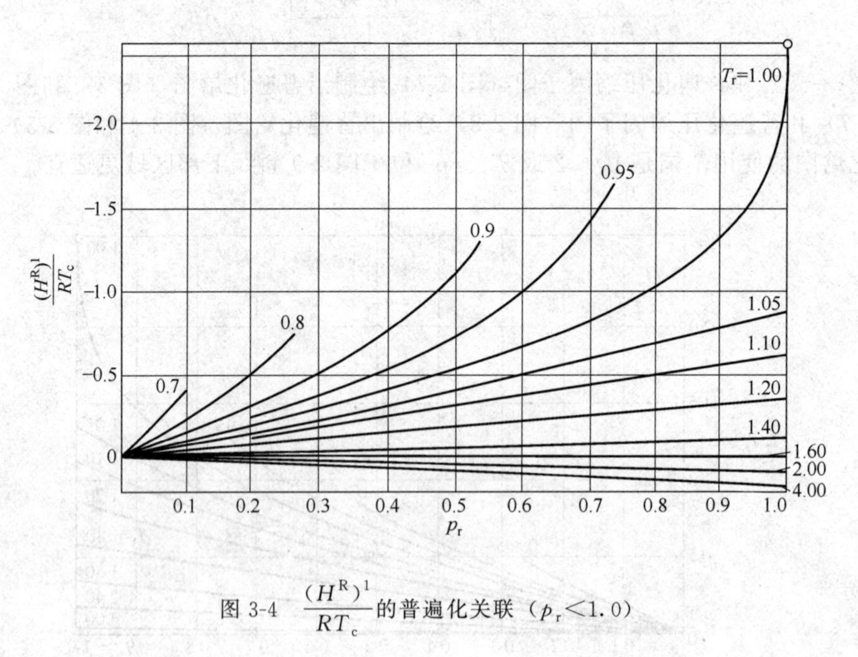

图 3-4 $\frac{(H^R)^1}{RT_c}$的普遍化关联（$p_r<1.0$）

【例 3-4】 将丙烷从 400K、1MPa 压缩至 450K、10MPa，计算压缩过程中流体的摩尔焓变。

解： 取计算基准为 1mol。

根据丙烷的初态和终态压力判断，肯定属非理想气体，故采用式(3-42) 计算焓变：

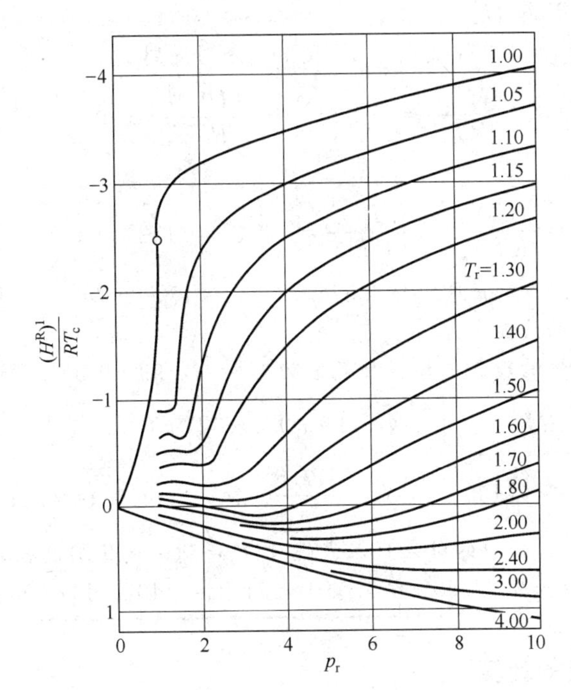

图 3-5 $\frac{(H^R)^1}{RT_c}$的普遍化关联（$p_r>1.0$）

$$\Delta H = H_2^R - H_1^R + \int_{T_1}^{T_2} C_p^{ig} dT$$

(1) 查附录三得到 $T_c=369.83$K，$p_c=4.248$MPa，$\omega=0.152$。

计算 T_r 和 p_r：

初态 $T_{r1}=\frac{400}{369.83}=1.082$，　$p_{r1}=\frac{1}{4.248}=0.235$

终态 $T_{r2}=\frac{450}{369.83}=1.217$，　$p_{r2}=\frac{10}{4.248}=2.354$

若参照图 2-9 选择 p-V-T 关系的适用方法，初态点的计算可用比较简单的普遍化维里方程，终态点则需用普遍化焓图。

(2) 用普遍化维里方程计算 H_1^R

$$B^{(0)}=0.083-\frac{0.422}{T_r^{1.6}}=0.083-\frac{0.422}{(1.082)^{1.6}}=-0.289$$

$$B^{(1)}=0.139-\frac{0.172}{T_r^{4.2}}=0.139-\frac{0.172}{(1.082)^{4.2}}=0.015$$

$$\frac{dB^{(0)}}{dT_r}=\frac{0.675}{T_r^{2.6}}=\frac{0.675}{(1.082)^{2.6}}=0.550$$

$$\frac{dB^{(1)}}{dT_r}=\frac{0.722}{T_r^{5.2}}=\frac{0.722}{(1.082)^{5.2}}=0.479$$

$$\frac{H_1^R}{RT_1}=p_{r1}\left\{\frac{B^{(0)}}{T_{r1}}-\frac{dB^{(0)}}{dT_r}+\omega\left[\frac{B^{(1)}}{T_{r1}}-\frac{dB^{(1)}}{dT_r}\right]\right\}$$

$$=0.235\times\left[\frac{-0.289}{1.082}-0.550+0.152\times\left(\frac{0.015}{1.082}-0.479\right)\right]=-0.209$$

$$H_1^R=-0.209\times 8.314\times 400=-695.05\text{J}\cdot\text{mol}^{-1}$$

(3) 用普遍化焓图计算 H_2^R

由 $T_{r2}=1.217$、$p_{r2}=2.354$ 查图 3-3、图 3-5 分别得到

$$\frac{(H^R)^0}{RT_c}=-2.5,\qquad \frac{(H^R)^1}{RT_c}=-0.5$$

由式(3-65) 得

$$\frac{H_2^R}{RT_c}=\frac{(H^R)^0}{RT_c}+\omega\frac{(H^R)^1}{RT_c}=-2.5-0.152\times0.5=-2.576$$

$$H_2^R=-2.576\times RT_c=-2.576\times8.314\times450=-9637.59\text{J}\cdot\text{mol}^{-1}$$

(4) 计算理想气体的焓变

由数据手册查得丙烷的理想气体恒压热容为 $C_p^{ig}=22.99+0.1775T\text{J}\cdot\text{mol}^{-1}\cdot\text{K}^{-1}$，则

$$\Delta H^{ig}=\int_{T_1}^{T_2}C_p^{ig}\text{d}T=\int_{400}^{450}(22.99+0.1775T)\text{d}T$$

$$=22.99\times(450-400)+\frac{0.1775}{2}\times(450^2-400^2)=4921.4\text{J}\cdot\text{mol}^{-1}$$

(5) 将 (2)、(3)、(4) 中的结果代入式(3-42) 得到丙烷压缩过程的焓变：

$$\Delta H=-9637.59+695.05+4921.4=-4021.14\text{J}\cdot\text{mol}^{-1}$$

3.2.2 单相流体熵变的计算

从［例 3-1］已经得到了熵随温度和压力变化的关系式(3-26)，用类似的方法还可得到熵随温度和体积的变化：

$$\text{d}S=\left(\frac{\partial S}{\partial T}\right)_V\text{d}T+\left(\frac{\partial S}{\partial V}\right)_T\text{d}V$$

由式(3-23)知：

$$\left(\frac{\partial S}{\partial T}\right)_V=\frac{C_V}{T}$$

又由于

$$\left(\frac{\partial S}{\partial V}\right)_T=\left(\frac{\partial p}{\partial T}\right)_V \tag{3-19}$$

故

$$\text{d}S=C_V\frac{\text{d}T}{T}+\left(\frac{\partial p}{\partial T}\right)_V\text{d}V \tag{3-68}$$

真实流体的熵变同样可以借助理想流体的熵变和剩余熵来计算，亦可按照图 3-1 设计虚拟路径。与焓变计算不同的是，理想气体的恒温熵变不为零，即

$$\Delta S=S_2^R-S_1^R+\Delta S_p^{ig}+\Delta S_T^{ig} \tag{3-69}$$

式中，

$$\Delta S_p^{ig}=\int_{T_1}^{T_2}\frac{C_p^{ig}}{T}\text{d}T \tag{3-70}$$

$$\Delta S_T^{ig}=R\ln\frac{p_1}{p_2} \tag{3-71}$$

3.2.2.1 剩余熵与 p-V-T 的关系

根据剩余性质的定义式(3-43)，剩余熵可表达为

$$S^R=S(T,p)-S^{ig}(T,p) \tag{3-72}$$

上式等号两边同时对压力求偏导：

$$\left(\frac{\partial S^R}{\partial p}\right)_T=\left(\frac{\partial S}{\partial p}\right)_T-\left(\frac{\partial S^{ig}}{\partial p}\right)_T$$

积分得

$$\int_{S^R\to0}^{S^R}\text{d}S^R=S^R=\int_{p\to0}^{p}\left[\left(\frac{\partial S}{\partial p}\right)_T-\left(\frac{\partial S^{ig}}{\partial p}\right)_T\right]_T\text{d}p \tag{3-73}$$

因 $\left(\frac{\partial S}{\partial p}\right)_T=-\left(\frac{\partial V}{\partial T}\right)_p$，$\left(\frac{\partial S^{ig}}{\partial p}\right)_T=-\frac{R}{p}$，故式(3-73) 写为

$$S^{R}=\int_{p\to 0}^{p}\left[\frac{R}{p}-\left(\frac{\partial V}{\partial T}\right)_{p}\right]_{T}\mathrm{d}p \tag{3-74}$$

结合式(3-21) 得

$$S^{R}=R\ln Z+\int_{V\to\infty}^{V}\left[\left(\frac{\partial p}{\partial T}\right)_{V}-\frac{R}{V}\right]_{T}\mathrm{d}V \tag{3-75}$$

3.2.2.2 利用不同的 p-V-T 关系计算剩余熵

(1) 利用二阶维里方程计算 S^R

将式(3-51) 代入式(3-74) 得

$$S^{R}=\int_{p\to 0}^{p}\left[\frac{R}{p}-\left(\frac{R}{p}+\frac{\mathrm{d}B}{\mathrm{d}T}\right)\right]_{T}\mathrm{d}p=-p\frac{\mathrm{d}B}{\mathrm{d}T} \tag{3-76}$$

(2) 利用普遍化第二维里系数计算 S^R

首先将式(3-76) 无因次化：

$$\frac{S^{R}}{R}=-\frac{p}{R}\times\frac{\mathrm{d}B}{\mathrm{d}T} \tag{3-77}$$

将式(3-55) 代入式(3-77) 得到

$$\frac{S^{R}}{R}=-p_{r}\left[\frac{\mathrm{d}B^{(0)}}{\mathrm{d}T_{r}}+\omega\frac{\mathrm{d}B^{(1)}}{\mathrm{d}T_{r}}\right] \tag{3-78}$$

式中，$\frac{\mathrm{d}B^{(0)}}{\mathrm{d}T_{r}}=\frac{0.675}{T_{r}^{2.6}}$，　$\frac{\mathrm{d}B^{(1)}}{\mathrm{d}T_{r}}=\frac{0.722}{T_{r}^{5.2}}$

式(3-78) 可能更适用于 $V_r\geqslant 2$，或系统的 T_r、p_r 位于图 2-9 斜线上方的区域。

(3) 利用 RK 方程计算 S^R

将式(3-57) 代入式(3-75) 并积分得

$$S^{R}=R\ln(V-b)-R\ln\frac{RT}{p}-\frac{a}{2T^{1.5}b}\ln\left(1+\frac{b}{V}\right) \tag{3-79}$$

式中，a 和 b 为 RK 常数。

(4) 利用普遍化三参数压缩因子法计算 S^R

根据压缩因子与 p-V-T 的关系得到

$$\left(\frac{\partial V}{\partial T}\right)_{p}=\frac{R}{p}\left[Z+T\left(\frac{\partial Z}{\partial T}\right)_{p}\right]$$

代入式(3-74) 得

$$S^{R}=R\int_{p\to 0}^{p}\left\{\frac{1}{p}\left[1-Z-T\left(\frac{\partial Z}{\partial T}\right)_{p}\right]\right\}_{T}\mathrm{d}p \tag{3-80}$$

用对比态表示温度和压力并写成无因次形式：

$$\frac{S^{R}}{R}=\int_{p_r\to 0}^{p_r}\left\{\frac{1}{p_r}\left[1-Z-T_r\left(\frac{\partial Z}{\partial T_r}\right)_{p_r}\right]\right\}_{T_r}\mathrm{d}p_r \tag{3-81}$$

结合 Pitzer 关系式 $Z=Z^{(0)}+\omega Z^{(1)}$ 得：

$$\frac{S^{R}}{R}=\int_{p_r\to 0}^{p_r}\left\{\frac{1}{p_r}\left[1-Z^{(0)}-T_r\left(\frac{\partial Z^{(0)}}{\partial T_r}\right)_{p_r}\right]\right\}_{T_r}\mathrm{d}p_r+\omega\int_{p_r\to 0}^{p_r}\left\{\frac{1}{p_r}\left[1-Z^{(1)}-T_r\left(\frac{\partial Z^{(1)}}{\partial T_r}\right)_{p_r}\right]\right\}_{T_r}\mathrm{d}p_r \tag{3-82}$$

令

$$\frac{(S^{R})^{0}}{R}=\int_{p_r\to 0}^{p_r}\left\{\frac{1}{p_r}\left[1-Z^{(0)}-T_r\left(\frac{\partial Z^{(0)}}{\partial T_r}\right)_{p_r}\right]\right\}_{T_r}\mathrm{d}p_r \tag{3-83}$$

$$\frac{(S^{R})^{1}}{R}=\int_{p_r\to 0}^{p_r}\left\{\frac{1}{p_r}\left[1-Z^{(1)}-T_r\left(\frac{\partial Z^{(1)}}{\partial T_r}\right)_{p_r}\right]\right\}_{T_r}\mathrm{d}p_r \tag{3-84}$$

则

$$\frac{S^{R}}{R}=\frac{(S^{R})^{0}}{R}+\omega\frac{(S^{R})^{1}}{R} \tag{3-85}$$

根据普遍化压缩因子图，通过式(3-83) 和式(3-84) 计算，可以作出普遍化熵图，见图 3-6～图 3-9。当系统的 $V_r \leqslant 2$ 或 T_r、p_r 落在图 2-9 斜线下部范围内，用以上各图计算 S^R 较为适宜。

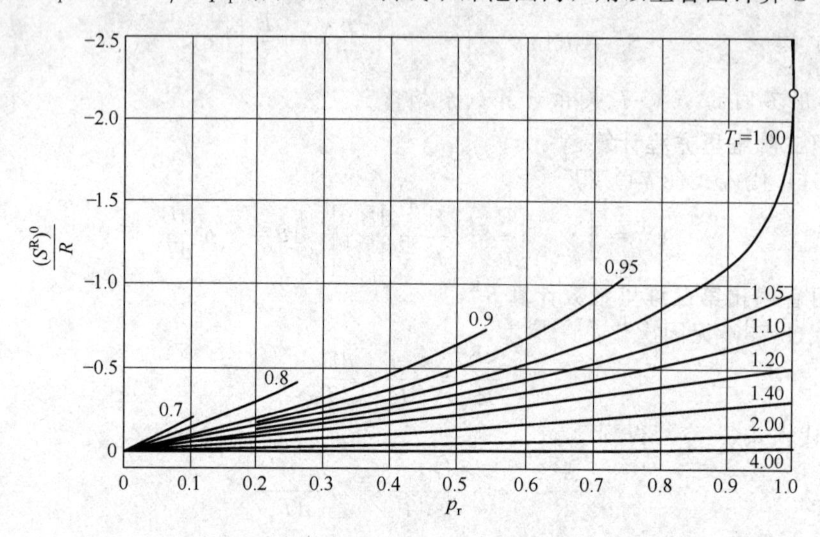

图 3-6 $\frac{(S^R)^0}{R}$的普遍化关联（p_r<1.0）

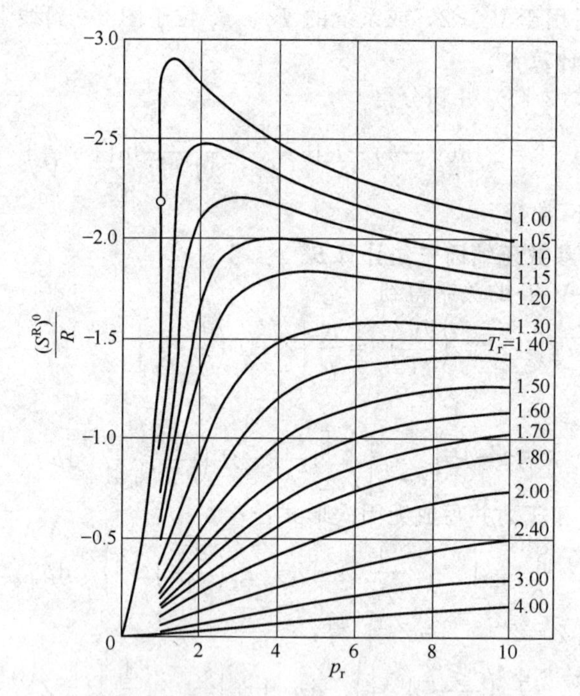

图 3-7 $\frac{(S^R)^0}{R}$的普遍化关联（p_r>1.0）

【例 3-5】 试用普遍化方法计算乙烯在 300K、0.5MPa 下的剩余熵。

解：由附录查得乙烯的临界常数为：T_c=282.3K，p_c=5.041MPa，ω=0.085

则
$$T_r=\frac{300}{282.3}=1.063, \qquad p_r=\frac{0.5}{5.041}=0.099$$

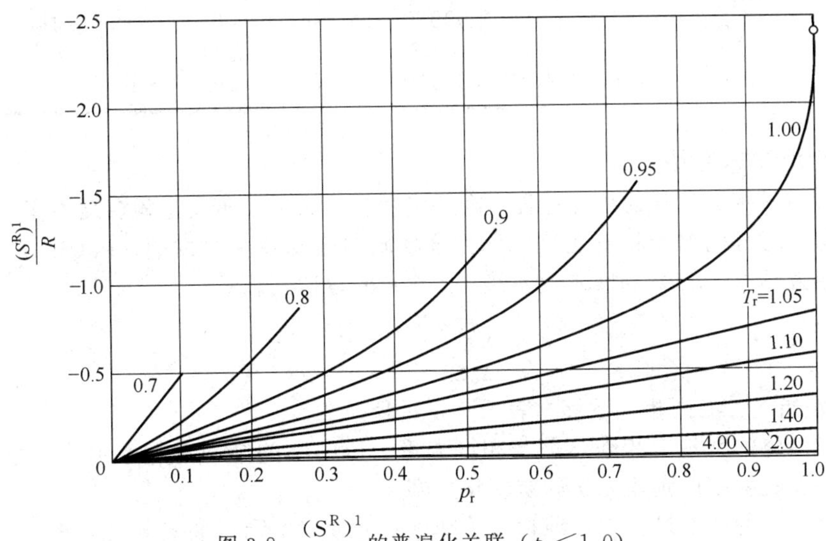

图 3-8 $\frac{(S^R)^1}{R}$的普遍化关联（p_r<1.0）

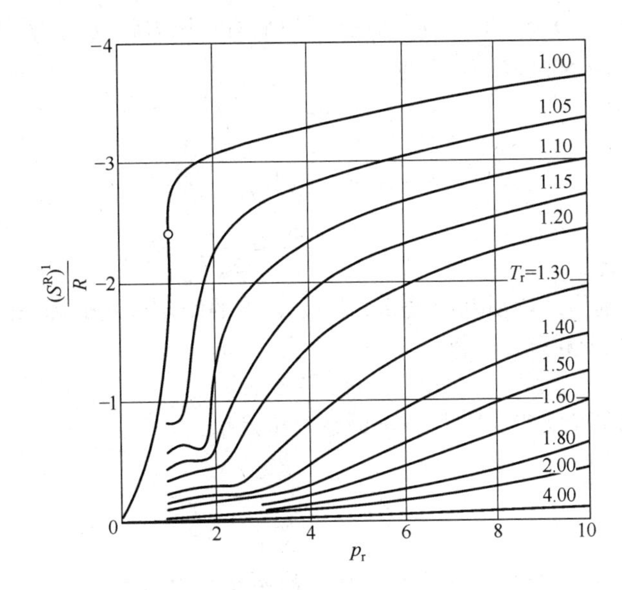

图 3-9 $\frac{(S^R)^1}{R}$的普遍化关联（p_r>1.0）

由图 2-9 曲线判断，乙烯的剩余熵应采用普遍化第二维里系数计算。

$$B^{(0)}=0.083-\frac{0.422}{T_r^{1.6}}$$

$$B^{(1)}=0.139-\frac{0.172}{T_r^{4.2}}$$

$$\frac{dB^{(0)}}{dT_r}=\frac{0.675}{T_r^{2.6}}=\frac{0.675}{(1.063)^{2.6}}=0.576$$

$$\frac{dB^{(1)}}{dT_r}=\frac{0.722}{T_r^{5.2}}=\frac{0.722}{(1.063)^{5.2}}=0.525$$

由式(3-78) 得

$$\frac{S^{R}}{R}=-p_{r}\left[\frac{dB^{(0)}}{dT_{r}}+\omega\frac{dB^{(1)}}{dT_{r}}\right]=-0.099(0.576+0.085\times0.525)=-6.144\times10^{-2}$$

$$S^{R}=-6.144\times10^{-2}\times8.314=-0.511\mathrm{J\cdot mol^{-1}\cdot K^{-1}}$$

3.2.3 蒸发焓与蒸发熵

蒸发是液体转变为蒸气的相变过程。在一定系统压力下，蒸发过程温度不变。某物质在一定 T、p 下蒸发过程的焓变和熵变分别称为该物质的蒸发焓和蒸发熵。式(3-86) 和式(3-87) 分别为摩尔蒸发焓（$\Delta_{v}H$）和摩尔蒸发熵（$\Delta_{v}S$）的表达式。

$$\Delta_{v}H=H^{v}-H^{l} \tag{3-86}$$

$$\Delta_{v}S=S^{v}-S^{l} \tag{3-87}$$

上标 v、l 分别指气、液两相，下标 v 表示蒸发过程。

由于饱和液体的摩尔焓和摩尔熵与相同温度、压力下的饱和蒸气摩尔焓和摩尔熵相差较大，所以在蒸发过程中广延热力学性质变化急剧。

在饱和状态下的蒸发过程中，纯物质的摩尔 Gibbs 自由能 G 保持不变，即

$$G^{v}=G^{l}(T,p)$$

当两相系统的温度改变 dT 时，为了维持两相平衡，压力将发生 dp^{s} 的变化，并且一直保持着 $G^{v}=G^{l}$ 的关系，其变化为 $dG^{v}=dG^{l}$。

因为

$$dG^{v}=V^{v}dp^{s}-S^{v}dT$$

$$dG^{l}=V^{l}dp^{s}-S^{l}dT$$

所以

$$V^{v}dp^{s}-S^{v}dT=V^{l}dp^{s}-S^{l}dT$$

整理后得

$$\frac{dp^{s}}{dT}=\frac{S^{v}-S^{l}}{V^{v}-V^{l}}=\frac{\Delta_{v}S}{\Delta_{v}V} \tag{3-88}$$

式中，$\Delta_{v}S$ 及 $\Delta_{v}V$ 分别为纯物质在温度 T、压力 p 下的摩尔蒸发熵和摩尔蒸发体积。

在等温、等压下积分式(3-2) 得

$$\Delta_{v}H=T\Delta_{v}S \tag{3-89}$$

式中，$\Delta_{v}H$ 为纯物质在温度 T、压力 p 下的摩尔蒸发焓。

将式(3-89) 代入式(3-88) 得

$$\frac{dp^{s}}{dT}=\frac{\Delta_{v}H}{T\Delta_{v}V} \tag{3-90}$$

式(3-90) 称为 Clapeyron 方程，适用于纯物质汽液两相平衡系统。

又

$$\Delta_{v}V=V^{v}-V^{l}=\frac{Z^{v}RT}{p^{s}}-\frac{Z^{l}RT}{p^{s}}=\frac{\Delta ZRT}{p^{s}} \tag{3-91}$$

将式(3-91) 代入式(3-90) 中得到

$$\frac{dp^{s}}{dT}=\frac{\Delta_{v}H}{(RT^{2}/p^{s})\Delta Z} \tag{3-92}$$

或

$$\frac{d\ln p^{s}}{d(1/T)}=-\frac{\Delta_{v}H}{R\Delta Z} \tag{3-93}$$

式(3-93) 称为 Clausius-Clapeyron 方程（克-克方程），它将摩尔蒸发焓直接和蒸气压与温度曲线关联起来，是一种严密的热力学关系，提供了一种极其重要的不同性质之间的联系。若知道蒸气压和温度的关系，则可将它用于蒸发焓的计算。

蒸气压方程是描述蒸气压和温度关系的方程。目前文献中提供的蒸气压方程很多，下面仅介绍简单的两种。有关蒸气压的估算方法请参见本书第 7 章。

方程式(3-93)中的 $\Delta_v H$ 和 ΔZ 都是温度的弱函数，可将 $\dfrac{\Delta_v H}{R\Delta Z}$ 项近似视为常数，积分式(3-93)得

$$\ln p^s = A - \frac{B}{T} \tag{3-94}$$

式中，A 为积分常数，$B=\dfrac{\Delta_v H}{R\Delta Z}$。

式(3-94)在温度间隔不大时，计算结果尚可，也可用于计算精度要求不高的场合。

工程计算中广泛使用 Antoine 方程表达蒸气压与温度的关系，其形式为

$$\ln p^s = A - \frac{B}{T+C} \tag{3-95}$$

式中，A、B、C 称为 Antoine 常数，由蒸气压数据回归得到。许多常用物质的 Antoine 常数可以从本书附录五及其他多种手册中查到。

由蒸气压方程可以求出式(3-92)中的 $\dfrac{\mathrm{d}p^s}{\mathrm{d}T}$ 及式(3-93)中的 $\dfrac{\mathrm{d}\ln p^s}{\mathrm{d}(1/T)}$，进而可计算出 $\Delta_v H$ 及 $\Delta_v S$。

已知式中的 ΔZ 为相同温度下饱和蒸气和饱和液体压缩因子的差值，即

$$\Delta Z = Z^v - Z^l = \frac{p}{RT}(V^v - V^l) \tag{3-96}$$

它可以用针对饱和气、液均适用的状态方程计算，也可以用如下经验关联式估算：

$$\Delta Z = \left(1 - \frac{p_r}{T_r^3}\right)^{1/2} \tag{3-97}$$

该式适用范围为 $T<T_b$。近似计算时，也可假设 $\Delta Z=1$。$\Delta_v H$ 除了用式(3-92)或式(3-93)计算外，还可利用一系列的经验或半经验的关联式计算，比较可靠的有从已知温度 T_1 时的 $\Delta_v H_1$ 求其他温度 T_2 时的 $\Delta_v H_2$：

$$\Delta_v H_2 = \Delta_v H_1 \left(\frac{1-T_{r2}}{1-T_{r1}}\right)^n \tag{3-98}$$

式中，T_r 为对比温度，而 n 可取为 0.375 或 0.38。本法也可认为属对比态法，此外还可用基团贡献法，有关基团贡献法介绍见第 7 章。

【例 3-6】 规定饱和液态 1-丁烯在 273K 时焓值和熵值均为零（此时饱和蒸气压为 1.27×10^5Pa）。试求 478K、68.9×10^5Pa 时 1-丁烯的焓值和熵值。其中，蒸发焓采用公式 $\Delta_v H = RT_c[(7.08)(1-T_r)^{0.354}+10.95\omega(1-T_r)^{0.456}]$ 计算。

解： 查出 1-丁烯的物性参数为 $T_c=419.5$K，$p_c=4.02$MPa，$\omega=0.187$，$T_b=267$K，$C_p^{ig}=16.36+2.63\times10^{-1}T-8.212\times10^{-5}T^2\,\mathrm{J\cdot mol^{-1}\cdot K^{-1}}$。计算过程如下图。

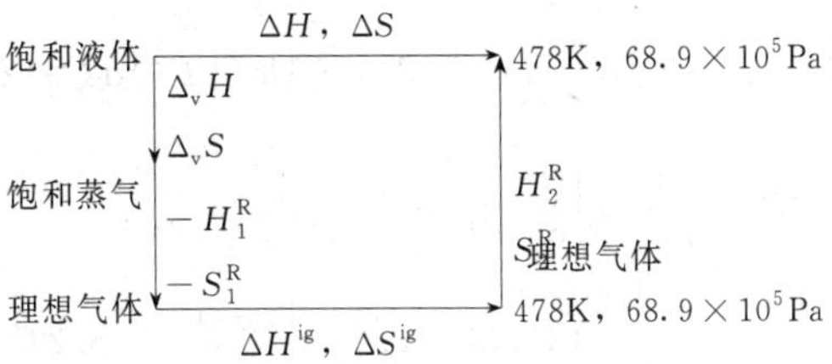

饱和液体 —— ΔH，ΔS ——→ 478K，68.9×10^5Pa

↓ $\Delta_v H$，$\Delta_v S$ ↑ H_2^R，S_2^R

饱和蒸气

↓ $-H_1^R$，$-S_1^R$

理想气体 —— ΔH^{ig}，ΔS^{ig} ——→ 理想气体 478K，68.9×10^5Pa

$$H_2 = H_1 + \Delta H$$

$$\Delta H = \Delta_v H - H_1^R + \Delta H^{ig} + H_2^R \tag{A}$$

$$S_2 = S_1 + \Delta S$$

$$\Delta S = \Delta_v S - S_1^R + \Delta S^{ig} + S_2^R \tag{B}$$

(1) 计算 $\Delta_v H$、$\Delta_v S$

$$T_r = \frac{T}{T_c} = \frac{273}{419.5} = 0.651$$

$$\begin{aligned}\Delta_v H &= RT_c[(7.08)(1-T_r)^{0.354} + 10.95\omega(1-T_r)^{0.456}] \\ &= 8.314 \times 419.5 \times [7.08 \times (1-0.651)^{0.354} + 10.95 \times 0.187 \times (1-0.651)^{0.456}] \\ &= 21.43 \times 10^3 \text{J} \cdot \text{mol}^{-1}\end{aligned}$$

由式(3-89)，$\Delta_v S = \dfrac{\Delta_v H}{T} = \dfrac{21.43 \times 10^3}{273} = 78.50 \text{J} \cdot \text{mol}^{-1} \cdot \text{K}^{-1}$

(2) 计算 H_1^R、S_1^R

H_1^R、S_1^R 分别为条件 $T_1 = 273\text{K}$、$p_1 = 1.27 \times 10^5 \text{Pa}$ 下 1-丁烯的剩余焓与剩余熵。因为压力较低，可采用普遍化第二维里系数计算。

$$T_{r1} = \frac{273}{419.5} = 0.651, \qquad p_{r1} = \frac{1.27 \times 10^5}{40.2 \times 10^5} = 3.159 \times 10^{-2}$$

$$B^{(0)} = 0.083 - \frac{0.422}{T_r^{1.6}} = 0.083 - \frac{0.422}{(0.651)^{1.6}} = -0.756$$

$$B^{(1)} = 0.139 - \frac{0.172}{T_r^{4.2}} = 0.139 - \frac{0.172}{(0.651)^{4.2}} = -0.904$$

$$\frac{dB^{(0)}}{dT_r} = \frac{0.675}{T_r^{2.6}} = \frac{0.675}{(0.651)^{2.6}} = 2.061$$

$$\frac{dB^{(1)}}{dT_r} = \frac{0.722}{T_r^{5.2}} = \frac{0.722}{(0.651)^{5.2}} = 6.728$$

由式(3-56) 得

$$\begin{aligned}\frac{H_1^R}{RT_1} &= p_{r1}\left\{\frac{B^{(0)}}{T_{r1}} - \frac{dB^{(0)}}{dT_r} + \omega\left[\frac{B^{(1)}}{T_{r1}} - \frac{dB^{(1)}}{dT_r}\right]\right\} \\ &= 3.159 \times 10^{-2} \times \left[\frac{-0.756}{0.651} - 2.061 + 0.187 \times \left(\frac{-0.904}{0.651} - 6.728\right)\right] = -0.1497\end{aligned}$$

$$H_1^R = -0.1497 \times 8.314 \times 273 = -340 \text{J} \cdot \text{mol}^{-1}$$

由式(3-78) 得

$$\frac{S^R}{R} = -p_{r1}\left[\frac{dB^{(0)}}{dT_r} + \omega\frac{dB^{(1)}}{dT_r}\right] = -3.159 \times 10^{-2} \times (2.061 + 0.187 \times 6.728) = -0.105$$

$$S^R = -0.105 \times 8.314 = -0.873 \text{J} \cdot \text{mol}^{-1} \cdot \text{K}^{-1}$$

(3) 计算 ΔH^{ig}、ΔS^{ig}

$$\begin{aligned}\Delta H^{ig} &= \int_{T_1}^{T_2} C_p^{ig} dT \\ &= \int_{273}^{478} (16.36 + 2.63 \times 10^{-1} T - 8.212 \times 10^{-5} T^2) dT = 21.17 \times 10^3 \text{J} \cdot \text{mol}^{-1}\end{aligned}$$

$$\begin{aligned}\Delta S^{ig} &= \Delta S_T^{ig} + \Delta S_p^{ig} = R\ln\frac{p_1}{p_2} + \int_{273}^{478} \frac{C_p^{ig}}{T} dT \\ &= 8.314\ln\frac{1.27 \times 10^5}{68.9 \times 10^5} + \int_{273}^{478} (16.36 + 2.63 \times 10^{-1} T - 8.212 \times 10^{-5} T^2)\frac{dT}{T} \\ &= 23.55 \text{J} \cdot \text{mol}^{-1} \cdot \text{K}^{-1}\end{aligned}$$

(4) 计算 H_2^R、S_2^R

H_2^R、S_2^R 分别为 478K、68.9×10^5Pa 的剩余焓与剩余熵。

$$T_r=\frac{478}{419.5}=1.14, \qquad p_r=\frac{68.9\times10^5}{40.2\times10^5}=1.71$$

此状态落在了图 2-9 斜线的下方，即应采用普遍化焓差图和熵差图计算剩余性质。

由图 3-3 和图 3-5 查得 $\frac{(H^R)^0}{RT_c}=-2.04$，$\frac{(H^R)^1}{RT_c}=-0.51$。因此，

$$\frac{H_2^R}{RT_c}=\frac{(H^R)^0}{RT_c}+\omega\frac{(H^R)^1}{RT_c}=-2.04+0.187\times(-0.51)=-2.14$$

$$H_2^R=8.314\times420\times(-2.14)=-7.473\times10^3\text{J}\cdot\text{mol}^{-1}$$

同理，由图 3-7 和图 3-9 查得 $\frac{(S^R)^0}{R}=-1.34$，$\frac{(S^R)^1}{R}=-0.58$。因此，

$$\frac{S_2^R}{R}=\frac{(S^R)^0}{R}+\omega\frac{(S^R)^1}{R}=-1.34+0.187\times(-0.58)=-1.45$$

$$S_2^R=8.314\times(-1.45)=-12.06\text{J}\cdot\text{mol}^{-1}\cdot\text{K}^{-1}$$

(5) 将以上结果代入式(A) 和式(B) 得

$$\Delta H=21.43\times10^3-(-0.34\times10^3)+21.17\times10^3-7.43\times10^3=35.51\times10^3\text{J}\cdot\text{mol}^{-1}$$

$$H_2=35.51\times10^3\text{J}\cdot\text{mol}^{-1}$$

$$\Delta S=78.57-(-0.87)+23.55-12.06=91.38\text{J}\cdot\text{mol}^{-1}\cdot\text{K}^{-1}$$

$$S_2=90.93\text{J}\cdot\text{mol}^{-1}\cdot\text{K}^{-1}$$

计算结果表明，在 273K、1.27×10^5Pa 下 1-丁烯的剩余焓和剩余熵很小，也可以近似取为零。

3.2.4 真实气体热容计算

真实气体热容 C_p 虽可应用于真实气体变温过程的焓变计算，但因实验数据极少，更缺少整理及关联，所以难于用积分式求 $(\Delta H)_p$。C_p 值的实用意义主要在于计算真实流体的特征数（准数），例如计算 Prandtl 数 $\left(\frac{\eta C_p}{\lambda}\right)$ 时，除需要黏度（η）及热导率（λ）外，还需要真实流体的 C_p 值。

真实气体的 C_p 既是温度的函数，又是压力的函数，可借助同温同压下理想气体定压热容（$C_{p,g}^{ig}$）计算：

$$C_p=C_{p,g}^{ig}+\Delta C_p \tag{3-99}$$

$$\Delta C_p=\left(\frac{\partial H}{\partial T}\right)_p-\left(\frac{\partial H^{ig}}{\partial T}\right)_p=\frac{\partial}{\partial T}(H-H^{ig})_p \tag{3-100}$$

式中的焓差可以用状态方程计算，这个方法见 3.2.1，ΔC_p 又可以用二参数或三参数对比态法计算，用三参数法的计算式为

$$\Delta C_p=C_{p,g}^{(0)}+\omega\Delta C_p^{(1)} \tag{3-101}$$

式中，$\Delta C_p^{(0)}$ 和 $\Delta C_p^{(1)}$ 均为 T_r、p_r 的函数，可以用普遍化热容图求得。

真实气体热容计算还可以延伸至绝热压缩指数（k）的计算，k 与热容的关系为

$$k=C_p/C_V \tag{3-102}$$

对气体而言

$$k=C_{p,g}/C_{V,g}=\frac{C_{p,g}^{ig}+\Delta C_p}{C_{p,g}^{ig}+\Delta C_p-(C_{p,g}-C_{V,g})} \tag{3-103}$$

若为理想气体，可以简化为

$$k=\frac{C_p}{C_p-R} \tag{3-104}$$

k 在压缩功和绝热压缩气体出口温度的计算中必不可少，若按理想气体处理，造成的误差不容忽视，建议在工程计算中按不同组成、温度和压力计算 k。

3.3 热力学性质图表

为了方便化工设计和工程计算，人们将常用物质（如：空气、水、二氧化碳、氨、甲烷、氟利昂等）的热力学性质制成专用的热力学图表。它们除了用于在一张图上同时直接读取物质的 p、V、T、H、S 等热力学性质外，还能够形象地表示热力学性质的规律和过程进行的路径。一些基本的热力学过程，例如恒压加热（冷却）、恒温压缩（膨胀）、恒焓膨胀等都可以直观地显示在图上。热力学性质图表一般用于纯物质，如 H_2、O_2、N_2、CH_4、NH_3、CH_3OH，也有个别确定组成的混合物，如空气。

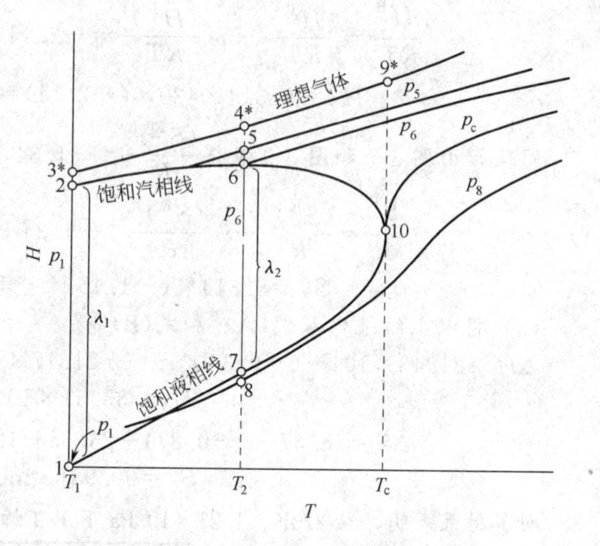

图 3-10 H-T 图的结构

3.3.1 热力学性质图

热力学性质图包括 p-V 图、p-T 图、H-T 图、T-S 图、$\ln p$-H 图、H-S 图等，其中 p-V 图和 p-T 图在本书的第 2 章已经介绍，它们只用于表达热力学关系，而不是工程上直接读取数字的图。用于工程计算的热力学性质图有以下四种。

(1) 焓温图（H-T 图）

焓温图以热力学温度为横坐标，焓为纵坐标。图 3-10 和图 3-11 分别是 H-T 图的结构和空气的 H-T 图。图中包括饱和汽相线、饱和液相线、理想气体的曲线以及不同压力下的等压线，C 为临界点。由饱和液相线和饱和汽相线围成的区域是汽液两相区。该图主要用于热量计算，图中不附熵（S）的值。

(2) 温熵图（T-S 图）

温熵图以熵为横坐标，以热力学温度为纵坐标。图 3-12 和图 3-13 分别是 T-S 图的结构和空气的 T-S 图示例。T-S 图中绘有等温线、等压线、等焓线、等干度线（等 x 线）、等熵线。如果计算节流膨胀、绝热可逆膨胀和压缩过程的热和功，使用 T-S 图比较方便。

(3) 压焓图（$\ln p$-H 图）

压焓图以焓为横坐标，压力的自然对数为纵坐标。图 3-14 和图 3-15 分别是 $\ln p$-H 图的结构和绿色制冷剂 HFC-134a（1,1,1,2-四氟乙烷）的 $\ln p$-H 图。压焓图在分析恒压及恒焓过程时使用方便，对于一些过程的热量和功的计算可用线段表示，计算方便，很广泛地用于冷冻、压缩过程，因此可查到许多冷冻剂的 $\ln p$-H 图。

(4) 焓熵图（H-S 图，称 Mollier 图）

焓熵图以熵为横坐标，焓为纵坐标。图 3-16 和图 3-17 分别是 H-S 图的结构和空气的 H-S 图。H-S 图数量不多，主要用于空气、水，也有 CH_4 等几张图。可以用线段表示功和热，常用于分析流动过程中的能量变化。

焓（H）没有绝对值，可以取任意点作基点（基点的焓值为零）。热力学性质图不能用于化学反应过程，只是用于物理过程的焓变（ΔH）计算。熵（S）是有绝对值的，但考虑到热

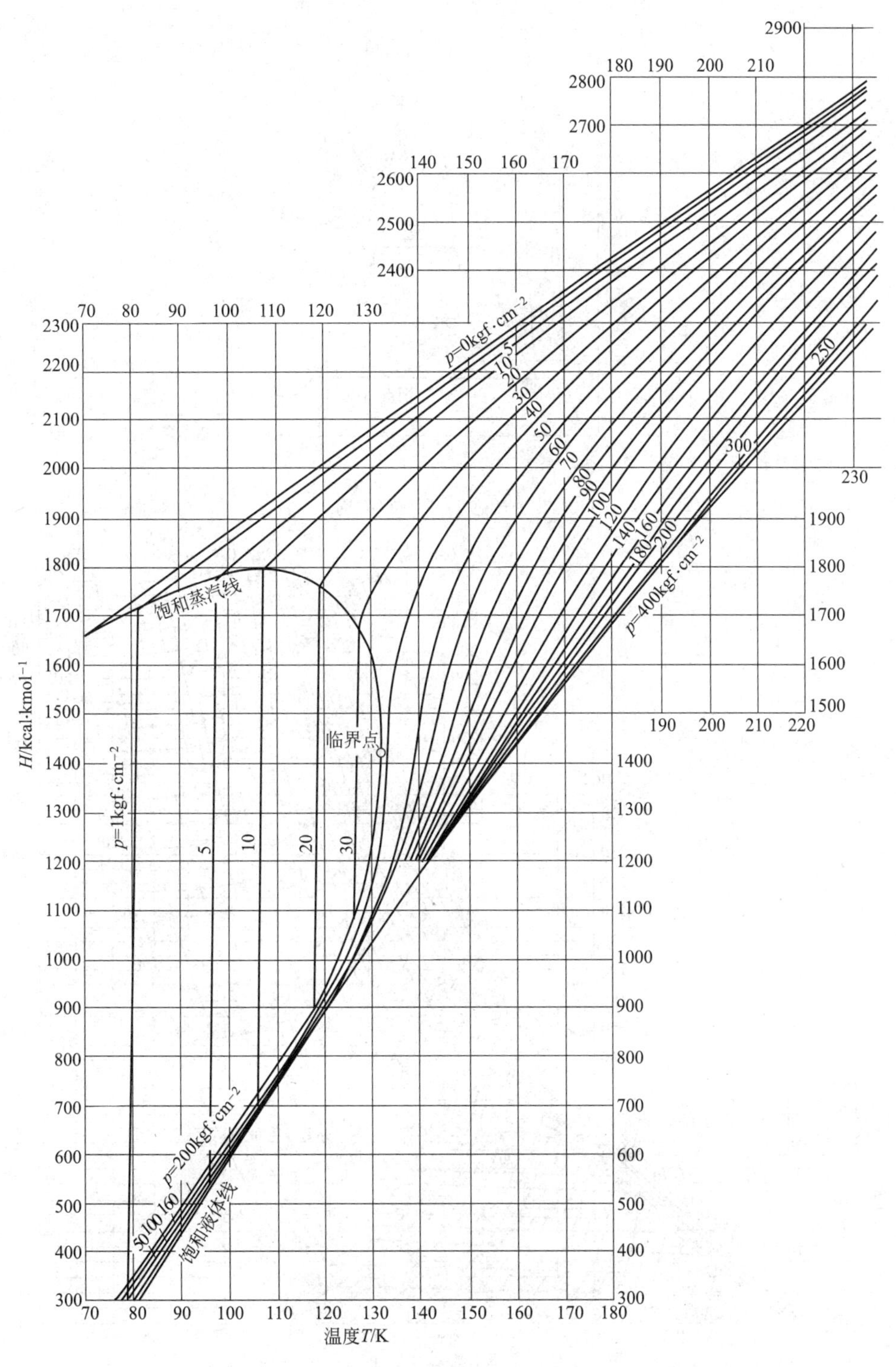

图 3-11 空气的 H-T 图

力学图只用于物理过程的熵变（ΔS）计算，故仍可任意指定基点。例如，目前常用的 H、S 基点为该物质−129℃的液体。

下面以 H-T 图为例，介绍热力学性质图的制作方法。

图中 3-10 示意出的 10 个点（点 1～10），处于三个温度 T_1、T_2 和 T_c，并且包括不同温

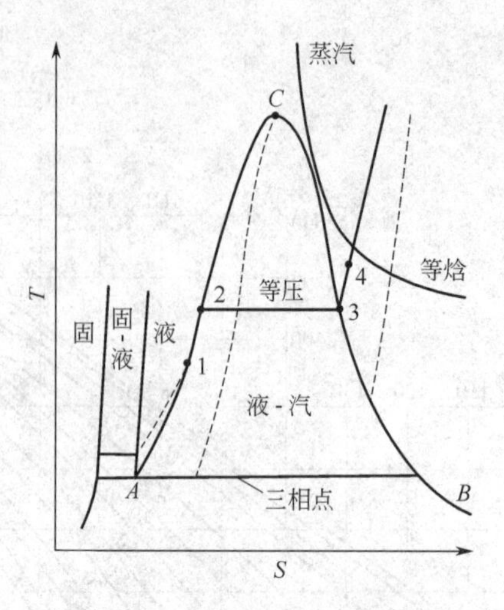

图 3-12　T-S 图的结构

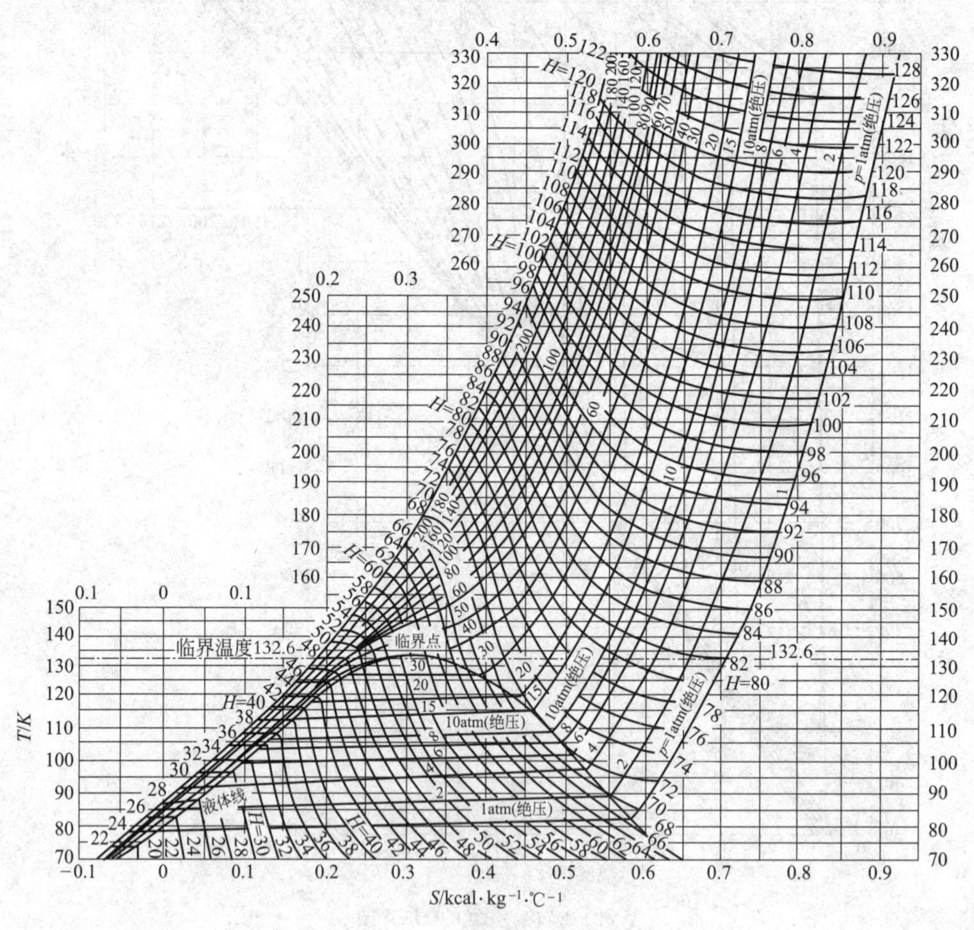

图 3-13　空气的 T-S 图

度下理想气体、饱和液体、饱和气体、过冷液体和临界点。取点 1 为基点（即 1 点的焓值取为零，$H_1=0$），它是温度 T_1、压力 p_1 下的饱和液体，点 2 是与点 1 相平衡的饱和气态，因此，点 2 与点 1 的焓差为该温度下的蒸发焓，即 $H_2=H_1+\Delta_v H_1$，利用前面介绍的蒸发焓的计算

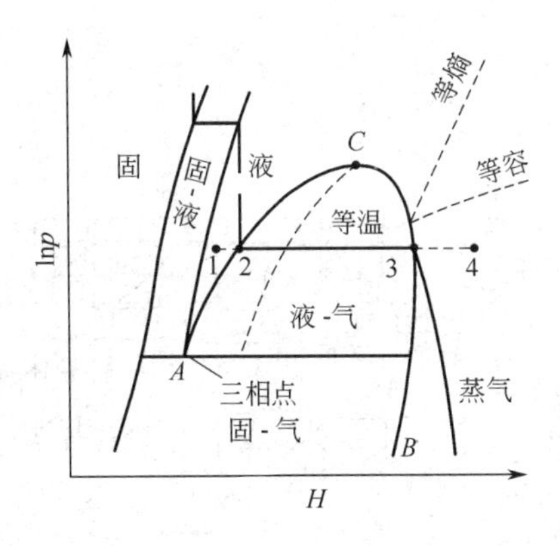

图 3-14 ln$p$-H 图的结构

方法便可以得到。点 3 是与点 2 相同温度下的理想气体，根据热力学基本方程和 Maxwell 关系式得到：

$$\left(\frac{\partial H}{\partial p}\right)_T=T\left(\frac{\partial S}{\partial p}\right)_T+V \quad 或 \quad \left(\frac{\partial H}{\partial p}\right)_T=V-T\left(\frac{\partial V}{\partial T}\right)_p$$

积分得

$$\Delta H=\int_p^p\left[V-T\left(\frac{\partial V}{\partial T}\right)_p\right]_T \mathrm{d}p$$

利用上式并选择合适的 p-V-T 关系便可以计算出相同温度不同压力的焓差，进而，$H_3=H_2+\Delta H$。点 4 和点 9 分别是温度为 T_2 和 T_c 下的理想气体，依据公式

$$\Delta H^{\mathrm{ig}}=\int_{T_1}^{T_2} C_p^{\mathrm{ig}}\mathrm{d}T$$

计算出 H_4、H_9 与 H_3 的差值，进一步可以计算点 4 和点 9 的焓值。同理，点 5 与点 4、点 6 与点 5 以及点 10 与点 9 的焓差均可以依据相同温度焓值随压力的变化进行计算。点 7 与点 6 处于相平衡状态，焓差即是 T_2 下的蒸发焓。点 8 与点 7 的焓差仍然是相同温度不同压力下焓值的变化，不过此时它们处于液态，需要选择适用于液体的 p-V-T 关系。依据以上阐述的方法可以计算出图中不同压力、温度和状态下各点的焓值，从而得到一张完整的 H-T 图。

其他热力学性质图的制作原理是完全类似的。

可见，制作纯物质（包括空气）热力学性质图表是一个非常复杂的过程，对于任何物质，已有的热力学实验值都是有限的，因而制图中输入的实验值也是很有限的，大量的数据是选用合适的方法进行计算得到的。并且既需要各单相区和汽液共存区的 p-V-T 数据，又需要它们在不同条件下的热力学基础数据，如沸点 T_b、熔点 T_m、临界常数 T_c、p_c 和 V_c。由于不同作者所发表的热力学图选用了不同的基础数据，或选用不同的计算方法或方程，甚至选用不同的基点，因此不同的热力学图是不能混用的。另外，许多早期的热力学图所用的单位不是 SI 制。

利用已制成的性质图作化工过程的分析与计算是十分方便的，对问题的形象化分析也是很有帮助的。但也存在以下缺点：①精确度不高；②不便于用于混合物；③不便于用计算机计算。因此目前主要用于纯物质（空气例外）的一些物理过程，例如压缩、制冷等，且只作为手算或较粗略的计算。常用的几个热力学图见附录九至附录十三。

【例 3-7】 (1) 1MPa 的饱和气态 NH_3，以 $25\mathrm{kg\cdot min^{-1}}$ 的流速进入一冷凝器，成为饱和液态 NH_3，试问每分钟需从冷凝器移出的热量是多少？

(2) 欲将 4kg、1.013×10^5Pa、150K 的空气恒压加热至 225K，试求需要加入的热量。

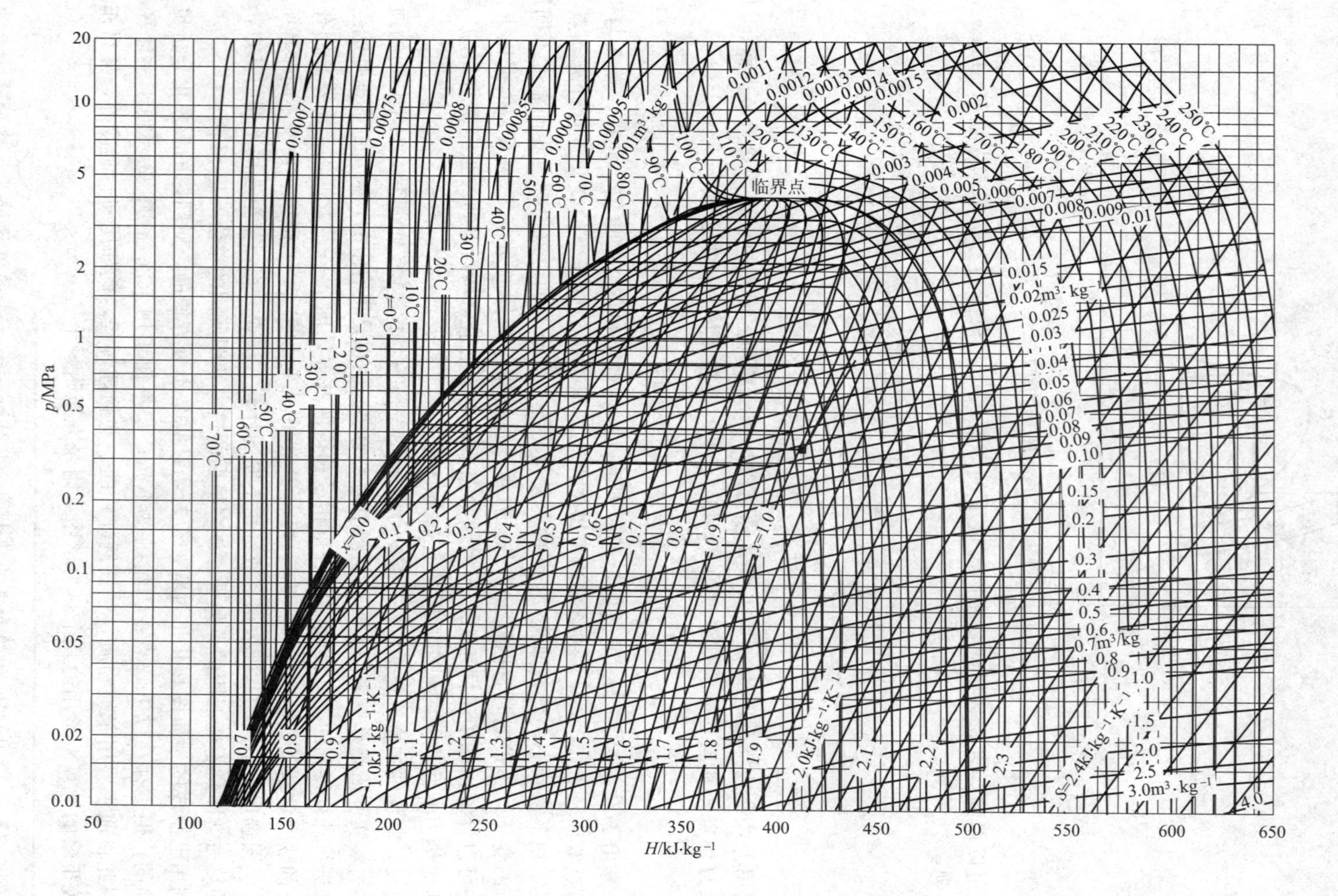

图 3-15 制冷剂 HFC-134a 的 ln$p$-H 图

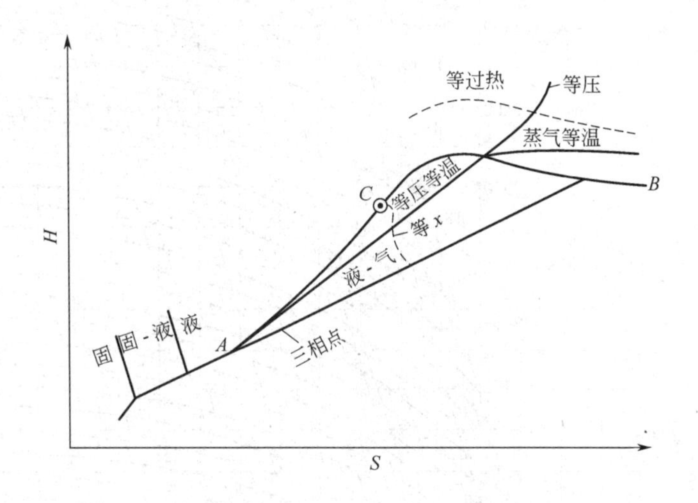

图 3-16 H-S 图的结构

解： 此过程中，$\Delta H=Q$

(1) 由附录十查出，1MPa 饱和气态 NH_3 的焓值及 1MPa 下饱和液态 NH_3 的焓值分别为 $H^{v}=1710\text{kJ}\cdot\text{kg}^{-1}$，$H^{l}=540\text{kJ}\cdot\text{kg}^{-1}$。移出的热量为：

$$Q=w(H^{g}-H^{l})=25\times(1710-540)=2.925\times10^{4}\text{kJ}\cdot\text{min}^{-1}$$

(2) 由附录九查出

$$p_1=1\text{atm}、T_1=150\text{K} 时，H_1=86\text{kcal}\cdot\text{kg}^{-1}$$

$$p_2=1\text{atm}、T_2=225\text{K} 时，H_2=104\text{kcal}\cdot\text{kg}^{-1}$$

4kg 空气需要移出的热量为：$Q=4(H_2-H_1)=4\times(104-86)=72\text{kcal}=300.96\text{kJ}$

【例 3-8】 试问 14.2×10^{5} Pa、383K 的 NH_3，流经节流阀后压力变为 0.1MPa，其终温为多少？如果通过无摩擦的膨胀机进行绝热膨胀至 0.1MPa，其终温为多少？液态 NH_3 含量是多少？

解： NH_3 流经节流阀进行恒焓膨胀。由初始状态（1.42MPa，110℃）沿恒焓线至压力 0.1MPa，即可求出终温。从附录十中查出 $p_1=1.42$MPa、$t_1=110$℃ 时，$H_1=1920\text{kJ}\cdot\text{kg}^{-1}$；$p_2=0.1$MPa、$H_2=1920\text{kJ}\cdot\text{kg}^{-1}$ 时，$t_2=95$℃。

在膨胀机中进行绝热可逆膨胀为恒熵过程，由初始状态沿恒熵线至压力 0.1MPa，即可求出终温 $t_2=-32$℃。液态 NH_3 的含量为 $(1-x)$，根据式(3-100)

$$H=H^{l}(1-x)+H^{v}x$$

式中 $H=H_2=1560\text{kJ}\cdot\text{kg}^{-1}$，$H^{l}=275\text{kJ}\cdot\text{kg}^{-1}$，$H^{v}=1630\text{kJ}\cdot\text{kg}^{-1}$

解出 $x=0.95$

液态 NH_3 含量为 1－0.95＝0.05（质量分数）。

3.3.2 热力学性质表

物质的热力学性质数据常常采用列表的形式。有关焓、熵的基点以及计算所得数据与热力学图是相同的，其优点、缺点及使用范围也大致相当。读取数据常常需要内插，但由表上得到数据一般比由曲线图得到的数据更准确。此外，用图表达时，变量数目受到限制。

水蒸气表是收集最广泛、最完善的一种热力学性质表，目前使用的水蒸气表分为三类。一类是未饱和水和过热蒸汽表，另两类是以温度为序和以压力为序的饱和水蒸气表，表中所列的

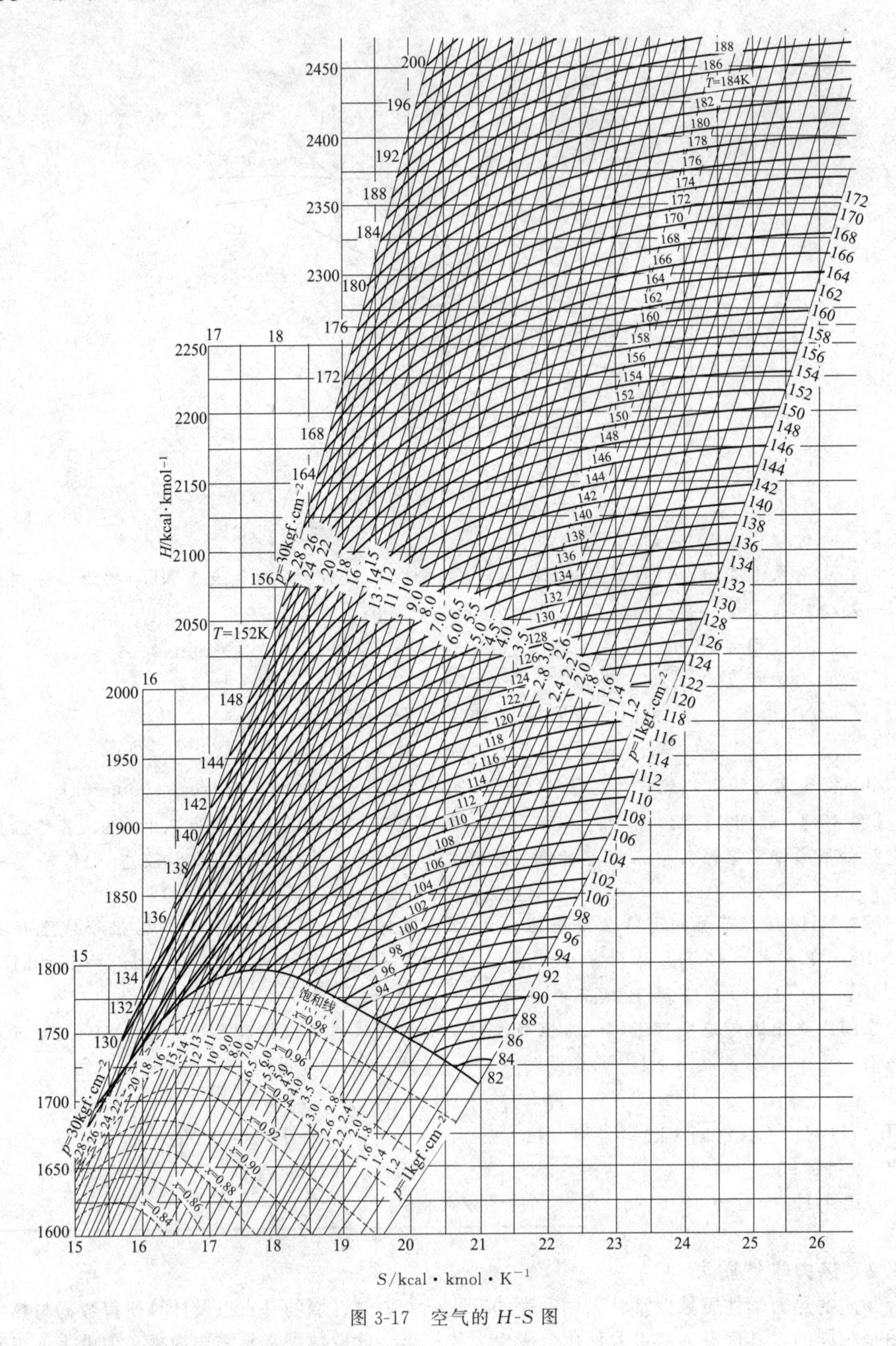

图 3-17　空气的 H-S 图

焓、熵等值是以水的三相点为基准，按照热力学基本关系式计算得到的。

其中水的三相点参数为 $p=0.0006112\text{MPa}$，$V=0.00100022\text{m}^3\cdot\text{kg}^{-1}$，$T=273.16\text{K}$。

$$H=U+pV=0.000614\text{kJ}\cdot\text{kg}^{-1}$$

【例 3-9】 温度为 232℃的饱和蒸汽和水的混合物处于平衡，如果混合相的比容是 $0.04166m^3 \cdot kg^{-1}$，试用水蒸气表中的数据计算：(1) 混合相中的蒸汽含量；(2) 混合相的焓；(3) 混合相的熵。

解：查饱和水和饱和蒸汽表，当 $t=232℃$时，

232℃	$V/m^3 \cdot kg^{-1}$	$H/kJ \cdot kg^{-1}$	$S/kJ \cdot kg^{-1} \cdot K^{-1}$
饱和水(l)	0.001213	999.39	2.6283
饱和蒸汽(v)	0.06899	2803.2	6.1989

(1) 设 1kg 湿蒸汽中水蒸气的含量为 $x$kg，则

$$0.04166=0.06899x+(1-x)0.001213$$

解出：
$$x=\frac{0.04166-0.001213}{0.06899-0.001213}=0.5968$$

即混合物中含有蒸汽 59.68%，液体 40.32%。

(2) 混合相中的焓

$$H=xH^{v}+(1-x)H^{l}$$
$$=0.5968\times2803.0+(1-0.5968)\times999.39=2075.8kJ \cdot kg^{-1}$$

(3) 混合相中的熵

$$S=xS^{v}+(1-x)S^{l}$$
$$=0.5968\times6.1989+(1-0.5968)\times2.6283=4.7592kJ \cdot kg^{-1} \cdot K^{-1}$$

本章小结

流体的热力学性质是 p、V、T 的函数，其数值总是对应系统的某一平衡状态。系统从状态 1 经任何途径向状态 2 变化的过程中，其热力学性质的改变遵循一定的规律，可通过状态方程或对比态方法计算。计算真实气体或液体的热力学性质变化的简便方法是，利用热力学性质的状态函数特点，设计虚拟途径，分别计算各个虚拟途径的热力学性质，然后进行加合。为了实现虚拟途径的设计和计算，本章提出了“剩余性质”的概念，定义同温、同压下真实流体与理想气体广延热力学性质的差额为剩余性质。剩余性质可表示成 p、V、T 函数的积分形式，利用状态方程或对比态方法计算。

本章包括六个主要的知识点：①热力学基本方程；②Maxwell 关系；③剩余性质的概念和应用；④非理想流体无化学反应过程的焓变和熵变的计算；⑤蒸发过程的热效应；⑥热力学性质图表。其中，热力学基本方程式和 Maxwell 关系是建立热力学性质（U、H、A、G、S、C_p 和 C_V）与 p、V、T 之间联系的基础。通过方程式或热力学性质图表都可以求取物质的热力学性质。如果对计算精度要求高，用方程式计算比较适宜；如果更关注变量之间关系的相互影响和变化趋势，则图表比较直观。

本章的重点是非理想流体焓变和熵变的计算。利用状态函数的变化与过程无关的特点，在设计变化途径时走理想气体路线。应用状态方程和对比态法计算剩余焓和剩余熵。

习　题

3-1 思考下列说法是否正确：

(1) 当系统压力趋于零时，$M(T,p)-M^{ig}(T,p)\equiv0$（$M$ 为广延热力学性质）。

(2) 理想气体的 H、S、G 仅是温度的函数。

(3) 若 $A=(S-S_0^{\text{ig}})+R\ln\left(\dfrac{p}{p_0}\right)$，则 A 的值与参考态压力 p_0 无关。

(4) 对于任何物质，焓与热力学能的关系都符合 $H>U$。

(5) 对于一定量的水，压力越高，蒸发所吸收的热量就越少。

3-2 推导下列关系式：

$$\left(\frac{\partial S}{\partial V}\right)_T=\left(\frac{\partial p}{\partial T}\right)_V,\qquad \left(\frac{\partial U}{\partial V}\right)_T=T\left(\frac{\partial p}{\partial T}\right)_V-p$$

$$\left\{\frac{\partial[\Delta G/(RT)]}{\partial T}\right\}_p=-\frac{\Delta H}{RT^2},\qquad \left\{\frac{\partial[\Delta G/(RT)]}{\partial p}\right\}_T=\frac{\Delta V}{RT}$$

3-3 试证明：(1) 以 T、V 为自变量时焓变为：

$$\mathrm{d}H=\left[C_V+V\left(\frac{\partial p}{\partial T}\right)_V\right]\mathrm{d}T+\left[T\left(\frac{\partial p}{\partial T}\right)_V+V\left(\frac{\partial p}{\partial V}\right)_T\right]\mathrm{d}V$$

(2) 以 p、V 为自变量时焓变为：

$$\mathrm{d}H=\left[V+C_V\left(\frac{\partial T}{\partial p}\right)_V\right]\mathrm{d}p+C_p\left(\frac{\partial T}{\partial V}\right)_p\mathrm{d}V$$

3-4 计算氯气从状态 1（300K、1.013×10^5Pa）到状态 2（500K、1.013×10^7Pa）变化过程的摩尔焓变。

3-5 氨的 pVT 关系符合方程 $pV=RT-ap/T+bp$，其中 $a=386\text{L}\cdot\text{K}\cdot\text{kmol}^{-1}$，$b=15.3\text{L}\cdot\text{kmol}^{-1}$。计算氨由 500K、1.2MPa 变化至 500K、18MPa 过程的焓变和熵变。

3-6 某气体符合状态方程 $p=\dfrac{RT}{V-b}$，其中 b 为常数。计算该气体由 V_1 等温可逆膨胀到 V_2 的熵变。

3-7 采用下列水蒸气的第二维里系数计算 573.2K 和 506.63kPa 条件下蒸汽的 Z、H^{R} 及 S^{R}。

T/K	563.2	573.2	583.2
$B/\text{cm}^3\cdot\text{mol}^{-1}$	−125	−119	−113

3-8 利用合适的普遍化关联式，计算 1kmol 的 1,3-丁二烯，从 2.53MPa、400K 压缩至 12.67MPa、550K 时的 ΔH、ΔS、ΔV、ΔU。已知 1,3-丁二烯在理想气体状态时的恒压热容为：$C_p^{\text{ig}}=22.738+2.228\times10^{-1}T-7.388\times10^{-5}T^2$（$\text{kJ}\cdot\text{kmol}^{-1}\cdot\text{K}^{-1}$）。1,3-丁二烯的临界常数及偏心因子为：$T_c=425\text{K}$，$p_c=4.32\text{MPa}$，$V_c=221\times10^{-6}\text{m}^3\cdot\text{mol}^{-1}$，$\omega=0.193$。

3-9 某气体符合状态方程 $V=RT/p+b-a/(RT)$，式中 a、b 为常数，试推导出 G^{R}-pVT 关系式。

3-10 试用普遍化方法计算二氧化碳在 473.2K、30MPa 下的焓与熵。已知在相同条件下，二氧化碳处于理想状态的焓值为 $8377\text{J}\cdot\text{mol}^{-1}$，熵为 $25.86\text{J}\cdot\text{mol}^{-1}\cdot\text{K}^{-1}$。

3-11 试计算 93℃、2.026MPa 条件下，1mol 乙烷的体积、热力学能、焓和熵。设 0.1013MPa、−18℃ 时乙烷的焓、熵为零。已知乙烷在理想气体状态下的摩尔恒压热容为：$C_p^{\text{ig}}=10.083+239.304\times10^{-3}T-73.358\times10^{-6}T^2$ $[\text{J}\cdot(\text{mol}\cdot\text{K})^{-1}]$。

3-12 将 1kg 水装入一密闭容器，并使之在 1MPa 压力下处于汽液平衡状态。假设容器内的液体和蒸汽各占一半体积，试求容器内的水和水蒸气的总焓。

3-13 1kg 水蒸气装在带有活塞的钢瓶中，压力为 6.89×10^5Pa，温度为 260℃。如果水蒸气发生等温可逆膨胀到 2.41×10^5Pa。在此过程中蒸汽吸收了多少热量？

3-14 在 T-S 示意图上表示出纯物质经历以下过程的始点和终点。

(1) 过热蒸汽 (a) 等温冷凝成过冷液体 (b)；

(2) 过冷液体 (c) 等压加热成过热蒸汽 (d)；

(3) 饱和蒸汽 (e) 可逆绝热膨胀到某状态 (f)；

(4) 在临界点 (g) 进行恒温压缩到某状态 (h)。

3-15 利用 T-S 图和 $\ln p$-H 图分析下列过程的焓变和熵变：

(1) 2.0MPa、170K 的过热空气等压冷却并冷凝为饱和液体；

(2) 0.3MPa 的饱和氨蒸气可逆绝热压缩至 1.0MPa；

(3) 1L 密闭容器内盛有 5g 氨。对容器进行加热，使温度由初始的−20℃升至 50℃。

第4章 热力学基本定律及其应用

4.1 热力学第一定律

热力学第一定律是能量守恒和转换定律，它确定了任何过程中能量在数量上的相互关系。

世界是由物质构成的，物质是在不停地运动的，运动是物质存在的形式，是物质的固有属性。能量是物质运动的量度，运动有各种不同的形态，因而能量也具有不同的形式，各种运动形态可以相互转化，孕育于各种运动形态中的能量也能相互转换。

物质和能量是相互依存的，物质既不能被创造也不能被消灭，那么能量也不能创造和消灭，这就是能量守恒和转换定律——热力学第一定律："自然界的一切物质都具有能量，能量有不同的形式，能量不可能被创造也不可能被消灭，而只能在一定条件下从一种形式转变为另一种形式，在转变过程中总能量是守恒的。"

4.1.1 能量的种类

物质运动是绝对的，能量是物质运动的量度，因此，一切物质都具有一定种类和数量的能量。能量通常有以下几种。

(1) 热力学能

热力学能用 U 表示，它是在分子尺度层面上与物质内部粒子的微观运动和粒子的空间位置有关的能量。热力学能包括分子平动、转动和振动具有的动能，以及分子间由于相互作用力的存在而具有的位能。

在分子尺度以下，物质具有的能量还包括不同原子束缚成分子的能量，电磁偶极矩之间作用的能量；在原子尺度内，包括自由电子绕核旋转和自旋的能量，自由电子与核束缚在一起的能量，核自旋的能量，以及原子尺度以下的核能，等等；如果既考虑物质内部在分子层面上具有的能量又考虑在分子尺度以下层面上具有的能量，常称为内能，这就是常见的热力学参考书中内能的定义。

在化工热力学中，研究对象常常没有分子结构及核的变化，这时，热力学能停留在分子尺度上，只考虑分子运动的内动能及分子间由于相互作用力而具有的内位能，即仅考虑热力学能就够了。在化学热力学中，由于涉及物质分子的变化，热力学能还将考虑物质内部储存的化学能。

(2) 宏观动能

在宏观尺度下，物质作为一个整体，在系统外的参考坐标系中，由于其宏观运动速度的不同，而具有不同数量的机械能，称为宏观动能，用 E_k 表示。如果物质具有质量 m，并且以速度 u 运动，那么，物系就具有动能 $E_k=\frac{1}{2}mu^2$。

(3) 重力位能

在宏观尺度下，物质作为一个整体，在系统外的参考坐标系中，在重力场中由于高度的不同，而具有不同数量的机械能，称为重力位能，用 E_p 表示。如果物质具有质量 m，并且与势能基准面的垂直距离为 z，那么，物系就具有重力位能 $E_p=mgz$。

(4) 物系之间、物系与环境之间交换的第一种形式的能量——传热

物系与物系以及物系与环境之间在不平衡势的作用下会发生能量交换，传递能量的方式有两种——做功和传热。

由于温度不同而引起的能量传递叫做传热，在热力学中，用符号 Q 代表热量，系统从一个状态变化到另一个状态可以经历不同的过程，过程不同，系统与环境交换的能量不同，因此热量是一个过程量，对过程中传递的微小热量用 δQ 表示，而不是用状态函数 x 的全微分 dx 表示。

作为能量的交换量，必然会涉及传递方向的问题，即 Q 不仅有大小，而且有方向，用正负号来表示能量的传递方向。在化工热力学中，规定物系吸收能量时 Q 为正值，相反的，物系向环境放热时 Q 为负值。

(5) 物系之间、物系与环境之间交换的第二种形式的能量——做功

物系与环境之间除了传热之外的能量交换均称为功，在力学中功被定义为力及沿力的方向所产生的位移的乘积，因此，如果体系与环境发生了能量交换，能量交换的效果可以用举起重物的单一效果来代替，我们就说交换的能量为功。

在热力学中，用符号 W 代表功，同热量一样，功也是一个过程量，对过程中传递的微小功量用 δW 表示。

在化工热力学中对于功 W 也作了正负号的规定。物系得到功，记为正值；而物系向环境做功，记为负值。（在另一些著作中，对于功的正负号的规定正好相反，查阅时需要注意。）

通过上面的讨论可以看到功和热是物系在与外界相互作用的过程中传递的能量，传热和做功是系统与外界传递能量的两种方式，它们不是状态函数，数值的大小与具体的过程有关，因此说“物体具有多少热量和物体具有多少功”都是错误的。

① 流动功　流体的主要特性之一是自身没有固有的形状，它的形状与盛放它的容器的形状一致，流体承受的压力不同，它的体积不同。流体在流动过程中，压力和体积在不断地变化，流体从状态 p_1、V_1 变化到状态 p_2、V_2 与环境交换了多少功呢？

将流体移入具有一定压力的体系中需要对它做功，如图 4-1 所示，设想有一气缸，气缸内有面积为 A 的无重量活塞，有重物置于其上对活塞产生平均压力为 p，今若由外界将气体引入气缸内，则需要对抗压力 p 做功，如果移入质量为 m 的气体后使活塞上升高度 h，则在此过程中外界需付出的功量

$$W = pAh = pV$$

此功量称为外界对系统的推挤功。

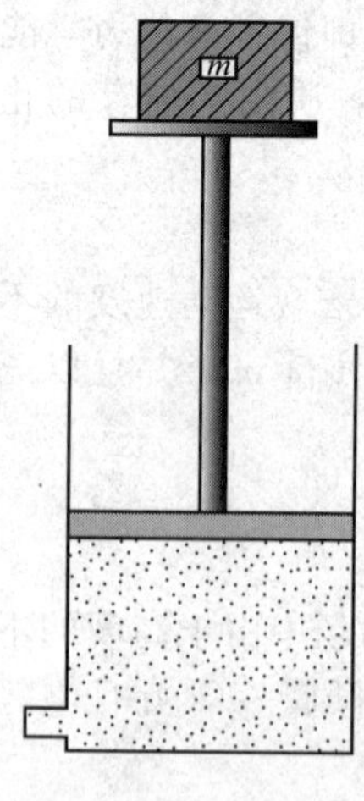

图 4-1　流动功定义模型

单位质量流体从压力为零变到压力为 p_1 时接受的推挤功为 p_1V_1，相同流体从压力为零变到压力为 p_2 时接受的推挤功为 p_2V_2，压力不同，流体就要流动，流体以状态 p_1、V_1 进入系统到流体以状态 p_2、V_2 离开系统时，由于流体流动而引起系统与环境交换的功量称为流动功，用 W_f 表示：

$$W_f = p_1V_1 - p_2V_2 = -\Delta(pV) \tag{4-1}$$

其微分形式为

$$\delta W_f = -d(pV) \tag{4-2}$$

② 可逆轴功　流体流动过程中通过机械设备的旋转轴在体系和环境之间交换的功称为轴功，用 W_S 表示。在化工设备中，常用的动力设备，如耗功设备（泵、风机和压缩机）、产功设备（蒸气透平、燃气轮机等）都是通过机械设备的轴的转动实现体系与环境之间轴功的交换。

单位质量的流体通过动力设备时，如果在可逆条件下（无摩擦，过程

的推动力无限小)，流体所做的可逆体积功为

$$W=-\int p\mathrm{d}V \tag{4-3}$$

在流动体系中，可逆轴功与可逆体积功以及流动功的变化有关，其具体关系如下：

$$W_S=W-(p_1V_1-p_2V_2) \tag{4-4}$$

由于 p 和 V 都是状态函数，所以

$$\mathrm{d}(pV)=p\mathrm{d}V+V\mathrm{d}p$$

对上式从状态（p_1，V_1）积分到状态（p_2，V_2）可得

$$\int_{(p_1,V_1)}^{(p_2,V_2)}\mathrm{d}(pV)=p_2V_2-p_1V_1=\int_{V_1}^{V_2}p\mathrm{d}V+\int_{p_1}^{p_2}V\mathrm{d}p \tag{4-5}$$

对比式(4-5) 和式(4-4) 可以看出

$$W_S=\int_{p_1}^{p_2}V\mathrm{d}p \tag{4-6}$$

式(4-6) 就是可逆过程的轴功的计算式。

4.1.2 热力学第一定律的数学表达式——能量平衡方程

(1) 敞开体系的能量平衡方程

将热力学第一定律应用于敞开体系，可导出普遍条件下适用的能量平衡方程。所谓的敞开体系是体系与环境之间既有物质交换又有能量交换，因此，分析中既要考虑能量平衡又要考虑质量平衡。图 4-2 所示，物流 1 距基准面的高度为 z_1，其单位质量的物流具有的总能量为 E_1，平均速度为 u_1，比容为 V_1，压力为 p_1，热力学能为 U_1。流出体系的物流 2 具有的性质用下标 2 表示，在 $\mathrm{d}t$ 的时间内，流入系统的量为 δm_1，流出系统的量为 δm_2，系统积累的物质量为$\frac{\mathrm{d}m}{\mathrm{d}t}$，积累的能量为$\frac{\mathrm{d}(mE)}{\mathrm{d}t}$，体系从环境吸收的热量为$\frac{\delta Q}{\mathrm{d}t}$，从环境吸收的功为$\frac{\delta W}{\mathrm{d}t}$，根据质量守恒原理

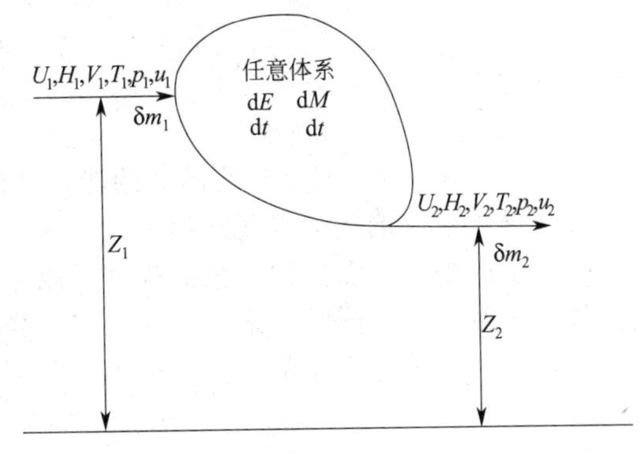

图 4-2 敞开体系的能量平衡方程

$$\frac{\delta m_1}{\mathrm{d}t}-\frac{\delta m_2}{\mathrm{d}t}=\frac{\mathrm{d}m}{\mathrm{d}t} \tag{4-7}$$

根据能量守恒原理

$$\frac{(E\delta m)_1}{\mathrm{d}t}-\frac{(E\delta m)_2}{\mathrm{d}t}+\frac{\delta Q}{\mathrm{d}t}+\frac{\delta W}{\mathrm{d}t}=\frac{\mathrm{d}(mE)}{\mathrm{d}t} \tag{4-8}$$

δW 是体系与环境交换的总功，它包括轴功 δW_S 和流动功 δW_f。

所以

$$\delta W=\delta W_S+(pV\delta m)_1-(pV\delta m)_2$$

$$\frac{(E\delta m)_1}{\mathrm{d}t}-\frac{(E\delta m)_2}{\mathrm{d}t}+\frac{(pV\delta m)_1}{\mathrm{d}t}-\frac{(pV\delta m)_2}{\mathrm{d}t}+\frac{\delta Q}{\mathrm{d}t}+\frac{\delta W_S}{\mathrm{d}t}=\frac{\mathrm{d}(mE)}{\mathrm{d}t}$$

上式中单位质量的物料具有的总能量可以写为

$$E=U+E_{\mathrm{k}}+E_{\mathrm{p}}=U+\frac{1}{2}u^2+gz$$

同时引入一个新的热力学状态函数焓 $H=U+pV$，得

$$\left(H+\frac{1}{2}u^2+gz\right)_1\frac{\delta m_1}{\mathrm{d}t}-\left(H+\frac{1}{2}u^2+gz\right)_2\frac{\delta m_2}{\mathrm{d}t}+\frac{\delta Q}{\mathrm{d}t}+\frac{\delta W_{\mathrm{s}}}{\mathrm{d}t}=\frac{\mathrm{d}(mE)}{\mathrm{d}t} \tag{4-9}$$

上式针对的只有一股物料进出体系，对于有多股物料进出体系时，则可以推导出普遍适用的能量方程式：

$$\sum\left(H+\frac{1}{2}u^2+gz\right)_i\frac{\delta m_i}{\mathrm{d}t}-\sum\left(H+\frac{1}{2}u^2+gz\right)_j\frac{\delta m_j}{\mathrm{d}t}+\frac{\delta Q}{\mathrm{d}t}+\frac{\delta W_{\mathrm{s}}}{\mathrm{d}t}=\frac{\mathrm{d}(mE)}{\mathrm{d}t} \tag{4-10}$$

应用时可视具体情况进行简化。

(2) 封闭体系的能量平衡方程

封闭体系是指体系与环境之间只有能量交换没有物质交换，即 $\delta m_1=\delta m_2=0$，于是式(4-9)的能量方程变为

$$\frac{\delta Q}{\mathrm{d}t}+\frac{\delta W}{\mathrm{d}t}=\frac{\mathrm{d}(mE)}{\mathrm{d}t}$$

封闭系统一般不引起动能、位能的变化，而只能引起热力学能的变化，同时上式两边同乘以 $\mathrm{d}t$，

$$m\,\mathrm{d}U=\delta Q+\delta W$$

上式是对质量为 m 的体系。对于单位质量的体系

$$\mathrm{d}U=\delta Q+\delta W \tag{4-11}$$

其积分式为

$$\Delta U=Q+W \tag{4-12}$$

式(4-11) 和式(4-12) 就是封闭体系的能量平衡方程。

(3) 稳流系统的能量平衡方程

化工生产中，大多数的工艺流程都是流体流动通过各种设备和管线，如果流动过程中体系内流体的质量相等，同时体系内任何一点的物料状态不随时间而变化，即体系没有质量和能量的积累，这种流动体系通常被称为稳流体系（如图 4-3 所示）。此时

$$\mathrm{d}(mE)=0,\qquad \delta m_1=\delta m_2=\delta m$$

将敞开体系的能量平衡方程用于稳流体系，式(4-9) 简化为

$$\left(H+\frac{1}{2}u^2+gz\right)_1\delta m-\left(H+\frac{1}{2}u^2+gz\right)_2\delta m+\delta Q+\delta W_{\mathrm{S}}=0$$

两边同除以 δm，得到单位质量下稳流体系的能量方程式

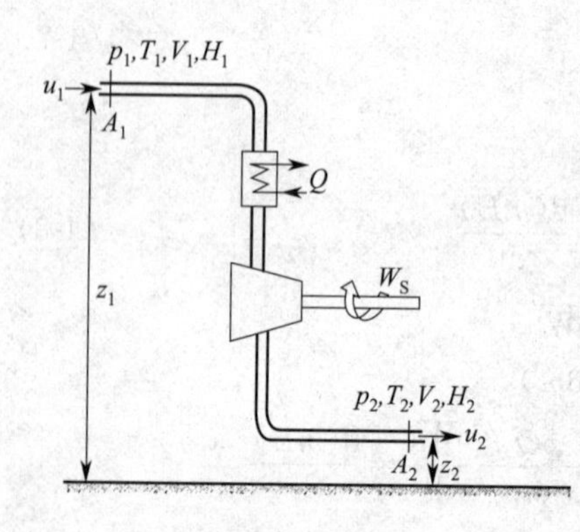

图 4-3 稳流系统示意

$$\Delta H+\frac{1}{2}\Delta u^2+g\Delta z=Q+W_{\mathrm{S}} \tag{4-13}$$

式中，Q 和 W_{S} 对应的是单位质量流体体系与环境交换的热和功。

其微分表达式为

$$\mathrm{d}H+u\,\mathrm{d}u+g\,\mathrm{d}z=\delta Q+\delta W_{\mathrm{S}} \tag{4-14}$$

式(4-13) 和式(4-14) 分别是稳流体系能量平衡方程的积分表达式和微分表达式。化工生产中，绝大多数过程都属于稳流过程，可根据具体情况进一步简化。

① 流体流经换热器、反应器、管道等设备 物系与环境之间没有轴功的交换，$W_{\mathrm{S}}=0$；而且，进出口之间动

能的变化和位能的变化可以忽略不计，即$\frac{1}{2}\Delta u^2 \approx 0$，$g\Delta z \approx 0$。因此，稳流系统热力学第一定律可化简为

$$\Delta H = Q \tag{4-15}$$

上式说明体系的焓变等于体系与环境交换的热量，此式就是稳流体系进行热量衡算的基本关系式。

② 流体流经泵、压缩机、透平等设备　体系在设备进出之间动能的变化、位能的变化与焓变相比可以忽略不计，即$\frac{1}{2}\Delta u^2 \approx 0$，$g\Delta z \approx 0$。此时，式(4-13）可以简化为

$$\Delta H = Q + W_S \tag{4-16}$$

若这些设备可视为与环境绝热，或传热量与所做轴功的数值相比可忽略不计，那么可进一步简化为

$$\Delta H = W_S \tag{4-17}$$

③ 流体流经喷管和扩压管　流体流经设备如果足够快，可以假设为绝热，$Q=0$；设备没有轴传动结构，$W_S=0$；流体进出口高度变化不大，重力势能的改变可以忽略，$g\Delta z \approx 0$。因此，式(4-13）可简化为：

$$\Delta H = -\frac{1}{2}\Delta u^2 \tag{4-18}$$

从上式可以看出，流体流经喷嘴等喷射设备时，通过改变流动的截面积，将流体自身的焓转变为动能。

④ 流体经过节流膨胀、绝热反应和绝热混合等过程　此时体系与环境没有热量交换也不做轴功，进出口动能、位能的变化可以忽略不计，由式(4-13）得

$$\Delta H = 0 \tag{4-19}$$

⑤ 伯努利（Bernoulli）方程　对于没有摩擦的流体流动过程，可视为可逆过程，那么有

$$dH = TdS + Vdp$$

$$\delta Q_r = TdS$$

代入式(4-14）得

$$Vdp + u\,du + g\,dz = \delta W_S$$

将上式用于不可压缩流体，且流体与环境之间没有轴功交换时，$W_S=0$。同时，考虑体积与密度之间的关系，积分上式，得

$$\frac{\Delta p}{\rho} + \frac{\Delta u^2}{2} + g\Delta z = 0 \tag{4-20}$$

式(4-20）就是著名的伯努利（Bernoulli）方程，它表达了速度、位能与压力间的互换关系。它的使用条件是不可压缩流体做无摩擦的且与外界没有轴功交换的流动。

4.2 热力学第二定律

自然界中任何过程的发生都遵循一定的原则,这些原则就是上一节讲述的热力学第一定律和本节要介绍的热力学第二定律。热力学第一定律是从能量转化的量的角度来衡量、限制并规范过程的发生，但是并不是符合了热力学第一定律，过程就一定能够实现，它还必须同时满足热力学第二定律的要求。也就是说，热力学第二定律是从过程的方向性上限制并规定着过程的进行。热力学第一定律和第二定律分别从能量转化的数量和转化的方向两个角度，相辅相成地规范着自然界发生的所有过程。

在自然科学不断进步的过程中，逐步形成了两种定性的热力学第二定律的描述。

第一种是克劳修斯（Clausius）说法：热不可能自动地从低温物体传给高温物体；

第二种是开尔文（Kelvin）说法：不可能从单一热源吸收热量使之完全变为有用功而不引起其他变化。

上述两种说法是对大量事实的总结，定性地说明了“自发过程都是不可逆的”，在一些情况下可以直观判断过程的可行性，但是对于深入的研究来说，更需要定量的描述。熵增原理就是热力学第二定律的数学描述。

4.2.1 熵与熵增原理

(1) 熵的定义

在物理化学中已经学过，对于卡诺（Carnot）循环，如图 4-4 所示，可逆热机从高温热源 T_1 吸收热量 Q_1，并向外做功 W，同时向低温热源 T_2 放热 Q_2。根据 Carnot 定理，所有工作于等温热源 T_1 和等温热源 T_2 之间的热机，以可逆热机效率最大，效率值仅与 T_1 和 T_2 有关，而与工作介质无关。

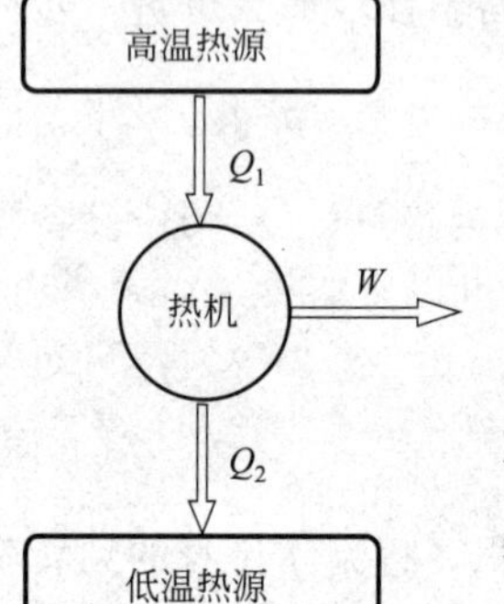

图 4-4 热机示意图

如果考虑了热量的正负号，卡诺循环的效率可表示为

$$\eta_{\max}=\frac{-W}{Q_1}=\frac{Q_1-Q_2}{Q_1}=\frac{T_1-T_2}{T_1}$$

从上式可推出

$$\frac{Q_1}{T_1}-\frac{Q_2}{T_2}=0 \tag{4-21}$$

若该 Carnot 循环是一个无限小的可逆循环，吸热和放热都只是无限小的量，那么上式即可写为

$$\frac{\delta Q_1}{T_1}-\frac{\delta Q_2}{T_2}=0 \tag{4-22}$$

将任何一个可逆循环视为无限多个小的 Carnot 循环组成，于是在数学上，将式(4-22) 沿着某一可逆循环过程作循环积分，就有

$$\oint\frac{\delta Q_{\mathrm{rev}}}{T}=0 \tag{4-23}$$

式中，Q_{rev} 表示可逆热；$\frac{\delta Q_{\mathrm{rev}}}{T}$称为可逆热温商。

通过前面的热力学性质可知，经过一个循环后热力学性质的变化量为零，可逆循环的热温商为零，那么它肯定代表一个热力学性质，把这个性质称为熵，用 S 表示，于是熵 S 的热力学定义为

$$\mathrm{d}S=\frac{\delta Q_{\mathrm{rev}}}{T} \tag{4-24}$$

(2) 熵增原理

根据前面的讨论可知，工作在两个等温热源 T_1 和 T_2 之间的所有热机中，可逆热机的效率最高。如果可逆热机的效率用 η_{rev} 表示，不可逆热机的效率用 η 表示，那么

$$\eta_{\mathrm{rev}}=\eta_{\max}=\frac{Q_1-Q_2}{Q_1}=\frac{T_1-T_2}{T_1}=1-\frac{T_2}{T_1},\qquad \eta=\frac{Q_1-Q_2}{Q_2}=1-\frac{Q_2}{Q_1}$$

因为 $\eta\leqslant\eta_{\mathrm{rev}}$，所以

$$1-\frac{Q_2}{Q_1}\leqslant 1-\frac{T_2}{T_1}$$

整理后得

$$\frac{Q_1}{T_1}-\frac{Q_2}{T_2}<0$$

与前面的推导一样，对于任何一个循环有：

$$\oint\frac{\delta Q}{T}<0 \tag{4-25}$$

上式说明不可逆循环的热温商小于零。

对于任意一个过程来说热温商又是如何变化的呢？

如图 4-5 所示，现有任意不可逆循环 1a2b1，由不可逆过程 1a2 及可逆过程 2b1 组成，对

于这样的循环应满足式(4-25)。

$$\int_{1a2}\frac{\delta Q}{T}+\int_{2b1}\frac{\delta Q}{T}<0 \quad (4-26)$$

因为2b1为可逆过程，根据式(4-24)可逆过程的热温商等于体系的熵变，因此有

$$-\int_{2b1}\frac{\delta Q}{T}\int_{1b2}\frac{\delta Q}{T}=S_2-S_1=\Delta S$$

这样，上述不等式可写作

$$\Delta S=S_2-S_1>\int_{1a2}\frac{\delta Q}{T} \quad (4-27)$$

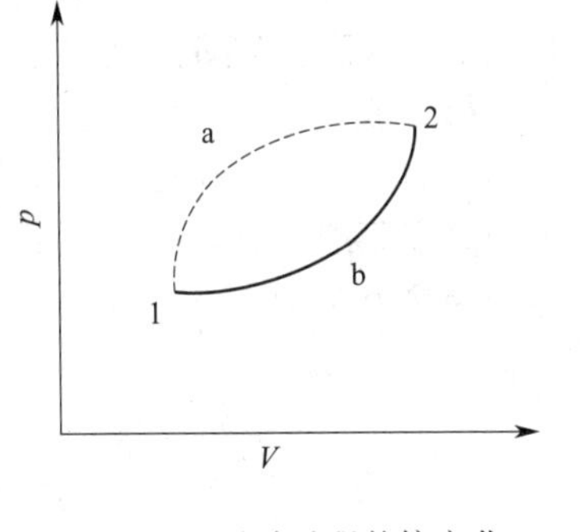

图4-5 不可逆过程的熵变化

由于1a2为任意不可逆过程，对于不可逆的微小过程，则有

$$dS>\frac{\delta Q}{T} \quad (4-28)$$

上式与可逆过程式(4-24)合并则可得任意过程的熵变与热温商的关系

$$dS\geqslant\frac{\delta Q}{T} \quad (4-29)$$

式(4-29)即是热力学第二定律的数学表达式，等号用于可逆过程，而不等号用于不可逆过程。

对于孤立体系，体系与外界既没有物质交换，也没有能量交换，$\delta Q=0$，则式(4-29)变为

$$dS_{孤立}\geqslant 0 \quad (4-30)$$

此式即是熵增原理的表达式，即孤立系统经历一个过程时，总是自发地向熵增加的方向进行，直至达到最大值，体系达到平衡态。

在对热力学第二定律的数学表达式进行理解时应注意以下几点。

① 从微观意义上讲，熵是系统混乱度的量度。从分子尺度上看，自然界中存在各种有序性，例如结构的有序性、分布的有序性、运动的有序性等。晶体结构是高度有序的，从晶体熔化成液体，分子的排列由有序转向无序；机械运动摩擦生热，分子由有序运动变为无序运动。任何实际可以进行的过程都是从总的有序性变为无序性，向混乱度增加的方向变化，向熵值增大方向进行。

② 总熵变增加是能量品位降低的结果。物质与能量是不可分的，因此从某种意义上讲，自然界中发生的任何变化都是能量的变化过程，尽管能量的大小没有改变，但是能量的品位发生了变化，能量变化的总效果都是由有序能量变为无序能量即高级能量变为低级能量的过程，能量的品位降低了，因此总熵变是增加的。

③ 熵是状态函数，过程的熵变与过程是否可逆无关。同焓、压力和体积一样，熵是一个状态函数，无论过程如何进行、是否可逆，ΔS值的大小都是一样的，只不过可逆过程ΔS正好等于热温商，不可逆过程ΔS要大于热温商。只要系统处于一定的状态，便有一个确定的熵值。

④ 无论过程是否自发，实际能进行的过程都是总熵变大于零的过程。热力学第二定律数学表达式的推导是从自发过程开始的，自然界发生的任何过程都是自发过程，必须满足熵增原理。在这里要注意的是，熵增原理指的是总熵变增加，不是仅仅指系统的熵变，熵增加是过程自发进行的必要条件，但不是充分条件，总熵变增加，过程不一定能自发进行，或者更准确地讲，不是通常意义上讲的自发过程。例如，热量从高温物体传到低温物体，这是个通常意义上讲的自发过程，也是一个总熵变增加的过程；热量能不能从低温物体传到高温物体呢？通过空调和冰箱使用知道——能，在这个过程中总熵变还是大于零的，也必须大于零，但是这个过程不是原来意义上讲的自发过程。因此，可以得出结论，不论自发与否，任何实际可以进行的过

程都必须是总熵变大于零的过程。

4.2.2 熵产生与熵平衡

(1) 熵产生

热力学第一定律要求，能量是守恒的，其数学表达式为能量平衡方程。根据热力学第二定律的熵增原理，熵是不守恒的，不可逆过程的熵是增加的，其数学表达式为不等式，那么我们能否像热力学第一定律的表达式一样，把热力学第二定律也用一个等式方程表示呢？把式(4-29) 改写为一个等式

$$dS=\frac{\delta Q_{ir}}{T}+dS_g \tag{4-31}$$

积分得

$$\Delta S=\int\frac{\delta Q_{ir}}{T}+\Delta S_g \tag{4-32}$$

式中，ΔS_g 称为熵产生，它是由于过程的不可逆性而引起的那部分熵变。可逆过程熵产生 $\Delta S_g=0$，不可逆过程熵产生 $\Delta S_g>0$，总之，熵产生永远不会小于零。

如何理解熵产生呢？前面已经提到，自然界中发生的任何变化都是能量的变化过程，能量变化的总效果都是有序能量变为无序能量即高级能量变为低级能量的过程，例如火箭上天，火车、汽车行驶，江河由高处流向低处，电动机转动，热量传递，晚上灯光照明等等，在所有的过程中都消耗了某种形式的能量。根据热力学第一定律，能量永远是守恒的，消耗的能量转变成了其他形式的能量，但是它们本质上有区别，原来可以利用的能量变成了没有利用价值的能量，如燃料燃烧放出的热变成了与环境一样温位的热耗散的大气环境中，江河中水流的势能变成了水的热力学能使水温略有增加，电能变成热量耗散在大气环境中，传热过程中高温位的热变成较低温位的热。所有这些过程的本质都是能量品位的降低，能量有序性的降低，因此，产生了熵。

(2) 熵平衡

对于敞开系统，如图 4-6 所示，假设从环境吸收热量 Q，同时对外做功 W，系统与环境之间既有质量交换，也有能量交换。随着质量的流入流出，熵也被带进带出，流入熵为 $\sum\limits_{in} m_iS_i$，流出熵为 $\sum\limits_{out} m_iS_i$。与能量交换有联系的熵为 $\int\frac{\delta Q}{T}$。需要注意的是能量中，只有热量 Q 与熵变有关，功 W 与熵变无关。由于过程的不可逆性引起的熵产生为 ΔS_g，于是，针对上述敞开系统有

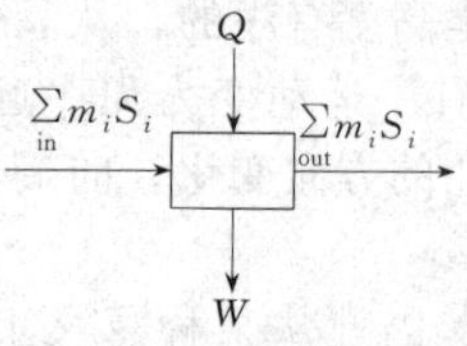

图 4-6 敞开体系的熵平衡

$$\sum_{in} m_iS_i+\int\frac{\delta Q}{T}+\Delta S_g-\sum_{out} m_iS_i=\Delta S_A \tag{4-33}$$

式中，ΔS_A 为该系统累积的熵变。

实际上，式(4-33) 也可以被看作是适用于任何热力学体系的通用的熵平衡式，可以进一步根据系统的具体特点，进行简化。

例如对稳流体系，体系没有熵的积累，因此式(4-33) 可以简化为

$$\sum_{in} m_iS_i+\int\frac{\delta Q}{T}+\Delta S_g-\sum_{out} m_iS_i=0 \tag{4-34}$$

熵平衡方程与能量平衡方程和质量平衡方程一样，是任何一个过程必须满足的条件式。

4.3 能量的质量和级别

化工生产过程需要能量，这些能量取自于煤、石油、天然气和核能，或者是化工生产过程

本身的反应余热，无论哪一种能量，都是先把这些能量转化为热能或直接利用，或是通过热功转化转变为功使用，因此，热量是能量转化过程中的重要路径，热功转化在能量利用上有重要地位。

通过前面讲的热力学第二定律可知，功可以全部转变为热，而热只能部分转变为功，从热力学第一定律上看，它们数量上是相等的，但从热力学第二定律上看，它们的质量不同，热和功具有不等价性，功的质量高于热，因此把功作为衡量能量质量高低的量度。理论上完全可以转化为功的能量称为高级能量，如机械能、电能和水力能等，理论上不能完全转化为功的能量称为低级能量，如热力学能、焓和以热量形式传递的能量，完全不能转化为功的能量称为僵态能量，如大气、大地和海洋等具有的热力学能。

自然界的能量可分为三大类，高级能量、低级能量和僵态能量，由高级能量变为低级能量称为能量品位的降低，那就意味着能量做功能力的损耗。化工过程中由于过程进行需要推动力，因此能量品位的降低是必然的，合理选择推动力，尽可能减少能量品位的降低，避免不必要的做功能力的损耗，合理用能，是化工节能的重要内容。

4.4 理想功、损失功与热力学效率

本节将阐述热力学中理想功、损失功和热力学效率的概念和相应的计算，借此帮助衡量真实过程的能量利用率，给过程的节能提供指导性原则。

4.4.1 理想功

理想功是在一定环境条件下，系统发生完全可逆过程时，理论上可能产生的（或消耗的）有用功。就功的数值来说，产出的理想功是最大功，而耗功过程的理想功是最小功。所谓完全可逆过程，包含以下两方面的含义：①系统内发生的所有变化都必须可逆；②系统与环境的相互作用（如传热）可逆进行。

对于经历完全可逆过程的封闭体系，热力学第一定律指出

$$W_{rev}=\Delta U-Q_{rev} \tag{4-35}$$

且系统与环境（T_0，p_0）间进行可逆传热，故

$$Q_{rev}=T_0\Delta S_{sys} \tag{4-36}$$

于是，有

$$W_{rev}=\Delta U-T_0\Delta S_{sys} \tag{4-37}$$

式中，W_{rev} 为体系与环境间交换的可逆功。它包括可以利用的功以及体系对抗大气压力 p_0 所做的膨胀功（$p_0\Delta V$）。后者无法加以利用，没有技术经济价值，在计算理想功这种有用功的时候，应该把它除外。当然，在体系被压缩时，大气的 p_0 是有益的，功 $p_0\Delta V$ 是有用功，应该加上。因此，经历完全可逆过程的封闭体系的理想功 W_{id} 的计算式为

$$W_{id}=\Delta U+p_0\Delta V-T_0\Delta S_{sys} \tag{4-38}$$

稳流系统的轴功就是有用功，所以，热力学第一定律可以给出稳流系统的理想功的表达式

$$W_{id}=\Delta H+\frac{1}{2}\Delta u^2+g\Delta Z-T_0\Delta S_{sys} \tag{4-39}$$

当系统的动能和重力势能可以忽略不计时，可用下式计算稳流系统的理想功：

$$W_{id}=\Delta H-T_0\Delta S_{sys} \tag{4-40}$$

对于理想功应明确：

① 理想功实际上是一个理论上的极限值，在与实际过程一样的始终态下，通常作为评价实际过程能量利用率的标准。

② 理想功与可逆功是有所区别的。可逆功的定义是系统在一定环境条件下完全可逆地进行状态变化时所做的功。比较两者的定义，不难发现，虽然都经历了完全可逆变化，但理想功不仅要求系统状态变化必须是可逆的，而且系统与环境之间的能量交换也必须是可逆的，而可逆功仅要求系统变化是可逆的。

③ 理想功的大小与体系的始终态以及环境条件有关。

4.4.2 损失功

当完全可逆过程和实际过程经历同样的始终态时，由于可逆程度的差别，导致这两种过程所表现出的功之间存在差值。令实际过程的功为 W_{ac}，则

$$W_L = W_{ac} - W_{id} \tag{4-41}$$

式中，W_L 叫做损失功。对于稳流体系，实际过程的功 W_{ac} 就是轴功 W_S，可由式(4-16) 计算，而理想功 W_{id} 见式(4-40)，于是，稳流系统的损失功为

$$W_L = T_0 \Delta S_{sys} - Q \tag{4-42}$$

式中，Q 是实际过程中体系与温度恒定为 T_0 的环境交换的热量。所以，对于环境来说，它的热交换就是$-Q$，且可以近似看作是可逆传热（因为传热不会在环境中产生影响，环境的温度不会因为吸收或放出热量而有所改变)。于是，根据可逆传热的特点，有

$$\Delta S_{sur} = \frac{-Q}{T_0} \tag{4-43}$$

将式(4-43) 代入式(4-42)，并整理，得

$$W_L = T_0(\Delta S_{sys} + \Delta S_{sur}) = T_0 \Delta S_{iso} \tag{4-44}$$

热力学第二定律［式(4-30)］规定，任何热力学过程都是熵增的过程，因此

$$W_L \geqslant 0 \quad \begin{matrix} =0 \text{ 可逆} \\ >0 \text{ 不可逆} \end{matrix} \tag{4-45}$$

上式说明损失功 W_L 是另一个过程是否可逆的衡量指标，实际可以发生的过程都是不可逆过程，因此实际进行的过程都有损失功，这个损失功最终变成热放到周围环境中去了。高级能量是可以百分之百转变为功的能量，根据熵的计算，高级能量之间的转变不产生熵，只有可以变为功的能量变成了热才产生熵，实际过程中都有损失功，损失掉的功变成了热，必然导致总熵变大于零，这正是热力学第二定律的内容——任何实际发生过程的总熵变都大于零。

4.4.3 热力学效率

理想功和损失功之和就是实际过程的功。不可逆性越强烈，损失功就越大，能够实现的理想功就越小。定义理想功在实际功中所占比例为热力学效率 η_t，来表示真实过程与可逆过程的差距。

做功过程：

$$\eta_t = \frac{W_{ac}}{W_{id}} \tag{4-46}$$

耗功过程：

$$\eta_t = \frac{W_{id}}{W_{ac}} \tag{4-47}$$

当然，热力学效率 η_t 仅在体系经历完全可逆过程时才等于 1。任何真实过程的 η_t 都是越接近 1 越好。实际上，对化工过程进行热力学分析，其中的一种方法就是通过计算理想功 W_{id}、损失功 W_L 和热力学效率 η_t，找到工艺中损失功较大的部分，然后有针对性地进行节能改造。

【例 4-1】 高压水蒸气作为动力源可驱动透平机做功。753K、1520kPa 的过热蒸汽进入透平机，在推动透平机做功的同时，每千克蒸汽向环境散失热量 7.1 kJ。环境温度 293 K。由于过程不可逆，实际输出的功等于可逆绝热膨胀时轴功的 85%。做功后，排出的蒸汽变为 71kPa。请评价该过程的能量利用情况。

解 由水蒸气表（附录八）可查出753K、1520kPa的过热蒸汽的性质：

$$H_1=3426.7\text{kJ}\cdot\text{kg}^{-1},\qquad S_1=7.5182\text{kJ}\cdot\text{kg}^{-1}\cdot\text{K}^{-1}$$

首先，计算相同的始终态下，可逆绝热膨胀过程的轴功 $W_{S,rev}$。

绝热可逆过程的 $Q_{rev}=0$ 且等熵，即 $S_{2,rev}=7.5182\text{kJ}\cdot\text{kg}^{-1}\cdot\text{K}^{-1}$。由出口压力 $p_2=71\text{kPa}$，查饱和水蒸气表得，相应的饱和态熵值应为 $7.4752\text{kJ}\cdot\text{kg}^{-1}\cdot\text{K}^{-1}<S_{2,rev}=7.5182\text{kJ}\cdot\text{kg}^{-1}\cdot\text{K}^{-1}$，因此，可以判断，在透平机的出口，仍然为过热蒸汽。查过热蒸汽表，可得绝热可逆过程的出口蒸汽的焓值为 $H_{2,rev}=2663.1\text{kJ}\cdot\text{kg}^{-1}$。于是，根据热力学第一定律，有

$$W_{S,rev}=\Delta H_{rev}=H_{2,rev}-H_1=2663.1-3426.7=-763.6\text{kJ}\cdot\text{kg}^{-1}$$

实际过程的输出功 W_{ac} 为 $\quad W_{ac}=85\%W_{s,rev}=-649.1\text{kJ}\cdot\text{kg}^{-1}$

其次，计算经历实际过程后，出口蒸汽的焓值和熵值。

由于同时向环境散热，每千克蒸汽向环境散失热量7.1kJ，则根据热力学第一定律，实际过程的焓变 ΔH_{ac} 和出口蒸气的焓值 H_2 为

$$\Delta H_{ac}=Q_{ac}+W_{ac}=-7.1-649.1=-656.2\text{kJ}\cdot\text{kg}^{-1}$$

$$H_2=H_1+\Delta H_{ac}=3426.7-656.2=2770.5\text{kJ}\cdot\text{kg}^{-1}$$

于是，根据出口压力 $p_2=71\text{kPa}$ 和出口蒸汽的焓值 $H_2=2770.5\text{kJ}\cdot\text{kg}^{-1}$，查过热水蒸气表得，出口蒸汽的熵值 $S_2=7.7735\text{kJ}\cdot\text{kg}^{-1}\cdot\text{K}^{-1}$。故水蒸气体系的熵变为

$$\Delta S_{sys}=S_2-S_1=7.7735-7.5182=0.2553\text{kJ}\cdot\text{kg}^{-1}\cdot\text{K}^{-1}$$

由式(4-44) 得损失功

$$W_L=T_0\Delta S_{sys}-Q_{ac}=293\times0.2553-(-7.1)=81.9\text{kJ}\cdot\text{kg}^{-1}$$

由式(4-40) 得理想功

$$W_{id}=\Delta H-T_0\Delta S_{sys}=-656.2-293\times0.2553=-731.0\text{kJ}\cdot\text{kg}^{-1}$$

由式(4-46) 得该过程的热力学效率为

$$\eta_t=\frac{W_{ac}}{W_{id}}=\frac{-649.1}{-731.0}=88.8\%$$

4.5 有效能和无效能

化工过程进行能量分析的另一个重要手段是有效能分析法。

4.5.1 有效能定义

系统在某一状态时，具有一定的能量。系统状态发生变化时，有一部分能量以功或热的形式释放出来，由于系统经历的过程不同，做功能力也不同。因此，体系的能量既与始终态有关，又与经历的过程有关。如果想要比较两个体系的做功能力，就需要规定它们的终态相同、经历的过程相同。在热力学上，通常规定终态即为环境状态（T_0，p_0），经历的过程为完全可逆。这样，得到的体系的做功能力就是系统状态变化时的最大的可用能量。需要说明的是，环境状态（T_0，p_0）在热力学上被称为基态或热力学僵态。在这种状态下，体系通常再也没有做功能力。

如上所述，为了度量能量的可利用程度或比较不同状态下可做功的能量大小，定义了“有效能”这一概念。体系在一定的状态下的有效能，就是系统从该状态变化到基态的过程中所做的理想功，用 E_x 表示。这一概念最初由凯南提出，国外教材上称为“available energy”，在国内也叫做“㶲”。

4.5.2 稳流过程有效能计算

根据有效能的定义，它是一种终态为基态的理想功。假设物流所处的状态记为1，当系统的动能和重力势能可以忽略不计时，对于状态1的物流，由式(4-40)可得

$$E_x=-W_{id}=-(H_0-H_1)+T_0(S_0-S_1)$$

即

$$E_x=(H-H_0)-T_0(S-S_0) \tag{4-48}$$

式(4-48)是有效能的基本计算式。有效能 E_x 是状态函数，但它又与其他状态函数（如焓 H、熵 S、热力学能 U）不同。E_x 的大小除了决定于体系的状态（T，p）之外，还和基态（环境）的性质有关。当然，从这个意义上讲，基态的有效能为零。

式(4-48)中，$H-H_0$ 是系统具有的能量，而其中的 $T_0(S-S_0)$ 部分是不能用于做功的，被称为无效能，它们的差值就是有用功，即有效能。

有效能分为物理有效能和化学有效能两部分。物理有效能是指由物理参数（如温度 T、压力 p）决定的那部分有效能；化学有效能则是由化学组成、结构、浓度等因素决定的有效能。如果物流同时具有这两种有效能，那么应该将它们加和。下面分别进行介绍。

(1) 物理有效能

系统的物理有效能是指系统温度、压力等参数不同于环境而具有的有效能。化工生产中常见的加热、冷却、压缩和膨胀等过程只需考虑物理有效能。

计算时，利用热力学图表查出物流在它的 T、p 下的 H、S 值以及环境基态 T_0、p_0 下的 H_0、S_0 值，然后代入式(4-48)计算即可。或者可由公式(见第3章)计算出物流由（T_0、p_0）变化到（T，p）过程的焓变 ΔH 和熵变 ΔS，再代入式(4-48)计算也可。

【例 4-2】 试比较1.0MPa和7.0MPa两种饱和水蒸气的有效能的大小。取环境温度 $T_0=298.15\text{K}$，$p_0=0.101\text{MPa}$。

解： 查水蒸气表可得各状态下的焓值和熵值，见下表。

序号	状态	压力/MPa	温度/K	$H/\text{kJ}\cdot\text{kg}^{-1}$	$S/\text{kJ}\cdot\text{kg}^{-1}\cdot\text{K}^{-1}$
0	水	0.101	298.15	104.6	0.3648
1	饱和蒸汽	1.0	179.0	2773.6	6.5835
2	饱和蒸汽	7.0	284.0	2768.1	5.8103

$$E_{x,1}=(H_1-H_0)-T_0(S_1-S_0)=(2773.6-104.6)-298.15\times(6.5833-0.3648)=814.9\text{kJ}\cdot\text{kg}^{-1}$$

$$E_{x,2}=(H_2-H_0)-T_0(S_2-S_0)=(2768.1-104.6)-298.15\times(5.8103-0.3648)=1039.9\text{kJ}\cdot\text{kg}^{-1}$$

从上述计算结果可以看出，两种不同状态的饱和蒸汽冷凝成298.15 K水放出的热量（即两者的焓差值）很接近，但有效能（能够最大限度地转化为功的能量）却相差很大。7.0 MPa的饱和水蒸气的有效能比1.0 MPa的要高出27%。这就是为什么化工厂都采用高压蒸汽作为动力源的原因。从另一角度来说，制备高压蒸汽要消耗其他能源更多的有效能。

另外，如果动能和势能不能忽略，那么该流股的有效能除了上述物理有效能部分，还应该再加上动能和势能的贡献。由于动能和势能都可全部转化成有效的功，因此这两项的有效能就是其本身。同理，功、电能和其他机械能的有效能也都是它们本身。即对于功 W、电能和机械能有

$$E_x=W \tag{4-49}$$

对于热，由于热 Q 也可以部分转化为有用功，且根据热力学第二定律，热转化为功的最高效率是 Carnot 热机的效率

$$\eta \leqslant \eta_{Carnot}=\frac{W}{Q_{in}}=1-\frac{T_0}{T} \tag{4-50}$$

可推出，热 Q 的有效能为

$$E_x=W_{Carnot}=\left(1-\frac{T_0}{T}\right)Q \tag{4-51}$$

可以看出，热 Q 的有效能较低，能够提供的有效能仅仅是其热量 Q 的一部分。且流股的温度 T 越接近环境温度 T_0，有效能所占的比例越低。

(2) 化学有效能

处于环境温度和压力（T_0、p_0）下的系统，由于和环境的组成不同而发生物质交换或化学反应，达到与环境的平衡，所做的最大功就叫做化学有效能。

由于涉及物质组成，在计算化学有效能时，除了要确定环境的温度和压力以外，还要指定基准物和浓度。计算中，一般是首先计算系统状态和环境状态的焓差和熵差，然后代入式（4-48）即可。表 4-1 列出了一些元素指定的环境状态。以［例 4-3］说明具体的计算方法。

表 4-1 化学有效能元素基准环境状态（$T_0=298.15K$、$p_0=0.101MPa$）

元素	环境状态		元素	环境状态	
	基准物	浓度		基准物	浓度
Al	$Al_2O_3 \cdot H_2O$	纯固体	H	H_2O	纯液体
Ar	空气	$y_{Ar}=0.01$	N	空气	$y_{N_2}=0.78$
C	CO_2	纯气体	Na	NaCl 水溶液	$m=1mol \cdot kg^{-1}$
Ca	$CaCO_3$	纯固体	O	空气	$y_{O_2}=0.21$
Cl	$CaCl_2$ 水溶液	$m=1mol \cdot kg^{-1}$	P	$Ca_3(PO_4)_2$	纯固体
Fe	Fe_2O_3	纯固体	S	$CaSO_4 \cdot 2H_2O$	纯固体

【例 4-3】 试计算碳的化学有效能。

解：在表 4-1 中，规定了碳（C）的环境状态是在 $T_0=298.15K$、$p_0=0.101MPa$ 下的纯气体 CO_2。其中涉及氧元素，同样在表 4-1 中还规定了氧元素（O）的环境状态是 $T_0=298.15K$、$p_0=0.101MPa$ 下，浓度 $y_{O_2}=0.21$ 的空气。

设计过程：$C+O_2 \xrightarrow[p_0=0.101MPa]{T_0=298.15K} CO_2$（完全可逆，$O_2$ 为空气中的氧）

根据定义，计算该过程中所有转化为功的能量就是碳（C）的有效能 $E_{x,C}$。于是，式(7-14) 中的

$$H-H_0=H_C+H_{O_2}-H_{CO_2}$$

$$S-S_0=S_C+S_O-S_{CO_2}$$

由于上述设计过程中的气体均为常温常压，可视为理想气体，对于 1mol 的碳，上两式就变为

$$H-H_0=H_C^{\ominus}+H_{O_2}^{\ominus}-H_{CO_2}^{\ominus}=-\Delta_f H_{CO_2}^{\ominus} \tag{1}$$

$$S-S_0=S_C^{\ominus}+(S_{O_2}^{\ominus}-R\ln 0.21)-S_{CO_2}^{\ominus} \tag{2}$$

以上两式中，$\Delta_f H_{CO_2}^{\ominus}$ 是 CO_2 的标准摩尔生成焓；$S_C^{\ominus}$、$S_{O_2}^{\ominus}$ 和 $S_{CO_2}^{\ominus}$ 分别是 C、O_2 和 CO_2 的标准摩尔熵；减去 $R\ln 0.21$ 是因为空气中的氧仅占 21%，因此会与纯氧有熵差。由附录四中一些物质的标准热化学性质表可以得到这四个值，代入式(1) 和式(2)，得：

$$H-H_0=393.5kJ \cdot mol^{-1}$$

$$S-S_0=10.46J \cdot mol^{-1} \cdot K^{-1}$$

代入式(4-48)，得

$$E_{x,C}=(H-H_0)-T_0(S-S_0)=393.5-298.15\times 10.46\times 10^{-3}=390.4kJ \cdot mol^{-1}$$

4.5.3 无效能

在给定环境下，能量中可转变为有用功的部分称为有效能，余下的不能转变为有用功的部分称为无效能，用 A_N 表示。

根据式(4-48)，对于稳流过程，物系的物理有效能为

$$E_x=(H-H_0)-T_0(S-S_0)=H-[H_0+T_0(S-S_0)]=H-A_N$$

式中，H 代表流动物系的总能量，其无效能为 $H_0+T_0(S-S_0)$。

总之，能量是由有效能和无效能两部分组成的。有效能是能量中有用的部分，无效能是不能再利用的能量。通过前面的学习知道，功可以全部转变为热，热不能全部转变为功，热源的热量中包括两部分，一部分是可以转变为功的部分，其量的大小等于热源与环境温度 T_0 组成的可逆卡诺热机的卡诺功，这部分能量就是热量中的有效能，另一部是没有用的部分，即排到环境中去的部分，这部分能量就是热量中的无效能。机械能、电能等可以完全转变为功，全部是有效能，不存在无效能。可以得出结论：高级能量全部是有效能，只有低级能量中才包括无效能，僵态能量中全部是无效能；反之亦然，有效能是高级能量，无效能是僵态能量。

4.5.4 有效能、无效能、理想功和损失功之间的关系

当稳流系统从状态 1（T_1、p_1）变化到状态 2（T_2、p_2）时，有效能变化 ΔE_x 为

$$\Delta E_x=E_{x,2}-E_{x,1}=(H_2-H_1)-T_0(S_2-S_1)=\Delta H-T_0\Delta S$$

对照稳流过程理想功表达式(4-40)，上式即为

$$\Delta E_x=W_{id} \tag{4-52}$$

由上式可见，系统由状态 1 变化到状态 2 时，有效能的变化等于按完全可逆过程完成该状态变化的理想功。同时还可以看出：①$\Delta E_x<0$，系统可对外做功，绝对值最大的有用功为 ΔE_x；②$\Delta E_x>0$，系统变化要消耗外功，消耗的最小功为 ΔE_x。

根据损失功的定义

$$W_L=W_{ac}-W_{id}=W_S-\Delta E_x=T_0\Delta S_{iso}$$

上式可进一步写成

$$-\Delta E_x=-W_S+T_0\Delta S_{iso} \tag{4-53}$$

对照热力学第二定律，$\Delta S_{iso}\geqslant 0$，由式(4-53) 可以看出：①可逆过程的 $\Delta S_{iso}=0$，减少的有效能全部用于对外做功，有效能无损失；②不可逆过程的 $\Delta S_{iso}>0$，实际功小于有效能的减少，减少的有效能的一部分变为功，另一部分是由于过程不可逆性产生的损失功变成了无效能。

到此我们可以对热力学第二定律有更深刻的理解，任何实际进行的过程，都伴随有能量的降级，都有一定数量的有效能转变为无效能，而无效能是没有利用价值的能量。

4.5.5 有效能效率

由式(4-53) 可以看出，系统经历了一系列变化之后，有效能的变化不仅体现在功的大小，还表现在系统和环境的总熵增上。也就是说，有效能的变化并不是绝对的全部转化为有用的功，而是有没有用的损耗。那么就需要考察有效能的效率。

有效能效率 η_{E_x} 定义为输出的有效能与输入的有效能之比：

$$\eta_{E_x}=\frac{(\sum E_x)_{out}}{(\sum E_x)_{in}}=1-\frac{E_l}{(\sum E_x)_{in}} \tag{4-54}$$

对于可逆过程，$\eta_{E_x}=100\%$；对于实际（不可逆）过程，$\eta_{E_x}<100\%$。有效能效率表示了真实过程与理想过程的差距。

4.6 化工过程热力学分析的三种方法及其比较

随着经济的发展和人们生活水平的提高，人类对能源的需求量越来越大，而资源是有限的，这

就要求人们节约能量和合理地使用能量。化学工业的一个重要特点就是工艺过程中温度、压力的反复变化，通过这两个参数的变化来调控反应产物的种类，控制反应的速度和转化率，引起相态变化达到分离混合物的目的。参数的变化是通过消耗热量和功来实现的，因此，化学工业是能源消耗极大的工业，化学工业的节能和降耗，对于节约人类赖以生存的不可再生资源有重要意义。

化工生产的核心就是产品的合成和混合物的分离，现在许多资料把能量的综合利用称为能量合成，把它放在与反应和分离同等重要的位置。现在的许多能源如石油、煤炭和天然气，它们既是能量获得的重要来源，又是化工生产的重要原材料，节省了能量就相当于节省了能源，而这些能源是不可再生的，从这个意义上说也就相当于我们合成了新的能源。

热力学的一项重要内容就是通过热力学分析指导人们在生产中合理地使用能量，用最小的能量消耗，获得最大的经济效益。所谓过程的热力学分析，就是用热力学的方法，对过程中能量的转化、传递、使用和损失情况进行分析，揭示能量消耗的大小、原因和部位，为改进过程、提高能量利用效率指出方向和方法。

4.6.1 三种分析方法

本章前 4 节的内容都是为能量分析服务的。具体过程的热力学分析方法有三种，各有特点。

(1) 能量衡算法

该方法的实质就是从热力学第一定律出发，对系统的能量进行衡算，计算出由于三废排放、保温不好导致的散热、“散冷”等引起的能量损失，指出相应的能量利用率。

通过前面的学习知道，能量是守恒的，除了散到环境中的能量我们不能再利用外，有些能量的存在形式和品位发生变化，导致其做功能力有所变化，能量衡算法不能揭示这种变化实质。

(2) 理想功、损失功和热力学效率法

这种方法以热力学第一定律和第二定律为基础，指出由于不可逆造成的实际过程对完全可逆过程的做功能力的偏差，通过热力学效率，揭示出实际过程可改进的余地的大小。这种方法不但能够像能量衡算法一样，找出能量在数值上的损失，而且可以明确地以数值来表示不可逆损失的大小以及引起的原因，指出能量利用的品位变化，进而指导节能。

(3) 有效能衡算和有效能效率法

前面讲过“不可逆过程的有效能损失就是损失功”。这种有效能衡算方法与第二种方法类似，也是热力学第一定律和第二定律的结合，也能够通过具体计算，以数值查明不可逆损失的来源及大小。

4.6.2 三种热力学分析方法的比较

三种分析方法中，能量衡算法最简单，理想功、损失功分析法次之，有效能分析法计算工作量最大。

能量衡算法提供的过程评价指标是热力学第一定律，在热功转化过程中可提供热效率。能量衡算法只能求出系统变化过程中能量的损失，不能得到由于不可逆因素引起的有效能损失的信息。实际上，这些信息对节能来说更有意义，所以根据能量衡算法的情况，我们只能得到设备和管道由于保温不善损失了多少能量、物料带出和带进了多少能量等情况。随着能源价格的提高和节能意识的增强，这已经成为人们的常识，没有经过热力学训练的人也懂得这些道理。现在所讲的节能是更高层次上的节能，是如何减少能量中有效能的损失，损失的有效能中哪些是我们必须付出的代价，哪些是可以避免的。

理想功、损失功分析法和有效能分析法可求出有效能损失的大小、原因和它的分布情况，还能从单个设备有效能的损失及效率判断它们的热力学完善程度和节能潜力，便于制定正确有效的节能措施。因此这两种分析方法是评价生产装置能量利用的合理程度，探索降低能耗的有力工具。

4.7 合理用能的基本原则

通过前面的内容可知，能量的合理利用是有章可循的。合理用能总的原则是，按照用户所需要能量的数量和质量来供给它。在用能过程中要注意以下几点。

(1) 防止能量无偿降级（能量品位降低）

用高温热源去加热低温物料，或者将高压蒸汽节流降温、降压使用，或者设备保温不良造成的热量损失（或冷量损失）等情况均属能量无偿降级现象，要尽可能避免。

(2) 采用最佳推动力的工艺方案

速率等于推动力除以阻力。推动力增大，进行的速率也增大，设备投资费用越小，但有效能损失增大，能耗费用增加；反之，减小推动力，可减少有效能损失，能耗费减少，但为了保证产量，只有增大设备，这样带来投资费用增加。采用最佳推动力的原则，就是确定过程最佳的推动力，谋求合理解决这一矛盾，使总费用最小。

(3) 合理组织能量利用梯度

许多化学反应都是放热反应，放出的热量不仅数量大而且温度较高，这是化工过程一项宝贵的余热资源。对于温度较高的反应热应通过废热锅炉产生高压蒸汽，然后将高压蒸汽先通过蒸汽透平做功进行气体的压缩或发电，同时从透平中的不同部位抽出不同压力的蒸汽作为工艺用汽，最后用低压蒸汽作为加热热源使用。即采用先用功后用热的原则。对热量也要按其能级高低回收使用，例如用高温热源加热高温物料，用中温热源加热中温物料，用低温热源加热低温物料，从而达到较高的能量利用率。

在这里需要说明的是，化工过程的能量分析知识，只是给了合理用能的指导原则，指出了合理用能的方向，但没有给出具体的实施方法，因此许多到化工厂实习或刚参加工作的同学看到可以产生低压蒸汽的物料直接被冷却水冷却，看到大直径循环冷却水管道或沟渠中流动着烫手的冷却水，看到凉水塔中蒸发的大量水雾，往往感叹工厂能量浪费的严重。通过前面的能量分析方法可知，只要热量的温度与环境的温度不同就存在有效能，就有回收的价值，实际情况是有些余热有回收的价值，有些热量即使回收回来对工厂也没有可用之地，即没有回收的必要，因此能量的合理利用必须与工厂的整个生产工艺过程相结合，具体情况具体分析，相同温位的热量在有些工厂中有很高的回收利用价值，在有些工厂回收利用价值就不大。前面的内容并没有给出解决此类问题的方法，只给出了指导性原则，在实际工作中碰到此类问题，还需要进一步学习有关知识。这方面已经有大量的研究，例如夹点法进行热量集成等，有兴趣的同学请查阅相关资料和书籍。

4.8 气体的压缩

在化工反应过程中，经常遇到有气体参与的反应体系，为了增加反应速率，需要提高反应系统的压力，这样需要对原料气体进行压缩；为了输送气体，如天然气的远距离输送，中间需要加压站；在制冷工业中通过气体压缩、膨胀而达到制冷的目的，等等。在化工生产中广泛使用压缩机、鼓风机和通风机。

从一般意义上讲，凡是能够升高气体压力的机械设备均可称为压缩机，但是习惯上往往通过压缩比 $r=p_2/p_1$ 的数值将压气机划分为三类：压缩比 $r=1.0\sim1.1$ 称为通风机，$r=1.1\sim4.0$ 称为鼓风机，$r\geqslant4.0$ 称为狭义上的压缩机。

压缩机的分类有多种，根据体积的变化情况分为容积型和速度型。

容积型压缩机是将一定量的连续气流限制于一个封闭的空间里，使压力升高，包括往复式压缩机、回转式压缩机、滑片式压缩机、罗茨双转子式压缩机和螺杆压缩机，等等。速度型压缩机又称回转式连续气流压缩机，压缩机中高速旋转的叶片使通过它的气体加速，从而将速度能转为压力能，包括离心式压缩机、轴流式压缩机。

各类压缩机的结构和工作原理虽然不同，但从热力学观点来看，气体状态变化过程并没有本质的不同，都是消耗外功，使气体压力升高的过程，在正常工况下都可以视为稳定流动过程。

压缩机在化工过程中是一个耗功大的设备，从化工热力学角度来看，对气体压缩感兴趣的是：①气体压缩过程中的变化规律；②不同的压缩过程压缩功消耗的相对大小；③为减小功耗需要采取的措施。

气体的压缩一般有等温、绝热、多变三种过程，从级数上分为单级和多级压缩。

对于连续的气体压缩过程，前面已推出它与焓变的关系

$$W_S = \Delta H - Q \tag{4-16}$$

此式具有普遍意义，适用于任何介质的可逆和不可逆压缩过程。

为了方便，对可逆压缩过程的轴功，还可按式(4-6)计算

$$W_S = \int_{p_1}^{p_2} V\mathrm{d}p \tag{4-6}$$

只要有合适的状态方程，代入上式积分即可求出压缩过程消耗的功。

下面通过单级往复式压缩机来介绍气体压缩过程的变化规律以及理论功耗的计算。

4.8.1 单级往复式压缩机的功耗

(1) 气体压缩过程的变化规律

图 4-7 是往复式压缩机的压缩过程示意图，压缩机主要包括气缸、活塞、连杆、曲轴（或凸轮）、进气门和出气门。曲轴或凸轮转动时通过连杆带动活塞，使之在气缸里作往复运动，曲轴每转一周，活塞就来回运动一次。当活塞向外运动时，造成气缸内的压力降低，当压力低于进气口外部的压力时，进气门打开将气体吸入气缸，这个过程称为吸气过程。当活塞回行时，进气门自动关闭，此时留在缸内的气体就受到压缩，这就是压缩过程。当缸内气体的压力增加到出口压力后，就冲开排气阀门，此时活塞继续向前移动，将压缩的气体排出气缸，此过程叫排气过程。当活塞第二次向外移动时，又开始下一次的吸气压缩过程，如此不断地进行循环工作。

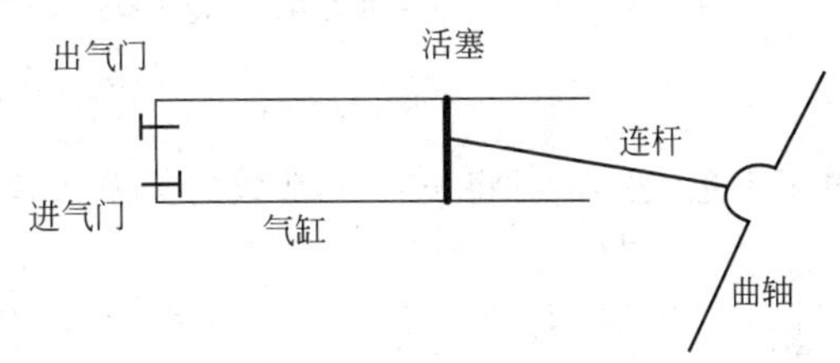

图 4-7 往复式压缩机的压缩过程示意

气体的压缩过程可以在图 4-8 所示的 p-V 图上表示。其中 f—1 表示吸气过程，1—2 表示气体压缩过程，2—g 表示排气过程。气体的压缩过程可以分为不同情况：如果气体压缩产生的热都可以传出，压缩后气体温度不升高，则压缩为等温压缩，p-V 图上气体的压缩将沿着等温线从 1 到 2_T。如果活塞与气缸是绝热的，被压缩的气体与外界完全没有传热，气体压缩后温度升高，气体的压缩过程可以用 1—2_S 绝热线表示。等温压缩和绝热压缩都是理想的，要做到完全的等温或绝热都是不可能的。实际进行的压缩过程都是介于等温和绝热之间的多变过程，压缩后气体的温度介于 2_T 和 2_S 之间的 2_n，那么压缩过程可以用 1—2_n 表示。

根据可逆轴功的计算式(4-6)可以看出，可逆压缩功可以用 p-V 图上压缩线和 p 轴之间的面积表示，这样面积 f1$2_T$g、f1$2_S$g 和 f1$2_n$g 分别代表了等温、绝热和多变过程的可逆压缩功。可以看出

$$W_{S,绝热} > W_{S,多变} > W_{S,等温}, \quad T_{2,绝热} > T_{2,多变} > T_{2,等温}, \quad V_{2,绝热} > V_{2,多变} > V_{2,等温}$$

可见，把一定量的气体从相同的初始压力和温度压缩到具有相同压力不同温度的终态时，绝热压缩消耗的功最多，等温压缩最少，多变压缩介于两者之间，并随 n 的减少而减少。所

以，尽量减小压缩过程的多变指数 n，使过程接近于等温过程是有利的。

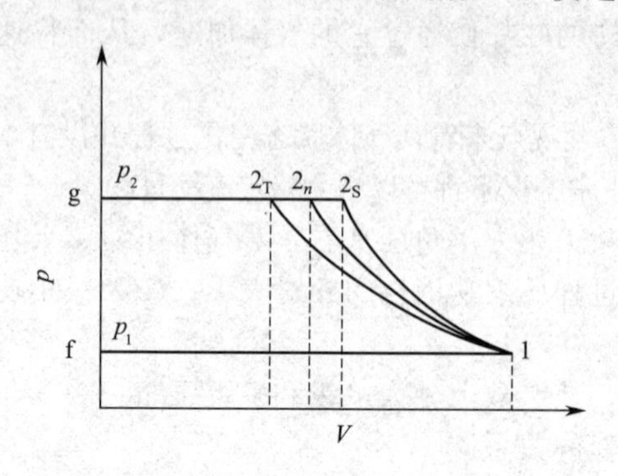

图 4-8 没有余隙的压缩过程的 p-V 图

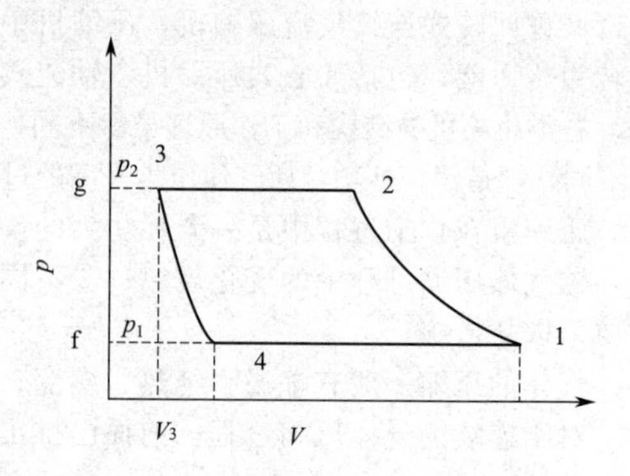

图 4-9 存在余隙的压缩过程的 p-V 图

工业上为了减小压缩功，常采用：小型压缩机在缸体周围布置翼片，大型压缩机采用冷水夹套把压缩过程中热量及时转移出去，使压缩过程尽量接近等温过程。同时，通过冷却设备减小气体进入压缩机时的温度。

(2) 气体压缩过程理论功耗的计算

① 等温压缩 对于理想气体，$pV=RT$，等温过程 $\Delta H=0$，则

$$W_{\mathrm{S}}=-Q=\int_{p_1}^{p_2}V\mathrm{d}p=RT_1\ln\frac{p_2}{p_1} \tag{4-55}$$

式中，W_{S} 为等温可逆压缩的轴功。显然，压缩比越大，温度越高，压缩所需的功耗也越大。

② 绝热压缩 绝热压缩时，$Q=0$，则

$$W_{\mathrm{S}}=\Delta H=\int_{p_1}^{p_2}V\mathrm{d}p$$

对于理想气体，可将 $pV^k=$常数的关系式代入上式积分，得

$$W_{\mathrm{S}}=\frac{k}{k+1}RT_1\left[\left(\frac{p_2}{p_1}\right)^{\frac{k-1}{k}}-1\right] \tag{4-56}$$

或
$$W_{\mathrm{S}}=\frac{k}{k+1}p_1V_1\left[\left(\frac{p_2}{p_1}\right)^{\frac{k-1}{k}}-1\right] \tag{4-57}$$

式中，k 为绝热指数，与气体性质有关。

③ 多变压缩 等温压缩和绝热压缩都是理想的，要做到完全的等温或绝热是不可能的。实际进行的压缩过程都是介于等温和绝热之间的多变过程。多变过程的 p、V 服从下式

$$pV^n=\text{常数}$$

该式即为多变过程的过程方程式，n 为多变指数，它可以是$-\infty\sim+\infty$之间的任意值。对于给定的某一过程，n 为定值。

对于理想气体，进行多变压缩的轴功为

$$W_{\mathrm{S}}=\frac{n}{n+1}RT_1\left[\left(\frac{p_2}{p_1}\right)^{\frac{n-1}{n}}-1\right] \tag{4-58}$$

$$W_{\mathrm{S}}=\frac{n}{n+1}p_1V_1\left[\left(\frac{p_2}{p_1}\right)^{\frac{n-1}{n}}-1\right] \tag{4-59}$$

4.8.2 多级压缩

上面讨论的是没有余隙的气体压缩，实际的往复式压缩机不能完全没有余隙，而且还要利用余隙的“气垫”作用，防止活塞与气缸顶相撞损坏压缩机。如图 4-9 所示，排气过程终了

时，余隙 V_3 中还充满未被排出的高压气体，所以当活塞回行时，排气门不能马上打开，必须使余隙内的气体发生再“膨胀”过程，压力降低到吸气压力时才能开始吸气。由于余隙内气体再膨胀的结果，压缩机每循环一周实际吸入的气体容积为 V_1-V_4，当压缩比增加到一定程度时，1—2 和 3—4 线完全重合，这样压缩机余隙气量在膨胀后将充满整个气缸，压缩机不再能吸入新鲜气体，不再有压缩气体的功能。因此，气体的压缩不像液体压缩一样，经过一级压缩可以达到很高的出口压力，每一级压缩只能达到一定的压缩比，同时也为了减小压缩功，气体压缩常采用多级压缩、级间冷却的方法。

级间冷却式压缩机的基本原理是将气体先压缩到某一中间压力，然后通过一个中间冷却器，使其等压冷却至压缩前的温度，然后再进入下一级气缸继续被压缩、冷却，如此进行多次压缩和冷却，使气体压力逐渐增大，而温度不至于升得过高。这样，整个压缩过程趋近于等温压缩过程。图 4-10 显示了两级压缩、中间冷却的系统装置及 p-V 图，气体从 p_1 加压到 p_2，进行单级等温压缩，其功耗在 p-V 图上可用曲线 $ABGFHA$ 所包围的面积表示。若进行单级绝热压缩，则是曲线 $ABCDHA$ 所包围的面积。现讨论两级压缩过程。先将气体绝热压缩到某中间压力 p'_2，此为第一级压缩，以曲线 BC 表示，所耗的功为曲线 $BCIAB$ 所包围的面积。然后将压缩气体导入中间冷却器，冷却至初温，此冷却过程以直线 CG 表示。第二级绝热压缩，沿曲线 GE 进行，所耗的功为曲线 $GEHIG$ 所包围的面积。显然，两级与单级压缩相比较，节省的功为 $CDEGC$ 所包围的面积。

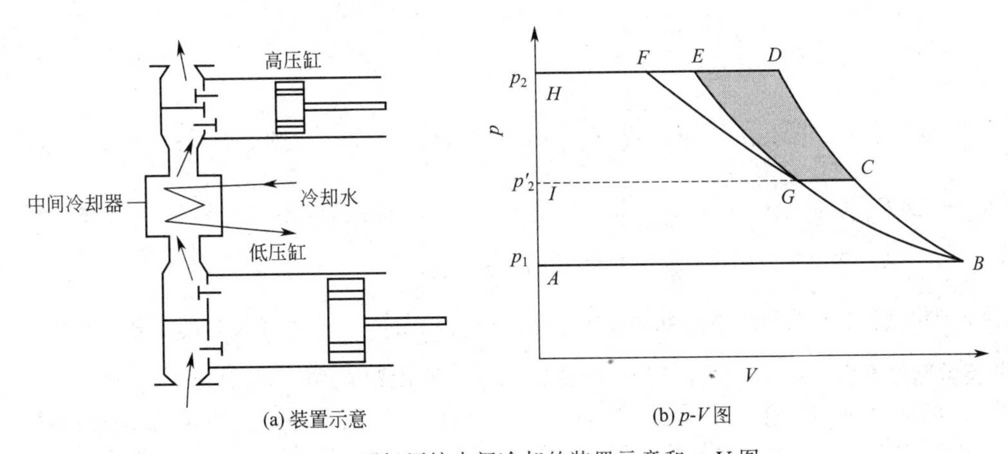

(a) 装置示意　　(b) p-V 图

图 4-10　两级压缩中间冷却的装置示意和 p-V 图

以上分析表明，分级越多，理论上可节省的功越多，若增多到无穷级，则可趋近等温压缩。实际上，分级不宜太多，否则机构复杂，摩擦损失和流动阻力亦随之增大，设备投资增加。

4.9 气体的膨胀

气体膨胀是气体压缩的反过程，工业上通常利用某些气体在特定状态下的节流膨胀和绝热膨胀来获得冷量或功，通过喷管的膨胀来获得低于大气的压力或速度，下面对这三种膨胀过程分别作介绍。

4.9.1 节流膨胀

流体在管道流动时，有时流经阀门、孔板等设备，由于局部阻力，使流体压力显著降低，这种现象称为节流现象。因节流过程进行得很快，可以认为是绝热的，即该过程不对外做功，故节流膨胀属绝热而不做功的膨胀。

节流过程是典型的不可逆过程。流体在孔口附近发生强烈的扰动及涡流，处于极度不平衡

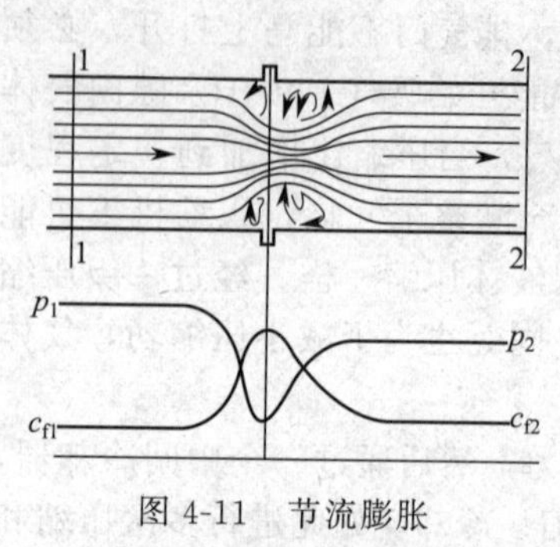

图 4-11 节流膨胀

状态，如图 4-11 所示，故不能用平衡态热力学方法分析孔口附近的状态。但在孔口较远的地方，如图 4-11 中截面 1—1 和 2—2，由图可见，截面 2—2 又恢复到截面 1—1 的状态。若取管段 1—2 为研究对象，根据稳流体系的能量平衡方程式，已经推出来其特征表达式(4-19)，可进一步表示为

$$H_1=H_2 \tag{4-60}$$

可见，节流前后流体的焓值不变，这是节流过程的重要特征。由于节流过程的不可逆性，节流后流体的熵值必定增加，即 $S_2>S_1$。

节流时的温度变化称为节流效应或 Joule-Thomson 效应。节流中温度随压力的变化率称为微分节流效应系数或 Joule-Thomson 效应系数，即

$$\mu_J=\left(\frac{\partial T}{\partial p}\right)_H \tag{4-61}$$

利用热力学关系式

$$\left(\frac{\partial H}{\partial p}\right)_T=V-T\left(\frac{\partial V}{\partial T}\right)_p,\quad \left(\frac{\partial H}{\partial T}\right)_p=C_p$$

可得 μ_J 与流体的 p-V-T 及 C_p 的关系，即

$$\mu_J=\left(\frac{\partial T}{\partial p}\right)_H=\frac{-\left(\frac{\partial H}{\partial p}\right)_T}{\left(\frac{\partial H}{\partial T}\right)_p}=\frac{T\left(\frac{\partial V}{\partial T}\right)_p-V}{C_p} \tag{4-62}$$

由于节流过程压力下降（$dp<0$），若 $T\left(\frac{\partial V}{\partial T}\right)_p-V>0$，$\mu_J>0$，则 $\Delta T<0$，节流后温度降低（冷效应）；若 $T\left(\frac{\partial V}{\partial T}\right)_p-V=0$，$\mu_J=0$，则 $\Delta T=0$，节流后温度不变（零效应）；若 $T\left(\frac{\partial V}{\partial T}\right)_p-V<0$，$\mu_J<0$，则 $\Delta T>0$，节流后温度升高（热效应）。

对于理想气体，根据理想气体状态方程 $pV=RT$，$\left(\frac{\partial V}{\partial T}\right)_p=\frac{R}{p}$，代入上式可得 $\mu_J=0$，即理想气体节流后温度不变。对真实气体，如已知状态方程，利用式(4-37) 可近似算出 μ_J 的值。

由 μ_J 的定义可知，在 T-p 图的等焓线上任一点的斜率值即为该点的 μ_J 值。而由式(4-62)可知，同一气体在不同状态下节流，其 μ_J 值可以是正、负或零。$\mu_J=0$ 的点应处于等焓线上的最高点，也称为转化点，转化点的温度称为转化温度。连接每条等焓线上的转化温度，就得到一条实验转化曲线，图 4-12 和图 4-13 是氢和氮的转化曲线，在曲线上任何一点的 $\mu_J=0$。

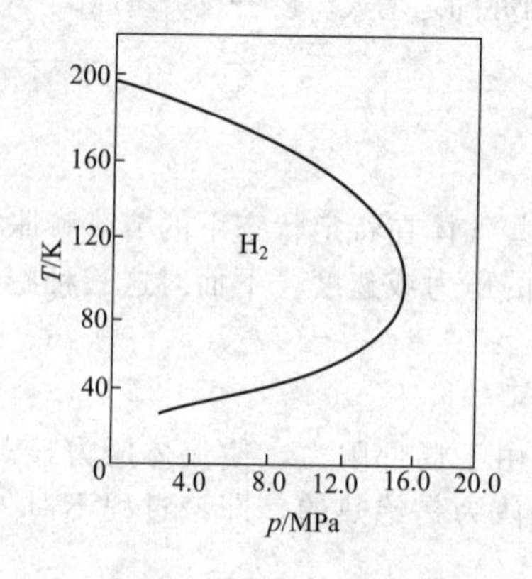

图 4-12 氢的转化曲线

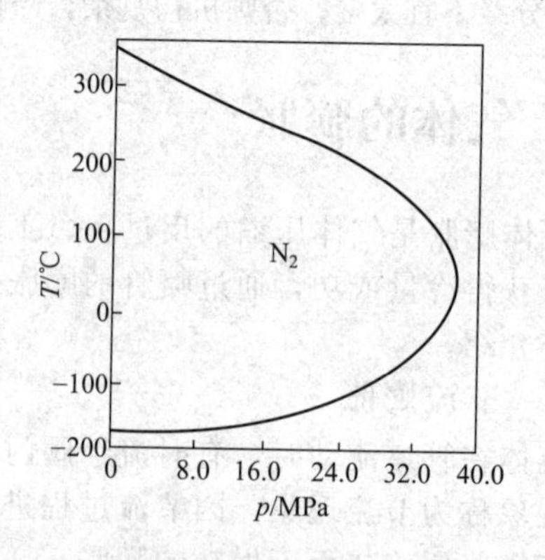

图 4-13 氮的转化曲线

从图上可看到，转化曲线把 T-p 图划分成两个区域：在曲线区域以内 $\mu_J>0$，称为冷效应区；在曲线区域以外 $\mu_J<0$，称为热效应区。

大多数气体的转化温度都较高，它们可以在室温下利用节流膨胀产生冷效应。对于临界温度极低的气体，如 H_2 和 He，它们的最高转化温度很低，约为－80℃和－236℃，故在常温下节流后的温度不但不降低，反而会升高，所以，欲使其节流后产生冷效应，必须在节流前预冷到最高转化温度以下。

生产中人们最关心的是流体经节流后能达到多低的温度，这一温度值一般由"积分节流效应"的表达式计算，即

$$\Delta T_H = T_2 - T_1 = \int_{p_1}^{p_2} \mu_J \mathrm{d}p \tag{4-63}$$

式中，T_1、p_1 为节流膨胀前的温度和压力；T_2、p_2 为节流膨胀后的温度和压力；ΔT_H 为积分节流效应，表示压力降为一定值时所引起的温度变化。

求气体节流效应最简便的方法是利用温熵图，只要节流过程确定后，可从温熵图上直接读出 $\Delta_H T$ 的数值。如图4-14所示，气体从状态1（p_1，T_1）膨胀到 p_2，在 T-S 图上就可以用等焓线定出状态2，并从纵坐标上读出 $T_2-T_1=\Delta T_H$。若气体在节流前压力为 p_3，节流膨胀到状态4，已位于汽、液两相区，从 T-S 图上不但可以读出 $T_4-T_3=\Delta T_H$，而且可以计算气体液化的数量。

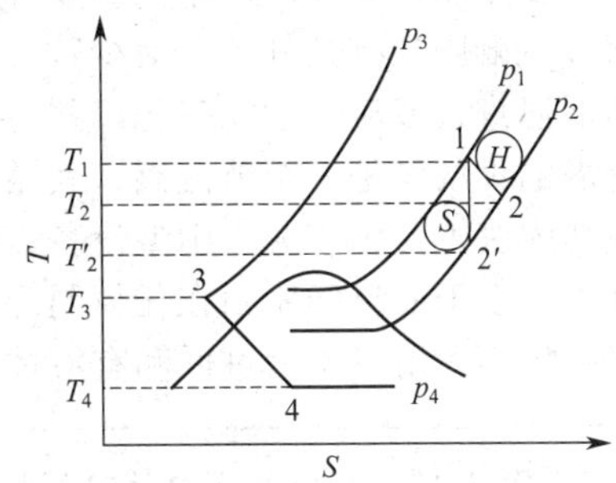

图4-14 节流效应在 T-S 图上的表示

4.9.2 绝热做功膨胀

气体的绝热膨胀是自发过程，因此，只要采用适当的装置，即可由此过程获得有用的功。所需的设备为活塞式膨胀机或透平式膨胀机。绝热做功膨胀的理想情况和极限情况是绝热可逆膨胀，亦即等熵膨胀。

绝热膨胀目的有两个，一个是通过绝热膨胀对外做功，例如高压蒸汽通过透平后对外做功，带动发电机发电或带动压缩机进行气体的压缩，汽车发动机的原理也可以近似认为是通过气体的绝热膨胀对外做功，只不过是高温气体是通过燃料气燃烧形成的。绝热膨胀的第二个目的是通过气体膨胀使工质的温度降低，从而获得制冷量，主要用于制冷。

绝热可逆膨胀对外做功前面已经推导出，如下式所示：

$$\Delta H = W_S \tag{4-64}$$

如果是通过流体膨胀后温度降低获得制冷量，那么就需要研究流体进行绝热可逆膨胀时温度的变化，称为"等熵膨胀效应"。等熵膨胀中温度随压力的变化率称为微分等熵膨胀效应，用 μ_S 表示

$$\mu_S = \left(\frac{\partial T}{\partial p}\right)_S \tag{4-65}$$

利用热力学关系式

$$-\left(\frac{\partial S}{\partial p}\right)_T = \left(\frac{\partial V}{\partial T}\right)_p, \quad \left(\frac{\partial S}{\partial T}\right)_p = \frac{C_p}{T}$$

可得

$$\mu_S = \left[\frac{\partial T}{\partial p}\right]_S = \frac{-\left(\frac{\partial S}{\partial p}\right)_T}{\left(\frac{\partial S}{\partial T}\right)_p} = \frac{T\left(\frac{\partial V}{\partial T}\right)_p}{C_p} \tag{4-66}$$

由上式可知，对任何气体，$C_p>0$，$T>0$，$(\partial V/\partial T)_p>0$，所以 μ_S 永远为正值。这表明：任

何气体进行等熵膨胀时，气体的温度必定是降低的，总是产生冷效应。

气体等熵膨胀时，压力变化为一定值时，所引起的温度变化称为积分等熵膨胀效应，用 ΔT_S 表示，即

$$\Delta T_S = T_1 - T'_2 = \int_{p_1}^{p_2} \mu_S \mathrm{d}p \tag{4-67}$$

式中，T_1、p_1 为气体膨胀前的温度和压力；T'_2、p_2 为气体膨胀后的温度和压力。

若已知气体的状态方程，利用式(4-66) 和式(4-67) 可计算出 ΔT_S 的值。如有温熵图，就可以直接从图中得到 ΔT_S 值，如图 4-14 所示，膨胀前的状态为 1（T_1、p_1），由此点沿等熵线与膨胀后的压力 p_2 的等压线相交，即为膨胀后的状态点 2′（T'_2、p_2），可直接读出积分等熵膨胀效应 ΔT_S 的值。

综上所述，节流膨胀和绝热做功膨胀各有优、缺点，主要表现为：在相同的条件下，绝热做功膨胀比节流膨胀产生的温度降大，且制冷量也大；另外，绝热做功膨胀适用于任何气体，而节流膨胀是有条件的，对少数临界温度极低的气体（如 H_2、He 和 CH_4），必须预冷到一定的低温进行节流，才能获得冷效应。但膨胀机设备投资大，运行中不能产生液体；而节流膨胀所需的设备仅是一个节流阀，其结构简单，操作方便，可用于气、液两相区的工作。因此绝热做功膨胀主要用于大、中型设备，特别是用于深冷循环中，此时能耗大，用等熵膨胀节能效果突出。至于节流膨胀则在任何制冷循环中都要使用，即使在采用了膨胀机的深冷循环中，由于膨胀机不适用于温度过低和有液体的场合，还是要和节流阀结合并用。

【例 4-4】 压缩机出口的空气状态为 $p_1 = 9.12\text{MPa}(90\text{atm})$，$T_1 = 300\text{K}$，如果进行下列两种膨胀，膨胀到 $p_2 = 0.203\text{MPa}(2\text{atm})$：(1) 节流膨胀；(2) 做外功的绝热膨胀，已知膨胀机的等熵效率 $\eta = 0.8$。试求两种膨胀后气体的温度、膨胀机的做功量及膨胀过程的损失功，取环境温度为 25℃。

解：(1) 节流膨胀

查空气的 T-S 图，得 $p_1 = 9.12\text{MPa}$、$T_1 = 300\text{K}$ 时

$$H_1 = 13012\text{J} \cdot \text{mol}^{-1}, \quad S_1 = 87.03\text{J} \cdot \text{mol}^{-1} \cdot \text{K}^{-1}$$

由 H_1 的等焓线与 p_2 的等压线交点查得

$$T_2 = 280\text{K}\ (\text{节流膨胀后温度}), \quad S_2 = 118.41\text{J} \cdot \text{mol}^{-1} \cdot \text{K}^{-1}$$

(2) 做外功的绝热膨胀

若膨胀过程是可逆的，从压缩机出口状态 1 作等熵线与 p_2 等压线的交点得出 $H'_{2S} = 7614.88\text{J} \cdot \text{mol}^{-1}$，$T'_{2S} = 98\text{K}$（可逆绝热膨胀后温度）。

可逆绝热膨胀所做功

$$W_{\text{可逆}} = \Delta H = H'_{2S} - H_1 = 7614.88 - 13012 = -5397.12\text{J} \cdot \text{mol}^{-1}$$

实际是不可逆的绝热膨胀

$$\eta_S = \frac{-W_S}{-W_{\text{rev}}} = \frac{H_1 - H_2}{H_1 - H'_{2S}} = \frac{13012 - H_2}{13012 - 7614.88} = 0.8$$

解得

$$H_2 = 8694.3\text{J/mol}$$

由 H_2 与 p_2 值在空气的 T-S 图上查得 $T_2 = 133\text{K}$（做外功绝热膨胀后的温度）。

膨胀机实际所做功

$$W_S = H_2 - H_1 = 8694.3 - 13012 = -4317.7\text{J} \cdot \text{mol}^{-1}$$

(3) 节流膨胀过程的损失功

$$W_L = T_0 \Delta S_t = (273 + 25) \times (118.41 - 87.03) = 9351.2\text{J} \cdot \text{mol}^{-1}$$

做外功绝热膨胀的损失功

$$W_L = |W_{rev}| - |W_S| = 5397.12 - 4317.7 = 1079.42\text{J} \cdot \text{mol}^{-1}$$

计算结果比较如下：

过程	T_2/K	ΔT	做功量/J·mol⁻¹	损失功/J·mol⁻¹
节流膨胀	280	−20	0	9351.2
做外功绝热膨胀	133	−167	4317.7	1079.42

4.9.3 气体通过喷管的膨胀

喷管和扩压管在工程上有着广泛的应用，例如在火箭和喷气式飞机中利用具有一定压力的高温气体经过尾部的喷管，使之产生高速气流，然后利用气流向后喷射的反作用力作为火箭和飞机的推动力。在汽轮机（蒸汽透平）、燃气轮机中，工质先通过喷管，使之膨胀，压力降低，速度增大，然后在高速下向着安装在压轮上的工作压片喷射，使压轮高速转动，产生动力，在蒸气喷射器中也用喷管和扩压管作为其工作部件。

(1) 喷管

喷管有两种形式，如图 4-15 所示，一种叫渐缩式喷管，一种叫缩扩喷管，它们都是通过利用气体压力的降低使气流加速的设备。

流体流经设备时速度很快，可以认为是绝热过程，$Q=0$；设备没有轴传动结构，$W_s=0$；流体进出口高度变化不大，重力势能的改变可以忽略，$g\Delta z \approx 0$；根据稳流体系的能量平衡方程，流体流过喷管时焓变和动能之间的关系可以表示为

$$\Delta H = -\frac{1}{2}\Delta u^2 \tag{4-18}$$

从上式可以看出，流体流经喷嘴等喷射设备时，通过改变流动的截面积，将流体自身的焓值转变为了动能。

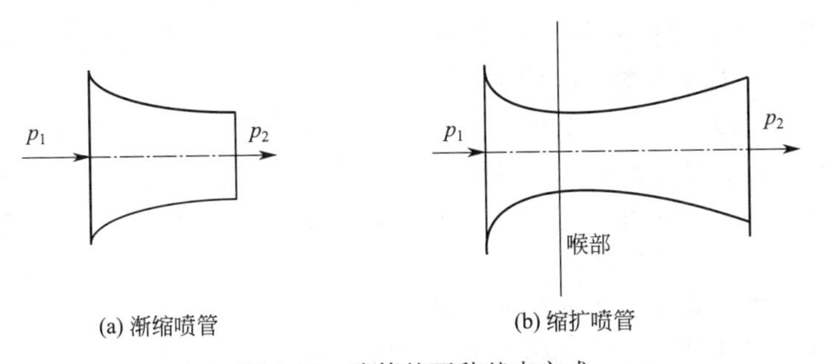

图 4-15 喷管的两种基本方式

通过计算和实际情况表明，渐缩喷管的出口流速最大只能达到声波在该出口状态介质中的传播速度——声速，要想获得超音速，必须采用缩扩喷管，缩扩喷管的收缩和扩张部分的连接处成了整个喷管的最小面积，称为喉部。

(2) 扩压管

通过前面的分析，在喷管中工质的变化特点是 $dH<0$，$dp<0$。但是，如果使过程反过来进行，使其动能减少，那么必然使工质的焓增加，压力也增加。在工程中，这种用降低速度增加压力的通道称为扩压管，喷管有两种形式，扩压管也有两种形式，因此，实际上把喷管倒过来使用就变成扩压管。

(3) 喷射器

喷射器的操作原理是一种流体（称为驱动流体或引射流体）通过喷管，速度的增加必然带

来压力的降低，当压力降低到比被抽吸流体（又称为被引射流体）的压力还低时，被引射流体被抽吸，然后两种流体混合后以一定的速度进入扩压管，速度降低，压力增加。因此，喷射器排出的混合物的压力，实质上高于吸入室的压力，如果排出的压力为大气压力，那么吸入室的压力低于大气压力即我们常说的抽真空，所以喷射器是一种有效的真空发生装置，由于该设备内没有活动部件，处理量又非常大，在化学工业中得到广泛的应用。工业上作为引射流体的工质常用的是蒸气和空气，也有用水的，如实验室用的循环水真空泵，氯碱行业中固体烧碱制备过程中的多效蒸发中的真空系统等等。

图 4-16 为蒸气喷射泵的工作原理图，喷射泵由三部分组成：

① 高压喷管，目的在于加速驱动流体；

② 混合段，使驱动流体和被引射流体相混合，使前者减速后者加速；

③ 扩压管，使混合流体减速而提高压力，从而使混合流体排出喷射泵。

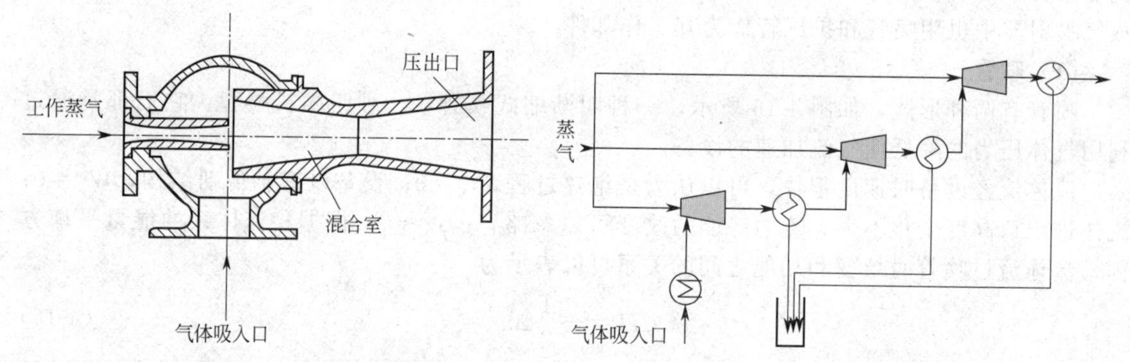

图 4-16 蒸气喷射器的工作原理

图 4-17 三级蒸气喷射器的工艺流程

喷射器可以串联也可以并联，并联通常是为了获得更大的气体处理量，串联是为了达到更高的真空度，视需要的真空度不同，两个或多个喷射器串联的，称为二级和多级系统，图 4-17 为三级蒸气喷射器的流程图。串联系列中第一个和中间任何一个喷射器的设计吸入压力和排出压力均低于大气压，最后一个喷射器的排出压力则等于或高于大气压。

蒸气喷射器除了用于抽真空外，还可以用于废热利用，在化工厂中，有许多低压废蒸气，这些蒸气由于温度较低，不能直接用于工艺过程，回锅炉还需要用凉水塔冷凝，通过蒸气喷射器，用一部分高压蒸气作引射气，可以提高低压蒸气的温度和压力，使之得到利用。

(4) 喷气式飞机的引擎和液体燃料火箭引擎

喷气式发动机利用燃料燃烧后的高温高压气体通过喷管膨胀，产生高速气流，但是气流的动能不转变为发动机轴上的机械功，而是基于反作用力原理来推动飞机、火箭等。

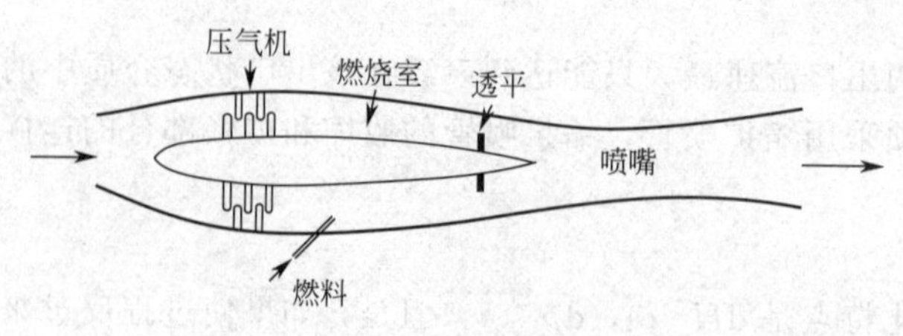

图 4-18 喷气式飞机的引擎示意

现代飞机应用的涡轮喷气式发动机，如图 4-18 所示。当飞机在空中高速飞行时，为了减小压缩机的功耗，高速气流首先流入扩压管，速度不断降低而压力增加，为了保证有一定的增压比，空气进入轴流式压缩机继续压缩，压缩机由连在同一个轴上的燃气透平带动。压缩空气进入燃烧室，另有油泵将油喷入，两者混合后进行等压燃烧。高温气体首先在燃气透平中膨胀，产生足够量的功用于带动压缩机和油泵，然后再进入尾气喷管中继续膨胀，形成高速气流喷射出去，尾气的速度远远大于空气进入发动机的速度，增加的速度产生反作用力，使引擎产生一个向前的推动力，推动飞机向前飞行。

火箭的引擎不同于喷气式引擎，喷气式发动机燃料的燃烧是利用周围的空气，而火箭是在外太空飞行的，那里没有燃料燃烧需要的氧气，当然也没有空气产生的摩擦力，因此，火箭需要自带氧化剂。火箭分液体燃料火箭和固体燃料火箭，液体燃料火箭需要燃料和氧化剂都是液体，例如氧化剂用液体氧，燃料用氢、煤油等。如图 4-19 所示，燃料和氧化剂由泵从储罐打入燃烧室燃烧，燃料的燃烧为等压过程，生产的高温燃烧气体通过喷管膨胀产生高速气流，利用反作用力推动火箭升空。

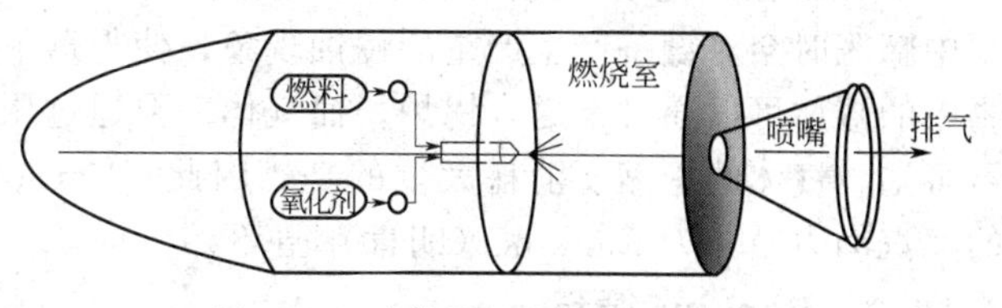

图 4-19 液体燃料火箭引擎的示意

固体燃料火箭需要的燃料和氧化剂是固体，通过把燃料（聚合物）和氧化剂（高氯酸铵等）混合形成固体凝胶，然后储存在燃烧室的上端，其他过程同液体燃料火箭。

当然喷气式飞机和火箭在设计时除了设备材质的苛刻要求外，都需要进行严格的热力学计算，由于本书的篇幅有限，在这里不作详细介绍，有兴趣的同学可以进一步查阅相关的热力学专业书籍。

4.10 蒸汽动力循环

蒸汽动力循环的实质就是用水作为工质，让它吸收燃料燃烧、核裂变、化学反应等放出的热量，变为高压蒸汽，通过蒸汽降压膨胀对外做功，然后变为机械能、电能的过程。现在的热电过程都是利用蒸汽动力循环来进行生产的。在化工生产中，有些反应需要在高温高压下进行，有些反应是放热反应，因此，可以利用反应热和高温物料的冷却或冷凝热通过废热锅炉产生高压蒸汽，通过蒸汽动力循环产生功，带动压缩机压缩工艺用气，或带动发电机发电，然后利用背压式透平或从透平中引出不同压力的蒸汽用于工艺过程，进行能量综合利用。

4.10.1 Carnot 循环

通过前面的介绍可知，Carnot 循环是热功转化效率最高的循环，其在 T-S 图上的表示如图 4-20 所示。卡诺循环由两个等温过程和两个等熵过程组成，在高温 T_H 过程中吸热，有 Q_H 的热量被工作介质吸收，在低温的 T_L 过程中有 Q_L 的热量被冷却介质带走，循环过程做的净功为工作介质膨胀对外做的功和压缩过程做的功的代数和。

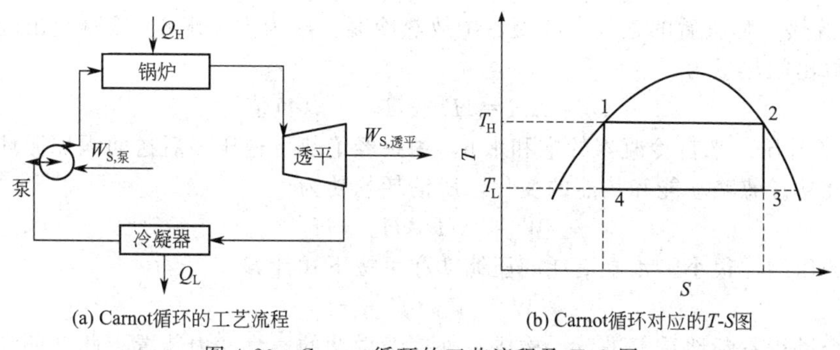

图 4-20 Carnot 循环的工艺流程及 T-S 图

前面已经推出了循环的效率为

$$\eta_{max}=\frac{-W}{Q_H}=\frac{Q_H+Q_L}{Q_H}=\frac{T_H-T_L}{T_H}$$

Carnot 循环是效率最高的循环，但是，Carnot 循环是在两相区中进行的，工作介质在透平中膨胀时会对设备产生严重的侵蚀现象，使得透平无法正常工作，在压缩过程中，汽液混合物中的液体可以通过泵送入锅炉，而气体需要通过压缩机才能完成工质的循环。通过前面的学习可知，气体的压缩要消耗大量的功，因此，Carnot 循环不能付诸实践，第一个有实际意义的蒸汽动力循环为 Rankine（朗肯）循环。

4.10.2 Rankine 循环

图 4-21(a) 是简单蒸汽动力装置的示意图，由锅炉、过热器、透平机、冷凝器和泵所组成，图 4-21(b) 是工作循环的 T-S 图，这一循环即为 Rankine 循环，它分以下四个过程。

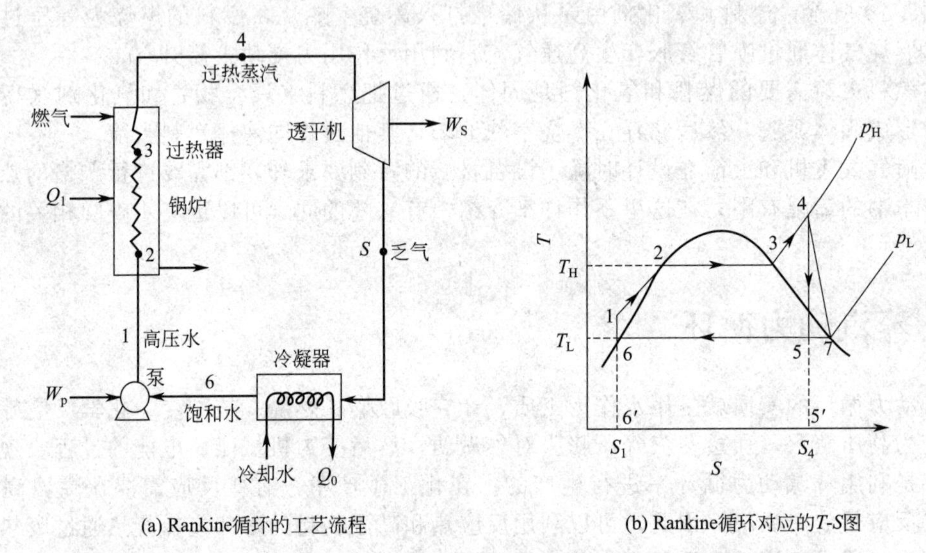

(a) Rankine循环的工艺流程　　(b) Rankine循环对应的T-S图

图 4-21 理想的 Rankine 循环及其在 T-S 图上的表示

① 高温吸热　状态 1 的工质水在锅炉中吸热，升温、汽化并在过热器中吸热成为高温的过热蒸汽 4，所吸收的热量为

$$Q_1=\Delta H=H_4-H_1 \tag{4-68}$$

② 膨胀做功　过热蒸汽 4 在透平膨胀机中经绝热可逆膨胀，成为低温低压的湿蒸汽 5（工程上习惯称乏气），同时对外做功。忽略动能和势能的变化，所做的功为

$$W_S=\Delta H=H_5-H_4 \quad (负值) \tag{4-69}$$

③ 低温放热　膨胀后的乏气在冷凝器中放热冷凝，成为饱和水 6，冷凝放出的热量由冷却水带走。所放出的热量为

$$Q_0=\Delta H=H_6-H_5 \quad (负值) \tag{4-70}$$

④ 泵输送升压　来自冷凝器的饱和水 6，用泵经绝热可逆压缩后送回锅炉循环使用（状态 1），此过程耗功。忽略动能和势能的变化，所消耗的功为

$$W_p=\Delta H=H_1-H_6 \tag{4-71}$$

由于水的压缩性很小，水泵消耗的压缩功亦可按下式计算

$$W_p=V_水(p_1-p_6) \tag{4-72}$$

上述四个过程不断地重复进行，构成对外连续做功的蒸汽动力装置。此循环没有考虑实际运行过程中的各种损失，例如管路中的压力损失、摩擦扰动、蒸汽泄漏及散热等损失，因此循环中的吸热和放热过程在 T-S 图上可表示为等压过程，蒸汽的膨胀和冷凝水的升压可表示为等熵过程。这样的 Rankine 循环又称为理想 Rankine 循环，如图 4-21(b) 所示的 1—2—3—4—5—6—1 循环。

整个循环的总功为

$$W_N = W_S + W_p = H_5 - H_4 + H_1 - H_6 \tag{4-73}$$

其数值相当于图 4-21(b) 中的曲线 1—2—3—4—5—6—1 所包围的面积，即蒸汽动力循环对外所做的理论净功。

评价动力循环的主要指标是热效率和汽耗率。热效率是循环的净功与锅炉所供给的热量之比，用符号 η 表示。

$$\eta = \frac{-(W_S + W_p)}{Q_1} \tag{4-74}$$

由于水泵的功耗远小于透平机的做功量，即使压差很大，水泵的功耗也很小，所以可忽略不计，则热效率可近似表示为

$$\eta = \frac{-W_S}{Q_1} = \frac{H_4 - H_5}{H_4 - H_1} \tag{4-75}$$

汽耗率为做单位净功所消耗的蒸汽量（$kg \cdot kW^{-1} \cdot h^{-1}$），用 *SSC*（specific steam consumption）表示。

$$SSC = \frac{1}{-W_N} \approx \frac{3600}{-W_S} \tag{4-76}$$

当对外做的净功相同时，热效率反映的是不同装置所消耗的能量，而汽耗率反映的是装置尺寸。显然，热效率越高，汽耗率越低，循环越完善。

以上各式计算时所需要的焓值由附录八水蒸气表查得。

上面讨论的都是理想的可逆过程，实际的流动过程不可避免地存在着摩擦损失，因而都是不可逆的。锅炉和冷凝器的摩擦损失比较小，这两个设备中的过程仍可近似作为等压可逆过程处理；水泵所耗的功本来就小，不可逆性的影响也可以忽略；唯有透平机的不可逆性是不能忽略的。

蒸汽通过透平机的绝热膨胀实际上不是等熵的，而是向着熵增加的方向偏移，用 4—7 线表示。由图 4-21(b) 可见，实际做的功应为 $H_7 - H_4$，显然它小于等熵膨胀的功。两者之比称为等熵膨胀效率，用 η_i 表示，即

$$\eta_i = \frac{-W_{S(不可逆)}}{-W_{S(可逆)}} = \frac{H_4 - H_7}{H_4 - H_5} \tag{4-77}$$

等熵膨胀效率 η_i 也称为相对内部效率，反映的是透平机内部的损失，它与透平机的结构设计有关，一般可达到 80%～90%。

除上述的内部损失外，透平机还有外部机械损失，例如克服轴承摩擦阻力的功耗。若用 η_m 表示机械效率，则实际的总效率 η_e 为

$$\eta_e = \frac{\eta_m (H_4 - H_7)}{H_4 - H_1} = \eta_m \eta_i \frac{H_4 - H_5}{H_4 - H_1} = \eta_m \eta_i \eta \tag{4-78}$$

4.10.3 Rankine 循环效率的提高

(1) 改变蒸汽参数

在理想的 Rankine 循环中，吸热过程和放热过程的温度和压力决定了循环的热效率。从吸热过程来看，不论是 1—2—3 的升温、汽化过程，还是 3—4 的蒸汽过热过程，其吸热温度都比高温燃气的温度低得多，致使热效率低下，传热不可逆损失极大，这是理想的 Rankine 循环存在的最主要问题。因此，要想提高 Rankine 循环的热效率，主要在于提高吸热过程的平均温度。从放热过程来看，若降低冷凝温度也能提高 Rankine 循环的热效率，但这受到冷却介质温度和冷凝器尺寸的限制。下面通过 *T-S* 图来讨论蒸汽参数对热效率的影响。

① 提高蒸汽的出口温度　在相同的蒸汽压力下，若提高蒸汽的过热温度，可使平均吸热

温度提高，从图 4-22 可以看出，表示功的面积随着过热温度升高而增大。提高蒸汽的过热温度还可提高蒸汽的干度，有利于透平机的安全运行。但温度的提高受到设备材料性能的限制，不能无限地提高，目前蒸汽出口温度一般不能超过 600℃。

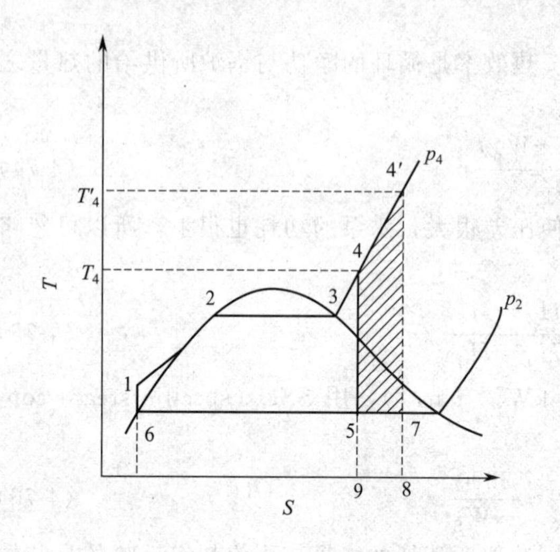

图 4-22 蒸汽温度对热效率的影响

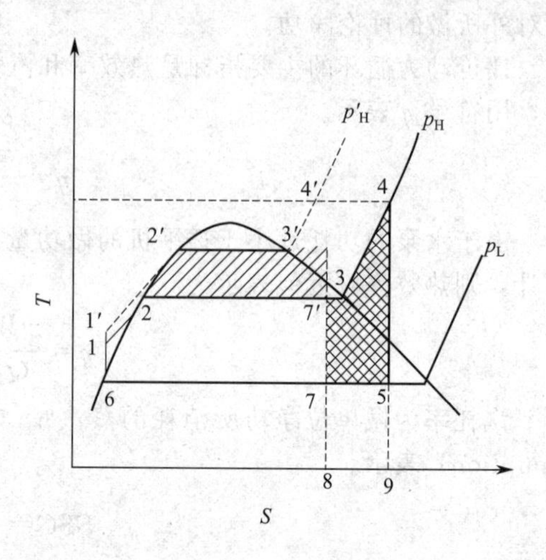

图 4-23 蒸汽压力对热效率的影响

② 提高蒸汽压力　当过热温度恒定时，提高蒸汽的压力也可使平均吸热温度升高，从而使热效率增大。从图 4-23 可以看出，当压力由 p_H 提高到 p'_H 时，代表沸腾过程的直线由 2—3 变为 2′—3′，因而使循环的净功增加了 1′2′3′4′7′211′部分的面积而减少了 7′34577′部分的面积，变化不大，但蒸汽吸收的热量增加了斜线部分的面积而减少了面积 7′34987′，净减量约为面积 57895，即做功量基本未变而吸热量减少，故热效率提高了。

常规电厂的最高压力 3～18MPa，锅炉出口的饱和蒸汽温度 455℃，过热器的蒸汽温度 565℃，目前国内已经有采用超临界发电和超超临界发电技术的（水蒸气的临界压力 22.1MPa，临界温度 374℃）。一般亚临界机组（蒸汽压力 17MPa，温度 538℃）的净效率 37%～38%，超临界机组（蒸汽压力 24MPa，温度 538℃）的净效率 40%～41%，超超临界机组（蒸汽压力 31MPa，温度 600℃ ）的净效率 44%～45%。

③ 降低蒸汽透平的出口压力　降低蒸气透平的出口压力可以提高 Rankine 的热效率，“背压”指透平机排出的乏气压力，乏气冷凝时将一部分热量排往冷却介质，其中所含的有效能无法利用，因而浪费掉了。降低背压可降低乏气的冷凝温度，从而可降低有效能的损失，使做功量增加。背压的降低是有限的，其对应的冷凝温度应高于外界环境温度，以保证传热温差。

(2) 改变工艺流程

① 采用再热循环　提高透平机的进口压力可以提高热效率，但如不相应提高温度，将引起乏气干度降低而影响透平机的安全操作。为了解决这一问题而提出了再热循环。再热循环是使高压的过热蒸汽在透平中先膨胀到某一中间压力，然后全部导入锅炉中特设的再热器进行再加热，升高了温度的蒸汽，送入低压透平再膨胀到一定的排气压力，这样就可以避免乏气湿含量过高的缺点。图 4-24 是再热循环的流程示意图和 T-S 图。

② 回热循环　Rankine 循环热效率不高的原因是供给锅炉的水温低。因此，预热锅炉给水，使其温度升高后再进锅炉，对于提高工质的平均吸热温度起着重要作用。预热锅炉给水可以利用蒸汽动力装置系统以外的废热，也可以从本系统中的透平机抽出一部分蒸汽来预热冷凝水，即采用回热循环的办法。现在大中型蒸汽动力装置普遍采用回热循环。通常从透平机中抽

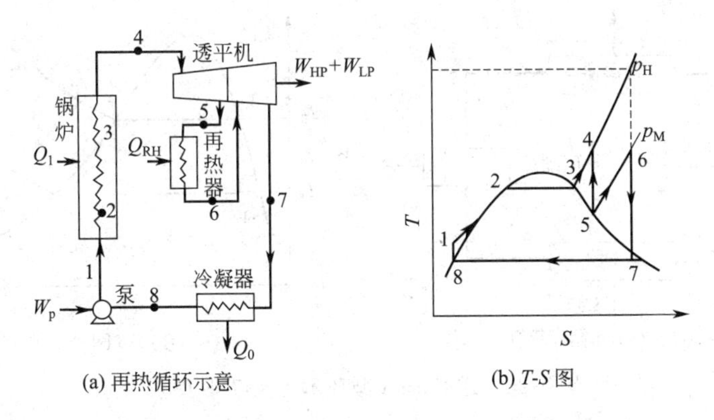

(a) 再热循环示意　　(b) T-S 图

图 4-24　再热循环及其在 T-S 图上的表示

取几种不同压力的蒸汽用来预热，称为多级回热。抽气可以与冷凝水直接混合（开式回热预热器），也可以通过管壁与冷凝水进行热交换（闭式回热预热器）。图 4-25 是回热循环的流程示意和 T-S 图。

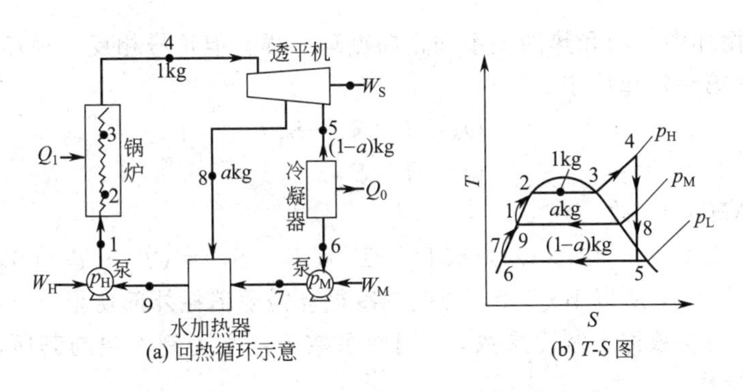

(a) 回热循环示意　　(b) T-S 图

图 4-25　回热循环及其在 T-S 图上的表示

4.11　制冷循环

制冷过程是使物系的温度降到低于周围环境温度的过程。习惯上，制冷温度在－100℃以上者称为普通制冷，低于－100℃者称为深度制冷。制冷广泛地应用于工业生产、科学研究和人们的日常生活中。在化工生产中，有一些反应需要在低于室温下进行，还有更多精馏过程需要在低温下操作，因此，对制冷装置的合理选择与设计对化工生产很重要。一般制冷过程是依靠某种工质进行热力循环来完成的，称为制冷循环或冷冻循环。常见的制冷循环是蒸气压缩制冷循环、吸收式制冷循环和蒸气喷射制冷循环等，我们就以这几种制冷循环为例进行讨论，同时，对热泵也作了详细介绍。

4.11.1　理想制冷循环

制冷循环是连续地从低温吸热，然后将热量排放到高温环境的过程，因此制冷循环是热机的逆向循环。理想制冷循环是逆向 Carnot 循环，由两个等温过程和两个绝热过程所构成。图 4-26 是循环装置示意和工作过程的 T-S 图。图中的蒸发器置于低温系统，冷凝器放置高温环境，利用制冷剂的相变化来实现低温吸热和高温放热。

循环的具体过程为：

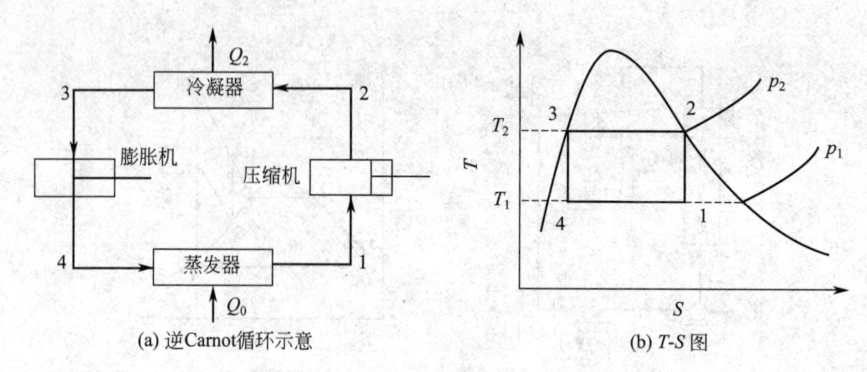

图 4-26 逆 Carnot 循环示意及 T-S 图

绝热可逆压缩过程 1—2——制冷剂等熵压缩，消耗外功，温度由 T_1 升至 T_2；

等温可逆放热过程 2—3——制冷剂在温度 T_2 下等温放热；

绝热可逆膨胀过程 3—4——制冷剂等熵膨胀，对外做功，温度由 T_2 降至 T_1；

等温可逆吸热过程 4—1——制冷剂在 T_1 下等温吸热，最后回到初始状态 1，至此完成一次制冷循环。

逆向 Carnot 循环中，功和热的关系和正向循环一样，但符号相反。循环所需的净功 W 由稳流系统的热力学第一定律确定。

循环吸收的热量
$$Q_0=T_1(S_1-S_4) \tag{4-79}$$

循环放出的热量
$$Q_2=T_2(S_3-S_2) \tag{4-80}$$

由于整个循环的 $\Delta H=0$，故
$$W_N=-\sum Q=-(Q_0+Q_2)=(T_2-T_1)(S_1-S_4)=(T_2-T_1)(S_2-S_3) \tag{4-81}$$

因为 $T_2>T_1$，$S_2>S_1$，所以 $W_N>0$，说明制冷循环需要消耗外部功量。

衡量制冷效率的参数称为制冷系数 ε。制冷系数 ε 定义为制冷量与其所消耗的功量之比。对于逆向 Carnot 循环
$$\varepsilon_{卡}=\frac{Q_0}{W_N}=\frac{T_1(S_1-S_4)}{(T_2-T_1)(S_1-S_4)}=\frac{T_1}{T_2-T_1} \tag{4-82}$$

可见，逆向 Carnot 循环的制冷系数仅仅是高温热源和低温热源热力学温度的函数，与工质无关。在环境温度与制冷温度之间操作的任何制冷循环，以逆向 Carnot 循环的制冷系数为最大。但它清楚地表明，在一定环境温度下，制冷温度 T_1 愈低，制冷系数就愈小。因此，为了经济而有效地运行，没有必要把制冷温度定得超乎需要的低。这也是一切实际制冷循环遵循的原则。

4.11.2 蒸气压缩制冷循环

理想的逆向 Carnot 循环是效率最高的制冷循环，但是在实际应用中却很难实现，这是因为进入压缩机的工作物质（制冷剂）是汽液混合物，且干度相当小，在压缩时其液滴易于损坏机器。为了避免这种不利状况，也为增加制冷量，可把蒸发器中的制冷剂汽化到干蒸气状态，使压缩过程移到过热蒸气区。此外，为了设备简单运行可靠，常常用节流阀代替膨胀机。

(1) 单级蒸气压缩制冷循环

单级蒸气压缩制冷循环由压缩机、冷凝器、节流阀和蒸发器组成，如图 4-27 所示。

其工作过程可用压焓图或温熵图表示。

压缩机吸入的是以状态 1 表示的饱和蒸气，1—2 表示制冷剂在压缩机中的压缩过程。这

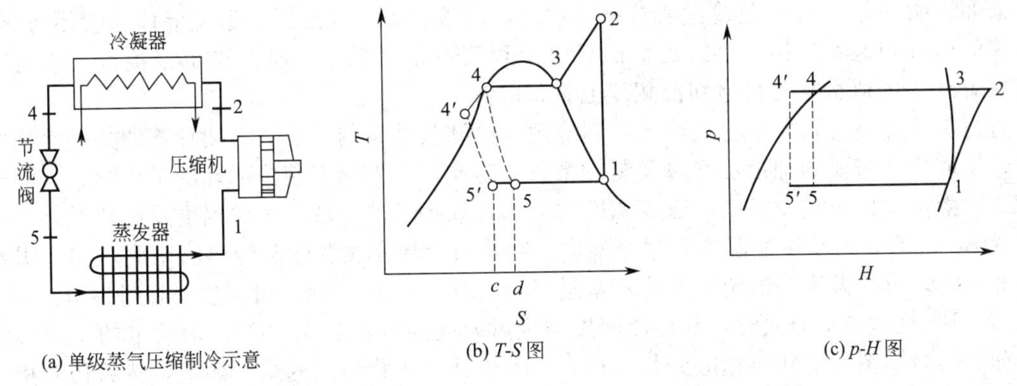

图 4-27 单级蒸气压缩制冷循环示意及 T-S 图、p-H 图

一过程在理想情况下为等熵过程，$S_1=S_2$。2—3—4 表示制冷剂在冷凝器中的冷却和冷凝过程，在这一过程中，制冷剂的压力保持不变，且等于冷凝温度下的饱和蒸气压。4—5 表示节流过程，制冷剂在节流过程中，压力和温度都降低，但焓值保持不变，$H_4=H_5$。5—1 表示制冷剂在蒸发器中的蒸发过程，制冷剂在温度 t_0、饱和压力 p_0 保持不变的情况下蒸发，吸收低温系统的热量实现制冷。

单级蒸汽压缩制冷循环的性能指标如下。

① 单位制冷量 q_0，是指 1kg 制冷剂在一次循环中所制取的冷量。对蒸发器，应用稳定流动过程的能量平衡方程，就可以得出单位质量制冷剂的制冷量 q_0 为

$$q_0=H_1-H_5=H_1-H_4 \tag{4-83}$$

② 制冷剂每小时的循环量 G

$$G=\frac{Q_0}{q_0} \tag{4-84}$$

式中，Q_0 为制冷装置的制冷能力，是指制冷剂每小时从低温系统制取的冷量，$\mathrm{kJ\cdot h^{-1}}$。

③ 冷凝器的单位放热量 Q_2，是指 1kg 制冷剂蒸气在冷凝器中放出的热量，包括显热和潜热两部分。

$$Q_2=(H_3-H_2)+(H_4-H_3)=H_4-H_2 \tag{4-85}$$

④ 压缩机消耗的单位理论功 $W_S(\mathrm{kg\cdot h^{-1}})$，是指在理论循环中，压缩机输送 1kg 制冷剂所消耗的功。

$$W_S=H_2-H_1 \tag{4-86}$$

而制冷剂所消耗的单位理论功率（kW）则为

$$N_T=GW_S=\frac{GW_S}{3600} \tag{4-87}$$

式中，G 表示制冷剂每小时的循环量。

⑤ 制冷装置的制冷系数 ε

$$\varepsilon=\frac{q_0}{W_S}=\frac{H_1-H_4}{H_2-H_1} \tag{4-88}$$

由式(4-67) 可见，在压缩机的性能指标不变的情况下，若降低冷凝器的出口温度，即采取过冷措施，可以提高制冷装置的制冷系数。液态制冷剂过冷后，在 T-S 图或 p-H 图上表示为 12344′5′1 循环，与未过冷的 123451 循环相比较，单位质量制冷剂的耗功量相同，但单位制冷量增加，如图 4-27 所示。因此，采用液体过冷，对提高循环的性能指标总是有利的。另外，采用液体过冷，还可以防止制冷剂液体在节流机构前汽化，保证节流机构运行稳定。

需要说明的是，4—4′过冷过程严格来说应沿着液相等压线运行，但是液体大多不可压缩，即液相等压线和饱和液相线很接近，而且过冷程度有限，4′和 4 状态点也很接近，为简单起见，状态点 4′的值实际是在饱和液相线上查得的。

进行制冷计算时，对于已经确定的制冷剂，已知条件是制冷能力，要计算的是制冷剂的循环量、压缩机所需要的理论功率以及制冷系数。为此，应先确定制冷循环的工作参数，即蒸发温度、冷凝温度以及过冷温度。蒸发温度的高低，取决于被冷却系统的温度及传热温差，通常温差取 $\Delta t=5$℃；至于冷凝温度和过冷温度，则是由冷却介质温度及传热温差决定的。用水做冷却介质时，过冷温度一般定为比冷却水进口温度高 3～5℃，而冷凝温度又比过冷温度高 3～5℃；若用空气做冷却介质时，其冷凝温度与进风温度的温差取 3～5℃。由给定的工作，可在制冷剂的热力学图表上找出相应的状态点，查得或计算各状态点的焓、熵值，然后代入相应的计算公式。

【例 4-5】 设需要制冷能力为 $Q_0=1.6\times10^5\text{kJ}\cdot\text{h}^{-1}$，试求 q_0、G、ε、N_T。已知：

制冷剂	冷凝温度/℃	蒸发温度/℃	过冷温度/℃
氨(a)	30	−15	25
氨(b)	30	−35	25
氨(c)	30	−35	无过冷
R12(d)	30	−15	25

解：(1) 由氨的 t-S 图查得在 $t_0=-15$℃时饱和蒸气的 $H_1=1660\text{kJ}\cdot\text{kg}^{-1}$，由该状态点沿等熵线向上，到温度为 $t=30$℃的交点，查得 $H_2=1875\text{kJ}\cdot\text{kg}^{-1}$，饱和压力 $p_2=1.15\text{MPa}$。同样，由过冷温度 $t_3=25$℃查得状态点 3 的焓值为 $H_3=540\text{kJ}\cdot\text{kg}^{-1}$，则节流前后焓值不变，$H_4=H_3=540\text{kJ}\cdot\text{kg}^{-1}$。代入式(4-83)得

$$q_0=H_1-H_4=1660-540=1120\text{kJ}\cdot\text{kg}^{-1}$$

代入式(4-84)得

$$G=\frac{Q_0}{q_0}=\frac{1.6\times10^5}{1120}=142.9\text{kg}\cdot\text{h}^{-1}$$

代入式(4-88)得

$$\varepsilon=\frac{H_1-H_4}{H_2-H_1}=\frac{1120}{1875-1660}=5.2$$

代入式(4-87)得

$$N_T=GW_S=\frac{142.9\times(H_2-H_1)}{3600}=8.5\text{kW}$$

[例 4-5] NH_3 制冷循环在 t-S 图上的表示

压缩机的压缩比为

$$\frac{p_2}{p_1}=\frac{1.15}{0.22}=5.23$$

这里，p_1 是对应于 $t_0=-15$℃时氨的饱和压力。

(2) 按上述同样方法查得：$H_1=1625\text{kJ}\cdot\text{kg}^{-1}$，$H_2=2000\text{kJ}\cdot\text{kg}^{-1}$，$H_4=H_3$ 不变，仍为 $540\text{kJ}\cdot\text{kg}^{-1}$，$p_1=0.09\text{MPa}$，故

$$q_0=H_1-H_4=1625-540=1058\text{kJ}\cdot\text{kg}^{-1}$$

$$G=\frac{Q_0}{q_0}=\frac{1.6\times10^5}{1058}=147.5\text{kg}\cdot\text{h}^{-1}$$

$$\varepsilon=\frac{H_1-H_4}{H_2-H_1}=\frac{1058}{2000-1625}=\frac{1085}{375}=2.89$$

$$N_T=GW_S=\frac{147.5\times(H_2-H_1)}{3600}=\frac{147.5\times(2000-1625)}{3600}=15.4\text{kW}$$

$$\text{压缩比}=\frac{p_2}{p_1}=\frac{1.15}{0.09}=12.7$$

(3) 根据已知数据，查得 $H_1=1625\text{kJ}\cdot\text{kg}^{-1}$，$H_2=2000\text{kJ}\cdot\text{kg}^{-1}$，$t=30℃$的饱和液体的焓值为 $H_3=560\text{kJ}\cdot\text{kg}^{-1}$，而 $H_4=H_3=560\text{kJ}\cdot\text{kg}^{-1}$，故

$$q_0=H_1-H_4=1625-560=1065\text{kJ}\cdot\text{kg}^{-1}$$

$$G=\frac{Q_0}{q_0}=\frac{1.6\times10^5}{1065}=150.2\text{kg}\cdot\text{h}^{-1}$$

$$\varepsilon=\frac{H_1-H_4}{H_2-H_1}=\frac{1056}{2000-1625}=\frac{1065}{375}=2.84$$

$$N_T=GW_S=\frac{150.2\times(H_2-H_1)}{3600}=\frac{150.2\times(2000-1625)}{3600}=15.6\text{kW}$$

$$\text{压缩比}=\frac{p_2}{p_1}=\frac{1.15}{0.09}=12.7$$

(4) 根据已知数据，查 R12 的 $\ln p$-H 图，得 $H_1=345\text{kJ}\cdot\text{kg}^{-1}$，$H_2=373\text{kJ}\cdot\text{kg}^{-1}$；$H_4=H_3=223\text{kJ}\cdot\text{kg}^{-1}$，故

$$q_0=H_1-H_4=345-223=122\text{kJ}\cdot\text{kg}^{-1}$$

$$G=\frac{Q_0}{q_0}=\frac{1.6\times10^5}{111}=1311.5\text{kg}\cdot\text{h}^{-1}$$

$$\varepsilon=\frac{H_1-H_4}{H_2-H_1}=\frac{122}{28}=4.36$$

$$N_T=GW_S=\frac{122\times(H_2-H_1)}{3600}=\frac{122\times(373-345)}{3600}=9.5\text{kW}$$

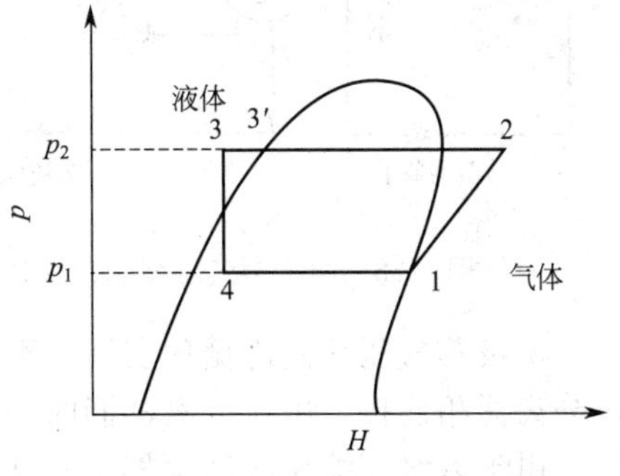

[例 4-5] R12 制冷循环在 p-H 图上的表示

根据温度 $t=30℃$ 和 $t_0=-15℃$ 查得饱和压力为 $p_2=0.76\text{MPa}$ 和 $p_1=0.18\text{MPa}$。由此，压缩比为

$$\frac{p_2}{p_1}=\frac{0.76}{0.18}=4.2$$

计算结果列表如下：

制冷剂	$q_0/\text{kJ}\cdot\text{kg}^{-1}$	$G/\text{kg}\cdot\text{h}^{-1}$	ε	N_T/kW	$\frac{p_2}{p_1}$
氨(1)	1120	142.9	5.23	8.5	5.23
氨(2)	1085	147.5	2.89	15.4	12.7
氨(3)	1065	150.2	2.84	15.6	12.7
R12(4)	122	1311.5	4.36	9.5	4.2

比较 (1) 到 (4) 的计算结果将不难发现：

① 冷凝温度和过冷温度相同时，蒸发温度较高者，制冷系数较大，消耗的理论功率较小；

② 蒸发温度和冷凝温度各相同时，无过冷者，制冷量较小；

③ 制冷剂不一样，而上述 (1) 与 (4) 的冷凝温度、蒸发温度、过冷温度相同时，则 R12 的制冷量比氨小，制冷剂循环量比使用氨时要大，两者相差将近 10 倍。

以上四种情况的计算说明，由于冷凝温度和蒸发温度间的温差相差太大，使用一级压缩是不合理的。本例题只是在一级压缩条件下来讨论四种情况下的能耗及其他参数。

由于制冷剂在流经管道、阀门和换热设备时，存在着各种损失和热量交换，如克服流动阻力所造成的节流损失、克服机械摩擦力所造成的摩擦损失等，所以实际消耗的功率要比理论功率大一些。

(2) 多级压缩制冷循环 *T-S* 图

当需要较低的制冷温度时，制冷剂的蒸发温度和蒸发压力都要相应降低，则蒸气的压缩比就要增加。压缩比过大会产生诸多不利：压缩机功耗增加，排气温度提高，甚至不能正常运行，这就需要进行多级压缩，于是便形成了多级压缩制冷循环。对氨压缩制冷，制冷温度在 −25～−65℃时，需进行两级压缩甚至三级压缩。图 4-28 是常用的两级蒸气压缩制冷循环示意，图 4-29 是相应的 *T-S* 图。

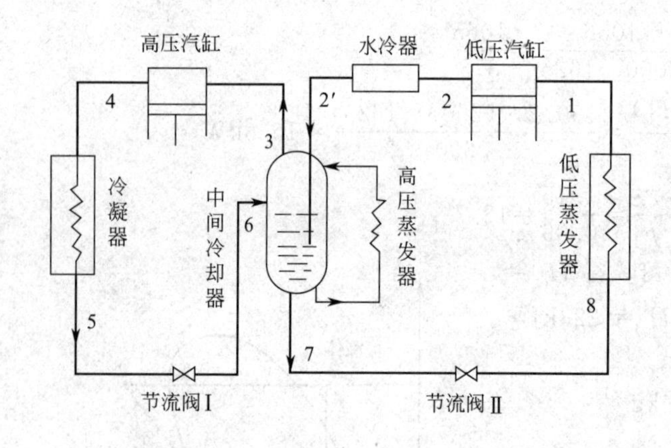

图 4-28 两级蒸气压缩制冷循环示意

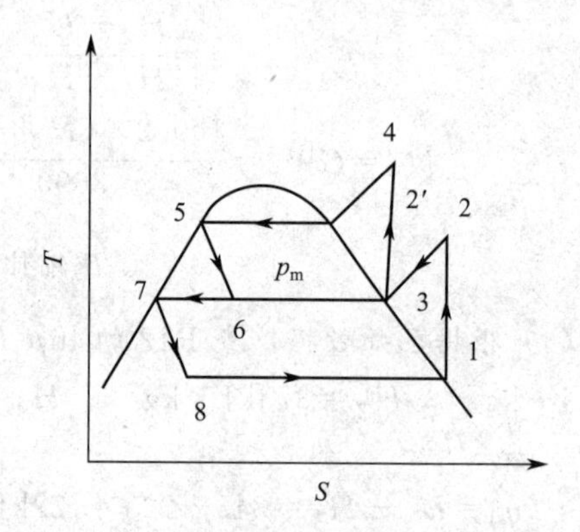

图 4-29 两级蒸气压缩制冷循环的 *T-S* 图

两级蒸气压缩制冷循环实际上可分为一个低压循环和一个高压循环，两个循环通过一个中压分离器相连接，中压分离器同时担负着级间冷却的作用，所以又称为中间冷却器。

由于多级压缩使各蒸发器的压力不同，因此多级压缩制冷可以同时提供几种不同温度的低温。

4.11.3 吸收式制冷循环

蒸气压缩制冷循环靠的是消耗外部功来完成制冷过程的，这种功主要来源于电能，而电能大部分是由热能转化来的。换句话说，制冷机所需要的功最终来自于热能。这就产生了直接利用热能作为制冷循环能量的可能性。吸收式制冷就是以热能为动力的一种制冷方法。

吸收式制冷需要两种介质作为工作流体，如水-氨、水-溴化锂体系等。其中低沸点组分用作制冷剂，利用它的蒸发和冷凝来实现制冷；高沸点组分用作吸收剂，利用它对制冷剂的吸收和解吸作用来完成工作循环。氨吸收制冷通常用于低温系统，制冷温度一般为 278K 以下；溴化锂吸收制冷适用于空气调节系统，制冷温度一般为 278K 以上，最低制冷温度不低于 273K。

无论是蒸气压缩式，还是吸收式制冷，二者都是制冷剂在低压下蒸发吸收热量和在高压下冷凝排放热量。二者的差别在于如何造成这种压力差和如何推动制冷剂循环。蒸气压缩式采用机械压缩方法造成压差并推动制冷剂循环；吸收式制冷中，采用第 2 种介质来推动制冷剂循环。

其工作原理如图 4-30 所示。图中虚线包围部分相当于蒸气压缩制冷装置中的压缩机，它由吸收器、解吸器、换热器及溶液泵等组成。除此之外，其余部分与蒸气压缩制冷循环的相同。

从冷凝器出来的液氨或液态水经节流膨胀降温降压进入两相区，在蒸发器中饱和液体蒸发

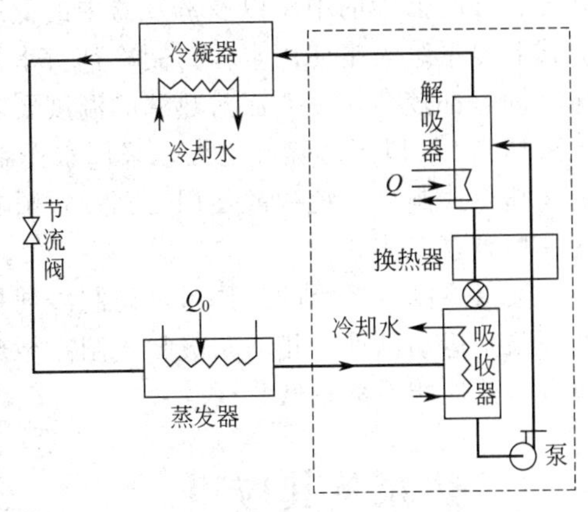

图 4-30 吸收式制冷循环示意

吸热，制取冷量。从蒸发器出来的低压蒸气进入吸收器，与来自解吸器中的稀氨水或浓的溴化锂溶液逆流接触，这一过程中稀氨水逐渐吸收氨，成为浓氨水或者浓的溴化锂溶液，吸收水蒸气变成稀的溴化锂溶液，吸收过程中所放出的热量由冷却水带走。吸收器中出来的浓氨水在进入解吸器之前，要与解吸器中出来的稀氨水在换热器中进行热交换，以便于热量充分利用。提高温度的浓氨水由溶液泵加压送入解吸器，在解吸器中浓氨水被外部热源加热，于是溶解在水中的氨又被驱逐出来，成为压力较高的氨蒸气，然后送往冷凝器冷凝成液氨。如果是溴化锂体系，则在解析器中是稀的溴化锂在加热后水变成水蒸气被驱逐出来，如此完成一次制冷循环。

吸收式制冷中，解吸器的压力由冷凝器中制冷剂的冷凝温度决定，同样吸收器的压力决定于蒸发器中制冷剂的蒸发温度。解吸器压力较吸收器压力高。解吸器与吸收器的温度分别由所用热源与冷却水的温度所限定。由于氨水溶液的浓度由其温度和压力条件所决定，因此解吸器与吸收器中稀氨水与浓氨水的溶液浓度就不能随意变动了。

吸收式制冷装置的技术经济指标用热能利用系数 ε 表示

$$\varepsilon=\frac{Q_0}{Q} \tag{4-89}$$

式中，Q_0 是蒸发器中吸收的热量（制冷能力）；Q 是热源供给的热量。

吸收式制冷装置的特点是直接利用热能制冷，可以利用工业余热和低温热源，也可以直接利用燃料热能，还可以利用太阳能的辐射热。这对提高一次能源利用率，减少废热排放和温室效应等环境污染，具有重要意义。

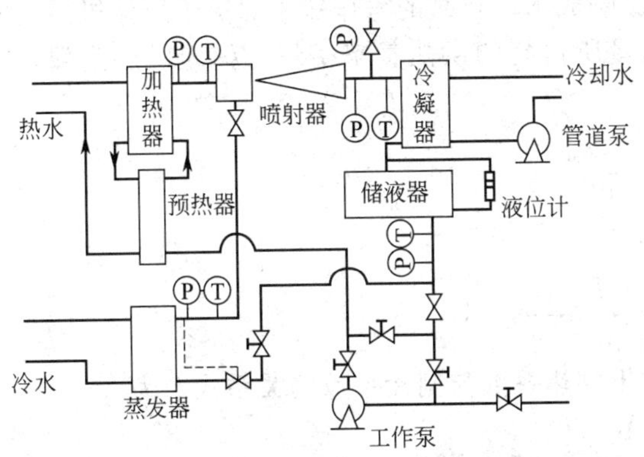

图 4-31 蒸气喷射式制冷装置示意

4.11.4 喷射式制冷循环

喷射式制冷也是一种以热能为驱动力的制冷装置，其制冷原理与其他制冷循环在本质上相同，所不同的是用喷射器来产生压缩作用。图 4-31 为蒸气喷射式制冷装置，它主要由加热器、喷射器、冷凝器、工作泵及节流部件等组成。该制冷装置工作时，由外部热量通过加热器加热来自工作泵的制冷工质，使之成为具有较高压力的饱和蒸气，这股饱和蒸气被吸入喷管中，经喷嘴膨胀加速后降温降压（压力低于蒸发器内压力），并高速从喷嘴流出，从而不断卷携由蒸发器进入喷射器吸入室的工质蒸气。两股蒸气混合后进入扩压室减速升压，使压力增加到其饱和温度比冷凝器中冷却水温度稍高的值。此后，蒸气进入冷凝器冷凝，在冷凝器出口分成两股，一股由工作泵升压后送入加热器，加热汽化后循环使用，另一股流经节流阀进入蒸发器，在蒸发器中吸热蒸发，完成制冷循环。

和吸收式制冷装置一样，喷射式制冷装置的技术经济指标也用热能利用系数 ε 表示。此时，式(4-89) 中的 Q 代表加热器供给的热量。

和蒸气压缩式及吸收式制冷系统不同，喷射式制冷系统工作于三个压力之间，加热器中的高压、冷凝器中的中压以及蒸发器中的低压。这一特点对工质的选择有较大的影响。以前，喷射式制冷系统大多使用水作为制冷剂。水虽然具有无污染、汽化潜热大等优点，但由于其沸点与凝固点都较高，一方面对热源的温度要求高，不利于低品位热能的利用，另一方面制冷温度无法达到0℃以下。除此之外，采用水作制冷剂时，喷射器的体积很大。以上各方面的原因使水在喷射式制冷系统中的使用受到一定限制。因此，筛选性能优良的制冷剂已成为喷射式制冷的一项重要工作。

喷射式制冷系统的工作蒸气与制冷剂是同一种物质，不需要溶液分离设备，且系统中只有循环泵是运动部件，相对于吸收式制冷循环，具有结构简单、运行稳定、可靠性较高等优点，缺点是热性能系数较低。

4.12 热泵及其应用

4.12.1 热泵及其热力学计算

化工生产过程中存在着各种各样的废热，像锅炉废气、工艺水、水蒸气的冷凝液等。有的携带废热的介质（气体或液体）温度较低，不能再直接用于工艺过程，但如果将其能量品位提高，这部分热能又可以利用。

热泵是以消耗一部分高品位的能量为代价，通过热力循环，将热能不断地从低温区输送到高温区的装置。很显然，热泵循环的热力学原理与制冷循环的完全相同，只是两者的工作范围和使用目的不同。制冷装置是用来制冷，热泵是用来供热。

热泵循环的能量平衡方程为

$$-Q_H = Q_L + W \tag{4-90}$$

式中，Q_H 为热泵的供热量；Q_L 为取自低温热源的热量；W 为完成循环所消耗的净功量。

一般情况下，Q_L 来自低品位的热量，有时是室外空气或天然水等自然介质，即便是生产中使用的热泵，消耗的也是工业废热，一般不影响成本。热泵的操作费用取决于压缩机消耗的机械能或者电能的费用，其经济性能以单位功量所得到的供热量来衡量，称为供热系数，用 ε_H 表示，即

$$\varepsilon_H = \frac{-Q_H}{W} \tag{4-91}$$

理想热泵（逆向 Carnot 循环）的供热系数为

$$\varepsilon_{H,卡} = \frac{T_H}{T_H - T_L} \tag{4-92}$$

将能量平衡方程式(4-90) 代入式(4-91)，可导出供热系数与制冷系数的关系式，为

$$\varepsilon_H = \frac{-Q_H}{W} = \frac{Q_L + W}{W} = \frac{Q_L}{W} + 1 = \varepsilon + 1 \tag{4-93}$$

上式表明，供热系数大于制冷系数，且 ε_H 永远大于 1。这说明热泵所消耗的功最后也转变成热而一同输到高温热源。因此，热泵是一种合理的供热装置。

4.12.2 热泵精馏

热泵常与化工中的精馏系统相结合，构成简单的热泵精馏。

化工行业是能耗大户，其中精馏又是能耗极高的单元操作，而传统的精馏方式热力学效率很低，能量浪费很大。在今天能源价格不断上涨的情况下，如何降低精馏塔的能耗，充分利用低温热源，已成为人们普遍关注的问题。对此人们提出了许多节能措施，热泵精馏是其中很突出而又行之有效的节能技术。

热泵精馏是把精馏塔塔顶蒸气所带热量加压升温，使其用作塔底再沸器的热源，回收塔顶蒸气的冷凝潜热。有多少种方式的制冷循环就有多少种方式的热泵精馏。

根据热泵所消耗的外界能量不同，热泵精馏可分为蒸气加压方式和吸收式两种类型。蒸气加压方式热泵精馏又有两种，蒸气压缩机方式和蒸气喷射方式；蒸气压缩机方式又可细分为间接式、塔顶气体直接压缩式和塔釜液体闪蒸再沸式流程，下面一一介绍。

(1) 直接式

精馏塔塔顶气体经压缩机压缩升温后进入塔底再沸器，冷凝放热使釜液气化，冷凝液经节流阀减压降温后，一部分作为产品出料，另一部分作为精馏塔顶的回流，精馏塔的再沸器是热泵的冷凝器，其具体流程如图 4-32 所示。

塔顶气体直接压缩式热泵精馏所需的工质是精馏塔塔顶物料，只需要一个热交换器（即再沸器），因此设备简单。它适合应用在塔顶和塔底的温差小，或被分离物系的组分因沸点相近难以分离必须采用较大回流比从而消耗大量加热蒸气情况（即高负荷的再沸器），也可以用于塔顶冷凝物（即馏分）需低温冷却的精馏系统等。

塔顶气体直接压缩式热泵精馏应用十分广泛，如丙烯-丙烷的分离采用该流程，在相同条件下其热力学效率可以从 3.6%提高到 8.1%，节能和经济效益非常显著。

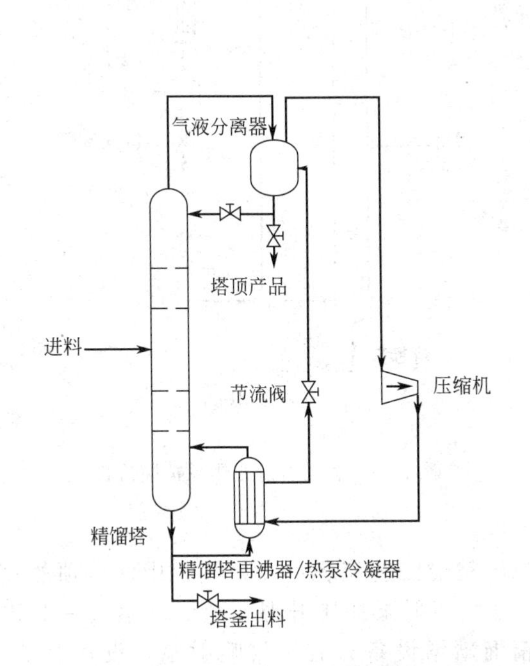

图 4-32 直接式热泵精馏流程

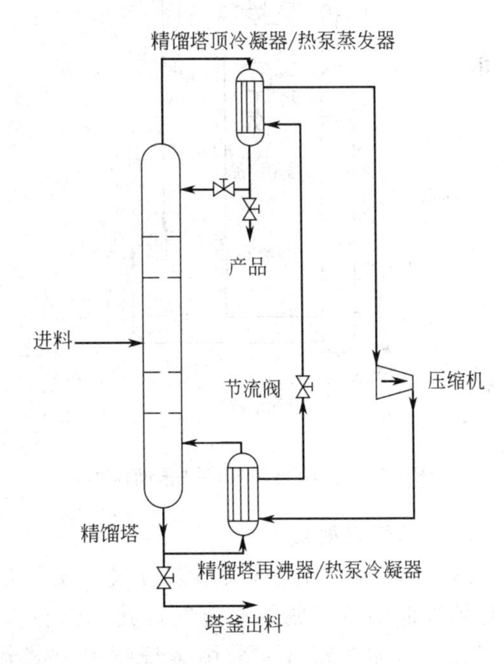

图 4-33 间接式热泵精馏流程

(2) 间接式

当塔顶气体具有腐蚀性，塔顶气体为热敏性产品或塔顶产品不宜压缩时，可以采用间接式热泵精馏，见图 4-33，它主要由精馏塔、压缩机、蒸发器、冷凝器及节流阀等组成。这种流程利用单独封闭循环的工质（制冷剂）工作，制冷剂与塔顶物料换热后吸收热量蒸发为气体，气体经压缩提高压力和温度后，送至塔釜加热釜液，而本身凝结成液体。液体经节流减压后再去塔顶吸热，完成一个循环。于是塔顶低温处的热量，通过制冷剂的媒介传递到塔釜高温处。在此流程中，热泵循环中的冷凝器与精馏塔再沸器合为一个设备，热泵循环中的蒸发器与精馏塔塔顶冷凝器合为一个设备。

间接式热泵精馏流程适用于塔顶、塔釜温差小的物系。目前被应用的工质限制最大输出温度130℃蒸气，蒸气压缩机方式热泵精馏在下述场合应用，可望取得良好效果：

① 塔顶和塔底温差较小的场合。只要塔顶和塔底温差小于36℃，就可以获得较好的经济效果。

② 被分离物质的沸点接近，分离困难，回流比大，因此需要大量蒸气的场合。

③ 塔顶馏出物必须采用冷冻系统进行冷凝，否则需要在较高压力下精馏。

(3) 闪蒸再沸式

闪蒸再沸式热泵精馏流程是直接以塔釜液体出料经节流闪蒸降压，降温后作为制冷剂。送至塔顶冷凝器换热，吸收热量蒸发为气体，再经压缩机加压升温返回塔釜作为再沸器热源，塔顶蒸气则在换热过程中放出热量凝成液体。闪蒸再沸式是热泵的一种变型，它以釜液为工质，其流程如图4-34所示。与塔顶气体直接压缩式相似，它比间接式热泵精馏少一个换热器，本流程对于塔顶产品不适合直接压缩而塔釜产品汽化后可再压缩的物系特别适用，可用于常压或加压下，塔底和塔顶温度差小于20℃的精馏过程。

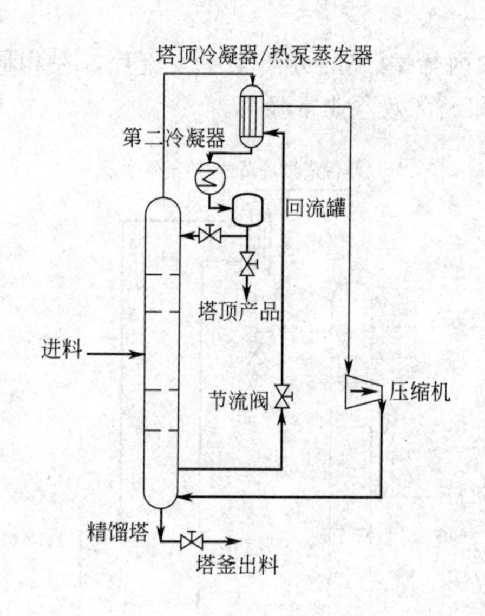

图4-34 闪蒸再沸式热泵精馏流程

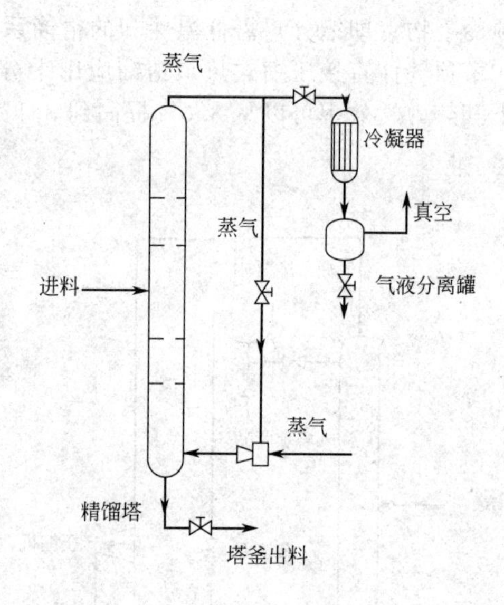

图4-35 蒸气喷射式热泵精馏流程

(4) 蒸气喷射式

图4-35是采用蒸气喷射泵方式的蒸气汽提减压精馏工艺流程。在该流程中，塔顶的蒸气是稍含低沸点组成的水蒸气，其一部分蒸汽用蒸气喷射泵加压升温，随驱动蒸气一起进入塔底作为加热蒸气。采用蒸气喷射方式热泵精馏新增设备只有蒸气喷射泵，设备费低，蒸气喷射泵没有转动部件，不容易损坏等优点。它通常适用于水是精馏过程中的一个组分的情况。

(5) 吸收式热泵精馏

前面已经介绍过吸收式制冷，吸收式热泵与吸收式制冷一样，常用溴化锂水溶液或氨水溶液为工质，其具体流程见图4-36，由再生器送来的浓溴化锂溶液在吸收器中遇到从蒸发器中过来的水蒸气，发生吸收作用，放出热量，该热量用于精馏塔再沸器使精馏塔釜物料汽化，浓度变稀的溴化锂溶液送往再生器蒸浓，再生器所耗的热量是热泵消耗的主要能量，从再生器中蒸发出来的水蒸气，在冷却器中冷却、冷凝，通过节流后变为气液混合物进入蒸发器，热泵的蒸发器就是精馏塔塔顶冷凝器，在蒸发器中气液混合物中的水蒸发变为水蒸气，对精馏塔来说，是塔顶物料的冷凝过程，然后水蒸气进入吸收器中被浓溴化锂溶液吸收，完成一个热泵循环，而精馏塔完成了物料在塔釜汽化在塔顶冷凝的精馏过程。

热泵除了用在化工领域外，更多的是用在公共场合和家庭室内取暖中，冷暖空调中的冬季取暖就是通过热泵的原理，它从环境吸收热量，然后把热量供给建筑物内。具体来说通过把蒸发器置于地下水源、海水或室外空气中，通过工作介质在蒸发器中汽化吸收这些热源中的热量，随后通过压缩机提高工质的压力，同时也提高了它的温度，然后在安装于室内的冷凝器中冷凝，放出热量，使室内温度提高，冷凝后的工作介质通过节流阀节流膨胀，压力、温度降低，然后进入蒸发器中蒸发，再次吸收热量，变为饱和气体，完成一个循环，在循环中放到室内的热量等于压缩机消耗的电能的热量与从地下水源、海水或室外空气中取得的热量之和，室内获得的热量其电能耗要远低于直接电加热的取暖器。

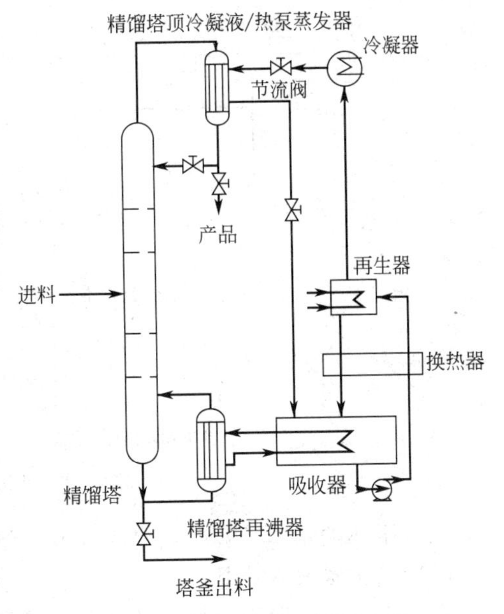

图 4-36 吸收式热泵精馏流程

4.13 深冷循环与气体液化

用人工制冷方法获得 173K 以下的低温称为深度冷冻，简称深冷。深冷技术已有一百多年的历史，主要用于低沸点气体的液化，例如空气、天然气和石油气等的液化。

深冷循环的作用在于得到低温液体产品，这就不同于以获得冷量为目的的普通制冷循环。在深冷循环中，气体既起到制冷剂的作用而本身又被液化作为产品，所以是一不闭合的逆向循环。

深冷循环在工程中的应用非常广泛，且有多种循环形式。下面以最基本的 Linde 循环和 Claude 循环为例，说明深冷装置的基本原理以及基本计算。

4.13.1 Linde（林德）循环

利用一次节流膨胀液化气体是最简单的深冷循环，1895 年德国工程师 Linde 首先应用此法液化空气，故称其为 Linde 循环。图 4-37 是该循环的装置示意和 T-S 图。

Linde 循环由压缩机、冷却器、换热器、节流阀和气液分离器组成。

常温常压的气体从状态 1（T_1、p_1）经压缩和冷却到达状态 2（T_1、p_2），由于压缩比 p_2/p_1 相当大，因此压缩过程实际是多级的，压缩和冷却交替进行，直至达到状态 2 为止，上述过程在 T-S 图上用等温线 1—2 简化表示。状态 2 的气体经过换热器预冷到相当低的温度（状态 3），然后经节流阀膨胀变为压力 p_1 的气液混合物（状态 4），送入气液分离器。经沉降分离，液体（饱和液体 5）自气液分离器底部导出作为液化产品，未液化的气体（饱和蒸气 6）送入换热器去预冷新来的高压气体，而其本身被加热到原来状态 1，它和补充的新鲜气体再返回压缩机。

上述 T-S 图上所示的过程是操作已经稳定运行的情况，在刚开工时是无法立刻达到的，原因是由常温 T_1 开始，经一次节流所获得的降温是有限的，但借助于换热器，可以将此制冷能力逐渐累积，以达到液化温度 T_4。

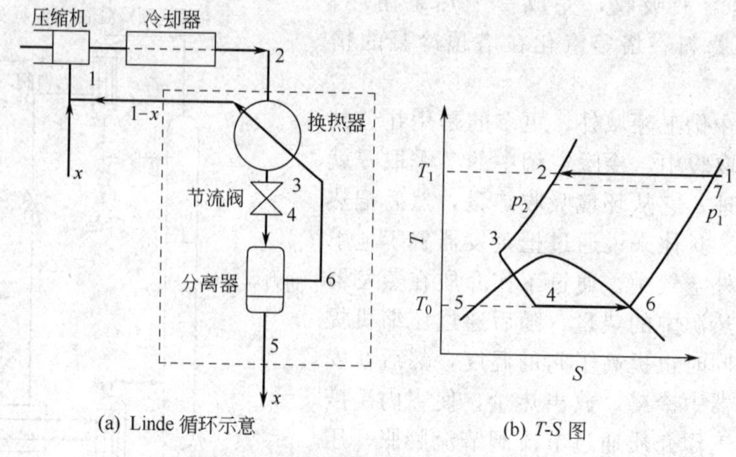

(a) Linde 循环示意　　(b) T-S 图

图 4-37　Linde 循环示意和 T-S 图

深冷循环的基本计算主要是液化量、制冷量与压缩机的功耗。

(1) 液化量与制冷量

在稳定操作情况下，气体的液化量可利用能量平衡关系式求得。以 1kg 气体为计算基准，设液化量为 $x$kg，则装置的制冷量 q_0(kJ·kg^{-1})：

$$q_0=x(H_1-H_0)$$

式中，q_0 表示液化 $x$kg 气体需取走的热量，即装置的理论制冷量；H_1 是在初温 T_1 及压力 p_1 下气体的焓；H_0 是在液化温度 T_0 下饱和液体的焓，即 H_5。

对装置图中虚线框的部分进行热量衡算。进入的气体是 1kg 状态 2 的高压气体，分离出去 $x$kg 状态 5 的饱和液体，另外循环返回压缩机的 $(1-x)$kg 状态 1 的低压气体，其热量平衡式如下：

$$1H_2=xH_0+(1-x)H_1$$

理论液化量为

$$x=\frac{H_1-H_2}{H_1-H_0} \tag{4-94}$$

式中，H_2 是温度为 T_1 和压力为 p_2，即状态 2 的气体的焓。H_1、H_2 和 H_0 的焓值由热力学图表查得。

理论制冷量为

$$q_0=x(H_1-H_0)=H_1-H_2 \tag{4-95}$$

(2) 压缩机消耗的理论功

如果按理想气体的可逆等温压缩考虑，消耗的理论功为

$$W_S=RT_1\ln\frac{p_2}{p_1} \tag{4-96}$$

以上讨论的是理想循环，实际循环中存在着许多不可逆损失，主要有：换热器中不完全热交换损失，即出去的低温低压气体，不可能将所有的冷量都传给进入的高压气体，此项损失称为温差损失；液化装置绝热不完全，环境介质热量传入而引起的冷损失；压缩过程的不可逆损失，此项损失考虑在压缩机的效率之内。

如果以 $\Delta H_{温损}$ 表示温差损失，以 $\Delta H_{冷损}$ 表示冷损失，以 η_T 表示等温压缩效率，则

实际液化量
$$x=\frac{H_1-H_2-\Delta H_{温损}-\Delta H_{冷损}}{H_1-H_0} \tag{4-97}$$

实际制冷量
$$q_0=H_1-H_2-\Delta H_{温损}-\Delta H_{冷损} \tag{4-98}$$

压缩机消耗的功
$$W=\frac{W_S}{\eta_T}=\frac{RT_1}{\eta_T}\ln\frac{p_2}{p_1} \tag{4-99}$$

式中，η_T 为等温压缩效率，一般取 0.6 左右。

4.13.2　Claude（克劳德）循环

前已指出，当气体对外做功绝热膨胀时，温度的降低要比相同条件下节流膨胀低得多。因此，在深冷循环中，利用做外功绝热膨胀无疑较利用节流膨胀经济得多。但由于膨胀机操作中不允许气体含有液滴，另外在低温下，膨胀机中润滑油很易凝固，难以操作，故一般不单独使用膨胀机，常与节流阀联合使用。

1902 年，法国的 Claude 首先采用带有膨胀机的液化循环，故称为 Claude 循环，其流程和 T-S 图如图 4-38 所示。

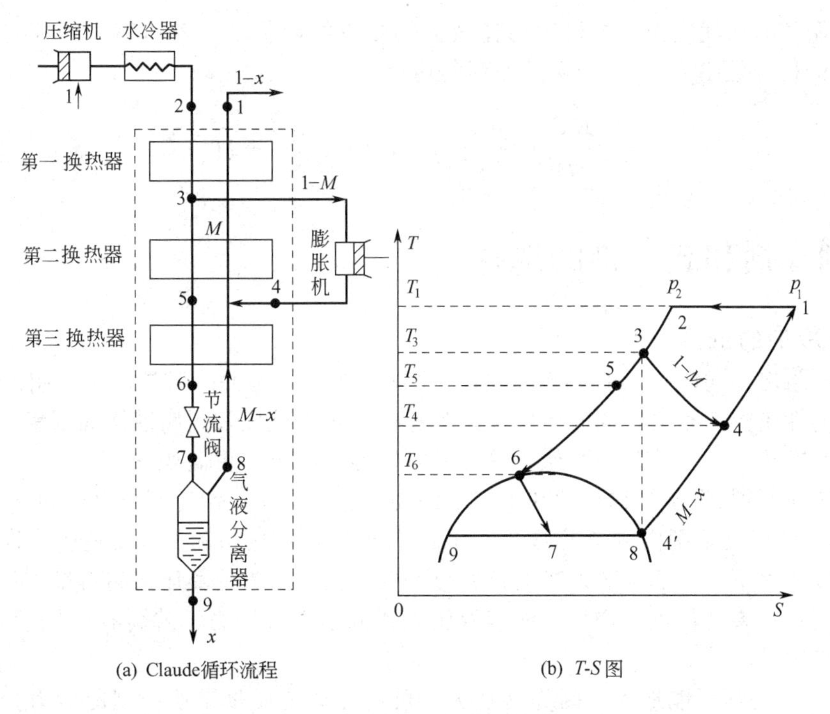

图 4-38　Claude 循环流程及其 T-S 图

此循环系统由压缩机、水冷器、第一换热器、第二换热器、膨胀机、第三换热器、节流阀、气液分离器组成。

初始温度 T_1、压力 p_1 的气体（点 1）进入压缩机，等温压缩至 p_2（点 2），高压气体经第一换热器进行等压冷却，冷却到状态点 3 后分为两部分，其中一部分经第二、第三换热器冷却到节流所需的低温（点 6）；另一部分则送进膨胀机进行绝热膨胀，对外做功，膨胀后的低压气体（点 4）与由第三换热器来的低压气体合并，送入第二换热器作制冷剂用。采取这一措施，减少了被冷却的高压气体量，增加了作为制冷剂的低压气体

量，因而可将高压气体冷却到更低的温度，从而提高了液化率，同时还可回收一部分有用功。

Claude 循环的液化量、制冷及与压缩机的功耗计算如下。

以 1kg 气体为计算基准，其中 $1-M$ 为送进膨胀机的量，M 为节流膨胀的量。设液化量为 $x$kg，对装置图中虚线框的部分进行热量衡算。

设体系中换热器不完全热交换损失为 $\Delta H_{温损}$，体系中冷量损失为 $\Delta H_{冷损}$，则

$$H_2+(1-M)H_4+\Delta H_{温损}+\Delta H_{冷损}=xH_9+(1-x)H_1+(1-M)H_3$$

气体的液化量为

$$x=\frac{(H_1-H_2)+(1-M)(H_3-H_4)-\Delta H_{温损}-\Delta H_{冷损}}{H_1-H_9} \tag{4-100}$$

装置的制冷量

$$q_0=(H_1-H_2)+(1-M)(H_3-H_4)-\Delta H_{温损}-\Delta H_{冷损} \tag{4-101}$$

将式(4-98) 与式(4-101) 相比较，Claude 循环的制冷量比 Linde 循环增加了 $(1-M)(H_3-H_4)$。

Claude 循环的功耗应为压缩机的功耗减去膨胀机的回收功。若压缩机的等温压缩效率为 η_T，膨胀机的机械效率为 η_m，则实际循环的功耗为

$$W=\frac{RT_1}{\eta_T}\ln\frac{p_2}{p_1}-\eta_m(1-M)(H_3-H_4) \tag{4-102}$$

4.14 制冷剂和载冷剂的选择

4.14.1 制冷剂的选择

前面已经指出，逆向 Carnot 循环的制冷系数与制冷剂无关。但是，实际制冷装置的效率却与制冷剂的性质密切相关，同时还要考虑其毒性、爆炸性以及耐腐蚀性等因素，这比效率更为重要，因此在热力学性质和环境保护等方面对制冷剂提出了更高要求。

从制冷工作原理、设备结构尺寸和生产上的安全操作考虑，制冷剂应符合如下条件。

① 在指定的温度范围内（蒸发温度、冷凝温度），操作压力和比容要适中。即冷凝压力不要过高，蒸发压力不要过低，蒸发时的比容也不要过大。因为冷凝压力高将增加压缩机和冷凝器的设备费用，功率消耗也会增加；而蒸发压力若低于大气压力，就会有空气漏入循环系统，不利于操作稳定。

② 汽化潜热要尽可能地大。因为潜热大，可增加单位质量工质的制冷能力，使制冷剂的循环量减少。

③ 临界温度应高于环境温度，使放热过程大部分在两相区内进行。凝固温度要低于制冷循环的下限温度，避免造成凝固阻塞。

④ 传热性能和流动性能要好，即具有高的热导率和低的黏度。

⑤ 要具有化学稳定性，对设备不能有显著的腐蚀作用。

此外，还要求制冷剂油溶性好，与金属材料及压缩机中的密封材料等有良好的相溶性，安全无毒，价格低廉等。

制冷剂的发展经历了几个阶段，最早使用的是乙醚，之后是氨、二氧化碳和氯甲烷等，直

到 1932 年发明合成卤代烷（商品名为氟利昂）以后，由于其具有无毒、不燃和热力学性能好等优点，大大促进了制冷技术的快速发展。

氨是一种良好的制冷剂，对应于制冷温度范围有合适的压力，汽化潜热大，制冷能力较强，价格低廉，对环境破坏小，但有较大的毒性，对铜有腐蚀性，具有气味，应用场合受到一定限制。氟利昂类制冷剂汽化时吸热能力适中，能够满足不同温度范围对制冷剂的要求，例如 CFC12（R12）、CFC11（R11）和 HCFC22（R22）等曾分别作为家用冰箱、汽车空调和热泵型空调的重要制冷剂。

但是 20 世纪 70 年代美国科学家 Molina 和 Rowland 提出，由于 CFC 和 HCFC 类物质相当稳定，进入大气后能逐渐穿越大气对流层而进入同温层，在紫外线的照射下，CFC 和 HCFC 类物质中的氯游离成氯离子（Cl^-），它能与大气中的臭氧结合生成氯的氧化物，由此导致大气臭氧层衰减，这就是著名的 CFC 问题。臭氧层是人类及生物免遭短波紫外线伤害的天然保护伞。由于臭氧层破坏致使太阳辐射到地球表面的紫外线增加，增加了皮肤癌患者，破坏了生态平衡并增加了温室效应，人们开始对氟利昂的应用产生担忧。为此国际组织召开了多次会议，在 1987 年的蒙特利尔会议上，制定了保护臭氧层的协定，提出了限制生产 CFC 和 HCFC 类物质的进程。我国政府于 1992 年 8 月起正式成为保护臭氧层的《蒙特利尔协定书》的缔约国。按照该协定书的规定，我国将在 2010 年前禁止使用和生产 CFC 和 HCFC 类物质，按目前情况看，我国将提前完成此项工作。

作为替代物，首先必须满足环境保护方面的要求，而且也应该满足前述对制冷剂的热力学性质及其他方面的要求。考虑到不可能抛弃现有的冰箱、空调等设备，因此替代物的热物理性质愈接近被替代的 CFC 或 HCFC 物质愈好，以实现现有设备顺利改用新工质。

4.14.2 载冷剂的选择

制冷循环所产生的冷量，并不是由制冷剂通过换热设备直接传给需要降温的物流或对象，而是先由制冷剂在蒸发器中把制冷循环产生的冷量传给载冷剂，然后由载冷剂再把冷量传给需要降温的设备和装置，即载冷剂循环于制冷机和被冷物体之间。这样做的好处是，制冷剂的沸点比较低，管线的缩短和接口的减少可以避免制冷剂的挥发损失，由于制冷剂的沸点较低，在管道中和设备中压力比较大，对材质的要求比较高。

常用的载冷剂有两类，一类是无机盐氯化钠、氯化钙和氯化镁的水溶液，另一种是有机化合物，如甲醇、乙醇和乙二醇的溶液或水溶液。

无机盐的水溶液又称冷冻盐水，对于一定的浓度，冷冻盐水有一定的冻结温度，因此当选用冷冻盐水的种类和浓度时，首先要考虑需要什么样的低温，选用的温度显然不能低于冷冻盐水的冻结温度，一般要高于冻结温度若干摄氏度。例如，饱和氯化钠盐水的冻结温度为 -21℃，而实际应用温度不低于 -18℃；饱和氯化钙冷冻盐水的冻结温度 -55℃，而实际应用温度不宜低于 -45℃。

冷冻盐水和有机化合物作载冷剂各有优缺点：冷冻盐水价格低廉，但冷冻盐水中的氯离子对设备有很强的腐蚀性；甲醇、乙醇等对设备不腐蚀，但是它们易挥发，随着使用时间的增长，需要不断地补充载冷剂；乙二醇的沸点比较高，不易挥发损失掉，但是它的黏度大，需要较大的输送动力。

在日常生活中也经常利用载冷剂的特性为人们服务，例如我国北方冬天气温较低，下雪后容易在路面形成结冰，影响人们的日常生活和工作，因此常采用在路面撒盐的办法，清除路面的结冰，但是也要注意盐对环境造成的污染和对路边绿化草坪草生长造成的影响。再比如，冬天为了不使汽车发动机或柴油发动机的水缸冻裂，要加防冻剂，其主要成分就是乙二醇。

本章小结

本章主要介绍了两个热力学基本定律，即热力学第一定律和热力学第二定律，以及热力学基本定律在化工过程中的应用。

1. 热力学第一定律是能量守恒定律，热力学第二定律研究过程进行的方向和限度，从两个定律分别引出了焓和熵的概念。

2. 热力学分析有三种分析方法，包括能量恒算法，理想功、损失功法和有效能恒算法；第一种分析方法的基础是热力学第一定律，后两种分析方法的理论基础都是热力学第一定律和第二定律，后两种分析方法的结果是一致的，不同的是其具体计算方法不同。

3. 气体压缩是化工生产中功耗较大的过程，应了解影响压缩功的主要因素。

4. 气体的膨胀是化工过程中经常遇到的另一种过程，常见的气体膨胀有三种方式，节流膨胀、对外做功的绝热膨胀和通过喷管的膨胀，三种膨胀各种有自己的热力学特征。

5. 蒸汽动力循环是热功转换运行方式之一，而 Rankine 循环是各种复杂的蒸汽动力循环的基本循环。

6. 常见制冷循环有蒸气压缩制冷循环、吸收式制冷循环、蒸气喷射制冷循环，其中蒸气压缩制冷循环是应用最广的制冷循环，应作为学习的重点。

7. 在化工生产中精馏是一个能量消耗大的单元操作，热泵常与化工中的精馏系统相结合构成简单的热泵精馏。热泵精馏是化工节能的应用之一。

8. 常见的深冷循环与气体液化有 Linde 循环和 Claude 循环，它们的不同在于 Claude 循环中使用了膨胀机，不仅可以回收一部分功，还能增加制冷量。

习 题

4-1 设有一台锅炉，水流入锅炉时的焓为 $62.7\text{kJ}\cdot\text{kg}^{-1}$，蒸汽流出时的焓为 $2717\text{kJ}\cdot\text{kg}^{-1}$，锅炉的效率为70%，每千克煤可发生29260kJ的热量，锅炉蒸发量为 $4.5\text{t}\cdot\text{h}^{-1}$，试计算每小时的煤消耗量。

位置	状态	p/MPa	t/℃	$U/\text{m}\cdot\text{s}^{-1}$	$H/\text{kJ}\cdot\text{kg}^{-1}$
进口	水	0.196	70	2	292.98
出口	蒸汽	0.0981	105	200	2683.8

4-2 一位发明者称设计了一台热机，热机消耗热值为 $42000\text{kJ}\cdot\text{kg}^{-1}$ 的油料 $0.5\text{kg}\cdot\text{min}^{-1}$，其产生的输出功率为170kW，规定该热机的高温与低温分别为670K与330K，试判断此设计是否合理。

4-3 1kg水在 $1\times10^5\text{Pa}$ 的恒压下可逆加热到沸点，并在沸点下完全蒸发。试问加给水的热量有多少可能转变为功？环境温度为293K。

4-4 如果上题中所需热量来自温度为533K的炉子，此加热过程的总熵变为多少？由于过程的不可逆性损失了多少功？

4-5 1mol理想气体，400K下在汽缸内进行恒温不可逆压缩，由0.1013MPa压缩到1.013MPa。压缩过程中，由气体移出的热量，流到一个300K的蓄热器中，实际需要的功较同样情况下的可逆功大20%。试计算气体的熵变、蓄热器的熵变以及 ΔS_g。

4-6 试求在恒压下将2kg 90℃的液态水和3kg 10℃的液态水绝热混合过程所引起的总熵变。（为简化起见，将水的热容取作常数，$C_p=4184\text{J}\cdot\text{kg}^{-1}\cdot\text{K}^{-1}$）。

4-7 一换热器用冷水冷却油，水的流量为 $1000\text{kg}\cdot\text{h}^{-1}$，进口温度为21℃，水的比热容取作常数

4184J·kg^{-1}·K^{-1}；油的流量为5000kg·h^{-1}，进口温度为150℃，出口温度66℃，油的平均比热容取0.6kJ·kg^{-1}·K^{-1}，假设无热损失。试计算：(1) 油的熵变；(2) 整个热交换过程总熵变化，此过程是否可逆？

4-8 试求1.013×10^5Pa下，298K的水变为273K的冰时的理想功。设环境温度 (1) 248K；(2) 298K。已知水和冰的焓熵值如下表：

状 态	温度/K	H/kJ·kg^{-1}	S/kJ·kg^{-1}·K^{-1}
$H_2O(l)$	298	104.8	0.3666
$H_2O(s)$	273	−334.9	−1.2265

4-9 用一冷冻系统冷却海水，以20kg·s^{-1}的速率把海水从298K冷却到258K；并将热排至温度为303K的大气中，求所需功率。已知系统热力学效率为0.2，海水的比热容为3.5kJ·kg^{-1}·K^{-1}。

4-10 有一锅炉，燃烧气的压力为1.013×10^5Pa，传热前后温度分别为1127℃和537℃，水在6.890×10^5Pa、149℃下进入，以6.890×10^5Pa、260℃的过热蒸汽送出。设燃烧气的$C_p=4.56$kJ·kg^{-1}·K^{-1}，试求该传热过程的损失功。认为大气温度为$T_0=298$K。

4-11 某工厂有一在1.013×10^5Pa下输送90℃热水的管道，由于保温不良，到使用单位，水温降至70℃，试计算热水由于散热而引起的有效能损失。已知环境温度为298K，水的比热容为4.184kJ·kg^{-1}·K^{-1}。

4-12 某换热器完全保温，热流体的流量为0.042kg·s^{-1}，进、出口换热器时的温度分别为150℃和35℃，其等压热容为4.36kJ·kg^{-1}·K^{-1}。冷流体进出换热器时的温度分别为25℃和110℃，其等压热容为4.69kJ·kg^{-1}·K^{-1}。试计算冷热流体有效能的变化、损失功和有效能效率。

4-13 若将上题中热流体进口温度改为287℃，出口温度和流量不变，冷流体进出口温度也不变，试计算这种情况下有效能的变化、损失功和有效能效率，并与上题进行比较。

4-14 在25℃时，某气体的状态方程可以表示为$pV=RT+5\times10^5p$，在25℃、30MPa时将气体进行节流膨胀，问膨胀后气体的温度是上升还是下降？

4-15 一台透平机每小时消耗水蒸气4540kg，水蒸气在4.482MPa、728K下以61m·s^{-1}的速度进入机内，出口管道比进口管道底3m，排气速度366m·s^{-1}。透平机产生的轴功为703.2kW，热损失为1.055×10^5kJ·h^{-1}。乏气中的一小部分经节流阀降压至大气压力，节流阀前后的流速变化可忽略不计。试计算经节流后水蒸气的温度及其过热度。

4-16 设有一台锅炉，每小时产生压力为2.5MPa、温度为350℃的水蒸气4.5t，锅炉的给水温度为30℃，给水压力2.5MPa。已知锅炉效率为70%，锅炉效率：$\eta_B=\frac{\text{蒸汽吸收的热量}}{\text{染料可提供的热量}}$。如果该锅炉耗用的燃料为煤，每公斤煤的发热量为29260kJ·kg^{-1}，求该锅炉每小时的耗煤量。

4-17 某电厂采用Rankine循环操作，已知进入汽轮机的蒸汽温度为500℃，乏气压力为0.004MPa，试计算进入汽轮机的蒸汽压力分别为4MPa和14MPa时：(1) 汽轮机的做功量；(2) 乏气的干度；(3) 循环的汽耗率；(4) 循环的热效率；(5) 分析以上计算的结果。

4-18 逆卡诺 (Carnot) 循环供应35kJ·s^{-1}的制冷量，冷凝器的温度为30℃，而制冷温度为−20℃，计算此制冷循环所消耗的功率以及循环的制冷系数。

4-19 蒸气压缩制冷装置采用氟利昂 (R12) 作制冷剂，冷凝温度为30℃，蒸发温度为−20℃，节流膨胀前液体制冷剂的温度为25℃，蒸发器出口处蒸气的过热温度为5℃，制冷剂循环量为100kg·h^{-1}。试求：(1) 该制冷装置的制冷能力和制冷系数；(2) 在相同温度条件下逆向卡诺循环的制冷系数。

4-20 有一氨蒸汽压缩制冷机组，制冷能力为4.0×10^4kJ·h^{-1}，在下列条件下工作：蒸发温度为−25℃，进入压缩机的是干饱和蒸汽，冷凝温度为20℃，冷凝过冷5℃。试求：(1) 单位质量制冷剂的制冷量；(2) 每小时制冷剂循环量；(3) 冷凝器中制冷剂放出热量；(4) 压缩机的理论功率；(5) 理论制冷系数。

4-21 某蒸汽压缩制冷循环装置，制冷能力为10^5kJ·h^{-1}，蒸发温度为−20℃，冷凝温度为25℃，设压缩机作可逆绝热压缩，$H_1=1660$kJ·kg^{-1}，$H_2=1890$kJ·kg^{-1}，$H_4=560$kJ·kg^{-1}，$H_6=355$ kJ·kg^{-1}，试求：(1) 制冷剂每小时的循环量；(2) 压缩机消耗的功率；(3) 冷凝器的热负荷；(4) 该循环的制冷系数；

(5) 对应的逆向 Carnot 循环的制冷系数；(6) 节流阀后制冷剂中的蒸汽含量。

4-22　某蒸汽压缩制冷装置中，-15℃汽、液混合物的氨在蒸发器中蒸发，制冷能力为 $10^5 kJ \cdot h^{-1}$，蒸发后的氨成为饱和气态，进入压缩机经可逆绝热压缩使压力达到 1.17MPa。试求：(1) 制冷剂每小时的循环量；(2) 压缩机消耗的功率及处理的蒸汽量；(3) 冷凝器的放热量；(4) 节流后制冷剂中蒸汽的含量；(5) 循环的制冷系数；(6) 在相同温度区间内，逆向 Carnot 循环的制冷系数。

第5章 均相混合物热力学性质

均相混合物是指由两种或两种以上的物质均匀混合而呈分子状态分布的系统，又称为溶液。

在化工过程中涉及的物系大多是混合系统，尤其是均相敞开系统。混合物的性质常因质量传递或化学反应而发生变化。这种变化取决于系统的温度、压力、混合物中的化学性质和浓度的改变。如何将这些变量关联起来，以提供解决混合物热力学性质的计算，正是本章的主要任务。

混合物的热力学性质必然与构成此混合物的纯物质性质有关，但混合物中各个组元的性质，一般都不与其在相同温度、压力下的纯物质性质相同，这就是所谓的偏摩尔性质。最重要的偏摩尔性质是偏摩尔吉布斯自由能，其值等于该物质的化学势。化学势是一个体系质量传递方向上的强度性质，它是计算相平衡和化学平衡的基础。化学势是一个非常抽象的概念，物质世界中并没有与其直接相当的东西，所以需要用一些辅助函数来表示化学势，这些辅助函数可以比较容易地与物理或化学真实性联系起来，这就是组分逸度和组分活度。偏摩尔性质的计算以及逸度和活度的计算，是本章的核心内容。

这一章主要介绍相平衡问题的基本理论，其具体应用将在下一章讨论。

5.1 变组成系统的热力学关系

对于含 N 个组元的均相敞开系统，其热力学性质间的关系可以由封闭系统的热力学基本关系式及焓、Helmholtz 自由能和 Gibbs 自由能的定义推导而来。

对含有 $n$mol 物质的均相封闭系统，n 是一个常数，式(3-1) 可写成

$$d(nU)=Td(nS)-pd(nV)$$

式中，$n=\{n_1,n_2,\cdots,n_N\}$ 是所有组元的摩尔总数；U、S、V 是摩尔性质。

可以把总热力学能看成是总熵和总体积的函数，即

$$nU=f(nS,nV)$$

于是，nU 的全微分为

$$d(nU)=\left[\frac{\partial(nU)}{\partial(nS)}\right]_{nV,n}d(nS)+\left[\frac{\partial(nU)}{\partial(nV)}\right]_{nS,n}d(nV)$$

式中，下标 n 表示所有物质的量保持不变。对比 $d(nU)$ 的两个表达式，可得到

$$\left[\frac{\partial(nU)}{\partial(nS)}\right]_{nV,n}=T \tag{5-1}$$

$$\left[\frac{\partial(nU)}{\partial(nV)}\right]_{nS,n}=-p \tag{5-2}$$

现在来讨论均相敞开系统。这种情况系统与环境之间有物质的交换，物质可以加入系统，也可以从系统取出，所以总数力学能 nU 不仅是 nS 和 nV 的函数，而且也是系统中各种化学物质的量的函数，即

$$nU=f(nS,nV,n_1,n_2,\cdots,n_i,\cdots)$$

式中，n_i 代表化学物质 i 的物质的量。nU 的全微分为

$$d(nU)=\left[\frac{\partial(nU)}{\partial(nS)}\right]_{nV,n}d(nS)+\left[\frac{\partial(nU)}{\partial(nV)}\right]_{nS,n}d(nV)+\sum\left[\frac{\partial(nU)}{\partial n_i}\right]_{nS,nV,n_{j\neq i}}dn_i \tag{5-3}$$

$$d(nU)=Td(nS)-pd(nV)+\sum\left[\frac{\partial(nU)}{\partial n_i}\right]_{nS,nV,n_{j\neq i}}dn_i \tag{5-4}$$

式中的求和项，是对存在于系统内的所有化学物质而言的，下标 $n_{j\neq i}$ 表示除第 i 种化学物质外，所有其他化学物质的量都保持不变。

式(5-4) 是均相敞开系统的热力学基本关系式之一，其中的偏导数定义为化学势，用 μ_i 表示组元 i 的化学势，则有

$$\mu_i=\left[\frac{\partial(nU)}{\partial n_i}\right]_{nS,nV,n_{j\neq i}} \tag{5-5}$$

将式(5-5) 代入式(5-4)，得

$$d(nU)=Td(nS)-pd(nV)+\sum\mu_i dn_i \tag{5-6}$$

根据焓、Helmholtz 自由能和 Gibbs 自由能的定义式：

$$nH=nU+p(nV)$$
$$nA=nU-T(nS)$$
$$nG=nU+p(nV)-T(nS)$$

对上述方程进行全微分，再结合式(5-6)，便可得到均相敞开系统的其他热力学基本关系式：

$$d(nH)=Td(nS)+(nV)dp+\sum\mu_i dn_i \tag{5-7}$$
$$d(nA)=-(nS)dT-pd(nV)+\sum\mu_i dn_i \tag{5-8}$$
$$d(nG)=-(nS)dT+(nV)dp+\sum\mu_i dn_i \tag{5-9}$$

式(5-6)～式(5-9) 中的四个化学势分别为 $\mu_i=\left[\frac{\partial(nU)}{\partial n_i}\right]_{nS,nV,n_{j\neq i}}$、$\mu_i=\left[\frac{\partial(nH)}{\partial n_i}\right]_{nS,p,n_{j\neq i}}$、$\mu_i=\left[\frac{\partial(nA)}{\partial n_i}\right]_{T,nV,n_{j\neq i}}$ 及 $\mu_i=\left[\frac{\partial(nG)}{\partial n_i}\right]_{T,p,n_{j\neq i}}$。实际上，四个化学势是相等的，即

$$\mu_i=\left[\frac{\partial(nU)}{\partial n_i}\right]_{nS,nV,n_{j\neq i}}=\left[\frac{\partial(nH)}{\partial n_i}\right]_{nS,p,n_{j\neq i}}=\left[\frac{\partial(nA)}{\partial n_i}\right]_{nV,T,n_{j\neq i}}=\left[\frac{\partial(nG)}{\partial n_i}\right]_{T,p,n_{j\neq i}} \tag{5-10}$$

式(5-10) 是广义的化学势定义式，表达了不同条件下热力学性质随组成的变化率。它的物理意义是物质在相间传递和化学反应中的推动力。必须注意上式中的各个下标，每个化学势表达式的独立变量彼此不同，在使用时应避免出错。由于相变和化学过程常常是在等温和等压条件下进行的，所以化学势的概念通常只是狭义地指 $\left[\frac{\partial(nG)}{\partial n_i}\right]_{T,p,n_{j\neq i}}$。

均相敞开系统的热力学基本关系式表达了系统与环境之间能量和物质的传递规律，在解决相平衡和化学平衡中起着重要的作用。在式(5-6)～式(5-9) 中，右边第一项是以温度为推动力对系统能量变化的贡献；第二项是以压力为推动力对系统能量变化的贡献；第三项则是以化学势为推动力对系统能量变化的贡献。这些关系式适用于均相体系的平衡态之间的变化，当 $dn_i=0$ 时，它们就还原为封闭系统的热力学表达式(3-1)～式(3-4)。

根据式(5-6)～式(5-9)，再利用全微分的二阶导数性质，便可得到与式(3-13) 和式(3-17) 相类似的一系列关系式，只是在求导时要加上物质的量恒定的条件，例如 $T=\left(\frac{\partial U}{\partial S}\right)_{V,n}=\left(\frac{\partial H}{\partial S}\right)_{p,n}$ 和 $\left(\frac{\partial T}{\partial V}\right)_{S,n}=-\left(\frac{\partial p}{\partial S}\right)_{V,n}$。另外，还可以写出 12 个包含 μ_i 的方程式，其中最重要的两个方程式为

$$\left(\frac{\partial\mu_i}{\partial p}\right)_{T,n}=\left[\frac{\partial(nV)}{\partial n_i}\right]_{T,p,n_{j\neq i}} \tag{5-11}$$

$$\left(\frac{\partial\mu_i}{\partial T}\right)_{p,n}=-\left[\frac{\partial(nS)}{\partial n_i}\right]_{T,p,n_{j\neq i}} \tag{5-12}$$

5.2 偏摩尔性质

5.2.1 偏摩尔性质的引入及定义

均相混合物的热力学性质不仅与温度、压力有关，而且随系统内各种物质的相对含量即系统的组成而变化。为了说明这一问题，先来看以系统体积为例的一组实验数据。

在大气压 p 和室温293K 时，1g 乙醇的体积是 1.267cm^3，1g 水的体积是 1.004cm^3。保持此温度和压力不变，将二者按不同比例混合，测得的混合物的总体积列于表 5-1。表中 V_1 和 V_2 分别为纯乙醇和纯水未混合时的体积，$V_{计算}=V_1+V_2$，是按照 Amagat 分体积定律［式(2-46)］进行的简单加和。$V_{实验}$是实验测定的混合物的体积，$\Delta V=V_{计算}-V_{实验}$。

由表 5-1 中数据可知，混合物的总体积不等于各纯物质体积的加和，两者相差的程度随系统的组成而变化。这一事实说明，用来描述理想混合物的 Amagat 定律并不适用于描述真实混合物，因为同体积的不同流体对混合体积的贡献并不相同。因此，混合物性质并不能简单地用纯物质摩尔性质的线性加和来表达。这就要求人们提供联系混合物性质与组成变量的一般性关系。为此，需要引进一个新的量——偏摩尔性质（如偏摩尔体积），它在处理混合物的热力学性质时非常重要。

表 5-1 乙醇和水的混合体积实验数据

乙醇含量(质量分数)/%	V_1/cm^3	V_2/cm^3	$V_{计算}/\text{cm}^3$	$V_{实验}/\text{cm}^3$	$\Delta V/\text{cm}^3$
10	12.67	90.36	103.03	101.84	1.19
20	25.34	80.32	105.66	103.24	2.42
30	38.01	70.28	108.29	104.84	3.45
40	50.68	60.24	110.92	106.93	3.99
50	63.35	50.20	113.55	109.43	4.12
60	76.02	40.16	116.18	112.22	3.96
70	88.69	36.12	118.81	115.25	3.56
80	101.36	20.08	121.44	118.56	2.88
90	114.03	10.04	124.07	122.25	1.82

若某单相敞开系统含有 N 种物质，则系统的总广度性质 nM 是该相系统温度、压力和各组元的物质的量的函数：

$$nM=f(T,p,n_1,n_2,\cdots,n_N)$$

$$\mathrm{d}(nM)=\left[\frac{\partial(nM)}{\partial T}\right]_{p,n}\mathrm{d}T+\left[\frac{\partial(nM)}{\partial p}\right]_{T,n}\mathrm{d}p+\sum\left[\frac{\partial(nM)}{\partial n_i}\right]_{T,p,n_{j\neq i}}\mathrm{d}n_i \tag{5-13}$$

式中，下标 n 表示各化学物质的量保持不变，即组成恒定；M 泛指混合物中的摩尔热力学性质，如 V、U、H、S、A、G 等。本章后面的很多定义式仍以 M 代表广度性质，其意义与此处相同。

系统的性质随组成的改变由偏微分 $\left[\frac{\partial(nM)}{\partial n_i}\right]_{T,p,n_{j\neq i}}$ 给出，这种偏微分在溶液热力学中具有重要意义，称为溶液中组元 i 的偏摩尔性质。用符号 $\bar{M}_i$ 表示偏摩尔性质，即

$$\bar{M}_i=\left[\frac{\partial(nM)}{\partial n_i}\right]_{T,p,n_{j\neq i}} \tag{5-14}$$

式中，$\bar{M}_i$ 称为在指定 T、p 和组成下组元 i 的偏摩尔性质。其含义是指在给定的 T、p 和组成下，向含有组无 i 的无限多溶液中加入 1mol 的组元 i 所引起系统的某一广度性质的变化。显然，偏摩尔性质是强度性质，它是温度、压力和组成的函数，与系统的量无关。

注意：偏摩尔量表示性质的变化，是作为计算用的数量，绝不能认为就是相应真正的摩尔数值，例如偏摩尔体积并非真正的摩尔体积，它可以是负值，这对于摩尔体积来说是完全不可能的。

将式(5-10) 对照式(5-14) 可知

$$\mu_i=\left[\frac{\partial(nG)}{\partial n_i}\right]_{T,p,n_{j\neq i}}=\bar{G}_i$$

即

$$\mu_i=\bar{G}_i \tag{5-15}$$

注意：在诸多的偏摩尔性质中，只有偏摩尔 Gibbs 自有能才等于化学势。在讨论相平衡时，《物理化学》中采用的是化学势 μ_i，而在本教材中，普遍采用 $\bar{G}_i$ 而不是 μ_i。

由于恒温、恒压下系统的任一广度性质均是各组元物质的量的函数，即

$$nM=f(n_1,n_2,n_3,\cdots)$$

则

$$\mathrm{d}(nM)=\left[\frac{\partial(nM)}{\partial n_1}\right]_{T,p,n_j}\mathrm{d}n_1+\left[\frac{\partial(nM)}{\partial n_2}\right]_{T,p,n_j}\mathrm{d}n_2+\left[\frac{\partial(nM)}{\partial n_3}\right]_{T,p,n_j}\mathrm{d}n_3+\cdots$$

$$=\bar{M}_1\mathrm{d}n_1+\bar{M}_2\mathrm{d}n_2+\bar{M}_3\mathrm{d}n_3+\cdots$$

在恒温、恒压下，若系统的组成恒定，那么偏摩尔量保持不变。若在 $\bar{M}_1$，$\bar{M}_2$，$\bar{M}_3$，…为常数的情况下对上式从 0 至 n 积分，可得

$$nM=n_1\bar{M}_1+n_2\bar{M}_2+n_3\bar{M}_3+\cdots=\sum n_i\bar{M}_i \tag{5-16}$$

两边同除以 n 得到另一形式

$$M=\sum x_i\bar{M}_i \tag{5-17}$$

式中，x_i 是混合物中组元 i 的摩尔分数。

式(5-17) 表明混合物的性质与其组元的偏摩尔性质呈线性加和的关系。这样，就可以把组元的偏摩尔性质完全当成摩尔性质而加以处理。对于纯物质，摩尔性质与偏摩尔性质是相同的，即

$$\lim_{x_i\to 1}\bar{M}_i=M_i \tag{5-18}$$

5.2.2 偏摩尔性质的热力学关系

研究混合物的热力学关系，将涉及三类性质，可用下列符号表达并区分。

混合物性质：M，如 U、H、S、G；

偏摩尔性质：$\bar{M}_i$，如 $\bar{U}_i$、$\bar{H}_i$、$\bar{S}_i$、$\bar{G}_i$；

纯组元性质：M_i，如 U_i、H_i、S_i、G_i。

可以证明，每一个关联定组成混合物的热力学方程都对应存在一个关联混合物中组元 i 的热力学方程。例如，根据焓、Helmholtz 自由能和 Gibbs 自由能的定义式，可写出定组成下混合物的摩尔性质遵守下列关系。

$$H=U+pV \tag{5-19}$$

$$A=U-TS \tag{5-20}$$

$$G=H-TS \tag{5-21}$$

对 $n$mol 的物质，式(5-19) 为 $nH=nU+p(nV)$，在 T、p 和 $n_{j\neq i}$ 恒定的条件下对 n_i 微

分，得

$$\left[\frac{\partial(nH)}{\partial n_i}\right]_{T,p,n_{j\neq i}}=\left[\frac{\partial(nU)}{\partial n_i}\right]_{T,p,n_{j\neq i}}+p\left[\frac{\partial(nV)}{\partial n_i}\right]_{T,p,n_{j\neq i}}$$

根据偏摩尔性质的定义，上式可写成

$$\bar{H}_i=\bar{U}_i+p\bar{V}_i \tag{5-22}$$

式(5-22) 与式(5-19) 即为一一对应关系。

同理，可得

$$\bar{A}_i=\bar{U}_i-T\bar{S}_i \tag{5-23}$$

$$\bar{G}_i=\bar{H}_i-T\bar{S}_i \tag{5-24}$$

又如，适用于定组成混合物的摩尔 Gibbs 自由能的微分式为

$$\mathrm{d}G=-S\mathrm{d}T+V\mathrm{d}p$$

对 $n$mol 的物质，有

$$\mathrm{d}(nG)=-(nS)\mathrm{d}T+(nV)\mathrm{d}p$$

因为 n 是常数，nG 可表示成温度和压力的函数，即

$$nG=f(T,p)$$

根据式(5-16) 得

$$nG=\sum n_i\bar{G}_i$$

当 n_i 不变时，$\bar{G}_i$ 也可表示成温度和压力的函数，即

$$\bar{G}_i=f(T,p)$$

将上式写成全微分的形式，得

$$\mathrm{d}\bar{G}_i=\left(\frac{\partial\bar{G}_i}{\partial p}\right)_{T,n}\mathrm{d}p+\left(\frac{\partial\bar{G}_i}{\partial T}\right)_{p,n}\mathrm{d}T$$

将 $\mu_i=\bar{G}_i$ 代入上式，并与式(5-11) 和式(5-12) 对比，可知式(5-11) 和式(5-12) 的左边给出了上述 $\mathrm{d}\bar{G}_i$ 方程中所需的偏微分系数，而右边代表由式(5-14) 定义的偏摩尔性质，故

$$\left(\frac{\partial\mu_i}{\partial p}\right)_{T,n}=\left(\frac{\partial\bar{G}_i}{\partial p}\right)_{T,n}=\bar{V}_i \tag{5-25}$$

及

$$\left(\frac{\partial\mu_i}{\partial T}\right)_{p,n}=\left(\frac{\partial\bar{G}_i}{\partial T}\right)_{p,n}=-\bar{S}_i \tag{5-26}$$

将式(5-25) 与式(5-26) 代入上述 $\mathrm{d}\bar{G}_i$ 的方程式中，得

$$\mathrm{d}\bar{G}_i=\bar{V}_i\mathrm{d}p-\bar{S}_i\mathrm{d}T \quad (\text{定组成}) \tag{5-27}$$

同理，可得到

$$\mathrm{d}\bar{U}_i=T\mathrm{d}\bar{S}_i-p\mathrm{d}\bar{V}_i \quad (\text{定组成}) \tag{5-28}$$

$$\mathrm{d}\bar{H}_i=T\mathrm{d}\bar{S}_i+\bar{V}_i\mathrm{d}p \quad (\text{定组成}) \tag{5-29}$$

$$\mathrm{d}\bar{A}_i=-p\mathrm{d}\bar{V}_i-\bar{S}_i\mathrm{d}T \quad (\text{定组成}) \tag{5-30}$$

以上两个例子说明，组元 i 的偏摩尔性质间的关系和系统总的摩尔性质间的关系一一对应。例如，由摩尔性质恒压热容，可知偏摩尔恒压热容为

$$\bar{C}_{p,i}=\left(\frac{\partial\bar{H}_i}{\partial T}\right)_{p,n} \tag{5-31}$$

同理，偏摩尔恒容热容为

$$\bar{C}_{V,i}=\left(\frac{\partial\bar{U}_i}{\partial T}\right)_{V,n} \tag{5-32}$$

此外，还可以应用数学的方法，推导出一些有用的关系式。例如，将式(5-24) 改写成

$$\frac{\mu_i}{T}=\frac{\bar{H}_i}{T}-\bar{S}_i$$

此式在 p、n 恒定下对 T 求导，得

$$\left[\frac{\partial(\mu_i/T)}{\partial T}\right]_{p,n}=-\frac{\bar{H}_i}{T^2}+\frac{1}{T}\left(\frac{\partial \bar{H}_i}{\partial T}\right)_{p,n}-\left(\frac{\partial \bar{S}_i}{\partial T}\right)_{p,n}$$

由式(5-29) 可知
$$\frac{1}{T}\left(\frac{\partial \bar{H}_i}{\partial T}\right)_{p,n}=\left(\frac{\partial \bar{S}_i}{\partial T}\right)_{p,n}$$

两个关系式联立，可得
$$\left[\frac{\partial(\mu_i/T)}{\partial T}\right]_{p,n}=-\frac{\bar{H}_i}{T^2} \tag{5-33}$$

5.2.3 偏摩尔性质的计算

在热力学性质测定实验中，一般是先测定出混合物的摩尔性质随组成的变量关系，然后通过计算得到偏摩尔性质。对实验数据的不同处理，可得到不同的计算偏摩尔性质的方法。如果能把实验数据关联成 $M-n_i$ 的解析式，便可从偏摩尔性质的定义着手直接计算，但比较麻烦；也可以从偏摩尔性质的定义出发，直接推导出一个关联偏摩尔性质与混合物的摩尔性质及组成的方程式，这种方法比较方便，所得的方程式称为截距法公式。这两种方法实质上相同，都属于解析法。还有一种更直观的方法，是将实验数据绘制成 $M-x_i$ 图，用作图法求偏摩尔性质。

(1) 用偏摩尔定义式计算

【例 5-1】 在 298K、101325Pa 下，$n_B$mol 的 NaCl（B）溶于 1kg 水（A）中形成的溶液的体积 V（cm^3）与 n_B 的关系为

$$nV=1001.38+16.6253n_B+1.7738n_B^{3/2}+0.1194n_B^2 \tag{a}$$

求 $n_B=0.5$ 时水和 NaCl 的偏摩尔体积 $\bar{V}_A$ 和 $\bar{V}_B$。

解： 据式(5-14) 和式(a)

$$\bar{V}_B=\left(\frac{\partial(nV)}{\partial n_B}\right)_{T,p,n_A}=16.6253+2.6607n_B^{1/2}+0.2388n_B \tag{b}$$

$$n_B=0.5$$

$$\bar{V}_B=16.6253+2.6607\times(0.5)^{1/2}+0.2388\times0.5=18.6261\text{cm}^3\cdot\text{mol}^{-1}$$

据式(5-16) 知

$$nV=n_A\bar{V}_A+n_B\bar{V}_B$$

$$\bar{V}_A=(nV-n_B\bar{V}_B)/n_A \tag{c}$$

$$n_A=1/0.01805=55.402$$

将式(a) 和式(b) 联合代入式(c)，并代入 n_A 值，得

$$\bar{V}_A=18.075-0.01601n_B^{3/2}-0.002155n_B^2$$

$$n_B=0.5$$

$$\bar{V}_A=18.075-0.01601\times(0.5)^{3/2}-0.002155\times(0.5)^2=18.069\text{cm}^3\cdot\text{mol}^{-1}$$

---

(2) 用截距法公式计算

截距法公式是关联偏摩尔性质与混合物的摩尔性质及组成的方程式，推导如下。

将式(5-14) 的偏导数展开，得

$$\bar{M}_i=M\left(\frac{\partial n}{\partial n_i}\right)_{T,p,n_{j\neq i}}+n\left(\frac{\partial M}{\partial n_i}\right)_{T,p,n_{j\neq i}}$$

因为$\left(\frac{\partial n}{\partial n_i}\right)_{T,p,n_{j\neq i}}=1$，故

$$\bar{M}_i = M + n\left(\frac{\partial M}{\partial n_i}\right)_{T,p,n_{j\neq i}}$$

对于有 N 个组元的混合物，在等温、等压的条件下，摩尔性质 M 是 $N-1$ 个摩尔分数的函数，即

$$M = f(x_1, x_2, \cdots, x_{i-1}, x_{i+1}, \cdots, x_N)$$

式中 x_i 选作因变量而被扣除。等温、等压时，对上式全微分，可得

$$\mathrm{d}M = \sum\left(\frac{\partial M}{\partial x_k}\right)_{T,p,x_{l\neq i,k}} \mathrm{d}x_k$$

式中加和项不包括组元 i，下标 $x_{l\neq i,k}$ 表示在所有的摩尔分数中除去 x_i 和 x_k 之外均保持不变。上式两边同除以 $\mathrm{d}n_i$，并限制 $n_{j\neq i}$ 为常数，则

$$\left(\frac{\partial M}{\partial n_i}\right)_{T,p,n_{j\neq i}} = \sum\left[\left(\frac{\partial M}{\partial x_k}\right)_{T,p,x_{l\neq i,k}}\left(\frac{\partial x_k}{\partial n_i}\right)_{n_{j\neq i}}\right]$$

现在必须求算 $\left(\frac{\partial x_k}{\partial n_i}\right)_{n_{j\neq i}}$ 的表达式，由摩尔分数的定义式 $x_k = n_k/n$，得出

$$\left(\frac{\partial x_k}{\partial n_i}\right)_{n_{j\neq i}} = \frac{1}{n}\left(\frac{\partial n_k}{\partial n_i}\right)_{n_{j\neq i}} - \frac{n_k}{n^2}\left(\frac{\partial n}{\partial n_i}\right)_{n_{j\neq i}}$$

而 $\left(\frac{\partial n_k}{\partial n_i}\right)_{n_{j\neq i}} = 0$，$\frac{\partial n}{\partial n_i} = 1$，所以

$$\left(\frac{\partial x_k}{\partial n_i}\right)_{n_{j\neq i}} = -\frac{n_k}{n^2} = -\frac{x_k}{n}$$

联立各式，得到最终的方程

$$\bar{M}_i = M - \sum_{k\neq i}\left[x_k\left(\frac{\partial M}{\partial x_k}\right)_{T,p,x_{l\neq i,k}}\right] \tag{5-34}$$

式中，i 为所讨论的组元；k 为不包括 i 在内的其他组元；l 为不包括 i 及 k 的组元。这就是广义的截距法公式，用该公式可以由混合物的摩尔性质和组成数据计算组元的偏摩尔性质。对于二元混合物，上式简化为

$$\begin{cases} \bar{M}_1 = M - x_2\dfrac{\mathrm{d}M}{\mathrm{d}x_2} \\ \bar{M}_2 = M - x_1\dfrac{\mathrm{d}M}{\mathrm{d}x_1} \end{cases} \tag{5-35}$$

式(5-35) 揭示了偏摩尔性质 $\bar{M}_i$ 在 $M-x_i$ 直角坐标系中的截距位置，故称为截距法公式。此式只适用于二元物系、而偏摩尔定义式适用于任意系统，无论是二元还是多元。

【例 5-2】 某二元液体混合物在 298K 和 1.0133×10^5Pa 下的焓可用下式表示：

$$H = 100x_1 + 150x_2 + x_1x_2(10x_1 + 5x_2) \tag{A}$$

式中 H 单位为 $\mathrm{J\cdot mol^{-1}}$。试确定该温度、压力下：

(1) 用 x_1 表示的 $\bar{H}_1$ 和 $\bar{H}_2$；

(2) 纯组元的焓 H_1 和 H_2 的数值；

(3) 无限稀释下液体的偏摩尔焓 $\bar{H}_1^\infty$ 和 $\bar{H}_2^\infty$ 的数值。

解： (1) 已知 $H = 100x_1 + 150x_2 + x_1x_2\ (10x_1 + 5x_2)$，用 $x_2 = 1 - x_1$ 代入式(A)，并化简得

$$H = 100x_1 + 150(1-x_1) + x_1(1-x_1)[10x_1 + 5(1-x_1)] = 150 - 45x_1 - 5x_1^3 \tag{B}$$

据式(5-35)，当 $M = H$ 时

$$\bar{H}_1=H+(1-x_1)\left(\frac{\partial H}{\partial x_1}\right)_{T,p}$$

$$\bar{H}_2=H-x_1\left(\frac{\partial H}{\partial x_1}\right)_{T,p}$$

由式(B) 得

$$\left(\frac{\partial H}{\partial x_1}\right)_{T,p}=-45-15x_1^2$$

所以

$$\bar{H}_1=150-45x_1-5x_1^3+(1-x_1)(-45-15x_1^2)=105-15x_1^2+10x_1^3 \tag{C}$$

$$\bar{H}_2=150-45x_1-5x_1^3+x_1(45+15x_1^2)=150+10x_1^3 \tag{D}$$

(2) 将 $x_1=1$ 及 $x_1=0$ 分别代入式(B)，得纯组元焓 H_1 和 H_2。

$$H_1=100\text{J}\cdot\text{mol}^{-1}, \qquad H_2=150\text{J}\cdot\text{mol}^{-1}$$

(3) $\bar{H}_1^{\infty}$ 和 $\bar{H}_2^{\infty}$ 是指在 $x_1=0$ 及 $x_1=1$ 时的 $\bar{H}_1$ 和 $\bar{H}_2$ 的极限值，将 $x_1=0$ 代入式(C) 中得

$$\bar{H}_1^{\infty}=105\text{J}\cdot\text{mol}^{-1}$$

将 $x_1=1$ 代入式(D) 中得

$$\bar{H}_2^{\infty}=160\text{J}\cdot\text{mol}^{-1}$$

应该注意：一般 $\bar{H}_2\mid_{x_2=1}\neq\bar{H}_1^{\infty}$，$\bar{H}_1\mid_{x_1=1}\neq\bar{H}_2^{\infty}$。

(3) 作图法

以求解二元物系的偏摩尔性质为例来说明作图法的原理。对二元截距法公式(5-35)，应用 $x_1+x_2=1$ 及 $dx_2=-dx_1$，将 $\bar{M}_i$ 表示成 x_1 或 x_2 的函数，若选定 x_2，便可写成

$$\bar{M}_1=M-x_2\frac{dM}{dx_2}$$

$$\bar{M}_2=M+(1-x_2)\frac{dM}{dx_2}$$

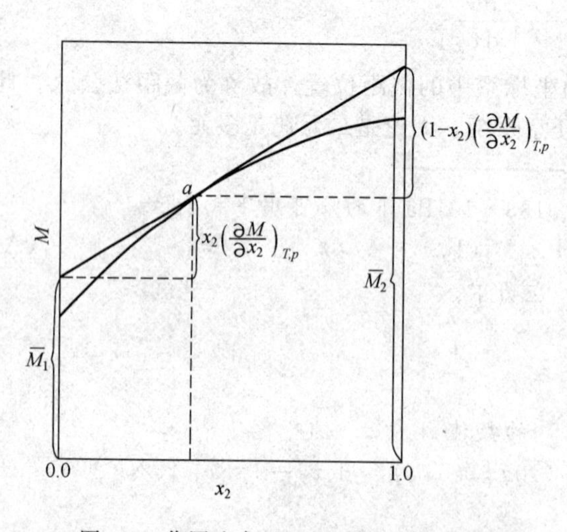

图 5-1 作图法求二元物系的偏摩尔性质

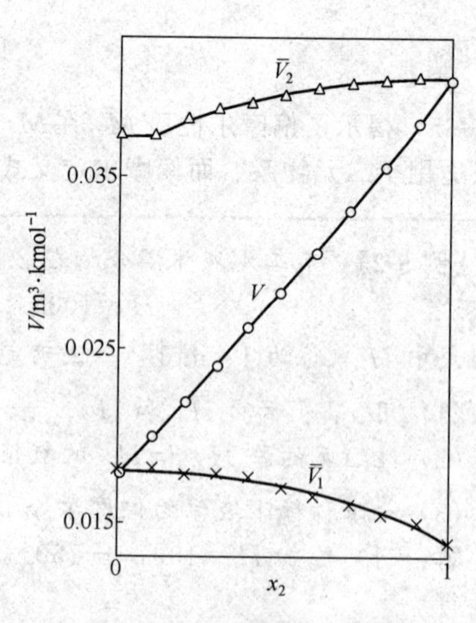

图 5-2 273K 水 (1)-甲醇 (2) 系统的偏摩尔体积

将实验数据绘制成 M-x_2 曲线图，如图 5-1 所示。若欲求某一浓度（x_2）下的偏摩尔量，则在 $M-x_2$ 曲线上找到此点（例如图中 a 点），过此点作曲线的切线。在数学上，切线的斜率即等于导数 $\frac{dM}{dx_2}$ 的数值。根据图上的几何关系，便可证明，切线在两个纵坐标处的截距即为 $\bar{M}_1$ 和 $\bar{M}_2$。因此，切线的两个截距能直接给出两个偏摩尔性质。显然，这种方法只适用于二元物系。

【例 5-3】 利用下列实验数据计算在 273K、101325Pa 下，水（1）-甲醇（2）混合物中水和甲醇的偏摩尔体积：

x_2	$V/m^3 \cdot kmol^{-1}$	x_2	$V/m^3 \cdot kmol^{-1}$	x_2	$V/m^3 \cdot kmol^{-1}$
0.000	0.0181	0.249	0.0230	0.785	0.0352
0.114	0.0203	0.495	0.0283	0.892	0.0379
0.197	0.0219	0.692	0.0329	1.000	0.0407

解： 将题给数据绘制成 V-x_2 曲线图，如图 5-2 所示。用作图法求出不同组成的 $\bar{V}_1$ 和 $\bar{V}_2$，并将结果列于下表中：

x_2	$\bar{V}_1/m^3 \cdot kmol^{-1}$	$\bar{V}_2/m^3 \cdot kmol^{-1}$	x_2	$\bar{V}_1/m^3 \cdot kmol^{-1}$	$\bar{V}_2/m^3 \cdot kmol^{-1}$
0.0	0.0181	0.0374	0.6	0.0166	0.0401
0.1	0.0181	0.0374	0.7	0.0160	0.0404
0.2	0.0178	0.0384	0.8	0.0155	0.0406
0.3	0.0177	0.0390	0.9	0.0150	0.0407
0.4	0.0175	0.0392	1.0	0.0144	0.0407
0.5	0.0171	0.0397			

为了更清楚地看出偏摩尔体积与组成的关系，我们将 $\bar{V}_1-x_2$ 和 $\bar{V}_2-x_2$ 也绘制成两条曲线。

由［例 5-3］可见，作图法具有直观且物理概念明确的优点，但这种方法繁琐，误差也较大。

5.2.4 Gibbs-Duhem 方程

Gibbs-Duhem 方程是关联混合物中各组元的偏摩尔性质间的表达式。

根据式(5-13) 和式(5-14) 得

$$d(nM)=\left[\frac{\partial(nM)}{\partial T}\right]_{p,n}dT+\left[\frac{\partial(nM)}{\partial p}\right]_{T,n}dp+\sum\bar{M}_i dn_i \tag{5-36}$$

将式(5-16) 微分，得

$$d(nM)=\sum n_i d\bar{M}_i+\sum\bar{M}_i dn_i \tag{5-37}$$

式中，全微分 $d(nM)$ 代表由于 T、p 或 n_i 的变化而产生的 nM 的变化。比较式(5-36) 与式(5-37)，可得

$$\sum n_i d\bar{M}_i=\left[\frac{\partial(nM)}{\partial T}\right]_{p,n}dT+\left[\frac{\partial(nM)}{\partial p}\right]_{T,n}dp \tag{5-38}$$

又可写成

$$\sum n_i d\bar{M}_i=n\left(\frac{\partial M}{\partial T}\right)_{p,n}dT+n\left(\frac{\partial M}{\partial p}\right)_{T,n}dp \tag{5-38a}$$

式中，下标 n 表示所有物质的物质的量都保持不变。

方程两边同除以 n，即得 Gibbs-Duhem 方程的一般形式：

$$\sum x_i \mathrm{d}\bar{M}_i = \left(\frac{\partial M}{\partial T}\right)_{p,x} \mathrm{d}T + \left(\frac{\partial M}{\partial p}\right)_{T,x} \mathrm{d}p \tag{5-39}$$

式(5-39) 表达了均相敞开系统中的强度性质 T、p 和各组元偏摩尔性质之间的相互依存关系。它适用于均相体系中任何热力学函数 M。值得注意的是，若限制在恒定 T、p 条件下，式(5-39) 则变成

$$\sum x_i \mathrm{d}\bar{M}_i = 0 \tag{5-40}$$

此式在相平衡中获得广泛应用。

对于二元系统，在等温、等压条件下有

$$x_1 \mathrm{d}\bar{M}_1 + x_2 \mathrm{d}\bar{M}_2 = 0 \tag{5-41}$$

上式也可写成

$$(1-x_2)\frac{\mathrm{d}\bar{M}_1}{\mathrm{d}x_2} = -x_2 \frac{\mathrm{d}\bar{M}_2}{\mathrm{d}x_2} \tag{5-41a}$$

上式表明，组元 1 的偏摩尔性质随组成 x_2 的变化率必然和组元 2 的偏摩尔性质随组成 x_2 的变化率反号。[例 5-3] 的计算结果图 5-2 表明了这一结论，即无论混合物组成为多少，$\frac{\mathrm{d}\bar{V}_1}{\mathrm{d}x_2}$和$\frac{\mathrm{d}\bar{V}_2}{\mathrm{d}x_2}$均反号。

Gibbs-Duhem 方程的用途主要有两方面，一是用来检验实验测得的混合物热力学性质数据的正确性；二是用来求二元混合物中由一个组元的偏摩尔量推算另一个组元的偏摩尔量。

【例 5-4】 有人提出用下列方程组来表示恒温、恒压下简单二元体系的摩尔体积：

$$\bar{V}_1 - V_1 = a + (b-a)x_1 - bx_1^2$$

$$\bar{V}_2 - V_2 = a + (b-a)x_2 - bx_2^2$$

式中，V_1 和 V_2 是纯组元的摩尔体积，a、b 只是 T、p 的函数。试从热力学角度分析这些方程是否合理。

解：根据 Gibbs-Duhem 方程：

$$\sum (x_i \mathrm{d}\bar{M}_i)_{T,p} = 0$$

得恒温、恒压下

$$x_1 \mathrm{d}\bar{V}_1 + x_2 \mathrm{d}\bar{V}_2 = 0$$

或

$$x_1 \frac{\mathrm{d}\bar{V}_1}{\mathrm{d}x_1} = -x_2 \frac{\mathrm{d}\bar{V}_2}{\mathrm{d}x_1} = x_2 \frac{\mathrm{d}\bar{V}_2}{\mathrm{d}x_2}$$

由本题所给的方程得到

$$\frac{\mathrm{d}(\bar{V}_1 - V_1)}{\mathrm{d}x_1} = \frac{\mathrm{d}\bar{V}_1}{\mathrm{d}x_1} = b - a - 2bx_1$$

即

$$x_1 \frac{\mathrm{d}\bar{V}_1}{\mathrm{d}x_1} = (b-a)x_1 - 2bx_1^2 \tag{A}$$

同样可得

$$\frac{\mathrm{d}(\bar{V}_2 - V_2)}{\mathrm{d}x_2} = \frac{\mathrm{d}\bar{V}_2}{\mathrm{d}x_2} = b - a - 2bx_2$$

即
$$x_2 \frac{d\bar{V}_2}{dx_2}=(b-a)x_2-2bx_2^2 \tag{B}$$
比较上述结果，式(A)≠式(B)，即所给的方程组在一般情况下不满足 Gibbs-Duhem 方程，因此，该方程不合理。

5.3 逸度和逸度系数

5.3.1 逸度和逸度系数的定义

化工热力学的一个重要任务就是计算相平衡和化学平衡，其工作目标是将抽象的热力学函数与温度、压力和组成等可测量的物理量联系起来，以便定量地描述每一个组元在相中的平衡分配或一个化学反应中组成与平衡常数的关系。在众多的热力学能函数中，Gibbs 自由能与温度和压力有着最简单的关系，所以它特别重要。但从 Gibbs 函数的定义可以看出，我们只能得到它的相对大小，而无法计算它的绝对数值，这给实际应用带来诸多不便。为方便应用，Lewis 定义了一个称为逸度的辅助函数，它可以比较容易地与物理真实性联系起来，广泛应用于分离工程和化学反应的计算。一般来说，有三种不同情况的逸度，即纯物质 i 的逸度、混合物中组元 i 的逸度和混合物的逸度。

(1) 纯物质逸度和逸度系数的定义

Gibbs 自由能与温度和压力有如下简单关系：
$$dG=-SdT+Vdp \tag{3-4}$$
在恒温条件下，将此关系式应用于 1mol 纯物质 i，可有
$$dG_i=V_i dp \quad (T\ 恒定) \tag{5-42}$$
如果 i 是理想气体，则 $V_i=RT/p$，代入上式可得
$$dG_i=RT\frac{dp}{p} \quad (T\ 恒定)$$
$$dG_i=RT d\ln p \quad (T\ 恒定) \tag{5-43}$$
这是恒温下用压力来表达 Gibbs 函数的一个方程式，可惜它仅适用于理想气体。对于真实气体，式(5-42) 中的 V_i 需要用真实气体的状态方程来描述，可以想象，这时得到的 dG_i 公式将不会像式(5-43) 那样简单。为了方便，Lewis 采用了一种形式化的处理方法，即保持式(5-43) 的简单形式不变，硬性地用一个新函数代替式中的压力，使其成为适用于任何气体的方程。这个新函数称为逸度，对于纯物质，用 f_i 表示，定义为
$$dG_i=RT d\ln f_i \quad (T\ 恒定) \tag{5-44}$$
式(5-44) 适用于任何纯物质，但它只能计算 f_i 的变化，不能确定其绝对值，故尚不完整。既然上式适用于任何纯物质，也必定适用于纯理想气体。若将上式用于纯理想气体时，它应能还原成式(5-43)。否则对同一种气体利用两个不同的公式就会得到不同的计算结果，这是不可能的。而要使式(5-44) 还原成式(5-43)，必须增加一个补充规定，即理想气体的逸度等于其压力，也就是
$$f_i=p$$
因为任何物质在压力趋近于零时都表现出理想气体的行为，因而上述补充规定的完整数学表达式应为
$$\lim_{p\to 0} f_i/p=1 \tag{5-45}$$
综上所述，纯物质的逸度定义式由式 (5-44) 和式 (5-45) 共同给出，两者缺一不可。

逸度和压力之比称为逸度系数，纯物质的逸度系数用 ϕ_i 表示，定义式为

$$\phi_i = \frac{f_i}{p} \tag{5-46}$$

将式(5-46) 代入式(5-44)，得

$$\mathrm{d}G_i = RT\,\mathrm{d}\ln f_i = RT\,\mathrm{d}\ln(\phi_i p) \tag{5-47}$$

比较式(5-47) 和式(5-43)，可以认为逸度系数正好代表了真实气体对理想气体的偏差。因此，对真实气体非理想性偏差的校正可集中在对压力的校正上，当压力乘上一校正因子即逸度系数 ϕ_i 后，理想气体 Gibbs 函数的表达式就适用于实际气体了，式(5-47) 就是真实气体 Gibbs 函数的表达式。

由于逸度的单位与压力的单位相同，因而逸度系数无单位。显然，理想气体的逸度系数等于1。而真实气体的逸度系数可能大于1，也可能小于1，在温度一定时，它与体系的压力有关。

(2) 混合物中组元的逸度和逸度系数的定义

我们已经知道，定组成混合物偏摩尔性质的关系式与纯物质性质的关系式是一一对应的，例如，偏摩尔 Gibbs 函数可写成

$$\mathrm{d}\bar{G}_i = -\bar{S}_i\,\mathrm{d}T + \bar{V}_i\,\mathrm{d}p \tag{5-27}$$

式(5-27) 与式(3-4) 表达了混合物中组元 i 与其纯物质 i 所遵循的热力学规律是相似的。因此，混合物中组元逸度与其纯物质逸度也应有类似的关系。于是，我们可方便地得到混合物中组元逸度的定义式，写为

$$\begin{cases} \mathrm{d}\bar{G}_i = RT\,\mathrm{d}\ln\hat{f}_i \\ \lim\limits_{p\to 0}\dfrac{\hat{f}_i}{y_i p} = 1 \end{cases} \quad (T\ \text{恒定}) \tag{5-48}$$

$\hat{f}_i$ 叫做混合物中组元 i 的逸度。$\hat{f}_i$ 头上的“^”一是区别于混合物中的纯组元 i 的逸度 f_i，二是指出它不是一个偏摩尔性质，但显然 $\ln\hat{f}_i$ 是一个偏摩尔性质。式(5-48) 中 p 是总压，务必注意：对真实气体，由于 $y_i p$ 不是分压，因此不能用 p_i 代替 $y_i p$。但当真实气体的压力 $p\to 0$ 或是理想气体时，便有

$$p_i = y_i p$$

此时，混合物中任一组元都可以写成

$$\hat{f}_i^{\mathrm{ig}} = y_i p = p_i \tag{5-49}$$

式中，上标“ig”表示理想气体。上式说明理想气体的混合物中组元 i 的逸度等于其分压，它在相平衡和化学平衡中是经常使用的。

混合物组元逸度系数 $\hat{\phi}_i$ 的定义为

$$\hat{\phi}_i = \frac{\hat{f}_i}{y_i p} \tag{5-50}$$

将式(5-49) 代入式(5-50)，得 $\hat{\phi}_i = \dfrac{\hat{f}_i}{\hat{f}_i^{\mathrm{ig}}}$，因此，逸度系数 $\hat{\phi}_i$ 表征了气体混合物中组元 i 和理想气体状态的偏差。

(3) 混合物的逸度和逸度系数的定义

类似于纯物质，混合物的总逸度 f 和总逸度系数 ϕ 分别定义为

$$\begin{cases} \mathrm{d}G = RT\,\mathrm{d}\ln f \\ \lim\limits_{p\to 0}\dfrac{f}{p} = 1 \end{cases} \quad (T\ \text{恒定}) \tag{5-51}$$

$$\phi = \frac{f}{p} \tag{5-52}$$

至此，已有三种逸度，纯物质逸度 f_i、混合物中组元的逸度 $\hat{f}_i$ 以及混合物的总逸度 f；相应也有三种逸度系数，ϕ_i、$\hat{\phi}_i$ 以及 ϕ。逸度和逸度系数均是体系的性质，其值由状态所决定，对于纯物质，它们是温度和压力的函数；对于混合物或混合物中的组元 i，它们是温度、压力和组成的函数。

应该注意，逸度和逸度系数的这些关系式不仅适用于气体，同样也适用于液体和固体，只不过在计算液体和固体时，使用的是蒸气压。而液体和固体的蒸气压却是用来表征该物质的逃逸趋势的，从这种角度看，逸度也是表征体系逃逸趋势的，这也是逸度的中文名称的来历。

引入逸度和逸度系数的概念，对研究相平衡等十分有用。以纯物质为例，当汽、液两相达到平衡时，饱和汽相的 Gibbs 自由能 G_i^{sv} 与饱和液相的 Gibbs 自由能 G^{sl} 相等，即

$$G_i^{sv} = G_i^{sl} \tag{5-53}$$

这是以 Gibbs 自由能表示的汽液平衡准则，而应用这一式子计算并不方便，但可以从它推导出以逸度和逸度系数表示的汽液平衡准则，即

$$f_i^{sv} = f_i^{sl} \tag{5-54}$$

$$\phi_i^{sv} = \phi_i^{sl} \tag{5-55}$$

式(5-54) 和式(5-55) 是计算纯物质汽液平衡的基础。不言而喻，混合物中组元逸度和逸度系数的表达式同样是计算混合物汽液平衡的基础（详见第 6 章）。

5.3.2 混合物的逸度与其组元逸度之间的关系

混合物的逸度与其组元逸度存在下列关系，即 $\ln\dfrac{\hat{f}_i}{y_i}$ 是 $\ln f$ 的偏摩尔性质，证明如下。

根据混合物的逸度定义式(5-51)，即

$$dG = RT\,d\ln f$$

对此式在相同的温度、压力和组成下，进行由混合理想气体状态到实际状态的假想变化的积分，并考虑到理想气体的逸度等于其压力，即 $f^{ig} = p$，得

$$G - G^{ig} = RT\ln f - RT\ln p$$

上式两边同乘以混合物的总物质的量 n，得

$$nG - nG^{ig} = RT(n\ln f) - nRT\ln p$$

在 T、p 及 $n_{j\neq i}$ 恒定的条件下，对 n_i 微分，得

$$\bar{G}_i - \bar{G}_i^{ig} = RT\left[\frac{\partial(n\ln f)}{\partial n_i}\right]_{T,p,n_{j\neq i}} - RT\ln p \tag{5-56}$$

根据混合物中的组元逸度定义式(5-48)，即

$$d\bar{G}_i = RT\,d\ln\hat{f}_i$$

同样进行从混合理想气体状态到实际状态的积分，并考虑到 $\hat{f}_i^{ig} = y_i p$，得

$$\bar{G}_i - \bar{G}_i^{ig} = RT\ln\hat{f}_i - RT\ln\hat{f}_i^{ig} = RT\ln\frac{\hat{f}_i}{y_i} - RT\ln p \tag{5-57}$$

比较式(5-56) 与式(5-57)，得

$$\ln\frac{\hat{f}_i}{y_i} = \left[\frac{\partial(n\ln f)}{\partial n_i}\right]_{T,p,n_{j\neq i}} \tag{5-58}$$

对照偏摩尔性质的定义式(5-14)，即

$$\bar{M}_i=\left[\frac{\partial(nM)}{\partial n_i}\right]_{T,p,n_{j\neq i}}$$

便可得到 $\ln\frac{\hat{f}_i}{y_i}$ 是 $\ln f$ 的偏摩尔性质这一结论。

若将式(5-58) 减去恒等式 $\ln p=\left[\frac{\partial(n\ln p)}{\partial n_i}\right]_{T,p,n_{j\neq i}}$，再根据 ϕ 和 $\hat{\phi}_i$ 的定义，同样可证明 $\ln\hat{\phi}_i$ 是 $\ln\phi$ 的偏摩尔性质，即

$$\ln\hat{\phi}_i=\left[\frac{\partial(n\ln\phi)}{\partial n_i}\right]_{T,p,n_{j\neq i}} \tag{5-59}$$

根据摩尔性质与偏摩尔性质的关系式(5-16)，即

$$M=\sum y_i\bar{M}_i$$

便可得到以下有用的关系式

$$\ln f=\sum y_i\ln(\hat{f}_i/y_i) \tag{5-60}$$

$$\ln\phi=\sum y_i\ln\hat{\phi}_i \tag{5-61}$$

注意，这些摩尔性质与偏摩尔性质同样满足相应的截距法公式及 Gibbs-Duhem 方程。

5.3.3 温度和压力对逸度的影响

(1) 温度和压力对纯物质逸度的影响

根据式(5-44)，即

$$dG_i=RT\,d\ln f_i$$

将上式进行从理想气体到真实状态的积分，得

$$G_i-G_i^{ig}=RT\ln\frac{f_i}{p}$$

在恒压下，将上式对温度求导，并应用 $\left[\frac{\partial(G_i/T)}{\partial T}\right]_p=-\frac{H_i}{T^2}$，便可得温度对纯物质逸度的影响，即

$$\left[\frac{\partial\ln f_i}{\partial T}\right]_p=-\frac{H_i-H_i^{ig}}{RT^2} \tag{5-62}$$

式中，H_i 为纯物质 i 在体系温度和压力下的摩尔焓；H_i^{ig} 为纯物质 i 在理想气体状态时的摩尔焓。可根据式(5-62) 研究恒压下逸度随温度的变化关系。若 $(H_i-H_i^{ig})<0$，温度升高，则逸度增大，物质逃逸该系统的能力增强；反之，则相反。

将式(5-42) 与式(5-44) 合并，可有

$$RT\,d\ln f_i=V_i\,dp \quad (T\text{ 恒定}) \tag{5-63}$$

对上式整理，便可得压力对纯物质逸度的影响，即

$$\left(\frac{\partial\ln f_i}{\partial p}\right)_T=\frac{V_i}{RT} \tag{5-64}$$

式中，V_i 为纯物质 i 在体系温度和压力下的摩尔体积。此式可用来研究恒温下逸度随压力的变化关系。由于 $V_i>0$，故压力越大，逸度就越大，物质逃逸该系统的能力也就越强。

(2) 温度和压力对混合物组元逸度的影响

与纯物质类似，温度对混合物中组元逸度的影响为

$$\left[\frac{\partial\ln\hat{f}_i}{\partial T}\right]_{p,y}=-\frac{\bar{H}_i-\bar{H}_i^{ig}}{RT^2} \tag{5-65}$$

压力对混合物组元逸度的影响为

$$\left[\frac{\partial \ln \hat{f}_i}{\partial p}\right]_{T,y}=\frac{\bar{V}_i}{RT} \tag{5-66}$$

5.3.4 逸度和逸度系数的计算

纯物质和混合物组元逸度系数可以方便地由 p、V、T 数据计算出来。所以逸度计算往往先计算逸度系数，而后依据逸度系数的定义式求算逸度。

5.3.4.1 纯物质逸度系数的计算

对于式(5-63)：

$$RT\,\mathrm{d}\ln f_i=V_i\,\mathrm{d}p$$

等式两边减去恒等式 $RT\,\mathrm{d}\ln p=\frac{RT}{p}\mathrm{d}p$，得

$$RT\,\mathrm{d}\ln\frac{f_i}{p}=\left(V_i-\frac{RT}{p}\right)\mathrm{d}p$$

将 $\phi_i=\frac{f_i}{p}$ 代入上式并整理得

$$\mathrm{d}\ln\phi_i=\left(\frac{V_i}{RT}-\frac{1}{p}\right)\mathrm{d}p=(Z_i-1)\frac{\mathrm{d}p}{p}$$

在恒温下，将上式从压力为零的状态积分到压力为 p 的状态，并考虑到当 $p\to 0$ 时，$\phi_i=1$，便可得到

$$\ln\phi_i=\frac{1}{RT}\int_0^p\left(V_i-\frac{RT}{p}\right)\mathrm{d}p=\int_0^p(Z_i-1)\frac{\mathrm{d}p}{p} \tag{5-67}$$

这是计算纯物质逸度系数的普适公式，Z_i 为纯物质的压缩因子。由此式可知，逸度系数既可以利用状态方程法计算，也可以用对比态法计算，如果有足够的 p、V、T 实验数据，还可以用图解积分法计算。工程上广泛采用的是前两种方法。

(1) 利用状态方程计算逸度系数

原则上将适宜的状态方程代入式(5-67)，便可解出任何 T、p 下的 ϕ_i 值。显然，该式更适合以 T、p 为自变量的状态方程。例如将舍项维里方程 $Z_i=1+B_ip/RT$ 代入，便可得

$$\ln\phi_i=\frac{B_ip}{RT} \tag{5-68}$$

式中，B_i 为纯物质的第二维里系数。

由于多数状态方程是把压力表示成温度 T 和体积 V 的函数，特别是多参数状态方程，常含有体积的高次项，使摩尔体积的表达式不易获得，因此式(5-67) 应用起来并不方便。采取的措施，一般是利用 $V\mathrm{d}p=\mathrm{d}(pV)-p\mathrm{d}V$ 的变换，将式(5-67) 改变形式，使其变成以 T、V 为自变量的计算式，现推导如下。

将式(5-67) 改写成下列形式：

$$\ln\phi_i=\frac{1}{RT}\int_{p_0}^p\left(V_i-\frac{RT}{p}\right)\mathrm{d}p=\frac{1}{RT}\int_{p_0}^p V_i\,\mathrm{d}p-\int_{p_0}^p\frac{\mathrm{d}p}{p} \tag{5-69}$$

由于 $V_i\,\mathrm{d}p=\mathrm{d}(pV_i)-p\,\mathrm{d}V_i$，则

$$\ln\phi_i=\frac{1}{RT}\left[\int_{p_0V_{0i}}^{pV_i}\mathrm{d}(pV_i)-\int_{V_{0i}}^{V_i}p\,\mathrm{d}V_i\right]-\int_{p_0}^p\frac{\mathrm{d}p}{p} \tag{5-70}$$

式中，V_{0i} 是压力为 p_0 时纯物质的摩尔体积；V_i 是压力为 p 时纯物质的摩尔体积。

若将 RK 方程式(2-13) 代入式(5-70)，便得

$$\ln\phi_i=\frac{pV_i-p_0V_{0i}}{RT}-\ln\frac{V_i-b_i}{V_{0i}-b_i}+\frac{a_i}{b_iRT^{1.5}}\ln\left[\frac{V_i}{V_{0i}}\left(\frac{V_{0i}+b_i}{V_i+b_i}\right)\right]-\ln\frac{p}{p_0}$$

其中， $a_i=0.42748R^2T_c^{2.5}/p_c$ (2-14a) $b_i=0.08664RT_c/p_c$ (2-14b)

将 $pV_i=Z_iRT$、$p_0V_{0i}=RT$ 代入上式，且合并 $\ln\dfrac{V_i-b_i}{V_{0i}-b_i}$ 和 $\ln\dfrac{p}{p_0}$，得到

$$\ln\phi_i=Z_i-1-\ln\frac{pV_i-pb_i}{RT-p_0b_i}+\frac{a_i}{b_iRT^{1.5}}\ln\left[\frac{V_i}{V_{0i}}\left(\frac{V_{0i}+b_i}{V_i+b_i}\right)\right]$$

当 $p_0\to0$、$V_{0i}\to\infty$时，$(RT-p_0b_i)\to RT$，$\dfrac{V_{0i}+b_i}{V_{0i}}\to1.0$，上式可表示为

$$\ln\phi_i=Z_i-1-\ln\left(Z_i-\frac{pb_i}{RT}\right)-\frac{a_i}{b_iRT^{1.5}}\ln\left(1+\frac{b_i}{V_i}\right)$$

若采用 RK 方程的迭代形式［见第 2 章式(2-17)］，即

$$pb_i/(RT)=B,\qquad b_i/V_i=B/Z_i,\qquad a_i/(b_iRT^{1.5})=A/B$$

则有

$$\ln\phi_i=Z_i-1-\ln(Z_i-B)-\frac{A}{B}\ln\left(1+\frac{B}{Z_i}\right)\tag{5-71}$$

式(5-71) 是由 RK 方程给出的纯物质或定组成混合物的逸度系数计算式，并使 ϕ_i 成为 Z_i、B 和$\dfrac{A}{B}$的函数。注意 Z_i 应由 RK 方程求得，不能采用其他来源的 Z_i 值代入式(5-71)。当然，式(5-71) 是从 RK 方程导出的，若用其他方程，也可做相似的推导，只是形式有所不同。

(2) 用对比态法计算逸度系数

将式(5-67) 写成对比压力形式，得

$$\ln\phi_i=\int_0^{p_r}\frac{Z_i-1}{p_r}\mathrm{d}p_r\tag{5-72}$$

此式表明，逸度系数是 p_r 和 Z_i 的函数，而 Z_i 的普遍化计算有两参数法和三参数法。以两参数普遍化压缩因子图为基础，结合式(5-72)，可以制成两参数普遍化逸度系数图。只要知道气体所处状态的 T_r、p_r 值，便可以从图中直接查出相应的逸度系数，从而可计算逸度。这种方法由于计算误差较大，目前已很少使用。

为了提高计算精度，宜采用三参数法，比较成功的是将 ω 作为第三参数。与第 2 章中三参数压缩因子的计算方法相同，当气体所处状态的 T_r、p_r 值落在图 2-9 斜线上方，或对比体积 $V_r\geqslant2$ 时，宜采用普遍化第二维里系数法计算压缩因子，即

$$Z_i=1+\frac{B_ip_{ci}}{RT_{ci}}\times\frac{p_r}{T_r}\tag{2-35}$$

式中，T_{ci} 和 p_{ci} 是纯物质的临界性质，其中

$$\frac{B_ip_{ci}}{RT_{ci}}=B^{(0)}+\omega_iB^{(1)}\tag{2-36}$$

将以上两式代入式(5-72)，便可得到逸度系数的计算公式

$$\ln\phi_i=\frac{p_r}{T_r}\left[B^{(0)}+\omega_iB^{(1)}\right]\tag{5-73}$$

其中

$$B^{(0)}=0.083-0.422/T_r^{1.6}\tag{2-37a}$$

$$B^{(1)}=0.139-0.172/T_r^{4.2}\tag{2-37b}$$

当气体所处状态的 T_r、p_r 值落在图 2-9 斜线下方，或对比体积 $V_r<2$ 时，像处理压缩因子一样，可以将逸度系数的对数值表示成 ω 的线性方程，即

$$\ln\phi_i=\ln\phi_i^{(0)}+\omega_i\ln\phi_i^{(1)}\tag{5-74}$$

式中，$\phi_i^{(0)}$ 和 $\phi_i^{(1)}$ 分别为简单流体的普遍化逸度系数和普遍化逸度系数的校正值，两者都是 T_r、p_r 的函数。图 5-3～图 5-6 示出了它们的普遍化关系曲线，以供查用。

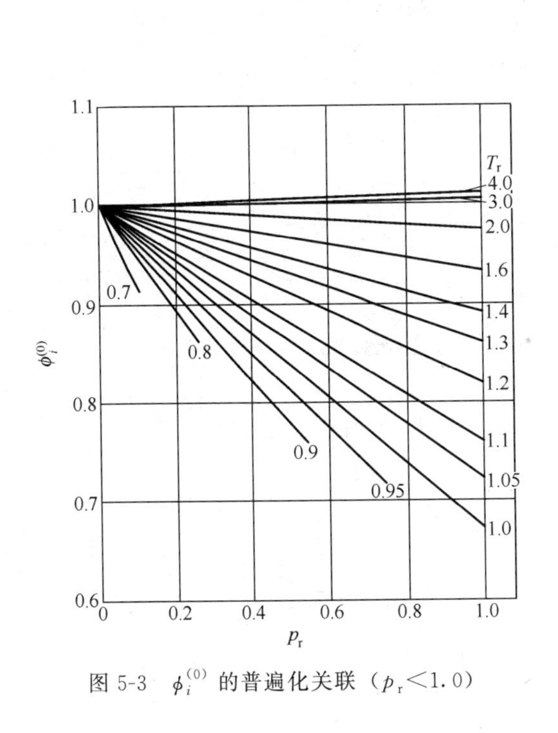

图 5-3 $\phi_i^{(0)}$ 的普遍化关联（$p_r<1.0$）

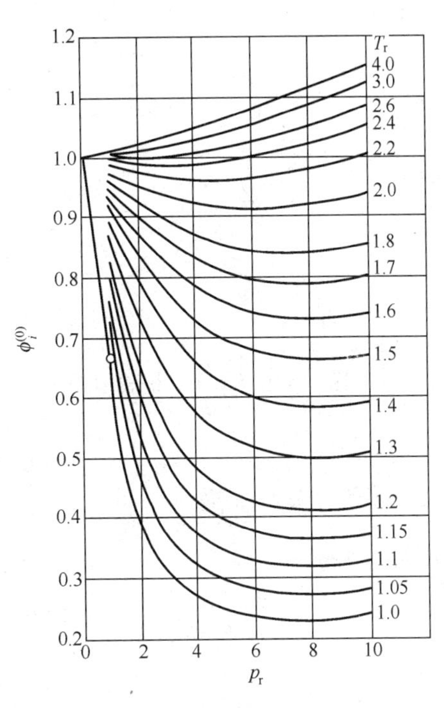

图 5-4 $\phi_i^{(0)}$ 的普遍化关联（$p_r>1.0$）

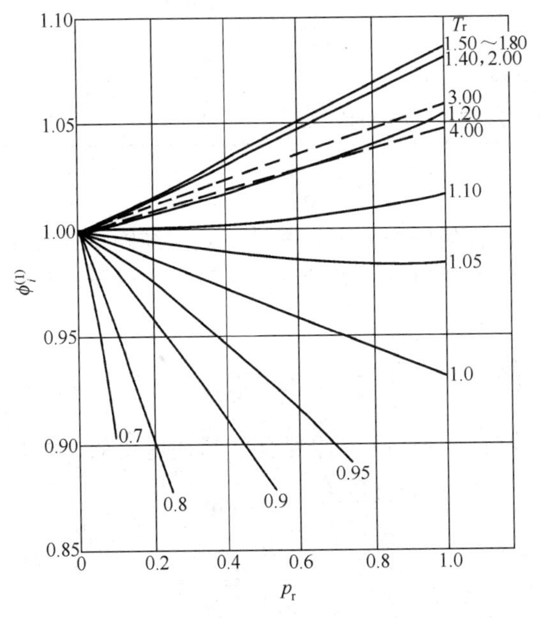

图 5-5 $\phi_i^{(1)}$ 的普遍化关联（$p_r<1.0$）

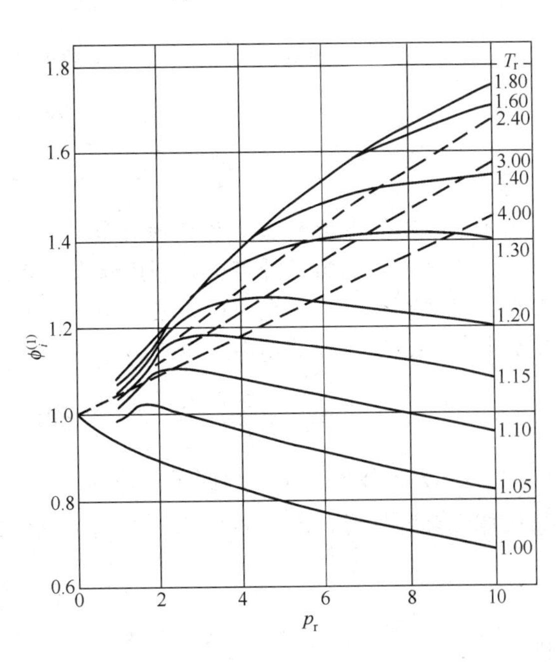

图 5-6 $\phi_i^{(1)}$ 的普遍化关联（$p_r>1.0$）

【例 5-5】 分别用下列方法计算正丁烷在 460K、1.520MPa 下的 ϕ_i 和 f_i 值。

（1）RK 方程；（2）普遍化关联法。

解：从附录三查出正丁烷的 $T_c=425.12\text{K}$，$p_c=3.796\text{MPa}$，$\omega_i=0.199$。

(1) 用 RK 方程计算

$$T_r=\frac{460}{425.12}=1.0820,\qquad p_r=\frac{1.520}{3.796}=0.4004$$

据式(5-71)
$$\ln\phi_i=Z_i-1-\ln(Z_i-B)-\frac{A}{B}\ln\left(1+\frac{B}{Z_i}\right)$$

其中，Z_i、B、$\frac{A}{B}$及$\frac{B}{Z_i}$由式(2-14) 及式(2-17) 迭代计算，计算结果为

$$Z_i=0.8851,\qquad \frac{B}{Z_i}=0.0362$$
$$\frac{A}{B}=4.3818,\qquad B=0.0320$$

则
$$\ln\phi_i=0.8851-1-\ln(0.8851-0.0320)-4.3818\ln1.0362=-0.1118$$
$$\phi_i=0.8942$$
$$f_i=\phi_i p=0.8942\times1.520=1.359\text{MPa}$$

(2) 普遍化关联法

据式(5-73)
$$\ln\phi_i=\frac{p_r}{T_r}\left[B^{(0)}+\omega_i B^{(1)}\right]$$
$$B^{(0)}=0.083-\frac{0.422}{T_r^{1.6}}=0.083-\frac{0.422}{(1.0820)^{1.6}}=-0.2890$$
$$B^{(1)}=0.139-\frac{0.172}{T_r^{4.2}}=0.139-\frac{0.172}{(1.0820)^{4.2}}=0.0155$$
$$\ln\phi_i=\frac{0.4004}{1.0820}(-0.2890+0.199\times0.0155)=-0.1058$$
$$\phi_i=0.8996$$
$$f_i=\phi_i p=0.8996\times1.520=1.367\text{MPa}$$

5.3.4.2 混合物组元逸度系数的计算

混合物逸度系数的计算可以利用状态方程结合混合规则来实现，其计算式与纯物质逸度系数的计算式在形式上完全一样，只是增加组成恒定的限定条件。参照式(5-67)，可以写出计算混合物组元逸度系数的基本关系式：

$$\ln\hat{\phi}_i=\frac{1}{RT}\int_0^p\left(\bar{V}_i-\frac{RT}{p}\right)\mathrm{d}p=\int_0^p(\bar{Z}_i-1)\frac{\mathrm{d}p}{p}\quad (T\text{、}y\text{ 恒定})\tag{5-75}$$

式中，$\bar{Z}_i$ 为流体偏摩尔压缩因子。该式不论对气体混合物还是液体混合物都是适用的，对理想气体混合物来说，$\bar{Z}_i=Z_i=1$，由式(5-67) 和式(5-75) 可以得出

$$\hat{\phi}_i^{\text{ig}}=\phi_i=1\tag{5-76}$$

由于
$$\bar{V}_i=\left(\frac{\partial(nV)}{\partial n_i}\right)_{T,p,n_{j\neq i}}=\left(\frac{\partial V_t}{\partial n_i}\right)_{T,p,n_{j\neq i}}$$

式中，V_t 为混合物的总体积。将 $\bar{V}_i$ 表达式代入式(5-75)，得

$$\ln\hat{\phi}_i=\frac{1}{RT}\int_0^p\left[\left(\frac{\partial V_t}{\partial n_i}\right)_{T,p,n_{j\neq i}}-\frac{RT}{p}\right]\mathrm{d}p$$

由上式又可导出（推导从略）

$$\ln\hat{\phi}_i=\frac{1}{RT}\int_{V_t}^{\infty}\left[\left(\frac{\partial p}{\partial n_i}\right)_{T,V_t,n_{j\neq i}}-\frac{RT}{V_t}\right]\mathrm{d}V_t-\ln Z \tag{5-77}$$

式中，Z 为体系温度 T 和总压 p 下的混合物的压缩因子。

式(5-75) 和式(5-77) 都是利用状态方程计算混合物组元逸度系数的基本关系式。对于 $V=V(T、p)$ 的状态方程，用式(5-75) 方便。而对于以 p 为显函数的状态方程，即 $p=p(T、V)$，则应用式(5-77) 计算。

现以二元气体混合物为例，说明如何由“状态方程结合混合规则”来计算气体混合物中的组元逸度。

(1) 用维里方程计算

以二阶舍项维里方程为例：

$$Z=1+\frac{Bp}{RT} \tag{2-10b}$$

将此式应用于二元物系的 n mol 气体混合物，则有

$$nZ-n=\frac{nBp}{RT}$$

当 T、p 和 n_2 保持不变时，对 n_1 微分得偏摩尔压缩因子 $\bar{Z}_1$：

$$\bar{Z}_1=\left[\frac{\partial(nZ)}{\partial n_1}\right]_{T,p,n_2}=\frac{p}{RT}\left[\frac{\partial(nB)}{\partial n_1}\right]_{T,p,n_2}+1$$

二元气体混合物的第二维里系数 B 仅是温度和组成的函数，即

$$B=y_1^2B_{11}+2y_1y_2B_{12}+y_2^2B_{22}$$

引入 $\delta_{12}=2B_{12}-B_{11}-B_{22}$，则

$$B=y_1B_{11}+y_2B_{22}+y_1y_2\delta_{12}$$

因为 $y_i=n_i/n$，则

$$nB=n_1B_{11}+n_2B_{22}+\frac{n_1n_2}{n}\delta_{12}$$

对 n_1 微分，得

$$\left[\frac{\partial(nB)}{\partial n_1}\right]_{T,p,n_2}=B_{11}+\left(\frac{1}{n}-\frac{n_1}{n^2}\right)n_2\delta_{12}=B_{11}+(1-y_1)y_2\delta_{12}=B_{11}+y_2^2\delta_{12}$$

所以
$$\bar{Z}_1=\frac{p}{RT}(B_{11}+y_2^2\delta_{12})+1$$

将 $\bar{Z}_1$ 代入式(5-75)，得

$$\ln\hat{\phi}_1=\int_0^p(\bar{Z}_1-1)\frac{\mathrm{d}p}{p}=\int_0^p\left[\frac{p}{RT}(B_{11}+y_2^2\delta_{12})\right]\frac{\mathrm{d}p}{p}$$

由于此积分是在恒温和恒组成下对 p 的积分，故有

$$\ln\hat{\phi}_1=\frac{p}{RT}(B_{11}+y_2^2\delta_{12}) \tag{5-78a}$$

同理
$$\ln\hat{\phi}_2=\frac{p}{RT}(B_{22}+y_1^2\delta_{12}) \tag{5-78b}$$

将式(5-78) 推广应用到多元气体混合物的任一组元上，得

$$\ln\hat{\phi}_i=\frac{p}{RT}\left\{B_{ii}+\frac{1}{2}\sum_j\sum_k[y_jy_k(2\delta_{ji}-\delta_{jk})]\right\} \tag{5-79}$$

其中
$$\begin{cases}\delta_{ji}=2B_{ji}-B_{jj}-B_{ii}\\ \delta_{jk}=2B_{jk}-B_{jj}-B_{kk}\end{cases} \tag{5-80}$$

式中，下标符号 i 指的是特定组元；j、k 两者均指一般组元，并且是包含 i 在内的所有组元。根据式(5-80)，$\delta_{ii}=\delta_{jj}=\delta_{kk}=0$，且 $\delta_{jk}=\delta_{kj}$。纯物质的第二维里系数 B_{ii}、B_{jj} 等可以从普遍化关系式求得，而交叉第二维里系数 B_{ij} 等的计算在第 2 章中已经给出，即用以下经验式计算：

$$B_{ij}=\frac{RT_{cij}}{p_{cij}}\left[B^{(0)}+\omega_{ij}B^{(1)}\right] \tag{2-52}$$

式中，各临界参数按 Prausnitz 提出的混合规则计算：

$$T_{cij}=(1-k_{ij})\sqrt{T_{ci}T_{cj}} \quad (2\text{-}53a), \qquad V_{cij}=\left(\frac{V_{ci}^{1/3}+V_{cj}^{1/3}}{2}\right)^3 \quad (2\text{-}53b)$$

$$Z_{cij}=\frac{Z_{ci}+Z_{cj}}{2} \quad (2\text{-}53c), \qquad p_{cij}=\frac{Z_{cij}RT_{cij}}{V_{cij}} \quad (2\text{-}53d)$$

$$\omega_{ij}=\frac{\omega_i+\omega_j}{2} \tag{2-53e}$$

用舍项维里方程计算逸度系数适用于压力不高的非极性或弱极性的气体，当遇到的系统是极性混合物或混合物的密度接近临界值时，此方程就不再适用，这时要用半经验的状态方程来计算。

(2) 用 RK 方程计算

若将 RK 方程和 Prausnitz 建议的混合规则代入式(5-77)，得到计算逸度系数 $\hat{\phi}_i$ 的公式为

$$\ln\hat{\varphi}_i=\ln\frac{V}{V-b}+\frac{b_i}{V-b}-\frac{2\sum_j y_j a_{ij}}{RT^{1.5}b}\ln\frac{V+b}{V}+\frac{ab_i}{RT^{1.5}b^2}\left[\ln\frac{V+b}{V}-\frac{b}{V+b}\right]-\ln Z \tag{5-81}$$

式中，V 为混合物的摩尔体积；Z 为混合物的摩尔压缩因子；a、b 为常数。

$$a=\sum_i\sum_j y_i y_j a_{ij} \tag{2-55a}$$

$$b=\sum_i y_i b_i \tag{2-55b}$$

式中，a_{ii}、a_{jj}、b_i 和 b_j 分别为组元 i 和 j 的 RK 方程常数；a_{ij} 为交叉相互作用常数，其计算公式由第 2 章给出，即

$$a_{ij}=\frac{\Omega_a R^2 T_{cij}^{2.5}}{p_{cij}} \tag{2-58}$$

式中，交叉临界参数的计算仍然采用式(2-53a)～式(2-53e)。

混合物组元的逸度系数在汽液平衡计算中非常重要，为了便于应用，现给出 SRK、PR 方程的组元逸度系数计算公式，其相应的状态方程和混合法则见第 2 章。

SRK 方程的组元逸度系数计算公式：

$$\ln\hat{\varphi}_i=\frac{b_i}{b}(Z-1)-\ln\frac{p(V-b)}{RT}+\frac{a}{bRT}\left[\frac{b_i}{b}-\frac{2}{a}\sum_{j=1}^N y_j a_{ij}\right]\ln\left(1+\frac{b}{V}\right) \tag{5-82}$$

PR 方程的组元逸度系数计算公式：

$$\ln\hat{\varphi}_i=\frac{b_i}{b}(Z-1)-\ln\frac{p(V-b)}{RT}+\frac{a}{2\sqrt{2}bRT}\left[\frac{b_i}{b}-\frac{2}{a}\sum_{j=1}^N y_j a_{ij}\right]\times\ln\left[\frac{V+(\sqrt{2}+1)b}{V-(\sqrt{2}+1)b}\right] \tag{5-83}$$

如果气体混合物适用于其他状态方程，则可将状态方程代入式(5-75) 或式(5-77)，导出计算组元逸度系数的式子。当缺乏适用的状态方程时，亦可先按对应状态原理法求出混合物整体的逸度系数，再根据 ϕ 与 $\hat{\phi}_i$ 的关系确定组元的逸度系数。

混合物逸度系数 ϕ 的计算法与纯物质逸度系数的对比态原理法相同，为了确定图 2-9 所示关系的适用性，需要用混合物的虚拟临界参数 T_{pc} 和 p_{pc}。用虚拟临界参数后，混合物的计算即可采用纯物质的方法和公式。T_{pc} 和 p_{pc} 最简单的计算公式是 Kay 混合规则，即

$$p_{pc}=\sum(y_i p_{ci}) \qquad T_{pc}=\sum(y_i T_{ci})$$

由此计算虚拟对比参数：

$$T_{pr}=\frac{T}{T_{pc}}, \qquad p_{pr}=\frac{p}{p_{pc}}$$

【例 5-6】 试计算 313K、1.5MPa 下 CO_2(1) 和丙烷（2）的等摩尔混合物中 CO_2 和丙烷的逸度系数。设气体混合物服从截止到第二维里系数的维里方程。已知各物质的临界参数和偏心因子的数值见下表，二元交互作用参数 $k_{ij}=0$。

ij	T_{cij}/K	p_{cij}/MPa	V_{cij}/$cm^3\cdot mol^{-1}$	Z_{cij}	ω_{ij}
11	304.19	7.382	94.0	0.274	0.228
22	369.83	4.248	200.0	0.277	0.152
12	335.40	5.482	140.4	0.2766	0.190

解： 从上表所列纯物质参数的数值，计算混合物的参数，计算得到 B^0、B^1 和 B_{ij} 的数值如下：

ij	T_{rij}	B^0	B^1	B_{ij}/$cm^3\cdot mol^{-1}$
11	1.029	−0.320	−0.014	−110.7
22	0.850	−0.464	−0.201	−357.9
12	0.933	−0.389	−0.091	−206.7

$$\delta_{12}=2B_{12}-B_{11}-B_{22}=2\times(-206.7)-(-110.7)-(-357.9)=55.2\text{cm}^3\cdot\text{mol}^{-1}$$

$$\ln\hat{\phi}_1=\frac{p}{RT}(B_{11}+y_2^2\delta_{12})=\frac{1.5\times10^6}{8.3145\times313}(-110.7+0.5^2\times55.2)\times10^{-6}=-0.05585$$

$$\hat{\phi}_1=0.9457$$

$$\ln\hat{\phi}_2=\frac{p}{RT}(B_{22}+y_1^2\delta_{12})=\frac{1.5\times10^6}{8.3145\times313}(-357.9+0.5^2\times55.2)\times10^{-6}=-0.1983$$

$$\hat{\phi}_2=0.820$$

【例 5-7】 已知二元体系 H_2(1)-C_3H_8(2)，$y_1=0.208$（摩尔分数），其体系压力和温度为 $p=3797.26$kPa，$T=344.8$K。试应用 RK 方程计算混合物中氢的逸度系数。

解： 从附录三中查得 H_2 与 C_3H_8 的物性数据，列于下表。

组分	T_c/K	p_c/kPa	V_c/$cm^3\cdot mol^{-1}$	Z_c	ω
H_2	33.18	1313.0	64.2	0.305	−0.220
C_3H_8	369.83	4248.0	200	0.277	0.152

已知该系统经验系数 $k_{ij}=0.07$。按照第 2 章给出的式(2-14)、式(2-53) 和式(2-55)，计算以下各常数：

$$a_{11}=\frac{0.42748\times8314.73^2\times33.18^{2.5}}{1313.0}=1.4273\times10^8\text{kPa}^{-1}\cdot\text{cm}^6\cdot\text{K}^{0.5}\cdot\text{mol}^{-2}$$

$$a_{22}=\frac{0.42748\times8314.73^2\times369.83^{2.5}}{4248.0}=1.8299\times10^{10}\text{kPa}^{-1}\cdot\text{cm}^6\cdot\text{K}^{0.5}\cdot\text{mol}^{-2}$$

$$b_{11}=\frac{0.08664\times 8314.73\times 33.18}{1313.0}=18.2045\text{cm}^3\cdot\text{mol}^{-1}$$

$$b_{22}=\frac{0.08664\times 8314.73\times 369.83}{4248.0}=62.7168\text{cm}^3\cdot\text{mol}^{-1}$$

$$T_{c12}=(1-0.07)(369.83\times 33.18)^{1/2}=103.02\text{K}$$

$$V_{c12}=\frac{1}{8}(64.2^{1/3}+200^{1/3})^3=119.54\text{cm}^3\cdot\text{mol}^{-1}$$

$$\omega_{12}=\frac{-0.220+0.152}{2}=-0.034$$

$$Z_{c12}=\frac{0.305+0.277}{2}=0.291$$

$$p_{c12}=\frac{0.291\times 8314.73\times 103.02}{119.54}=2085.21\text{kPa}$$

$$a_{12}=\frac{0.42748\times 8314.73^2\times 103.02^{2.5}}{2085.21}=1.527\times 10^9\text{kPa}^{-1}\cdot\text{cm}^6\cdot\text{K}^{0.5}\cdot\text{mol}^{-2}$$

已知 $y_1=0.208$，故 $y_2=1-0.208=0.792$，根据式(2-55)，得到

$$\begin{aligned}a&=0.208^2\times 1.4273\times 10^8+0.792^2\times 1.8299\times 10^{10}+2\times 0.208\times 0.792\times 1.527\times 10^9\\&=1.20\times 10^{10}\text{kPa}^{-1}\cdot\text{cm}^6\cdot\text{K}^{0.5}\cdot\text{mol}^{-2}\end{aligned}$$

$$b=0.208\times 18.2045+0.792\times 62.7168=53.46\text{cm}^3\cdot\text{mol}^{-1}$$

将这些数据代入 RK 方程

$$\left(3797.26+\frac{1.20\times 10^{10}}{344.8^{1/2}V(V+53.46)}\right)(V-53.46)=8314.73\times 344.8$$

应用迭代法解得 $V=554\text{cm}^3\cdot\text{mol}^{-1}$

将以上数据代入式(5-81)

$$\begin{aligned}\ln\hat{\phi}_1=&\ln\frac{554}{554-53.46}+\frac{18.2045}{554-53.46}\\&-\frac{2\times(0.208\times 1.4273\times 10^8+0.792\times 1.527\times 10^9)}{8314.73\times 344.8^{1.5}\times 53.46}\times\ln\frac{554+53.46}{554}\\&+\frac{1.20\times 10^{10}\times 18.2045}{8314.73\times 344.8^{1.5}\times(53.46)^2}\times\left(\ln\frac{554+53.46}{554}-\frac{554}{554+53.46}\right)\\&-\ln\frac{3797.26\times 554}{8314.73\times 344.8}=-0.8100\end{aligned}$$

$$\hat{\phi}_1=0.4449$$

5.3.5 液体的逸度

本节只介绍纯液体逸度的计算。式(5-67) 是计算纯物质逸度的通用表达式，可用于纯气体，亦可用于纯液体及纯固体。在计算纯液体的逸度时，由于在积分区间内存在着从蒸气到液体的相变化，使得流体的摩尔体积不连续，因此，须采用分段积分的方法（注意到 $dG_i^l=RT\text{dln}f_i^l=V_i\text{d}p$），即

$$\Delta G=RT\ln\left(\frac{f_i^l}{p}\right)=\int_0^{p_i^s}\left(V_i-\frac{RT}{p}\right)\text{d}p+RT\Delta\left(\ln\frac{f_i}{p}\right)_{\text{相变化}}+\int_{p_i^s}^{p}\left(V_i-\frac{RT}{p}\right)\text{d}p$$

上式右边第一项表示由理想蒸气到饱和蒸气时，真实气体与理想气体之间的 Gibbs 自由能变化值；第二项表示相转变时自由能的变化值；第三项表示将饱和液体压缩至实际状态的液体时

Gibbs 自由能的变化值。

根据式(5-67)，第一项积分所计算的是饱和蒸气 i 的逸度 f_i^s，即

$$\int_0^{p_i^s}\left(V_i-\frac{RT}{p}\right)\mathrm{d}p=RT\ln\frac{f_i^s}{p_i^s}$$

对第二项，由于相变化时 $\Delta G_{相变化}=0$，则

$$RT\Delta\ln\left(\frac{f_i}{p}\right)_{相变化}=0$$

联立以上方程，并展开得

$$RT\ln\frac{f_i^l}{p}=RT\ln\frac{f_i^s}{p_i^s}+\int_{p_i^s}^{p}V_i^l\mathrm{d}p-RT\ln\frac{p}{p_i^s}$$

经整理后得

$$f_i^l=f_i^s\exp\int_{p_i^s}^{p}\frac{V_i^l}{RT}\mathrm{d}p \tag{5-84}$$

式中，V_i^l 是纯液体 i 的摩尔体积；f_i^s 是处于体系温度 T 和饱和压力 p_i^s 下的逸度。

虽然液体的摩尔体积为温度与压力的函数，但液体在远离临界点时可视为不可压缩，这种情况下式(5-84) 可简化为

$$f_i^l=f_i^s\exp\left[\frac{V_i^l(p-p_i^s)}{RT}\right] \tag{5-85}$$

将 $f_i^s=p_i^s\phi_i^s$ 代入上式，得

$$f_i^l=p_i^s\phi_i^s\exp\left[\frac{V_i^l(p-p_i^s)}{RT}\right] \tag{5-86}$$

式中，ϕ_i^s 为饱和蒸气 i 的逸度系数；指数项称为 Poynting 因子。

由式(5-86) 可看出，纯液体 i 在 T 和 p 时的逸度为该温度下的饱和蒸气压 p_i^s 乘以两项校正系数。其一为逸度系数 ϕ_i^s，用来校正饱和蒸气对理想气体的偏离；另一项为指数校正项，校正压力对逸度的影响，但它仅在高压时才产生明显作用。当压力比较低时，液体的摩尔体积比气体的小得多，这时，$\exp\left[\frac{V_i^l\ (p-p_i^s)}{RT}\right]\approx 1$，此时有

$$f_i^l=p_i^s\phi_i^s \tag{5-87}$$

【例 5-8】 试求液态异丁烷在 360.96K、1.02×10^7 Pa 下的逸度。已知 360.9K 时，液体异丁烷的平均摩尔体积 $V_{C_4H_{10}}=0.119\times10^{-3}\mathrm{m^3\cdot mol^{-1}}$，饱和蒸气压 $p_{C_4H_{10}}^s=1.574\times10^6$ Pa。

解： 首先计算 $f_{C_4H_{10}}^s$。查得异丁烷的临界常数及偏心因子为

$$T_c=408.1\text{K},\qquad p_c=3.6\times10^6\text{Pa},\qquad \omega=0.176$$

$$T_r=\frac{T}{T_c}=\frac{360.96}{408.1}=0.88$$

$$p_r^s=\frac{p_{C_4H_{10}}^s}{p_c}=\frac{1.574\times10^6}{3.6\times10^6}=0.44$$

由式(5-73) 计算逸度系数 $\phi_{C_4H_{10}}^s$：

$$\ln\phi_{C_4H_{10}}^s=\frac{p_r^s}{T_r}\left[B^{(0)}+\omega B^{(1)}\right]$$

$$B^{(0)}=0.083-\frac{0.422}{T_r^{1.6}}, \qquad B^{(1)}=0.139-\frac{0.172}{T_r^{4.2}}$$

当 $T_r=0.88$ 时，$B^{(0)}=-0.435$， $B^{(1)}=-0.155$

$$\ln\phi^s_{C_4H_{10}}=\frac{0.44}{0.88}[-0.435-(0.176\times0.155)]=-0.231$$

$$\phi^s_{C_4H_{10}}=0.794$$

将各已知数据代入式(5-86)，得到

$$f^l_{C_4H_{10}}=p^s_{C_4H_{10}}\phi^s_{C_4H_{10}}\exp\frac{V^l_{C_4H_{10}}(p-p^s_{C_4H_{10}})}{RT}$$

$$=1.574\times10^6\times0.794\exp\frac{0.119\times10^{-3}(1.02-0.1574)\times10^7}{8.3145\times360.96}=1.759\times10^6\text{Pa}$$

5.4 理想混合物

式(5-75)和式(5-77)是计算混合物中组元逸度系数的基本关系式。这是两个普适方程，适合于任何相态。但这种方法要用状态方程，并且要由 $p=0$ 或 $V=\infty$ 的理想气体状态积分至所研究的状态，对于液相，这就要经历两相共存区。尽管已经有不少能同时适用于汽、液两相的状态方程，像 Peng-Robinson 方程等基本上具备了这种能力，但由于状态方程法过分依赖临界参数，而它的实验值又很缺乏，这使状态方程法的应用受到一定限制。况且，像高分子溶液等复杂混合物，状态方程仍很罕见。因此，为了计算液体混合物的逸度，需要有另一种更简单实用的方法，这便是活度的方法。该方法是通过定义一种理想混合物，并用超额函数描述与理想行为的偏差建立起来的。由超额函数可得到活度系数，进而可研究溶液热力学性质的计算。因而在引入活度之前，先要介绍理想混合物的概念。

5.4.1 理想混合物的逸度

理想混合物的组元逸度可以从混合物的组元逸度与纯组元逸度之间的关系得到。在相同温度和压力下，式(5-75)和式(5-67)相减，得

$$\ln\frac{\hat{\phi}_i}{\phi_i}=\frac{1}{RT}\int_0^p(\overline{V}_i-V_i)\mathrm{d}p \tag{5-88}$$

将 $\hat{\phi}_i$ 与 ϕ_i 的定义式代入上式，得

$$\ln\frac{\hat{f}_i}{x_if_i}=\frac{1}{RT}\int_0^p(\overline{V}_i-V_i)\mathrm{d}p \tag{5-89}$$

这是一个普遍适用的关系式，但使用中需要知道混合物的偏摩尔体积，而该数据一般难以得到。

但当体系是理想混合物时，混合前后体积不发生变化，$\overline{V}_i=V_i$，于是式(5-89)可简化为

$$\hat{f}_i^{\text{id}}=f_ix_i \tag{5-90}$$

式中，上标“id”表示理想混合物。该式表明，理想混合物中组元的逸度与它的摩尔分数成正比，这个关系称为 Lewis-Randall 规则，也是 Raoult 定律的普遍化形式。

理想混合物又称理想溶液，这里溶液是广义的概念，气体混合物也可称溶液。在真实溶液中，普遍地表现出符合理想溶液规律的有两个浓度区：一是在 $x_i\to1$ 的高浓度区，组元 i 的逸度符合 Lewis-Randall 规则；另一是在 $x_i\to0$ 的稀浓度区，组元 i 的逸度符合 Henry 定律，即

$$\hat{f}_i^{\mathrm{id}} = k_i x_i \tag{5-91}$$

式中，k_i 是溶质 i 在溶剂中的 Henry 常数，取决于系统的温度、压力和溶液性质。因此，一个比式(5-90) 更为广义的定义式应为

$$\hat{f}_i^{\mathrm{id}} = f_i^{\ominus} x_i \tag{5-92}$$

式(5-92) 是基于标准态的概念建立的理想溶液的定义式，比例系数 $f_i^{\ominus}$ 叫做组元 i 的标准态逸度，其 T、p 与混合物的相同。

Gibbs-Duhem 方程提供了 Lewis-Randall 规则和 Henry 定律之间的关系。即在一定温度和压力下，若二元溶液的组元 2 适合于 Henry 定律，则组元 1 就必然适合于 Lewis-Randall 规则。证明如下。

在 T、p 一定的条件下，根据 Gibbs-Duhem 方程 (5-40)，即

$$\sum x_i \mathrm{d}\bar{M}_i = 0$$

将此式应用于二元溶液的组元逸度，有

$$x_1 \mathrm{d}\ln\hat{f}_1 + x_2 \mathrm{d}\ln\hat{f}_2 = 0$$

若组元 2 适合于 Henry 定律，即

$$\hat{f}_2 = k_2 x_2$$

考虑到 T、p 一定的条件下，k_2 是一个常数，所以

$$\mathrm{d}\ln\hat{f}_2 = \mathrm{d}\ln k_2 + \mathrm{d}\ln x_2 = \mathrm{d}\ln x_2$$

将其代入 Gibbs-Duhem 方程，并考虑 $\mathrm{d}x_1 = -\mathrm{d}x_2$，整理得

$$\mathrm{d}\ln\hat{f}_1 = -\frac{x_2}{x_1}\mathrm{d}\ln\hat{f}_2 = -\frac{x_2}{x_1}\mathrm{d}\ln x_2 = \mathrm{d}\ln x_1$$

将上式在 $1 \rightarrow x_1$ 和 $f_1 \rightarrow \hat{f}_1$ 区间内积分，得

$$\ln\frac{\hat{f}_1}{f_1} = \ln x_1$$

即

$$\hat{f}_1 = f_1 x_1$$

结论得证。

理想溶液作为简化的物理模型，可以作为计算实际溶液组元逸度的标准态。关于标准态的进一步内容将在后面介绍。

5.4.2 理想混合物和非理想混合物

根据式(5-90)，混合物中各组元的逸度如果等于在相同的温度、压力下各纯组元的逸度与其摩尔分数的乘积，此混合物就是理想混合物，即

$$\hat{f}_i^{\mathrm{id}} = f_i x_i$$

又根据式(5-48)，混合物中组元 i 的逸度定义为

$$\mathrm{d}\bar{G}_i = RT\mathrm{d}\ln\hat{f}_i$$

当温度、压力不变时，假设状态从纯物质变为混合物，在此条件下对上式积分，得

$$\bar{G}_i = G_i + RT\ln\frac{\hat{f}_i}{f_i}$$

将此式用于理想混合物，并把式(5-90) 代入，得

$$\bar{G}_i^{\mathrm{id}} = G_i + RT\ln\frac{f_i x_i}{f_i} = G_i + RT\ln x_i \tag{5-93}$$

式(5-93) 也可作为理想混合物的象征，即凡符合此式的混合物就叫理想混合物。由此我们可得到理想混合物中组元的一系列性质，即

$$\bar{S}_i^{\mathrm{id}}=S_i-R\ln x_i \qquad (5\text{-}94) \qquad\qquad \bar{V}_i^{\mathrm{id}}=V_i \qquad (5\text{-}95)$$

$$\bar{U}_i^{\mathrm{id}}=U_i \qquad (5\text{-}96) \qquad\qquad \bar{H}_i^{\mathrm{id}}=H_i \qquad (5\text{-}97)$$

以上各式揭示了理想混合物的特点。显然，理想混合物的分子间作用力相等，分子体积相同，且没有体积效应和热效应。

理想混合物是存在的，但基本上只存在于气相，而液相中却很少。对液相来说，只有非常相似的物质形成的混合物才可近似认为是理想混合物，像邻二甲苯、间二甲苯和对二甲苯的混合物，甚至苯和甲苯这样的混合物。

根据式(5-88)，对于理想混合物，有

$$\hat{\phi}_i^{\mathrm{id}}=\phi_i \qquad (5\text{-}98)$$

而理想气体混合物则遵守式(5-76)，即

$$\hat{\phi}_i^{\mathrm{ig}}=\phi_i=1$$

可见，理想气体混合物是理想混合物的一个特例，是比理想混合物更为理想化的模型。对理想混合物来说，各个组元的分子间作用力相等，分子体积相同；而理想气体则不计分子间作用力及分子体积。

非理想混合物不具备理想混合物那些特有的性质。在非理想混合物中，各组元的分子所处的状况与它们在各纯物质中所处的状况不同，因而它们的性质也就不同。生成混合物时常常伴有体积效应和热效应。

5.5 活度和活度系数

5.5.1 活度和活度系数的定义

真实溶液与理想溶液(理想混合物) 或多或少存在着偏差，而且可能存在极大偏差。如果我们用“活度系数”来表示这种偏差程度，便可通过对理想溶液进行校正的方式来解决真实溶液的计算。

对于理想溶液，组元 i 的逸度遵守式(5-92)，即

$$\hat{f}_i^{\mathrm{id}}=f_i^{\ominus}x_i$$

对于真实溶液，同样希望溶液的组元逸度和浓度之间仍有类似式(5-92) 的简单关系。为此，Lewis 通过引入一个校正浓度 $\hat{a}_i$ 来代替式(5-92) 中的浓度 x_i 实现了这一目的。这个校正浓度被称为活度，定义式为

$$\hat{f}_i=f_i^{\ominus}\hat{a}_i \qquad (5\text{-}99)$$

式中，$\hat{a}_i$ 称为溶液中组元 i 的活度，其值等于该组元的逸度与其标准态的逸度之比。

很显然，对理想溶液，有

$$\hat{a}_i^{\mathrm{id}}=x_i \qquad (5\text{-}100)$$

可见，真实溶液对理想溶液的偏差可归结为 $\hat{a}_i$ 对 x_i 的偏差，这个偏差程度用活度系数来表示，定义为

$$\gamma_i=\frac{\hat{a}_i}{x_i} \qquad (5\text{-}101)$$

式中，γ_i 为真实溶液中组元 i 的活度系数，也称为校正系数。

应用式(5-99) 和式(5-92)，得

$$\gamma_i=\frac{\hat{f}_i}{f_i^{\ominus}x_i}=\frac{\hat{f}_i}{\hat{f}_i^{\mathrm{id}}} \tag{5-102}$$

可见，活度系数等于真实溶液的组元逸度与理想溶液的组元逸度的比值。

需要注意的是，逸度与标准态的选择无关，而活度和活度系数与标准态的选择有关。除非有特别说明，活度和活度系数均是以纯组元逸度为标准态的。

由于活度系数是对溶液非理想性的定量量度，因此，它可以方便地用来对溶液进行分类。

① 对于纯组元 i，其活度和活度系数都等于 1，即

$$\lim_{x_i\to 1}\hat{a}_i=1,\qquad \lim_{x_i\to 1}\gamma_i=1$$

② 对于理想溶液，组元 i 的活度等于其浓度，活度系数等于 1，即

$$\hat{a}_i=x_i,\qquad \gamma_i=1$$

③ 对于真实溶液，由于 $\hat{a}_i\neq x_i$，所以 $\gamma_i\neq 1$。γ_i 可能大于 1，也可能小于 1。当 $\gamma_i>1$ 时，称为对理想溶液具有正偏差的溶液；当 $\gamma_i<1$ 时，称为对理想溶液具有负偏差的溶液。具正偏差的体系比具负偏差的体系多得多，与 $\gamma_i=1$ 的差距也可能大得多。

5.5.2 标准态的选择

由活度的定义式(5-99) 可知，$f_i^{\ominus}$ 即 $\hat{a}_i=1$ 时的 f_i。因此，所谓选择标准态也就是选定一个状态以定其 $\hat{a}_i=1$。以此 $f_i^{\ominus}$ 去度量任意状态下组元 i 的逸度，以便求得相关状态下的 $\hat{a}_i$ 值。由于 $\hat{f}_i$ 是体系的性质，客观上是个定值，而同一条件下若选不同的标准态，就会得出不同的 $\hat{a}_i$ 值。可见，$\hat{a}_i$ 是一个相对值，若不指明标准态，它就没有意义。原则上，标准态的选择是任意的，但实际上必须选理想溶液的状态，使其 $\gamma_i=1$，这样，计算才能方便。因此，所有标准态的选择都与理想溶液相联系。

我们已经知道，Lewis-Randall 规则和 Henry 定律代表了两种理想溶液的模型，这两个模型实际上给我们提供了两种选择标准态的方法。图 5-7 分别给出了理想溶液和实际溶液的组元逸度与其组成的关系，我们通过这张图来说明两种标准态的选择方法。

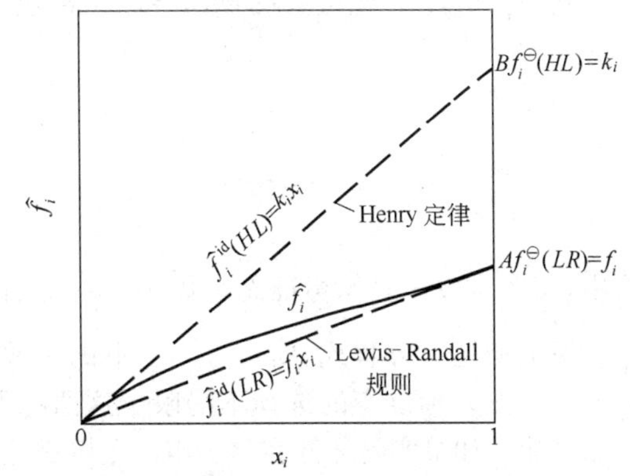

图 5-7　溶液中组元 i 的逸度与组成的关系

图 5-7 中，实线代表在一定温度和压力下，二元溶液的组元逸度 $\hat{f}_i$ 与其组成 x_i 的关系，即 $\hat{f}_i=f_i^{\ominus}\gamma_i x_i$。上方虚线代表 Henry 定律，表示稀溶液中溶质的逸度与其组成的关系，即 $\hat{f}_i^{\mathrm{id}}=k_i x_i$。下方虚线代表 Lewis-Randall 规则，表示理想溶液中组元 i 的逸度与其组成的关系，即 $\hat{f}_i^{\mathrm{id}}=f_i x_i$。

在 T、p 相同时，这三条曲线在特定的浓度区间内是相互关联的。即溶液在 $x_i\to 0$ 时，实线与 Henry 定律的曲线重合；而溶液在 $x_i\to 1$ 时，实线与 Lewis-Randall 规则的曲线重合。在中间的浓度范围，实线与两虚线均不重合。

在非电解质溶液中，常用的两种标准态逸度的选择如下。

(1) 惯例Ⅰ

选温度、压力与溶液相同的纯物质 i 的逸度为标准态，即 $f_i^{\ominus}=f_i$，此标准态在图 5-7 上是 A 点。

由图可见，A 点是纯 i 的实际状态，此情况下式（5-92）与式（5-90）完全一样，即标准态是符合 Lewis-Randall 规则的理想溶液状态。显然，实际溶液在 $x_i=1$ 处的切线即为相同 T、p 下 Lewis-Randall 规则的理想溶液曲线。因此，理想溶液在 $x_i\to 1$ 的范围内代表了实际溶液的性质，$f_i^{\ominus}$ 是切线在 $x_i=1$ 处的值，用数学公式表示为

$$\lim_{x_i\to 1}\frac{\hat{f}_i}{x_i}=f_i^{\ominus}=f_i=f_i^{\ominus}(LR) \tag{5-103}$$

式中，$f_i^{\ominus}$（LR）表示标准态是以 Lewis-Randall 规则为基准的。

将 $f_i^{\ominus}$（LR）代入式(5-99) 和式(5-102)，得

$$\hat{f}_i=f_i\hat{a}_i \quad 或 \quad \hat{a}_i=\frac{\hat{f}_i}{f_i} \tag{5-104}$$

$$\hat{f}_i=f_i\gamma_i x_i \quad 或 \quad \gamma_i=\frac{\hat{f}_i}{f_i x_i} \tag{5-105}$$

(2) 惯例Ⅱ

选温度、压力与溶液相同时，Henry 定律 $\hat{f}_i^{\mathrm{id}}=k_i x_i$ 外延到 $x_i=1$ 的状态为标准态，即 $f_i^{\ominus}=k_i$，此标准态在图 5-7 上是 B 点。

由图可见，B 点不在组元 i 的逸度曲线上，因而是一假想态。显然，此标准态是符合 Henry 定律的理想稀溶液状态。实际溶液在 $x_i=0$ 处的切线即为相同 T、p 下的 Henry 定律曲线。此时，理想稀溶液曲线在 $x_i\to 0$ 的范围内代表了实际溶液的性质，而 $f_i^{\ominus}$ 是切线在 $x_i=1$ 处的值，用数学公式表示为

$$\lim_{x_i\to 0}\frac{\hat{f}_i}{x_i}=f_i^{\ominus}=k_i=f_i^{\ominus}(HL) \tag{5-106}$$

式中，$f_i^{\ominus}$（HL）表示标准态是以 Henry 定律为基准的。

将 $f_i^{\ominus}$（HL）代入式(5-99) 和式(5-102)，得

$$\hat{f}_i=k_i\hat{a}_i^{*} \quad 或 \quad \hat{a}_i^{*}=\frac{\hat{f}_i}{k_i} \tag{5-107}$$

$$\hat{f}_i=k_i\gamma_i^{*}x_i \quad 或 \quad \gamma_i^{*}=\frac{\hat{f}_i}{k_i x_i} \tag{5-108}$$

式中，$\hat{a}_i^{*}$ 与 γ_i^{*} 表示标准态是以 Henry 定律为基准时得到的活度和活度系数。

综上所述，方程式 $\hat{f}_i^{\mathrm{id}}=f_i^{\ominus}x_i$ 中的标准态通常选择 $\hat{f}_i^{\mathrm{id}}$（LR）$=f_i x_i$ 或 $\hat{f}_i^{\mathrm{id}}$（HL）$=k_i x_i$。当然，标准态的选择不局限于这两种方法，这里不再多作介绍。

显然，如果实际溶液在整个组成范围都是理想的，则图 5-7 上的三条线将重合，在这种情况下，$\hat{f}_i^{\mathrm{id}}=f_i$，$f_i^{\ominus}$（$LR$）$=f_i^{\ominus}$（$HL$），但符合这种条件的溶液极少。一般情况下，$f_i^{\ominus}$（$LR$）与 $f_i^{\ominus}$（HL）是不同的。$f_i^{\ominus}$（LR）是给定温度、压力下的纯液体 i 的逸度，其值只与 i 物质的性质有关。而 $f_i^{\ominus}$（HL）是在溶液的温度和压力下沿 Henry 曲线外延至 $x_i\to 1$ 时的假想状态的逸度，数值上等于 Henry 常数 k_i，它不仅与组元 i 的性质有关，而且也和溶剂的性质有关。

对溶液中的组元，如果在整个组成范围内都能以液相存在（如乙醇的水溶液），那么，选

择 $f_i^{\ominus}$（LR）作标准态比较方便，此时，溶质和溶剂都可以采用这类标准态。但是，如果溶液的温度已高出了某个组元 i 的临界温度（如 40℃、0.1MPa 时 CO_2 溶解在液体苯中形成的溶液，CO_2 就属于超临界组元）时，组元 i 就不能以纯液体存在，也就无法得到纯液体 i 的逸度数据，那么，超临界组元 i（溶液）就应选择 $f_i^{\ominus}$（HL）作标准态，而溶剂仍选择 $f_i^{\ominus}$（LR）作标准态。此时，溶质和溶剂的标准态选择状况互不相同。

在溶液热力学中所使用的标准态，通常都是在溶液的温度、压力下的纯物质的状态，它或者是真实的，或者是假想的。除了逸度有标准态外，其他热力学性质同样有标准态。当温度和压力变化时，标准态也和物质的其他性质一样，随温度和压力而变化。

5.5.3 活度系数 γ_i 与 γ_i^* 的关系

选择标准态都是以活度系数为 1 的状态为选择基准，这称之为活度系数的归一化。

当采用以 Lewis-Randall 规则为基准的标准态时，活度系数的归一化条件为

$$\lim_{x_i \to 1} \gamma_i = 1 \tag{5-109}$$

这种归一化法对于溶质和溶剂都适用，通常称之为对称的归一化法。

当采用以 Henry 定律为基准的标准态时，归一化条件则为

$$\lim_{x_i \to 0} \gamma_i^* = 1 \tag{5-110}$$

这种归一化法主要用于在溶液条件下处于超临界状态的溶质，因此，称之为非对称的归一化法。

对二元溶液来说，两种归一化法的活度系数很容易相关联。由式(5-105）和式(5-108）得

$$\frac{\gamma_i}{\gamma_i^*} = \frac{k_i}{f_i} \tag{5-111}$$

若定义无限稀释状态下溶质的活度系数为 γ_i^{∞}，即

$$\gamma_i^{\infty} = \lim_{x_i \to 0} \gamma_i \tag{5-112}$$

将式(5-111）应用于无限稀释的溶液，则

$$\frac{k_i}{f_i} = \lim_{x_i \to 0} \frac{\gamma_i}{\gamma_i^*} = \frac{\lim\limits_{x_i \to 0} \gamma_i}{\lim\limits_{x_i \to 0} \gamma_i^*} = \gamma_i^{\infty}$$

再代入式(5-111)，得

$$\frac{\gamma_i}{\gamma_i^*} = \lim_{x_i \to 0} \gamma_i = \gamma_i^{\infty} \tag{5-113}$$

同样可证

$$\frac{\gamma_i^*}{\gamma_i} = \lim_{x_i \to 1} \gamma_i^* \tag{5-114}$$

式(5-113）和式(5-114）就是两种不同归一化活度系数之间的关系，但式(5-113）比式(5-114）有用得多，因为式(5-113）等号右边的极限对应着一个真实的物理状况。而式(5-114）等号右边的极限却对应着一个假想的物理状况（组元 i 不能以纯液体存在）。

【例 5-9】 已知 25℃、2MPa 下，二元溶液中组元 1 的逸度为

$$\hat{f}_1 = 7x_1 - 9x_1^2 + 3x_1^3$$

式中，x_1 是组元 1 的摩尔分数，$\hat{f}_1$ 的单位为 MPa。

在上述 T、p 下，试计算：(1) 纯组元 1 的逸度系数；(2) 纯组元 1 的 Henry 常数；(3) 以 x_1 表示的活度系数 r_1 的表达式(组元 1 以 Lewis-Randall 规则为标准态)。

解：在 25℃、2MPa 下

$$\hat{f}_1=7x_1-9x_1^2+3x_1^3$$

（1）在给定的温度、压力下，纯组元 1 的逸度为

$$f_1=\hat{f}_i\big|_{x_i=1}=7\times1-9\times1^2+3\times1^3=1\text{MPa}$$

根据逸度系数的定义

$$\phi_i=\frac{f_i}{p}$$

得

$$\phi_1=\frac{f_1}{p}=\frac{1}{2}=0.5$$

（2）根据 Henry 常数 k_i 的计算公式

$$k_i=\lim_{x_i\to0}\frac{\hat{f}_i}{x_i}$$

得

$$k_1=\lim_{x_1\to0}\frac{\hat{f}_1}{x_1}=\lim_{x_1\to0}\frac{7x_1-9x_1^2+3x_1^3}{x_1}=7\text{MPa}$$

（3）根据 $\gamma_1=\dfrac{\hat{f}_1}{x_1f_1}$

得

$$\gamma_1=\frac{7x_1-9x_1^2+3x_1^3}{x_1\times1}=7-9x_1+3x_1^2$$

5.6 混合过程性质变化

由不同物质混合形成混合物的过程，特别是形成液体混合物的过程，通常会引起体积效应和热效应。例如，甲醇和水混合时体积会缩小，浓硫酸和水混合时会有强烈的放热。由于这些现象是伴随着混合过程发生的，所以说混合过程一定引起了摩尔性质的变化。系统摩尔性质的变化决定于初、终态。为了表达这种关系，需要有一组新的热力学函数，称之为混合性质或混合过程性质变化，定义为

$$\Delta M=M-\sum x_iM_i \tag{5-115}$$

式中，ΔM 是指在指定 T、p 下由纯物质混合形成 1mol 混合物过程中，系统某容量性质的变化；M_i 是混合前纯组元 i 的摩尔性质；M 是混合后溶液的总摩尔性质。

值得注意的是，ΔM 与所选择的初始状态有关，这实际上包含着标准态的含义。显然，式(5-115) 的标准态是以 Lewis-Randall 规则为基准的。

根据溶液性质和偏摩尔性质的关系，即

$$M=\sum x_i\bar{M}_i \tag{5-17}$$

将式(5-17) 代入式(5-115)，得

$$\Delta M=\sum x_i(\bar{M}_i-M_i) \tag{5-116}$$

比较式(5-17) 与式(5-116)，并使用偏摩尔性质的定义，得

$$\Delta M=\sum x_i\Delta\bar{M}_i \tag{5-117}$$

式中，$\Delta\bar{M}_i=\bar{M}_i-M_i$，它表示 1mol 纯物质 i 在等温、等压条件下，由其指定状态变为给定组成溶液中的某组元时的性质变化，并称其为组元 i 的偏摩尔混合性质变化。对 ΔM 来说，

$\Delta\bar{M}_i$ 也是偏摩尔性质，并且是 T、p 和 x 的函数。因此，也可以像 $\bar{M}_i$ 和 M 的关系，应用式(5-34) 来关联 $\Delta\bar{M}_i$ 和 ΔM，即

$$\Delta\bar{M}_i=\Delta M-\sum_{k\neq i}\left\{x_k\left(\frac{\partial(\Delta M)}{\partial x_k}\right)_{T,p,x_{l\neq i,k}}\right\} \tag{5-118}$$

研究混合性质变化非常有意义，因为这些性质可以通过实验进行测定，进而由模型 $M=\Delta M+\sum x_iM_i$ 可以获得混合物的性质，而且由 ΔM 还可以方便地区分混合物的类型。

根据式(5-116)，可写出混合体积变化为

$$\Delta V=\sum x_i(\bar{V}_i-V_i) \tag{5-119}$$

相应地，也可写出混合焓 ΔH、混合内能 ΔU、混合 Gibbs 自由能 ΔG 以及混合熵 ΔS 的表达式，这里从略。

混合过程性质变化之间的关系类似于一般的热力学关系，例如

$$\left[\frac{\partial(\Delta G/T)}{\partial T}\right]_{p,x}=-\frac{\Delta H}{T^2} \tag{5-120}$$

$$\left[\frac{\partial\Delta G}{\partial p}\right]_{T,x}=\Delta V \tag{5-121}$$

$$\left[\frac{\partial\Delta G}{\partial T}\right]_{p,x}=-\Delta S \tag{5-122}$$

通过这些关系式可方便地计算 ΔG 和 ΔS 等重要性质。

将式(5-93)～式(5-97) 分别代入式(5-116)，便可得到由纯物质形成理想混合物时溶液的性质变化，即

$$\Delta G^{id}=RT\sum x_i\ln x_i \tag{5-123}$$

$$\Delta S^{id}=-R\sum x_i\ln x_i \tag{5-124}$$

$$\Delta V^{id}=0 \tag{5-125}$$

$$\Delta U^{id}=0 \tag{5-126}$$

$$\Delta H^{id}=0 \tag{5-127}$$

以上各式揭示了形成理想混合物时所表现出来的特征。其中，理想混合时偏摩尔体积、偏摩尔内能和偏摩尔焓与其纯物质性质的物质的量是相等的，其混合性质均为零。而混合熵和混合 Gibbs 自由能并不为零，这是因为在恒定的温度、压力下，组元混合的过程存在固有的不可逆性。

非理想混合物不具备理想混合物的上述特征。非理想混合时，最有用的混合性质是混合焓 ΔH 和混合 Gibbs 自由能 ΔG。

ΔH 是等压条件下系统与环境交换的热量，所以也称混合热，其值与混合过程的 T、p 以及形成的溶液有关，可用精密量热仪直接测定。混合时据其过程不同，混合热的名称也不同。例如，将气体、液体或固体溶解于液体时产生的 ΔH 叫做溶解热；而将向溶液中加入溶剂的稀释过程产生的 ΔH 叫做稀释热。一般有机物间的 ΔH 都不大，而在硫酸与水、硝酸与水间的 ΔH 是很大的，其值在手册中能查到。

ΔG 的大小也与混合过程的 T、p 以及形成的溶液有关。但它的值不能进行测定，只能通过模型推算来获得。

在温度、压力不变时，将式(5-48) 从标准态积分至真实溶液状态，得

$$\bar{G}_i=G_i^{\ominus}+RT\ln\frac{\hat{f}_i}{f_i^{\ominus}} \tag{5-128}$$

式中，$G_i^{\ominus}$ 为标准态时组元 i 的 Gibbs 自由能。

将活度的定义应用于上式，并以纯物质为标准态，得

$$\bar{G}_i=G_i+RT\ln\hat{a}_i \tag{5-129}$$

或
$$\Delta\bar{G}_i = RT\ln\hat{a}_i \tag{5-130}$$
将式(5-130) 代入式(5-117)，可得
$$\Delta G = RT\sum x_i \ln\hat{a}_i \tag{5-131}$$

ΔV 可以用膨胀计直接测定，也可以用密度计间接测定，但一般情况下，混合体积不会超过液体总体积的 0.3%，在许多工程计算中是可忽略不计的。

【例 5-10】 在 303K、10^5 Pa 下，液体 1 和 2 的混合体积变化与混合物的组成关系式如下：
$$\Delta V = 2.64x_1x_2$$
在相同的温度和压力下，纯液体的摩尔体积分别为
$$V_1 = 89.96\text{m}^3\cdot\text{mol}^{-1}, \qquad V_2 = 109.40\text{m}^3\cdot\text{mol}^{-1}$$
求 303K、10^5 Pa 下，无限稀释摩尔体积 $\bar{V}_1^\infty$ 和 $\bar{V}_2^\infty$。

解：据式(5-35) 及 $x_2 = 1 - x_1$，得组元 1 和 2 的偏摩尔体积表达式分别为
$$\bar{V}_1 = V + (1-x_1)\left(\frac{\partial V}{\partial x_1}\right)_{T,p}$$
$$\bar{V}_2 = V - x_1\left(\frac{\partial V}{\partial x_1}\right)_{T,p}$$
根据式(5-115)，对二元混合物得
$$\Delta V = V - (x_1V_1 + x_2V_2)$$
变换得
$$\begin{aligned} V &= \Delta V + x_1V_1 + x_2V_2 \\ &= 2.64x_1x_2 + 89.96x_1 + 109.40x_2 \\ &= 2.64x_1(1-x_1) + 89.96x_1 + 109.40(1-x_1) \\ &= 109.40 - 16.80x_1 - 2.64x_1^2 \end{aligned}$$
则
$$\left(\frac{\partial V}{\partial x_1}\right)_{T,p} = -16.80 - 2\times 2.64x_1 = -16.80 - 5.28x_1$$
所以
$$\begin{aligned} \bar{V}_1 &= 109.40 - 16.80x_1 - 2.64x_1^2 + (1-x_1)(-16.80 - 5.28x_1) \\ &= 92.60 - 5.28x_1 + 2.64x_1^2 \end{aligned}$$
$$\begin{aligned} \bar{V}_2 &= 109.40 - 16.80x_1 - 2.64x_1^2 - x_1(-16.80 - 5.28x_1) \\ &= 109.40 + 2.64x_1^2 \end{aligned}$$
当 $x_1 \to 0$ 时，
$$\bar{V}_1^\infty = \lim_{x_1\to 0}\bar{V}_1 = 92.60\text{m}^3\cdot\text{mol}^{-1}$$
$x_2 \to 0$ 时，
$$\bar{V}_2^\infty = \lim_{x_1\to 1}\bar{V}_2 = 112.04\text{m}^3\cdot\text{mol}^{-1}$$

5.7 超额性质

已用真实溶液与理想溶液的组元逸度之比定义了活度系数，若将真实溶液与理想溶液的摩尔性质之差定义为超额性质，就可以将活度系数与超额性质联系起来，进而可建立起活度系数和组成之间的关系。

所谓超额性质是指在相同的温度、压力和组成下，真实溶液与理想溶液的性质之差。其数学表达式为
$$M^{\text{E}} = M - M^{\text{id}} \tag{5-132}$$

式中，M 为溶液的摩尔性质；M^{id} 为在相同 T、p 及组成下的理想溶液的性质；M^E 称为超额性质，也有人称之为过量性质。

另外，溶液中组元 i 的偏摩尔性质和混合过程性质变化也可用超额性质来表达，即

$$\bar{M}_i^E = \bar{M}_i - \bar{M}_i^{id} \tag{5-133}$$

$$\Delta M^E = \Delta M - \Delta M^{id} \tag{5-134}$$

式中，$\bar{M}_i^E$ 称为溶液中组元 i 的超额性质；ΔM^E 称为混合过程的超额性质变化。实际上，ΔM^E 和 M^E 是相同的，这可由式(5-134) 推导而来：

$$\Delta M^E = \Delta M - \Delta M^{id} = (M - \sum x_i M_i) - (M^{id} - \sum x_i M_i) = M - M^{id} = M^E$$

于是，又可写为

$$M^E = \Delta M - \Delta M^{id} \tag{5-135}$$

不难看出，对于理想溶液，所有超额性质都等于零。而对于实际溶液，超额性质间的关系与相应的热力学性质间的关系是相同的，其偏导数也都类似于相应热力学性质的偏导数。例如

$$G^E = H^E - TS^E \tag{5-136}$$

$$S^E = -\left(\frac{\partial G^E}{\partial T}\right)_{p,x} \tag{5-137}$$

$$V^E = \left(\frac{\partial G^E}{\partial P}\right)_{T,x} \tag{5-138}$$

$$\frac{H^E}{T^2} = -\left[\frac{\partial (G^E/T)}{\partial T}\right]_{p,x} \tag{5-139}$$

此外，将式(5-123)～式(5-127) 代入式(5-135)，还可得到超额性质与混合性质及组成之间的一组关系式，即

$$G^E = \Delta G - \Delta G^{id} = \Delta G - RT\sum x_i \ln x_i \tag{5-140}$$

$$S^E = \Delta S - \Delta S^{id} = \Delta S + R\sum x_i \ln x_i \tag{5-141}$$

$$V^E = \Delta V - \Delta V^{id} = \Delta V \tag{5-142}$$

$$U^E = \Delta U - \Delta U^{id} = \Delta U \tag{5-143}$$

$$H^E = \Delta H - \Delta H^{id} = \Delta H \tag{5-144}$$

可见，对体积、内能和焓来说，体系的超额性质和其混合性质是一致的，对于热容和压缩因子也有同样的结果。而对于熵和与熵有关的函数，它们的超额性质是不等于其混合性质的。对于溶液热力学，最有用的是超额 Gibbs 自由能，因为它与活度系数有着直接的关系。

将式(5-131) 代入式(5-140)，得

$$G^E = RT\sum x_i \ln\hat{a}_i - RT\sum x_i \ln x_i = RT\sum x_i \ln\frac{\hat{a}_i}{x_i}$$

又 $\gamma_i = \dfrac{\hat{a}_i}{x_i}$，经过整理，便得

$$\frac{G^E}{RT} = \sum x_i \ln\gamma_i \tag{5-145}$$

对照式(5-16) $M = \sum x_i \bar{M}_i$，可知 $\ln\gamma_i$ 是 $G^E/(RT)$ 的偏摩尔性质。这样，根据偏摩尔性质的定义，便能从 $G^E/(RT)$ 得到 $\ln\gamma_i$，即

$$\ln\gamma_i = \left\{\frac{\partial [nG^E/(RT)]}{\partial n_i}\right\}_{T,p,n_{j\neq i}} \tag{5-146}$$

还可以写成另一种形式

$$\ln\gamma_i = \frac{\bar{G}_i^E}{RT} \tag{5-147}$$

式(5-146) 和式(5-147) 表达了溶液的超额 Gibbs 自由能和溶液中组元 i 的偏摩尔超额 Gibbs 自由能与组元 i 的活度系数间的关系。这些关系在溶液热力学的研究中起着非常重要的

作用。尤其是 G^E，它能反映溶液的非理想性，并有可能通过半理论或经验的数学解析式，再结合式(5-146) 获得相应的活度系数模型，进而可计算溶液中组元的逸度或组成。

G^E 模型通常是在一定的溶液理论基础上加以经验修正而得到的，但所有的 G^E 模型都应满足 $x_i=1$ 时 $G^E=0$ 这一基本条件。

由于 $\ln\gamma_i$ 是 $G^E/(RT)$ 的偏摩尔性质，因此，它们应满足 Gibbs-Duhem 方程式(5-39)，即

$$\sum x_i \mathrm{d}\ln\gamma_i=\left\{\frac{\partial[G^E/(RT)]}{\partial T}\right\}_{p,x}\mathrm{d}T+\left\{\frac{\partial[G^E/(RT)]}{\partial p}\right\}_{T,x}\mathrm{d}p$$

将式(5-138) 和式(5-139) 代入上式，又可写成

$$\sum x_i \mathrm{d}\ln\gamma_i=-\left(\frac{H^E}{RT^2}\right)\mathrm{d}T+\left(\frac{V^E}{RT}\right)\mathrm{d}p \tag{5-148}$$

式(5-148) 在溶液热力学中有重要作用，由此可以对实验数据或活度系数模型进行热力学一致性检验。实际应用时若可视为等温等压条件，则可简化为

$$\sum x_i \mathrm{d}\ln\gamma_i=0 \tag{5-149}$$

对二元混合物，上式变成

$$x_1\mathrm{d}\ln\gamma_1+x_2\mathrm{d}\ln\gamma_2=0 \tag{5-150}$$

或

$$x_1\left(\frac{\partial\ln\gamma_1}{\partial x_1}\right)_{T,p}=x_2\left(\frac{\partial\ln\gamma_2}{\partial x_2}\right)_{T,p} \tag{5-151}$$

【例 5-11】 某二元特殊混合物的逸度，可以表示为

$$\ln f=A+Bx_1-Cx_1^2$$

式中，A、B、C 仅为 T、p 的函数。试确定：

(1) 两组元均以 Lewis-Randall 规则为标准态时，$G^E/(RT)$、$\ln\gamma_1$、$\ln\gamma_2$ 的关系式；

(2) 组元 1 以 Henry 定律为标准态，组元 2 以 Lewis-Randall 规则为标准态时，$G^E/(RT)$、$\ln\gamma_1$、$\ln\gamma_2$ 的关系式。

解：(1) 二元溶液，均以 Lewis-Randall 规则为标准态时，据式(5-145)：

$$\frac{G^E}{RT}=x_1\ln\gamma_1+x_2\ln\gamma_2=x_1\ln\frac{\hat{f}_1}{x_1f_1}+x_2\ln\frac{\hat{f}_2}{x_2f_2}$$

$$=x_1\ln\frac{\hat{f}_1}{x_1}+x_2\ln\frac{\hat{f}_2}{x_2}-x_1\ln f_1-x_2\ln f_2=\ln f-x_1\ln f_1-x_2\ln f_2 \tag{A}$$

已知 $$\ln f=A+Bx_1-Cx_1^2 \tag{B}$$

当 $x_1=1$ 时， $$\ln f_1=A+B-C \tag{C}$$

当 $x_1=0$ 时， $$\ln f_2=A \tag{D}$$

将式(B)～式(D) 代入式(A) 得：

$$\frac{G^E}{RT}=A+Bx_1-Cx_1^2-Ax_1-Bx_1+Cx_1-Ax_2$$

$$=Cx_1-Cx_1^2=Cx_1(1-x_1)=Cx_1x_2=\frac{Cn_1n_2}{n^2}$$

据式(5-146) $$\ln\gamma_i=\left[\frac{\partial[nG^E/(RT)]}{\partial n_i}\right]_{T,p,n_j}$$

得 $$\ln\gamma_1=\left[\frac{\partial[nG^E/(RT)]}{\partial n_1}\right]_{T,p,n_2}=Cn_2\left(\frac{1}{n}-\frac{n_1}{n^2}\right)=Cx_2(1-x_1)=Cx_2^2$$

$$\ln\gamma_2=\left[\frac{\partial\left[nG^{\mathrm{E}}/(RT)\right]}{\partial n_2}\right]_{T,p,n_1}=Cn_1\left(\frac{1}{n}-\frac{n_2}{n^2}\right)=Cx_1(1-x_2)=Cx_1^2$$

（2）组元1以Henry定律为标准状态，组元2以Lewis-Randall规则为标准态时，

$$\frac{G^{\mathrm{E}}}{RT}=x_1\ln\gamma_1^*+x_2\ln\gamma_2$$

式中，*指的是以Henry定律为标准态。

$$\gamma_1^*=\frac{\hat{f}_1}{x_1k_1},\qquad \gamma_2=\frac{\hat{f}_2}{x_2f_2}$$

$$\begin{aligned}\frac{G^{\mathrm{E}}}{RT}&=x_1\ln\frac{\hat{f}_1}{x_1k_1}+x_2\ln\frac{\hat{f}_2}{x_2f_2}=x_1\ln\frac{\hat{f}_1}{x_1}+x_2\ln\frac{\hat{f}_2}{x_2}-x_1\ln k_1-x_2\ln f_2\\&=\ln f-x_1\ln k_1-x_2\ln f_2\end{aligned}\tag{E}$$

因为 $$k_i=\lim_{x_i\to 0}\frac{\hat{f}_i}{x_i},\qquad \ln k_1=\ln\left(\frac{\hat{f}_1}{x_1}\right)_{x_1=0}$$

又有 $$\ln\frac{\hat{f}_1}{x_1}=\left[\frac{\partial(n\ln f)}{\partial n_1}\right]_{T,p,n_2},\qquad n\ln f=nA+n_1B-\frac{n_1^2C}{n}$$

故 $$\left[\frac{\partial(n\ln f)}{\partial n_1}\right]_{T,p,n_2}=A+B-C\left(\frac{2n_1}{n}-\frac{n_1^2}{n^2}\right)=A+B-C(2x_1-x_1^2)$$

$$\ln\frac{\hat{f}_1}{x_1}=A+B-Cx_1(2-x_1)$$

因此 $$\ln k_1=\ln\left(\frac{\hat{f}_1}{x_1}\right)_{x_1=0}=A+B$$

将 $\ln f$、$\ln k_1$、$\ln f_2$ 均代入式(E)得

$$\frac{G^{\mathrm{E}}}{RT}=A+Bx_1-Cx_1^2-Ax_1-Bx_1-Ax_2=-Cx_1^2$$

$$\begin{aligned}\ln\gamma_1^*&=\ln\frac{\hat{f}_1}{x_1}-\ln k_1=A+B-Cx_1(2-x_1)-A-B\\&=Cx_1(x_1-2)=C(x_2^2-1)\end{aligned}$$

$$\ln\gamma_2=Cx_1^2$$

5.8 活度系数模型

式(5-146)给出了活度系数与超额Gibbs自由能的内在联系，即

$$\ln\gamma_i=\left\{\frac{\partial\left[nG^{\mathrm{E}}/(RT)\right]}{\partial n_i}\right\}_{T,p,n_{j\neq i}}$$

可见，G^{E} 是构建溶液的 γ_i 与其 T、p 和组成关系的桥梁。对溶液来说，因目前还没有一种理论能够包容所有液体的性质，所以还找不到一个通用的 G^{E} 模型来解决所有的问题。故表达 G^{E}-x_i 的关联式很多，但大多数关联式都是在一定的溶液理论基础上，通过适当的假设或简化，再结合经验提出的半理论半经验的模型。通过 G^{E} 所获得的 γ_i-x_i 的模型中都包含待定参数，这些参数要通过实验数据来拟合确定。

我们将根据溶液的分类，并从应用的角度来介绍几种最具代表性的活度系数模型。

5.8.1 正规溶液模型

所谓正规溶液是指超额体积和超额熵都为零的溶液，即 $V^E=0$，$S^E=0$。

根据定义可知，正规溶液的混合熵等于理想混合熵，混合体积为零，但正规溶液的混合热不等于零，这正是正规溶液有别于理想溶液的地方。根据正规溶液的特点，超额 Gibbs 自由能可写成

$$G^E=H^E$$

Scatchard 和 Hildebrand 先后提出了正规溶液理论。对二元正规溶液，其超额 Gibbs 自由能可表示为

$$G^E=(x_1V_1+x_2V_2)\phi_1\phi_2(\delta_1-\delta_2)^2 \tag{5-152}$$

式中，ϕ_1、ϕ_2 分别为组元 1 和 2 的体积分数，其定义式为（5-153）；δ_1、δ_2 为组元 1 和 2 的溶解度参数，其定义式为（5-154）；V_1、V_2 为组元 1 和 2 的液体摩尔体积。

$$\phi_i=\frac{x_iV_i}{x_1V_1+x_2V_2} \tag{5-153}$$

$$\delta_i=\left(\frac{\Delta U_i}{V_i}\right)^{\frac{1}{2}} \tag{5-154}$$

式中，ΔU_i 为纯物质 i 作为饱和液体时蒸发转变为理想气体所经历的摩尔内能的变化。

将式(5-152) 代入式(5-146)，便可得到

$$\ln\gamma_1=\frac{V_1\phi_2^2}{RT}(\delta_1-\delta_2)^2 \tag{5-155a}$$

$$\ln\gamma_2=\frac{V_2\phi_1^2}{RT}(\delta_1-\delta_2)^2 \tag{5-155b}$$

此式即为 Scatchard-Hildebrand 活度系数方程。这样，只要已知各纯液体的摩尔体积、体积分数及溶解度参数，便可求得二元溶液两个组元的活度系数。

正规溶液模型适用于由非极性物质构成的分子大小相近、形状相似的正偏差类体系。Scatchard-Hildebrand 方程的优点是仅需纯物质的性质即可预测混合物组元的活度系数，而无需进行混合物的汽液平衡测定。缺点是能适用的体系不多。

5.8.2 Whol 型方程

由于正规溶液的非理想性主要表现为 $\Delta H\neq 0$，故超额 Gibbs 自由能的数值主要取决于分子间的相互作用。根据对不同大小分子群中不同分子间相互作用的考察，人们提出了不少超额 Gibbs 自由能模型。Whol 将其归纳总结，认为分子间相互作用的贡献与分子群形成的相对频率以及反映该分子群的有效摩尔体积成比例，而分子群形成的相对频率可用各组元有效体积分数的乘积来表示，即

$$\frac{G^E}{RT}=\sum q_ix_i\Big(\sum_i\sum_j Z_iZ_ja_{ij}+\sum_i\sum_j\sum_k Z_iZ_jZ_ka_{ijk}+\sum_i\sum_j\sum_k\sum_l Z_iZ_jZ_kZ_la_{ijkl}+\cdots\Big) \tag{5-156}$$

式中，q_i 为组元 i 的有效摩尔体积；Z_i 为组元 i 的有效体积分数，其定义为

$$Z_i=\frac{q_ix_i}{\sum q_ix_i} \tag{5-157}$$

a_{ij}，a_{ijk}，a_{ijkl}，…分别为 i、j 两分子，i、j、k 三分子，i、j、k、l 四分子，…相互作用参数，它们描述了不同分子群的特征。相同分子群参数则为零，即

$$a_{ii}=a_{iii}=a_{iiii}=\cdots=0$$

式(5-156) 是 G^E 的 Whol 型通用表达式。根据实验物系的复杂程度及对计算准确度的要

求，可以选取任意项的 Whol 方程对实验数据进行关联。选取的项数越多，越能代表实际体系的性质，但方程中出现的参数也就越多。实际上，特别是对多元体系，多分子作用的参数几乎不可能由实验得到，通常表示四分子相互作用的参数已经很少见了。因此，下面具体讨论截取至三分子相互作用项的 Whol 方程。

略去四分子以上基团相互作用参数，将式(5-156)用于二元体系时，可有

$$\frac{G^E}{RT}=(q_1x_1+q_2x_2)(2Z_1Z_2a_{12}+3Z_1^2Z_2a_{112}+3Z_1Z_2^2a_{122}) \tag{5-158a}$$

令

$$A_{12}=q_1(2a_{12}+3a_{122})$$
$$A_{21}=q_2(2a_{12}+3a_{112})$$

式(5-158a)可表示为

$$\frac{G^E}{RT}=\left(\frac{q_2}{q_1}A_{12}x_2+\frac{q_1}{q_2}A_{21}x_1\right)Z_1Z_2 \tag{5-158b}$$

应用上式，可求得二元体系的两个活度系数方程，为

$$\ln\gamma_1=Z_2^2\left[A_{12}+2Z_1\left(A_{21}\frac{q_1}{q_2}-A_{12}\right)\right] \tag{5-159a}$$

$$\ln\gamma_2=Z_1^2\left[A_{21}+2Z_2\left(A_{12}\frac{q_2}{q_1}-A_{21}\right)\right] \tag{5-159b}$$

式(5-159)中含有三个参数 A_{12}、A_{21} 及 $\frac{q_1}{q_2}$。通过对三个参数进行不同的简化，便可导出一些早期建立的著名的活度系数方程。

(1) Scatchard-Hamer 方程

用纯组元的摩尔体积 V_1 和 V_2 来取代有效摩尔体积 q_1 和 q_2，即可得到 Scatchard-Hamer 方程：

$$\ln\gamma_1=Z_2^2\left[A_{12}+2Z_1\left(A_{21}\frac{V_1}{V_2}-A_{12}\right)\right] \tag{5-160a}$$

$$\ln\gamma_2=Z_1^2\left[A_{21}+2Z_2\left(A_{12}\frac{V_2}{V_1}-A_{21}\right)\right] \tag{5-160b}$$

若令

$$\frac{A_{12}}{V_1}=\frac{A_{21}}{V_2}=\frac{(\delta_1-\delta_2)^2}{RT}$$

并引入体积分数 ϕ_i，式(5-160)就演化为 Scatchard-Hildebrand 方程式(5-155)。

(2) Margules 方程

若令 $q_1/q_2=1$，则 $Z_i=x_i$，代入式(5-155)，即可得到 Margules 方程：

$$\ln\gamma_1=x_2^2[A_{12}+2x_1(A_{21}-A_{12})] \tag{5-161a}$$

$$\ln\gamma_2=x_1^2[A_{21}+2x_2(A_{12}-A_{21})] \tag{5-161b}$$

注意：当 $x_1=0$ 时，$\ln\gamma_1^\infty=A_{12}$；当 $x_2=0$ 时，$\ln\gamma_2^\infty=A_{21}$。因此，人们习惯称 A_{12} 和 A_{21} 为端值参数，γ_1^∞ 和 γ_2^∞ 称为无限稀释活度系数，其值由实验数据拟合求得。

(3) van Laar 方程

若令 $q_2/q_1=A_{21}/A_{12}$，即可得 van Laar 方程：

$$\ln\gamma_1=A_{12}\left(\frac{A_{21}x_2}{A_{12}x_1+A_{21}x_2}\right)^2 \tag{5-162a}$$

$$\ln\gamma_2=A_{21}\left(\frac{A_{12}x_1}{A_{12}x_1+A_{21}x_2}\right)^2 \tag{5-162b}$$

可见，参数 A_{12} 和 A_{21} 也分别是 $x_1=0$ 和 $x_2=0$ 时的活度系数对数，即 $\ln\gamma_1^\infty=A_{12}$，

$\ln\gamma_2^{\infty}=A_{21}$。

Margules 方程和 van Laar 方程中的两个端值参数 A_{12} 和 A_{21}，通常都是以实验数据为基础而求的，一般使用以下实验数据中的一种：①汽液两相的平衡组成；②恒沸点数据；③一定 T 下的 p-x_i-y_i 的一系列数据或一定 p 下的 T-x_i-y_i 的一系列数据。

若有上列数据中的一种，便可按照下式计算活度系数 γ_i，进而求取 A_{12} 和 A_{21}：

$$py_i=p_i^{s}x_i\gamma_i \tag{5-163a}$$

$$\gamma_i=py_i/(p_i^{s}x_i) \tag{5-163b}$$

上式是根据汽液平衡时组元 i 在两相中的逸度相等的原理，以及假定压力不高，汽相可作为理想气体而建立起来的，式中 p 是体系的总压，p_i^{s} 则是在体系温度下纯物质 i 的饱和蒸气压。

例如，对 van Laar 方程进行变换，可得

$$A_{12}=\ln\gamma_1\left(1+\frac{x_2\ln\gamma_2}{x_1\ln\gamma_1}\right)^2 \tag{5-164a}$$

$$A_{21}=\ln\gamma_2\left(1+\frac{x_1\ln\gamma_1}{x_2\ln\gamma_2}\right)^2 \tag{5-164b}$$

可见，如果测得某一浓度下的一对 γ_1 和 γ_2 的数据，原则上就可以通过上式确定 van Laar 方程中的 A_{12} 和 A_{21}。

如果只测一点的数据，就算再严谨，也可能带来误差。一点法目前只在恒沸点时选用，因为恒沸点的值相对比较严谨。更多情况是测定一批汽液平衡值，再进行数据拟合，以求得到较可靠的结果。

(4) 单参数对称性方程

若 $A_{12}=A_{21}$，则 Margules 方程和 van Laar 方程均变为

$$\ln\gamma_1=A_{12}x_2^2 \tag{5-165a}$$

$$\ln\gamma_2=A_{21}x_1^2 \tag{5-165b}$$

显然，由式(5-166) 所描绘的两条 $\ln\gamma$-x 曲线是相互对称的。

Whol 型方程是建立在正规溶液基础上的通用模型，它有一定的理论概念，其简化形式常用于计算非理想性不大的二元溶液的活度系数。Margules 方程和 van Laar 方程都是 Whol 方程的特例，实际上它们都是经验式，早在 Whol 提出模型前几十年就已开始使用了。在实际应用中至于选哪个方程更合适，并无明确界定，通常对分子体积相差不太大的体系选择 Margules 方程较为合适，反之则宜选用 van Laar 方程或 Scatchard-Hamer 方程。在图上 $G^{E}/(RTx_1x_2)$ 与 x_1 的关系近似地为一条直线，则选用 Margules 方程；如果 $(RTx_1x_2)/G^{E}$ 与 x_1 的关系近似地为一直线，则表明应使用 van Laar 方程；而 $G^{E}/(RTx_1x_2)$ 与 x_1 的关系接近水平线时，则选用单参数对称性方程更合适；如果不符合上述情况，则应考虑用其他类型的方程。

Whol 型方程在考虑分子的相互作用时，认为分子的碰撞是随机的。这样，对于那些分子间作用力相差太大，特别是极性或多组元复杂混合物的计算，Whol 型方程的应用就受到了限制。不能由二元物系简单地计算多元物系，也是 Whol 型方程的更大缺点。

5.8.3 无热溶液模型

无热溶液理论假定由纯物质形成溶液时，其混合热基本为零，即 $\Delta H\approx0$ 或 $H^{E}\approx0$。溶液非理想性的原因主要来自超额熵不等于零，即 $S^{E}\neq0$。根据无热溶液的特点，超额 Gibbs 自由能可写成

$$G^{E}=-TS^{E}$$

Flory 和 Huggins 在似晶格模型的基础上，采用统计力学的方法导出无热溶液超额熵的方程：

$$S^{E}=-R\sum x_{1}\ln\frac{\phi_{i}}{x_{i}}\qquad(i=1,2,\cdots,N)\tag{5-166}$$

则

$$G^{E}=-TS^{E}=RT\sum x_{i}\ln\frac{\phi_{i}}{x_{i}}\tag{5-167}$$

式中，ϕ_i 为组元 i 的体积分数。

对于二元溶液，G^E 的表达式为

$$\frac{G^{E}}{RT}=x_{1}\ln\frac{\phi_{1}}{x_{1}}+x_{2}\ln\frac{\phi_{2}}{x_{2}}\tag{5-168}$$

利用式(5-146)，可得描述二元无热溶液的 Flory-Huggins 方程，即

$$\ln\gamma_{1}=\ln\frac{\phi_{1}}{x_{1}}+1-\frac{\phi_{1}}{x_{1}}\tag{5-169a}$$

$$\ln\gamma_{2}=\ln\frac{\phi_{2}}{x_{2}}+1-\frac{\phi_{2}}{x_{2}}\tag{5-169b}$$

正如式(5-155) 一样，Flory-Huggins 方程也只需要纯组元的摩尔体积。无热溶液模型适用于由分子大小相差甚远，而相互作用力很相近的物质构成的溶液，特别是高聚物溶液。由 Flory-Huggins 方程求得的活度系数都小于 1，因此，无热溶液模型只能用来预测对 Raoult 定律呈负偏差的体系性质，且不能用于极性相差大的体系。

5.8.4 局部组成型方程

(1) 局部组成概念

前面所介绍的几种活度系数模型都是建立在随机溶液基础上的，也就是认为分子的碰撞完全是随机的，溶液中各部分组成均为溶液组成的宏观量度。但从微观上看，只有当所有分子间的作用力均相等时，才会出现随机分布的情况。而事实上，溶液中分子间的相互作用力一般并不相等。根据这一事实，Wilson 首先提出了局部组成的概念，认为在某个中心分子 i 的近邻，出现 i 分子和出现 j 分子的概率不仅与分子的组成 x_i 和 x_j 有关，而且与分子间相互作用的强弱有关。例如由 1 和 2 两个组元构成的二元溶液中，1-1、2-2、1-2 分子的作用并不相同，当 1-1 的相互作用明显大于 1-2 或 2-2 时，在分子 1 周围出现分子 1 的概率将大些；而在分子 2 的周围出现分子 2 的概率也将大些。相反，当 1-1、2-2 的相互作用显著小于 1-2 时，则在某分子近邻出现异种分子的概率就将大些。所以从微观上看，某个分子（中心分子）周围的其他分子的摩尔分数并不等于它们在溶液中的宏观摩尔分数，也就是说，溶液的局部组成不等于其总体组成。图 5-8 所示的属后一种情况，图中有 15 个分子 1 和 15 个分子 2，总体组成为 $x_1=x_2=0.5$，但从局部来看，如图中分子 1，在它的周围分子 1 的局部组成即分子 1 的摩尔分数为 3/8，分子 2 的局部组成分数为 5/8。这样二元溶液中便有两种局部：一是以分子 1 为中心；另一是以分子 2 为中心。若用 x_{ji} 代表 i 分子周围 j 分子的局部摩尔分数，并对二元溶液定义如下：

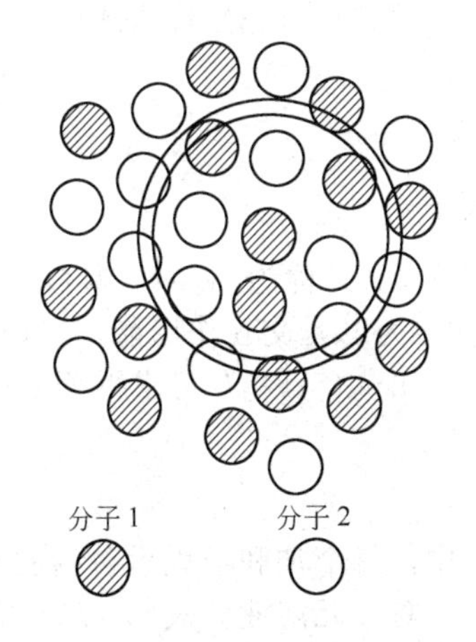

图 5-8 局部组成和局部摩尔分数的概念图

$$x_{21}=\frac{\text{与中心分子 1 紧邻的分子 2 的分子数}}{\text{与中心分子 1 紧邻的总分子数}} \tag{5-170a}$$

$$x_{11}=\frac{\text{与中心分子 1 紧邻的分子 1 的分子数}}{\text{与中心分子 1 紧邻的总分子数}} \tag{5-170b}$$

则有

$$x_{12}+x_{22}=1, \qquad x_{21}+x_{11}=1$$

(2) Wilson 方程

基于局部组成概念，Wilson 提出了如下方程：

$$\frac{x_{ji}}{x_{ii}}=\frac{x_j \exp[-g_{ji}/(RT)]}{x_i \exp[-g_{ii}/(RT)]} \tag{5-171}$$

式中 x_{ii} 和 x_{ji} 分别代表中心分子 i 近邻 i 类和 j 类分子的局部摩尔分数；x_i 是组元 i 总体平均摩尔分数；分子相互作用的强弱用 Boltzmann 因子 exp $[-g_{ij}/(RT)]$ 来度量，g_{ij} 是 i-j 分子对的相互作用能（$g_{ij}=g_{ji}$），g_{ii} 是 i-i 分子对的相互作用能。

中心分子 i 近邻各类分子的摩尔分数之和等于 1，其中 i 类分子的摩尔分数为

$$x_{ii}=\frac{x_i \exp[-g_{ii}/(RT)]}{\sum_j x_j \exp[-g_{ji}/(RT)]} \tag{5-172}$$

中心分子 i 近邻 i 类分子的局部体积分数则为

$$\phi_{ii}=\frac{x_i V_i \exp[-g_{ii}/(RT)]}{\sum_j x_j V_j \exp[-g_{ji}/(RT)]} \tag{5-173}$$

式中，V_i 和 V_j 表示纯液体 i 和 j 的摩尔体积。

Wilson 将局部组成概念应用于无热溶液的 Flory-Huggins 模型，并用局部体积分数 ϕ_{ii} 替代方程中的总体平均体积分数 ϕ_i，得

$$\frac{G^{\mathrm{E}}}{RT}=\sum x_i \ln \frac{\phi_{ii}}{x_i} \tag{5-174}$$

式中，x_i 为 i 组元的总体平均摩尔分数；ϕ_{ii} 为 i 组元的局部体积分数。

将式(5-173) 代入式(5-174)，可得

$$\frac{G^{\mathrm{E}}}{RT}=-\sum_i x_i \ln\left(\sum_j \Lambda_{ij} x_j\right) \tag{5-175}$$

其中

$$\Lambda_{ij}=\frac{V_j}{V_i}\exp[-(g_{ij}-g_{ii})/(RT)] \tag{5-176}$$

式中，Λ_{ij} 称为 Wilson 参数，是无量纲量，其中 $\Lambda_{ij}>0$，$\Lambda_{ij}\neq\Lambda_{ji}$ 而 $\Lambda_{ii}=\Lambda_{jj}=1$；$(g_{ij}-g_{ii})$ 为二元交互作用能量参数，可以为正值或负值，且 $g_{ij}=g_{ji}$。

由式(5-175) 可求得著名的 Wilson 方程：

$$\ln\gamma_i=1-\ln\left(\sum_j \Lambda_{ij} x_j\right)-\sum_k \frac{\Lambda_{ki} x_k}{\sum_j \Lambda_{kj} x_j} \tag{5-177}$$

式中，每个加和项表示包括所有的组元。

对二元溶液，式(5-175) 简化为

$$\frac{G^{\mathrm{E}}}{RT}=-x_1 \ln(x_1+\Lambda_{12}x_2)-x_2 \ln(x_2+\Lambda_{21}x_1) \tag{5-178}$$

活度系数方程为

$$\ln\gamma_1=-\ln(x_1+\Lambda_{12}x_2)+x_2\left(\frac{\Lambda_{12}}{x_1+\Lambda_{12}x_2}-\frac{\Lambda_{21}}{x_2+\Lambda_{21}x_1}\right) \tag{5-179a}$$

$$\ln\gamma_2=-\ln(x_2+\Lambda_{21}x_1)+x_1\left(\frac{\Lambda_{21}}{x_2+\Lambda_{21}x_1}-\frac{\Lambda_{12}}{x_1+\Lambda_{12}x_2}\right) \tag{5-179b}$$

式中，Wilson 参数 Λ_{12} 和 Λ_{21} 为

$$\Lambda_{12}=\frac{V_2}{V_1}\exp[-(g_{12}-g_{11})/(RT)] \tag{5-180a}$$

$$\Lambda_{21}=\frac{V_1}{V_2}\exp[-(g_{21}-g_{22})/(RT)] \tag{5-180b}$$

式中，$(g_{12}-g_{11})$ 和 $(g_{21}-g_{22})$ 需由二元汽液平衡的实验数据拟合确定。通常采用多点组成下的实验数据，用非线性最小二乘法回归求取参数最佳值。如果有无限稀释活度系数 γ_1^∞ 和 γ_2^∞ 的数据，Λ_{12} 和 Λ_{21} 也可按下列方程解出：

当 $x_1\to 0$ 时，
$$\ln\gamma_1^\infty=-\ln\Lambda_{12}-\Lambda_{21}+1 \tag{5-181a}$$

当 $x_2\to 0$ 时，
$$\ln\gamma_2^\infty=-\ln\Lambda_{21}-\Lambda_{12}+1 \tag{5-181b}$$

Wilson 方程的突出优点是可以准确地描述非极性或极性互溶物系的活度系数，例如它可以很好地回归烃醇类物系，而用其他方程回归时效果不佳。Wilson 方程对二元溶液是一个两参数方程，且对多元体系的描述也仅用二元参数即可，这是 Wilson 方程优于早期多元活度系数方程的重要体现。在应用 Wilson 方程时，由于二元交互作用参数 $(g_{ij}-g_{ii})$ 受温度影响较小，在不太宽的温度范围内通常将它视作常数，但 Wilson 参数 Λ_{ij} 却并非常数，它随溶液温度的变化而变化，因此 Wilson 方程实际上包含了温度对活度系数的影响，这也是它的一个优点。若要更好地体现温度的影响，在回归时，可以把 $(g_{ij}-g_{ii})$ 处理成温度的函数。然而，Wilson 方程也存在一些缺点，它不能用于部分互溶体系。

【例 5-12】 349.25K 时，由甲醇 (1)-水 (2) 组成的二元溶液，其组成 $x_1=0.400$，试用 Wilson 方程计算该溶液的活度系数 γ_1 和 γ_2。已知有关数据如下：

$$g_{12}-g_{11}=1087\text{J}\cdot\text{mol}^{-1},\qquad g_{21}-g_{22}=1634\text{J}\cdot\text{mol}^{-1}$$

$$V_1=42.898\text{cm}^3\cdot\text{mol}^{-1},\qquad V_2=18.532\text{cm}^3\cdot\text{mol}^{-1}$$

解： 据式(5-180)：$\Lambda_{12}=\frac{V_2}{V_1}\exp\left[\frac{-(g_{12}-g_{11})}{RT}\right]=\frac{18.532}{42.898}\exp\left[\frac{-1087}{8.314\times 349.25}\right]=0.2972$

$$\Lambda_{21}=\frac{V_1}{V_2}\exp\left[\frac{-(g_{21}-g_{22})}{RT}\right]=\frac{42.898}{18.532}\exp\left[\frac{-1634}{8.314\times 349.25}\right]=1.3192$$

$$\begin{aligned}\ln\gamma_1&=-\ln(x_1+\Lambda_{12}x_2)+x_2\left(\frac{\Lambda_{12}}{x_1+\Lambda_{12}x_2}-\frac{\Lambda_{21}}{\Lambda_{21}x_1+x_2}\right)\\&=-\ln(0.400+0.2972\times 0.600)\\&\quad+0.600\left(\frac{0.2972}{0.400+0.2972\times 0.600}-\frac{1.3192}{1.3192\times 0.400+0.600}\right)\\&=0.1544\end{aligned}$$

$$\gamma_1=1.167$$

$$\begin{aligned}\ln\gamma_2&=-\ln(\Lambda_{21}x_1+x_2)+x_1\left(\frac{\Lambda_{21}}{\Lambda_{21}x_1+x_2}-\frac{\Lambda_{12}}{x_1+\Lambda_{12}x_2}\right)\\&=-\ln(1.3192\times 0.400+0.600)\\&\quad+0.400\left(\frac{1.3192}{1.3192\times 0.400+0.600}-\frac{0.2972}{0.400+0.2972\times 0.600}\right)\\&=0.1424\end{aligned}$$

$$\gamma_2=1.153$$

---

(3) NRTL 方程

Renon 和 Prausnitz 发展了 Wilson 的局部组成概念，在关联局部组成与总体组成的 Boltzmann 型方程中，引入了一个能反映体系特征的参数 α_{12}，即

$$\frac{x_{21}}{x_{11}}=\frac{x_2\exp[-\alpha_{12}g_{21}/(RT)]}{x_1\exp[-\alpha_{12}g_{11}/(RT)]}$$

$$\frac{x_{12}}{x_{22}}=\frac{x_1\exp[-\alpha_{12}g_{12}/(RT)]}{x_2\exp[-\alpha_{12}g_{22}/(RT)]}$$

式中，α_{12} 是组元 1 和 2 之间的参数，称为非随机参数。

在计算超额 Gibbs 自由能时，采用双液体理论，导出下列能用于部分互溶体系的 NRTL（Non-Random Two Liquids）方程：

$$\frac{G^{\mathrm{E}}}{RT}=x_1x_2\left(\frac{\tau_{21}G_{21}}{x_1+x_2G_{21}}+\frac{\tau_{12}G_{12}}{x_2+x_1G_{12}}\right) \tag{5-182}$$

$$\ln\gamma_1=x_2^2\left[\frac{\tau_{21}G_{21}^2}{(x_1+x_2G_{21})^2}+\frac{\tau_{12}G_{12}}{(x_2+x_1G_{12})^2}\right] \tag{5-183a}$$

$$\ln\gamma_2=x_1^2\left[\frac{\tau_{12}G_{12}^2}{(x_2+x_1G_{12})^2}+\frac{\tau_{21}G_{21}}{(x_1+x_2G_{21})^2}\right] \tag{5-183b}$$

其中，$G_{21}=\exp(-\alpha_{12}\tau_{21})$，$G_{12}=\exp(-\alpha_{12}\tau_{12})$；$\tau_{21}=(g_{21}-g_{11})/(RT)$，$\tau_{12}=(g_{12}-g_{22})/(RT)$。

对多元体系，NRTL 方程的通式为

$$\frac{G^{\mathrm{E}}}{RT}=\sum_j x_i\left(\sum_i\tau_{ji}G_{ji}x_j\Big/\sum_k G_{ki}x_k\right) \tag{5-184}$$

$$\ln\gamma_i=\frac{\sum_j\tau_{ji}G_{ji}x_j}{\sum_k G_{ki}x_k}+\sum_j\frac{G_{ij}x_j}{G_{kj}x_k}\left(\tau_{ij}-\frac{\sum_l\tau_{lj}G_{lj}x_l}{\sum_k G_{kj}x_k}\right) \tag{5-185}$$

其中，$\tau_{ji}=(g_{ji}-g_{ii})/(RT)$；$G_{ji}=\exp(-\alpha_{ji}\tau_{ji})$；$\alpha_{ji}=\alpha_{ij}$。

和 Wilson 方程一样，NRTL 方程也可以用二元溶液的数据推算多元溶液的性质。但它最突出的优点是能用于部分互溶体系，因而特别适用于液液分层物系的计算。NRTL 方程中的 α_{ij} 有一定理论解释，但实际使用中只是作为一个参数回归，因此该方程是一个三参数方程。

(4) UNIQUAC 方程

UNIQUAC（universal quasi-chemical equation）方程是在似晶格模型和局部组成概念的基础上，采用双液体理论推导出的一个理论性较强的方程。UNIQUAC 是一个比 Wilson 和 NRTL 更为复杂的方程，但它可用于多种体系，包括分子大小相差悬殊的聚合物体系及部分互溶体系。因此，又称它为通用化学模型。

UNIQUAC 方程的超额 Gibbs 自由能由组合与剩余两部分构成，即

$$G^{\mathrm{E}}=G_{\mathrm{C}}^{\mathrm{E}}+G_{\mathrm{R}}^{\mathrm{E}} \tag{5-186}$$

其中

$$\frac{G_{\mathrm{C}}^{\mathrm{E}}}{RT}=\sum_i x_i\ln\frac{\phi_i}{x_i}+\frac{Z}{2}\sum_i q_ix_i\ln\frac{\theta_i}{\phi_i} \tag{5-187a}$$

$$\frac{G_{\mathrm{R}}^{\mathrm{E}}}{RT}=\sum_i q_ix_i\ln\left(\sum_j\theta_j\tau_{ji}\right) \tag{5-187b}$$

式中，$G_{\mathrm{C}}^{\mathrm{E}}$ 称为组合超额 Gibbs 自由能；$G_{\mathrm{R}}^{\mathrm{E}}$ 称为剩余超额 Gibbs 自由能。

则通用活度系数表达式为

$$\ln\gamma_i=\ln\frac{\phi_i}{x_i}+\left(\frac{Z}{2}\right)q_i\ln\frac{\theta_i}{\phi_i}+l_i-\frac{\phi_i}{x_i}\sum_j x_jl_j-q_i\ln\left(\sum_j\theta_j\tau_{ji}\right)+q_i-q_i\sum\frac{\theta_j\tau_{ij}}{\sum_k\theta_k\tau_{kj}} \tag{5-188}$$

其中，$l_i=\frac{Z}{2}(r_i-q_i)-(r_i-1)$，$\theta_i=\frac{q_i x_i}{\sum_j q_j x_j}$，$\phi_i=\frac{r_i x_i}{\sum_j r_j x_j}$，$\tau_{ji}=\exp\left(-\frac{u_{ji}}{RT}\right)$。

式中，θ_i 和 ϕ_i 是纯物质 i 的平均面积分数和体积分数，r_i 和 q_i 是纯物质参数，其值根据分子的 van der Waals 体积和表面积算出。Z 为晶格配位数，其值取为 10。u_{ij} 是分子对 i-j 的相互作用能，但 $u_{ij}\neq u_{ji}$，由实验数据确定其值。

对二元溶液，式(5-190) 与式(5-191) 可简化为

$$\frac{G_{\mathrm{C}}^{\mathrm{E}}}{RT}=x_1\ln\frac{\phi_1}{x_1}+x_2\ln\frac{\phi_2}{x_2}+\frac{Z}{2}\left(q_1x_1\ln\frac{\theta_1}{\phi_1}+q_2x_2\ln\frac{\theta_2}{\phi_2}\right) \tag{5-189a}$$

$$\frac{G_{\mathrm{R}}^{\mathrm{E}}}{RT}=-q_1x_1\ln(\theta_1+\theta_2\tau_{21})-q_2x_2\ln(\theta_2+\theta_1\tau_{12}) \tag{5-189b}$$

$$\ln\gamma_1=\ln\frac{\phi_1}{x_1}+\left(\frac{Z}{2}\right)q_1\ln\frac{\theta_1}{\phi_1}+\phi_2\left(l_1-\frac{r_1}{r_2}l_2\right)-q_1\ln(\theta_1+\theta_2\tau_{21})+\theta_2q_1\left(\frac{\tau_{21}}{\theta_1+\theta_2\tau_{21}}-\frac{\tau_{12}}{\theta_2+\theta_1\tau_{12}}\right) \tag{5-190a}$$

$$\ln\gamma_2=\ln\frac{\phi_2}{x_2}+\left(\frac{Z}{2}\right)q_2\ln\frac{\theta}{\phi_2}+\phi_1\left(l_2-\frac{r_2}{r_1}l_1\right)-q_2\ln(\theta_2+\theta_1\tau_{12})+\theta_1q_2\left(\frac{\tau_{12}}{\theta_2+\theta_1\tau_{12}}-\frac{\tau_{21}}{\theta_1+\theta_2\tau_{21}}\right) \tag{5-190b}$$

UNIQUAC 方程把活度系数分为组合及剩余两部分，分别反映分子大小和形状对 γ 的贡献及分子间交互作用对 γ 的贡献。此式精度高，通用性好，还便于用于多元体系，且仅用两个可调参数便可应用于部分互溶体系，而 NRTL 方程却需要三个参数。方程的缺点是要有微观参数 r_i 和 q_i，而这些参数有些物质还无法提供。

除了以上活度系数关联方程之外，在化工计算中比较广泛采用的还有 γ 的估算方法（UNIFAC 法），此法见第 12 章。

本章小结

本章的研究范围是均相混合物，主要涉及的是气体或液体的非电解质溶液，重点研究了均相敞开系统的热力学性质。

1. 均相混合物或溶液热力学内容的应用，最重要的就是相平衡计算。对一个相平衡体系，其中的任何一相都可以看作是均相敞开系统，因此，均相敞开系统的热力学性质是研究相平衡的基础。要弄清非均相封闭的相平衡系统与均相敞开系统之间的关系。

2. 实际过程所涉及的混合物性质需要用模型来描述，但由于物质的多样性和过程的复杂性，我们只能采用理想模型加校正的方法来处理实际物系，因此我们研究的是事物的本质而非个别现象，得到的结论一般是抽象的但又是普遍适用的公式。这种研究方法对学习是非常重要的。

3. 混合物定组成的热力学性质与纯物质性质的计算相同，其性质变化由系统的温度、压力决定。混合物变组成即均相敞开系统的热力学性质，除了与系统的温度、压力有关，还与组成有关，这种关系用偏摩尔性质来表达。因此，除了均相敞开系统的热力学基本关系式外，更应掌握偏摩尔性质的定义及用途，要重视偏摩尔性质之间的约束关系式——Gibbs-Duhem 方程及其应用。

4. 弄清混合过程性质变化和超额性质之间的区别和联系，掌握其定义及基本计算。

5. 均相系统的摩尔性质与 Gibbs 函数紧密相连，通过 Gibbs 函数，引入了逸度系数、组元逸度系数和活度系数等概念，这些既是本章的重点，也是难点。要掌握它们的定义，了解它们的作用，熟悉它们的计算。

6. 逸度系数的计算，离不开状态方程。用状态方程计算混合物时，除选择适合的方程外，还要考虑混合规则，因为逸度系数对所用的混合规则是敏感的。而用活度系数计算混合物时，一定要注意模型的应用范围及标准状态的选择。

7. 掌握理想气体、理想溶液的定义、特点及作用，并熟悉标准态的概念及选择。

8. 这一章所学的内容在后几章有直接的应用，尤其与下一章的关系非常密切，在后面的学习中要注意互相联系。

习 题

5-1 在化工热力学中引入偏摩尔性质的意义何在？在进行化工计算时，什么情况下不能使用偏摩尔量？

5-2 简述 Gibbs-Duhem 方程的用途，说明进行热力学一致性检验的重要性。

5-3 真实气体混合物的非理想性表现在哪几个方面？

5-4 说明在化工热力学中引入逸度计算的理由。

5-5 解释活度定义中的标准态，为什么要引入不同的标准态？

5-6 混合物的逸度和逸度系数与它的组元逸度和逸度系数有什么关系？由这种关系我们可以得出什么结论？

5-7 讨论偏摩尔性质、混合性质变化和超额性质这三个概念在化工热力学中各起的作用。

5-8 试总结和比较各种活度系数方程，并说明其应用情况。

5-9 试判断下列说法是否正确：

(1) 在恒定 T 和 p 下的理想溶液，溶液中组元的逸度与其摩尔分数成比例；

(2) 对于理想溶液，混合过程的所有性质变化均为零；

(3) 对于理想溶液，所有超额性质均为零；

(4) 当 $p\to 0$ 的极限情况下，气体的 f/p 比值趋于无穷，其中 f 是逸度。

5-10 某二组元液体混合物在恒定 T 及 p 下的焓可用下式表示：

$$H=300x_1+450x_2+x_1x_2(25x_1+10x_2)$$

式中 H 单位为 $\mathrm{J\cdot mol^{-1}}$。试确定在该温度、压力状态下：(1) 用 x_1 表示的 $\bar{H}_1$ 和 $\bar{H}_2$；(2) 纯组分焓 H_1 和 H_2 的数值；(3) 无限稀释下液体的偏摩尔焓 $\bar{H}_1^{\infty}$ 和 $\bar{H}_2^{\infty}$ 的数值。

5-11 在 303K、10^5 Pa 下，苯 (1) 和环己烷 (2) 的液体混合物的摩尔体积 V 和苯的摩尔分数 x_1 的关系如下：

$$V=109.4-16.8x_1-2.64x_1^2\ \mathrm{cm^3\cdot mol^{-1}}$$

试导出 $\bar{V}_1$ 和 $\bar{V}_2$ 和 ΔV 的表达式。

5-12 某二元混合物中组元 1 和 2 的偏摩尔焓可用下式表示：

$$\overline{H}_1=a_1+b_1x_2^2,\qquad \overline{H}_2=a_2+b_2x_1^2$$

证明 b_1 必须等于 b_2。

5-13 试用合适的状态方程求正丁烷在 460K、1.5×10^6 Pa 时的逸度与逸度系数。

5-14 试估算 1-丁烯蒸气在 478K、6.88×10^6 Pa 时的逸度。

5-15 在 25℃和 2MPa 条件下，由组元 1 和组元 2 组成的二元液体混合物中，组元 1 的逸度 $\hat{f}_1$ 由下式给出：

$$\hat{f}_1=5x_1-8x_1^2+4x_1^3$$

式中 x_1 是组元 1 的摩尔分数，$\hat{f}_1$ 的单位为 MPa。在上述的 T 和 p 下，试计算：(1) 纯组元 1 的逸度 f_1。(2) 纯组元 1 的逸度系数。(3) 组元 1 的亨利常数 k_1。(4) 作为 x_1 函数的活度系数 γ_1 表达式(组元 1 以 Lewis-Randall 规则为标准态)。

5-16 如果 $\bar{G}_1=G_1+RT\ln x_1$ 是在 T、p 不变时，二元溶液系统中组元 1 的偏摩尔 Gibbs 自由能表达式，

试证明 $\overline{G}_2=G_2+RT\ln x_2$ 是组元 2 的偏摩尔 Gibbs 自由能表达式。G_1 和 G_2 是在 T 和 p 时纯液体组元 1 和组元 2 的摩尔 Gibbs 自由能，而 x_1 和 x_2 是摩尔分数。

5-17 试根据（1）维里方程和（2）R-K 方程，计算摩尔分数为 0.30 N_2（1）和 0.70 正丁烷（2）的二元气体混合物，在 461K 和 7.0MPa 的摩尔体积和 N_2 的逸度系数。第二维里系数数值为：$B_{11}=14$，$B_{22}=-265$，$B_{12}=-9.5$，单位均为 $cm^3\cdot mol^{-1}$。

5-18 乙醇（1)-甲苯（2）二元系统汽液平衡实验测得的数据为：$T=318K$，$p=24.4kPa$，$x_1=0.300$，$y_1=0.634$。并已知 318K 纯组元的饱和蒸气压为 $p_1^s=23.06kPa$，$p_2^s=10.05kPa$。设蒸汽相为理想气体，求：（1）液体各组元的活度系数；（2）液相 ΔG 和 G^E 的值；（3）如果还知道混合热，可近似表示为 $\frac{\Delta H}{RT}=0.437$，试估算 333K、$x_1=0.300$ 时液体混合物的 G^E 值。

5-19 在一定温度和压力下，某二元液体混合物的活度系数如用下式表示：

$$\ln\gamma_1=a+(b-a)x_1-bx_1^2$$

$$\ln\gamma_2=a+(b-a)x_2-bx_2^2$$

式中，a 和 b 是温度和压力的函数。试问，这两个公式在热力学上是否正确？为什么？

5-20 对于二元液体溶液，其各组元在化学上没有太大的区别，并且具有相差不大的分子体积时，其超额自由焓在定温定压条件下能够表示成为组成的函数：

$$G^E/(RT)=Ax_1x_2$$

式中 A 与 x 无关，其标准态以 Lewis-Randall 规则为基础。试导出作为组成函数的 $\ln\gamma_1$ 和 $\ln\gamma_2$ 的表达式。

5-21 在 470K、4MPa 下两气体混合物的逸度系数可用下式表示：

$$\ln\phi=y_1y_2(1+y_2)$$

式中 y_1、y_2 为组分 1 和组分 2 的摩尔分数，试求 $\hat{f}_1$ 及 $\hat{f}_2$ 的表达式，并求出当 $y_1=y_2=0.5$ 时 $\hat{f}_1$、$\hat{f}_2$ 各为多少。

5-22 某二元混合物，液相的 $\frac{G^E}{RT}=0.5x_Ax_B$，353K 时 $p_A^s=1.2\times10^5Pa$，$p_B^s=8\times10^4Pa$，气相可以视为理想气体，问该系统 353K 时是否有共沸物存在？

5-23 在总压 101.3kPa 及 350.8K 下，苯（1）与环己烷（2）形成 $x_1=0.525$ 的恒沸混合物。在此温度下，纯苯的蒸气压是 99.40kPa，纯环己烷的蒸气压是 97.27kPa。

（1）试用 van Laar 方程计算全浓度范围内，苯和环己烷的活度系数。

（2）用 Scatchard 和 Hildebrand 方程计算苯和环己烷的活度系数，并和（1）的结果比较。苯和环己烷的溶解度参数分别等于 18.82 和 14.93$J^{0.5}\cdot cm^{-1.5}$，纯组元摩尔体积可取以下数值：

$$V_1=89cm^3\cdot mol^{-1},\qquad V_2=109cm^3\cdot mol^{-1}$$

（3）计算 350.8K 时与 $x_1=0.8$ 的液体混合物平衡的蒸气组成。

5-24 50℃时，由丙酮（1)-醋酸（2)-甲醇（3）组成的溶液，其组成为 $x_1=0.34$，$x_2=0.33$，$x_3=0.33$，已知 50℃时各纯组元的饱和蒸气压数据如下：

组　元	丙酮	醋酸甲酯	甲醇
饱和蒸气压/kPa	81.82	78.05	55.58

各二元体系的有关 Wilson 配偶参数如下：

$$\Lambda_{12}=0.7189,\quad \Lambda_{21}=1.1816,\quad \Lambda_{13}=0.5088$$

$$\Lambda_{31}=0.9751,\quad \Lambda_{23}=0.5229,\quad \Lambda_{32}=0.5793$$

试计算在 50℃时与该溶液呈平衡的三元气相组成和气相压力。

第6章　相平衡

化工生产时常需要将流体混合物中的各个组分加以分离，有时需要做到清晰分割，而有时仅仅需要分块切割。所有这些操作，都是以相平衡作为理论基础的。相和相最初开始接触时，由于组分在两相中的浓度梯度的存在，会发生质量传递；或者相态之间存在温度压力的差别，进而发生能量交换。总之，当各相的性质达到稳定，不再随时间而变化，就叫做达到了相平衡。实际上，相平衡是一种动态的平衡，在相界面处，时刻存在着物质分子的流入和流出，只不过在相平衡时，流入流出的物质在种类和数量上，时刻保持相等。在热力学上，相平衡问题更多地在讨论各平衡相的组成之间的关系。

相平衡是多种多样的。最为典型的、也是研究最为透彻的是汽液平衡（vapor liquid equilibrium，VLE)，在化工过程中指导精馏操作；另外还有气液平衡（gas liquid equilibrium，GLE）应用于吸收单元，液液平衡（liquid liquid equilibrium，LLE）应用于萃取，固液平衡（solid liquid equilibrium，SLE）应用于结晶等。

相平衡给出平衡分离过程进行分离操作的极限，因此它是多组元分离的计算基础。例如精馏操作中，VLE数据（以及对应的关联式）对精馏塔塔高和塔径的计算具有决定性影响，也决定了操作成本和投资。由于分离在化工操作中的重要性，相平衡计算在化工计算和设计中常占有很大的比重。

本章从多角度讨论VLE，详细介绍平衡理论、计算方法和实际应用，同时简要介绍GLE、LLE、SLE等有关内容。

6.1　相平衡基础

6.1.1　平衡判据

要判断一个多相体系是否达到平衡状态，需要衡量它是否满足一定的热力学条件，这些条件就叫做热力学的相平衡判据。

假设多组元多相体系中含有 α、β、γ、…、π 相，组元为 $i=1,2,\cdots,N$。为保持系统的热平衡和机械平衡，体系内各相之间必须要温度相等、压力相等，否则，依据热力学第二定律，存在温差时，会自发发生热从高温传向低温；有压差存在，会自发地发生流动，这样就不符合“平衡”的定义了。热平衡和机械平衡的判据如下

$$T^{\alpha}=T^{\beta}=\cdots=T^{\pi} \tag{6-1}$$

$$p^{\alpha}=p^{\beta}=\cdots=p^{\pi} \tag{6-2}$$

另外，在物理化学中，根据平衡物系的Gibbs自由能最小的原则，有

$$(\mathrm{d}G)_{T,p}=0 \tag{6-3}$$

针对 α 相和 β 相，结合5.1节“变组成系统热力学关系式”的内容，上式可以写成

$$\mathrm{d}(nG)^{\alpha}=-(nS)^{\alpha}\mathrm{d}T+(nV)^{\alpha}\mathrm{d}p+\sum\mu_i^{\alpha}\mathrm{d}n_i^{\alpha}$$

$$\mathrm{d}(nG)^{\beta}=-(nS)^{\beta}\mathrm{d}T+(nV)^{\beta}\mathrm{d}p+\sum\mu_i^{\beta}\mathrm{d}n_i^{\beta}$$

等温等压下，若体系为仅含有 α 相和 β 相两相的封闭体系，将上两式相加，结合式(6-3) 得

$$\mathrm{d}(nG)_{T,p}=\mathrm{d}(nG)^{\alpha}+\mathrm{d}(nG)^{\beta}=\sum\mu_i^{\alpha}\mathrm{d}n_i^{\alpha}+\sum\mu_i^{\beta}\mathrm{d}n_i^{\beta}=0 \tag{6-4}$$

因为体系为没有发生化学反应的封闭体系，本身与环境没有物质交换，因此（$n_i^{\alpha}+n_i^{\beta}$）为定

值，可得

$$dn_i^{\alpha}=-dn_i^{\beta} \tag{6-5}$$

将式(6-5) 代入式(6-4) 中，得

$$\sum(\mu_i^{\alpha}-\mu_i^{\beta})dn_i^{\alpha}=0 \quad 且 \quad dn_i^{\alpha}\neq 0$$

于是

$$\mu_i^{\alpha}=\mu_i^{\beta}$$

对于多相体系，可以推广得到

$$\mu_i^{\alpha}=\mu_i^{\beta}=\cdots=\mu_i^{\pi} \quad (i=1,2,\cdots,N) \tag{6-6}$$

上式是以化学势表示的相平衡判据。若将混合物中组元 i 的逸度的定义式代入上式，得

$$\hat{f}_i^{\alpha}=\hat{f}_i^{\beta}=\cdots=\hat{f}_i^{\pi} \quad (i=1,2,\cdots,N) \tag{6-7}$$

由于逸度本身与温度、压力、组成等因素有关，而这些因素都是描述相平衡的基本数据，因此，上式是在相平衡计算中常用的平衡判据。

总之，相平衡判据为：①各相的温度相等；②各相压力相等；③组元 i（$i=1$，2，…，N）在各相中的化学势相等；④组元 i（$i=1$，2，…，N）在各相中的逸度相等。

6.1.2 相律

描述一个相平衡体系需要多个参数，如温度、压力、各相组成等。在这些量中，有些是互相牵制的。根据数学原理，有一个关系式，就少一个独立的变量。在热力学中，人们习惯用"自由度 F"这个概念表示平衡系统的强度性质中独立变量的数目。

$$F=N-\pi+2 \tag{6-8}$$

式中，F 表示体系的自由度；N 表示组元数；π 表示相数。

相律是各种平衡系统都必须遵守的规律。完全描述一个平衡体系需要很多参数，但其中，仅有 F 个强度性质是可以自行决定的，而其他的强度性质的量需要找到相应个数的独立的关系式求解得到。当然，通常在式(6-8) 中的组元分数 N 比较容易得到，容易混淆的是相数 π。例如：

(1)（甲醇-水）二元汽液平衡

$N=2$；由于甲醇和水可以在全浓度下互溶，因此，仅存在一个液相，再加上相平衡的汽相，共有相数 $\pi=2$。于是，$F=2-2+2=2$。即对互溶的二元汽液平衡体系，在温度、压力、汽相组成和液相组成中，只可任意选择两个变量。如选定温度、压力，则汽相组成和液相组成就相应确定了。另外，由于各组元的摩尔分数总和为一，当确定了液相（汽相）中一个组元的摩尔分数，液相（汽相）中另一个组元的摩尔分数就确定了，即液相分数（或汽相分数）是一个自由度。

(2)（戊醇-水）二元汽液平衡

$N=2$；与（甲醇-水）体系不同，戊醇和水不能在全浓度下互溶，在大部分的浓度范围内部分互溶，出现两个液相（见本章液液平衡部分）、一个汽相，形成汽-液-液平衡，即 $\pi=2+1=3$。但在有限的浓度范围内，戊醇和水能够互溶，仅有一个液相和一个汽相，形成汽液平衡，即 $\pi'=1+1=2$。因此，对于这样的体系，它的自由度 F 是 1 或 2。

(3) 含有惰性气体的水-水蒸气两相两元系统

在水与其蒸汽形成的平衡系统中，加入某种不溶于水的惰性气体，此系统中，$\pi=2$，$F=2$。此时温度压力均可独立确定，但温度压力确定后，该系统的蒸汽组成也就确定了；当固定汽相组成时，温度和压力两个参数还可以任意规定一个。

6.2 互溶系统的汽液平衡关系式

清晰地描述汽液平衡，需要提供平衡体系的温度 T、压力 p、气相组成 y_i（$i=1$，2，…，N）

和液相组成 x_i（$i=1$，2，…，N）。这些参数可以实验测量，但更多的时候，需要建立模型以便计算得到更多的（T，p，y_i，x_i）数据，才能满足工程实践的需要。建立模型首先需要给出描述汽液平衡的关系式，其中要包括上述四类强度性质变量。

对于汽液平衡，由相平衡判据式(6-7)，得

$$\hat{f}_i^{\mathrm{v}}=\hat{f}_i^{\mathrm{l}} \quad (i=1,2,\cdots,N) \tag{6-9}$$

上式说明，对于汽液平衡体系中的任一组元 i，在汽相中的逸度等于其在液相中的逸度。根据逸度和逸度系数的定义式以及活度和活度系数的定义式，组元 i 的逸度既可以由逸度系数表示，也可以由活度系数表示。对于汽相，有

$$\hat{f}_i^{\mathrm{v}}=py_i\hat{\phi}_i^{\mathrm{v}} \quad (i=1,2,\cdots,N) \tag{6-10}$$

$$\hat{f}_i^{\mathrm{v}}=f_i^{\ominus}\gamma_i^{\mathrm{v}}y_i \quad (i=1,2,\cdots,N) \tag{6-11}$$

对于液相，有

$$\hat{f}_i^{\mathrm{l}}=px_i\hat{\phi}_i^{\mathrm{l}} \quad (i=1,2,\cdots,N) \tag{6-12}$$

$$\hat{f}_i^{\mathrm{l}}=f_i^{\ominus}\gamma_i^{\mathrm{l}}x_i \quad (i=1,2,\cdots,N) \tag{6-13}$$

式(6-11) 实际上并不常用，主要原因在于其中的 γ_i^{v}。活度系数主要由活度系数方程计算得到，而气（汽）相的活度系数关系式尚未建立，因此对于汽相而言，基本上没有适合的方法计算。本章此后简写 γ_i^{l} 为 γ_i。这样，常用的汽液平衡计算式根据液相 $\hat{f}_i^{\mathrm{l}}$ 的表达方法而分为以下两种：状态方程法和活度系数法。

6.2.1 状态方程法（EOS 法）

综合式(6-9)、式(6-10) 和式(6-12)，有

$$py_i\hat{\phi}_i^{\mathrm{v}}=px_i\hat{\phi}_i^{\mathrm{l}}$$

即

$$\hat{\phi}_i^{\mathrm{v}}y_i=\hat{\phi}_i^{\mathrm{l}}x_i \quad (i=1,2,\cdots,N) \tag{6-14}$$

式中，$\hat{\phi}_i^{\mathrm{v}}$、$\hat{\phi}_i^{\mathrm{l}}$ 分别为汽、液相中组元 i 的逸度系数，在第 5 章介绍了它们的计算方法。由式(5-77) 可以看出，$\hat{\phi}_i^{\mathrm{v}}$ 与（T，p，y_i）有关，$\hat{\phi}_i^{\mathrm{l}}$ 与（T，p，x_i）有关，它们的计算需要依赖状态方程（EOS）和混合规则，因此，式(6-14) 提供的相平衡计算方法被称为状态方程法（EOS 法）。使用式(6-14) 计算汽液平衡时，$\hat{\phi}_i^{\mathrm{v}}$、$\hat{\phi}_i^{\mathrm{l}}$ 需要采用同一个状态方程，因此，该状态方程和相应的混合规则必须同时适用于汽、液两相，代入式(5-77) 中，可导出组分 i 的 $\hat{\phi}_i^{\mathrm{v}}$、$\hat{\phi}_i^{\mathrm{l}}$ 的表达式。

该方法原则上适用于常压至高压（各种压力）下的汽液平衡计算，但是在带压，特别是高压下，更显示其优点。

6.2.2 活度系数法

若液相 $\hat{f}_i^{\mathrm{l}}$ 以活度系数表示，综合式(6-9)、式(6-10) 和式(6-13)，得

$$py_i\hat{\phi}_i^{\mathrm{v}}=f_i^{\ominus}\gamma_ix_i \quad (i=1,2,\cdots,N) \tag{6-15}$$

式中，$f_i^{\ominus}$是 i 组元的标准态下的逸度。以 Lewis-Randall 规则为基准的标准态下，标准态的逸度等于相平衡温度 T 和压力 p 下纯液体 i 的逸度，即

$$f_i^{\ominus}=f_i^{\mathrm{l}} \quad (i=1,2,\cdots,N) \tag{6-16}$$

将式(5-96) 代入上式后，再带入式(6-15)，得

$$p y_i \hat{\phi}_i^{\mathrm{v}} = p_i^{\mathrm{s}} \phi_i^{\mathrm{s}} \gamma_i x_i \exp\left[\frac{V_i^{\mathrm{l}}(p-p_i^{\mathrm{s}})}{RT}\right] \quad (i=1,2,\cdots,N) \tag{6-17}$$

式中，p 为相平衡的压力；y_i 为 i 组元在汽相中的摩尔分数；$\hat{\phi}_i^{\mathrm{v}}$ 为 i 组分在汽相混合物中的逸度系数；p_i^{s} 为相平衡温度 T 下纯物质 i 的饱和蒸气压；ϕ_i^{s} 为 i 组分作为纯气体时，在相平衡温度 T、饱和蒸气压 p_i^{s} 下的逸度系数；γ_i 为组分 i 的活度系数；x_i 为 i 组分在液相中的摩尔分数；V_i^{l} 为纯物质 i 的液相摩尔体积；R 是摩尔通用气体常数。

式(6-17) 是中低压下常用的汽液平衡计算通式。由于基于溶液理论推导的活度系数方程中没有考虑压力 p 对于 γ_i 的影响，因此式(6-17) 不适用于高压汽液平衡的计算。

通常，针对具体的汽液平衡体系，可以根据不同的具体条件对式(6-17) 做相应的化简。

(1) 压力远离临界区

压力不大时，衡量式(6-17) 的指数项的值。取体积 V_i^{l} 单位是 $\mathrm{m^3 \cdot mol^{-1}}$，压力不高时液体体积的数量级约为$-5$；$p$ 和 p_i^{s} 的单位为 Pa，压力不高时它们的差别不大，$(p-p_i^{\mathrm{s}})$ 的数量级近似为零；$R=8.314\mathrm{m^3 \cdot Pa \cdot mol^{-1} \cdot K^{-1}}$；温度 T 的数量级为 2。这样，指数项 $\exp\left[\frac{V_i^{\mathrm{l}}(p-p_i^{\mathrm{s}})}{RT}\right] \approx 1$。

(2) 体系中各组元性质相似

若体系中各组元是同分异构体、顺反异构体、光学异构体或碳数相近的同系物，那么，汽液两相均可视为理想混合物，根据 Lewis-Randall 规则，有 $\hat{\phi}_i^{\mathrm{v}}=\phi_i^{\mathrm{v}}$；同时，$\gamma_i=1$。

(3) 低压下的汽液平衡

低压下，汽相可视为理想气体，于是有：$\hat{\phi}_i^{\mathrm{v}}=1$，$\phi_i^{\mathrm{s}}=1$。

综上所述，汽液平衡体系若满足：

条件 (1)，其表达式为

$$p y_i \hat{\phi}_i^{\mathrm{v}} = p_i^{\mathrm{s}} \phi_i^{\mathrm{s}} \gamma_i x_i \quad (i=1,2,\cdots,N) \tag{6-18}$$

条件 (1)+(2)，其表达式为

$$p y_i \phi_i^{\mathrm{v}} = p_i^{\mathrm{s}} \phi_i^{\mathrm{s}} x_i \quad (i=1,2,\cdots,N) \tag{6-19}$$

式中，ϕ_i^{v} 为在相平衡的温度 T 和压力 p 下，组分 i 作为纯蒸汽时的逸度系数。计算方法见 5.3.4 节。

条件 (1)+(3)，其表达式为

$$p y_i = p_i^{\mathrm{s}} \gamma_i x_i \quad (i=1,2,\cdots,N) \tag{6-20}$$

条件 (1)+(2)+(3)，其表达式为

$$p y_i = p_i^{\mathrm{s}} x_i \quad (i=1,2,\cdots,N) \tag{6-21}$$

上式即为拉乌尔 (Raoult) 定律。由此也可知，Raoult 定律只是汽液相平衡的一种特例，这种情况还是在众多的汽液平衡物系中极少见的特殊情况。

在化学工业的大量汽液平衡计算中，式(6-20) 最为常用，在使用该式时，主要的困难是活度系数的计算。由于活度系数的取值范围极大，在缺乏实验值时，不能任意用式(6-21) 简化计算。

6.2.3 方法比较

状态方程法和活度系数法在描述汽液平衡时各有特点，适用于不同的场合，所遇到的计算难度也不同。表 6-1 是两种方法的对比。

表 6-1 状态方程法和活度系数法的比较

项目	状态方程法	活度系数法
优点	1. 不需要标准态 2. 可在更大压力范围使用,甚至可达近临界区 3. 有可能用混合物 p、V、T 数据得到物质交互作用项,而避开相平衡数据	1. 活度系数方程及其系数比较齐全,也可使用更多的数据库 2. 温度的影响主要反映在 f_i^l 上,对 γ_i 的影响不大 3. 适用于多种类型的体系,甚至包括电解质、聚合物
缺点	1. EOS需要同时适用汽液两相,选择时有难度 2. 需要搭配使用混合规则,且其影响大。混合规则中需要交互作用系数,该系数源自实验值,无法估算 3. 相对摩尔质量大的物质缺乏可靠的临界数据,影响计算的准确性	1. 需要确定标准态 2. 对含有超临界组元体系应用不便,在临界区使用无望
适用范围	原则上可适用于各种压力下汽液平衡,更常用于中、高压下汽液平衡	低压下汽液平衡,若有中压下汽液平衡数据时,还可用于中压下

【例题 6-1】 在总压 101.33kPa、温度 350.8K 下,苯(1)-正己烷(2)形成 $x_1=0.525$ 的恒沸混合物,求(1)Margules 方程参数;(2)液相的 $G^E/(RT)$;(3)液相的 $\Delta G/(RT)$。已知 350.8K 下两组分的饱和蒸气压分别是 99.4kPa 和 97.27kPa。

解: 在该题条件下,汽相可以被认为是理想气体,液相按非理想溶液计算;由于压力较低,汽液平衡关系式 $py_i\hat{\phi}_i^v=\gamma_i^l x_i p_i^s \phi_i^s \exp\left[\dfrac{V_i^l(p-p_i^s)}{RT}\right]$

可以简化为

$$py_i=\gamma_i x_i p_i^s$$

因为在共沸点汽液两相组成相同,即 $y_i^{az}=x_i^{az}$,可进一步得到:

$$\gamma_i=\frac{p}{p_i^s}$$

(1)计算 Margules 方程参数

带入相关数据,可以计算出两组分的活度系数为

$$\gamma_1=\frac{p}{p_1^s}=\frac{101.33}{99.4}=1.019,\qquad \gamma_2=\frac{p}{p_2^s}=\frac{101.33}{99.27}=1.042$$

将此代入 Margules 方程

$$\ln\gamma_1=[A_{12}+2(A_{21}-A_{12})x_1]x_2^2,\qquad \ln\gamma_2=[A_{21}+2(A_{12}-A_{21})x_2]x_1^2$$

得 $\ln 1.019=[A_{12}+2(A_{21}-A_{12})0.525]0.475^2,\qquad \ln 1.042=[A_{21}+2(A_{12}-A_{21})0.475]0.525^2$

可解出 Margules 方程参数为

$$A_{12}=0.1459,\qquad A_{21}=0.0879$$

(2)计算液相的 $G^E/(RT)$

$$\frac{G^E}{RT}=x_1\ln\gamma_1+x_2\ln\gamma_2=\ln 0.525\times 1.019+\ln 0.475\times 1.042=0.535+0.495=0.0294$$

(3)计算液相的 $\Delta G/(RT)$

$$\frac{\Delta G}{RT}=\frac{G^E}{RT}+\frac{\Delta G^{id}}{RT}=\frac{G^E}{RT}+x_1\ln x_1+x_2\ln x_2=-0.662$$

【例题 6-2】 计算甲醇(1)-水(2)在 1.0atm 和 344.44K 下的一组汽液平衡数据为:$x_1=0.6000$,$y_1=0.8287$,计算该条件下的汽液平衡常数。已知 NRTL 方程参数为:

$g_{12}-g_{22}=-1228.8\text{J}\cdot\text{mol}^{-1}\qquad g_{21}-g_{11}=-4039.5\text{J}\cdot\text{mol}^{-1}\qquad \alpha_{12}=0.2989$

解: 由于两组分的极性较强,汽相、液相均按非理想溶液计算。压力较低,可以忽略汽液

平衡方程中的指数项，因此汽液平衡关系式(6-17) 可以简化成为汽液平衡常数的计算：

$$K_i=\frac{y_i}{x_i}=\frac{\gamma_i p_i^s \phi_i^s}{p\hat{\phi}_i^v}$$

该式中，已知总压和组分饱和蒸气压，需要计算汽相中组分的逸度系数、组分饱和蒸汽的逸度系数和液相中组分的活度系数。

(1) 利用维里方程计算组分饱和蒸气的逸度系数

$$\ln\phi^s=\frac{Bp^s}{RT}$$

带入相关参数可以计算出：$\phi_1^s=0.9726$，　$\phi_2^s=0.9941$

(2) 利用维里方程计算汽相中组分的逸度系数

对于二元体系，有：

$$\ln\hat{\phi}_1=\frac{p}{RT}(B_{11}+y_2^2\delta_{12}),\qquad \ln\hat{\phi}_2=\frac{p}{RT}(B_{22}+y_1^2\delta_{12})$$

带入相关参数可以计算出

$$\hat{\phi}_1=0.9788,\qquad \hat{\phi}_2=0.9814$$

其中，计算 $\delta_{12}=2B_{12}-B_{11}-B_{22}$ 利用的混合规则为

$$\omega_{ij}=\frac{\omega_i+\omega_j}{2},\qquad Z_{ij}=\frac{Z_i+Z_j}{2}$$

$$T_{cij}=\sqrt{T_{ci}T_{cj}},\qquad V_{cij}=\left(\frac{V_{ci}^{1/3}+V_{cj}^{1/3}}{2}\right)^3$$

(3) 利用 NRTL 方程计算活度系数

将相关参数带入 NRTL 计算公式

$$\ln\gamma_1=x_2^2\left[\frac{\tau_{21}G_{21}^2}{(x_1+x_2G_{21})^2}-\frac{\tau_{12}G_{12}}{(x_2+x_1G_{12})^2}\right],\qquad \ln\gamma_2=x_1^2\left[\frac{\tau_{12}G_{12}^2}{(x_2+x_1G_{12})^2}-\frac{\tau_{21}G_{21}}{(x_1+x_2G_{21})^2}\right]$$

其中 $\tau_{ij}=(g_{ij}-g_{jj})/(RT)$，　$G_{ij}=\exp(-a_{ij}\tau_{ij})$

可以计算出 $\gamma_1=1.0660$，　$\gamma_1=1.3197$

(4) 将相关数据带入简化得出的汽液平衡常数计算公式，可得

$$K_1=1.3740,\qquad K_2=0.4344$$

6.3 中、低压下汽液平衡

研究汽液平衡的目的是能够给出各种体系的平衡数据，在大多数情况下是从液相组成求汽相组成，或者反之，为汽液平衡的化工过程设计和优化提供工具及依据。实际上，大部分化工过程中的汽液平衡体系都属于中、低压下的汽液平衡，完全可以用式(6-18) 描述：

$$py_i\hat{\phi}_i^v=p_i^s\phi_i^s\gamma_i x_i\qquad (i=1,2,\cdots,N)$$

实际上，热力学中的汽液平衡研究基本上是从平衡数据的测定入手，总结得到相应的平衡规律，拟合得到活度系数方程参数，利用具有外推功能的活度系数方程，并结合式(6-18) 计算得到其他条件（一般是不同浓度，有时是不同压力或温度）下的汽液平衡性质。也就是说，计算是一项很重要的汽液平衡研究手段。当然，得到的汽液平衡性质数据以相图的形式表示出来更加直观，并得到定性的指导。

6.3.1 中、低压下二元汽液平衡相图

根据相律，中、低压下的二元汽液平衡体系的自由度 $F=2-2+2=2$。描述相平衡的四类强度性质的量（T，p，y_i，x_i）中，有两个是自变量，其他的量可以通过相平衡式计算得到。如果以图来表示，相图应该是三维立体图，较为复杂。通常在实际应用中，二元体系汽液平衡的特性是通过二维图表示的，即首先确定某一个量，以该定量的参数面去切三维立体，得到一个截面，就是常见的二维相图了。在物理化学中系统学习过了这类相图，例如：恒温 T 下的 p-x-y 图或恒压 p 下的 T-x-y 图。下面简介各种热力学中研究的中、低压下的二元汽液平衡相图。

6.3.1.1 基本线型

以恒温 T 下的 p-x-y 图 6-1 为例，说明一般相图中的主要元素。相图中最主要的是泡点线 KMN（通常以实线表示）和露点线 KGN（常以虚线表示）。它们将相图分为三部分，泡点线以上是纯液相区，露点线以下是纯汽相区，泡点线与露点线之间是汽液共存区。二元汽液平衡相图的共轭线是平行于横轴并与泡点线、露点线相交的线段，如 MG，它的两个端点 G 和 M 分别表示在相应压力 p 下达到平衡的汽相点和液相点，它们的横坐标分别表示平衡的汽相组成 y_i 和液相组成 x_i。

6.3.1.2 理想混合物体系相图

二元理想混合物系符合拉乌尔（Raoult）定律，各组分的液相活度系数 $\gamma_1=\gamma_2=1$。另由式(6-21) 可推出

$$p=p_1^s x_1+p_2^s x_2=p_2^s+(p_1^s-p_2^s)x_1 \tag{6-22}$$

当温度 T 一定时，相应的 p_1^s 和 p_2^s 也一定，上式为直线的表达式，该直线称为理想线，或 Raoult 线。相图见图 6-2。

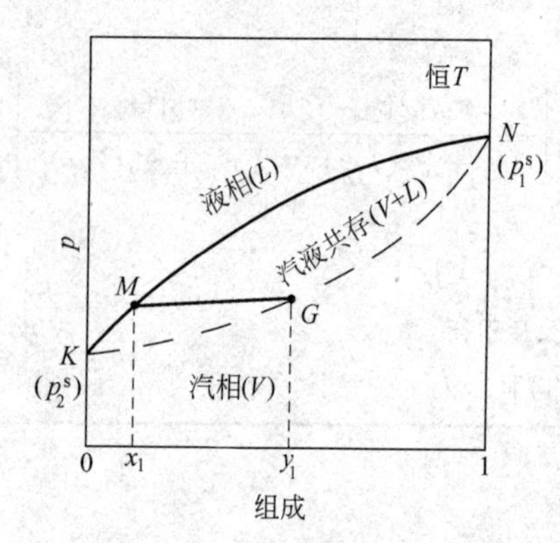

图 6-1 恒温 T 下的 p-x-y 示意图

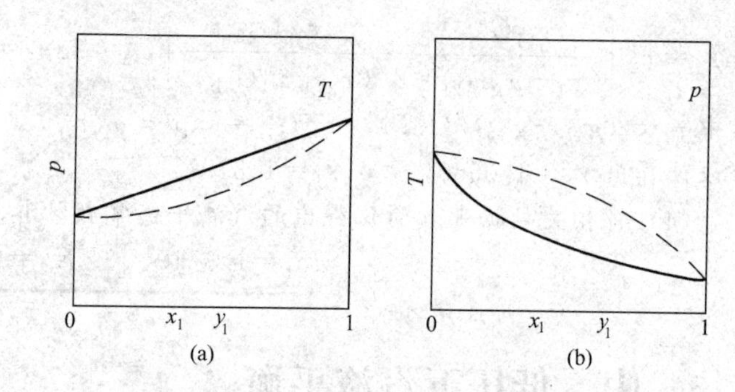

图 6-2 理想混合物体系汽液平衡相图

6.3.1.3 正偏差与负偏差体系相图

所谓正偏差或负偏差，是指对于 Raoult 定律的偏差。对于正偏差物系，各组分的活度系数 $\gamma_1>1$，$\gamma_2>1$。而负偏差体系组分的活度系数 $\gamma_1<1$，$\gamma_2<1$。

正偏差体系中各组分的分压均大于 Raoult 定律的计算值，于是总的相平衡压力 p 在全浓度范围内高于理想线（Raoult 线），但仍位于两组分饱和蒸气压之间。这种体系形成时伴有吸热及体积增大的现象。典型的体系如 CH_3OH-H_2O 二元汽液平衡。相图如图 6-3 所示。

相对的，负偏差体系中各组分的分压均小于 Raoult 定律的计算值，于是总的相平衡压力 p 在全浓度范围内处于理想线（Raoult 线）以下，但仍位于两组分饱和蒸气压之间。这种体

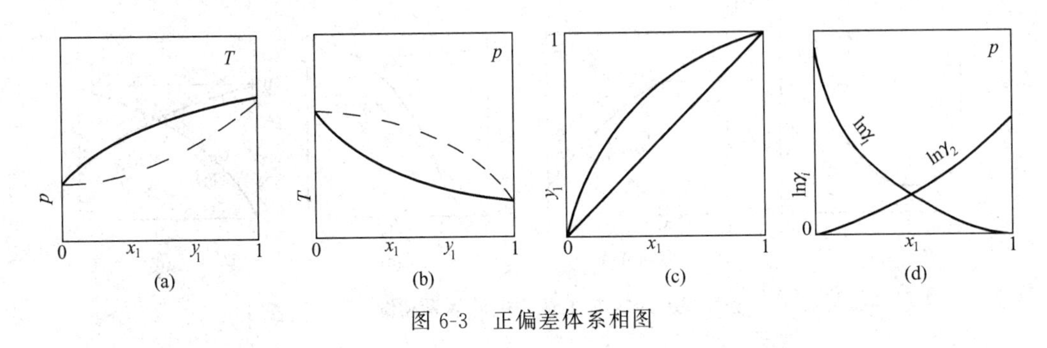

图 6-3 正偏差体系相图

系形成时伴有放热及体积缩小的现象。典型的体系如 CH_2Cl_2-CH_3OCH_3 二元汽液平衡。相图如图 6-4 所示。

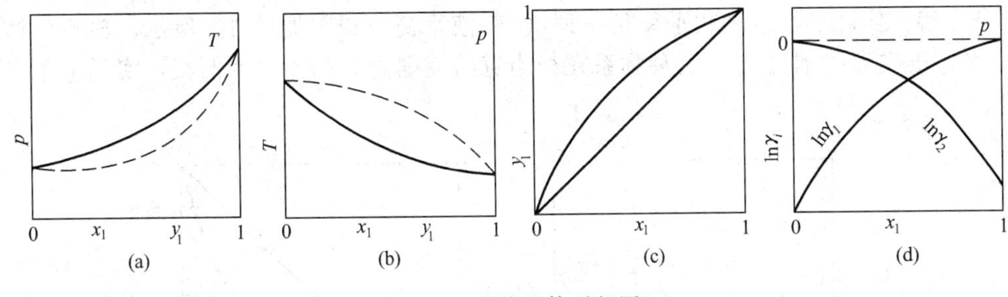

图 6-4 负偏差体系相图

6.3.1.4 共沸体系相图

正偏差达到一定程度，相图中的 p-x 泡点线就会出现一个最高点，相平衡压力 p 不再像正偏差物系一样总是位于两组分饱和蒸气压之间，而会在某一段高出饱和蒸气压，如图 6-5(a) 所示。该最高点处泡点线和露点线相交，$x^{a2}=y^{a2}$，称为恒沸点，以上标 az 表示。相应的，T-x-y 图同时出现最低点，如图 6-5(b) 所示；y-x 图上曲线与对角线相交叉，如图 6-5(c) 所示。典型的体系有 CH_3CH_2OH-H_2O 和 CH_3CH_2OH-$C_6H_5CH_3$ 二元汽液平衡体系。采用普通的精馏分离这类混合物，无法在一个精馏塔中得到纯组元 1 或纯组元 2，常常不得不使用特殊精馏方法。

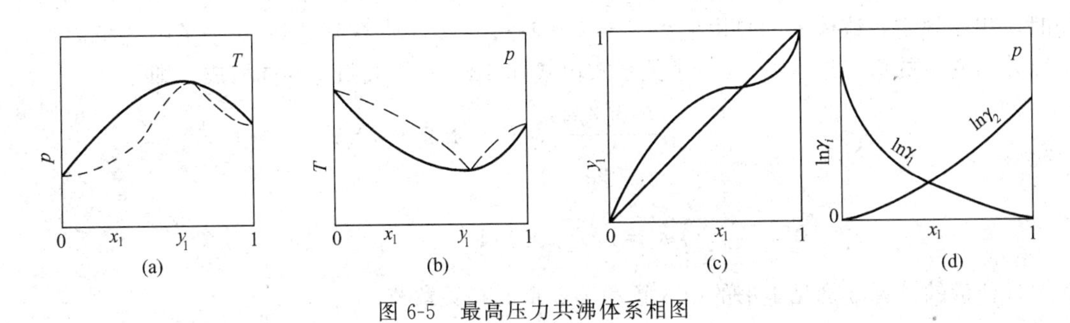

图 6-5 最高压力共沸体系相图

同样的，负偏差达到一定程度，相图中的 p-x 泡点线就会出现一个最低点，该点压力均小于两纯组分的饱和蒸气压，如图 6-6(a) 所示，也叫做恒沸点，并以上标 az 表示。相应的，该点在 T-x-y 图上表现为最高点，如图 6-6(b) 所示；在 y-x 图上表现为曲线与对角线的交叉点，如图 6-6(c) 所示。典型的体系有 HNO_3-H_2O 和 CH_3OCH_3-$CHCl_3$ 二元汽液平衡体系。对于这种物系，利用普通精馏，也不能同时得到两个纯组元。

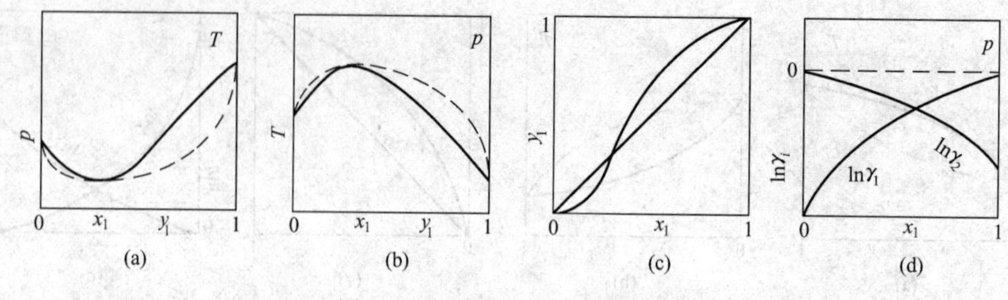

图 6-6 最低压力共沸体系相图

6.3.1.5 *液相部分互溶体系相图*

如果溶液的正偏差很大，溶液中同种分子间的吸引力大大超过异类分子间的吸引力，那么，溶液会在一定的组成范围内发生相分裂（见稳定性准则）而形成两个液相，这种体系叫做液相部分互溶。实际上，这种相平衡是一种汽-液-液平衡，相图如图 6-7 所示。典型的体系如正丁醇-水、正戊醇-水体系等。这种物系在相当宽的范围内液相要分为两相，实际上不存在汽液平衡。

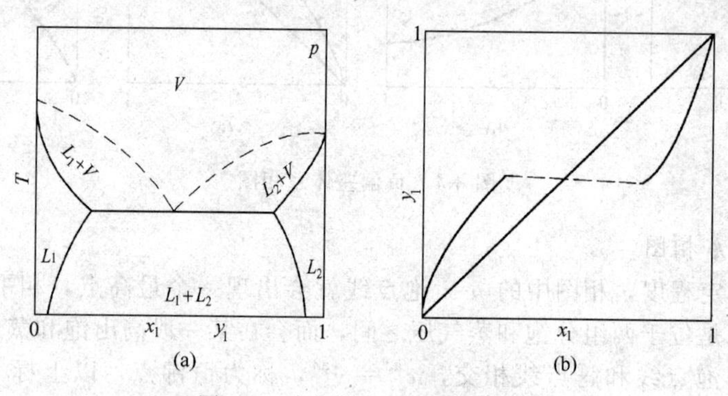

图 6-7 液相部分互溶体系相图

6.3.2 中、低压下泡点和露点计算

相平衡计算的实质是求取一定温度和压力下的汽液相组成。描述一个 N 组元的汽液平衡，需要使用 $2(N+1)$ 个变量：$(T, p, y_1, y_2, \cdots, y_{N-1}, y_N, x_1, x_2, \cdots, x_{N-1}, x_N)$。同时，相律规定，该体系的自由度为 $F=N-2+2=N$，还需要另外 N 个关系式求解规定变量以外的变量的值。这 $(N+2)$ 个关系式由式(6-18) 和组成归 1 共同构成，即

$$\begin{cases} y_i = \dfrac{p_i^s \phi_i^s \gamma_i x_i}{p\hat{\phi}_i^v} \quad (i=1,2,\cdots,N) \\ \sum\limits_{i=1}^{N} y_i = 1, \sum\limits_{i=1}^{N} x_i = 1 \end{cases}$$

其中各种量的计算分别见本书的第 3 章和第 5 章的相关章节。

$$p_i^s = f(T) \tag{6-23}$$

$$\phi_i^s = g(T) \tag{6-24}$$

$$\gamma_i = K(T, x_1, \cdots, x_N) \tag{6-25}$$

$$\hat{\phi}_i^v = F(T, p, y_1, \cdots, y_N) \tag{6-26}$$

工程上，典型的汽液平衡计算是泡点、露点计算，共有如下四类。

(1) 泡点压力和组成计算（BUBLP）

已知：平衡温度 T，液相组成 x_1，x_2，…，x_N。

求：平衡压力 p，汽相组成 y_1，y_2，…，y_N。

由式(6-23)～式(6-26) 的分析可知，在已知 T 和（x_1，x_2，…，x_N）时，式(6-18) 的分子中的各项都可以选择相应的方法直接计算得到，而分母中的 $\hat{\phi}_i^{\mathrm{v}}$ 计算需要总压 p 和（y_1，y_2，…，y_N），为此，需要假设，并进行迭代试差求解。$\sum y_i$ 是否等于 1 是是否结束计算的标准。当 $\sum y_i>1$ 时，下一步压力应该增大；$\sum y_i<1$ 时，应该减小压力的设定值；$\sum y_i=1$ 时，计算结束。计算框图如图 6-8 所示。本类计算相对比较简单。

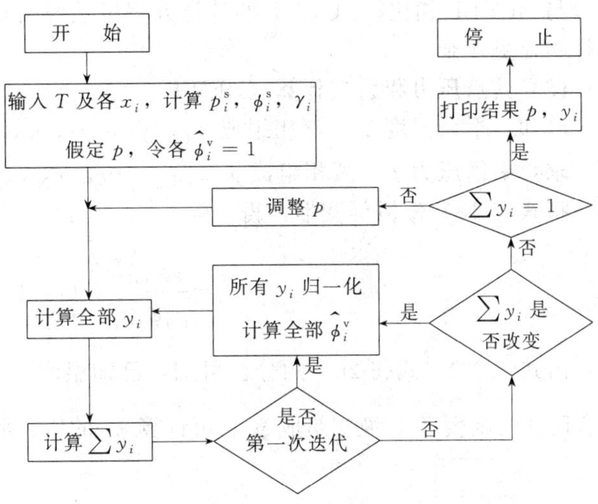

图 6-8 泡点压力组成计算框图

(2) 泡点温度和组成计算（BUBLT）

已知：平衡压力 p，液相组成 x_1，x_2，…，x_N。

求：平衡温度 T，汽相组成 y_1，y_2，…，y_N。

由式(6-23)～式(6-26) 的分析可知，式(6-18) 分子中的 p_i^{s}、ϕ_i^{s} 和 γ_i 都需要温度 T 才可以选择相应的方法计算得到，而分母中的 $\hat{\phi}_i^{\mathrm{v}}$ 计算也需要温度 T，为此，需要首先假设 T，然后迭代。计算框图如图 6-9 所示。具体的计算步骤为：

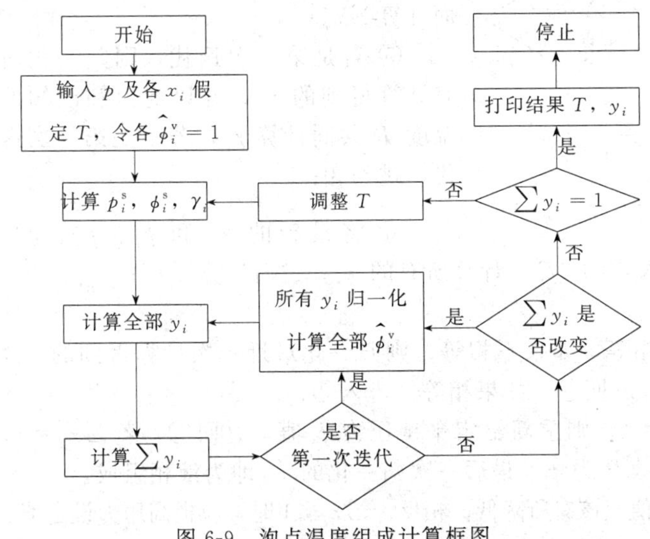

图 6-9 泡点温度组成计算框图

① 假设 T，因为 $\hat{\phi}_i^{\mathrm{v}}$ 与 y_i 有关，第一次试算时，先令所有组分的 $\hat{\phi}_i^{\mathrm{v}}=1$；

② 用 Antonie 方程计算 p_i^{s}，选择适当的 EOS 计算 ϕ_i^{s}，选择活度系数方程计算 γ_i；

③ 用式(6-18) 计算所有的 y_i，进而计算$\sum y_i$；

④ 若是第一次迭代，则归一化所有计算得到的 y_i，并以此值、设定温度 T 和已知压力 p 共同计算 $\hat{\phi}_i^{\mathrm{v}}$，若不是第一次迭代，跳到⑥；

⑤ 将最新的 $\hat{\phi}_i^{\mathrm{v}}$、$p_i^{\mathrm{s}}$、$\phi_i^{\mathrm{s}}$、$\gamma_i$ 和已知压力 p 及 x_i 代入式(6-18)，计算所有的 y_i，进而计算$\sum y_i$；

⑥ 比较最近两次计算的$\sum y_i$ 是否相等，如果不相等，则归一化所有计算得到的 y_i，并以此值、设定温度 T 和已知压力 p 共同计算 $\hat{\phi}_i^{\mathrm{v}}$，返回⑤，如果相等，进入⑦；

⑦ 考察$\sum y_i$ 是否等于 1，若$\sum y_i\neq1$，则重新给定温度 T 值，返回②，若$\sum y_i=1$，则计

算结束，最新给定的温度就是相平衡温度 T，最后一次归一化的 y_i 即为汽相组成。

另外，如果$\sum y_i>1$，重新设定温度 T 时，应该有所降低；相反，$\sum y_i<1$ 时，应提高温度。

与 BUBLP 相比，BUBLT 的计算方程虽然没有改变，但需要更多的迭代计算，因此计算过程明显更复杂。

(3) 露点压力和组成计算 (DEWP)

已知：平衡温度 T，汽相组成 y_1，y_2，…，y_N。

求：平衡压力 p，液相组成 x_1，x_2，…，x_N。

将式(6-18) 做恒等变形，得

$$x_i=\frac{py_i\hat{\phi}_i^{\mathrm{v}}}{p_i^{\mathrm{s}}\phi_i^{\mathrm{s}}\gamma_i}\quad(i=1,2,\cdots,N) \tag{6-27}$$

由式(6-23)～式(6-26) 的分析可知，已知温度 T 就直接可得到 p_i^{s}、ϕ_i^{s} 的值，若假定了 p，结合已知的温度 T 和液相组成 y_i，可计算 $\hat{\phi}_i^{\mathrm{v}}$ 的值。那么，等式两边就是关于 x_i 的迭代。计算框图如图 6-10 所示。具体的计算步骤为：

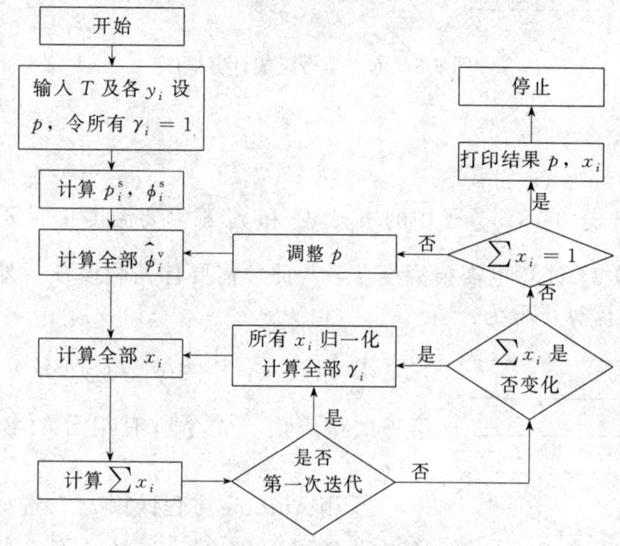

图 6-10 露点压力组成计算框图

① 假设 p，因为 γ_i 与 x_i 有关，第一次试算时，先令所有组分的 $\gamma_i=1$；

② 用 Antonie 方程计算 p_i^{s}，选择适当的 EOS 计算 ϕ_i^{s}；

③ 选择适当的 EOS 计算 $\hat{\phi}_i^{\mathrm{v}}$；

④ 用式(6-27) 计算所有的 x_i，进而计算$\sum x_i$；

⑤ 若是第一次迭代，则归一化所有计算得到的 x_i，并以此值和已知的温度 T 共同计算 γ_i，若不是第一次迭代，跳到⑧；

⑥ 将最新的 γ_i 和 $\hat{\phi}_i^{\mathrm{v}}$、$p_i^{\mathrm{s}}$、$\phi_i^{\mathrm{s}}$、已知的汽相组成 y_i、设定的压力 p 代入式(6-27)，计算所有的 x_i，进而计算$\sum x_i$；

⑦ 返回⑤；

⑧ 比较最近两次计算的$\sum x_i$ 是否相等，如果不相等，则归一化最近一次计算得到的 x_i，并以此值和已知的温度 T 共同计算 γ_i，返回⑥，如果相等，进入⑨；

⑨ 考察$\sum x_i$ 是否等于 1，若$\sum x_i\neq1$，则重新给定平衡压力 p 值，返回③，若$\sum x_i=1$，则计算结束，最新给定的压力就是相平衡压力 p，最后一次归一化的 x_i 即为液相组成。

另外，如果$\sum x_i>1$，压力 p 的设定值应该有所降低，相反，$\sum x_i<1$ 时，应提高压力设定值。

总的说，露点计算比泡点计算复杂，DEWT 和 BUBLT 比 BUBLP 复杂。

(4) 露点温度和组成计算 (DEWT)

已知：平衡压力 p，汽相组成 y_1，y_2，…，y_N。

求：平衡温度 T，液相组成 x_1，x_2，…，x_N。

这类计算与前面的计算大同小异，这里只给出具体的计算框图，如图 6-11 所示，读者可自行给出计算步骤，并与框图对照比较。

6.3.3 低压下汽液平衡的计算

当相平衡的压力属于低压范畴时，汽相可视为理想气体，于是相平衡的计算式可化简为式(6-20)

$$py_i = p_i^s \gamma_i x_i \quad (i=1,\ 2,\ \cdots,\ N)$$

由于逸度系数 $\hat{\phi}_i^v=1$，$\phi_i^s=1$，与本节6.3.2的泡露点计算相比，低压下的汽液平衡计算可以看作是泡露点计算的特例或简化。在大部分的情况下，不需要内外嵌套式的复杂的迭代过程，有时可以直接求解。

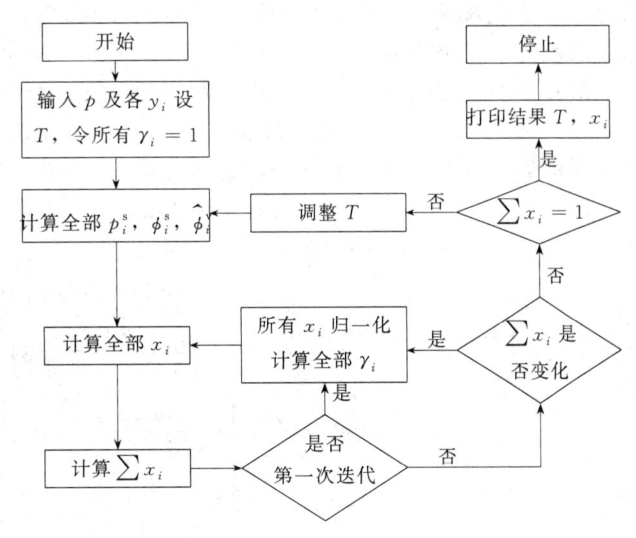

图 6-11 露点温度组成计算框图

对于低压的二元汽液平衡，分压 p_1、p_2、总压 p、汽相组成 y_1 分别为：

$$p_1 = py_1 = p_1^s \gamma_1 x_1 \tag{6-28}$$

$$p_2 = py_2 = p_2^s \gamma_2 x_2 \tag{6-29}$$

$$p = p_1 + p_2 = p_1^s \gamma_1 x_1 + p_2^s \gamma_2 x_2 \tag{6-30}$$

$$y_1 = \frac{p_1^s \gamma_1 x_1}{p_1^s \gamma_1 x_1 + p_2^s \gamma_2 x_2} \tag{6-31}$$

另外，在精馏计算中习惯使用相对挥发度 α 表示汽液平衡关系，它定义为平衡汽液两相的摩尔分数之比。即

$$\alpha = \frac{y_1/y_2}{x_1/x_2} \tag{6-32}$$

又由于 $y_1+y_2=1$、$x_1+x_2=1$，上式可推出

$$y_1 = \frac{\alpha x_1}{1+(\alpha-1)x_1} \tag{6-33}$$

上式常作为本章6.3.1中、低压下二元汽液平衡相图中 y-x 图的表达式。但目前实际汽液平衡相图中用的是实验值或关联值。在化工原理中解决精馏理论板计算时，通常认为式(6-33)中的 α 是常数，实际上，即便是在低压下的汽液平衡体系，它的 α 也是一个随平衡温度 T 和液相组成 x_i 而变化的量。下面加以说明。

将式(6-31) 代入式(6-32)，得

$$\alpha = \frac{p_1^s \gamma_1}{p_2^s \gamma_2} \tag{6-34}$$

上式说明，相对挥发度 α 与活度系数和饱和蒸气压有关，它决定于温度 T 和液相组成 x_i。因为 α 随 x_i 有明显的变化，在精馏操作中，每一块板上的温度、压力和汽液相组成都在变化，因此，每块板的相对挥发度 α 都是不同的。在早期的计算，曾取 α 为常数，得到具体的式(6-33) 形式的平衡关系，造成了理论板数计算存在较大的误差，除粗略计算外，在目前通行的逐板计算中，已经不再使用这种简化的关系式了。

【例 6-3】 计算60℃下，含乙酸乙酯 (1) 35%（摩尔分数，余同）、丙酮 (2) 20%、乙醇 (3) 45%的三元溶液的泡点压力以及相平衡的汽相组成 y_i ($i=1,2,3$)。已知50℃下各组

元的饱和蒸气压为 $p_1^s=55.62\text{kPa}$，$p_2^s=115.40\text{kPa}$，$p_3^s=46.91\text{kPa}$。假定气相为理想气体，已知液相为理想混合物。

解：本题要求解泡点压力，根据相图的特点，分析可知

$$x_1=0.35,\qquad x_2=0.20,\qquad x_3=0.45$$

由本题的假设可知，该平衡符合拉乌尔定律5：

$$py_i=p_i^s x_i\quad(i=1,2,3)$$

故

$$p=p_1^s x_1+p_2^s x_2+p_3^s x_3$$

$$=55.62\times0.35+115.40\times0.20+46.91\times0.45=63.66\text{kPa}$$

于是

$$y_1=\frac{p_1^s x_1}{p}=\frac{55.62\times0.35}{63.66}=0.31$$

$$y_2=\frac{p_2^s x_2}{p}=\frac{115.40\times0.20}{63.66}=0.36$$

$$y_3=\frac{p_3^s x_3}{p}=\frac{46.91\times0.45}{63.66}=0.33$$

【例 6-4】 试求101.325kPa下含有甲醇40%（摩尔分数）的甲醇（1)-水（2）物系的泡点温度和汽相组成 y_i（$i=1,2$）。

已知，纯物质的饱和蒸气压的表达式为

$$\lg(p_1^s/\text{kPa})=7.13392-\frac{1541.861}{t/℃+236.154}$$

$$\lg(p_2^s/\text{kPa})=7.0641-\frac{1650.4}{t/℃+226.27}$$

纯物质的液相摩尔体积 $V_i^l(\text{cm}^3\cdot\text{mol}^{-1})$ 计算式如下：

$$V_1^l=64.509-0.19716T+3.8735\times10^{-4}T^2$$

$$V_2^l=22.888-0.03642T+0.6857\times10^{-4}T^2$$

Wilson 方程参数为

$$g_{12}-g_{11}=1086\text{J}\cdot\text{mol}^{-1}$$

$$g_{21}-g_{22}=1633\text{J}\cdot\text{mol}^{-1}$$

解：在计算泡点温度时，题给的组成即为液相组成，即

$$x_1=0.4,\qquad x_2=0.6$$

根据题意知，该汽液平衡是低压下的汽液平衡，于是满足式(6-20)，即

$$\begin{cases}y_1=p_1^s\gamma_1 x_1/p & \text{(A)}\\ y_2=p_2^s\gamma_2 x_2/p & \text{(B)}\\ y_1+y_2=1 & \text{(C)}\end{cases}$$

本题的计算实际上是已知 p 和（x_1，x_2）而求 T 及（y_1，y_2）的 BUBLT 计算的一种简化计算。计算步骤可简化为：

① 假设 T；

② 求算 p_i^s（$i=1,2$）；

③ 用 Wilson 方程计算 γ_i（$i=1,2$）；

④ 用式（A）和式（B）计算 y_i（$i=1,2$）；

⑤ 计算 $\sum\limits_{i=1}^{2}y_i$；

⑥ 若 $\sum\limits_{i=1}^{2}y_i\neq1$，回到Ⅰ，若 $\sum\limits_{i=1}^{2}y_i=1$，输出最新的 T 和（y_1，y_2）。

设 $T=76.1℃$（349.25K），则

$$\lg p_1^s=7.13392-\frac{1541.861}{76.1+236.154}=2.1961,\qquad p_1^s=157.1\text{kPa}$$

$$\lg p_2^s=7.0641-\frac{1650.4}{76.1+226.27}=1.6059,\qquad p_2^s=40.4\text{kPa}$$

$$V_1^l=64.509-0.19716\times349.25+3.8735\times10^{-4}\times349.25^2=42.898\text{cm}^3\cdot\text{mol}^{-1}$$

$$V_2^l=22.888-0.03642\times349.25+0.6857\times10^{-4}\times349.25^2=18.532\text{cm}^3\cdot\text{mol}^{-1}$$

$$\Lambda_{12}=\frac{V_2^l}{V_1^l}\exp\left[-\frac{(g_{12}-g_{11})}{RT}\right]=\frac{18.532}{42.898}\exp\left(-\frac{1086}{8.314\times349.25}\right)=0.2972$$

$$\Lambda_{21}=\frac{V_1^l}{V_2^l}\exp\left[-\frac{(g_{21}-g_{22})}{RT}\right]=\frac{42.898}{18.532}\exp\left(-\frac{1633}{8.314\times349.25}\right)=1.3191$$

代入 Wilson 方程，得

$$\ln\gamma_1=-\ln(x_1+\Lambda_{12}x_2)+x_2\left(\frac{\Lambda_{12}}{x_1+\Lambda_{12}x_2}-\frac{\Lambda_{21}}{x_2+\Lambda_{21}x_1}\right)$$

$$=-\ln(0.4+0.2972\times0.6)+0.6\times\left(\frac{0.2972}{0.4+0.2972\times0.6}-\frac{1.3191}{0.6+1.3191\times0.4}\right)$$

$$=0.1541$$

$$\gamma_1=1.167$$

$$\ln\gamma_2=-\ln(x_2+\Lambda_{21}x_1)+x_1\left(\frac{\Lambda_{21}}{x_2+\Lambda_{21}x_1}-\frac{\Lambda_{12}}{x_1+\Lambda_{12}x_2}\right)$$

$$=-\ln(0.6+1.3191\times0.4)+0.4\times\left(\frac{1.3191}{0.6+1.3191\times0.4}-\frac{0.2972}{0.4+0.2972\times0.6}\right)$$

$$=0.1422$$

$$\gamma_2=1.153$$

将 p_1^s、p_2^s、γ_1、γ_2、x_1、x_2 代入式（A）和式（B）中，得

$$y_1=\frac{157.1\times1.167\times0.4}{101.325}=0.724,\qquad y_2=\frac{40.4\times1.153\times0.6}{101.325}=0.272$$

$$y_1+y_2=0.996$$

取 $\varepsilon=1\times10^{-3}$，$|1-(y_1+y_2)|=0.004>\varepsilon$，显然不满足 $\sum y_i=1$ 的要求。而 $(y_1+y_2)<1$，于是下一步将提高设定温度。

设 $T=76.2℃$（349.35K），同理可得

$$y_1=0.725,\qquad y_2=0.274$$

$$y_1+y_2=0.999$$

$$|1-(y_1+y_2)|\leqslant\varepsilon$$

所以 $T=76.2℃$ 时 $\quad y_1=\frac{0.725}{0.999}=0.726,\qquad y_2=\frac{0.274}{0.999}=0.274$

从上述两例可见，［例 6-4］是非理想溶液，在二元汽液平衡计算中，由于含有 γ_i-x_i 关系的计算，计算过程比［例 6-3］的三元理想液体的计算还要复杂得多。

【例 6-5】 乙醇（1）-氯苯（2）二元汽液平衡体系在 80℃时，有

$$\frac{G^E}{RT}=2.2x_1x_2$$

试问该体系可否在 80℃下出现共沸？如果可以，试求共沸压力和相应的共沸组成，并确

定该体系为最高压力共沸还是最低压力共沸？已知两组分的饱和蒸气压表达式分别如下

$$\lg(p_1^s/\mathrm{kPa})=7.23710-\frac{1592.864}{t/℃+226.184}$$

$$\lg(p_2^s/\mathrm{kPa})=6.07963-\frac{1419.045}{t/℃+216.633}$$

解：按照题意，首先计算80℃下两物质的饱和蒸气压，得

$$p_1^s=108.34\mathrm{kPa},\qquad p_2^s=19.76\mathrm{kPa}$$

根据 $\ln\gamma_i=\frac{\overline{G}_i^E}{RT}$，得

$$\begin{cases}\ln\gamma_1=\frac{G^E}{RT}+(1-x_1)\frac{\mathrm{d}[G^E/(RT)]}{\mathrm{d}x_1} & \text{(A)}\\ \ln\gamma_2=\frac{G^E}{RT}-x_1\frac{\mathrm{d}[G^E/(RT)]}{\mathrm{d}x_1} & \text{(B)}\end{cases}$$

将 $\frac{G^E}{RT}$ 表达式化简，得

$$\frac{G^E}{RT}=2.2x_1-2.2x_1^2 \tag{C}$$

将式（C）代入式（A）、式（B），得

$$\begin{cases}\ln\gamma_1=2.2x_2^2>0 & \text{(D)}\\ \ln\gamma_2=2.2x_1^2>0 & \text{(E)}\end{cases}$$

假设该汽液平衡属于低压汽液平衡范畴，则汽液平衡符合

$$py_i=p_i^s\gamma_ix_i\quad(i=1,2)$$

若有恒沸现象，则在恒沸点处 $y_i^{az}=x_i^{az}$，于是上式进一步可以写成

$$\begin{cases}p=p_1^s\gamma_1^{az} & \text{(F)}\\ p=p_2^s\gamma_2^{az} & \text{(G)}\end{cases}$$

即

$$p_1^s\gamma_1=p_2^s\gamma_2$$

$$\ln\gamma_2^{az}-\ln\gamma_1^{az}+(\ln p_2^s-\ln p_1^s)=0$$

将 $\ln\gamma_1$、$\ln\gamma_2$ 的表达式与 p_1^s、p_2^s 的值代入，得

$$2.2[(x_1^{az})^2-(x_2^{az})^2]+\ln\frac{19.76}{108.34}=0$$

$$x_1^{az}-x_2^{az}=0.7735$$

所以

$$x_1^{az}=0.887,\qquad x_2^{az}=0.113$$

这样表明，该体系的确存在共沸现象，共沸组成出现在 $x_1^{az}=0.887$ 处。由于 $\ln\gamma_2>0$，$\ln\gamma_1>0$，于是该共沸是最高压力共沸的类型。

将共沸组成 $x_1^{az}=0.887$ 代入式（D）和式（F），得

$$p^{az}=p_1^s\cdot\gamma_1^{az}=108.34\times\exp[2.2\times(1-0.887)^2]=111.4\mathrm{kPa}$$

从最高压力共沸物系的相图特征看，相平衡压力 p 的范围为

$$19.76\mathrm{kPa}<p_2^s<p<p^{az}=111.4\mathrm{kPa}$$

可见，该压力范围的确属于低压范畴，故最初的假设成立，计算合理。

6.3.4 烃类系统的 K 值法和闪蒸计算

6.3.4.1 K 值和 K 值法

K 值又叫汽液平衡比，或相平衡比，它定义为

$$K_i=\frac{y_i}{x_i} \tag{6-35}$$

某组分的 K 值是指该组分在已经达到汽液平衡的体系中的汽、液相摩尔分数之比。分别将描述汽液平衡的状态方程法关系式(6-14) 和活度系数法关系式(6-17) 代入，得

$$K_i=\frac{y_i}{x_i}=\frac{\hat{\phi}_i^{\mathrm{l}}}{\hat{\phi}_i^{\mathrm{v}}} \tag{6-36}$$

$$K_i=\frac{y_i}{x_i}=\frac{p_i^{\mathrm{s}}\phi_i^{\mathrm{s}}\gamma_i\exp\left[\dfrac{V_i^{\mathrm{l}}(p-p_i^{\mathrm{s}})}{RT}\right]}{p\hat{\phi}_i^{\mathrm{v}}} \tag{6-37}$$

上述两式结合式(6-23)～式(6-26) 分析，可以发现，K_i 与相平衡的 T、p、y_i、x_i 均有关。这样，汽液平衡除了用式(6-14) 和式(6-17) 描述，也可以使用下式表示

$$y_i=K_ix_i \tag{6-38}$$

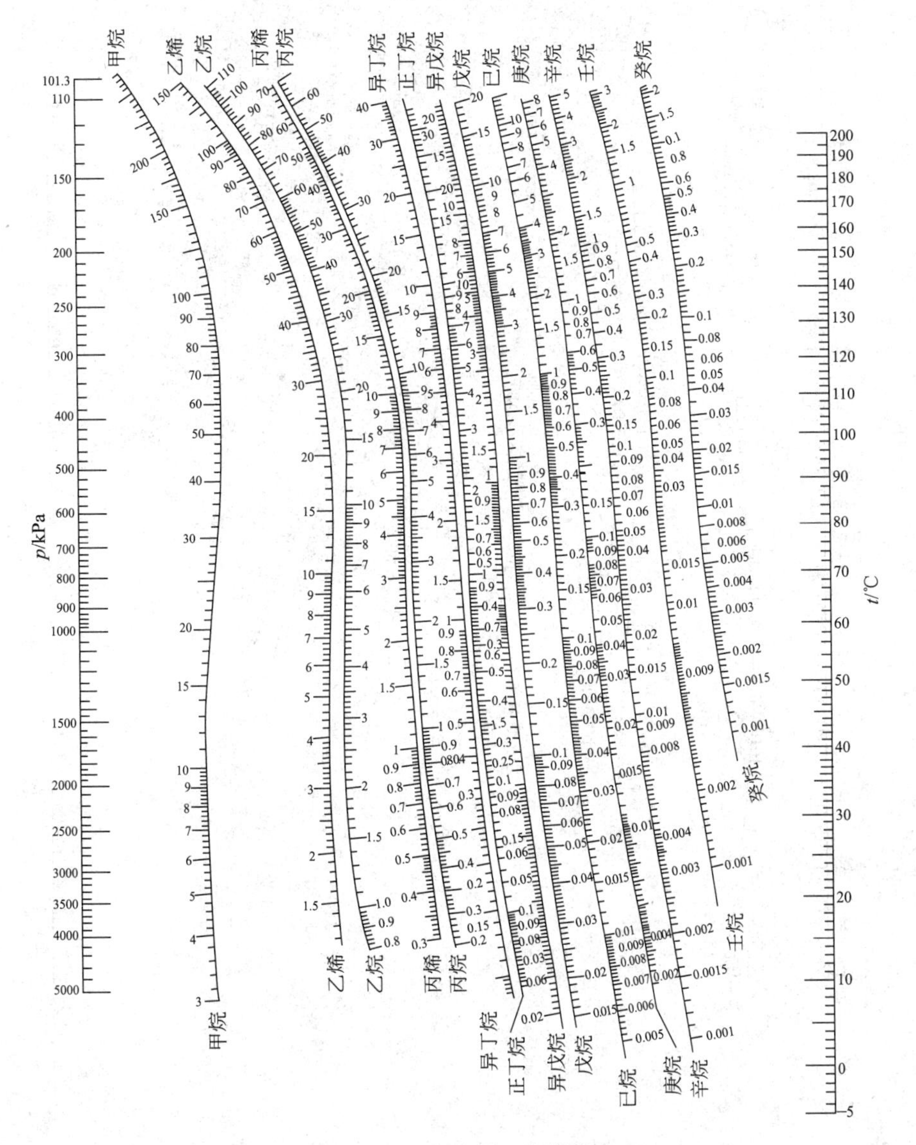

图 6-12　p-T-K 图，高温部分

式(6-38) 就叫做描述汽液平衡的 K 值法。与式(6-14) 和式(6-17) 比较，式(6-38) 的形式简单很多，但由于 K_i 并不是常数，而是与相平衡的 T、p、y_i、x_i 均有关的一个变量，因此，从这个角度上看，引进了 K 值并没有给汽液平衡的研究和计算带来任何简便。

6.3.4.2 烃类系统的 K 值法

但是，当 K 值法用于描述石油化工中烃类系统的汽液平衡体系时，它“简便”的特点就表现出来了。

烃类系统的混合物接近理想混合物，$\gamma_i=1$，同时根据 Lewis-Randall 规则，对于理想混合物有 $\hat{\phi}_i^{\mathrm{v}}=\phi_i$，另外，石油化工涉及的汽液平衡绝大多数压力不是太高，因此，有

$$K_i=\frac{y_i}{x_i}=\frac{p_i^{\mathrm{s}}\phi_i^{\mathrm{s}}}{p\phi_i} \tag{6-39}$$

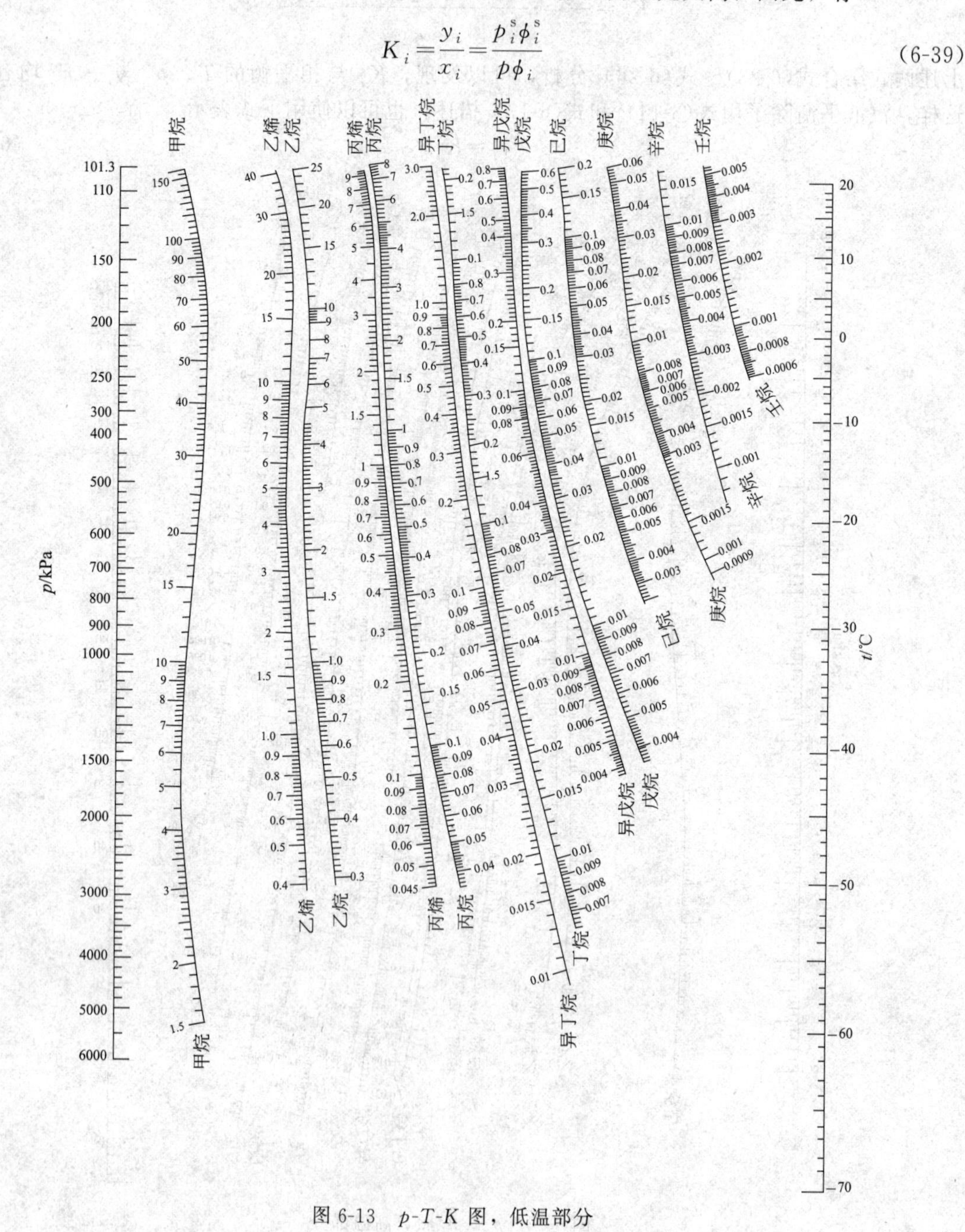

图 6-13 p-T-K 图，低温部分

可见，烃类系统的 K 值仅与 T、p 有关，而与组成 y_i、x_i 无关。这样，K 值可根据 T、p 在德-普列斯特（De-Priester）的 p-T-K 图上查出 K 的具体值，使得式(6-38）真正简单地描述汽液平衡。p-T-K 图如图 6-12 和图 6-13 所示。

烃类系统的 K 值法可简便地用于泡露点计算，由于 K 值仅与 T、p 有关，而与组成 y_i、x_i 无关，计算时就可以省去泡露点计算框图中计算组成 y_i 或 x_i 的内层嵌套，其他计算途径不变，仅需要在每一次改变 T 或 p 时，重新查取 K_i 值，计算大为简化。

【例 6-6】 利用维里方程计算乙烯在温度为 311K、压力为 3444.2kPa 下的 K 值。已知该温度下乙烯的饱和蒸气压为 9111.7kPa。

解： 由于压力较高，汽、液相按理想溶液计算。此时 K 的计算公式为

$$K=\frac{p^s\phi^s}{p\phi^v}$$

（1）利用维里方程计算乙烯的逸度系数

查得 $T_c=282.4$K，$p_c=5.034$MPa，$\omega=0.085$。在 $T=311$K 和 $p=3444.1$kPa 下：

$$B_0=0.083-\frac{0.422}{T_r^{1.6}}=-0.2786, \qquad B_1=0.139-\frac{0.172}{T_r^{4.2}}=0.0243$$

$$\frac{Bp_c}{RT_c}=B^{(0)}+\omega B^{(1)}=-0.2766$$

$$B=-128.9$$

$$\ln\phi^v=\frac{Bp}{RT}=-0.1718$$

所以汽相逸度系数：$\phi^v=0.8422$

（2）利用维里方程计算乙烯的温度下饱和汽体的逸度系数

如上，可得 $\phi^s=0.6347$

（3）计算 K

$$K=\frac{p^s\phi^s}{p\phi^v}=1.995$$

【例 6-7】 某烃类混合物的组成如下表，试求压力为 2776kPa（27.4atm）时，该混合物的泡点温度及汽相组成。

组元	CH_4	C_2H_6	C_3H_6	C_3H_8	i-C_4H_{10}	n-C_4H_{10}	总计
组成	0.05	0.35	0.15	0.20	0.10	0.15	1.00

解： 求解泡点温度时，题给的组成即为液相组成 x_i。计算过程如下：

$p=27.4$atm，假设 T —(p-T-K 图)→ K_i（$i=1,2,\cdots,6$）—(x_i)→ y_i（$i=1,2,\cdots,6$）→ $\sum y_i$ {=1 结束；≠1 返回 → 调整 T}

假定泡点温度 T，计算过程见下表，最终结果以黑体表示。

设定温度	组元	CH_4	C_2H_6	C_3H_6	C_3H_8	i-C_4H_{10}	n-C_4H_{10}	总计
	x_i	0.05	0.35	0.15	0.20	0.10	0.15	1.00
24℃	K_i	6.0	1.30	0.47	0.43	0.20	0.381	—
	y_i	0.30	0.455	0.0705	0.086	0.02	0.0207	0.952
26℃	K_i	6.2	1.37	0.51	0.45	0.212	0.147	—
	y_i	0.306	0.480	0.0765	0.090	0.0212	0.0220	0.996
归一化	y_i	**0.307**	**0.482**	**0.0768**	**0.0904**	**0.0213**	**0.0221**	**1.000**

6.3.4.3 闪蒸及其计算

闪蒸计算是 K 值法这种简便快捷计算方法的一个工程应用实例。总组成为 z_1，z_2，…，z_N 的单相混合物，当体系的温度 T、压力 p 进入泡露点之间时，自动产生了达到汽液平衡的两相，汽相组成为 y_1，y_2，…，y_N，液相组成为 x_1，x_2，…，x_N。实际上，闪蒸是单级平衡分离过程。高于泡点压力的液体混合物，如果压力降低，达到泡点压力与露点压力之间，就会部分汽化，发生闪蒸，如图 6-14 所示。令闪蒸罐的进料量为 F，闪蒸后的汽相量为 V，液相量为 L，则汽化率为 $e=V/F$，液化率为 $l=L/F$，$e+l=1$。闪蒸过程同时符合质量守恒和热力学的相平衡原则，即总的物料平衡、组元的物料平衡和汽液平衡。

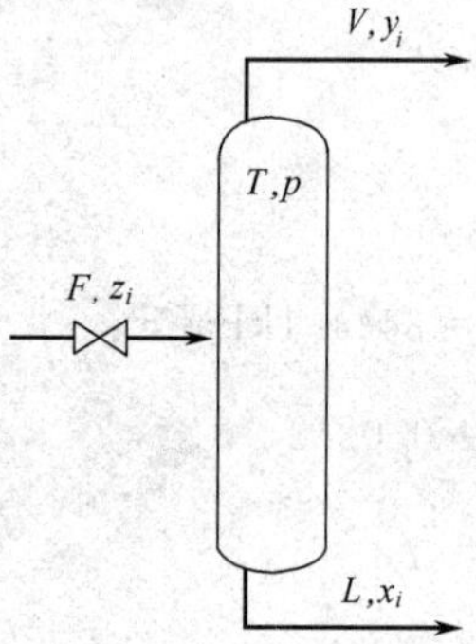

V,y_i

T,p

F,z_i

L,x_i

图 6-14 闪蒸示意

$$F=V+L \tag{6-40}$$

$$Fz_i=Vy_i+Lx_i \quad (i=1,2,\cdots,N) \tag{6-41}$$

$$y_i=K_ix_i \quad (i=1,2,\cdots,N) \tag{6-42}$$

联立解得

$$x_i=\frac{z_i}{e(K_i-1)+1} \quad (i=1,2,\cdots,N) \tag{6-43}$$

$$y_i=\frac{K_iz_i}{e(K_i-1)+1} \quad (i=1,2,\cdots,N) \tag{6-44}$$

由于汽液两相组成 y_i 或 x_i 值不完全独立，需要同时满足 $\sum y_i=1$ 或 $\sum x_i=1$。

如果所处理的体系是烃类系统的混合物，那么 K_i 值就可以从 p-T-K 图上查出。一般，闪蒸前的混合物的总组成 z_i 是已知的，根据不同的已知和求取，闪蒸计算主要分为三类。

① 已知 T、p，求闪蒸后的汽化分率 e、汽液相组成 y_i 和 x_i。

p,T,z_i，假设 e —(p-T-K 图)→ K_i（$i=1,2,\cdots,N$）—(式(6-43))→ x_i（$i=1,2,\cdots,N$）→ $\sum x_i$ { $=1$ → $y_i=K_ix_i$（$i=1,2,\cdots,N$）→ $\sum y_i$ —归一化→ 输出结果 e,y_i,x_i；$\neq1$ 返回 —调整 e→ 假设 e }

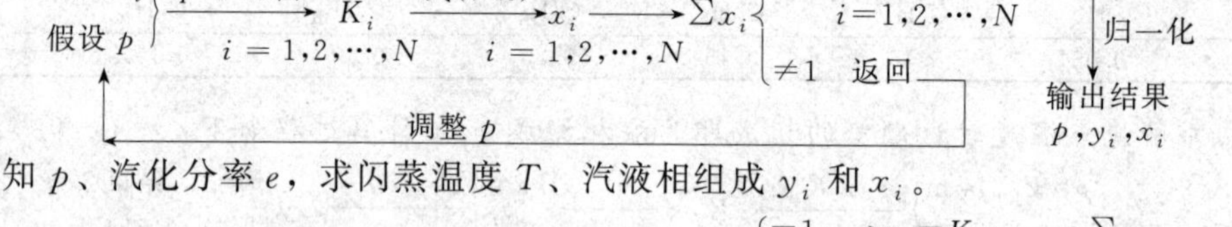

② 已知 T、汽化分率 e，求闪蒸压力 p、汽液相组成 y_i 和 x_i。

T,e,z_i，假设 p —(p-T-K 图)→ K_i（$i=1,2,\cdots,N$）—(式(6-43))→ x_i（$i=1,2,\cdots,N$）→ $\sum x_i$ { $=1$ → $y_i=K_ix_i$（$i=1,2,\cdots,N$）→ $\sum y_i$ —归一化→ 输出结果 p,y_i,x_i；$\neq1$ 返回 —调整 p→ 假设 p }

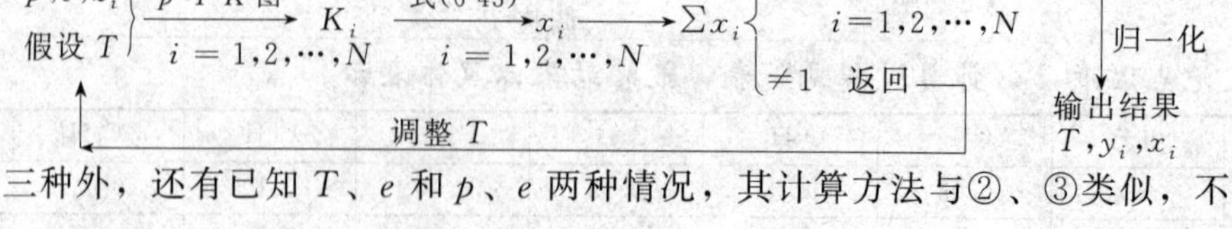

③ 已知 p、汽化分率 e，求闪蒸温度 T、汽液相组成 y_i 和 x_i。

p,e,z_i，假设 T —(p-T-K 图)→ K_i（$i=1,2,\cdots,N$）—(式(6-43))→ x_i（$i=1,2,\cdots,N$）→ $\sum x_i$ { $=1$ → $y_i=K_ix_i$（$i=1,2,\cdots,N$）→ $\sum y_i$ —归一化→ 输出结果 T,y_i,x_i；$\neq1$ 返回 —调整 T→ 假设 T }

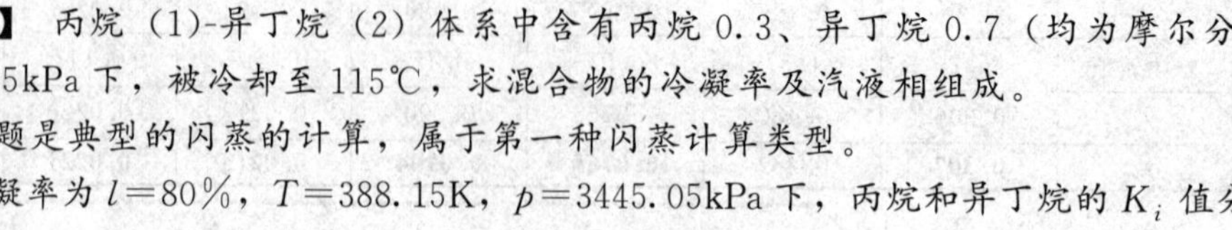

除上述三种外，还有已知 T、e 和 p、e 两种情况，其计算方法与②、③类似，不再细说。

【例 6-8】 丙烷（1）-异丁烷（2）体系中含有丙烷 0.3、异丁烷 0.7（均为摩尔分数），在总压 3445.05kPa 下，被冷却至 115℃，求混合物的冷凝率及汽液相组成。

解： 本题是典型的闪蒸的计算，属于第一种闪蒸计算类型。

假设冷凝率为 $l=80\%$，$T=388.15\text{K}$，$p=3445.05\text{kPa}$ 下，丙烷和异丁烷的 K_i 值分别为

$$K_1=1.45,\qquad K_2=0.84$$

代入式(6-43)，可计算得到

$$x_1=0.2752,\qquad x_2=0.7231,\qquad \sum x_i=0.9983$$

由于$\sum x_i<1$，需要重新调整冷凝率$l=68\%$，同理计算可以得到

$$x_1=0.2622,\qquad x_2=0.7377,\qquad \sum x_i=0.9999$$

于是，在体系的温度和压力下，冷凝率为68%时，汽相组成分别为

$$y_1=0.3802,\qquad y_2=0.6198$$

在工程上闪蒸计算不限于烃类物系，此时，式(6-43)、式(6-44)都是适用的，但式中的K_i不但随T、p而变，还要随y_i和x_i而变，因此计算复杂得多，也需要更多的迭代层次。

6.4 高压汽液平衡

当汽液平衡的压力达到十几兆帕以上时，通常认为进入了高压汽液平衡的范围。由于高压，汽液平衡的表现与普通汽液平衡有所不同，呈现出一些新的特点，同时，对于高压汽液平衡的研究也需要根据这些特点采取区别于普通汽液平衡的方法。本节主要从相图和计算方法两方面体现高压汽液平衡。

6.4.1 高压汽液平衡相图

对于二元的高压汽液平衡，根据相律，自由度$F=2$。当其中的一个变量确定后，就可以采用平面的图形来描述高压汽液平衡的行为了。

6.4.1.1 p-x-y 图与 T-x-y 图

图6-15的(a)、(b)分别是二元体系高压汽液平衡的p-x-y和T-x-y图。

在相图中可以发现，根据压力的不同，相图分为三段，以p-x-y图为例，分别说明三段的特点(假定$p_{c2}<p_{c1}$，$T_{c2}<T_{c1}$)。

(1) $p<p_{c2}$

相平衡的压力低于p_{c2}时，由泡点线和露点线构成的相界面环基本上与普通的汽液平衡一致，贯穿整个组成范围内，并随着温度的升高，相界面环上升。

(2) $p_{c2}<p<p_{c1}$

当相平衡的压力高于某一种纯物质的临界压力，且位于两个临界压力之间时，由于对于物质2而言，相平衡的温度压力条件已经超过了它的临界值，于是纯物质2就成为超临界状态，相界面环不再贯穿整个组成范围内，开始脱离纯物质2的坐标轴，向物质1的轴收缩。通过精馏操作已经不能得到纯物质2。

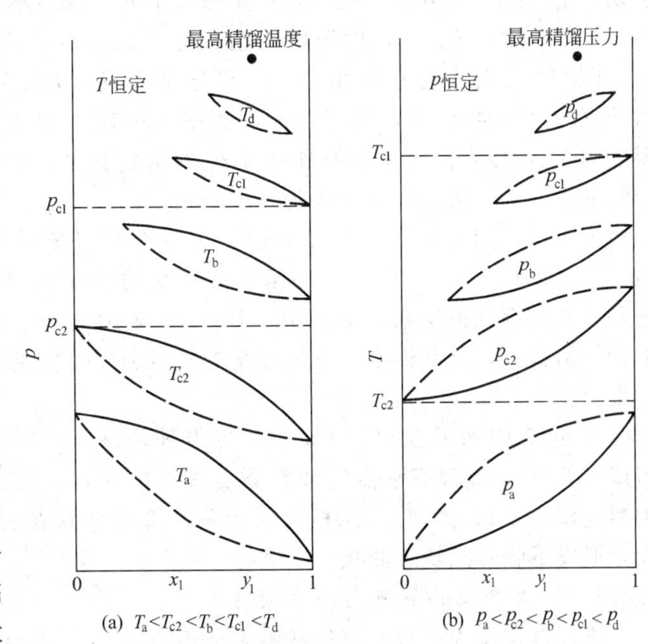

图6-15 二元高压汽液平衡p-x-y和T-x-y图

(3) $p>p_{c1}$

当相平衡的压力高于所有物质的临界压力以后，每一种纯物质都处于超临界状态，既不是汽态，也不是液态，相界面环同时脱离两个纯物质轴，向中间收缩。随着压力逐步升高，最后收缩为一个点，在该点处，汽液两相不再有区别，于是该点就成为了精馏操作的最高温度点和最高压力点。

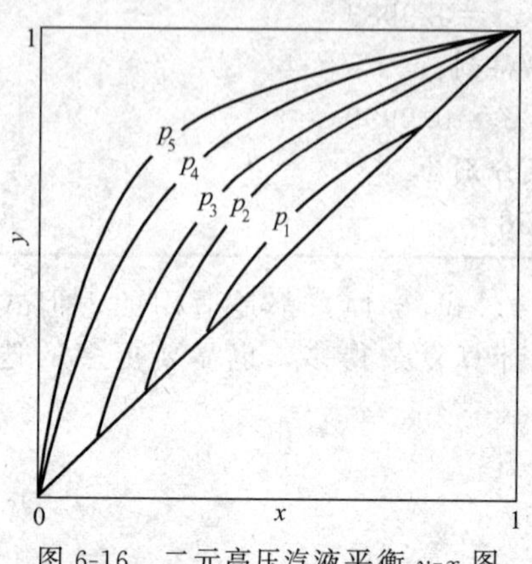

图 6-16 二元高压汽液平衡 y-x 图
($p_5<p_4<p_{c2}<p_3<p_2<p_{c1}<p_1$)

纵观整个相图特点，无论是 p-x-y 图还是 T-x-y 图，一个共同的特点就是随着温度压力的升高，相界面环不断上升，环逐渐变窄，汽液两相的组成差别减小，最后收缩到一点。

图 6-16 从 y-x 图的角度显示了相界面环脱离纯物质坐标轴的情况。由于 p_4、p_5 压力低于 p_{c2}，y-x 线贯穿整个组成范围；当压力升高到 p_2、p_3，高于 p_{c2}，曲线脱离了表示纯物质 2 的左下角；压力继续升高到 p_1，高于 p_{c1}，曲线也同时脱离了表示纯物质 1 的右上角，向中间收缩。

总的来说，压力升高，汽液平衡表现为相界面环缩小，汽液平衡线 y-x 线向对角线靠近，汽液相组成的差别减小，分离困难。

6.4.1.2 p-T 图

将二元高压汽液平衡的立体图用不同的组成平面去切，可以得到一系列的截面。将它们画在同一个图上，就得到了图 6-17 所示的二元高压汽液平衡的 p-T 相图。

如果用 $x_2=1$ 的面去切立体图，得到曲线 KC_2，其中 C_2 点为纯物质 2 的临界点；同理可以得到曲线 LC_1，C_1 点为纯物质 1 的临界点；而如果分别使用固定组成为 z_1、z_2、z_3 的面去切，会得到一系列的曲线，每一条曲线中的实线表示泡点线，即该固定组成为液相组成，$z=x$；虚线表示露点线，即该固定组成为汽相组成，$z=y$。不同的截面线会有所相交，交点分别为 A、B、C。对于这种点，如 B 点，该点对应的相平衡的压力为 p_0，温度为 T_0，该点同时在一条组成为 z_3 的实线上（表示液相组成为 z_3），又在一条组成为 z_2 的虚线上（表示汽相组成为 z_2），因此，该点实际上表示了一个相平衡状态（p_0，T_0，z_3，z_2）。在二元高压汽液平衡的 p-T 图上，这种实线和虚线的交点（如点 A、B、C）表示的是不同的相平衡状态，其共轭组成就是相交的实线和虚线所代表的组成。

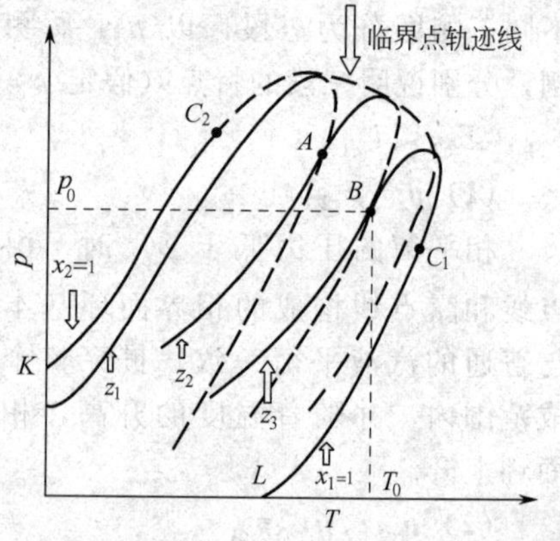

图 6-17 二元高压汽液平衡 p-T 图

图 6-17 中除了点 C_1、C_2 为临界点外，每一个固定组成（如 z_1）线都有泡点实线与露点虚线的交点，该点的温度压力一致，同时汽液相组成相等，符合临界点的定义。将这些点和 C_1、C_2 点连成曲线，形成了临界点轨迹曲线。

6.4.1.3 混合物临界点与逆向现象

临界点定义为“汽液两相性质完全相同的点”，具体说是指汽液两相的温度相等、压力相等、汽相组成等于液相组成。对于纯物质来说，临界点 C 是汽液两相共存的最高温度点和最高压力点；而对于混合物而言却不一定是这样。研究表明，混合物的临界点 C 不一定是汽液共存的最高温度点，也不一定是最高压力点。

将图 6-17 中的 z_1 线放大，如图 6-18 所示，清楚地表明，临界点 C 的温度低于点 F，而 C 点的压力低于 E 点。当然，这只是一种情况，临界点的状况也可以是温度和压力中的一项最高，而另一项不是最高的情况；也可能存在与纯物质的临界点一致，即温度压力都是最高。

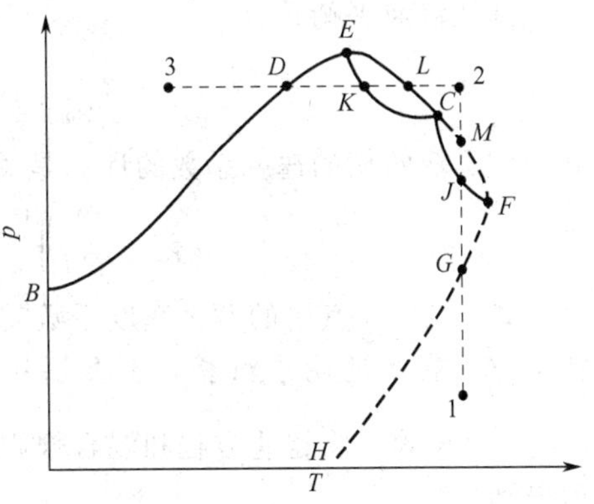

图 6-18 逆向冷凝与逆向蒸发示意

如果物系的初始状态在 1 点，这时，物系是单纯的汽相。使物系等温增压，当物系的变化趋势线第一次与露点线相交于 G 点，此时出现第一滴液体，液体量很少，随后进入了汽液共存区，液体量增加。如果继续等温增压，物系会第二次与露点线相交于 M 点，在该点处仍然是液体量很少。那么在从 G 点到 M 点的过程中，液体量经历了由增到减的过程，其中必然存在液体量最大的点，称为 J 点。从 J 点到 M 点，压力增加，但液体量减少，这与常规状况相反，于是称从 J 点到 M 点的过程为逆向蒸发；相反的，从 M 点到 J 点的过程为逆向冷凝。若将趋势线 1—2 保持垂直左右移动，会得到一系列的液体量最大的点，将它们连成曲线，得到区域 $CJFMC$，该区域为发生逆向现象的区域。

同理，当物系发生等压升温的过程时，也会存在逆向现象。如果物系的初始状态在 3 点，等压升温后与泡点线第一次相交于 D 点，此时出现第一个气泡，气体量很少，随后进入了汽液共存区，气体量增加。如果继续等压升温，物系会第二次与泡点线相交于 L 点，在该点处仍然是气体量很少。那么在从 D 点到 L 点的过程中，气体量经历了由增到减的过程，其中必然存在气体量最大的点，称为 K 点。从 K 点到 L 点，温度增加，但气体量减少，这与常规状况相反，于是称从 K 点到 L 点的过程为逆向冷凝；相反的，从 L 点到 K 点的过程为逆向蒸发。若将趋势线 3—2 保持水平上下移动，会得到一系列的气体量最大的点，将它们连成曲线，得到区域 $EKCLE$，该区域为发生逆向现象的区域。

总体来看，发生逆向现象的首要条件是等温线可以两次与露点线相交，或等压线可以两次与泡点线相交。发生的原因是由于混合物的临界点 C 不一定是最高温度点，也不一定是最高压力点。

常规的化工生产中，很少遇到近临界点高压汽液平衡的情况，但在采油工程中，高压相平衡是常见的现象，充分利用它的特点可以帮助优化生产。

原油和天然气都是石油工程师最关心的物质，通常它们在地下或深井中是以汽液两相共存的。油井和油层中的流体是什么状态取决于温度和压力。而在温度因素和压力因素这二者之间，压力常常起决定因素，而温度的变化不大。常见的油藏所处的地层温度为 100℃附近，而压力可以达到几十兆帕。比较油藏的温度压力与环境温度压力，可以看出，压力的差别比温度的差别显著得多。几十兆帕的压力完全可以将油层本身举升到地面，称为自喷；当然，如果油层自身的能量较低，可以采用人工举升，如游梁式抽油机-深井泵采油。

油品自地底层向地面举升的过程，可以近似看作是等温减压的过程。由于出油管的体积是一定的，为了单位时间油品的产量最大，油品以液相采出最为经济。根据图 6-18，在 1—2 线上，J 点的液相量最大。于是，控制出口压力为 J 点压力，可以保证油品的举升产量最大。实际上是利用了高压汽液平衡的逆向现象。

6.4.2 高压汽液平衡的计算

高压汽液平衡的计算与普通的汽液平衡一样，都依据相平衡判据式(6-7)。在本章 6.2.1 曾介绍了适合于高压汽液平衡的状态方程法（EOS 法）关系式(6-14)。另外，当涉及烃类系统的高压汽液平衡时，K 值法也可用于计算。下面分别加以介绍。

6.4.2.1 状态方程法（EOS 法）

高压汽液平衡符合

$$\hat{\phi}_i^{\mathrm{v}} y_i = \hat{\phi}_i^{\mathrm{l}} x_i \quad (i=1,2,\cdots,N)$$

其中汽、液两相的逸度系数的计算是关键。根据 5.3.4 节，逸度系数的计算式为

$$\ln\hat{\phi}_i = \frac{1}{RT}\int_{\infty}^{V}\left[\left(\frac{RT}{V}\right)-\left(\frac{\partial p}{\partial n_i}\right)_{T,V,n_j}\right]\mathrm{d}V\text{-}\ln Z \tag{5-77}$$

对于式(6-14)，其中的两个逸度系数需要采用同一个状态方程以及相应的混合规则，因此这个状态方程既要适用于汽相，也要适用于液相。在本书介绍的状态方程中，可选的有 SRK、PR、BWR 等。将这些方程和混合规则代入式(5-77）中，推导出 $\hat{\phi}_i$ 的计算式(或查阅参考书籍得到)

$$\ln\hat{\phi}_i^{\mathrm{l}} = f(p,T,V^{\mathrm{l}},x_i) \quad (i=1,2,\cdots,N)$$

$$\ln\hat{\phi}_i^{\mathrm{v}} = f(p,T,V^{\mathrm{v}},y_i) \quad (i=1,2,\cdots,N)$$

实际上，上两式的公式形式完全一致，只不过计算液相逸度系数 $\hat{\phi}_i^{\mathrm{l}}$ 时使用 V_i^{l} 和 x_i，而计算汽相逸度系数 $\hat{\phi}_i^{\mathrm{v}}$ 时使用 V_i^{v} 和 y_i。

当然，这种计算是高度非线性的，而且随着组成数的增加，联立的方程数也增多，需要依靠计算机实现。

6.4.2.2 K 值法

高压汽液平衡的计算也可以采用 K 值法。

$$y_i = K_i x_i \tag{6-38}$$

如果涉及的高压汽液平衡是烃类系统的平衡，K 值的计算和应用与 6.3.4.2 的内容完全一致。对于其他的体系，K 值与温度、压力、汽液相组成均有关。

$$\hat{f}_i^{\mathrm{v}} = p y_i \hat{\phi}_i^{\mathrm{v}}, \qquad \hat{f}_i^{\mathrm{l}} = f_i^{\mathrm{l}} \gamma_i x_i$$

再根据平衡准则式(6-7)，可得

$$\frac{y_i}{x_i} = K_i = \frac{f_i^{\mathrm{l}}\gamma_i}{p\hat{\phi}_i^{\mathrm{v}}} \quad (i=1,2,\cdots,N) \tag{6-45}$$

而

$$f_i^{\mathrm{l}} = p\phi_i^{\mathrm{l}}$$

将上式代入式(6-45)，得

$$\frac{y_i}{x_i} = K_i = \frac{\phi_i^{\mathrm{l}}\gamma_i}{\hat{\phi}_i^{\mathrm{v}}} \quad (i=1,2,\cdots,N) \tag{6-46}$$

式中，ϕ_i^{l} 是纯液体 i 在相平衡的温度 T 和压力 p 下的逸度系数；$\hat{\phi}_i^{\mathrm{v}}$ 是组元 i 的汽相逸度系数；γ_i 是组元 i 的液相活度系数。

如果 ϕ_i^{l} 采用普遍化逸度系数图法计算，$\hat{\phi}_i^{\mathrm{v}}$ 用普遍化 RK 方程计算，γ_i 用正规溶液活度系数方程计算，这种计算 K 值、进而计算高压汽液平衡的方法最早是 1961 年由 Chao 和 Seader 提出的，后来被称作 Chao-Seader 法。一般认为，这是首次在计算机上实现汽液平衡和精馏计算的计算方法。

6.5 汽液平衡数据的热力学一致性检验

实验测定完整的 T、p、x、y 汽液平衡数据时，产生的测定误差可能是多方面的，在一定程度上也是不可完全避免的，这就要求测定者和使用者都要判断所测各组汽液平衡数据的可靠性。从热力学的角度分析，任一物系的 T、p、x、y 之间都不是完全独立的，它们受相律的制约。活度系数是最便于联系 T、p、x、y 值的，采用 Gibbs-Duhem 方程的活度系数形式来检验实验数据的质量的方法，这种方法称为汽液平衡数据的热力学一致性检验。

对于二元系统，其相应的 Gibbs-Duhem 方程形式为

$$x_1 \mathrm{d}\ln\gamma_1 + x_2 \mathrm{d}\ln\gamma_2 = -\frac{H^{\mathrm{E}}}{RT^2}\mathrm{d}T + \frac{V^{\mathrm{E}}}{RT}\mathrm{d}p \tag{6-47}$$

6.5.1 积分检验法（面积检验法）

由于实验测定汽液平衡数据时往往控制在等温或等压条件下，汽液平衡数据的一致性检验也分为等温和等压两种情况。

(1) 等温汽液平衡数据

在等温条件下，式(6-47) 中右边第一项等于零，对于液相，$\frac{V^{\mathrm{E}}}{RT}$的数值很小，近似可以取为零，此时式(6-47) 可以写为

$$x_1 \mathrm{d}\ln\gamma_1 + x_2 \mathrm{d}\ln\gamma_2 = 0 \tag{6-48}$$

式(6-48) 两边同除以 $\mathrm{d}x_1$，得

$$x_1 \frac{\mathrm{d}\ln\gamma_1}{\mathrm{d}x_1} - x_2 \frac{\mathrm{d}\ln\gamma_2}{\mathrm{d}x_2} = 0 \tag{6-49}$$

用 Gibbs-Duhem 方程判断汽液平衡数据质量时，原则上可以使用式(6-49)，但由于导数式涉及不易测准的斜率，所以很难直接使用该式。赫林顿（Herington）在 1947 年提出了积分法。由 $x_1=0$ 到 $x_1=1$ 对式(6-48) 积分，得

$$\begin{aligned}
&\int_{x_1=0}^{x_1=1} x_1 \mathrm{d}\ln\gamma_1 + \int_{x_1=0}^{x_1=1} x_2 \mathrm{d}\ln\gamma_2 \\
&= \int_{x_1=0}^{x_1=1} [\mathrm{d}(x_1\ln\gamma_1) - \ln\gamma_1 \mathrm{d}x_1] + \int_{x_1=0}^{x_1=1} [\mathrm{d}(x_2\ln\gamma_2) - \ln\gamma_2 \mathrm{d}x_2] \\
&= \int_{x_1=0}^{x_1=1} [-\ln\gamma_1 \mathrm{d}x_1 - \ln\gamma_2 \mathrm{d}x_2] = \int_{x_1=0}^{x_1=1} \ln\frac{\gamma_2}{\gamma_1}\mathrm{d}x_1 = 0
\end{aligned} \tag{6-50}$$

使用式(6-50) 进行热力学一致性校验，可以表示在图 6-19 的 $\ln\frac{\gamma_1}{\gamma_2}$-$x_1$ 曲线上。

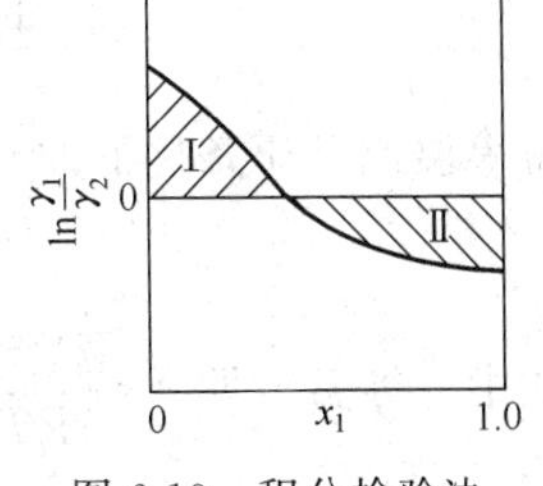

图 6-19 积分检验法

该曲线与横坐标轴所包含面积的代数和应该等于零，即横坐标以上的面积应该等于横坐标以下的面积，故此法又称为面积检验法。由于实验数据总难免有一定的误差，实验值的积分严格等于零是不可能的，允许的误差常视混合物的非理想性和所要求的精度而定。定义

$$D = \left|\frac{(\text{面积}+) - (\text{面积}-)}{(\text{面积}+) + (\text{面积}-)}\right| \times 100$$

对于具有中等非理想性的系统，当 $D<2$ 时，可以认为符合热力学一致性。

(2) 等压汽液平衡数据

在等压条件下，式(6-1) 中右边第二项等于零。式(6-1) 变为

$$x_1\mathrm{d}\ln\gamma_1+x_2\mathrm{d}\ln\gamma_2=-\frac{H^{\mathrm{E}}}{RT^2}\mathrm{d}T \tag{6-51}$$

由 $x_1=0$ 到 $x_1=1$ 对式(6-51) 积分，得

$$\int_{x_1=0}^{x_1=1}\ln\frac{\gamma_2}{\gamma_1}\mathrm{d}x_1=\int_{x_1=0}^{x_1=1}-\frac{H^{\mathrm{E}}}{RT^2}\mathrm{d}T \tag{6-52}$$

式(6-52) 右边常不可忽略，其 H^{E} 数据又随组成而变，并且较不易获得，常采用 Herington 推荐的半经验方法对二元的等压汽液平衡数据进行热力学一致性检验。其方法为：由实验数据得到图 6-19 并计算出偏差值 D，另外，定义

$$J=150\times\frac{T_{\max}-T_{\min}}{T_{\min}}$$

式中，$T_{\max}$ 和 $T_{\min}$ 分别是系统的最高和最低温度。若 $(D-J)<10$，则认为该套等压汽液平衡实验数据符合热力学一致性。

面积检验法简单易行，但该法是对实验数据进行整体检验而非逐点检验。这样，不同实验点的误差可能相互抵消而使面积法得以通过。因此，一般来说，通不过面积法的实验数据基本上是不可靠的，而通过了面积法的实验数据也不一定是完全可靠的。

若要剔出实验中的“坏”点，显然还需要对实验点进行逐点检验，这就要采用微分检验法(点检验法)。

6.5.2 微分检验法（点检验法）

1959 年 van Ness 等提出了微分法。已知二元体系的摩尔超额 Gibbs 自由能与活度系数的关系式为

$$\frac{G^{\mathrm{E}}}{RT}=x_1\ln\gamma_1+x_2\ln\gamma_2 \tag{6-53}$$

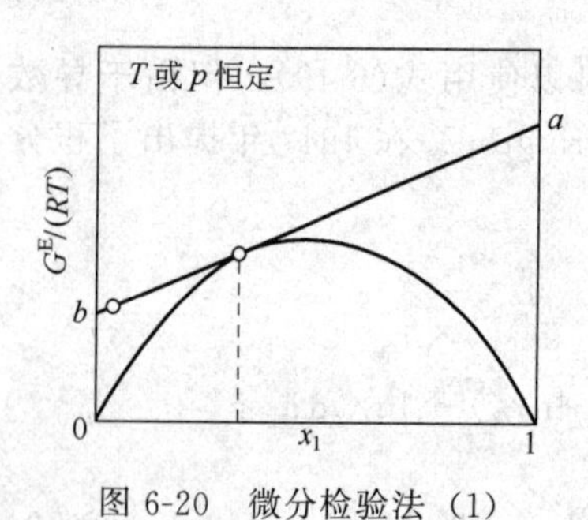

图 6-20 微分检验法 (1)

由实验值可以求出 γ_1 和 γ_2，进而可以求得$\frac{G^{\mathrm{E}}}{RT}$，然后绘制$\frac{G^{\mathrm{E}}}{RT}$-$x_1$ 曲线，如图 6-20 所示。

在任一组成下，对该曲线作切线，此切线于 $x_1=1$ 和 $x_1=0$ 轴上的截距分别为

$$a=\frac{G^{\mathrm{E}}}{RT}+x_2\frac{\mathrm{d}[G^{\mathrm{E}}/(RT)]}{\mathrm{d}x_1} \tag{6-54a}$$

$$b=\frac{G^{\mathrm{E}}}{RT}-x_1\frac{\mathrm{d}[G^{\mathrm{E}}/(RT)]}{\mathrm{d}x_1} \tag{6-54b}$$

另外，将式(6-53) 对 x_1 微分得

$$\frac{\mathrm{d}[G^{\mathrm{E}}/(RT)]}{\mathrm{d}x_1}=\ln\gamma_1-\ln\gamma_2+x_1\frac{\mathrm{d}\ln\gamma_1}{\mathrm{d}x_1}+x_2\frac{\mathrm{d}\ln\gamma_2}{\mathrm{d}x_1} \tag{6-55}$$

将等温或等压条件下的 Gibbs-Duhem 方程代入可得

$$\frac{\mathrm{d}[G^{\mathrm{E}}/(RT)]}{\mathrm{d}x_1}=\ln\gamma_1-\ln\gamma_2+\beta \tag{6-56}$$

式中，等温数据 $\beta=\left(\frac{V^{\mathrm{E}}}{RT}\right)\frac{\mathrm{d}p}{\mathrm{d}x_1}$

等压数据 $\beta=-\left(\frac{H^{\mathrm{E}}}{RT^2}\right)\frac{\mathrm{d}T}{\mathrm{d}x_1}$

将式(6-53) 和式(6-56) 代入式(6-54) 得到

$$a=\ln\gamma_1+x_2\beta \tag{6-57a}$$

$$b=\ln\gamma_2-x_1\beta \tag{6-57b}$$

使用微分法进行热力学一致性检验时，用式(6-57)计算得到的 a 和 b 值与由实验点作图求出的截距 a 和 b 进行比较，以决定各实验点的可靠性。

为了提高微分检验法的准确度，van Ness 等后来建议用相对平直的 $\frac{G^E}{RTx_1x_2}$-x_1 曲线（如图 6-21）代替 $\frac{G^E}{RT}$-x_1 曲线，同样对每个实验点作切线进行计算。本法的优点是可以剔除不可靠的点，缺点是要作切线，可靠性差。后来克服了这一缺点，并使之可以适用于计算机计算。

上述的积分和微分检验法均没有涉及多元混合物系，多元物系的一致性检验很复杂，目前还缺乏可以普遍使用和广泛接受的方法。

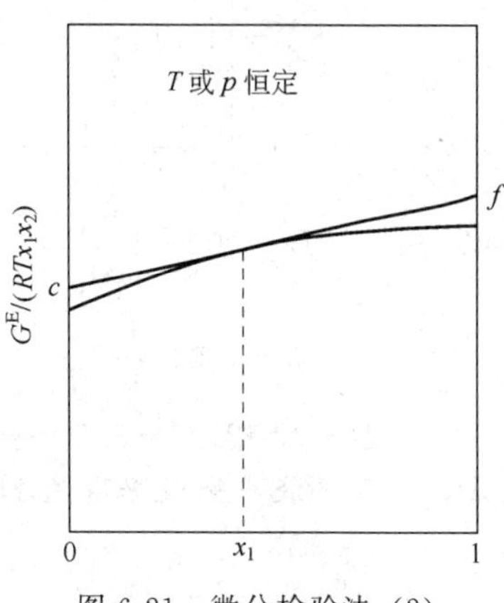

图 6-21 微分检验法（2）

【例 6-9】 测定了 101.3kPa 下异丙醇（1)-水（2）的汽液平衡数据如下表。

x_1	0.00	0.0160	0.0570	0.1000	0.1665	0.2450	0.2980	0.3835	0.4460
y_1	0.00	0.2115	0.4565	0.5015	0.5215	0.5390	0.5510	0.5700	0.5920
t/℃	100	93.40	84.57	82.70	81.99	81.62	81.28	80.90	80.67
x_1	0.5145	0.5590	0.6605	0.6955	0.7650	0.8090	0.8725	0.9535	1.000
y_1	0.6075	0.6255	0.6715	0.6915	0.7370	0.7745	0.8340	0.9325	1.000
t/℃	80.381	80.3	80.16	80.11	80.23	80.37	80.70	81.48	82.25

试采用 Herington 的方法检验此套数据的可靠性。

解： 该套数据为等压汽液平衡数据，采用 Herington 方法进行热力学一致性检验，需要计算 $\ln\frac{\gamma_1}{\gamma_2}$。实验压力为 101.3kPa。

$$\gamma_1=\frac{py_1}{p_1^s x_1},\qquad \gamma_2=\frac{py_2}{p_2^s x_2}$$

从附录五中查出异丙醇、水的 Antoine 常数，求得不同温度下的 p_1^s、p_2^s，然后计算出 $\ln\gamma_1$、$\ln\gamma_2$，计算结果列于下表。

x_1	0.0160	0.0570	0.1000	0.1665	0.2450	0.2980	0.3835	0.4460
$\ln\frac{\gamma_1}{\gamma_2}$	2.134	1.965	1.538	1.031	0.617	0.397	0.092	0.112
x_1	0.5145	0.5590	0.6605	0.6955	0.7650	0.8090	0.8725	0.9535
$\ln\frac{\gamma_1}{\gamma_2}$	0.286	0.389	0.616	0.684	0.814	0.874	0.973	1.060

为了方便计算积分值（即面积），将 $\ln\frac{\gamma_1}{\gamma_2}$ 拟合为 x_1 的二次多项式：

$$\ln\frac{\gamma_1}{\gamma_2}=3.6308x_1^2-6.753x_1+2.1841$$

令 $\ln\frac{\gamma_1}{\gamma_2}=0$，解得：$x_1^0=0.4169$

积分求面积：

$$S_A=\left|\int_0^{x_1^0}\ln\frac{\gamma_1}{\gamma_2}\mathrm{d}x_1\right|=\left|\int_0^{0.4169}(3.6308x_1^2-6.753x_1+2.1841)\mathrm{d}x_1\right|$$

$$=\left|\left[\frac{3.6308}{3}x_1^3-\frac{6.753}{2}x_1^2+2.1841x_1\right]_0^{0.4169}\right|=0.4114$$

$$S_B=\left|\int_{x_1^0}^{1}\ln\frac{\gamma_1}{\gamma_2}dx_1\right|=\left|\int_{0.4169}^{0}(3.6308x_1^2-6.753x_1+2.1841)dx_1\right|$$

$$=\left|\left[\frac{3.6308}{3}x_1^3-\frac{6.753}{2}x_1^2+2.1841x_1\right]_{0.4169}^{1}\right|=0.3935$$

所以 $$D=100\times\left|\frac{S_A-S_B}{S_A+S_B}\right|=100\times\left|\frac{0.4114-0.3935}{0.4114+0.3935}\right|=2.22$$

$$J=150\times\frac{T_{max}-T_{min}}{T_{min}}=150\times\frac{100-80.11}{80.11+273.15}=8.5$$

$$D-J=2.22-8.5=-6.28<10$$

因此，本套汽液平衡数据满足 Herington 的热力学一致性要求。

6.6 平衡与稳定性

现考虑一封闭的多组元系统，系统可以包含任意相数，但系统内的温度和压力均匀一致。开始时，系统内相间存在物质传递及化学反应而未达到平衡状态，此时系统内发生的任何变化都是不可逆的，并且必定使系统更接近平衡状态。假设该系统处于一个环境中，并且系统与环境永远保持热与机械平衡，系统与环境间的热交换和膨胀功都是可逆的。根据熵的定义，则环境的熵变为

$$dS_{surr}=\frac{dQ_{surr}}{T_{surr}}=\frac{-dQ}{T} \tag{6-58}$$

式中，S_{surr} 代表环境熵变；dQ_{surr} 和 dQ 分别代表环境和系统的热交换量；T_{surr} 及 T 分别表示环境和系统的温度。对于可逆热交换，$dQ_{surr}=-dQ$，并且，$T_{surr}=T$，根据热力学第二定律：

$$dS^t+dS_{surr}\geqslant 0 \tag{6-59}$$

式中，S^t 为系统熵变。结合式(6-58) 及式(6-59) 得

$$dQ\leqslant TdS^t \tag{6-60}$$

应用封闭系统的第一定律 $dU^t=dQ-dW=dQ-pdV^t$

结合式(6-60) 得到 $dU^t+pdV^t\leqslant TdS^t$

即 $$dU^t+pdV^t-TdS^t\leqslant 0 \tag{6-61}$$

尽管式(6-61) 是在机械及热交换可逆进行的条件下推演而得的，但由于式中只含有状态函数，因此该式适用于任何温度和压力均匀的封闭系统的状态变化。不等号应用于系统在非平衡状态间的任何增量变化，它表示其变化方向导致平衡。等号则在平衡状态间的变化（可逆过程）时成立。

式(6-61) 十分通用而很难应用于实际问题，严格的叙述更加有用。不难看出，从式(6-61) 可以得出

$$(dU^t)_{S^t,V^t}\leqslant 0 \tag{6-62}$$

$$(dS^t)_{U^t,V^t}\geqslant 0 \tag{6-63}$$

若一个过程限定在固定的温度和压力下进行，则式(6-61) 可以写为

$$(dU^t)_{T,p}+d(pV^t)_{T,p}-d(TS^t)_{T,p}\leqslant 0$$

或者 $$d(U^t+pV^t-TS^t)_{T,p}\leqslant 0 \tag{6-64}$$

根据 Gibbs 自由能 G 的定义 $G=H-TS=U+pV-TS$

则式(6-64) 可以用 G 表示为：

$$(dG^t)_{T,p}\leqslant 0 \tag{6-65}$$

在方程式(6-61) 的多种表达式中，式(6-64) 或式(6-65) 最为有用。因为将 T 和 p 当作

常数比将任何其他性质当作常数更加方便。

式(6-65)指出，任何给定 T 和 p 的不可逆过程都是朝着使 Gibbs 自由能降低的方向进行的。因此，封闭系统的平衡状态就是在给定 T、p 时，所有可能的变化中总 Gibbs 自由能为最低时的状态。

在平衡状态中，若固定系统的 T 和 p，可能产生极微小的变化而不影响 G^t 的改变，这就是式(6-65)中等号的含义。因此，另一个平衡准则为

$$(\mathrm{d}G^t)_{T,p}=0 \tag{6-66}$$

应用其准则时，首先需要写出 $\mathrm{d}G^t$ 与不同相中各组元物质的量的关系函数，然后令其为零，所得的方程式和质量不变定律方程式联合用来解决简单的平衡问题。此方法对于解决相平衡问题和化学平衡问题都十分有用。

若一个均匀的液相比分成两个液相稳定，则该均相系统必定满足式(6-65)提供的准则。因此，在一定的 T 和 p 下，两个液体相混时，总的 Gibbs 自由能必定降低，因为总 Gibbs 自由能比未混合状态低，因此可得

$$G^t=nG<\sum n_iG_i$$

即 $G<\sum x_iG_i$，或者写为 $G-\sum x_iG_i<0$（定 T，p）

根据混合性质的定义可知：$\Delta G<0$，即混合过程的 Gibbs 自由能变化始终是负的。

对于二元物系，ΔG 与 x_1 的图形必定出现图 6-22 所示的曲线Ⅰ。对于曲线Ⅱ，需要进一步说明。如果混合时，形成两个液相比形成单一液相得到的 Gibbs 自由能更低，则该系统必定会分成两个液相。实际上，曲线Ⅱ上的 α、β 两点便代表这种情况，连接点 α 及 β 的虚直线代表组成为 x_1^α 和 x_1^β 的两个液体以不同比例混合得到两个液相时的 ΔG。因此，相对于相分裂，图中曲线Ⅱ上连接 α、β 两点的实曲线不能代表稳定相。因此，在 α 和 β 之间的平衡状态包含两相。

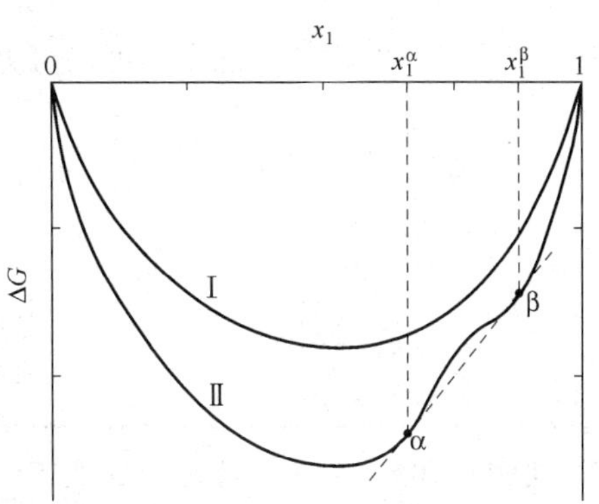

图 6-22 二元溶液的摩尔混合 Gibbs 自由能

从以上讨论可以得到单相二组元系统的稳定性准则。在温度和压力一定的情况下，ΔG 及其一阶和二阶导数必定为 x_1 的连续函数，并且满足

$$\frac{\mathrm{d}^2\Delta G}{\mathrm{d}x_1^2}>0 \quad (\text{定 } T,p) \tag{6-67}$$

由于 T 是常数，还可以用下式表示

$$\frac{\mathrm{d}^2[\Delta G/(RT)]}{\mathrm{d}x_1^2}>0 \quad (\text{定 } T,p) \tag{6-68}$$

由此式还可以得出许多结果。对于二元系统，ΔG 可以用 G^E 表示

$$\Delta G=\Delta G^{id}+G^E=RT(x_1\ln x_1+x_2\ln x_2)+G^E$$

则

$$\frac{\mathrm{d}[\Delta G/(RT)]}{\mathrm{d}x_1}=\ln x_1-\ln x_2+\frac{\mathrm{d}[G^E/(RT)]}{\mathrm{d}x_1}$$

因此

$$\frac{\mathrm{d}^2[\Delta G/(RT)]}{\mathrm{d}x_1^2}=\frac{1}{x_1x_2}+\frac{\mathrm{d}^2[G^E/(RT)]}{\mathrm{d}x_1^2}$$

由式(6-68)可得

$$\frac{\mathrm{d}^2[G^E/(RT)]}{\mathrm{d}x_1^2}>-\frac{1}{x_1x_2} \quad (\text{定 } T,p) \tag{6-69}$$

并且，对于二元混合物，$G^E=RT(x_1\ln\gamma_1+x_2\ln\gamma_2)$

$$\frac{d[G^E/(RT)]}{dx_1}=\ln\gamma_1-\ln\gamma_2+x_1\frac{d\ln\gamma_1}{dx_1}+x_2\frac{d\ln\gamma_2}{dx_1}$$

根据 Gibbs-Duhem 方程：

$$x_1\frac{d\ln\gamma_1}{dx_1}+x_2\frac{d\ln\gamma_2}{dx_1}=0 \quad (定\ T, p)$$

可得

$$\frac{d[G^E/(RT)]}{dx_1}=\ln\gamma_1-\ln\gamma_2$$

对上式求二阶导数，并且再一次使用 Gibbs-Duhem 方程得

$$\frac{d^2[G^E/(RT)]}{dx_1^2}=\frac{d\ln\gamma_1}{dx_1}-\frac{d\ln\gamma_2}{dx_1}=\frac{1}{x_2}\frac{d\ln\gamma_1}{dx_1}$$

上式结合式(6-69)，可以得到

$$\frac{d\ln\gamma_1}{dx_1}>-\frac{1}{x_1}$$

从此式还可以进一步推导出

$$\frac{d\hat{f}_1}{dx_1}>0, \qquad \frac{d\mu_1}{dx_1}>0$$

上述三个式子对于二元混合物可以写为通式

$$\frac{d\ln\gamma_i}{dx_i}>-\frac{1}{x_i} \tag{6-70}$$

$$\frac{d\hat{f}_i}{dx_i}>0 \tag{6-71}$$

$$\frac{d\mu_i}{dx_i}>0 \tag{6-72}$$

【例 6-10】 在某一特定的温度下，二元溶液的超额 Gibbs 自由能表示为

$$G^E/(RT)=Bx_1x_2$$

若考虑该二元体系为低压汽液平衡。在 $0<x_1<1$ 的范围内，问 B 为何值时不会发生相分裂？

解：等温、等压相分裂的条件为

$$\frac{d^2[\Delta G/(RT)]}{dx_1^2}<0。$$

$$\frac{\Delta G}{RT}=\frac{\Delta G^{id}}{RT}+\frac{G^E}{RT}=x_1\ln x_1+x_2\ln x_2+Bx_1x_2$$

$$\frac{d[\Delta G/(RT)]}{dx_1}=\ln x_1-\ln x_2+B(x_2-x_1)$$

$$\frac{d^2[\Delta G/(RT)]}{dx_1^2}=\frac{1}{x_1x_2}-2B$$

相分裂条件为 $\frac{1}{x_1x_2}-2B<0$ 或 $\frac{1}{x_1x_2}<2B$。

当 x_1 由 0 变化到 1 时，$\frac{1}{x_1x_2}$的最小值为 4，即 $4\leqslant\frac{1}{x_1x_2}<2B$

故，当 $B>2$ 时，形成相分裂；反之，当 $B<2$ 时不会发生相分裂。

【例 6-11】 试证明理想溶液不可能形成部分互溶液层。

解：相稳定的条件为 $\left(\frac{\partial^2\Delta G}{\partial x_1^2}\right)_{T,p}>0$

对理想溶液 $\frac{\Delta G^{id}}{RT}=\sum x_i\ln x_i$

二元体系 $\dfrac{\Delta G^{\mathrm{id}}}{RT}=x_1\ln x_1+x_2\ln x_2$。

$$\left\{\frac{\partial[\Delta G/(RT)]}{\partial x_1}\right\}_{T,p}=\ln x_1+1-\ln x_2-1=\ln x_1-\ln x_2$$

$$\left\{\frac{\partial^2[\Delta G/(RT)]}{\partial x_1^2}\right\}_{T,p}=\frac{1}{x_1}+\frac{1}{x_1}=\frac{2}{x_1}$$

由此可知，$\left\{\dfrac{\partial^2[\Delta G/(RT)]}{\partial x_1^2}\right\}_{T,p}$ 恒大于零。

所以，理想溶液不可能形成部分互溶液层。

6.7 其他类型的相平衡

除了上述详细阐述的汽液相平衡外，还有许多其他类型的相平衡问题，常见的有液液平衡、不完全互溶系统的汽液液平衡、气液平衡、固液平衡、固汽平衡等。

6.7.1 液液平衡

许多液体在一定的浓度范围内混合时不满足平衡稳定性准则式(6-68)，这样的体系在此浓度范围内由于各组元相互饱和，使得它们的平衡态不是一个单一的液相，而是分裂成两个不同组成的液相，即这样的液体是部分互溶的。化工生产和设计中常遇到的液、液分离（如萃取）和汽、液、液三相分离（如非均相共沸精馏）都要涉及液液平衡的理论。

6.7.1.1 平衡相图

(1) 二元相图

若忽略压力对液液平衡的影响，二元液液平衡相图可以非常方便地用温度 T 与溶解度 x 的曲线表示出来。图 6-23 就是典型的二元系统液液相图。

从图 6-23 可以看出，温度对液体的溶解度影响非常显著。图 6-23(a) 中的溶解度曲线（又称双结点曲线）所包围的是两液相共存区，其中，曲线 UAL 代表富含组元 2 的 α 相，而曲线 UBL 代表富含组元 1 的 β 相，在一定温度 T 下的水平线与双结点曲线的交点分别代表组元在两相中的平衡组成 x_1^α 和 x_1^β。图中的温度 T_L 称为下部会溶温度、最低会溶温度或最低临界温度；T_U 则称为上部会溶温度、最高会溶温度或最高临界温度。当温度 T 满足 $T_L<T<T_U$ 时，才可能存在液液平衡；当温度高于 T_U 或低于 T_L 时，在全浓度范围内将形成一个均一的液相，不存在液液相平衡。液液平衡相图中的会溶点与纯物质的汽液临界点非常相似，它们都

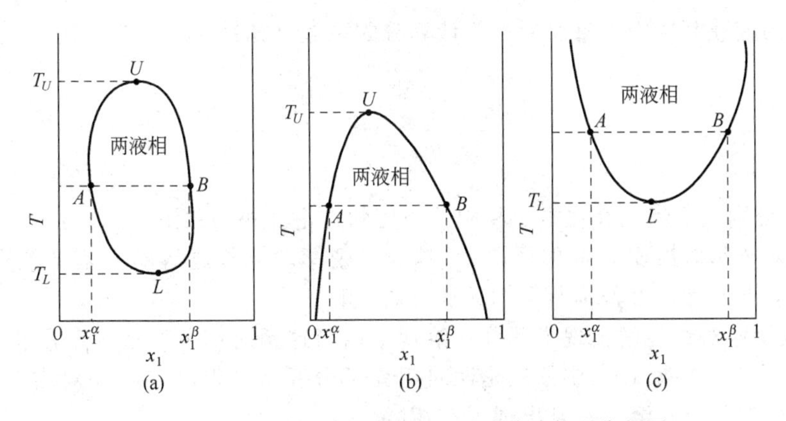

图 6-23 恒定压力下三种类型二元液液溶解平衡相图

是相平衡的极限状态，并且在此点两相的所有热力学性质完全一致。

一切部分互溶混合物都可能有一个或两个会溶温度。若下部会溶温度低于混合物的凝固点，则不出现下部会溶温度［如图(b)］；若上部会溶温度高于混合物的泡点，则不出现上部会溶温度［如图(c)］。当然，还存在第四种平衡相图，这时既不出现上部会溶温度，也不出现下部会溶温度，这是由于液液平衡区同时与汽液平衡线和固液平衡线相交。

(2) 三元相图

在萃取过程中，常选择第三种溶剂对液体混合物进行选择性溶解，因此，三元液液平衡相图也是十分重要的。

常用三角形来表达三元系的液液平衡（一般使用等边三角形或等腰直角三角形）。如图6-24(a)～(f) 代表典型的几种三元液液平衡相图，顶点 1、2、3 分别表示三个纯组元。图(a) 表示三种组元可以以任意比例混溶，图中无任何曲线；图(b) 表示 1 和 3 部分互溶而组元 1-2 和 2-3 可全部互溶，图中含有一个溶解度曲线。图中 AB 称为结线，它与溶解度曲线的交点 A 和 B 是在此温度下该三元体系的两个液相的平衡组成，P 称为折点，表示部分互溶度的极限，是由部分互溶向全部混溶的转折。

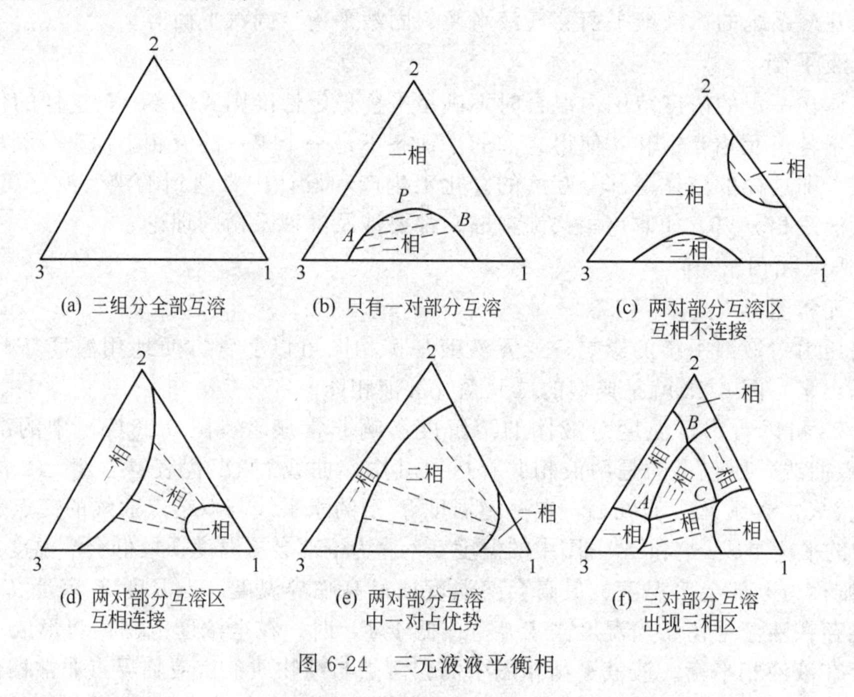

(a) 三组分全部互溶　(b) 只有一对部分互溶　(c) 两对部分互溶区互相不连接

(d) 两对部分互溶区互相连接　(e) 两对部分互溶中一对占优势　(f) 三对部分互溶出现三相区

图 6-24 三元液液平衡相

在三元系的液液萃取中，重要的是要计算分配系数（如针对组元 2，用 m_2 表示），它的定义为：

$$m_2=\frac{x_2^1}{x_2^3}$$

其中 x_2^1 和 x_2^3 分别表示组元 2 在富 1 相中的浓度和在富 3 相中的浓度。

分配系数对于萃取操作非常重要，m_2 越大，则萃取操作越容易。若结线平行于 1-3 边，则此时 $m_2=1$，此时使用 2 作为萃取剂无法分离 1 和 3。

图（c）表示两对组元间出现了部分互溶现象；当这两对部分互溶区范围扩大而互相重叠时，就出现了图（d）。图（e）中依然是两对组元部分互溶，但其中有一对占有优势。图（f）中三个组元两两都部分互溶，并且出现了三相区。

6.7.1.2 液液相平衡关系及计算

与汽液相平衡一样，液液相平衡依然符合相平衡判据，即平衡两液相的温度、压力相等，各组元在两相中的化学势和逸度相等。若平衡两相分别用 α 和 β 表示，则液液平衡的基本关系为

$$\hat{f}_i^{\alpha}=\hat{f}_i^{\beta}$$

由此可得

$$\gamma_i^{\alpha}x_i^{\alpha}=\gamma_i^{\beta}x_i^{\beta}$$

(1) 二元液液平衡的计算

在给定的 T、p 下，求算二元液液平衡的组成 x_1^{α}、x_1^{β}、x_2^{α}、x_2^{β} 时，由液液平衡基本关系可以列出以下四个方程：

$$\begin{cases}\gamma_1^{\alpha}x_1^{\alpha}=\gamma_1^{\beta}x_1^{\beta} & (6\text{-}73a)\\ \gamma_2^{\alpha}x_2^{\alpha}=\gamma_2^{\beta}x_2^{\beta} & (6\text{-}73b)\\ x_1^{\alpha}+x_2^{\alpha}=1 & (6\text{-}74a)\\ x_1^{\beta}+x_2^{\beta}=1 & (6\text{-}74b)\end{cases}$$

液相活度系数 γ_i^{α} 和 γ_i^{β} 通过活度系数方程如 Margules 方程、van Laar 方程、NRTL 方程和 UNIQUAC 方程求得，方程参数一般通过液液平衡数据拟合得到。另外，在汽液平衡计算中，常近似地认为 Margules 方程、van Laar 方程中的参数与温度无关，而液体溶解度受温度的影响常常很大，为此提出了一些经验关系式以描述方程参数随温度的改变情况，如

$$A=a+\frac{b}{T}+cT$$

(2) 三元系液液平衡的计算

三元液液相平衡的计算在化学工程中是很重要的，其基本关系式为：

$$\begin{cases}\gamma_1^{\alpha}x_1^{\alpha}=\gamma_1^{\beta}x_1^{\beta} & (6\text{-}75a)\\ \gamma_2^{\alpha}x_2^{\alpha}=\gamma_2^{\beta}x_2^{\beta} & (6\text{-}75b)\\ \gamma_3^{\alpha}x_3^{\alpha}=\gamma_3^{\beta}x_3^{\beta} & (6\text{-}75c)\\ x_1^{\alpha}+x_2^{\alpha}+x_3^{\alpha}=1 & (6\text{-}76a)\\ x_1^{\beta}+x_2^{\beta}+x_3^{\beta}=1 & (6\text{-}76b)\end{cases}$$

对于三元液液平衡，共有 8 个变量（包括 6 个组成和温度 T、压力 p），根据相律，其自由度为 3，即若给定三个变量（如 T、p 和其中一个组成），另外 5 个组成便可以通过联立以上 5 个方程求解。求解过程中，还需要选择合适的活度系数方程计算各组元在各相中的活度系数值。

在计算中，习惯性地规定 $K_i=\dfrac{\gamma_i^{\alpha}}{\gamma_i^{\beta}}$，称为分配比。

则

$$x_i^{\beta}=\left(\frac{\gamma_i^{\alpha}}{\gamma_i^{\beta}}\right)x_i^{\alpha}=K_ix_i^{\alpha} \tag{6-77}$$

并令 ϕ 为 α 相的摩尔分数。根据物料衡算，可以写出 i 组元的总组成 z_i 为

$$z_i=\phi x_i^{\alpha}+(1-\phi)x_i^{\beta}=[\phi+K_i(1-\phi)]x_i^{\alpha} \tag{6-78}$$

把所有组元的摩尔分数加起来，在平衡时

$$f(\phi)=\sum\frac{z_i}{\phi+K_i(1-\phi)}-1=0 \tag{6-79}$$

另外，用总组成 z_i、分配比 K_i 及 ϕ 表示的 β 相组成为

$$x_i^\beta=\frac{1}{\left[1+\left(\frac{1}{K_i}-1\right)\phi\right]} \tag{6-80}$$

与汽液闪蒸相仿，计算步骤如下：

① 假定α相中的组成，x_1^α、x_2^α、x_3^α 和 ϕ。

② 用物料衡算计算另一相中的组成，

$$x_i^\beta=(z_i-\phi x_i^\alpha)/(1-\phi) \tag{6-81}$$

③ 用活度系数模型计算所有的 γ_i^α、γ_i^β，然后计算出 K_i。

④ 用式(6-80) 求出新的 x_i^β，再计算 $\sum x_i^\beta$ 是否等于1。

⑤ 若 $\sum x_i^\beta\neq 1$ 时，再求 γ_i^β，算出 $K_i=\frac{\gamma_i^\alpha}{\gamma_i^\beta}$，而且使用式(6-77) 求出 x_i^α。返回步骤②。反复计算，直到 $\sum x_i^\beta=1$ 的允许误差范围内为止。这样当求出 x_i^β 后，便使用式(6-78) 计算 x_i^α。

在计算过程中，使用式(6-79) 来迭代 ϕ，一旦 ϕ 值求出后，用于上面的计算中。达到收敛时的 x_i^α 和 x_i^β，即为平衡组成。

两相三组元的液液平衡计算比较复杂，收敛的速度很大程度上取决于初值的选择。三相三组元的液液平衡计算会更复杂些。

6.7.2 汽液液平衡

在前一部分中已经提到，有时液液溶解度曲线会和汽液平衡的泡点线相交，此时便产生了汽液液平衡问题。二元系的汽液液平衡体系中具有两个液相、一个汽相，因此只有一个自由度，若给定压力 p，则平衡温度和三个相的组成都将是唯一确定的。如图 6-25 是恒定压力下的温度和平衡组成曲线图，三相平衡温度为 T^*，C 点和 D 点分别代表两个液相，E 点代表汽相。在温度 T^* 下，随着组元的组成变化，体系的相态也发生相应的变化，组成落在了α区域内，体系是富含组元2的单一液相；落在β区域内，体系是富含组元1的单一液相；若在区域α-V 内，体系处于汽液平衡状态，汽液相的平衡组成分别用曲线 AE 和 AC 表示；类似地，在区域β-V 内，汽液相的平衡组成分别用曲线 BE 和 BD 表示；若体系位于区域 V 内，则是单一的汽相区。当体系的温度低于 T^* 时，体系将是前一部分讨论的液液平衡系统。

图 6-25 中三条垂直线描述了三种蒸气在恒压下冷却的变化途径，蒸气所处的位置不同，将经历不同的变化，图中的点 k 所处的蒸气恒压冷凝后分别成为单一的液相β，n 点冷却后在 T^* 处完全冷凝，生成由点 C 和点 D 代表的两个液相；m 点冷却到露点后，沿着 BE 线变化的蒸气与沿着 BD 线变化的液体成平衡，到达 T^* 时，蒸气相在 E 点，产生的冷凝液生成点 C 和点 E 的两种液体。

图 6-25 只绘出了单一恒定压力下的汽液液平衡曲线，实际上，平衡相组成和平衡曲线的位置随压力而变化。但是在一定的压力范围内，相图总的特征不变。

如图 6-26 绘出了恒温相图。需要注意的是三相平衡压力 p^*、平衡汽相组成 y_1^* 以及两个液相组成 χ_1^α 和 x_1^β。由于压力对液体溶解度仅有弱影响，三个液相区的两条边界线（x_1^α 和 x_1^β）几乎都是垂直线。

图 6-25 及图 6-26 所对应的汽液平衡线如图 6-27，组成在 x_1^α 和 x_1^β 之间的液体分为两层，一层的组成为 x_1^α，另一层的组成为 x_1^β。两液相有同样的泡点，也有同样的汽相组成 y_1^*，并在此组成形成非均相共沸物。此种共沸物的液相组成和汽相组成并不相等，此种情况下可以使用精馏的方法制取两个纯组元，但不能用连续精馏在一个塔中完成混合物的分离。在化工生产中非均相共沸物的体系是很多的，有许多有机物和水具有此类汽液平衡关系。

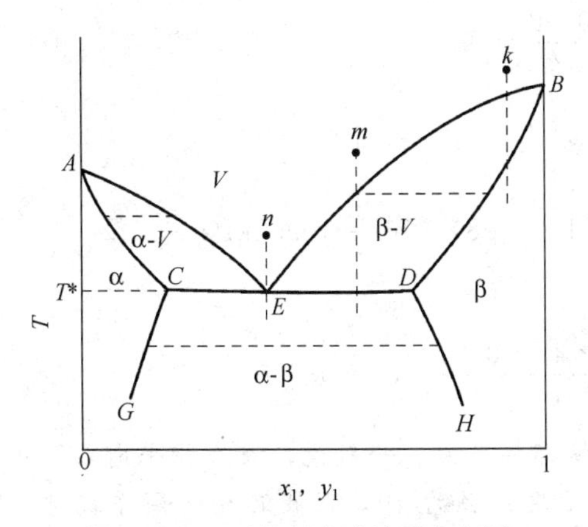

图 6-25 二元等压汽液液平衡相图

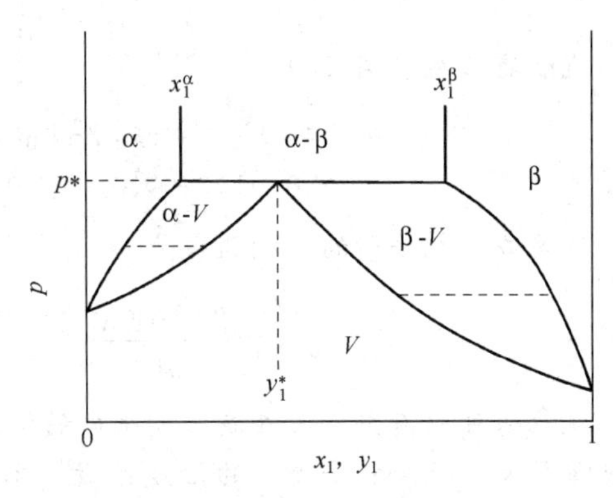

图 6-26 二元等温汽液液平衡相图

在汽液液相平衡体系中某些体系不形成共沸物。如图 6-28，此类体系的平衡溶解度 x_1^α 和 x_1^β 在对角线的同一侧，平衡线不与对角线相交。浓度为 x_1^α 和 x_1^β 的液体对应相同的蒸气组成 y_1^*，但 y_1^* 值不在 x_1^α 和 x_1^β 之间。这种体系比较少见，如环氧丙烷和水是其中之一。

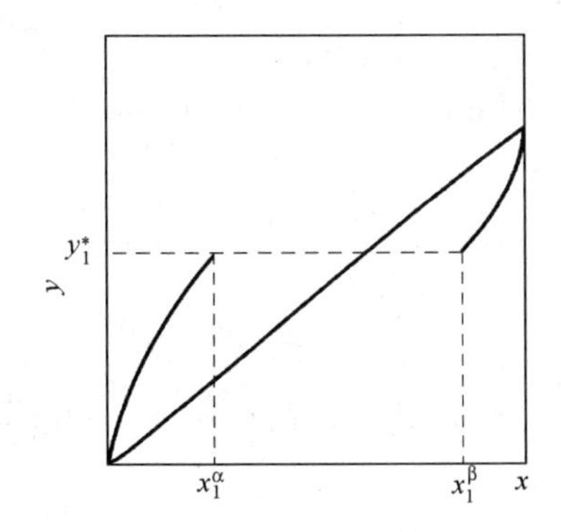

图 6-27 多相共沸系统的 y

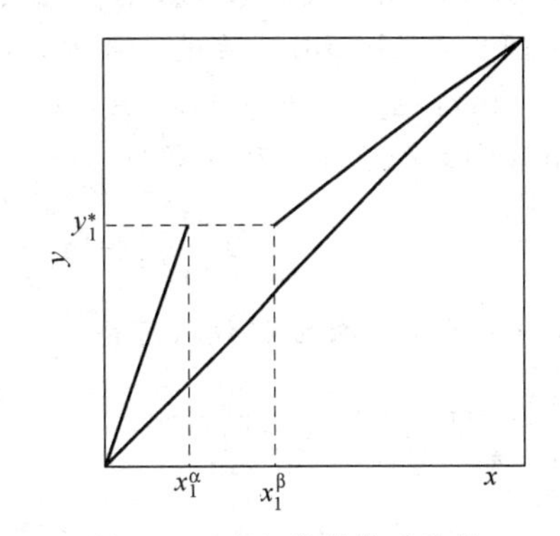

图 6-28 多相非共沸系统的 y

汽液液相平衡的计算是汽液平衡计算的延伸，特别需要注意，液相部分互溶意味着高度非理想性，组成计算时不能考虑任何液相理想性的一般假设。

【例 6-12】 25℃时，A，B 二元溶液处于汽液液三相平衡，饱和液相的组成为

$$x_A^\alpha=0.02,\quad x_B^\alpha=0.98,\quad x_A^\beta=0.98,\quad x_B^\beta=0.02$$

25℃时，A、B 物质的饱和蒸气压 $p_A^s=0.01\text{MPa}$，$p_B^s=0.1013\text{MPa}$。试作合理的假设，并说明理由，估算三相共存平衡时，压力与汽相组成。

解： 取 Lewis-Randall 规则为标准态。

在 α 相中组分 B 含量高，$x_B^\alpha=0.98\approx1$，故 $\gamma_B^\alpha=1$；

在 β 相中组分 A 含量高，$x_A^\beta=0.98\approx1$，故 $\gamma_A^\beta=1$。

假设汽液平衡符合 $py_i=p_i^s\gamma_i x_i$ 的关系式，在液液平衡中

$$\gamma_A^\alpha x_A^\alpha=\gamma_A^\beta x_A^\beta$$

$$\gamma_A^\alpha=\frac{\gamma_A^\beta x_A^\beta}{x_A^\alpha}=\frac{1\times0.98}{0.02}=49$$

同理

$$\gamma_B^\alpha x_B^\alpha=\gamma_B^\beta x_B^\beta$$

$$\gamma_B^\beta=\frac{\gamma_B^\alpha x_B^\alpha}{x_B^\beta}=\frac{1\times0.98}{0.02}=49$$

汽液液三相平衡压力

$$\begin{aligned}p&=p_A^s\gamma_A^\alpha x_A^\alpha+p_B^s\gamma_B^\alpha x_B^\alpha\\&=(0.01\times49\times0.02+0.1013\times1\times0.98)\times10^3=109.1\text{kPa}\end{aligned}$$

汽液液三相平衡的汽相组成为

$$y_A=\frac{p_A^s\gamma_A^\alpha x_A^\alpha}{p}=\frac{0.01\times10^3\times49\times0.02}{109.1}=0.0898$$

从此题可以看出，汽液液三相平衡的活度系数值都相当大。一般说，液液相平衡系统中的活度系数大于汽液相平衡中的活度系数。本例题的活度系数为49，在液液相平衡系统中，还可有更大的活度系数值。因此，按理想溶液处理含液液相平衡的体系，会形成极大的误差。这个例题也说明活度系数的计算在化工计算中的重要性。

【例 6-13】 已测定了某二元系统在25℃时某一点液液平衡数据 $x_1^\alpha=0.2$，$x_1^\beta=0.9$。(1) 试由此估算出该温度下的Margules活度系数方程常数；(2) 若该点正好是汽液液平衡的三相点，如何确定汽相组成和系统压力？还要输入哪些数据？

解：(1) 由Margules活度系数方程：

$$\ln\gamma_1=[A_{12}+2(A_{21}-A_{12})x_1]x_2^2,\qquad \ln\gamma_2=[A_{21}+2(A_{12}-A_{21})x_2]x_1^2$$

式(6-73a) 和式(6-73b) 可以写为

$$\ln\left(\frac{\gamma_1^\alpha}{\gamma_1^\beta}\right)=\ln\left(\frac{x_1^\beta}{x_1^\alpha}\right),\qquad \ln\left(\frac{\gamma_2^\alpha}{\gamma_2^\beta}\right)=\ln\left(\frac{1-x_1^\beta}{1-x_1^\alpha}\right)$$

将Margules活度系数方程代入可得

$$\ln\left(\frac{\gamma_1^\alpha}{\gamma_1^\beta}\right)=[(x_2^\alpha)^2(x_2^\alpha-x_1^\alpha)-(x_2^\beta)^2(x_2^\beta-x_1^\beta)]A_{12}+2[x_1^\alpha(x_2^\alpha)^2-x_1^\beta(x_2^\beta)^2]A_{21}=\ln\left(\frac{x_1^\beta}{x_1^\alpha}\right)$$

$$\ln\left(\frac{\gamma_2^\alpha}{\gamma_2^\beta}\right)=[(x_1^\alpha)^2(x_1^\alpha-x_2^\alpha)-(x_1^\beta)^2(x_1^\beta-x_2^\beta)]A_{21}+2[x_2^\alpha(x_1^\alpha)^2-x_2^\beta(x_1^\beta)^2]A_{12}=\ln\left(\frac{1-x_1^\beta}{1-x_1^\alpha}\right)$$

由于 $x_1^\alpha=0.2$、$x_1^\beta=0.9$，得 $x_2^\alpha=0.8$、$x_2^\beta=0.1$，代入上式整理得

$$0.392A_{12}+0.238A_{21}=1.5041$$
$$-0.672A_{21}-0.0098A_{12}=-2.0794$$

解上述线性方程得 $A_{12}=2.1484\quad A_{21}=2.7811$

(2) 由于25℃时正好是汽液液三相平衡点，故汽相将与其中的任一个液相成汽液平衡，由汽相与α液相的平衡准则，得到平衡压力和汽相组成（属于等温泡点计算）：

$$p=p_1^s\gamma_1^\alpha x_1^\alpha+p_2^s\gamma_2^\alpha x_2^\alpha$$

$$y_1=\frac{p_1^s\gamma_1^\alpha x_1^\alpha}{p}$$

式中，γ_1^α、(γ_2^α?) 可以从Margules活度系数方程计算得到，要确定系统压力和平衡汽相组成，还需要输入两个纯组元的蒸气压数据。

6.7.3 气液平衡

气液平衡（GLE）是指在常规条件下气态组元与液态组元间的平衡关系。与上述汽液平衡（VLE）之间的区别是，在所定的条件下，VLE的各组元都是可凝性组元；而在GLE中，至少有一种组元是非凝性的气体。常压下的GLE常被简单地称为气体溶解度，但考虑

的出发点有所不同，气体溶解度主要讨论气体的溶解量，而 GLE 则需要兼顾气相和液相的组成。

在现代工业中，利用各种气体在液体中溶解能力的不同可以实现气体的分离、原料气的净化以及环境中废气的处理，因此，GLE 是单元操作中吸收操作的相平衡基础，GLE 的计算也是吸收计算的基础。

(1) 不高压力下的气液平衡（气体在液体中的溶解度）

根据相平衡判据，气液平衡的基本关系式为

$$\hat{f}_i^{g}=\hat{f}_i^{l} \tag{6-82}$$

对于二元气液平衡，溶质和溶剂分别用组元 1 和组元 2 表示。溶质组元 1 在液相中的浓度很低又无法用此组元 1 表示标准状态，使用不对称活度系数：

$$\hat{f}_1=py_1\hat{\phi}_1^{g}=k_{1,2}\gamma_1^{*}x_1 \tag{6-83}$$

其中 $k_{1,2}$ 是溶质 1 在溶剂 2 中的 Henry 常数，它与溶质、溶剂的种类以及温度有关。

而溶剂组元 2，仍采用对称归一化的活度系数：

$$\hat{f}_2=py_2\hat{\phi}_2^{g}=p_2^{s}\phi_2^{s}\gamma_2x_2 \tag{6-84}$$

当系统的压力较低时，$\hat{\phi}_1^{g}=\hat{\phi}_2^{g}=1$，并且，$\phi_2^{s}=1$；又由于液相中 $x_1\to 0$，$x_2\to 1$，根据活度系数标准态选取原则可知：

$$\lim_{x_1\to 0}\gamma_1^{*}=1,\qquad \lim_{x_2\to 1}\gamma_2=1$$

则式(6-83) 和式(6-84) 分别简化为

$$py_1=k_{1,2}x_1 \tag{6-85}$$

$$py_2=p_2^{s}x_2 \tag{6-86}$$

即溶质组元 1 符合 Henry 定律，而溶剂组元 2 符合 Raoult 定律。

类似地，多元的低压气液平衡，溶质和溶剂同样分别符合 Henry 定律和 Raoult 定律。

(2) 压力对气体溶解度的影响

等温下，对于逸度 $\hat{f}_i$ 存在热力学关系

$$\left[\frac{\partial \ln \hat{f}_i}{\partial p}\right]_{T,x}=\frac{\bar{V}_i^{L}}{RT}$$

代入 Henry 常数 $k_{i,\text{solvent}}$ 的定义式 $k_{i,\text{solvent}}=\lim\limits_{x_i\to 0}\dfrac{\hat{f}_i}{x_i}$ 得

$$\left[\frac{\partial \ln k_{i,\text{solvent}}}{\partial p}\right]_{T}=\frac{\bar{V}_i^{\infty}}{RT} \tag{6-87}$$

式中，$k_{i,\text{solvent}}$ 是 i 组元在溶剂中的 Henry 常数；$\bar{V}_i^{\infty}$ 是溶质 i 在无限稀释溶液中的偏摩尔体积。

在不是很高的压力范围内，溶质的活度系数没有明显的变化，可以作为常数处理，则由式(6-83) 知：溶质 i 的逸度 $\hat{f}_i$ 正比于 x_i，符合 Henry 定律：

$$\hat{f}_i=k_{i,\text{solvent}}x_i \tag{6-88}$$

积分式(6-87) 得

$$\ln k_{i,\text{solvent}}=\ln\frac{\hat{f}_i}{x_i}=\ln k_{i,\text{solvent}}^{(p^{r})}+\frac{\int_{p^{r}}^{p}\bar{V}_i^{\infty}}{RT} \tag{6-89}$$

式中，$k_{i,\mathrm{solvent}}^{(p^{\mathrm{r}})}$ 表示在任意参比压力 p^{r} 下 i 组元在溶剂中的 Henry 常数。当 $x_i\to 0$ 时，总压可以认为是溶剂的饱和蒸气压，因此，$p^{\mathrm{r}}=p_{\mathrm{solvent}}^{\mathrm{s}}$。

另外，如果体系的温度远低于溶剂的临界温度，可以假设 $\bar{V}_i^{\infty}$ 与压力无关，此时，式(6-89）可以写为

$$\ln\frac{\hat{f}_i}{x_i}=\ln k_{i,\mathrm{solvent}}^{(p_{\mathrm{solvnet}}^{\mathrm{s}})}+\frac{\bar{V}_i^{\infty}}{RT}(p-p_{\mathrm{solvent}}^{\mathrm{s}})\tag{6-90}$$

对于二元溶液（溶质为 1，溶剂为 2），则式(6-90）写为

$$\ln\frac{\hat{f}_1}{x_1}=\ln k_{1,2}^{(p_2^{\mathrm{s}})}+\frac{\bar{V}_1^{\infty}}{RT}(p-p_2^{\mathrm{s}})\tag{6-91}$$

上式称为 Krichevsky-Kasarnovsy 方程。从以上的推导过程中可知，应用此方程需要两个假设，其一是在所研究的 x_i 范围内，溶质的活度系数没有明显的变化，即 x_i 必须很小。其二是无限稀释的溶液必须是不可压缩的。因此，该方程用于 Henry 定律适用范围内的气体的溶解度计算。

当温度一定时，用 $\ln\frac{\hat{f}_i}{x_i}$对体系总压 p 作图，可得一条直线，直线的截距是 $\ln k_{i,\mathrm{solvent}}$，斜率是$\frac{\bar{V}_i}{RT}$。因此，利用气体的溶解度数据可以计算液相中溶质气体的偏摩尔体积 $\bar{V}_i$。

当体系的状态接近于临界区时，气体在液相中的浓度 x_i 比较大时，则式(6-90）不再适用。

(3) 温度对气体溶解度的影响

不同气体在不同溶剂中的温度效应可完全不同。气体在液体中的溶解度随温度的升高可以减小，也可以增加。温度对气体溶解度的影响不仅与体系有关，还与所研究的具体温度值有关。

对于二元溶液，仍然将溶质和溶剂分别用组元 1 和组元 2 代替。气体 1 在溶剂 2 中的溶解度很小，可以视为符合 Henry 定律的理想溶液，气体组元 1 符合理想溶液的定义式：

$$\mu_1^{\mathrm{l}}=\mu_1^{*}+RT\ln x_1$$

在一定的温度及压力下，将上式对溶解度 x_1 求导得

$$\left(\frac{\partial\mu_1^{\mathrm{l}}}{\partial x_1}\right)_{T,p}=RT\,\frac{\partial\ln x_1}{\partial x_1}=\frac{RT}{x_1}\tag{6-92}$$

另外，

$$\left(\frac{\partial\mu_1^{\mathrm{l}}}{\partial T}\right)_{p,x_1}=-\bar{S}_1^{\mathrm{l}}\tag{6-93}$$

在一定的压力下，将组元 1 在液相中的化学势 μ_1^{l} 表示为温度和组成 x_1 的全微分：

$$\mathrm{d}\mu_1^{\mathrm{l}}=\left(\frac{\partial\mu_1^{\mathrm{l}}}{\partial T}\right)_{p,x_1}\mathrm{d}T=\left(\frac{\partial\mu_1^{\mathrm{l}}}{\partial x_1}\right)_{T,p}\mathrm{d}x_1\tag{6-94}$$

将式(6-92）及式(6-93）代入式(6-94）中得

$$\mathrm{d}\mu_1^{\mathrm{l}}=-\bar{S}_1^{\mathrm{l}}\mathrm{d}T+\frac{RT}{x_1}\mathrm{d}x_1=-\bar{S}_1^{\mathrm{l}}\mathrm{d}T+RT\mathrm{d}\ln x_1\tag{6-95}$$

恒定压力下，纯气体 1 的化学势 μ_1^{g} 符合：

$$\mathrm{d}\mu_1^{*}=-S_1^{\mathrm{g}}\mathrm{d}T$$

$$d\mu_1^l - d\mu_1^* = -\bar{S}_1^l dT + RT d\ln x_1 + S_1^g dT = (-\bar{S}_i^l + S_1^g) dT + RT d\ln x_1 \tag{6-96}$$

若忽略气相中溶剂组元的含量，溶质组元1在气相中的化学势 μ_1^g 近似等于纯气体1的化学势，即 $\mu_1^g = \mu_1^*$，又由气液平衡条件 $\mu_1^g = \mu_1^l = \mu_1^*$，代入式(6-96) 得

$$(-\bar{S}_1^l + S_1^g) dT + RT d\ln x_1 = 0$$

即

$$\left(\frac{\partial \ln x_1}{\partial T}\right)_p = \frac{\bar{S}_1^l - S_1^g}{RT}$$

又可写为

$$\left(\frac{\partial \ln x_1}{\partial \ln T}\right)_p = \frac{\bar{S}_1^l - S_1^g}{R} \tag{6-97}$$

实验证明，若温度范围不宽，气体的溶解熵（$\bar{S}_1^l - S_1^g$）可以看作一个常数，积分式(6-97）得

$$\ln \frac{x_1'}{x_1} = \frac{\bar{S}_1^l - S_1^g}{R} \ln \frac{T'}{T} \tag{6-98}$$

只要知道某一温度 T 下气体1的溶解度 x_1 和溶解熵，则可以利用式(6-98) 求得任意其他温度 T' 下该气体的溶解度 x_1'。

【例 6-14】 试求75℃、总压为40MPa下 CO_2 在水中的溶解度 x_{CO_2}。

解： 查得75℃时，Henry常数 $k_{CO_2} = 4043.2$atm/摩尔分数$=409.57$MPa/摩尔分数，CO_2 在水中的偏摩尔体积 $\bar{V}_{CO_2} = 31.4\text{cm}^3 \cdot \text{mol}^{-1}$。

由式(6-90) 得

$$\ln \frac{\hat{f}_{CO_2}}{x_{CO_2}} = \ln k_{i,\text{solvent}}^{(p_{\text{solvent}}^s)} + \frac{\bar{V}_{CO_2}}{RT}(p - p_{\text{solvent}}^s)$$

$$= \ln 409.57 + \frac{31.4 \times (40 - 0.1013)}{8.314 \times (75 + 273.15)}$$

$$= 6.015 + 0.433 = 6.448$$

$$\frac{\hat{f}_{CO_2}}{x_{CO_2}} = 632.1\text{MPa}$$

求75℃、40MPa条件下 CO_2 的逸度 $\hat{f}_{CO_2}$。由于 CO_2 是纯气体，故 $\hat{f}_{CO_2} = f_{CO_2}$。用RK方程进行计算求得

$$\hat{f}_{CO_2} = f_{CO_2} = 16.0\text{MPa}$$

$$x_{CO_2} = \frac{16.0}{632.1} = 0.0253$$

随着系统压力的增大，气体在液体中的溶解度将明显增大，此时，气液平衡的计算与汽液平衡非常相似。主要的方法也是活度系数法和状态方程法。

(4) 活度系数法计算气液平衡

气体组元1在气相的逸度用逸度系数计算，而在液相中的逸度用非对称的活度系数计算；溶剂组元 i 依然选用对称活度系数，可以得到活度系数法计算气液平衡的基本关系式为

$$p y_1 \hat{\phi}_1^g = k_{1,s} \gamma_1^* x_1 \tag{6-99}$$

$$p y_i \hat{\phi}_i^g = f_i \gamma_i x_i \tag{6-100}$$

式中，$k_{1,s}$ 为气体 1 在溶剂中的 Henry 常数；γ_1^* 为组元 1 在液相中的非对称活度系数。其计算关系为

$$\ln\gamma_1^* = \ln\gamma_1 - \lim_{x_1\to 0}\ln\gamma_1 \tag{6-101}$$

只要知道 $\ln\gamma_1$ 的表达式，由上式就可以计算 γ_1^* 了。例如，对于二元系统，van Laar 方程为

$$\ln\gamma_1 = A_{12}\left(\frac{A_{21}x_2}{A_{12}x_1 + A_{21}x_2}\right)^2$$

则

$$\lim_{x_1\to 0}\ln\gamma_1 = A_{12}$$

$$\ln\gamma_1^* = A_{12}\left[\left(\frac{A_{21}x_2}{A_{12}x_1 + A_{21}x_2}\right)^2 - 1\right] \tag{6-102}$$

一般来说，$\lim_{x_1\to 0}\ln\gamma_1$ 为活度系数方程中的一个参数值。用其他的活度系数方程可以得到类似 $\ln\gamma_1^*$ 的表达式。

在求得非对称活度系数后，便可以利用气液平衡基本关系进行计算了。此法一般用于压力不太高时的气液平衡计算。

(5) 状态方程计算气液平衡

应用状态方程法可以较好地计算气液平衡，特别是高压的气液平衡。方法的关键仍然是选择合适的状态方程和相应的混合规则。其计算方程为

$$py_i\hat{\phi}_i^{\mathrm{g}} = px_i\hat{\phi}_i^{\mathrm{l}} \tag{6-103}$$

并可以简化为

$$K_i = \frac{y_i}{x_i} = \frac{\hat{\phi}_i^{\mathrm{l}}}{\hat{\phi}_i^{\mathrm{g}}} \tag{6-104}$$

气、液两相需要选择同一逸度系数的表达式。使用状态方程法进行气液平衡计算的一般步骤为：

① 选择合适的状态方程及与之相适应的混合规则。

② 确定目标函数。常用的目标函数有以下几种：气液两相逸度相等，计算和实验的压力相等，组元的浓度相等以及压力加组元浓度的组合型等。

其中，气液两相逸度相等的目标函数表达式为

$$F = \sum_{j=1}^{N}\sum_{i=1}^{M}(\hat{f}_i^{\mathrm{g}} - \hat{f}_i^{\mathrm{l}})_j^2 \tag{6-105}$$

式中，F 为目标函数；M 和 N 分别为组元数和实验点数。

或表示为

$$F = \sum_{j=1}^{N}\sum_{i=1}^{M}(\ln\hat{f}_i^{\mathrm{g}} - \ln\hat{f}_i^{\mathrm{l}})_j^2 \tag{6-106}$$

③ 用优化方法回归得到可调参数，这一步是整个计算的关键。参数的求算是一个解非线性方程组的问题，需要用优化的方法进行。只有得到相应体系的二元可调参数才可以进行气液平衡计算。参数回归的整个过程可用计算框图来表示，见图 6-29。

④ 得到二元可调参数后，便可进行气液平衡的计算。这是整个计算的目的。计算过程见框图，如图 6-30。一般可以进行内插和外推计算，通常内插计算效果较好，外推的结果不会太好。

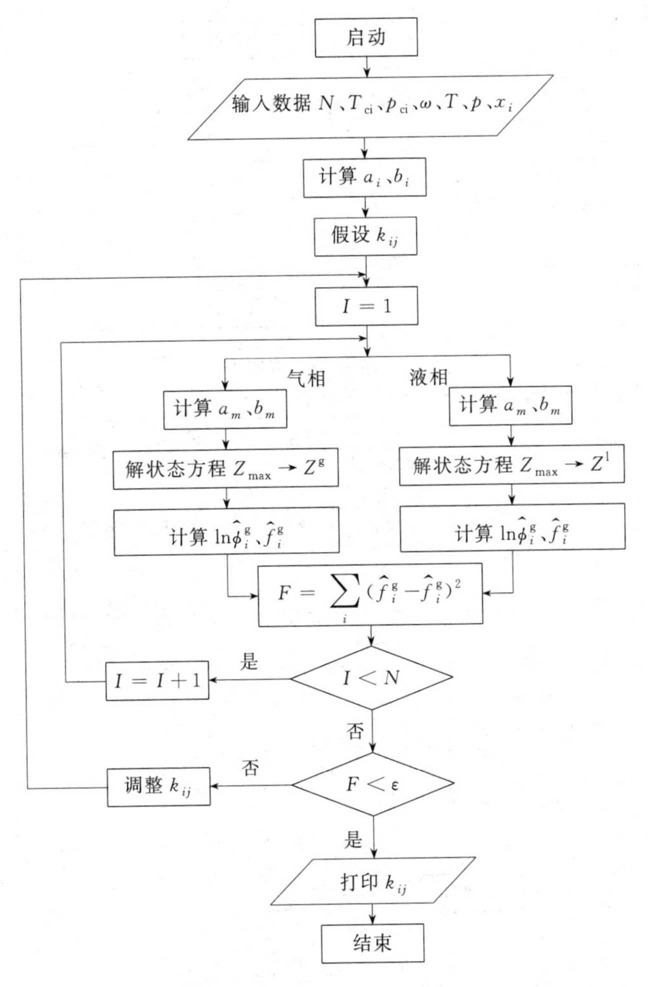

图 6-29 状态方程法计算气液平衡参数回归计算框图

6.7.4 固液平衡

固液平衡也是一类重要的相平衡，主要有两类，一类是溶解平衡，另一类是熔融平衡。前者是相差很大的化学试样的液体和固体间的平衡，讨论的重点是固体在液体中的溶解度问题，后者则是相近（有时熔点相近）化学试样的熔融和固体形式间的平衡。这里主要介绍溶解平衡。如在结晶分离过程中，固液间的平衡数据和模型便是分离的基础。

(1) 固液平衡的热力学关系

固液平衡与汽液平衡一样，符合相平衡的基本判据，即两相有均一的温度、压力，各组元在两相中的化学势和逸度相等，基本平衡关系为

$$\hat{f}_i^{\mathrm{l}}=\hat{f}_i^{\mathrm{s}} \tag{6-107}$$

式中，上标 l 和 s 分别代表液相和固相。若两相中的逸度均用活度系数表示，则有

$$f_i^{\mathrm{l}}\gamma_i^{\mathrm{l}}x_i=f_i^{\mathrm{s}}\gamma_i^{\mathrm{s}}z_i \tag{6-108}$$

式中，z_i 为 i 组元在固相中的摩尔分数；f_i^{l} 和 f_i^{s} 分别为纯 i 液体和纯 i 固体的逸度。令 $\psi_i=\dfrac{f_i^{\mathrm{s}}}{f_i^{\mathrm{l}}}$，则式(6-108) 变为

$$\gamma_i^{\mathrm{l}}x_i=\psi_i\gamma_i^{\mathrm{s}}z_i \tag{6-109}$$

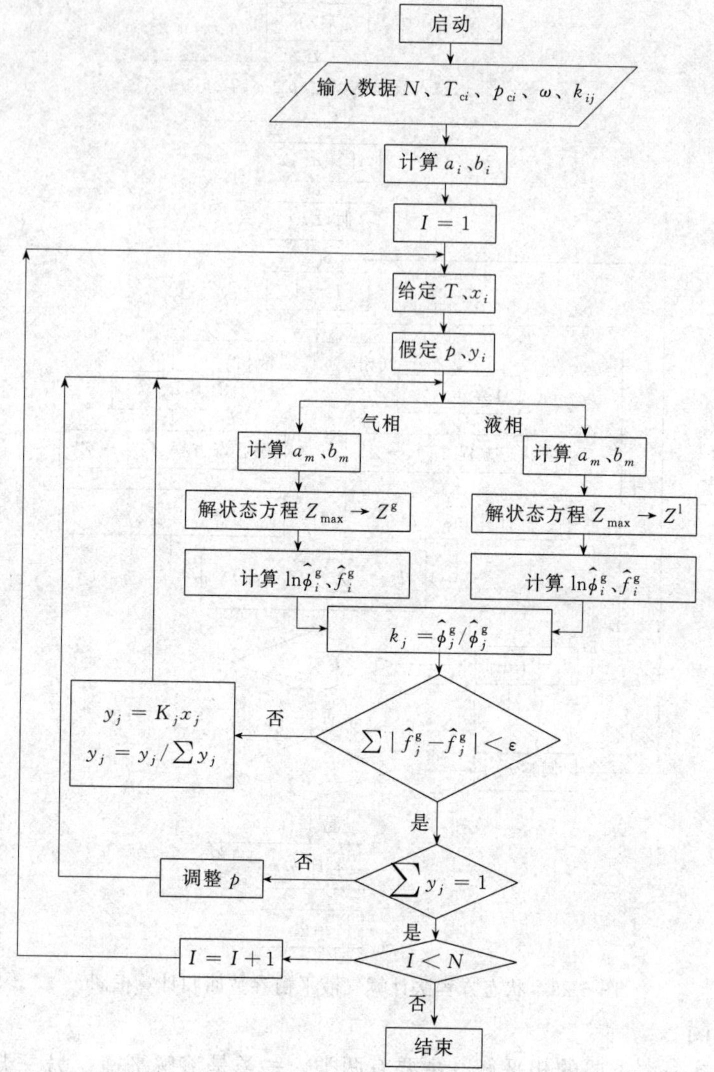

图 6-30 状态方程法计算气液平衡框图

接下来讨论 ψ_i 的计算问题。为估算 ψ_i，有关系式

$$\frac{\Delta_m G_i}{RT}=\frac{G_i^l-G_i^s}{RT}=\ln\frac{f_i^l}{f_i^s}=\ln\frac{1}{\psi_i} \tag{6-110}$$

式中，$\Delta_m G_i$ 为 i 物质的熔化 Gibbs 自由能。求 $\Delta_m G_i$，可将计算过程分为三步：

① 固体等压下加热，温度由 T 升高到 T_{mi}；

② 在温度 T_{mi} 下，固体熔化；

③ 液体进行冷却，从温度 T_{mi} 降至系统温度 T。

分别计算三个过程的焓变 ΔH 和熵变 ΔS。

$$\Delta H=\int_T^{T_{mi}}C_p^s\mathrm{d}T+\Delta_m H_{i(T_{mi})}+\int_{T_{mi}}^T C_p^l\mathrm{d}T=\Delta_m H_{i(T_{mi})}+\int_{T_{mi}}^T\Delta C_p\mathrm{d}T \tag{6-111a}$$

$$\Delta S=\int_T^{T_{mi}}\frac{C_p^s}{T}\mathrm{d}T+\Delta_m S_{i(T_{mi})}+\int_{T_{mi}}^T\frac{C_p^l}{T}\mathrm{d}T=\Delta_m S_{i(T_{mi})}+\int_{T_{mi}}^T\frac{\Delta C_p}{T}\mathrm{d}T=\frac{\Delta_m H_{i(T_{mi})}}{T_{mi}}+\int_{T_{mi}}^T\frac{\Delta C_p}{T}\mathrm{d}T \tag{6-111b}$$

式中，$\Delta_m H_i$、$\Delta_m S_i$ 分别为组元 i 的熔化焓和熔化熵。

$$\Delta C_p = C_p^{l} - C_p^{s}$$

$$\Delta_m G_i = \Delta H - T\Delta S = \Delta_m H_{i(T_{mi})}\left(1-\frac{T}{T_{mi}}\right) + \int_{T_{mi}}^{T}\Delta C_p \mathrm{d}T - T\int_{T_{mi}}^{T}\frac{\Delta C_p}{T}\mathrm{d}T = RT\ln\frac{f_i^{l}}{f_i^{s}} = -RT\ln\psi_i \tag{6-111c}$$

则
$$\ln\psi_i = -\frac{\Delta_m H_{i(T_{mi})}}{RT}\left(1-\frac{T}{T_{mi}}\right) - \frac{1}{RT}\int_{T_{mi}}^{T}\Delta C_p \mathrm{d}T + \frac{1}{R}\int_{T_{mi}}^{T}\frac{\Delta C_p}{T}\mathrm{d}T \tag{6-111d}$$

此式是基本严格的，只是没有考虑极小的外压对逸度的影响，上式可以进行一些近似的处理。

① 若认为 ΔC_p 与温度无关，则

$$\ln\psi_i = -\frac{\Delta_m H_{i(T_{mi})}}{RT}\left(1-\frac{T}{T_{mi}}\right) - \frac{\Delta C_p}{R}\left(1-\frac{T_{mi}}{T}+\ln\frac{T_{mi}}{T}\right) \tag{6-112}$$

② 上式的后一项的值远比前一项小，可以忽略，则

$$\ln\psi_i = -\frac{\Delta_m H_{i(T_{mi})}}{RT}\left(1-\frac{T}{T_{mi}}\right) = \frac{\Delta_m H_{i(T_{mi})}}{R}\left(\frac{1}{T_{mi}}-\frac{1}{T}\right) \tag{6-113}$$

则式(6-113) 又可以写为

$$\psi_i = \exp\left[\frac{\Delta_m H_i}{R}\left(\frac{1}{T_{mi}}-\frac{1}{T}\right)\right] \tag{6-114}$$

则固液平衡计算的关系式为

$$\gamma_i^{l} x_i = \gamma_i^{s} z_i \exp\left[\frac{\Delta_m H_i}{R}\left(\frac{1}{T_{mi}}-\frac{1}{T}\right)\right] \tag{6-115}$$

(2) 固液平衡的两种极限情况

求解固液平衡问题依然需要活度系数 γ_i^{l} 和 γ_i^{s} 与温度及组成的变化关系，其中求解 γ_i^{l} 常用的是 Wilson 方程，也有人用溶度参数法（见第 5 章），而 γ_i^{s} 计算过程常常是更复杂的，现仅讨论两种极限情况：第一种，固液两相均为理想溶液；第二种，液相为理想溶液，而固相不互溶。

① 第一种情况　由于固液两相均为理想溶液，$\gamma_i^{l}=\gamma_i^{s}=1$，对于二元体系，式(6-109) 可以写出两个方程

$$x_1 = z_1\psi_1, \qquad x_2 = z_2\psi_2 \tag{6-116}$$

并且
$$x_1 + x_2 = 1, \qquad z_1 + z_2 = 1$$

则可以解出

$$x_1 = \frac{\psi_1(1-\psi_2)}{\psi_1-\psi_2}, \qquad z_1 = \frac{1-\psi_2}{\psi_1-\psi_2} \tag{6-117}$$

由于 $T=T_{mi}$ 时，$\psi_i=1$，因此，当 $T=T_{m1}$ 时，$x_1=z_1=1$，当 $T=T_{m2}$ 时，$x_1=z_1=0$，则呈现出图 6-31 所示的透镜形固液平衡相图。

在图 6-31 中，上面的曲线为凝固线，下面的曲线为熔解线，两线之间为固液共存区。其固液平衡行为与汽液平衡中的 Raoult 定律非常类似。式(6-116) 很少用来描述实际系统的行为，只是用作考察固液平衡的比较标准。

② 第二种情况　液相为理想溶液，而固相不互溶，则 $z_i\gamma_i^{s}=1$。对于二元体系，式(6-109) 可以写为

$$x_1 = \psi_1 \tag{6-118}$$

$$x_2 = \psi_2 \tag{6-119}$$

图 6-32 绘出了这种情形的固液平衡相图。

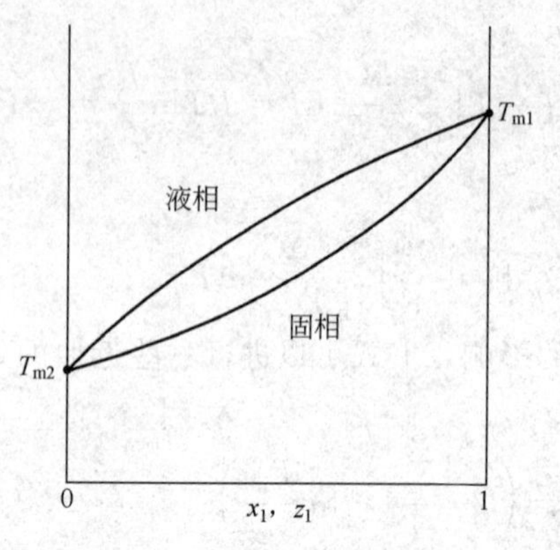

图 6-31 固液两相均为理想溶液的 T-x-z 图

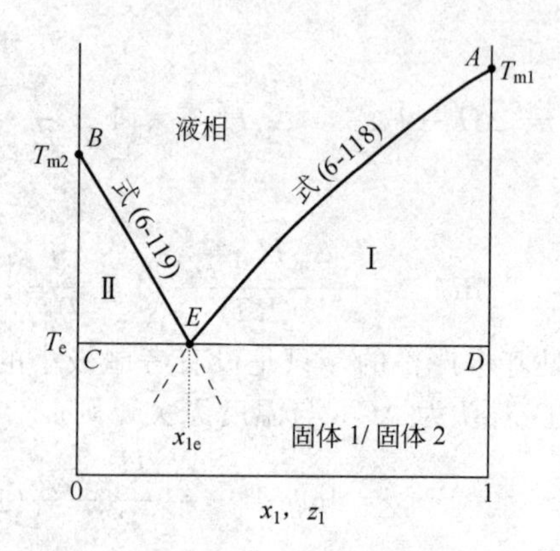

图 6-32 液相为理想溶液，固相不互溶时的 T-x-z 图

由式(6-114) 可知，ψ_1、ψ_2 都只是温度的函数，则 x_1、x_2 也只是温度的函数。在图 6-32 中，描绘了三种不同的平衡状态：曲线 AE 和 BE 以及点 E。曲线 AE 和 BE 分别是固体 1 和 2 的溶解度曲线，式(6-118) 中单独适用于组元 1 而式(6-119) 单独适用于组元 2。这两个方程又同时适用于一个特殊点 E，该点所对应的温度称为最低共熔温度 T_e，在该温度下，$\psi_1+\psi_2=1$，且 $x_1+x_2=1$。曲线 AE 和 BE 之上，是液体溶液区；最低共熔点之下是两个固体区；图中的Ⅰ和Ⅱ分别为固体 1 和固体 2 与液相的共存区。

式(6-118) 联立式(6-114) 得

$$\psi_1=x_1=\exp\left[\frac{\Delta_m H_1}{R}\left(\frac{1}{T_{m1}}-\frac{1}{T}\right)\right] \tag{6-120}$$

该方程仅适用于 $T=T_{m1}$ 到 $T=T_e$ 范围内。

式(6-119) 联立式(6-114) 得

$$x_1=1-x_2=1-\exp\left[\frac{\Delta_m H_2}{R}\left(\frac{1}{T_{m2}}-\frac{1}{T}\right)\right] \tag{6-121}$$

该方程仅适用于 $T=T_{m2}$ 到 $T=T_e$ 范围内。

这两个方程同时应用时，则可以给出最低共熔点时对应的最低共熔组成 x_{1e}，联立式(6-120) 和式(6-121) 得

$$x_{1e}=\exp\left[\frac{\Delta_m H_1}{R}\left(\frac{1}{T_{m1}}-\frac{1}{T_e}\right)\right]=1-\exp\left[\frac{\Delta_m H_2}{R}\left(\frac{1}{T_{m2}}-\frac{1}{T_e}\right)\right] \tag{6-122}$$

坐标 T_e 和 x_{1e} 定义出了最低共熔状态，即三相平衡状态，用图 6-32 中的 CED 线来表示。在这条线上，组成为 x_{1e} 的液相与纯固体 1 和纯固体 2 共存，这就是固固液三相平衡。

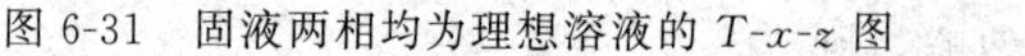

【例 6-15】 苯 (1) 和萘 (2) 的熔点分别为 $T_{m1}=5.5℃$、$T_{m2}=79.9℃$，其摩尔熔化焓分别是 $\Delta_m H_1=9.873\text{kJ}\cdot\text{mol}^{-1}$、$\Delta_m H_2=19.08\text{kJ}\cdot\text{mol}^{-1}$。若苯和萘形成的液相混合物可以视为理想溶液，而它们的固相互不相溶，并形成最低共熔点。求：①固体苯在萘中的溶解度随温度的变化曲线，固体萘在苯中的溶解度随温度的变化曲线；②最低共熔点的温度和组成；③计算 $x_1=0.9$ 的苯 (1)-萘 (2) 溶液的凝固点，1mol 此混合物结晶后最多能得到多少纯苯？温度应降到多少？

解：① 由于液体是理想溶液，而固相互不相溶，则：固体苯 (1) 在萘 (2) 中的溶解度曲线随着温度的变化曲线是式(6-120)，即

$$x_1=\exp\left[\frac{\Delta_m H_1}{R}\left(\frac{1}{T_{m1}}-\frac{1}{T}\right)\right]=\exp\left[\frac{9.873\times1000}{8.314}\left(\frac{1}{278.65}-\frac{1}{T}\right)\right]$$

$$=\exp\left(4.26-\frac{1187.52}{T}\right)$$

此式的适用范围为：$x^E \leqslant x_1 \leqslant 1$；$T^E \leqslant T \leqslant T_{m1}$。

固体萘（2）在苯（1）中的溶解度随着温度的变化曲线为：

$$x_2=\exp\left[\frac{\Delta_m H_2}{R}\left(\frac{1}{T_{m2}}-\frac{1}{T}\right)\right]=\exp\left[\frac{19.08\times 1000}{8.314}\left(\frac{1}{353.1}-\frac{1}{T}\right)\right]$$

$$=\exp\left(6.5-\frac{2294.92}{T}\right)$$

此式的适用范围为：$1-x^E \leqslant x_2 \leqslant 1$，$T^E \leqslant T \leqslant T_{m2}$。

② 最低共熔点是两条溶解度曲线的交点。因为

$$x_1+x_2=1$$

故可以通过试差解出 $T^E=270.15\text{K}$，并将此代入溶解度曲线得 $x^E=0.13$。

③ 当 $x_1=0.9$ 时，代入苯的溶解度曲线解出 $T=271.93\text{K}$，也是该溶液的凝固点。

对照图 6-32，$x_1=0.9$ 的混合物落在了右侧的曲线上，降温至凝固点 $T=271.93\text{K}$ 后，应该析出纯组分 1，即苯。当温度降至 $T^E=270.15\text{K}$ 时，析出了最多的纯固体苯，设为 Bmol，由物料平衡得到方程：

$$1\times 0.9=B\times 1+(1-B)\times x_1^E$$

则
$$B=\frac{1\times 0.9-1\times x_1^E}{1-x_1^E}=\frac{0.9-0.13}{1-0.13}=0.816\text{mol}$$

从上例中可以看出：由于最低共熔点的存在，使得溶解溶质后溶剂的凝固点比纯溶剂的凝固点降低了。这与物理化学课程中的凝固点降低原理是一样的。

上例是理想溶液，若不是理想溶液，则需要用活度系数模型计算相关的活度系数。

6.7.5 气固平衡和固体（或液体）在超临界流体中的溶解度

(1) 气固平衡

当温度低于三相点的温度时，纯固体可以蒸发。纯物质的气固平衡在 p-T 图上（如图 2-2）用升华曲线表示。像这样在特殊温度下的平衡压力称为固体的饱和蒸气压。现考虑纯固体组元 1 与含有组元 1 和组元 2 的二元蒸气混合物（假设该二元蒸气不溶于固相）处于气固两相平衡状态。在蒸气相中，2 组元为主要组分，通常被称为“溶剂”，1 组元则被称为“溶质”。1 组元在气相中的摩尔分数 y_1 便是其在溶剂中的溶解度。1 组元的溶解度 y_1 是蒸气溶剂温度和压力的函数，下面推导出计算 y_1 的方法。

根据上述假设，组元 2 不在两相中分布（仅存在于气相中），所以系统只有一个相平衡方程，为

$$f_1^s=\hat{f}_1^v \tag{6-123}$$

将适用于纯液体逸度的式(5-86)，符号上略作改变，相应的可有

$$f_1^s=\phi_1^{sat} p_1^{sat}\exp\frac{V_1^s(p-p_1^{sat})}{RT} \tag{6-124}$$

式中，p_1^{sat} 为温度 T 下纯固体的饱和蒸气压；V_1^s 是纯固体 1 的摩尔体积。组元 1 在气相中的逸度为

$$\hat{f}_1^v=p y_1\hat{\phi}_1^v \tag{6-125}$$

将式(6-123)～式(6-125) 联立，可以解得 y_1 为

$$y_1=\frac{p_1^{sat}}{p}E_1 \tag{6-126}$$

$$E_1=\frac{\phi_1^{\mathrm{sat}}}{\hat{\phi}_1^{\mathrm{v}}}\exp\frac{V_1^{\mathrm{s}}(p-p_1^{\mathrm{sat}})}{RT} \tag{6-127}$$

其中，设 $\phi_1=\exp\frac{V_1^{\mathrm{s}}(p-p_1^{\mathrm{sat}})}{RT}$，称为组元 1 的 Poynting 因子。

函数 E_1 通过 ϕ_1^{sat} 和 $\hat{\phi}_1^{\mathrm{v}}$ 反映出气相的非理想性，而压力对固体逸度的影响通过指数的 Poynting 因子表现出来。在足够低的压力下，上述两者的影响均可忽略，在这种情形下，$E_1\approx1$，$y_1=\frac{p_1^{\mathrm{sat}}}{p}$。在中等压力或高压下，气相的非理想性变得重要起来，Poynting 因子也不能忽略。通常在低压下 $y_1=\frac{p_1^{\mathrm{sat}}}{p}$ 的值是很小的，但当系统压力较高时，E_1 的值迅速增大，使得固体在高压流体中的溶解度也迅速增大，故 E_1 被称为组元 1 的增强因子。

(2) 固体（或液体）在超临界流体中的溶解度

我们知道，在常温和常压下，固体在气体中的溶解度很小，一般是可以忽略的，但当溶剂超过其临界点的温度和压力时，固体在其中的溶解度却相当可观。工业上就用超临界流体来提纯固体产物，这种过程称为超临界萃取。如从咖啡豆中萃取咖啡碱，从重油组分中分离沥青烯等都是很好的例子。对于典型的汽固平衡问题，固体的饱和蒸气压 p_1^{sat} 很小，饱和蒸汽在实际应用中可以当作理想气体处理，并且 Poynting 因子中的（$p-p_1^{\mathrm{sat}}$）可以近似等于 p。纯溶质在蒸气压下的 $\phi_1^{\mathrm{sat}}=1$。这样，式(6-127) 简化为

$$E_1=\frac{1}{\hat{\phi}_1^{\mathrm{v}}}\exp\frac{V_1^{\mathrm{s}}p}{RT} \tag{6-128}$$

这是一个可以在工程中应用的表达式。在这个方程中，V_1^{s} 是纯物质性质，可以从相关手册中查到或从适宜的关联式估算，在绝大多数情况下，$\exp\frac{V_1^{\mathrm{s}}p}{RT}$ 的值也接近于 1，而 $\hat{\phi}_1^{\mathrm{v}}$ 则必须由适用于高压蒸汽混合物的 pVT 关系计算出来。由于 $\hat{\phi}_1^{\mathrm{v}}$ 可达 10^{11}，因此 E_1 的数量级可达 10^{11}，正因为 E_1 可很大，使得 $y_1=\frac{p_1^{\mathrm{sat}}}{p}E_1$ 迅速增大，才使得超临界萃取在工程上成为可能。

超临界流体在液体中的溶解度与其在固体中的溶解度的计算原理和方法基本相同，不再详细阐述。

本章小结

本章系统阐述了化工过程中有可能涉及的相平衡过程，学习时应重点掌握其中的基本概念和计算方法：

(1) 平衡判据和相律是理解并掌握后续相平衡计算的基础内容；

(2) 各种相平衡的基本表达式；

(3) 汽液平衡是相平衡研究中最为完善和成熟的一类相平衡，其中涉及的泡露点计算方法、K 值法、闪蒸计算是重点内容；

(4) 掌握汽液平衡数据的一致性校验；

(5) 能够读懂液液平衡的三元相图；

(6) 了解其他相平衡体系的特点与平衡表达式。

习　题

6-1　相图是一种较为直观的表达相平衡的方式，是化工分离的依据。有些相图可以在文献或手册中找到，而大多数相图是无法直接获得的。请思考，如何得到符合需要的相图？

6-2　精馏是利用汽液平衡进行混合物分离的一种重要的单元操作，相平衡的条件（如温度、压力）会影响物质在汽液两相中的分配，进而影响分离效果。对于某一混合物系，如何根据热力学的相平衡知识选择适当的分离条件？为什么有些物系需要加压精馏（如甲醇生产工艺中甲醇-二甲醚的分离），而另一些体系需要进行减压精馏（如人造麝香的生产，甘油三醋酸酯的提纯，从合成樟脑的副产物中分离双戊烯）？

6-3　闪蒸是一种单级平衡分离方法，试从热力学的角度分析比较它与多级平衡分离手段（如精馏）之间的共同点与区别。在能量利用和安全的角度上，闪蒸有何优势？工业上在何种情况下需要采用闪蒸？

6-4　如何分离液相部分互溶体系（如正丁醇-水的混合物），以便得到纯正丁醇和纯水？

6-5　高压汽液平衡和普通汽液平衡在汽液平衡特点和计算方法上有何区别与联系？

6-6　中压下的汽液平衡泡露点的计算需要进行内外嵌套大量迭代。试分析如果出现不收敛的情况，有可能是计算过程中的哪些方面需要调整或改进？

6-7　纯物质达到沸点时会出现汽液两相共存，混合物的汽液平衡也是汽液两相共存的状态，那么纯物质在沸点处（饱和态）时是否遵循相平衡的准则？这两种汽液共存有何区别与联系？

6-8　所谓热力学一致性是什么？有何作用？怎样检验？

6-9　液液相分裂的条件是什么？

6-10　温度对气体溶解度的影响如何？

6-11　什么是增强因子？它为什么被称为增强因子？

6-12　低压下，苯（1)-甲苯（2）系统达到汽液平衡。试求：

(1) 90℃下，$x_1=0.3$（摩尔分数，下同）时系统的汽相组成和压力；

(2) 90℃、101.325kPa下，体系的汽液两相组成；

(3) 体系在 $x_1=0.55$、$y_1=0.75$ 时的平衡温度和压力。

6-13　有下列组成的混合物：丙烯0.60、丙烷0.35、乙烷0.02、正丁烷0.03（均为摩尔分数）。在压力为2026.5kPa时，有汽液两相并存的温度范围是多少？如欲保证该馏分为液相，并处于1013.25kPa下，最高温度是多少？

6-14　总压101.325kPa、温度350.8K下，正己烷（1)-苯（1）形成 $x_1=0.475$ 的恒沸物。若液相活度系数选用Margules方程描述，试给出该汽液平衡的泡点线的表达式。

6-15　0.1013MPa压力下正戊烷（1)-丙酮（2）二元体系汽液平衡的实验结果如下表所示。试检验此套数据是否符合热力学一致性。

x_1	y_1	t/℃	p_1^s/kPa	p_2^s/kPa
0.021	0.108	49.15	156.0	80.3
0.061	0.307	45.76	139.7	70.3
0.134	0.475	39.58	114.7	55.1
0.210	0.550	36.67	103.6	49.3
0.292	0.614	34.35	96.0	45.3
0.405	0.664	32.58	91.3	42.5
0.508	0.678	33.35	90.3	42.1
0.611	0.711	31.97	88.7	41.3
0.728	0.739	31.93	88.0	41.0
0.869	0.810	32.27	89.6	41.9
0.953	0.906	33.89	94.5	44.5

6-16　25℃、0.1013MPa时，甲烷在甲醇中的溶解度为 $x_1=8.695\times10^{-4}$（甲烷的摩尔分数），溶解熵

$\overline{S}_1^l - S_1^g = -12.12\text{J}\cdot\text{mol}^{-1}\cdot\text{K}^{-1}$。试求18℃、0.1013MPa时，甲烷在甲醇中的溶解度。

6-17 已知某二元液体的G^E模型是$G^E = RT\left(\frac{-975}{T} + 22.4 - 3\ln T\right)x_1 x_2$，问：(a) 该系统是否有UCST和LCST存在？(b) 若有，试求这两点的温度。

6-18 对于互溶度很小的两个液体形成的汽液液系统，若近似地认为在液相中两组分互不相溶（即形成纯的液相），这种系统的汽液液相图如左图所示。(a) 试分析相图上重要的点、线、面，并指出汽液平衡的泡点线和露点线，液液平衡的双结点曲线；(b) 讨论相平衡关系；(c) 决定E点。

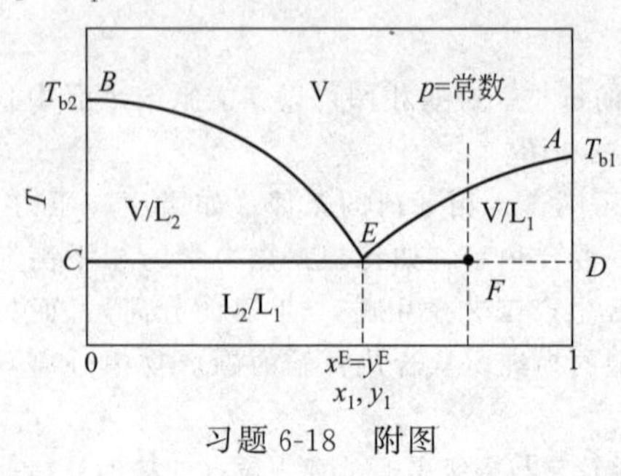

习题6-18 附图

6-19 A-B是一个形成简单最低共熔点的系统，液相是理想溶液，并已知下列数据：

组分	T_{mi}/K	ΔH_i^{fus}/J·mol^{-1}
A	446.0	26150
B	420.7	21485

(1) 确定最低共熔点。

(2) $x_A = 0.865$的液体混合物，冷却到多高温度开始有固体析出？析出为何物？每摩尔这样的液体，最多能析出多少该物质？此时的温度是多少？

6-20 0℃时固体萘（2）在正己烷（1）的溶解度为$x_2 = 0.09$，试估算在40℃时萘在正己烷中的溶解度。已知萘的熔化热和熔点分别为1922.8J·mol^{-1}和80.2℃。该溶液的活度系数模型为$\ln\gamma_2 = \frac{a}{RT}x_1^2$。

6-21 某二元物系其超额吉布斯自由能可表达为：$G^E/(RT) = Ax_1x_2$，式中A仅为温度的函数。

(1) 求活度系数与组成的关联式；

(2) 设纯组元蒸气压之比基本上为一常数（r），求这类物系出现均相共沸物的A值范围。汽相可视为理想气体；

(3) 在什么条件下，共沸物将为非均相的（液相分层）？

6-22 某二元液液平衡物系，其超额吉布斯自由能为：$G^E/(RT) = Ax_1x_2$，式中A为常数。求证下列关系式：

$$A\left|(x_2^\alpha)^2 - (x_2^\beta)^2\right| = \ln(x_1^\beta / x_1^\alpha)$$

$$A\left|(x_1^\alpha)^2 - (x_1^\beta)^2\right| = \ln(x_2^\beta / x_2^\alpha)$$

式中，x_1^α、x_1^β分别为平衡时组元1在α、β两液相中的组成；x_2^α、x_2^β分别为平衡时组元2的组成。

第7章　物性数据的估算

7.1　化工数据概要

化工数据一般指化工中有关物质的热力学性质和传递性质数据，近年也发展到微观数据，扩大些则应该包括化工安全及环境化工数据。传递性质（黏度、热导率、扩散系数等）的产生也是基于分子间作用力的，虽不属于传统热力学范围，但可认为是化工热力学的一部分，或一个分支，特别是分子热力学的一个分支。

化工计算的水平（广度和难度）是化学工程学科发展水平的标志，良好的化工计算要依靠理论、半理论或经验的数学模型。以流体力学、传热和传质中的特征数模型关系式计算为例，Re、Pr、Nu、Sc、Sh 等特征数中都含有许多化工数据，例如密度、热容、黏度、扩散系数等。为了各种模型关系（或计算式）的计算能够实际运行，必须涉及或提供大量化工数据。总之，化工单元操作、化工热力学、分离工程、反应工程等学科中都有大量数学关系式，若缺少化工数据，这些计算式都无法使用。

化工数据中的绝大部分是各种纯物质或混合物的物理或化学性质，因此常被称为物化性质或物性数据，显然物性数据所涉及范围略小于化工数据。本章只涉及物性数据。

物性估算是物性数据的重要组成部分，估算涉及几十项物性，国内外已有多本专著进行了系统总结。本章只作一些入门的介绍，以沸点、临界性质、蒸气压、气体黏度为例，讨论一些具体的估算方法。估算混合物相平衡的 UNIFAC 法作为辅修材料列入第 11 章。

在选择物性数据时，一定要注意区分实验值和估算值，因为前者可靠得多。当同一条件下有多个实验值，应该按数据的可靠性及可能的误差进行选择，并给出自己的推荐值，这样的工作称为数据评价（估）。在数据评价时，为比较数据的可靠性，常用实验值可能的误差范围来表达，或者用某种符号表示其可靠性，这样的符号常被称为质量码。在数据评估时还应遵循如下规则：①一般应选用经典的实验方法所得的数据；②采用较新年代的实验或评选的数据；③信任经其他数据专家（测定者或评估者）的成果；④优先使用高知名度的测定者或其实验室的数据；⑤注意作者自己公布的测定误差；⑥注意测定者所公布的原料的提纯方法及纯度，了解分析方法及其可靠性；⑦注意实验温度、压力的测定方法及精度，注意恒温装置的可靠性；⑧了解实验目的，为了其他目的而附带测定的数据一般不宜采用。

化工所涉化合物极多，又需要在不同温度、压力、组成下的数据，因此经评价后有极大量的物性数据，需要很好的表达方式。经评价后的数据主要集中在数据手册或一些专门数据文献中，形成系统的数据源。还是由于物性数据量大，不可能在一本手册中包括各类化合物的各项物性。因此，总的趋势是在一本或一套（多本）手册中只含有一种或一类数据，这种手册中所推荐的数据具有更大的权威性，对临界性质、蒸气压、蒸发热、相变热、生成焓、热容、熵、生成 Gibbs 自由能、汽液平衡、气液平衡、液液平衡、气液黏度、表面张力等项物性都有这类权威性手册。

不同数据源的权威性和严谨性有很大差异。某些手册或数据文献中，详细介绍整理数据的过程，在此基础上给出推荐值及可靠性（误差或质量码）；更多的手册只是提供最后的结果，其数据质量未必上乘，甚至可能混有估算值。与手册数据的质量参差不齐一样，网上数据的严谨性也是差别很大的，其中有著名的数据库，每个数据都有依据，并能及时更新，这些数据库大多是专项的；更多的网上数据是质量不高的，也可能混有许多估算值。

7.2 估算的必要性及要求

即使在手册中已有大量数据，在网上还能找到许多数据，但在化工中涉及的化合物数量实在太大，更要考虑到不同温度、压力条件下物性的不同，工业中实际处理的又多是混合物，物性项目中不可避免地要把组成也作为变量，在这么多的变化条件下，物性实验值不可能齐备。当需要的数据处于一批实验值范围内时，可以选用适宜的关联方程式进行内插，一般其误差可以接受，甚至可视为相当于实验值。在更多场合下，是完全缺乏相当的物性数据可供关联的。若要进行相应的测定，不但费时费钱，有时在时间上完全不允许，有时对使用者来说在测定技术上的困难难以克服，此时不得不使用一些估算方法，以便得出一些相对可靠的物性数据，供工程计算或设计之用。在工程实际计算中这样的估算基本上是必不可少的。同时也要注意到，估算值当然比不上实验值可靠，采用估算值是没有办法时的办法。

为实现有效的估算，有下列基本要求。

① 误差小，所得的估算值与实验值接近。在建立估算方法时，应该用一个、几个或一系列的实验点数据进行考核。考核时应选用不同类型（不同极性、不同分子形状等）的化合物，以便全面确定该方法的可靠性。在发表新估算方法时，同时要提供不同条件下的误差。使用者在选用估算方法时，误差常常是首要的因素。

不同项的物性对估算准确程度的认可是不同的。某些物性是很难估算的，例如热导率、扩散系数、固体热容等，它们的估算方法少而误差大，5%～10%甚至更大的误差都能接受；另一些物性，例如临界温度，估算效果良好，1%～2%误差的方法也不一定是最好的方法；还有一些物性介于以上两者之间，例如蒸发热和临界压力。同一物性在不同条件下，误差也可能相差很大。例如，估算常压附近的蒸气压，误差大致为1%～3%，而在低压下，所有估算方法都未能提出误差报告，因为对极微蒸气压，测定误差就在5%以上。

② 估算方法中所用的其他物性参数或别的待定参数尽可能地少，所涉及的物性必须是容易找到的，而且是可靠的，至少是争议不大的，只有这样的方法才是实用的。若需要另一个物性值，而该值又需要估算，则误差的叠加将使估算方法的可靠性大大下降。

某些计算方法中有一些特有的参数，这些参数值要用本物性的实验值确定，这样的方法还是一个回归或关联的方法。关联的方法与估算方法原则上不是同一类型的，也不应该列在一起比较。

③ 计算过程或估算方程不要太复杂。估算方法常在过程模拟中被使用，过于繁琐的方法要占用太多的机时，有时甚至使整个软件难以实用。

④ 估算方法要尽可能具有通用性，使之既可用于有机物，又适用于无机物；既适用于非极性化合物，又适用于极性化合物；既适用于直链化合物，又适用于含有支链的化合物；既适用于烃类，又适用于含氧、含氮、含硫、含卤族化合物；既适用于某种特定基团，又适用于多种多基团化合物。这样的要求基本上是难以全面达到的，但应该能满足大部分要求，大体上应该是通用的，只能用于少数化合物的方法意义不大。

⑤ 估算方法中的大部分有一定理论基础，当然其强弱不同。理论基础强的方法也应该是通用性好、误差小、外推能力强的方法。有一些方法起于较好的理论关系，但推演过程中作了太多的假定或引入了回归参数，由此已失去了原有的理论严谨性，未必是好方法。

总之，选用估算方法也要有一定知识和经验。在没有把握的情况下，可参考估算方法专著上的推荐意见，更好的办法是用类似而又有同一类物性数据的化合物，进行不同方法的考核。

每项物性有各自的多种估算方法，同一类型的估算方法又用于不同的物性项。目前，实用的估算方法主要是对比态法和基团贡献法，它们在实用的估算方法中占有绝大部分。此外，偶尔也使用参考物质法和物性间相互估算法，也有把物性与化合物碳数相联系的方法，后者一般只能用于直链化合物，而直链化合物的数据比较齐全，估算的重要性小得多，因而只在早些年前使用。下面先对两类比较通用的方法作一综合介绍。

7.3 对比态法

在第2章中，结合 p-V-T 关系，已提出了对比态法，并初步涉及二参数法和三参数法，但对比态法是可适用于大多数物性估算的，本章将对其使用和发展作全面的介绍。

7.3.1 二参数法

对比态法是从 p-V-T 关系开始的。1873年 van der Waals 提出了对比态原理，即任何物质用对比态表示后，其 p-V-T 函数间有普遍适用的函数关系：

$$\phi(p/p_c, T/T_c, V/V_c)=0 \tag{7-1}$$

或

$$\phi(p_r, T_r, V_r)=0 \tag{7-2}$$

20世纪30年代制成了普遍适用的二参数压缩因子（Z）图后，作为 p-V-T 关系的一种表达方式，在一般物理化学教材中普遍使用。这类二参数对比态法不但用于 p-V-T 参数间的互求，也广泛用于蒸气压（p^s）、焓差 $(H-H^{id})_T$、熵差 $(S-S^{id})_T$、热容差 $(C_p-C_p^{id})_T$、逸度系数（ϕ）等一系列热力学性质的计算，后来也把它用于传递性质（黏度和热导率）的计算。在20世纪50年代前，它是化工热力学中最主要的方法之一，但该法主要用于气相，用于液相误差大得多。

7.3.2 三参数法

按二参数对比态原理，在临界点处所有物质的 Z_c 应相同，而实际情况是绝大部分物质的 Z_c 在0.17～0.29之间，且大多在0.22～0.25之间。这说明二参数（p_r、T_r）对比态法有一定适用性，但不严格。为此在20世纪50年代出现了修正方法，即再引入一个表达物质特性的参数。所引入的第三参数主要是偏心因子（ω）或临界压缩因子（Z_c），它们的使用参见第2章。三参数对比态法广泛用于热力学性质和传递性质的计算，其结果优于二参数法，在计算液体性质时，优势更明显，因此三参数法也扩大了对比态法的使用范围。

在 p-V-T 及其他热力学性质的计算中，用 ω 及 Z_c 的两种计算方法的精度大致相当，但 ω 的使用广泛得多。特别是在状态方程计算中，在第2章中已讨论的立方型状态方程参数大体上都要用 ω 作为第三参数。这两种方法的最大问题是 ω 和 Z_c 数据不足，ω 和 Z_c 都是从临界参数计算而得的，而临界参数数据是很有限的，因为绝大部分化合物远低于临界点时就发生分解或聚合。甚至有一大批化合物在沸点前就已不稳定了，因此连沸点都无法测定。缺乏临界数据，无法提供 ω 或 Z_c，二参数法或三参数法都难以使用。

上述用 ω 的三参数法用球形流体（Ar、Kr、Xe）为参考流体，其他流体与球形流体的偏差用 ω 来表达。Lee 和 Kesler 提出用两类流体作参考流体，第一类流体仍然是球形流体，第二类流体是“长”流体——正辛烷。这样的方法可称为双参考流体法。该法同时结合状态方程进行运算，误差有所减小，也便于计算机运算，但复杂得多。

7.3.3 使用沸点参数的对比态法

沸点（T_b）反映物质的特性，从微观角度看反映分子间作用力，其实验数据也很充分，因此 T_b 也可用作特性参数以补充 p_r、T_r 作参数的不足，并可认为是一种特殊的第三参数法。由于沸点对应着蒸气压，因此这种三参数法广泛用于计算液体饱和密度、蒸气压及与之相联系的蒸发热。估算饱和液体对比密度（$d_{lr}=d_l/d_c$）时的 UNISAT 法就是一例。

$$d_{lr}-1=1.5914(1-X_{T_r})^{0.35}+0.26942(1-X_{T_r})+0.53463(1-X_{T_r})^{4/3}-0.013916(1-X_{T_r})^{5/3} \tag{7-3}$$

式中

$$X_{T_r}=\frac{T_r(T_{br}-1)}{T_{br}-T_r} \tag{7-4a}$$

$$T_{br}=T_b/T_c \tag{7-4b}$$

计算蒸气压（p^s）的实例见下式

$$\ln p_r^s=h\left(1-\frac{1}{T_r}\right) \tag{7-5}$$

$$h=T_{br}\frac{\ln(p_c/101.325)}{1-T_{br}} \tag{7-6}$$

$$p_r^s=p^s/p_c \tag{7-7}$$

Giacalone 式是估算沸点下蒸发焓（$\Delta_v H_b$）的实例。

$$\Delta_v H_b=RT_cT_{br}\frac{\ln(p_c/101.325)}{1-T_{br}} \tag{7-8}$$

式(8-6) 和式(8-7) 中 p_c 的单位是 kPa。

7.3.4 使用第四参数（极性参数）的对比态法

物质的极性对分子间作用力影响很大，因而对热力学性质或传递性质都有很大影响。除了 p_r 和 T_r 外，第三参数 ω 或 Z_c 中也已反映了分子的极性，但这两个参数又都与分子形状有关，未能充分反映极性的影响。为了更充分反映极性的影响，一些研究者所提出的对比态法中增加了另一个与分子极性有关的参数，有时也称为第四参数。以计算第二维里系数（B）为例，在 Tsonopolous 法中：

$$B_r=\frac{Bp_c}{RT_c}=B_r^{(0)}+\omega B_r^{(1)}+\frac{a}{T_r^{\ 6}}-\frac{b}{T_r^{\ 8}} \tag{7-9}$$

$$a=-2.112\times10^{-4}\mu_r-3.877\times10^{-21}\mu_r^{\ 8} \tag{7-10a}$$

$$a=2.076\times10^{-11}\mu_r-7.048\times10^{-21}\mu_r^{\ 8} \tag{7-10b}$$

$$a=-0.00020483\mu_r \tag{7-10c}$$

$$\ln(-a)=-12.63147+2.09681\ln\mu_r \tag{7-10d}$$

$$\mu_r=10^5\times\frac{\mu^2(p_c/101.325)}{T_c} \tag{7-11}$$

式中，μ 为偶极矩，单位为 Debye；μ_r 为对比偶极矩，起第四参数的作用。式(7-10a) 适用于醛、腈、酯、醚、NH_3、H_2S、HCN；式(7-10b) 适用于单卤烃；式(7-10c) 适用于酮；式(7-10d) 适用于醚。硫醇的 $a=0$，醇类的 $a=0.0870$，酚类的 $a=-0.0136$。除醇的 $b=0.04\sim0.06$ 外，其他化合物的 b 均为零。非极性化合物的 a 及 b 均为零，此时式(7-9) 简化为一般的含 ω 的三参数法。

至今还没有一个已被广泛接受的第四参数，不同研究者提出了不同的第四参数，例如有人提出压缩因子（Z）的表达式中

$$Z=Z^{(0)}+\omega Z^{(1)}+XZ^{(2)}+\omega XZ^{(3)}+X^2Z^{(4)} \tag{7-12}$$

$$X=\lg p_{r(T_r=0.6)}^s+1.70\omega+1.552 \tag{7-13}$$

式中，X 是第四参数，由 ω 及某一温度下的对比蒸气压数据求出。若为球形流体，$Z^{(0)}$ 及 $Z^{(1)}$ 由一般的三参数法求得。

7.3.5 使用量子参数（第五参数）的对比态法

由对比态原理的统计力学基础可知，由于使用了经典的统计力学，忽略了移动自由度的量

子化效应，使它不能应用于 H_2、He、Ne 等被称为量子流体的很小分子。早在使用二参数 Z 图时，就曾提出对氢使用"临界参数"加 8 规则：

$$T_r = \frac{T}{T_c + 8} \tag{7-14a}$$

$$p_r = \frac{p}{p_c + 8} \tag{7-14b}$$

但要注意当时使用的单位，T_c 为 K（33.2K），p_c 为 atm（12.8atm）。此法精度不高，且在不同 T、p 范围内适用性也不同。

从理论上分析，可以再加入一个与分子大小有关的量子参数（或称第五参数），但未得到实际使用。目前广泛应用的是临界参数的经验修正法：

$$T_c = \frac{T_c^0}{1 + 21.8/(MT)} \tag{7-15a}$$

$$p_c = \frac{p_c^0}{1 + 44.2/(MT)} \tag{7-15b}$$

$$V_c = \frac{V_c^0}{1 - 9.91/(MT)} \tag{7-15c}$$

式中，T_c^0、p_c^0、V_c^0 是经验修正后的临界参数（表 7-1）。从式(7-15) 可知，本法把量子效应纳入改变后的 T_c、p_c、V_c 中，即首先经验地修正了 T_c^0、p_c^0、V_c^0，然后考虑相对摩尔质量 M 及温度的影响，M 越小或温度愈低，量子效应越大。温度高于 80K 时，已可直接使用 T_c^0、p_c^0、V_c^0 代替真实的临界参数，也就是说，温度较高时，加 8 规则才有一定的适用性。

表 7-1 量子流体的 T_c^0、p_c^0 和 V_c^0 值

物　质	Ne	He^4	He^3	H_2	HD	HT	D_2	DT	T_2
T_c^0/K	45.5	10.47	10.55	43.6	42.9	42.3	43.6	43.5	43.8
p_c^0/MPa	2.73	0.676	0.601	2.05	1.99	1.94	2.04	2.06	2.08
V_c^0/$cm^3 \cdot mol^{-1}$	40.3	37.5	42.6	51.5	52.3	52.9	51.8	51.2	51.0

7.3.6 对比态法和状态方程法

在第 2 章和第 3 章中已讨论了对比态法和状态方程法处理 p-V-T 关系，并计算了一系列的热力学性质。从计算方法看，这两种方法有较大差异，但应注意到，几乎所有状态方程式在使用时都要经一般化处理，即状态方程的参数都是以对比态出现，用 T_c、p_c、ω 等参数来表达。由此，在实用计算中，不必去寻找每个物质各个状态方程参数，而只需要临界参数及 ω。与此相关的是，状态方程的使用，也强烈依赖于临界参数及蒸气压数据的齐备。用状态方程计算混合物时，由于要用实验值回归交互作用系数，这样的计算不是估算方法，而成为关联计算；而用对比态法计算混合物热力学关系时，也有同样的问题。

7.4 基团贡献法

7.4.1 概述

对比态法的优点是通用和简捷，也便于在计算机上使用，一般情况下，又有一定的可靠性。它的不足之处是过于依赖于临界参数。至今具有临界数据的物质只略多于千种，若使用估算的临界性质，当估算结果不可靠时，将使随后的对比态法处于危险的基础上。还要指出，有许多类型的化合物，包括几乎所有的多基团化合物，单基团化合物中的芳香酸、芳香醛、二烯烃、烯炔、硝酸酯、硫酸酯、亚硝酸酯、亚硝基化合物、磺酸化合物、萘酚类化合物、过氧化合物等，至今仍无法估算其临界性质，因而可以认为对比态法无法估算这许多类型化合物的所有物性。

基团贡献法（简称基团法）具有完全不同的出发点。它的基本假定是纯化合物或混合物的物性，等于构成此化合物或混合物的各种基团对于此物性贡献值的总和，也就是说，本法假定在任何体系中，同一种基团对某个物性的贡献值都是相同的。

基团法的优点是具有最大的通用性。以周期表中100多个元素所组成的双原子分子就能超过3000种，三原子分子有几十万种，只以C和H组成的具有工业意义的有机烃类化合物就超过万种，由这些分子构成的混合物更无法计数，要通过实验取得这么多纯化合物或混合物的全部物理或化学性质是不可能的。但是，构成常见有机物的基团仅100多种，因此，若能利用已有一些物性实验数据来确定为数不多的基团对各种物性的贡献值，就可以再利用它们去预测无实验值物系的物性值。由以上分析可知，基团法主要用于估算有机化合物的物性，总的说，物性估算的对象主要也是有机物。

一些基团法不依赖于任何其他物性，但也有许多基团法关系式中需要其他物性参数，例如在计算 T_c 时引入沸点（T_b）可提高其可靠性，计算相平衡时，要引入基团的表面积参数和体积参数，后两者是微观参数。

7.4.2　发展和分类

早期的基团法很简单，甚至是“粗糙”的，所划基团很少，因此不能计算全体有机物。在20世纪中叶，用基团法估算标准生成焓（$\Delta_f H^{\ominus}_{298}$）及临界性质时，划分的基团较多较细，已有40种左右，其中包括至今在各种基团法中仍广泛使用的—CH_3、—CH_2—、>CH—、>C<、=CH_2、=CH—、=C<、—CH=(环)、>C=(环)、—OH（醇）、—OH（酚）、—CHO、>C=O、—COOH、—COO—等，也包括至今已较少使用的—F、—Cl、—Br、—I基团。在20世纪80年代提出了划分基团更多更细的方法，例如使用了—CF_3、—CCl_3、—CF_2Cl等基团以解决原来的方法在计算多卤化物时误差很大的缺点。使用早期的划分方法，只要有—F、—Cl和烃的基团贡献值即可计算所有含F、Cl饱和卤烃的物性，但误差很大；新的方法需要烃的基团值，还需要—CF_3、—CF_2—、—CHF—、—CHF_2、—CH_2F、—CCl_3、—CCl_2—、—CHCl—、—$CHCl_2$、—CH_2Cl、—CF_2Cl、—$CFCl_2$、—CHFCl、—CFCl—，若缺乏含这些基团化合物的物性值，就不能提供基团值，也就限制了基团法的顺利使用，若再考虑含Br、I或烯烃、芳烃结构，所需基团品种还要大大增加。以上情况说明误差减小是要付出代价的，基团数也不能过分膨胀，对基团数的某种“折中”也许是必要的。

在早期的基团法中，是不考虑各种基团间的相互作用的，使用时十分方便，但也拉大了与实际的距离，对某些类型化合物的估算结果可能很差，便如CH_2OHCH_2OH中两个—OH基团间的作用是不能忽略的，用两个—OH基团相加是不够的。从20世纪40年代开始发展的$\Delta_f H^{\ominus}_{G,298}$基团法中，已开始修正邻近基团的影响了，以后修正项愈来愈多，至20世纪90年代，修正项已接近基团数，并在T_b、T_m、T_c、p_c、V_c、$\Delta_f H^{\ominus}_{G,298}$的计算中得到体现。基团划分的多少也常常体现基团间的相互作用，例如把—CF_3、—CF_2—作为一个单独的基团也是一种结构校正或邻近基团影响校正，即把在同一个碳原子上的F原子间相互影响加以校正的一种方法。

一般说来，结构校正项愈多，估算结果愈好，估算方法愈繁琐，对实验值依赖愈大，通用性也愈差。到了极端情况，每种分子就有一种结构校正方案，也就不成为基团法了。为了实用，应该把基团划分或结构校正控制在适度范围内。

基团法是从计算固定温度点的物性开始的，包括沸点（T_b）、熔点（T_m）、临界点（T_c、p_c、V_c、Z_c）、生成焓（$\Delta_f H^{\ominus}_{298}$）、燃烧焓（$\Delta_c H^{\ominus}_{298}$）、熵（$S^{\ominus}_{298}$）、理想气体等压热容（$C^{id}_{p298}$）、生成 Gibbs 自由能（$\Delta_f G^{\ominus}_{298}$）、沸点下蒸发焓（$\Delta_v H_b$）、298.15K 下蒸发为理想气体的蒸发焓（$\Delta_v H^{\ominus}_{298}$），目前这些计算是基团法的主要部分，其中绝大部分用对比态法是不能估算的。经过发展，某些基团法已可用于各种温度下，即提出带有温度关联式系数的基团值，目前已成功地用于计算理想气体等压热容（C^{id}_{pT}）、液体热容（$C_{pL,T}$），并方便地应用于计算机的使用中。

长时间以来，基团法只用于纯化合物的物性计算，20 世纪 60 年代，基团法开始用于估算汽液平衡，并应用于多种相平衡中，成为其主要的和唯一实用的估算方法（见第 11 章）。

在大部分情况下，对比态法和基团贡献法对不同物性有大体的分工，例如，对一般 p-V-T（包括蒸气压）主要用对比态法，而临界性质、T_m、T_b、$\Delta_f H^{\ominus}_{298}$、$S^{\ominus}_{298}$ 等主要用基团法，同时许多物性也有两类方法都能用的。

7.4.3 沸点和临界性质的估算——基团法的一组实例

沸点（T_b）是最重要的物性，其实测数据量虽非常大，但许多情况下仍需估算。临界数据是最重要的基础物性之一，作为对比态法和状态方程法计算时必不可少的数据，在化工数据中占有极其重要的地位，又因为其实验数据严重不足，估算方法历来受人重视。

实用的 T_b 和临界参数的估算方法主要是基团法。在众多的基团法中，本书将介绍一种最简单的和一种很复杂的，这两种方法都能同时估算 T_b、T_c、p_c 和 V_c。

(1) Joback 法

Joback 法是最简单的基团法。

$$T_b = 198 + \sum n_i \Delta T_{bi} \tag{7-16}$$

$$T_c = T_b [0.584 + 0.965 \sum n_i \Delta T_{ci} - (\sum n_i \Delta T_{ci})^2]^{-1} \tag{7-17a}$$

$$p_c = (0.113 + 0.0032 n_A - \sum n_i \Delta p_{ci})^{-2} \times 0.1 \tag{7-17b}$$

$$V_c = 40 + \sum n_i \Delta V_{ci} \tag{7-17c}$$

式中，$\sum n_i$ 是基团数；ΔT_{bi}（K）是沸点的基团值；ΔT_{ci}（K）、Δp_{ci}（MPa）、ΔV_{ci}（$cm^3 \cdot mol^{-1}$）是临界参数的基团值（均见表 7-2）；n_A 为分子中的原子数。

表 7-2 Joback 法基团贡献值

基团	ΔT_{ci}	Δp_{ci}	ΔV_{ci}	ΔT_{bi}	基团	ΔT_{ci}	Δp_{ci}	ΔV_{ci}	ΔT_{bi}
非环增量					环增量				
—CH₃	0.0141	−0.0012	65	23.58	—CH₂—	0.0100	0.0025	48	27.15
—CH₂—	0.0189	0.0	56	22.88	>CH—	0.0122	0.0004	38	21.78
>CH—	0.0164	0.0020	41	21.74	>C<	0.0042	0.0061	27	21.32
>C<	0.0067	0.0043	27	18.25	=CH—	0.0082	0.0011	41	26.73
=CH₂	0.0113	−0.0028	56	18.18	=C<	0.0143	0.0008	32	31.01
=CH—	0.0129	−0.0006	46	24.96	卤增量				
=C<	0.0117	0.0011	38	24.14	—F	0.0111	−0.0057	27	6.31
=C=	0.0026	0.0028	36	26.15	—Cl	0.0105	−0.0049	58	38.13
≡CH	0.0027	−0.0008	46	9.20	—Br	0.0133	0.0057	71	66.86
≡C—	0.0020	0.0016	37	27.38	—I	0.0068	−0.0034	97	93.84

续表

基团	ΔT_{ci}	Δp_{ci}	ΔV_{ci}	ΔT_{bi}	基团	ΔT_{ci}	Δp_{ci}	ΔV_{ci}	ΔT_{bi}
氧增量					氮增量				
—OH(醇)	0.0741	0.0112	28	92.88	>NH(非环)	0.0295	0.0077	35	50.17
—OH(酚)	0.0240	0.0184	−25	76.34	>NH(环)	0.0130	0.0114	29	52.82
—O—(非环)	0.0168	0.0015	18	22.42	>N—(非环)	0.0169	0.0074	9	11.74
—O—(环)	0.0098	0.0048	13	31.22	—N=(非环)	0.0255	−0.0099	—	74.60
>C=O(非环)	0.0380	0.0031	62	76.75	—N=(环)	0.0085	0.0076	34	57.55
>C=O(环)	0.0284	0.0028	55	94.97	—CN	0.0496	−0.0101	91	125.66
—CHO	0.0379	0.0030	82	72.24	$—NO_2$	0.0437	0.0064	91	152.54
—COOH	0.0791	0.0077	89	169.09	硫增量				
—COO—	0.0481	0.0005	82	81.10	—SH	0.0031	0.0084	63	63.56
=O(上述以外)	0.0143	0.0101	36	−10.50	—S—(非环)	0.0119	0.0049	54	68.78
氮增量					—S—(环)	0.0019	0.0051	38	52.10
$—NH_2$	0.0243	0.0109	38	73.23					

Joback 法估算 T_b 的平均误差为 12.9K（3.6%），因为此法在基团划分中，未考虑多卤化物间相互作用，因此计算多卤化物时误差要增加，有人曾对此进行修正，试图改善估算多卤化物 T_b 时的效果。按其他研究者考核，用 Joback 法估算 T_c、p_c、V_c 的误差分别约为 1%、5%、3%。

(2) Constantinous-Gani 法（C-G 法）

Constantinous-Gani 法（C-G 法）是比较复杂的，此法可考虑邻近基团的影响。

$$T_b = 204.359 \times \ln\left(\sum n_i \Delta T_{bi} + \sum n_j \Delta T_{bj}\right) \tag{7-18}$$

$$T_c = 181.728 \times \ln\left(\sum n_i \Delta T_{ci} + \sum n_j \Delta T_{cj}\right) \tag{7-19a}$$

$$p_c = 0.13705 + 0.1\left(0.100220 + \sum n_i \Delta p_{ci} + \sum n_j \Delta p_{cj}\right)^{-2} \tag{7-19b}$$

$$V_c = -4.350 + \left(\sum n_i \Delta V_{ci} + \sum n_j \Delta V_{cj}\right) \tag{7-19c}$$

式中，ΔT_{bi}、ΔT_{ci}、Δp_{ci}、ΔV_{ci} 是一级基团贡献值；而 ΔT_{bj}、ΔT_{cj}、Δp_{cj}、ΔV_{cj} 是二级基团贡献值。二级基团是反映基团间相互作用的，也是对简单基团加和所作的修正。由于数据不足，这种修正只能是局部的。一级和二级基团贡献值分别见表 7-3 和表 7-4。

表 7-3 C-G 法一级基团贡献值

基团	ΔT_{bi}	ΔT_{ci}	Δp_{ci}	ΔV_{ci}	$\Delta \omega_i$
$—CH_3$	0.8894	1.6781	0.019904	75.04	0.29602
$—CH_2—$	0.9225	3.4920	0.010558	55.76	0.14691
>CH—	0.6033	4.0330	0.001315	31.53	−0.07063
>C<	0.2878	4.8823	−0.010404	−0.34	−0.35125
CH_2=CH—	1.7827	5.0146	0.025014	116.48	0.40842
—CH=CH—	1.8433	7.3691	0.017865	95.41	0.25424
CH_2=C<	1.7117	6.5081	0.022319	91.83	0.22309
—CH=C<	1.7957	8.9582	0.012590	73.27	0.23492

续表

基　团	ΔT_{bi}	ΔT_{ci}	Δp_{ci}	ΔV_{ci}	$\Delta\omega_i$
$>C{=}C<$	1.8881	11.3764	0.002044	76.18	−0.21017
$CH{\equiv}C{-}$	2.3678	7.5433	0.014827	93.31	0.61802
$-C{\equiv}C-$	2.5645	11.4501	0.004115	76.27	—
$CH_2{=}C{=}CH-$	3.1243	9.9318	0.031270	148.31	0.73865
$({=}CH-)_A$	0.9297	3.7337	0.007542	42.15	0.15188
$({=}C<)_A$	1.6254	14.6409	0.002136	39.85	0.02725
$({=}\overset{\vert}{C})_A-CH_3$	1.9669	8.2130	0.019360	103.64	0.33409
$({=}\overset{\vert}{C})_A-CH_2-$	1.9478	10.3239	0.012200	100.99	0.14598
$({=}\overset{\vert}{C})_A-CH<$	1.7444	10.4664	0.002769	71.20	−0.08807
$-CF_3$	1.2880	2.4778	0.044232	114.80	0.50023
$-CF_2-$	0.6115	1.7399	0.012884	95.19	
$>CF-$	1.1739	3.5192	0.004673		
$({=}\overset{\vert}{C})_A-F$	0.9442	2.8977	0.013027	56.72	0.26254
$-CCl_3$	4.5797	18.5875	0.034935	210.31	0.61662
$-CCl_2-$	3.5600				
$>CCl-$	2.2073	11.3959	0.003086	79.22	
$-CH_2Cl$	2.9637	11.0752	0.019789	115.64	0.57021
$-CHCl-$	2.6948	10.8632	0.011360	103.50	
$-CHCl_2$	3.9300	16.3945	0.026808	169.51	0.71592
$({=}\overset{\vert}{C})_A-Cl$	2.6293	14.1565	0.013135	101.58	
$Cl-(C{=}C)$	1.7824	5.4334	0.016004	56.78	
$-Br$	2.6495	10.5371	−0.001771	82.81	0.27778
$-I$	3.6650	17.3947	0.002753	108.14	0.23323
$-CCl_2F$	2.8881	9.8408	0.035446	182.12	0.50260
$-CClF_2$	1.9163	4.8923	0.039004	147.53	0.54685
$-HCClF$	2.3086				
—F(除上述外)	1.0081	1.5974	0.014434	37.83	0.43796
$-OH$	3.2152	9.7292	0.005148	38.97	1.52370
$({=}\overset{\vert}{C})_A-OH$	4.4014	25.9145	−0.007444	31.62	0.73657
$-CHO$	2.8526	10.1986	0.014091	86.35	0.96265
CH_3CO-	3.5668	13.2896	0.025073	133.96	1.01522
$-CH_2CO-$	3.8967	14.6273	0.017841	111.95	0.63264
$-COOH$	5.8337	23.7593	0.011507	101.88	1.67037
$-COO-$	2.6446	12.1084	0.011294	85.88	
$HCOO-$	3.1459	11.6057	0.013797	105.65	0.76454
CH_3COO-	3.6360	12.5965	0.029020	158.90	1.13257
$-CH_2COO-$	3.3950	3.8116	0.021836	136.49	0.75574
CH_3O-	2.2536	6.4737	0.020440	87.46	0.52646

续表

基团	ΔT_{bi}	ΔT_{ci}	Δp_{ci}	ΔV_{ci}	$\Delta\omega_i$
$-CH_2O-$	1.6249	6.0723	0.015135	72.86	0.44184
$>CHO-$	1.1557	5.0663	0.009857	58.65	0.21808
FCH_2O-	2.5892	9.5059	0.009011	68.58	0.50922
$-C_2H_5O_2$	5.5566	17.9668	0.025435	167.54	
$>C_2H_4O_2$	5.4248				
$-CH_2NH_2$	3.1656	12.1726	0.012558	131.28	0.79963
$>CHNH_2$	2.5983	10.2075	0.010694	75.27	
CH_3NH-	3.1376	9.8554	0.012589	121.52	0.95344
$-CH_2NH-$	2.6127	10.4677	0.010390	99.56	0.55018
$>CHNH-$	1.5780	7.2121	−0.000462	91.65	0.38623
$CH_3N<$	2.1647	7.6924	0.015874	125.98	0.38447
$-CH_2N<$	1.2171	5.5172	0.004917	67.05	0.07508
$(=\overset{\vert}{C})_A-NH_2$	5.4736	28.7570	0.001120	63.58	0.79337
$-CH_2CN$	5.0525	20.3781	0.036133	158.31	
$-C_5H_4N$	6.2800	29.1528	0.029565	248.31	
$>C_5H_3N$	5.9234	27.9464	0.025653	170.27	
$-CH_2NO_2$	5.7619	24.7369	0.020974	165.31	
$>CHNO_2$	5.0767	23.2050	0.012241	142.27	
$(=\overset{\vert}{C})_A-NO_2$	6.0837	34.5870	0.015050	142.58	
$HCON(CH_2-)_2$	7.2644				
$-CONH_2$	10.3428	65.1053	0.004266	144.31	
$-CON(CH_3)_2$	7.6904	36.1403	0.040419	250.31	
$-CON(CH_2-)_2$	6.7822				
$-CH_2SH$	3.2914	13.8058	0.013572	102.52	
CH_3S-	3.6796	14.3969	0.016048	130.21	
$-CH_2S-$	3.6763	17.7916	0.011105	116.50	0.42753
$>CHS-$	2.6812				
$-C_4H_3S$	5.7093				
$>C_4H_2S$	5.8260				

注：下标 A 表示芳烃结构。

表 7-4 C-G 法二级基团贡献值

基团	ΔT_{bj}	ΔT_{cj}	Δp_{cj}	ΔV_{cj}	$\Delta\omega_j$	实例
$(CH_3)_2CH$—	−0.1157	−0.5334	0.000488	4.00	0.01740	2-甲基戊烷(1)
$(CH_3)_3C$—	−0.0489	−0.5143	0.001410	5.72	0.01922	2,2-二甲基戊烷(1),2,2,4,4-四甲基戊烷(2)
—$CH(CH_3)CH(CH_3)$—	0.1798	1.0699	−0.001849	−3.98	−0.00475	2,3-二甲基戊烷(1),2,3,4-三甲基戊烷(2)
—$CH(CH_3)C(CH_3)_2$—	0.3189	1.9886	−0.005198	−10.81	−0.02883	2,2,3-三甲基戊烷(1),2,2,3,4,4-五甲基戊烷(2)
—$C(CH_3)_2C(CH_3)_2$—	0.7273	5.8254	−0.013230	−23.00	−0.08623	2,2,3,3-四甲基戊烷(1),2,2,3,3,4,4-六甲基戊烷(2)
CH_n═CH_m—CH_p═CH_k $k,n,m,p\in(0,2)$	0.1589	0.4402	0.004186	−7.81	0.01648	1,3-丁二烯(1)
CH_3—CH_m═CH_n $m,n\in(0,2)$	0.0668	0.0167	−0.000183	−0.98	0.00619	2-丁烯(2),2-甲基-2-丁烯(3)
—CH_2—CH_m═CH_n $m,n\in(0,2)$	−0.1406	−0.5231	0.003538	2.81	−0.0115	1,4-戊二烯(2)
＞CH—CH_m═CH_n 或 —C(＜)—CH_m═CH_n $m,n\in(0,2)$	−0.0900	−0.3850	0.005675	8.26	0.02778	4-甲基-2-戊烯(1)
—$(C)_R$— C_m $m>1$	0.0511	2.1160	−0.002546	−17.55	−0.11024	乙基环戊烷(1),丙基环戊烷(1)
3 元环	0.4745	−2.3305	0.003714	−0.14	0.17563	环丙烷(1)
4 元环	0.3563	−1.2978	0.001171	−8.51	0.22216	环丁烷(1)
5 元环	0.1919	−0.6785	0.000424	−8.66	0.16284	环戊烷(1),乙基环戊烷(1)
6 元环	0.1957	0.8479	0.002257	16.36	−0.03065	环己烷(1),甲基环己烷(1)
7 元环	0.3489	3.6714	−0.009799	−27.00	−0.02094	环庚烷(1),乙基环庚烷(1)
CH_m═CH_nF $m,n\in(0,2)$	−0.1168	−0.4996	0.000319	−5.96		1-氟-1-丙烯(1)
CH_m═CH_nBr $m,n\in(0,2)$	−0.3201	−1.9334	−0.004305	5.07		1-溴-1-丙烯(1)
CH_m═CH_nI $m,n\in(0,2)$	−0.4453					1-碘-1-丙烯(1)
$(═\overset{\vert}{C})_A$Br	−0.6776	−2.2974	0.009027	−8.32	−0.03078	溴代甲苯(1)
$(═\overset{\vert}{C})_A$I	−0.3678	2.8907	0.008247	−3.41	0.00001	碘代甲苯(1)
＞CHOH	−0.5385	−2.8035	−0.004393	−7.77	0.03654	2-丁醇(1)
—C(＜)OH	−0.6331	−3.5442	0.000178	15.11	0.21106	2-甲基-2-丁醇(1)
$(CH_m)_R$OH $m\in(0,1)$	−0.0690	0.3233	0.006917	−22.97		环戊醇(1)
$CH_m(OH)CH_n(OH)$ $m,n\in(0,2)$	1.4108	5.4941	0.005052	3.97		1,2,3-丙三醇(1)
＞CHCHO 或 —C(＜)CHO	−0.1074	−1.5826	0.003659	−6.64		2-甲基丁醛(1)

续表

基团	ΔT_{bj}	ΔT_{cj}	Δp_{cj}	ΔV_{cj}	$\Delta\omega_j$	实例
$(=C)_A CHO$	0.0735	1.1696	−0.002481	6.64		苯甲醛(1)
CH_3COCH_2-	0.0224	0.2996	0.001474	−5.10	−0.20789	2-戊酮(1)
$CH_3COCH<$ 或 $CH_3COC\equiv$	0.0920	0.5018	−0.002303	−1.22	−0.1657	3-甲基-2-戊酮(1)
$-(C)_R O$	0.5580	2.9571	0.003818	−19.66		环戊酮(1)
$>CHCOOH$ 或 $\equiv CCOOH$	−0.1552	−1.7493	0.004920	5.59	0.08774	2-甲基丁酸(1)
$(=C)_A COOH$	0.7801	6.1279	0.000344	−4.15		苯甲酸(1)
$-CO-O-CO-$	−0.1977	−2.7617	−0.004877	−1.44	0.91939	丙酸酐(1)
$CH_3COOCH<$ 或 $CH_3COOC\equiv$	−0.2383	−1.3406	0.000659	−2.93	0.26623	乙酸异丙酯(1)
$-COCH_2COO-$ 或 $-COCHCOO$ 或 $-COCCOO-$	0.4456	2.5413	0.001067	−5.91		乙酰乙酸乙酯(1)
$(=C)_A COO-$	0.0835	−3.4235	−0.000541	26.05		苯甲酸乙酯(1)
$CH_m-O-CH_n=CH_p$ $m,n,p\in(0,2)$	0.1134	1.0159	−0.000878	2.97		乙基乙烯基醚(1)
$(=C)_A O-CH_m$ $m\in(0,3)$	−0.2596	−5.3307	−0.002249	−0.45		乙基苯基醚(1)
$CH_m(NH_2)CH_n(NH_2)$ $m,n\in(0,2)$	0.4247	2.0699	0.002148	5.80		1,2-丙二胺(1)
$(CH_m)_R NH_p(CH_n)_R$ $m,n,p\in(0,2)$	0.2499	2.1345	0.005947	−13.80	−0.13106	吡咯烷(1)
$CH_m(OH)CH_n(NH_p)$ $m,n,p\in(0,2)$	1.0682	5.4864	0.001408	4.33		2-羟基-1-丁胺(1), 1-羟基-N-甲基丁胺(1)
$(CH_m)_R S(CH_n)_R$ $m,n\in(0,2)$	0.4408	4.4847			−0.01509	四氢噻吩(1)

注：1. 下标 R 表示环烷结构，A 表示芳烃结构。

2. 实例括号中的数字表示计算的次数。

C-G 法可只用一级基团，在估算 T_b 时，平均误差为 2.04%，加上二级基团时，平均误差为 1.42%。在估算 T_c、p_c、V_c 时，只用一级基团平均误差分别为 1.62%、3.72%、2.04%，加上二级基团后，平均误差分别为 0.85%、2.89%、1.42%。本法同样可用于估算偏心因子，基团值也列于表 7-3 和表 7-4 中，平均误差约为 3%，已接近实验误差，其计算式为

$$\exp\left(\frac{\omega}{0.4085}\right)^{0.5050}-1.1507=\sum n_i\Delta\omega_i+\sum n_j\Delta\omega_j \tag{7-20}$$

【例 7-1】 估算 1-丁烯的 T_b、T_c、p_c、V_c，实验值分别为 267.9K、419.5K、4.02MPa、240.8cm³·mol⁻¹。

解：用 Joback 法时，其基团是 1 个 CH_3、1 个 CH_2、1 个 $=CH-$、1 个 $=CH_2$，由表 7-2 可得基团值为

$$\sum n_i \Delta T_{bi}=23.58+22.88+24.96+18.18=89.60$$
$$\sum n_i \Delta T_{ci}=0.0141+0.0189+0.0129+0.0113=0.0572$$
$$\sum n_i \Delta p_{ci}=-0.0012+0-0.0006-0.0029=-0.0047$$
$$\sum n_i \Delta V_{ci}=65+56+46+56=223$$

代入式(7-16) 和式(7-17)，得

$$T_b=198+89.6=287.6\text{K}$$
$$T_c=267.9(0.584+0.965\times0.0572-0.0572^2)^{-1}=421.3\text{K}$$
$$p_c=(0.113+0.0032\times12+0.0047)^{-2}\times0.1=4.104\text{MPa}$$

上式中化合物原子数 $n_A=12$

$$V_c=17.5+223=240.5\text{cm}^3\cdot\text{mol}^{-1}$$

用 C-G 法时，一级基团为 1 个$-CH_3$、1 个$-CH_2-$、1 个 $-CH{=}CH_2$，二级基团为 1 个 $-CH_2-CH{=}CH_2$，由表 7-3、表 7-4 可得基团值为

$$\sum n_i T_{bi}=0.8894+0.9225+1.7827=3.5946$$
$$\sum n_j T_{bj}=-0.1406$$
$$\sum n_i T_{ci}=1.6781+3.4920+5.0146=10.1847$$
$$\sum n_j T_{cj}=-0.5231$$
$$\sum n_i p_{ci}=0.019904+0.010558+0.025014=0.055476$$
$$\sum n_j p_{cj}=0.003538$$
$$\sum n_i V_{ci}=75.04+55.76+116.48=247.28$$
$$\sum n_j V_{cj}=2.81$$

代入式(7-18) 和式(7-19)，只有一级基团时，

$$T_b=204.359\ln(3.5946)=261.5\text{K}$$
$$T_c=181.728\ln(10.1847)=421.8\text{K}$$
$$p_c=0.13705+0.1(0.100220+0.055476)^{-2}=4.262\text{MPa}$$
$$V_c=-4.35+247.28=242.9\text{cm}^3\cdot\text{mol}^{-1}$$

考虑二级基团时，

$$T_b=204.359\ln(3.5946-0.1406)=253.1\text{K}$$
$$T_c=181.728\ln(10.1847-0.5231)=412.2\text{K}$$
$$p_c=0.13705+0.1(0.100220+0.0055476+0.003538)^{-2}=4.081\text{MPa}$$
$$V_c=-4.35+247.28+2.81=245.8\text{cm}^3\cdot\text{mol}^{-1}$$

从上例可见，对于 1-丁烯这样的简单化合物，Joback 法是可以使用的，C-G 法只考虑一级基团时，也是可用的。C-G 法加上二级基团时，对于某些化合物的某种物性，误差可能变大，例如，本例的 T_b 值、T_c 值、V_c 值。但是从总体看，在大部分情况下用二级基团是有改进的。另外，对此化合物的一些物性，简单的 Joback 法并不比 C-G 法差，但对结构复杂的化合物，例如多卤化物，预期 C-G 法将有更好的结果。C-G 法的另一优点是在估算 T_c 时不需要另一物性（沸点 T_b），这是因为 C-G 法用固定的甲烷沸点（181.728K）代替了。对于缺乏 T_b

的精细化学品，C-G 法是有优点的。

作为实例，本节只介绍了 T_b 及临界性质的两种典型的基团法，但这不是这些物性估算方法的全部，也不一定是这些物性的最佳估算方法。下面几节中，将选择几组物性为例，介绍不同估算方法的应用。

7.5 蒸气压的估算

蒸气压（p^s）在化工热力学及化工计算中的重要性是明显的。p^s 的数据很多，由于它随温度变化很大，不便于内插，更方便的是用关联式来表达不同温度的 p^s 值。最常用的关联式是 Clapeyron 方程和 Antoine 方程。

$$\ln p^s = A - \frac{B}{T} \quad \text{（Clapeyron 方程）} \tag{7-21}$$

$$\ln p^s = A - \frac{B}{T+C} \quad \text{（Antoine 方程）} \tag{7-22}$$

以上两式中，A、B 和 C 是物质自有的关联系数。在工程计算中，更常用的是 $\lg p^s$ 的形式。

$$\lg p^s = A - \frac{B}{T} \tag{7-23}$$

$$\lg p^s = A - \frac{B}{T+C} \tag{7-24}$$

若要把 Antoine 方程（或 Clapeyron 方程）应用于更宽广的温度范围，可增加修正项，例如在式(7-24) 或式(7-23) 后加 DT^n（或 DT^T），也可引入有 T_c 的对比态形式的方程，这样一些修改使关联方程的误差变小，但关联及计算过程也更复杂，有 T_c 的方程不能用于缺乏 T_c 实验值的物质。目前广泛使用的还是 Antoine 方程，在手册中也能找到大量物质的 Antoine 系数。本书附录五中提供了一些按式(7-24) 的 Antoine 系数值，供习题求解及一些化工计算使用。

蒸气压的实测数据很多，但仍必须对更多的化合物进行估算。

7.5.1 对比态法

基于 p^s-T 关联式，使用 T_r 和 T_{br} 作参数，再代入 $T=T_b$ 时，$p^s=101.325\text{kPa}$，而 $T=T_c$ 时，$p^s=p_c$，可以消去 p^s-T 关联式中两个参数。两参数关联方程就变为 $p_r^s(=p^s/p_c)$ 与 T_r 和 T_{br} 的关系式，例如式(7-21) 就变为

$$\ln p_r^s = h\left(1-\frac{1}{T_r}\right) \tag{7-5}$$

其中

$$h = T_{br}\frac{\ln(p_c/101.325)}{1-T_{br}} \tag{7-6}$$

式中，p_c 的单位是 kPa。

Antoine 方程有三个参数，用 T_b、T_c 两点的 p^s，只能消去其中 A、B 两个参数。

$$\ln\left(\frac{p^s}{101.325}\right) = \frac{(T_c-C)}{(T_c-T_b)}\frac{(T-T_b)}{(T-C)}\ln\left(\frac{p_c}{101.325}\right) \tag{7-25}$$

式中，p^s 及 p_c 的单位都是 kPa；而 C 可粗略估算如下：

$$C=-0.3+0.034T_b \quad \text{（单原子元素或 } T_b<125\text{K 的物质）} \tag{7-26a}$$

$$C=-18+0.19T_b \quad \text{（其他物质）} \tag{7-26b}$$

更好的一些估算方程复杂得多，例如 Riedel 式：

$$\ln p_r^s = A^+ - \frac{B^+}{T_r} + C^+\ln T_r + D^+ T_r^6 \tag{7-27}$$

$$A^{+}=-35Q,\quad B^{+}=-36Q,\quad C^{+}=42Q+\alpha_{c},\quad D^{+}=-Q \tag{7-28a}$$

$$Q=0.0838(3.758-\alpha_{c}) \tag{7-28b}$$

$$\alpha_{c}=\frac{0.315\psi_{b}+\ln(p_{c}/101.325)}{0.0838\psi_{b}-\ln T_{br}} \tag{7-28c}$$

$$\psi_{b}=-35+\frac{36}{T_{br}}+42\ln T_{br}-T_{br}^{6} \tag{7-28d}$$

Vetere 提出了修正的 Riedel 式，该法仍使用式(7-27)、式(7-28a)、式(7-28d)，而式(7-28b) 和式(7-28c) 要改为

$$Q=K(3.758-\alpha_{c}) \tag{7-29a}$$

$$\alpha_{c}=\frac{3.758K\psi_{b}+\ln(p_{c}/101.325)}{K\psi_{b}-\ln T_{br}} \tag{7-29b}$$

$K=0.066+0.0027h$ 非极性物质

$K=-0.120+0.025h$ 酸类

$K=0.373-0.030h$ 醇类

$K=0.106-0.006h$ 多元醇类

$K=-0.008+0.14T_{br}$ 其他极性物质

式中，h 仍用式(7-6)。经这样的改进后对极性化合物的误差有很大改进。若把 K 值改为

$$K=d+eT_{br} \tag{7-30}$$

式中，d 和 e 由关联求得，这样的算法变为关联式。

也可以把一些复杂的 p^{s} 关联式改为对比态式，例如 Riedel-Plank-Miller 估算式也是从某关联式改变而得的。

$$\ln p_{r}^{s}=-\frac{G}{T_{r}}[1-T_{r}^{2}+k(3+T_{r})(1-T_{r})^{3}] \tag{7-31}$$

$$G=0.4835+0.4605h \tag{7-32a}$$

$$k=\frac{\frac{h}{G}-(1+T_{br})}{(3+T_{br})(1-T_{br})^{2}} \tag{7-32b}$$

式中，h 仍用式(7-6)。

按不同类型化合物用不同方程的方法还有 Gomez-Thodos 法：

$$\ln p_{r}^{s}=\beta\left(\frac{1}{T_{r}^{m}}-1\right)+\gamma(T_{r}^{7}-1) \tag{7-33}$$

$$\gamma=ah+b\beta \tag{7-34a}$$

$$a=\frac{1-1/T_{br}}{T_{br}^{7}-1}\quad b=\frac{1-1/T_{br}^{m}}{T_{br}^{7}-1} \tag{7-34b}$$

不同种类化合物的 β、m、γ 的求取方式不同，其中对非极性化合物：

$$\beta=-4.26700-\frac{221.79}{h^{2.5}\exp(0.0384h^{2.5})}+\frac{3.8126}{\exp\left(\frac{2272.44}{h^{3}}\right)}+\Delta \tag{7-35a}$$

$$m=0.78425\exp(0.089315h)-\frac{8.5217}{\exp(0.74826h)}+\Delta \tag{7-35b}$$

除 He($\Delta=0.41815$)、H_2($\Delta=0.19904$) 和 Ne($\Delta=0.02319$) 外，其他物质 $\Delta=0$。对于非氢键型极性化合物（包括氨和乙酸）：

$$m=0.466T_{c}^{0.166} \tag{7-35c}$$

$$\gamma=0.08594\exp(7.462\times10^{-4}T_{c}) \tag{7-35d}$$

对氢键型化合物（水和乙醇）：

$$m=0.0052M^{0.29}T_c^{0.72} \tag{7-35e}$$

$$\gamma=\frac{2.464}{M}\exp(9.8\times10^{-6}MT_c) \tag{7-35f}$$

式中，M 为相对摩尔质量；T_c 为临界温度，K。对这两类极性化合物，β 按下式计算：

$$\beta=\frac{\gamma}{b}-\frac{ah}{b} \tag{7-35g}$$

已有几个把第三参数 ω 引入的估算式，例如用 Ambrose 和 Walton 的表达式：

$$\ln p_r^s=f^{(0)}+\omega f^{(1)}+\omega^2 f^{(2)} \tag{7-36}$$

$$f^{(0)}=\frac{-5.97616\tau+1.29874\tau^{1.5}-0.60394\tau^{2.5}-1.06841\tau^5}{T_r} \tag{7-36a}$$

$$f^{(1)}=\frac{-5.03365\tau+1.11505\tau^{1.5}-5.41217\tau^{2.5}-7.46628\tau^5}{T_r} \tag{7-36b}$$

$$f^{(2)}=\frac{-0.64771\tau+2.41539\tau^{1.5}-4.26979\tau^{2.5}+3.25259\tau^5}{T_r} \tag{7-36c}$$

式中，$\tau=1-T_r$。$f^{(2)}$ 项只对具有大偏心因子值的流体以及在较低 T_r 下比较重要，而在 $T_r=0.7$ 时，$f^{(2)}$ 为零。

7.5.2 基团贡献法

p^s 随温度上升而飞速上升，用一般基团法很困难，目前可使用的是 20 世纪 90 年代中期提出的基团对比态法（CSGC 法）。该法使用对比态法的简单关系式，使用基团法得出模拟的临界参数（T_c^*、p_c^*），进而计算模拟的对比温度（T_r^*）和对比压力（p_r^*）。这类方法不需要实测的 T_c、p_c，扩大了对比态法的使用范围，也具有基团法的特征，并有较高的精度。在估算 p_s 时，相对比较简单的是 CSGC-PR 法，该法以 Riedel 方程式(7-27) 为基础，结合基团法提出。

$$\ln p_r^s=A-\frac{B}{T_r^*}+C\ln T_r^*+DT_r^{*6} \tag{7-37}$$

$$T_c^*=T_b[A_T+B_T\sum n_i\Delta T_i+C_T(\sum n_i\Delta T_i)^2+D_T(\sum n_i\Delta T_i)^3]^{-1} \tag{7-38a}$$

$$p_c^*=101.325(\ln T_b)[A_p+B_p\sum n_i\Delta p_i+C_p(\sum n_i\Delta p_i)^2+D_p(\sum n_i\Delta p_i)^3]^{-1} \tag{7-38b}$$

$$T_r^*=T/T_c^*,\quad p_c^*=p/p_c^*,\quad T_{br}=T_b/T_c^* \tag{7-38c}$$

$$A=-35Q,\quad B=-36Q,\quad C=42Q+\alpha_c,\quad D=-Q \tag{7-38d}$$

$$\psi_b=-35+\frac{36}{T_{br}^*}+42\ln T_{br}^*-T_{br}^{*6} \tag{7-38e}$$

$$\alpha_c=\frac{0.315\psi_b+\ln(p_c^*/101.325)}{0.0838\psi_b-\ln T_{br}^*} \tag{7-38f}$$

$$Q=0.0838(3.758-\alpha_c) \tag{7-38g}$$

式中，基团值 ΔT_i、Δp_i 见表 7-5，式(7-38a) 和式(7-38b) 中的系数值见表 7-6。本法平均误差约为 1%。

表 7-5 CSGC 法基团贡献值

基团	$\Delta T_i\times10^4$	$\Delta p_i\times10^3$	基团	$\Delta T_i\times10^4$	$\Delta p_i\times10^3$
$-CH_3-$	140.86	104.75	$>C<$	27.54	−2.86
$-CH_2-$	125.20	48.64	$=CH_2$	113.63	95.44
$>CH-$	97.94	16.68	$=CH-$	134.87	56.43

续表

基团	$\Delta T_i\times10^4$	$\Delta p_i\times10^3$
$=C<$	228.86	56.29
$=C=$	22.39	20.49
$\equiv CH$	1.43	10.05
$\equiv C-$	98.27	2.02
$(-CH_2-)_R$	129.50	75.29
$(>CH-)_R$	119.05	70.48
$(>C<)_R$	−36.43	20.27
$(-CH_3)_{RC}$	106.77	51.51
$(-CH_2)_{RC}$	117.57	59.24
$(>CH-)_{RC}$	126.37	47.41
$(>C<)_{RC}$	101.11	90.83
$(=CH-)_R$	201.32	113.79
$(=C<)_R$	−165.68	−105.90
$(=CH-)_{RC}$	232.82	42.71
$(=CH-)_A$	83.68	43.80
$(=C<)_A$	115.77	1.09
$(-CH_3)_{AC}$	151.88	123.97
$(-CH_2-)_{AC}$	174.00	100.97
$(-CH<)_{AC}$	14.17	−24.94
$(>C<)_{AC}$	97.77	6.82
$(=CH-)_N$	108.93	45.33
$(=C<)_N$	62.37	67.90
$(-CH_3)_{NC}$	248.47	89.60
$-OH$	1017.00	1.78
$(-OH)_{RC}$	225.88	−281.97
$(-OH)_{AC}$	88.73	−116.34
$>C=O$	187.40	−10.71
$-O-$	176.17	27.55
$-CHO$	767.71	337.48
$(-CHO)_{AC}$	536.46	255.93
$-COOH$	1381.60	209.87
$HCOO-$	294.12	46.19
$-COO-$	188.41	−487.60
$(-COO-)_{AC}$	892.07	496.59
$-CN$	334.95	130.14
$-NH_2$	−18.93	−84.92
$-NH-$	−319.57	−211.72
$-N<$	338.14	123.74
$(-NH-)_R$	78.16	14.74
$(-NH_2)_{RC}$	60.03	25.93
$(-NH_2)_{AC}$	−31.50	−16.98
$(-NH-)_{AC}$	4.02	−83.52
$(>N-)_{AC}$	14.09	−40.95
$(=N-)_R$	9.71	−1.23
$(=N-)_N$	20.26	−1.43
$(-NH-)_N$	22.75	−44.66
$-SH$	29.01	14.78
$(-SH)_{RC}$	8.05	−2.58
$(-SH)_{AC}$	−1.62	11.82
$-S-$	22.49	70.17
$(-S-)_R$	27.71	10.67
$(-S-)_{RC}$	11.39	−29.40
$(-S-)_{AC}$	9.37	−15.89
$-CF_3$	31.01	13.95
$-CF_2-$	24.14	13.76
$-CF<$	5.58	52.50
$-CH_2F$	19.14	82.87
$-CHF-$	13.85	64.94
$(-CF_2-)_R$	12.40	56.51
$(>CF-)_R$	18.22	32.40
$(-CHF-)_R$	−2.41	19.67
$(-CF_3)_{RC}$	21.62	15.60
$(-CF_2-)_{RC}$	13.61	14.62
$(-CF_3)_{AC}$	19.30	11.29
$=CF_2$	45.76	21.01
$=CF-$	31.05	11.53
$(=CF-)_A$	27.80	12.75
$-CCl_3$	47.08	28.37
$>CCl-$	27.04	28.14
$-CHCl_2$	39.38	15.48
$-CH_2Cl$	17.28	78.17
$-CHCl-$	16.46	85.99
$=CCl_2$	15.24	85.70
$=CCl-$	26.09	70.10
$=CHCl$	13.18	77.90
$(=CCl-)_A$	21.64	10.02
$-CBr<$	36.62	15.52
$-CH_2Br$	16.27	89.31
$=CHBr$	50.35	18.73
$(=CBr-)_A$	17.00	81.57
$(-Br)_{NC}$	−8.66	26.64
$(=CI-)_A$	53.54	26.95

注：下标，A—芳烃环；AC—与芳烃环相连的基团；R—非芳烃环；RC—与非芳烃环相连的基团；N—萘环；NC—与萘环相连的基团。

表 7-6 CSGC-PR 方程系数值

A_T	B_T	C_T	D_T	A_p	B_p	C_p	D_p
0.5782585	1.061273	−1.778714	−0.4998375	0.04564342	0.3046466	−0.0652039	−0.04390779

【例 7-2】 估算乙苯在 460.0K 下的蒸气压。已知乙苯的 $T_b=409.3K$，$T_c=617.20K$，$p_c=3609kPa$，$\omega=0.299$。实验值为 338.8kPa。

解：

$$T_r=460.0/617.20=0.7453$$

$$T_{br}=409.3/617.20=0.6632$$

$$1-T_{br}=1-0.6632=0.3368$$

$$1-\frac{1}{T_r}=1-\frac{1}{0.7453}=-0.3417$$

$$1-\frac{1}{T_{br}}=1-\frac{1}{0.6632}=-0.5079$$

由式(7-6) 得

$$h=0.6632\frac{\ln(3609/101.325)}{0.3368}=7.034$$

(1) Clapeyron 对比态式

由式(7-5) 得

$$\ln(p^s/3609)=7.034(-0.3417)=-2.4038$$

$$p^s=326.2kPa$$

(2) Antoine 对比态式

$$C=-18+0.19\times409.3=59.77$$

由式(7-25) 得

$$\ln(p^s/101.325)=\frac{(617.20-59.77)(460.0-409.3)}{(617.20-409.3)(460.0-59.77)}\ln\left(\frac{3609}{101.325}\right)=1.214$$

$$p^s=341.0kPa$$

(3) Riedel 式

由式(7-27)、式(7-28) 得

$$\psi_b=-35+\frac{36}{0.6632}+42\ln0.6632-0.6632^6=1.950$$

$$\alpha_c=\frac{0.315\times1.950+\ln(3609/101.325)}{0.0838\times1.950-\ln0.6632}=7.293$$

$$Q=0.0838(3.758-7.293)=-0.2962$$

$$A^+=-35(-0.2962)=10.37$$

$$B^+=-36(-0.2962)=10.66$$

$$C^+=42(-0.2962)+7.293=-5.148$$

$$D^+=0.2962$$

$$\ln(p^s/3609)=10.37-\frac{10.66}{0.7453}-5.148\ln0.7453+0.2962\times0.7453^6=-2.376$$

$$p_s=335.3kPa$$

(4) Vetere 的修正 Riedel 式

由式(7-27)、式(7-28a) 和式(7-29) 得

$$K=0.066+0.0027\times7.034=0.08499$$

$$\alpha_c=\frac{3.758\times0.08499\times1.950+\ln(3609/101.325)}{0.08499\times1.950-\ln0.6632}=7.278$$

$$Q=0.08499(3.758-7.278)=-0.2992$$
$$A^{+}=-35(-0.2992)=10.47$$
$$B^{+}=-36(-0.2992)=10.77$$
$$C^{+}=42(-0.2992)+7.278=-5.288$$
$$D^{+}=0.2992$$

$$\ln(p^{s}/3609)=10.47-\frac{10.77}{0.7453}-5.288\ln 0.7453+0.2992\times 0.7453^{6}=-2.374$$

$$p^{s}=335.9\text{kPa}$$

(5) Riedel-Plank-Miller 式

由式(7-31)、式(7-32) 得

$$G=0.4835+0.4605\times 7.034=3.723$$

$$k=\frac{\frac{7.034}{3.723}-(1+0.6632)}{(3+0.6632)\times 0.3368^{2}}=0.5446$$

$$\ln(p^{s}/3609)=-\frac{3.723}{0.7453}[1-0.7453^{2}+0.5446(3+0.7453)(1-0.7453)^{3}]=-2.388$$

$$p^{s}=331.1\text{kPa}$$

(6) Gomez-Thodos 式

由式(7-33)、式(7-34) 和式(7-35) 得

$$a=\frac{-0.5079}{0.6632^{7}-1}=0.5383$$

$$\beta=-4.26700-\frac{221.79}{7.034^{2.5}\exp(0.0384\times 7.034^{2.5})}+\frac{3.8126}{\exp\left(\frac{2272.44}{7.034^{3}}\right)}=-4.272$$

$$m=0.78425\exp(0.089315\times 7.034)-\frac{8.5217}{\exp(0.74826\times 7.034)}=1.426$$

$$b=\frac{1-\frac{1}{0.6632^{1.426}}}{0.6632^{7}-1}=0.8437$$

$$\gamma=0.5383\times 7.034+0.8437\times(-4.272)=0.1817$$

$$\ln(p^{s}/3609)=-4.272\left(\frac{1}{0.7453^{1.426}}-1\right)+0.1817(0.7453^{7}-1)=-2.383$$

$$p^{s}=333.1\text{kPa}$$

(7) Ambrose 和 Walton 式

由式(7-36) 得

$$\tau=1-0.7453=0.2547$$

$$f^{(0)}=(-5.9716\times 0.2547+1.29874\times 0.2547^{1.5}-0.60394\times 0.2547^{2.5}-1.06841\times 0.2547^{5})\times 0.7453^{-1}=-1.8448$$

$$f^{(1)}=(-5.03365\times 0.2547+1.11505\times 0.2547^{1.5}-5.41217\times 0.2547^{2.5}-7.46628\times 0.2547^{5})\times 0.7453^{-1}=-1.7764$$

$$f^{(2)}=(-0.64771\times 0.2547+2.41539\times 0.2547^{1.5}-4.26979\times 0.2547^{2.5}+3.25259\times 0.2547^{5})\times 0.7453^{-1}=0.01235$$

$$\ln p_{r}^{s}=-1.8448+0.299\times(-1.7764)+0.299^{2}\times 0.01235=-2.3749$$

$$p_{r}^{s}=0.09303$$

$$p^{s}=335.7\text{kPa}$$

(8) CSGC-PR 式

乙苯有基团：1 个$—CH_3$，1 个$(—CH_2—)_{AC}$，1 个$(\rangle C=)_A$，5 个$(—CH=)_A$。由表 7-5 查得

$$\sum\Delta T_i=(140.86+174.00+115.77+5\times83.68)\times10^{-4}=0.084903$$

$$\sum\Delta p_i=(104.75+100.97+1.09+5\times43.80)\times10^{-3}=0.42581$$

由式(7-38) 及表 7-6 得

$$T_c^*=409.3(0.5782585+1.061273\times0.084903-1.1778714\times0.084903^2-0.4998375\times0.084903^3)^{-1}=620.56\text{K}$$

$$p_c^*=101.325(\ln409.3)(0.04564342+0.3046466\times0.42581-0.0652039\times0.42581^2-0.04390779\times0.42581^3)^{-1}=3805.2\text{kPa}$$

以上 T_c^* 和 p_c^* 并不很贴近 T_c 和 p_c 的实验值，但通过它可计算 p^s，在估算其他物性时，所用 CSGC 法也有如此特点。

$$T_r^*=460.0/620.56=0.7413$$

$$T_{br}^*=409.3/620.56=0.6596$$

由式(7-38) 得

$$\psi_b=-35+\frac{36}{0.6596}+42\ln0.6596-0.6596^6=2.020$$

$$\alpha_c=\frac{0.315\times2.020+\ln\left(\dfrac{3805.2}{101.325}\right)}{0.0838\times2.020-\ln0.6596}=7.280$$

$$Q=0.0838(3.758-7.280)=-0.2952$$

$$A=-35\times0.2952=10.33$$

$$B=-36\times0.2952=10.63$$

$$C=42\times(-0.2952)+7.280=-5.116$$

$$D=0.2952$$

最后，由式(7-37) 得

$$\ln(p^s/3805)=10.33-\frac{10.63}{0.7413}-5.116\ln0.7413+0.2952\times0.7413^6=-2.423$$

$$p^s=337.3\text{kPa}$$

以上各种估算方法除 Clapeyron 对比态式误差较大外，其他各种方法都适用于乙苯 p^s 的估算，误差都在 2%以内，有的还在 1%以内。当估算极性化合物时，误差可能增大。误差最小的是 CSGC-PR 法，它的另一重要优点是不需要临界数据，原则上可用于估算缺乏临界数据的复杂一些的化合物。

7.6 纯气体黏度的估算

在化工计算或设计中，不管是流体力学，还是传热传质，或者反应工程，黏度数据都是必不可少的基础数据。与液体黏度相反，气体黏度（η_G）测定难度极大，至今只有 200 种左右的物质具有实验值，因此估算方法具有特殊的重要性。

η_G 的关联式很多，大都是经验性的，例如：

$$\eta_G=A_0+A_1T \tag{7-39a}$$

$$\eta_G = A_0 + A_1 T + A_2 T^2 \tag{7-39b}$$

$$\eta_G = A_0 + A_1 T + A_2 T^2 + A_3 T^3 \tag{7-39c}$$

$$\eta_G = a T^n \tag{7-40}$$

$$\eta_G = \frac{K T^{3/2}}{T+S} \tag{7-41a}$$

$$\eta_G = \frac{K T^n}{1+\frac{S}{T}} \tag{7-41b}$$

$$\ln\eta_G = A_0 + B_0 \ln T + \frac{B_1}{T} + \frac{B_2}{T^2} \tag{7-42}$$

在这些关联式中，式(7-39) 是多项式，式(7-41a) 中的 S 是著名的 Sutherland 系数，目前常与 K 一起回归求得。这些关联式中关联系数为 2～4 个，若实验温度范围小，可用二参数关联式；若温度范围大，可用四参数关联式。

7.6.1 势能函数法计算

气体分子间的作用力研究比较充分，因而可以利用势能函数进行理论计算。气体黏度是由运动中不同分子层间分子碰撞并交换动能而产生的，按无分子间作用的硬球碰撞可导出关系式

$$\eta_G = 2.6695\times10^{-6}\frac{(MT)^{1/2}}{\sigma^2} \tag{7-43}$$

式中，M 为相对摩尔质量；σ 为硬球直径，单位为 0.1nm；η_G 的单位为 Pa · s。对于常压或低压气体，按经典力学并只考虑弹性碰撞，分子按质点计，可得

$$\eta_G = 2.6695\times10^{-6}\frac{(MT)^{1/2}}{\sigma^2\Omega_v}f_\eta \tag{7-44}$$

式中，Ω_v 反映分子间作用力，称为碰撞积分。若能在理论上严格计算，就可以从微观上直接计算 η_G，但分子间作用力在理论计算上有困难，在使用上只能依靠一些半理论半经验的势能函数模型，其中最常用的是 Lennard-Jones 12-6 模型，其关系式为

$$\varepsilon_{(r)} = 4\varepsilon\left[\left(\frac{\sigma}{r}\right)^{12} - \left(\frac{\sigma}{r}\right)^{6}\right] \tag{7-45}$$

式中，ε 和 σ 是物质的势能参数，目前只能用物质的气体黏度或 p-V-T 数据关联求出。有了 ε 和 σ 后，原来只能由数据表求 Ω_v，需要内插，很不方便。为计算机使用方便，在 $0.3<T^*\leqslant 100$ 范围内：

$$\Omega_v = \frac{1.16145}{T^{*B}} + \frac{0.52487}{\exp(0.77320T^*)} + \frac{2.16178}{\exp(2.43787T^*)} \tag{7-46}$$

$$T^* = kT/\varepsilon \tag{7-47}$$

式中，$B=0.14874$；k 是 Boltzman 常数。在式(7-44) 中，f_η 是校正碰撞的非弹性的函数。f_η 值与 T^* 的关系见表 7-7。从表中可见，f_η 与 1 相差不大，因此，如果忽略 f_η 也不致产生较大的误差。

表 7-7 修正项 f_η 值

T^*	0.30	0.50	0.75	1.00	1.25	1.5	2.0	2.5
f_η	1.0014	1.0002	1.0000	1.0000	1.0001	1.0004	1.0014	1.0025
T^*	3.0	4.0	5.0	10.0	50.0	100.0	400.0	
f_η	1.0034	1.0049	1.0058	1.0075	1.0079	1.0080	1.0080	

使用本法计算，离不开 σ 和 ε/k 值。已有这两个参数的物质仅几百种，常常不得不使用临界参数估算 σ 和 ε/k，这是因为临界参数值多于 σ 和 ε/k 值，而其估算方法也可靠得多。也可以把临界参数直接引入计算式：

$$\eta_G = 3.33\times10^{-6}\frac{(MT_c)^{1/2}}{V_c^{2/3}}\phi \tag{7-48}$$

或

$$\eta_G = 0.423\times10^{-6}\frac{M^{1/2}(p_c/0.101325)^{2/3}}{T_c^{1/6}}\phi \tag{7-49}$$

式中，V_c 的单位为 $cm^3\cdot mol^{-1}$；T_c 为 K；p_c 为 MPa。可从手册或文献中查表，由 T^* 得 ϕ，在 $T^*=10\sim400$ 范围内，也可由下式求出：

$$\phi = 0.878T^{*0.645} \tag{7-50}$$

由于 Lennard-Jones 模型原则上只限于非极性流体，在处理极性流体时，可略作修正：

$$\Omega_{v(s)} = \Omega_v + \frac{0.2\delta^2}{T^*} \tag{7-51}$$

$$\delta = \frac{\mu^2}{2\varepsilon\sigma^3} \tag{7-52}$$

式中，μ 是偶极矩（Debye）；ε 和 σ 是 Stockmayer 势能函数；δ 反映极性影响，按一般 Lennard-Jones 12-6 参数计算的 Ω_v 加入 δ，即得按 Stockmayer 修正的 $\Omega_{v(s)}$。由于可供使用的 Stockmayer 参数值极少，在实际中还是使用近似式：

$$\sigma = \left(\frac{1.585V_b}{1+1.3\delta^2}\right)^{1/3} \tag{7-53a}$$

$$\varepsilon/k = 1.18(1+1.3\delta^2)T_b \tag{7-53b}$$

$$\delta = \frac{1940\mu^2}{V_bT_b} \tag{7-53c}$$

式中，T_b 和 V_b 分别为沸点（K）和沸点下的摩尔体积（$cm^3\cdot mol^{-1}$）；μ 的单位为 D（德拜）；δ 是无量纲的。上述方法需要 V_b 值，但 V_b 极少有实测值，只能再引入一个估算方法。因此，这不是一个方便的方法。

对极性气体，还可改用下式：

$$\eta_G = 4.0785\times10^{-6}\frac{F_c(MT)^{1/2}}{V_c^{2/3}\Omega_v} \tag{7-54}$$

$$F_c = 1-0.2756\omega+0.059035\mu_r^4+K \tag{7-55}$$

$$\mu_r = 131.3\frac{\mu}{V_c^{1/2}T_c^{1/2}} \tag{7-56}$$

Ω_v 仍用式(7-46) 计算，其中 T^* 为

$$T^* = 1.2593T_r \tag{7-57}$$

以上式中，μ 的单位为 D；V_c 为 $cm^3\cdot mol^{-1}$；T_c 为 K；μ_r 是无量纲的；K 为含氢键化合物专用的校正项，例如甲醇为 0.2152，乙醇为 0.1748，乙酸为 0.09155，水为 0.07591。

由势能函数出发，有时结合临界参数或第三参数、第四参数计算 η_G 有实用意义，也有理论意义。p-V-T 关系的实验测定比 η_G 的实验测定容易得多，通过气体 p-V-T 测定，并由此求出 Lennard-Jones 12-6 参数（σ 和 ε/k），并进一步可求 η_G，得出一个热力学测定代替传递性质测定的途径，也说明分子热力学比传统的化工热力学有更深入的研究及更大的使用范围。

7.6.2　对比态法估算

低压气体黏度可以用 T_r、p_r 来表达，例如在 Lucas 法中：

$$\eta_G\xi=[0.807T_r^{0.618}-0.357\exp(-0.449T_r)+0.340\exp(-4.058T_r)+0.018]F_P^0F_Q^0 \tag{7-58}$$

$$\xi=0.03792\times10^7\left(\frac{T_c}{M^3p_c^4}\right)^{1/6} \tag{7-59}$$

式中，ξ 的单位是黏度单位的倒数 $(Pa\cdot s)^{-1}$，因此 $\eta_G\xi$ 是无单位的；F_P^0 和 F_Q^0 分别为极性校正和量子校正，前者以对比偶极矩 μ_r 为参照：

$$\mu_r=524.6\frac{\mu^2p_c}{T_c^2} \tag{7-60}$$

式中，μ 的单位为 D；p_c 的单位为 MPa；T_c 的单位为 K。

$$F_P^0=1 \qquad (0\leqslant\mu_r<0.022) \tag{7-61a}$$

$$F_P^0=1+30.55(0.292-Z_c)^{1.72} \qquad (0.022\leqslant\mu_r<0.075) \tag{7-61b}$$

$$F_P^0=1+30.55(0.292-Z_c)^{1.72}\times|0.96+0.1(T_r-0.7)| \qquad (0.075\leqslant\mu_r) \tag{7-61c}$$

式中，Z_c 是临界压缩因子。F_Q^0 只用于量子气体：

$$F_Q^0=1.22Q^{0.15}|1+0.00385[(T_r-12)^2]^{1/M}\mathrm{sign}(T_r-12)| \tag{7-62}$$

$$\mathrm{sign}(T_r-12)=\begin{cases}1 & T_r-12>0\\-1 & T_r-12<0\end{cases}$$

不同量子气体有不同的 M（相对摩尔质量）值，并取不同的 Q 值，即 He 为 1.38，H_2 为 0.76，D_2 为 0.52。

Thodos 法按物质的极性及氢键选择不同的方程。对于非极性分子：

$$\eta_G\xi_T=4.610T_r^{0.618}-2.04\exp(-0.449T_r)+1.94\exp(-4.058T_r)+0.1 \tag{7-63a}$$

对于氢键型极性分子（$T_r<2.0$）：

$$\eta_G\xi_T=(0.755T_r-0.055)Z_c^{-1.25} \tag{7-63b}$$

对于非氢键极性分子（$T_r<2.5$）：

$$\eta_G\xi_T=(1.90T_r-0.29)^{0.8}Z_c^{-2/3} \tag{7-63c}$$

$$\xi_T=0.2173\times10^7\left(\frac{T_c}{M^3p_c^4}\right)^{1/6} \tag{7-64}$$

式中，T_c 的单位为 K；p_c 的单位为 MPa；Z_c 为临界压缩因子；M 为相对摩尔质量；ξ_T 的单位为 $Pa^{-1}\cdot s^{-1}$。使用本法有温度范围的限制，且不适用于 H_2、He、卤族气体及强缔合气体。

【例 7-3】 估算 $CHClF_2$ 在 50℃、常压下的 η_G，实验值为 $134\times10^{-7}Pa\cdot s$。已知该化合物的 $M=86.469$，$T_c=369.38K$，$p_c=5.00MPa$，$V_c=166cm^3\cdot mol^{-1}$，$Z_c=0.270$，$\omega=0.215$，$\mu=1.4D$。Lennard-Jones 12-6 参数为 $\sigma=0.4803nm$，$\varepsilon/k=297.2K$。

解： $T_r=323.15/369.38=0.8750$

(1) 势能函数法

由式(7-47) 和式(7-46) 得

$$T^*=323.15/297.2=1.0873$$

$$\Omega_v=\frac{1.16145}{1.0873^{0.14874}}+\frac{0.52487}{\exp(0.77320\times1.0873)}+\frac{2.16178}{\exp(2.43787\times1.0873)}$$
$$=1.5261$$

再由式(7-44) 得

$$\eta_G=2.6695\times10^{-6}\frac{(86.469\times323.15)^{1/2}}{4.803^2\times1.5261}\times1.000=126.75\times10^{-7}\text{Pa}\cdot\text{s}$$

以上式中，f_η 是由表 7-7 查得的。

若按极性气体修正，用式(7-47)、(7-56)、(7-55)，得

$$T^*=1.2593\times0.8750=1.1019$$

$$\mu_r=131.3\frac{1.4}{166^{0.5}\times369.38^{0.5}}=0.7423$$

$$F_c=1-0.2756\times0.215+0.059035\times0.7423^4+0=0.9588$$

仍用式(7-46)得

$$\Omega_v=\frac{1.16145}{1.1019^{0.14874}}+\frac{0.52487}{\exp(0.77320\times1.1019)}+\frac{2.16178}{\exp(2.43787\times1.1019)}$$
$$=1.5160$$

再由式(7-54)得

$$\eta_G=4.0785\times10^{-6}\frac{(86.469\times369.38)^{1/2}\times0.9588}{166^{2/3}\times1.5160}=142.75\times10^{-7}\text{Pa}\cdot\text{s}$$

(2) Lucas 法

由式(7-60)和式(7-59)得

$$\mu_r=524.6\frac{1.4^2\times5.0}{369.38^2}=0.03768$$

$$\xi=0.03792\times10^7\left(\frac{369.38}{86.469^3\times5.0^4}\right)^{1/6}=3.734\times10^4$$

再由式(7-61b)得

$$F_P^0=1+30.55(0.292-0.27)^{1.72}=1.0431$$

由式(7-58)得

$$\eta_G\times3.734\times10^4=[0.807\times0.8750^{0.618}-0.357\exp(-0.449\times0.8750)+$$
$$0.340\exp(-4.058\times0.8750)+0.018]\times1.0431\times1=0.5339$$

$$\eta_G=142.98\times10^{-7}\text{Pa}\cdot\text{s}$$

(3) Thodos 法

由式(7-64)得

$$\xi_T=0.2173\times10^7\left(\frac{369.38}{86.469^3\times5.0^4}\right)^{1/6}=21.407\times10^4$$

对非氢键型极性分子，由式(7-63c)得

$$\eta_G\xi_T=(1.90\times0.875-0.29)^{0.8}\times0.27^{-2/3}=3.084$$

$$\eta_G=144.06\times10^{-7}\text{Pa}\cdot\text{s}$$

总的说，上例估算误差较大，但这对于传递性质的估算是常见的。虽然一般认为 Lennard-Jones 模型用于极性化合物不太好，但实际上也不是绝对不能用，一些校正极性的方法未必有好的效果。

也有人把 T_r 与基团作为参数估算 η_G，由于基团划分很粗，总的效果不佳。该法用于估算 $CHClF_2$ 时，由于未考虑 F、Cl 原子间的强烈作用，效果很差。

本章小结

1. 化工数据是化工热力学的一个重要分支，在化工计算中占有重要地位。化工数据的估算是化工数据的重要组成部分，在许多化工计算中必不可少，但要注意其可靠性显然不及实验值，因此只是一种“补救”的办法。

2. 对比态法在化工热力学中占有重要地位，也是化工数据估算方法中主流方法之一。该法从两参数法开始，发展为三参数法、四参数法等，其中三参数法最为重要。对比态法具有形式简单、误差不大、适于计算机使用等优点，但过分依赖于临界参数。

3. 基团贡献法（简称基团法）是另一类主要估算方法，具有更大的通用性，误差也小，但较难用计算机计算，用于混合物时也有困难。

4. 有一些化工数据项的实用估算方法只是基团法，例如临界参数、生成热及汽液平衡关系；而另一些化工数据项主要选用对比态法，例如气体黏度和剩余焓；而有更多的化工数据项可选用这两类方法，且都很重要，例如蒸气压和蒸发焓等。总的说，新发表的方法绝大部分是基团法。

5. 使用化工数据要一查（查找实验数据）、二审（从不同实验数据中选用最可靠的）、三算（选择良好的关联方程进行内插计算）、四选（选择适当的估算方法进行估算）。若通过了前一步可免去后几步，例如已有可靠的实验值就不必进行估算了。

习　题

7-1　总结对比态法和基团法这两种估算方法，说明各自的优缺点。

7-2　纯物质蒸气压是温度的函数，它也是压力的函数吗？

7-3　比较各类估算 η_G 的方法，讨论各自特点。

7-4　总结气体热容 C_{pG} 分别与温度、压力的函数关系（计算式）。这是化工热力学的内容，也是化工数据的内容。

7-5　估算甲苯的临界性质，其 $T_b=383.8\text{K}$。临界参数实验值为 $T_c=591.75\text{K}$，$p_c=4.108\text{MPa}$，$V_c=316\text{cm}^3\cdot\text{mol}^{-1}$。

7-6　估算甲苯在 560.0K 下的蒸气压，实验值为 2768kPa。已知其 $M=92.141$，$T_b=383.8\text{K}$，$T_c=591.75\text{K}$，$p_c=4.108\text{MPa}$，$V_c=316\text{cm}^3\cdot\text{mol}^{-1}$，$Z_c=0.264$，$\omega=0.264$。

7-7　估算甲苯在 298.15K 下的 η_G，实验值为 $71.22\times10^{-7}\text{Pa}\cdot\text{s}$。

第 8 章　环境热力学

随着环境问题的突现，各个学科都自觉或不自觉地在加强与环境的联系。

在众多环境问题中，化学品对环境的影响是最复杂的，其难度在于：①环境问题中化学品品种多，其中一部分是由化工生产所引发的，还有一大部分是自然界或其他行业所引发的，例如冶金、发电、食品等工业中所产生的污染物。②化学品在环境中分布十分复杂，可能挥发进入大气，也可能溶于各种水体，或进入各种废渣或泥土，甚至进入食物链以至人体；又可能由于化学反应而在大气、水体或固体中的分布发生变化。③化学品污染物可能是大量集中排放的，例如燃煤发电产生的 SO_2；也可能是分散排放而总量很大的，例如汽车尾气排放；更多的小量分散排放，其量不大，但可能是对人体极其有害的，例如一些精细化学品生产中的排放物。④环境中化学品的产生、分布、消除过程涉及化学、化工、能源、生物、环保等多个理工类学科，甚至也包括人文学科。

化学品的污染是严重的科学和社会问题，众多化学品已进入大气、河流、湖泊、土壤，甚至动物、植物、食物中，不可避免地影响人们的生活和健康，引发严重问题，甚至危及生命。显然，环境化工应该包括化学品在环境中形成、分布及其治理。

环境化工是涉及环境的化工问题，它包括化工生产中的环境问题，其中最主要的是废气、废液、固体废弃物中化学品的含量，以氯乙烯单体生产为例，要严格控制尾气中氯乙烯含量，要使用多种化工技术，使这种强致癌物质含量降到 1×10^{-6} 以下。环境化工也包括把化工方法或技术应用于其他生产或生活中的环境治理，这样的过程，已不在化工厂内进行。例如，各种锅炉的烟气是遍及城乡的，而形成的污染是严重的，其治理方法有物理的或化学的，后者主要是碱性溶液的化学吸收，物理的或化学的方法都属于化工范围。又例如，汽车尾气治理是在汽车中进行的，所用的是催化技术，也是一个在化工厂外使用的化工技术。

在环境化工中，有许多科学规律需要研究，其中包括一系列的热力学问题，可称为“环境热力学”。

8.1　环境热力学与一般化工热力学的异同

环境热力学并不制定新的热力学规律，只是把化学品在环境中的分布用热力学规律进行讨论，与一般化工热力学相比有如下特点。

① 相平衡是化工热力学中的核心问题之一，也是环境热力学中的重点问题，因为它涉及废气、废液、废渣的组成及污染物在不同相之间的转移。与之相反，在化工热力学中很重要的能量平衡及利用和化学平衡问题，在环境热力学中不占重要地位。

② 化学工业中可能有几万或更多的化合物进入三废，其他一些工业（电厂锅炉、能源、食品制造等）也还有一大批化合物进入三废或环境。环境热力学与一般化工热力学一样，也有化合物品种特别多的特点。

③ 对环境有害的化合物中，有一批小分子化合物，例如氢氰酸、光气、氯乙烯等，但更多的有害化合物是结构复杂的化合物，其中有许多是芳烃类化合物，例如苯并芘。这些化合物大都在常压沸点前即已分解，因此不存在常压沸点，更无法测定临界参数。由此可知，一般化工热力学的对比态法及状态方程法都无法使用，也就是传统的化工热力学中的许多计算方法无

法使用。

④ 由于进入三废或环境的化合物众多，所需要的蒸气压、各相浓度分布等数据量也极多。虽已有许多实验测定数据，并已有多个专用大型实验数据库，但还远不能满足各种环境分析、环境评价、环境治理、风险评价等的需要，估算方法仍是很重要的。在这些方法中，基团贡献法是最重要的，在许多情况下，是唯一可使用的方法。由于许多污染物结构复杂，活性基团多，它们间的相互作用常对物性有较大影响，因此，对结构复杂的化合物，发展了一些修正的、有时是专用的基团法。

⑤ 一般的化工热力学涉及很大的温度、压力范围以适应各种化学工艺的需要，而环境热力学限于常压，大都也限于常温附近。

⑥ 绝大多数有害物质在空气或水中的浓度极低，因此环境热力学的数据测定难度大，可靠性差，相应的计算方法及估算方法的可靠性也差，远不能满足化工热力学中的要求。

⑦ 环境中要涉及一些结构不明的物质，例如土壤，环境热力学也需要面对，为此发展出一些专用的方法，例如在测定污染物分布时使用包括土壤的有机碳法。

8.2 辛醇/水分配系数

8.2.1 定义和应用

辛醇/水分配系数常用 K_{ow} 表示，有时也用 $K_{i,ow}$ 或 P_i 表示，其定义为

$$K_{ow}=\frac{i\text{ 组元在辛醇相中的浓度}}{i\text{ 组元在水相中的浓度}}=\frac{c_{oi}}{c_{wi}} \tag{8-1}$$

它主要应用于与环境有关的领域内，溶解度不大，因此规定溶质浓度小于 $0.01\text{mol}\cdot\text{L}^{-1}$，测定在室温（25℃±5℃）下进行，在此范围内温度和浓度对 K_{ow} 的影响都不大，故常把 K_{ow} 视为常数，虽然从热力学上看是不严格的。

按热力学关系：

$$\gamma_{oi}x_{oi}=\gamma_{wi}x_{wi} \tag{8-2}$$

式中，γ 是活度系数；下标“o”表示辛醇相；下标“w”表示水相。在很稀的溶液中：

$$x_{oi}=\frac{n_{oi}}{n_o}=c_{oi}V_{om} \tag{8-3}$$

式中，V_{om} 是辛醇层的摩尔体积，单位为 $\text{L}\cdot\text{mol}^{-1}$。相似的有：

$$x_{wi}=c_{wi}V_{wm} \tag{8-4}$$

式中，V_{wm} 是水层的摩尔体积。由此得

$$\gamma_{oi}c_{oi}V_{om}=\gamma_{wi}c_{wi}V_{wm} \tag{8-5}$$

$$K_{ow}=\frac{\gamma_{wi}}{\gamma_{oi}}\times\frac{V_{wm}}{V_{om}} \tag{8-6}$$

混合物的摩尔体积应该由偏摩尔体积求得，但是把条件限制在25℃及极稀溶液，$V_{om}=0.120\text{L}\cdot\text{mol}^{-1}$，$V_{wm}=0.018\text{L}\cdot\text{mol}^{-1}$，$V_{wm}/V_{om}\approx0.15$，得

$$K_{ow}\approx0.15\frac{\gamma_{wi}}{\gamma_{oi}} \tag{8-7}$$

对于大多数有机物，可认为与辛醇性质有若干相近之处，因此与辛醇组成的溶液 γ_{oi} 值变化范围有限，大致在1～10之间，而有机物与水均组成强非理想溶液，γ_{wi} 值变化范围大得多，大致在 $10^{-1}\sim10^{11}$ 之间。由此可知，K_{ow} 主要决定于 γ_{wi}，也就是说 K_{ow} 粗略地正比于 γ_{wi}，或者说 K_{ow} 可用来估算有机物的水溶性。从另一角度考虑，在式(8-1)中，c_{oi} 的变化范围小，大致为 $0.2\sim2\text{mol}\cdot\text{L}^{-1}$，而 c_{wi} 的变化范围大得多，这也表明 K_{ow} 主要决定于化学

品水溶性。因为 K_{ow} 与水溶性密切相关，所以可用来表示有机化合物的亲水性。当 $K_{ow}<10$ 时，常被认为是亲水的；当 $K_{ow}>10^4$ 时，可认为是疏水的。K_{ow} 还可表示其他特性，例如可用于估计土壤/沉积物质吸附，反映有机物结构与活性的关系，并应用于药物的研究。

K_{ow} 是温度的函数，但温度效应不大，温度系数可正可负，由于主要用于环境方面，通常只研究室温下的 K_{ow}。

求取 K_{ow} 不能简单地由该化合物分别在辛醇和水中二元溶解度的比值求得。最简单的 K_{ow} 的测定方法是把物质加入辛醇和水的分层液体中，经长时间摇动达平衡后，经沉降或离心分离成为两相，分别分析两相的组成，这种方法常被称为"摇瓶法"。本法仅限于 $K_{ow}<10^5$ 的化合物，原因是疏水性更强的化合物在水相中溶解度太低，难以准确测定，即使采用很小的辛醇/水体积比也难以解决。为此，对强疏水性化合物，通常采用"产生柱"法，即使用装有固体的小柱。简单地说，该法就是将大体积的已用辛醇饱和的水通过一个小柱子，柱中装有待测化合物辛醇溶液（典型的约 10mL）的惰性材料。当水通过柱子时，化合物在不互溶的辛醇溶液和缓慢流动的水之间建立平衡。通过收集柱中流出的大量水溶液，并用固体吸附剂小柱富集流出液中的化合物，可以使水中的痕量化合物富集到足够准确测定的量。通过与萃取所用水的体积进行换算及测定化合物在辛醇中的浓度，最终可算出 K_{ow} 值。

一般情况下，当 K_{ow} 值在 10^6 以下时，实验数据通常是准确的，对疏水性更强的化合物，测定难度大，准确性差，因此，不同作者所提供的高疏水性化合物的 K_{ow} 值之间常存在一个数量级以上的差异。也有人认为，$10^5 \geqslant K_{ow} \geqslant 10^8$ 之间的数据，只在 1982 年以后的才是较准确的，同一化合物文献中的 K_{ow} 值可相差 $10^{0.4} \sim 10^{3.5}$。例如，已公布的 DDT 的 K_{ow} 值在 $10^{3.98} \sim 10^{6.36}$ 之间。

由于 K_{ow} 值一般都很大，更常见的是用 $\lg K_{ow}$ 表示此系数，使数据中不出现指数。

8.2.2 估算方法

已有 K_{ow} 数据的化合物虽然很多，并已有几个著名的数据库进行了整理，但涉及环境的化合物更多，估算仍是很必要的，而且要适应分子结构复杂、实验数据可靠性差的难点。K_{ow} 的估算值准确性有限，且常用 $\lg K_{ow}$ 表示。

虽然可用液相色谱数据联系不同类型化合物的 K_{ow} 值，也可用水溶性估算 K_{ow} 值，但通用的方法是基团贡献法。由于所涉及的化合物大都结构复杂，基团间的相互作用难以校正，常把一些组合基团作为一个特殊的基团考虑，例如把 $H_2NCH_2CH_2OH$ 作为一个基团，这样处理大基团的方法被称为"碎片"法。此外，也常把相邻基团间的作用作为二次基团作用进行修正。

Klopman 等的方法是 1994 年提出的，主要关系式是很简单的：

$$\lg K_{ow} = -0.703 + \sum n_i \Delta k_i \tag{8-8}$$

式中基团值见表 8-1，表中最后两项是校正大摩尔质量烃类及一般不饱和烃的。

1995 年提出的 Meylan 和 Howard 法是更典型的碎片基团法：

$$\lg K_{ow} = \sum n_i \Delta f_i + \sum m_j \Delta c_j + 0.229 \tag{8-9}$$

式中，Δf_i 指一般基团值，其中大部分见表 8-2，而 Δc_j 指结构修正值（见表 8-3）。在表 8-2 中，基团按结构重要性排列，若某一化合物有多种基团排列法，应按表中基团的先后顺序安排，例如一个氧基团同时连接 N 和—CO—基，应按—ON—基团处理。本法处理 2351 个化合物时平均误差为 16.1%，若处理 6055 个化合物，平均误差达 31%。与第 7 章的一般物性估算方法相比，误差大得多，这首先与实验数据可靠性太差有关。

表 8-1 Klopman 等方法的 $\lg K_{ow}$ 基团值

基团	Δk_i	基团	Δk_i	基团	Δk_i	基团	Δk_i
$-CH_3$	0.661	$(=CH-)_R$	0.380	$-CHO$	0.009	$-N<$	−0.937
$-CH_2-$	0.415	$(=C<)_R$	0.129	$(-COOH)_{AC}$	0.467	$(-NH-)_R$	−0.160
$>CH-$	0.104	$(-F)_{AC}$	0.468	$-COOH$	−0.263	$(-N<)_R$	−1.027
$>C<$	−0.107	$-F$	0.487	$-COO-$	−0.414	$(-CN)_{AC}$	−0.067
$=CH_2$	0.553	$(-Cl)_{AC}$	0.905	$(-COO-)_{RC}$	−0.874	$-CN$	0.072
$=CH-$	0.315	$-Cl$	0.713	$-CONH_2$	−0.795	$=N-$	0.739
$=C<$	0.470	$(-Br)_{AC}$	1.088	$-CONH-$	−1.006	$(=N-)_R$	−0.034
$=C=$	1.748	$-Br$	1.021	$-CON<$	−1.283	$(-NO_2)_{AC}$	0.220
$CH\equiv C-$	0.262	$(-I)_{AC}$	1.442	$-CON=$	−1.661	$-NO_2$	0.079
$-C\equiv$	0.131	$-I$	1.029	$-CO-$	−0.493	$-SH$	0.875
$(-CH_2-)_R$	0.360	$(-OH)_{伯}$	−0.681	$(-CO-)_R$	−0.187	$-S-$	0.485
$(>CH-)_R$	0.104	$(-OH)_{仲}$	−0.575	$-NO$	−0.469	$(-S-)_R$	0.812
$(>C<)_R$	0.064	$(-OH)_{叔}$	−0.415	$-SO-$	−1.320	$-CS-$	−0.042
		$(-OH)_{AC}$	0.135	$(-NH_2)_{伯}$	−0.894	$-SO_2$	−0.818
		$(-OH)_{其他}$	−0.190	$(-NH_2)_{仲,叔}$	−0.759	$(-SO_2)_R$	−0.984
		$(-O-)_R$	0.103	$(-NH_2)_{AC}$	−0.402	$-P=$ 或 $-P<$	−0.450
		$-O-$	−0.402	$(-NH_2)_{其他}$	0.050		
				$-NH-$	0.021		

校正因子

基团	Δk_i	基团	Δk_i
$HOC=N-$	−1.133	$-C-N(-NH_2)C=N$	0.178
$HOCOC=N-$	−3.578	$HOCOCH_2O-$	0.261
$-NHN=CHX$ (X 不是 $N=$)	0.363	$NH_{2(1)}CH_2CH_2OH$	−0.324
HCOX (X 不是 C)	0.736	$NH_{2(1)}CONNO$	0.704
$NH_{2(1,0)}CONH_{2(1,0)}$	0.510	$-N=CH_{(0)}CH_{(0)}=COH$	−0.494
$OH_{(0)}CONH_{2(1,0)}$	0.652	$NO_2C=CH_{(0)}CH_{(0)}=COH$	0.302
$-CONH_{(0)}CO-$	0.541	$NO_2C=CH_{(0)}CH_{(0)}=CNH_2$	0.185
$-CH_{2(1,0)}NHCH_{2(1,0)}-$	−0.367	$NH_2C=CH_{(0)}CH_{(0)}=CCOOH$ 或 $NH_2C=CH_{(0)}CCOOH$	−0.530
$-CH_{2(1,0)}OCH_{2(1,0)}-$	−0.121	$NH_{2(1)}C=CH_{(0)}-CH_{(0)}=CSO_2NH_{2(1)}$	−0.466
$-N=C(NH_{2(1)})N=$	−0.185	$-CONHC=CH_{(0)}-CH_{(0)}=C-OH$	−0.187
$HOC=CCOOH$	0.419	$CH_3CH_2CH_2CH_2CH_2CH_2-$ (不用于烃)	−0.824
$HOC=CCO$	0.730	$OH(CH_2)_n$—吡啶 $n\geqslant 3$	−0.650
$HOCOCH_{2(1)}NH_{2(1)}$	−1.846	$NH_2(CH_2)_n$—吡啶 $n\geqslant 3$	−0.545
$=NH_{(0)}N=N-N=$ 或 $=NH_{(0)}N=NCH_{(0)}-$ 或 $=NH_{(0)}N=CH_{(0)}N=$	0.326	$NH_2CO(CH_2)_n$—吡啶 $n\geqslant 2$	−0.903
		高碳烷烃碳原子数(包括环烷)	0.095
		不饱和烃	0.872

注：下标 R 表示在环中，AC 表示与芳环相连。

表 8-2 Meylan-Howard 法 $\lg K_{ow}$ 基团值

基团	Δf_i	基团	Δf_i
芳烃原子		**芳烃氮**	
C	0.2940	N(五价型)	−6.6500
O	−0.0423	N(稠环连接点)	−0.0001
S	0.4082	N(五环中)	−0.5262
芳烃氮		N(六环中)	−0.7324
N(氧化物型)	−2.4729		

续表

基　团	Δf_i
脂链中 C	
—CH_3	0.5473
—CH_2—	0.4911
—CH<	0.2676
或 >C< （无氢，3 或 4 碳原子相连）	
C(无氢)	0.9723
不饱和烃	
═C< （接两个芳环）	−0.4186
═CH_2	0.5184
═CH—或═C<	0.3836
≡CH或≡C—	0.1334
羰基或硫羰基	
—CHO(连接脂)	−0.9422
—CHO(连接芳环)	−0.2828
—COOH(连接脂)	−0.6895
—COOH(连接芳环)	−0.1186
—NCOH(═O)N—(尿素型)	1.0453
—NC(═O)O—(氨基甲酸型)	0.1283
—NC(═O)S—(硫代氨基甲酸型)	0.5240
—COO(连接脂)	−0.9505
—COO(连接芳环)	−0.7121
—CON(连接脂)	−0.5236
—CON(连接芳环)	0.1599
—COS—(连接脂)	−1.100
—CO—(非环，连接两个芳环)	−0.6099
—CO—(环，连接两个芳环)	−0.2063
—CO—(芳环，连接烯)	−0.5497
—CO—(连接烯)	−1.2700
—CO—(连接脂)	−1.5586
—CO—(连接单芳环)	−0.8666
NC(═S)N(硫脲型)	1.2905
氰基	
—C≡N (连接硫)	0.3540
—C≡N (连接氮)	0.3731
—C≡NC═N	0.0562
—C═N— (连接脂)	−0.9218
—C≡N (连接芳环)	−0.4530
脂类中氮	
—NO_2(连接脂)	−0.8132
—NO_2(连接芳环)	−0.1823
N(五价单键)	−6.6000
—N═C═S(连接脂)	0.5236
—N═C═S(连接芳环)	1.3369
—NP(连接 P)	−0.4367
—N< (连接两个芳环)	−0.4657
—N< (连接单芳环)	−0.9170
—N(O)(亚硝基，5 价氮)	−1.0000
—N═C(连接脂)	−0.0010
—NH_2(连接脂)	−1.4148
—NH—(连接脂)	−1.4962
—N< (连接脂)	−1.8323
—N(O)(亚硝基)	−0.1299
—N═N(重氮)	0.3541
脂类中氧	
—OH(连接氮)	−0.0427
—OH(连接 P)	0.4750
—OH(连接烯)	−0.8855
—OH(连接羰基)	0.0
—OH(连接脂)	−1.4086
—OH(连接芳环)	0.4802
═O	0.0
—O—(连接两个芳环)	0.2923
—OP(连接芳环)	0.5345
—OP(连接脂)	−0.0162
—ON—(连接氮)	0.2352
—O—(连接羰基)	0.0
—O—(连接单芳环)	−0.4664
—O—(连接脂)	−1.2566
P	
—P═O	−2.4239
—P═S	−0.6587
脂类中硫	
—SO_2N(连接芳环)	−0.2079
—SO_2N(连接脂)	−0.4351
—SOOH	−3.1580
—SO_2O(连接脂)	−0.7250
—S(═O)—(连接单芳环)	−2.1103
—SO_2—(连接单芳环)	−1.9775
—SO_2—(连接两个芳环)	−1.1500
—SO_2—(连接脂)	−2.4292
—S(═O)—(连接脂)	−2.5458
—S—S—	0.5497
—S—(连接单芳环)	0.0535
—S—(连接两个芳环)	0.5335
—SP—	0.6270
—S—(连接两个 N)	1.200
—SC═C═(连接脂)	−0.1000
—S—(连接脂)	−0.4045
═S	0.0
卤	
各类卤(连接 N)	0.0001
—F(连接脂)	−0.0031
—F(连接芳环)	0.2004
—Cl(连接脂)	0.3102
—Cl(连接芳环)	0.6445
—Br(连接脂)	0.3997
—Br(连接芳环)	0.8900
—I(连接脂)	0.8146
—I(连接芳环)	1.1672
硅	
—Si—(连接芳环或氧)	0.6800
—Si—(连接脂)	0.3004

表 8-3 Meylan-Howard 法 $\lg K_{ow}$ 的修正项

芳 烃 修 正	Δc_j
邻位作用	
—COOH/—OH	1.1930
—OH/酯	1.2556
吡啶上邻位氨基	0.6421
芳烃氮邻位烷氧基或烷硫基	0.4549
芳烃双氮(或吡嗪)邻位烷氧基	0.8955
芳烃双氮(或吡嗪)邻位烷硫基	0.5415
芳烃氮邻位上[—C(═O)N]	0.6427
任何基团①/ —NHC(═O)C ,例如 2-甲基-*N*-乙酰苯胺	−0.5634
任何两个基团①/ —NHC(═O)C ,例如 2,6-二甲基乙酰苯胺	−1.1239
任何基团①/ —C(═O)NH ,例如 2-甲基苯甲酰胺	−0.7352
任何两个基团①/ —C(═O)NH ,例如 2,6-二甲基苯甲酰胺	−1.1284
伯、仲、叔胺,包括 —NC(═O) / —C(═O)N	0.6194
邻位或非邻位	
$—NO_2$ 与—OH、—N< 、—N═N—	0.5770
—N—C 与—OH、—N,例如氰酚、氰胺	0.5504
$—NO_2$ 与 —NC(═O) (环型)	0.3994
$—NO_2$ 与 —NC(═O) (非环型)	0.7181
非邻位	
—N< 与—OH,例如 4-氨基酚	−0.3510
—N< 与酯,例如 4-氨基苯甲酸甲酯	0.3953
—OH 与酯	0.6487
其他	
在三氮烯、嘧啶、吡嗪的 2-位上的各种胺(伯、仲、叔),包括 —N—C(═O)	0.8566
在三氮烯、嘧啶的 2-位上的 NC(═O)NS	−0.7500
1,2,3-三烷氧基	−0.7317
其 他 修 正	Δc_j
特殊羰基修正	
脂族酸多于一个	−0.5865
HOCC(═O)CO—	1.7838
—C(═O)—C—C(═O)N	0.9739
—C(═O)NC(═O)NC(═O)—,例如巴比妥酸盐	1.0254
—NC(═O)NC(═O)—,例如尿嘧啶	0.6074
环酯(非烯型)	−1.0577
环酯(烯型)	−0.2969
氨基酸(α-碳型)	−2.0238
二氮尿素/乙酰胺芳烃取代	−0.7203
C(COOH)带芳烃,例如苯基乙酸	−0.3662
二氮脂基取代氨基甲酸酯	0.1984
—NC(═O)CX(X 是卤原子)	0.3263
$—NC(═O)CX_2$(X 是卤原子,两个或三个)	0.6365
CC(═O)NCCOOH	0.4193
CC(═O)NC(COOH)S—	1.5505
(芳基—O 或—C—O)—CC(═O)NH—	0.4874
>C═NOCO	−1.0000

续表

其 他 修 正	Δc_j
环影响	
1,2,3-三唑	0.7525
吡啶环(非稠环)	−0.1621
均三嗪	0.8856
稠脂环(按稠环上连接C原子数计)	−0.3421
醇、醚、氮影响	
多于一个脂类的OH	0.4064
—NC(COH)COH	0.6365
—NCOC	0.5494
HOCHCOCHOH	1.0649
HOCHCOHCHOH	0.5944
—NHNH—	1.1330
>N—N<	0.7306

① 除—OH或氨基外的任何基团。

【例8-1】 估算苄基溴的$\lg K_{ow}$值，实验值为2.92。

解：按Klopman等的方法，苄基溴（$C_6H_5CH_2Br$）有5个$(=CH-)_A$，1个$\left(=C\langle\right)_A$，1个$-CH_2-$，1个—Br。按式(8-8)，并查表8-1得

$$\lg K_{ow}=-0.703+5\times0.380+0.129+0.415+1.021=2.923$$

按Meylan-Howard法，有6个芳烃C，1个脂链中$-CH_2-$，1个脂连接的Br。按式(8-9)，并查表8-2得

$$\lg K_{ow}=0.229+6\times0.2940+0.4911+0.3997=2.8838$$

本例中两个计算方法都有良好结果，但这只是一个稀有的特例。

除了使用一般的基团法外，还可以从结构相似的化合物出发，用增减相应的基团的方法来估算，可用下式表示

$$\lg K_{ow}=\lg K_{ow}(\text{相似化合物})-\sum_i n_i\Delta f_i(\text{移去的碎片})+\sum_j n_j\Delta f_j(\text{增加的碎片})-\sum_k n_k\Delta c_k(\text{移去的校正})+\sum_l n_l\Delta c_l(\text{增加的校正}) \quad (8\text{-}10)$$

下面以实例说明上式的使用。

【例8-2】 从DDT的$\lg K_{ow}$(6.20)估算甲氧氯的K_{ow}，后者也是一种杀虫剂。

解：这两种化合物的结构式分别是

Cl—C₆H₄—CH(CCl₃)—C₆H₄—Cl (DDT)　　CH_3O—C₆H₄—CH(CCl_3)—C₆H₄—OCH_3 (甲氧氯)

它们的结构相似，只要从DDT中除去两个与芳烃相邻的Cl，加上两个$-CH_3$及两个单芳环连接的—O—基团。用Meylan-Howard法，由表8-2得

$$\lg K_{ow}=6.20-2\times0.6445+2\times0.5473+2\times(-0.4664)=5.0728$$

实验值为5.08。这又是一个很好的结果，但这是基于取DDT的$\lg K_{ow}$为6.20，而前面已提

到不同测定者取DDT的$\lg K_{ow}$差别是很大的。因此在选择相似化合物时，应该尽可能选用其K_{ow}是无争议的化合物。

这一类估算方法是基团法的一个特例或发展，不但在估算有关环境的物性时可用，在一般的物性计算中，也常常是很有效的。

8.3 有机溶剂/水分配系数

有关K_{ow}的概念还可以推广到其他有机溶剂/水分配系数（K_{lw}）：

$$K_{lw}=\frac{c_{li}}{c_{wi}} \tag{8-11}$$

相似于式(8-6)，有

$$K_{lw}=\frac{\gamma_{wi}}{\gamma_{li}}\times\frac{V_{wm}}{V_{lm}} \tag{8-12}$$

式中，下标“w”指水；下标“l”指有机溶剂。V_{wm}仍可用纯水摩尔体积（$18cm^3 \cdot mol^{-1}$）近似代替，而对非极性或弱极性有机溶剂，也可用无水溶剂的摩尔体积代替V_{lm}。在式(8-12)中，决定K_{lw}值的主要是两个活度系数之比。在不同溶剂中一些化合物的$\lg K_{lw}$值见表8-4。表中溶剂的极性有很大差异，但每个化合物在不同溶剂中K_{lw}值相差不大，特别是对非极性化合物（表中正辛烷、甲苯）更是这样，若有某化合物在一种有机溶剂中的K_{lw}值，则可估计该化合物在其他溶剂/水系统中的K_{lw}值，在数量级上大致可靠。

表8-4 25℃时一些化合物在不同有机溶剂中的$\lg K_{lw}$值

化合物	正己烷	甲苯	乙醚	$CHCl_3$	1-辛醇
正辛烷	6.08	5.98	6.03	6.01	5.53
氯苯	2.91			3.40	2.78
甲苯	2.83		3.07	3.43	2.66
吡啶	−0.21	0.29	0.08	1.43	0.65
丙酮	−0.92	−0.31	−0.21	0.72	−0.24
苯胺	0.01	0.78	0.85	1.23	0.90
1-己醇	0.45	1.29	1.80	1.69	2.03
苯酚	−0.89	0.12	1.58	0.37	1.49
己酸	−0.14	0.48	1.78	0.71	1.95

由于K_{ow}数据比较齐全，因此也试图从K_{ow}求取K_{lw}，并提出：

$$\lg K_{ilw}=a\lg K_{iow}+b \tag{8-13a}$$

同类化合物可取相同的a、b，因而有一定的外推功能。上式还可推广为任意化合物在两类有机溶剂与水中的溶解度关系：

$$\lg K_{ilw}=a\lg K_{izw}+b \tag{8-13b}$$

虽也有一定规律可循，但实用上还是式(8-13a)更重要。

用活度系数表达组元i在两相（1和2）中的相平衡，由化学势相等得

$$\mu_{i1}=\mu_{iL}+RT\ln x_{i1}+RT\ln\gamma_{i1}$$

$$\mu_{i2}=\mu_{iL}+RT\ln x_{i2}+RT\ln\gamma_{i2}$$

$$\ln K'_{i,12}=\ln\frac{x_{i1}}{x_{i2}}=-\frac{(RT\ln\gamma_{i1}-RT\ln\gamma_{i2})}{RT} \tag{8-14a}$$

或 $$K'_{i,12}=\exp\left[\frac{-(RT\ln\gamma_{i1}-RT\ln\gamma_{i2})}{RT}\right]=\exp\left(\frac{-\Delta G_{i,12}}{RT}\right) \tag{8-14b}$$

式中，$K'_{i,12}$ 是用摩尔浓度表达的相平衡比，在化工热力学中，这种表达方式能简单地给出浓度与活度系数的关系，也便于用 γ-x 关系式进行计算。在环境化工中，更常用的是以单位溶液摩尔体积表达的浓度 c_i。

$$c_i=\frac{x_i}{V_{i\mathrm{m}}}$$

再用纯化合物体积代替溶液体积，可得到用溶液浓度表达的相平衡比。

$$\ln K_{i,12}=\ln\frac{c_{i1}}{c_{i2}}=-\ln\frac{V_1}{V_2}-\frac{RT\ln\gamma_{i1}-RT\ln\gamma_{i2}}{RT} \tag{8-15}$$

在不同温度下 $K_{i,12}$ 有所变化，计算其变化时，需要化合物在两相间转移时的相转移热 $\Delta_{12}H_i$：

$$\frac{\mathrm{d}\ln K_{i,12}}{\mathrm{d}T}=\frac{\Delta_{12}H_i}{RT^2} \tag{8-16}$$

由于 $\Delta_{12}H_i$ 是难于测量的，只能在不同温度下测量 $K_{i,12}$，并进行相应的回归。在环境问题中，温度间隔不大，可认为 $\Delta_{12}H_i$ 不变化，积分上式，得

$$\ln K_{i,12}=-\frac{A}{T}+B \tag{8-17}$$

$K_{i,12}$ 对于从水相中萃取（或富集）有机物的工艺计算是重要的，对于有机物由复杂混合物中向水中溶解的计算也是必不可少的，例如在计算多氯苯的环境污染时，$K_{i,12}$ 是重要的基础数据。从式(8-14b) 或式(8-15) 都可知，求取 $K'_{i,12}$ 或 $K_{i,12}$ 的关键仍是两相中活度系数的计算。

8.4 水溶解度

化学品污染物（气体、液体、固体）在水中的溶解度是污染物在水中分布的关键参数。从热力学角度，这正是气体、液体和固体与水的相平衡，即一种特殊的气液平衡、液液平衡、固液平衡，也正是化工热力学与环境化工的一个重要接合点。

水溶解度可用多种形式及相应单位表示，对化工热力学来说，以摩尔分数表示最为通用。摩尔分数没有单位，便于用各种模型进行关联。环境分析或测定时，常用的单位是 mol 溶质/L 溶液、g 溶质/L 溶液、g 溶质/kg 溶液、mol 溶质/kg 溶液。由于在环境领域中，溶解度一般很小，对这样的稀溶液，分母可近似按纯溶剂计。在环境化工中，最常用的浓度单位是 $c_{\mathrm{w}i}$（$\mathrm{mol\cdot L^{-1}}$）。

在手册中有大量的 $c_{\mathrm{w}i}$ 值，但多数是定性的，即把 $c_{\mathrm{w}i}$ 分为全溶（$c_{\mathrm{w}i}=\infty$）、可溶（$c_{\mathrm{w}i}>0.1\mathrm{mol\cdot L^{-1}}$）、中等可溶（$0.01\mathrm{mol\cdot L^{-1}}<c_{\mathrm{w}i}<0.1\mathrm{mol\cdot L^{-1}}$）、不溶（$c_{\mathrm{w}i}<0.01\mathrm{mol\cdot L^{-1}}$）和特别不溶（$c_{\mathrm{w}i}\leqslant 1\mathrm{g\cdot L^{-1}}$）。特别不溶的体系也是较多的，例如重要污染物苯并芘在水中的溶解度仅为 0.20×10^{-12}（质量分数）。

原则上，水溶解度测定方法是气液平衡、液液平衡、固液平衡测定方法的一部分，只是在大多数情况下要适应溶解量很小的特点。

8.4.1 热力学关系

在文献中，气体有机物的水溶解度数据绝大多数是在纯化合物的分压为 101.325kPa 条件下的，但在环境问题中更需要气体分压很低时的气液平衡关系。在低压下，气相分压 p_i 与液相分率 $x_{i\mathrm{w}}$ 的基本关系式是

$$p_i=\gamma_{\mathrm{w}i}x_{\mathrm{w}i}p_i^{\mathrm{s}} \tag{8-18}$$

式中，p_i^s 是组元 i 的蒸气压，由于一般气体在室温下已超过临界温度，此值无法求得，因此更实用的是以 Henry 定律表示的标准态：

$$p_i = \gamma'_{wi} x_{wi} H_{wi} \tag{8-19}$$

式中，γ'_{wi} 是按 Henry 定律标准态计的活度系数。在极稀水溶液中，γ'_{wi} 可取为 1。

$$p_i = x_{wi} H_{wi} \tag{8-20}$$

因此，只要查到 Henry 系数，即可求得 x_{wi}。若用 c_{wi} 表示则为

$$c_{wi} = \frac{p_i}{H_{wi} V_w} \tag{8-21}$$

式中，已取 γ'_{wi} 为 1，并用水的摩尔体积（V_w）代替溶液的摩尔体积。

对于有机液体溶质，水溶解度可按液液平衡计算

$$\gamma_{oi} x_{oi} = \gamma_{wi} x_{wi} \tag{8-22}$$

式中，下标“o”表示在有机相中；下标“w”表示在水相中。对溶解极少量水的有机液体，$x_{oi}=1$，$\gamma_{oi}=1$。

$$x_{wi} = \frac{1}{\gamma_{wi}} \tag{8-23}$$

或

$$c_{wi} = \frac{1}{V_w \gamma_{wi}} = 55.6/\gamma_{wi} \tag{8-24}$$

很明显，x_{wi} 或 c_{wi} 主要决定于有机液体在水中的活度系数。γ_{wi} 值很大，例如在饱和态下，苯的 γ_{wi} 为 2.5×10^3，氯苯为 1.4×10^4，1,3,5-三甲苯为 1.3×10^{15}，相应的 c_{wi} 极小。式(8-23) 和式(8-24) 只适用于特别不溶至中等可溶的化合物，因此对摩尔质量不太大的醇不太合适。

对固体溶质，式(8-23) 可改为

$$x_{wi} = \frac{1}{\gamma_{wi}} \times \frac{p_i^{ss}}{p_i^e} \tag{8-25}$$

式中，p_i^{ss} 是固体蒸气压；p_i^e 是同温度下过冷液体的蒸气压，极难求得，只能近似地用下式求出：

$$p_i^{ss}/p_i^e = -0.023(t_m - 25) \tag{8-26}$$

式中，t_m 是凝固点，℃。式(8-25) 中 γ_{wi} 可有更大的值，例如萘的 γ_{wi} 为 6.7×10^4，菲为 2.0×10^6，蒽为 2.5×10^6，六氟苯为 4.3×10^7，苯并芘为 3.2×10^8。

从式(8-7) 可知，K_{ow} 主要决定于 γ_{wi}，而从式(8-23) 或式(8-24) 可知，x_{wi} 或 c_{wi} 也主要决定于 γ_{wi}，因此 K_{ow} 与 c_{wi}（或 x_{wi}）是容易联系起来的，并有如下互算关系式：

$$\lg c_{wi} = A - \lg K_{ow} \tag{8-27}$$

有人提议，A 可近似取 0.8。式(8-27) 是一个很粗略的近似式，但在环境热力学的计算中，精度要求不高，因此式(8-27) 仍可应用，甚至可用易于测定的 c_{wi} 估算较难测定的 K_{ow}。对式(8-27) 还有一些改进，例如：

$$\lg c_{wi} = -1.016\lg K_{ow} + 0.516 \tag{8-27a}$$

$$\lg x_{wi} = -1.026\lg K_{ow} - 0.23 \tag{8-27b}$$

但以上两式仍是粗略的近似式。

在环境热力学中，c_{wi} 主要是指 25℃ 的，但有时也需要其他温度下的。在热力学关系上，需要有相转移热，使用上有困难，只能依靠关联式：

$$\ln x_{wi} = -\frac{A}{T} + B \tag{8-28a}$$

或

$$\ln c_{wi}=-\frac{A'}{T}+B' \tag{8-28b}$$

8.4.2 估算方法

c_{wi} 数据量很大，但仍需要估算，估算式常用 $\lg c_{wi}$ 表示。在估算方法中，首先要提到用UNIFAC法（见第11章）先估算 γ_{wi}，再按式(8-23) 或式(8-24) 计算得 x_{wi} 或 c_{wi}。一般地说，在溶液浓度较高时，用UNIFAC法更好些，对于计算极低浓度的 c_{wi}，误差可能大大增加；另外，对结构复杂的化合物，UNIFAC法也未必适用。下面讨论几种在环境热力学中使用的方法。

8.4.2.1 基团法

在 c_{wi} 的估算方法中最重要的是基团法。1992年，Klopman等方法提出了两个计算式，其中之一是

$$\lg S_{wi}=3.5650+\sum n_i \Delta s_i \tag{8-29}$$

式中，S_{wi} 是 c_{wi} 的质量单位表达，$(g \cdot g^{-1})\%$；Δs_i 是基团值，见表8-5。

表8-5 Klopman等方法估算 S_{wi} 的基团值

基团	Δs_i	基团	Δs_i	基团	Δs_i
$—CH_3$	−0.3361	$(=C<)_R$	−0.4944	—COOH(共轭酸)	0.2653
$—CH_2—$	−0.5729			—COOH(非共轭酸)	1.1695
$>CH—$	−0.6057	—F(连饱和C)	−0.4472	—COO—	0.8724
		—F(连其他原子)	−0.1773	—CONH—	0.1931
$>C<$	−0.7853	—Cl(连饱和C)	−0.4293	—CO—	1.3049
		—Cl(连其他原子)	−0.6318	$(—CO—)_R$	1.5413
$=CH_2$	−0.6870	—Br(连饱和C)	−0.6321	—SO—	0.5826
=CH—	−0.3230	—Br(连其他原子)	−0.9643	$—NH_2$	0.6935
$=C<$	−0.3345	—I(连饱和C)	−1.2391	—NH—	0.9549
		—I(连其他原子)	−1.2597	—CN	0.6262
—C≡CH	−0.6013	—OH(伯醇)	1.4642	$(—N=)_R$	−0.3722
$(—CH_2—)_R$	−0.4568	—OH(仲醇)	1.5629	$—NO_2$	−0.2647
$(>CH—)_R$	−0.4072	—OH(叔醇)	1.0885	—SH	−0.5118
		—OH(连非饱和C)	1.1919	S=P—	−2.4096
$(>C<)_R$	−0.3122	$(—O—)_R$	−0.2991	S=	−1.3197
		—O—	0.8515	烷	−1.5397
$(=CH—)_R$	−0.3690	—CHO	0.4476	烃(非烷)	−0.2598

注：下标R表示在环中。

另一个基团法是1995年Kuhne等提出来的。

$$\lg c_{wi}=0.4273+\sum n_i \Delta s_i \tag{8-30}$$

式中，c_{wi} 的单位是 $mol \cdot L^{-1}$；基团值 Δs_i 见表8-6，表中也包括了校正项。另外，对于熔点高于25℃的化合物，还要加上（t_m-25）相乘系数的校正项，系数也见表8-6，t_m 的单位为℃。

【例8-3】 估算五氯苯的 c_{wi} 值，熔点为85℃，两个实验值为 $2.24\times10^{-6} mol \cdot L^{-1}$ 和 $3.32\times10^{-6} mol \cdot L^{-1}$。

解： 采用Klopman等方法：C_6HCl_5 有5个 $(=C<)_R$，1个 $(=CH—)_R$，5个—Cl(连非饱和C)。由式(8-29) 得

$$\lg S_{wi}=3.5650+5(-0.4944)+(-0.3690)+5(-0.6318)=-2.4350$$

$$S_{wi}=3.67\times10^{-3}(\mathrm{g}\cdot\mathrm{g}^{-1})\%$$

$$c_{wi}=1.46\times10^{-4}\mathrm{mol}\cdot\mathrm{L}^{-1}$$

Kuhne 等方法：有 1 个氢，6 个非稠环芳烃 C，5 个与芳烃相连的 Cl，再加上熔点校正项，得

$$\lg c_{wi}=0.4273+0.0727+6(-0.4257)+5(-0.5694)-0.00589(85-25)$$

$$=-5.2544$$

$$c_{wi}=5.57\times10^{-6}\mathrm{mol}\cdot\mathrm{L}^{-1}$$

表 8-6 Kuhne 等方法估算 $\lg c_{wi}$ 的基团值

Δs_i	描述	Δs_i	描述
0.0727	H 接触任何 C 原子或与芳烃 C 相连的非芳烃 N 上的 H	0.0	CN
		0.5814	相连于非芳烃 C 的 NH_2(伯氨基)
0.0	三键 C 与别的 C 相连	0.8909	相连于非芳烃 C 的 NH(仲氨基)
−0.5610	双键 C 与别的 C 相连	1.0124	相连于非芳烃 C 的 N(叔氨基)
−0.6113	单键脂族 C	0.8308	相连于芳烃 C 的 N
−0.4257	非稠环芳烃 C	−1.7814	非芳烃 N 以双键相连于其他任何原子
−0.3803	存于芳烃中 C	2.1701	芳烃环中的 N(例如吡啶)
−0.2327	连于非芳烃 C 的 F	−0.9504	芳烃环 NCNCCC(嘧啶型)
−0.5201	连于非芳烃 C 的 Cl	−2.7665	芳烃环 NCNCNC(三嗪型)
−0.6409	连于非芳烃 C 的 Br	1.2685	NH_2CO_2(氨基甲酸酯类)
−1.2959	连于非芳烃 C 的 I	0.0	$O{=}CNH_2$
0.0	连于芳烃 C 的 F	0.0	O=CNH
−0.5694	连于芳烃 C 的 Cl	0.4489	O=CN
−0.9387	连于芳烃 C 的 Br	0.0	与非芳烃相连的 NO_2
−1.4597	连于芳烃 C 的 I	−0.2657	与芳烃相连的 NO_2
1.0917	连于非芳烃 C 的伯醇(OH)	0.0	单键相连的 S
1.2120	连于非芳烃 C 的仲醇(OH)	−1.0613	一个双键相连的 S
1.0736	连于非芳烃 C 的叔醇(OH)	−1.7472	其他 S
1.3169	连于芳烃 C 的 OH 基	0.5766	NH_2SO_2
0.5479	连于 S 的 OH 基	−1.9164	任何 P
0.9212	脂链中的—O—(醚)		校正项
0.5668	芳烃 C 与其他任何原子间的—O—	0.2288	非芳烃 C 的无氢支链(除 COO 外)
−0.7242	芳烃环中的—O—(例如二 英)	0.2990	非芳烃环
1.1042	O 与任何原子间双键	−0.1839	非芳烃中的 CH_2 基
−0.4591	与非芳烃 C 相连的醛基中的 CH	−0.4299	非芳烃中的 CH_3 基
−0.8240	与芳烃 C 相连的醛基中的 CH	−1.1063	2 个 OH 基连于邻位
0.7538	与非芳烃 C 相连的 COOH 基	−0.5774	一个 C 上有 4 个卤原子
0.4747	与芳烃 C 相连的 COOH 基		固体化合物的熔点校正($t_m>25$℃)
0.4694	与非芳烃 C 相连的 COO 基	−0.00305	非芳烃
0.3610	与芳烃 C 相连的 COO 基	−0.00589	芳烃及 6π 电子的 5 元环

8.4.2.2 K_{ow} 法

c_{wi} 与 K_{ow} 有关，见式(8-27)，为使之实用可改进为

$$\lg c_{wi}=A+B\lg K_{ow} \tag{8-31}$$

式中，c_{wi} 的单位为 $\mathrm{mol}\cdot\mathrm{L}^{-1}$，不同化合物取不同的 A、B 值，见表 8-7。该表综合了不同作者的成果，因此同一类化合物出现了不同的 A、B 值。本表适用于 25℃±5℃。

表 8-7 不同类型化合物 K_{ow} 与 c_{wi} 关系式系数

化合物	A	B	化合物	A	B
醇	0.926	−1.113	一般(理论)	0.8	−1.00
酮	0.720	−1.229	混合类	0.515	−1.016
酯	0.520	−1.013	芳烃	0.727	−0.947
醚	0.935	−1.182	不饱和烃	0.275	−1.101
烷基卤化物	0.832	−1.221	卤烃	0.356	−1.103
炔	1.403	−1.294	正构烃	0.481	−1.029
烯	0.248	−1.294	醛、酮	0.431	−0.927
苯衍生物	0.339	−0.996	酯	0.306	−1.073
烷	−0.248	−1.237	醇	0.338	−0.971
卤烃	1.50	−0.962	酸、碱、中性	0.845	−1.163

注：数据顺序按发表年代排列。

8.4.2.3 杂化模型法

还可以在 $\lg c_{wi}$-$\lg K_{ow}$ 关系中加一个有一定理论意义的修正项 f_i，可用下列 3 个关系式之一：

$$\lg c_{wi}=0.342-1.0374\lg K_{ow}-0.0108(t_m-25)+\sum f_i \tag{8-32a}$$

$$\lg c_{wi}=0.796-0.854\lg K_{ow}-0.00728M+\sum f_i \tag{8-32b}$$

$$\lg c_{wi}=0.693-0.96\lg K_{ow}-0.0292(t_m-25)-0.00314M+\sum f_i \tag{8-32c}$$

式中，M 是相对摩尔质量；f_i 值见表 8-8，使用范围为 $\lg c_{wi}=-12\sim1.5$。

【例 8-4】 估算硝基苯的 c_{wi}，$M=123.11$，$\lg K_{ow}=1.85$，$t_m<25℃$，因此不需要 t_m 项校正。测定值 $\lg c_{wi}=-1.80$。

解： 由表 8-8 及式(8-32) 得

$$\lg c_{wi}=0.342-1.0374\times1.85-0.555=-2.13$$

$$\lg c_{wi}=0.796-0.854\times1.85-0.00728\times123.11-0.390=-2.07$$

$$\lg c_{wi}=0.693-0.96\times1.85-0.00314\times123.11-0.505=-1.98$$

表 8-8 杂化模型法估算 c_{wi} 中的校正项 f_i

化合物类	使用说明	式(8-32a)	式(8-32b)	式(8-32c)
脂肪醇	只用于一个—OH 基，不适用于多个—OH 基，也没有乙酰胺、氨基、偶氮类、—S═O	0.466	0.510	0.424
脂肪酸	不适用于氨基酸、—CO—N—C—COOH	0.689	0.395	0.650
脂肪胺	用于伯、仲、叔液体胺，并只与脂肪 C 相连	0.883	1.008①	0.834
芳族酸	直接连于芳烃 C，不适用于含有任何氨基取代(例如 $—NH_2$、—NH—CO—)	1.104		0.898
酚	不适用于含有任何氨基取代(例如 $—NH_2$、—NH—CO—)，也不适用有 NO_2 或烷氧基相邻于—OH 基	1.092	0.580	0.961
烷基吡啶		1.293	1.300	1.243
偶氮	—N═N— 两边都与 C 相连	−0.638	−0.432	−0.341
氰类	不适用于 NCCN	−0.381	−0.265	−0.362
烃	只含 C 和 H	−0.112	−0.537	−0.441
硝基类	脂类或芳烃类硝基化合物，但 $—NO_2$ 与 N 不得相连，即不适于 $N—NO_2$	−0.555	−0.390	−0.505

续表

化合物类	使 用 说 明	式(8-32a)	式(8-32b)	式(8-32c)
$—SO_2$	用于任何芳环上带有氨磺酰及其他取代基(酮、砜、硫酰胺),也可用于带有—SO—C—CO—C的酯族化合物	−1.187	−1.051	−0.865
氟代烷	用于带两个或两个以上氟的烷烃	−0.832	−0.742	−0.945
PAH	用于多环芳烃,三环化合物中至少有两个环是芳烃,芳烃不一定是稠环		−1.110②	
多N	用于两个或多个脂族N,其中之一与CO、SO、CS相连,4个或更多的芳族N,两个或更多的芳族N和一个或更多的酯族N与CO、SO、CS相连,不能用于CN、NO_2、偶氮、巴比妥酸酯和金属化合物		−1.310②	
氨基酸		−2.070②		

① 不能用于乙酰胺、酸、酰亚胺。

② 不用于含 t_m 项的公式。

8.5 空气/水分配系数

8.5.1 定义和热力学关系

空气/水分配系数 K_{aw} 定义为

$$K_{aw}=c_g/c_w \tag{8-33}$$

式中，c_g 是化学品的气相摩尔浓度，$mol \cdot m^{-3}$；c_w 是该化学品在水相中的摩尔浓度，$mol \cdot m^{-3}$。从定义可知 K_{aw} 是一种相分配比，无单位，也称为无量纲的Henry系数。

K_{aw} 是气液平衡的一种，只是规定液相是水，且专注于环境内容的。气液平衡有多种表达方式，这些表达式能与 K_{aw} 相联系，例如相平衡比（K'_{aw}）和亨利系数（H_{aw}）：

$$K'_{aw}=y_i/x_i \tag{8-34}$$

$$K_{aw}=K'_{aw}\frac{V_{ml}}{V_{mg}} \tag{8-35}$$

$$H_{aw}=p_i/c_{wi} \tag{8-36}$$

$$H'_{aw}=p_i/x_{wi}=H_{aw}/V_{wm} \tag{8-37}$$

$$H_{aw}=K_{aw}RT \tag{8-38}$$

式中，V_{ml} 是液体水溶液的摩尔浓度，$mol \cdot m^{-3}$；V_{mg} 是空气的摩尔浓度，$mol \cdot m^{-3}$；V_{wm} 是水溶液的摩尔体积，$L \cdot mol^{-1}$；R 为气体常数，$8.3145Pa \cdot m^3 \cdot mol^{-1} \cdot K^{-1}$。

研究 K_{aw} 的主要目的是了解各种化学品从空气中向水中的溶解，或水中的污染物向空气的挥发，即 c_{wi}（或 x_i）或 p_i（或 y_i）的探求。由热力学基本关系：

$$H'=p_i/x_i=\gamma_i p_i^s/\hat{\phi}_i \tag{8-39}$$

环境问题中压力很低，$\hat{\phi}_i$ 可取为1。上式表明，从热力学角度，求取 γ_i 是最基本的难点；另外，在所需温度下化学品的蒸气压也是必要的基础数据，该数据有时也未必有实验值。

若已知水溶解度 c_{wi}，则由式(8-36)～式(8-38)，可求气、水相组成。这样的方法不需要难求的活度系数，因为由式(8-24)，c_{wi} 是直接与活度系数有关的。

【例 8-5】 DDT 在 20℃ 下 $p_i^s=2.53\times10^{-5}Pa$，$c_{wi}=(2.7\pm2.1)\times10^{-3}g \cdot m^{-3}$，$M=352.46g \cdot mol^{-1}$，估算 K_{aw}。文献值为 5.2×10^{-4}～9.5×10^{-4}。

解： $c_{wi}=2.7\times10^{-3}/352.46=7.7\times10^{-6}mol \cdot m^{-3}$

由式(8-36)、式(8-38) 得

$$H_{aw}=2.53\times10^{-5}/7.7\times10^{-6}=3.3\text{Pa}\cdot\text{m}^3\cdot\text{mol}^{-1}$$

$$K_{aw}=\frac{1}{8.3145\times293}\times3.3=1.4\times10^{-3}$$

这是一个估算误差比较大的实例，在环境热力学计算中这样的误差是常见的。

8.5.2 用基团贡献法估算

20 世纪 90 年代提出了基团贡献法估算 K_{aw}，计算式是

$$\lg K_{aw}=\sum n_i g_i+\sum n_j F_j \tag{8-40}$$

式中，g_i 为 i 键的贡献值；F_j 是校正项；其键数和修正项数分别为 n_i 和 n_j。在 25℃下，g_i 和 F_j 的值分别见表 8-9 及表 8-10。由表可知，这是以化学键为基础的特殊基团法。

表 8-9 估算 $\lg K_{aw}$ 的 g_i 键值（25℃）

键	g_i	键	g_i	键	g_i	键	g_i
C—H	−0.1197	C—Br	0.8187	C_D—O	0.2051	CO—CO	2.4000
C—C	0.1163	C—I	1.0074	C_D—CO	1.9260	O—H	3.2318
C—C_A	0.1619	C_D—F	−0.3824	C_D—CN	2.5514	O—O	−0.4036
C—C_D	0.0635	C_D—Cl	0.0426	C_A—O	0.3473	O—P	0.3930
C—C_T	0.5375	C_A—F	−0.2214	C_A—CO	1.2387	O═P	1.6334
C_D—H	−0.1005	C_A—Cl	−0.0241	C_A—OH	0.5967	N—H	1.2835
C_D═C_D	0.0000	C_A—Br	0.2454	C_A—O_A	0.2419	N═O③	1.0956
C_D—C_D	0.0997	C_A—I	0.4806	C_A—N	0.7304	N—N③	1.0956
C_T—H	0.0040	C—CO	1.7057	C_A—N_A	1.6282	N═N	0.1374
C_T≡C_T	0.0000	C—O	1.0855	C_A—CN	1.8606	S—H	0.2247
C_A—H	−0.1543	C—N	1.3001	C_A—NO_2	2.2496	S—S	−0.1891
C_A—C_D	0.4391	C—NO_2	3.1231	C_A—S	0.6345	S—P	0.6334
C_A—C_A①	0.2638	C—CN	3.2624	C_A—S_A	0.3739	S═P	−1.0317
C_A—C_A②	0.1490	C—S	1.1056	CO—H	1.2101		
C—F	−0.4184	C═S	−0.0460	CO—O	0.0714		
C—Cl	0.3335	C—P	0.7786	CO—N	2.4261		

①芳烃内部环；②芳烃外部环，如联苯；③专用于亚硝胺。

注：下标，A—芳环；D—双键；T—三键。

表 8-10 估算 $\lg K_{aw}$ 的校正因子 F_j（25℃）

项目	F_j	项目	F_j
直链或支链烷烃	−0.75	比一元醇所多的—OH 基	−3.00
环烷	−0.28	在一个环中超过一个 N 数	−2.50
单烯烃	−0.20	只含一个氟的氟烷	0.95
环单烯烃	0.25	只含一个氯的氯烷	0.50
直链或支链烷基醇	−0.20	全氯烷	−1.35
相邻两个醚基(—C—O—C—O—C—)	−0.70	全氟烷	−0.60
环醚	0.90	全卤含氟烷	−0.90
环氧化物(例如环氧乙烷)	0.50		

【例 8-6】 估算 1-丙醇的 $\lg K_{aw}$，测定值为 3.55。

解： 由式(8-40) 及表 8-9、表 8-10 得

$$\lg K_{aw}=7\times(-0.1197)+2\times0.1163+1\times1.0855+1\times3.2318-0.20=3.5120$$

8.6 土壤或沉积物的吸附作用

化学物质与固相表面的结合过程通常称之为吸附作用，此时分子被吸引到一个二维界面上。化学物质可以是气体，也可以是液体，本节重点讨论后者。固相可以是纯固体，并有明确的晶型，也可以是混合物，对环境化工来说，还应包括土壤或各种结构的沉积物。这里所讨论的吸附作用对于污染物在水体或大气中的分布是重要的，对于污染物在土壤中的分布也很重要，这类物质迁移影响污染物对生物的作用（包括毒性）。

8.6.1 吸附等温线

当研究化学物质在固相表面和溶液或气体间的平衡时，最重要的是溶液中化学物质的浓度 $c_w(mol \cdot L^{-1})$ 与固体表面上吸附物的总浓度 $c_s(mol \cdot kg^{-1})$ 之间的关系，这两种浓度间的关系通常可用吸附等温线表示。化学物质与吸附剂作用力有强有弱，有化学作用也有物理作用，因此 c_w 与 c_s 间的关系曲线有多种形式，并已在其他课程中进行了讨论，其中最重要的是Freundlich式和Langmuir式，前者为

$$c_s=K_F c_w^n \tag{8-41}$$

式中，n 为Freundlich指数；K_F 为Freundlich常数或容量因子，其单位与 c_w 的单位有关。

Langmuir式更反映化学吸附作用：

$$c_s=\frac{\Gamma_{max}K_L c_w}{1+K_L c_w} \tag{8-42}$$

式中，K_L 为吸附反应的平衡常数；Γ_{max} 为单位质量吸附剂表面位点总数。

8.6.2 几种分配系数

在环境化工中常用如下分配系数。

（1）泥土/水分配比 K_d

$$K_d=c_s/c_w \tag{8-43}$$

c_s 与 c_w 的单位同前。

（2）泥土/水分配系数 K_{sw}

$$K_{sw}=K_d\rho_s=c_s\rho_s/c_w \tag{8-44}$$

式中，ρ_s 是吸附剂的密度；K_{sw} 常是无单位的。

（3）土壤（或吸附剂）中有机碳含量系数（f_{oc}）和总有机质量系数（f_{om}）

$$f_{oc}=\frac{\text{吸附剂中有机碳的质量}}{\text{吸附剂的总质量}} \tag{8-45a}$$

$$f_{om}=\frac{\text{吸附剂中有机物的质量}}{\text{吸附剂的总质量}} \tag{8-45b}$$

一般来说，天然有机质（包括土壤）含碳40%～60%，因此，f_{om} 近似等于 $2f_{oc}$，也有人认为是 $1.74f_{oc}$。

土壤中有机物含量越高（f_{om} 值大），对一般有机物吸附性能越强；反之，大部分无机化合物的表面是极性的，易于吸附水分子这类易于生成氢键的化合物。

（4）有机相/水分配系数 K_{om}

$$K_{om}=c_{om}/c_w \tag{8-46}$$

式中，c_{om} 是吸附剂中（按有机物计）被吸附的化学品浓度，$mol \cdot kg^{-1}$。由此定义

$$K_d=f_{om}K_{om} \tag{8-47}$$

(5) 有机碳/水分配系数 K_{oc}

$$K_{oc}=c_{oc}/c_w \tag{8-48}$$

式中，c_{oc} 是土壤中按有机碳计的被吸附化学品浓度，$mol \cdot kg^{-1}$。相似地有

$$K_d=f_{oc}K_{oc} \tag{8-49}$$

以上各种分配系数中，以 K_{oc} 最为常用。以估算为例，大都集中在 K_{oc} 的估算方法中，其中包括对不同体系，使用 $\lg K_{oc}$ 与 $\lg K_{ow}$ 的线性关系式。重视 K_{oc} 的原因是按有机碳作为计算标准时，可以对不同土壤作出统一的比较或研究。

本章小结

1. 难度最大的环境问题是化学品在环境中的分布，除人们已熟知 CO_2、SO_2、NO_x 在大气中含量增高外，还有极多的化学品进入我们的生活圈，其中有许多危害人类健康。

2. 化学品在环境中的分布符合化学、化工等学科的规律，其治理方法中最重要的也是化学、化工的方法。

3. 化学品在环境（或自然界）的分布符合相平衡关系，主要是汽液平衡、气液平衡、液液平衡、固液平衡等，也是各种消除污染物方法的重要物理基础。

4. 在污染物分布的化工热力学关系中，有计算式(关系式）的确定，也包括浓度测定、数据测定、估算方法建立等，在估算方法中主要是基团法。

5. 表达化学品在环境中分布的典型代表是辛醇/水分配系数（K_{ow})。

6. 在 K_{ow} 等环境热力学参数计算中最关键的是求取相应的活度系数（γ)，在环境问题中化合物常常是极稀的，其 γ 值可达 10^{15} 或更大，由此也说明 γ 值的重要性及实用性。

习　题

8-1 在环境热力学中包括哪些相平衡问题？与一般相平衡比较，有什么特点？

8-2 说明 K_{ow} 的重要性。

8-3 分析基团法估算 K_{ow} 的可靠性不高的原因。

8-4 为什么温度对 K_{ow} 或有机物在有机溶剂/水中的分配系数影响不大？

8-5 分别测定 i 组元在正辛醇和水中的浓度，称之为 c_{oi} 及 c_{wi}，相除后可得 K_{ow} 吗？为什么？

8-6 举例说明有机污染物在（1）大气和有机液相及（2）大气和水之间平衡分配系数的重要性。

8-7 估算乙酸乙酯及对硫磷的 $\lg K_{ow}$ 值。实验值分别为 0.73 及 3.83。对硫磷的结构式为

$$C_2H_5OP(=S)(OC_2H_5)O-C_6H_4-NO_2$$

8-8 估算（1）正己烷、（2）苯、（3）乙醚在25℃下的 $\lg K_{aw}$ 值。实验值分别为－1.81、0.68、1.18。

辅修部分

第9章　化学反应热和反应平衡

化学反应过程中体系与环境的热交换量直接关系到反应装置热负荷的设计和计算，是化工过程设计的重要内容之一。例如，乙烯环氧化反应过程产生大量的热，使体系的温度快速升高，然而在更高的温度下容易导致过度氧化，生成副产物 CO_2 甚至发生爆炸，因此必须从反应器中移出热量，以维持反应温度不变，这时就需要通过计算反应热确定装置的热负荷。

可逆反应都有达到平衡的状态，这种状态是反应的极限。尽管在工业生产中实施的化学反应不会在平衡状态下进行，反应平衡仍然影响着操作条件的选择。而且平衡转化率常用作评价装置效率和工艺条件的标准。

反应热和反应平衡的计算均可建立在热力学性质的基础上，利用热力学状态函数的性质将各种参量与 pVT 建立某种关联。

在热力学计算中常需要规定标准状态，作为计算的基准。气体的标准态是指标准压力下表现出理想气体性质的状态；液体的标准态是标准压力下的纯液体；固体标准态是纯固体。物质的标准压力常采用两种规定：$p^{\ominus}=101.325\text{kPa}$（1993 年以前）和 $p^{\ominus}=100\text{kPa}$（1993 年以后），但目前国外的手册中仍有使用 $p^{\ominus}=101.325\text{kPa}$ 的。对标准温度则没有硬性规定，只是多数场合采用 298.15K。

9.1　化学反应的热效应

9.1.1　标准燃烧热

燃烧是一类容易进行实验研究的反应，采用量热法测定物质标准燃烧热，可进一步推算出该物质的标准生成热数据。标准燃烧热的定义是，在标准状态下单位量（通常为 1mol）物质与氧发生充分燃烧反应过程产生的热量，其数值等于燃烧反应前后体系的焓变，用符号 $\Delta_c H$ 表示。

对于有机化合物，燃烧反应的产物及相态规定如下：

① 化合物中只含有 C 和 H

$$\mathrm{C}_a\mathrm{H}_b+\left(\frac{4a+b}{4}\right)\mathrm{O}_2(\mathrm{g})\longrightarrow a\mathrm{CO}_2(\mathrm{g})+\frac{b}{2}\mathrm{H}_2\mathrm{O}(\mathrm{l})$$

② 化合物中含有 C、H 和 O

$$\mathrm{C}_a\mathrm{H}_b\mathrm{O}_c+\left(\frac{4a+b-2c}{4}\right)\mathrm{O}_2(\mathrm{g})\longrightarrow a\mathrm{CO}_2(\mathrm{g})+\frac{b}{2}\mathrm{H}_2\mathrm{O}(\mathrm{l})$$

③ 化合物中含有 C、H 、O 和 N

$$\mathrm{C}_a\mathrm{H}_b\mathrm{O}_c\mathrm{N}_d+\left(\frac{4a+b-2c}{4}\right)\mathrm{O}_2(\mathrm{g})\longrightarrow a\mathrm{CO}_2(\mathrm{g})+\frac{b}{2}\mathrm{H}_2\mathrm{O}(\mathrm{l})+\frac{d}{2}\mathrm{N}_2(\mathrm{g})$$

④ 化合物中含有 C、H 、O 、N 和 S

$$\mathrm{C}_a\mathrm{H}_b\mathrm{O}_c\mathrm{N}_d\mathrm{S}_e+\left(\frac{4a+b-2c+6e}{4}\right)\mathrm{O}_2(\mathrm{g})+\left(116e-\frac{b}{2}\right)\mathrm{H}_2\mathrm{O}(\mathrm{l})\longrightarrow$$

$$aCO_2(g)+\frac{d}{2}N_2(g)+e[H_2SO_4(115H_2O)](l)$$

含S有机化合物燃烧反应生成物有时会受反应条件的影响，反应式的形式也要具体问题具体分析。

含卤素有机化合物的燃烧反应更为复杂，例如氟化物燃烧产物中含有 HF 和 CF_4，因此还要考虑产物的转化，并规定为 $HF \cdot nH_2O$。由于卤化物燃烧产物的复杂性，实验和计算都不方便，因此不通过卤化物的燃烧热计算生成焓。

9.1.2 标准生成热

化合物的标准生成热是指，在标准状态下由构成该化合物的稳定态单质直接化合生成 1mol 该化合物反应过程的热效应，其数值等于生成反应前后体系的焓变，亦称为标准生成焓，用符号 $\Delta_f H^{\ominus}$ 表示，单位为 $kJ \cdot mol^{-1}$。手册中可查到的标准生成焓大都是 298.15K 的数据，个别手册同时提供了不同温度下的标准生成焓，列表给出 100K、200K、273.15K、298.15K、300K、400K、500K 等零散数据点。同种物质不同相态的标准生成焓是不同的，例如同温度下液体的标准生成焓（$\Delta_f H^{\ominus}_{298L}$）与气体的标准生成焓（$\Delta_f H^{\ominus}_{298V}$）之差等于蒸发焓（$\Delta_v H^{\ominus}_{298}$）。注意此相变焓的终态是理想气体状态，因此该值与实测的（$\Delta_v H_{298}$）是有差异的，只是这个差异在绝大多数情况下很小。

一般单质状态的规定如下：

固体——C（石墨）、S（菱形）、I_2、Li、Mg、Fe、Co 等；

液体——Br_2、Hg；

气体——H_2、O_2、N_2、F_2、Cl_2。

单质的标准态是在该温度下最稳定的相态（磷例外），α-白磷的标准态不是最稳定的。对于晶体，只有最稳定的晶体的（$\Delta_f H^{\ominus}$）是零，而其他晶体不为零，例如在 C 的几种结构中只有石墨的 $\Delta_f H^{\ominus}_{298}$ 为零。

对于大多数有机化合物，可由 $\Delta_c H^{\ominus}_{298}$ 求取 $\Delta_f H^{\ominus}_{298}$。对于含 C、H、O、N 的有机化合物，除需要其 $\Delta_c H^{\ominus}_{298}$ 外，还需要 CO_2（g）和 H_2O（l）的 $\Delta_f H^{\ominus}_{298}$，这两个数据是早就已知的，且十分可靠，在很长时间里已无争议，因此可以说有 $\Delta_c H^{\ominus}_{298}$ 即有 $\Delta_f H^{\ominus}_{298}$。对于含S有机物，还需要有 H_2SO_4（$115H_2O$）的生成热。对于含卤有机物，$\Delta_c H^{\ominus}_{298}$ 的测定及 $\Delta_f H^{\ominus}_{298}$ 的计算都比较复杂，也影响了它们的可靠性，因此很少使用由 $\Delta_c H^{\ominus}_{298}$ 计算的方法。

对于不适用 $\Delta_c H^{\ominus}_{298}$ 计算 $\Delta_f H^{\ominus}_{298}$ 的物质，常用反应量热法。所选择的反应应该是：①反应必须完全；②没有副反应；③反应有足够的速度；④在反应中涉及的各物质中只有一个（所要求的）物质缺乏 $\Delta_f H^{\ominus}$。例如下列反应：

$$CH_3Cl(g)+H_2(g) \longrightarrow CH_4(g)+HCl(g)$$

反应热（$\Delta_r H^{\ominus}$）测得后，又已知 CH_4（g）、HCl（g）、H_2（g）的 $\Delta_f H^{\ominus}$，就可按下式求得 CH_3Cl（g）的 $\Delta_f H^{\ominus}$。

$$\Delta_f H^{\ominus}_{g(CH_3Cl)}=\Delta_f H^{\ominus}_{g(CH_4)}+\Delta_f H^{\ominus}_{g(HCl)}-\Delta_f H^{\ominus}_{g(H_2)}-\Delta_r H^{\ominus}$$

上述反应在气相反应器中进行。另外，一些反应适合于在气液反应器或液液反应器中进行。例如，利用下列反应的反应热求取 SnR_4(l)（R 指烷基）及 $CH_3COOC_2H_5$(l) 的反应焓变就是分别在气液反应器及液液反应器中进行的。

$$SnR_4(l)+Br_2(g) \longrightarrow SnR_3Br(l)+RBr(g)$$

$$CH_3COOC_2H_5(l)+H_2O(l) \longrightarrow C_2H_5OH(l)+CH_3COOH(l)$$

求取无机化合物的 $\Delta_f H^{\ominus}$ 时，大多是在水溶液中进行的，反应在液相量热器中进行。

$\Delta_f H_{298}^{\ominus}$ 数据量很大，且有系统收集和评价，评选时习惯列出该化合物近百年的所有测定成果。由于大多数有机化合物 $\Delta_f H_{298}^{\ominus}$ 来源于 $\Delta_c H_{298}^{\ominus}$，因此这两类数据常在一起评价，在同一手册上出现。无机化合物的 $\Delta_f H_{298}^{\ominus}$ 则收集整理在另外一些专门的手册中。虽然有数据的有机化合物和无机化合物都在 4000 个以上，但仍有许多化合物缺乏 $\Delta_f H_{298}^{\ominus}$ 数据，不得不需要估算。所用的估算方法多数只能用于估算 $\Delta_f H_{298(g)}^{\ominus}$，而且只有基团贡献法。

9.1.3 标准反应热

每种化学反应都能以若干不同的方式进行，以某种方式进行的反应会伴有相应的热效应，称之为化学反应热，其数值与反应过程的焓变相同。在标准状态下，化学反应过程的热效应为标准反应热。例如，对化学反应 $aA+bB \longrightarrow cC+dD$，定义标准反应热为，当 a mol 的 A 与 b mol 的 B 在标准态温度 T 下反应生成相同状态的 c mol 的 C 和 d mol 的 D 过程的焓变，亦称为标准反应焓变。

化学反应的热效应数据大都不必直接测量。在工程计算中，反应焓变的数据通常由生成焓计算。如果化学反应通式为

$$\nu_1 A_1 + \nu_2 A_2 + \cdots + \nu_c A_c \longrightarrow \nu_{c+1} A_{c+1} + \nu_{c+2} A_{c+2} + \cdots + \nu_n A_n$$

式中，ν_i 是组分 i 的反应计量系数，规定产物的 ν_i 为正，反应物的 ν_i 为负，则标准反应焓变为

$$\Delta_r H^{\ominus} = \sum_i \nu_i (\Delta_f H^{\ominus})_i \tag{9-1}$$

任何期望的反应式总能由若干生成反应式合并得到，而且焓是状态函数，与变化的途径无关，因此通过标准生成焓计算标准反应焓的方法是合理的。

如果实际反应温度不是 298K，有两种计算反应热的方法。一种是计算所需温度（T）下的 $\Delta_f H_T^{\ominus}$，然后按式(9-1) 计算 $\Delta_r H_T^{\ominus}$；另一种方法是设计一个变化途径，通过 $\Delta_f H_{298}^{\ominus}$ 计算：先使反应物等压变温至 298.15K，再在 298.15K 下进行反应，用反应物和产物的 $\Delta_f H_{298}^{\ominus}$ 数据计算反应焓变 $\Delta_r H_{298}^{\ominus}$，再将产物等压变温至温度 T。$\Delta_r H_T^{\ominus}$ 等于上述 3 个过程焓变的总和，即

$$\Delta_r H_T^{\ominus} = \Delta_r H_{298}^{\ominus} + \int_{298}^{T} \left[\sum C_{p(\text{产物})} - \sum C_{p(\text{反应物})}\right] dT \tag{9-2}$$

这两种方法都需要反应物和产物的热容（C_p）值，前一种方法还需要单质的 C_p 值，如果在手册中能找到 $\Delta_f H_T^{\ominus}$ 值，此法就方便些。

9.1.4 温度对标准反应热的影响

由于标准反应热的数值等于标准状态下化学反应过程的焓变，所以温度对标准反应热的影响可通过焓变与温度的关系计算。标准状态下的系统压力为 100kPa，这种条件下组分的恒压热容仅是温度的函数。当温度从 T_0 变到 T 时，组分的焓变为

$$dH_i^{\ominus} = C_{p,i}^{\ominus} dT$$

结合式(9-1) 得：

$$d(\Delta_r H^{\ominus}) = \sum_i (\nu_i C_{p,i}^{\ominus}) dT = \Delta C_p^{\ominus} dT$$

$$\Delta_r H_T^{\ominus} - \Delta_r H_{T_0}^{\ominus} = \int_{T_0}^{T} \Delta C_p^{\ominus} dT \tag{9-3}$$

或

$$\Delta_r H_T^{\ominus} - \Delta_r H_{T_0}^{\ominus} = R \int_{T_0}^{T} \frac{\Delta C_p^{\ominus}}{R} dT \tag{9-4}$$

从手册中可查到的常常是298K下的标准态化学热力学数据值，实际温度下的标准反应焓变可采用式(9-3)或式(9-4)由298K的标准反应焓变计算。

9.1.5 工业反应热效应的计算

工业中的化学反应多数并不在标准状态进行，例如：反应物的加料比不等于反应式的计量系数比，反应在加压条件下进行，反应过程中温度会发生变化，有时系统中还有惰性组分，多个反应同时进行等。以下将通过一个实例说明计算工业反应热效应的一种途径。

【例9-1】 生产合成气的反应器中发生如下两个反应：

甲烷在高温和常压下与水蒸气发生重整反应 $CH_4(g)+H_2O(g) \longrightarrow CO+3H_2$

水煤气变换反应 $CO+H_2O(g) \longrightarrow CO_2+H_2$

原料中水蒸气与甲烷的摩尔比为2，进料温度为600K。为了使甲烷转化完全，必须供给足够的热量使产物温度达到1300K，此时产物流中含17.4%的CO。计算反应器所需热量。

解： 以1mol甲烷为计算基准。从附录四数据计算298K的标准反应热：

$$CH_4(g)+H_2O(g) \longrightarrow CO+3H_2 \qquad \Delta_r H_{298}^{\ominus}=205813\text{J}$$

$$CO+H_2O(g) \longrightarrow CO_2+H_2 \qquad \Delta_r H_{298}^{\ominus}=-41166\text{J}$$

为计算方便，将化学反应式进行适当变换。由以上两个反应式相加得到

$$CH_4(g)+2H_2O(g) \longrightarrow CO_2+4H_2 \qquad \Delta_r H_{298}^{\ominus}=164647\text{J}$$

上述三个反应式中的任意两个都能构成一组独立的反应，现采用一式和三式的组合进行计算，即

$$\begin{cases} CH_4(g)+H_2O(g) \longrightarrow CO+3H_2 & \Delta_r H_{298}^{\ominus}=205813\text{J} \quad \text{(a)} \\ CH_4(g)+2H_2O(g) \longrightarrow CO_2+4H_2 & \Delta_r H_{298}^{\ominus}=164647\text{J} \quad \text{(b)} \end{cases}$$

设反应(a)消耗掉$x$mol甲烷，则反应(b)消耗掉$(1-x)$mol甲烷，最终产物中组分的物质的量(mol)为：

$$n_{CO}=x$$

$$n_{H_2}=3x+4(1-x)=4-x$$

$$n_{CO_2}=1-x$$

$$n_{H_2O}=2-x-2(1-x)=x$$

产物总量为$x+4-x+1-x+x=5$mol

其中，CO摩尔分数为：$\frac{x}{5}=17.4\%$，所以$x=0.87$。

$$n_{CO}=0.87$$

$$n_{H_2}=3x+4(1-x)=3.13$$

$$n_{CO_2}=0.13$$

$$n_{H_2O}=2-x-2(1-x)=0.87$$

根据两个反应中消耗甲烷的量，可计算出总反应的$\Delta_r H_{298}^{\ominus}$：

$$\Delta_r H_{298}^{\ominus}=0.87\times205813+0.13\times164647=200460\text{J}$$

因为实际的反应温度由600K上升到1300K，故设计变温途径：

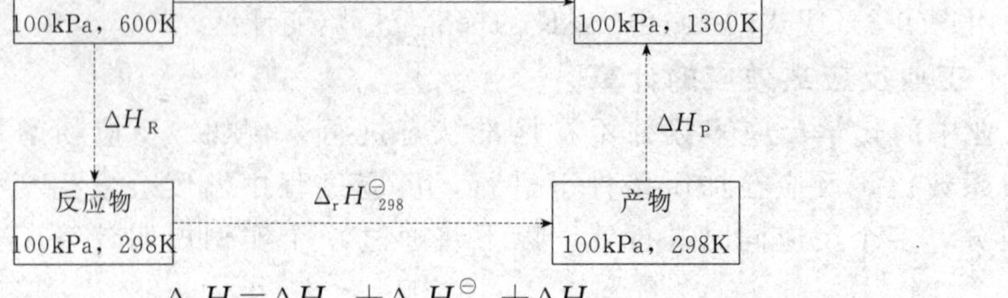

$$\Delta_r H = \Delta H_R + \Delta_r H_{298}^{\ominus} + \Delta H_P \tag{9-5}$$

与温度相比，压力对反应热的影响很小，通常可以忽略。

由式(9-4) 得

$$\Delta H_R = R\int_{600}^{298} \frac{\Delta C_{p,R}^{\ominus}}{R} dT = R\int_{600}^{298} \sum_R n_i (a_{0,i} + a_{1,i}T + a_{2,i}T^2 + a_{3,i}T^3 + a_{4,i}T^4) dT \tag{9-6}$$

以及 $$\Delta H_P = R\int_{298}^{1300} \frac{\Delta C_{p,P}^{\ominus}}{R} dT = R\int_{298}^{1300} \sum_P n_i (a_{0,i} + a_{1,i}T + a_{2,i}T^2 + a_{3,i}T^3 + a_{4,i}T^4) dT \tag{9-7}$$

由附录六查得组分的热容温度系数如下表：

	组分	n_i	$a_{0,i}$	$a_{1,i}\times10^3$	$a_{2,i}\times10^5$	$a_{3,i}\times10^8$	$a_{4,i}\times10^{11}$	ΔT
反应物	CH_4	1	4.568	−8.975	3.631	−3.407	1.091	50～1000
	H_2O	2	4.395	−4.186	1.405	−1.564	0.632	50～1000
产物	CO	0.87	3.912	−3.913	1.182	−1.302	0.515	50～1000
			0.574	6.257	−0.374	0.095	−0.008	1000～5000
	H_2	3.13	2.883	3.681	−0.772	0.692	−0.213	50～1000
			3.252	0.206	0.026	−0.009	0.001	1000～5000
	CO_2	0.13	3.259	1.356	1.502	−2.374	1.056	50～1000
			0.269	11.337	−0.667	0.167	−0.015	1000～5000
	H_2O	0.87	4.395	−4.186	1.405	−1.564	0.632	50～1000
			0.507	7.331	−0.372	0.089	−0.008	1000～5000

分别代入式(9-5) 和式(9-6) 并积分得到

$$\Delta H_R = -34390\text{J}, \qquad \Delta H_P = 161940\text{J}$$

由式(9-4) 得 $\Delta_r H = -34390 + 200460 + 161940 = 328010\text{J}$

假设反应器中气体稳定流动过程的动能和势能变化的影响可以忽略，并且无轴功。所以

$$Q = \Delta_r H = 328010\text{J}$$

9.2 化学反应平衡

工业反应器的设计既要考虑反应速率，也需要考虑平衡转化率。例如，合成甲基叔丁基醚（MTBE）的反应

$$CH_3OH + C_4H_8 \longrightarrow CH_3OC_4H_9$$

其反应速率随着温度的升高而增加，但是升高温度却会使异丁烯的平衡转化率降低，因此在选择反应温度时需要综合考虑平衡转化率和反应速率两个因素。酯化反应也是一类典型的平衡反应，例如乙酸和乙醇生成乙酸乙酯的反应在很大温度范围内不能进行到底，需要及时移走反应产物（水）以推动反应平衡的移动。平衡转化率作为可逆化学反应的极限，能够为设备改进和

催化剂研究提供一个评价标准，通常以反应平衡常数的大小表示理论上正反应能够达到的最大限度。

化学反应平衡常数是温度的函数，通常由标准反应 Gibbs 自由能计算。本节所讨论的反应平衡计算方法以及真实物系反应平衡组成和平衡转化率的计算，对工艺设计和生产条件的确定以及经济核算都是必不可少的。

9.2.1 化学反应进度

对于可逆反应 $CH_4(g)+H_2O(g) \rightleftharpoons CO+3H_2$

由 Σ 产物 − Σ 反应物 = 0

得 $CO+3H_2-CH_4(g)-H_2O(g)=0$

该体系包含四个组分，如果以 A_i 表示 i 组分的分子，ν_i 表示 i 组分的化学反应式计量系数，则有

$$\nu_1 A_1+\nu_2 A_2+\nu_3 A_3+\nu_4 A_4=0$$

或

$$\sum_{i=1}^{4} \nu_i A_i=0$$

式中，$\nu_1=1$，$\nu_2=3$，$\nu_3=-1$，$\nu_4=-1$。

类推可得，对于包含 C 个组分的任意单一反应体系，各组分之间的关系可表示为：

$$\sum_{i=1}^{C} \nu_i A_i=0$$

式中，C 为反应物和产物中的组分总数。

对于同一个化学反应，当采用不同形式的反应方程式时，化学计量系数 ν_i 的表达不同，例如合成氨反应，采用方程式

$$N_2+3H_2 \rightleftharpoons 2NH_3$$

其化学计量系数为 $\nu_{N_2}=-1$，$\nu_{H_2}=-3$，$\nu_{NH_3}=2$

若采用方程式

$$\frac{1}{2}N_2+\frac{3}{2}H_2 \rightleftharpoons NH_3$$

则化学计量系数为 $\nu_{N_2}=-\frac{1}{2}$，$\nu_{H_2}=-\frac{3}{2}$，$\nu_{NH_3}=1$

这种变化还会影响到平衡常数 K 的表达。

反应进行时，体系中任意物质 i 和 j 的物质的量变化的比例均符合化学计量系数比，即

$$\frac{dn_i}{dn_j}=\frac{\nu_i}{\nu_j}，或表示为\frac{dn_i}{\nu_i}=\frac{dn_j}{\nu_j}$$

若反应体系包含 C 种物质，则有通式

$$\frac{dn_1}{\nu_1}=\frac{dn_2}{\nu_2}=\cdots=\frac{dn_n}{\nu_n} \tag{9-8}$$

令反应进行到 t 时刻的

$$\frac{dn_i}{\nu_i}=d\varepsilon \tag{9-9}$$

ε 表示经过 t 时间，化学反应进行的程度，称为反应进度，单位为 mol。

若规定 $t=t_0$ 时，$\varepsilon=0$，由 $t_0 \to t$ 积分式(9-8) 得

$$\int_{n_{i,0}}^{n_{i,t}} dn_i=\nu_i \int_0^{\varepsilon} d\varepsilon$$

反应进行到 t 时刻，反应进度为 ε 时，组分 i 的物质的量为

$$n_{i,t}=n_{i,0}+\nu_i\varepsilon \qquad (i=1,2,3,\cdots,C) \tag{9-10}$$

反应达到平衡时，组分 i 的物质的量为

$$n_i^e = n_{i,0} + \nu_i \varepsilon^e \qquad (i=1,2,3,\cdots,C) \tag{9-11}$$

ε^e 称为平衡反应进度。

通过引入反应进度的概念，将 C 个组分的浓度变量转化成一个变量，可以更方便地计算反应体系的组成和平衡转化率。

反应进度用于表达反应进行的“深度”，这一概念不限于表达化学平衡，在化学反应的物料平衡计算及反应工程中也广泛使用。

【例 9-2】 反应 $CH_4(g)+H_2O(g) \rightleftharpoons CO+3H_2$ 的原料配比为 $n_{H_2O,0}/n_{CH_4,0}=2$。计算当反应进度 $\varepsilon=0.5$ 时各组分的浓度。

解：取计算基准为 $n_{CH_4,0}=1mol$。根据原料配比和式(9-10) 得到下表：

组分	$n_{i,0}$	ν_i	$n_{i,t}=n_{i,0}+\nu_i\varepsilon$
CH_4	1	−1	1−1×0.5=0.5
H_2O	2	−1	2−1×0.5=1.5
CO	0	1	1×0.5=0.5
H_2	0	3	3×0.5=1.5
			$\sum n_{i,t}=4$

$$y_{CH_4}=\frac{0.5}{4}=0.125, \qquad y_{H_2O}=\frac{1.5}{4}=0.375$$

$$y_{CO}=\frac{0.5}{4}=0.125, \qquad y_{H_2}=\frac{1.5}{4}=0.375$$

如果系统中同时存在 r 个独立的化学反应，反应式 j 的反应进度为 ε_j，用 $\nu_{i,j}$ 代表第 j 个反应中第 i 个组分的化学计量数，则

$$d\varepsilon_j=\frac{dn_{j,i}}{\nu_{j,i}} \tag{9-12}$$

$$dn_i=\sum_{j=1}^{r} dn_{j,i}=\sum_{j=1}^{r}\nu_{j,i}d\varepsilon_j \tag{9-13}$$

由 $t_0 \rightarrow t$ 积分式(9-13) 得

$$n_{i,t}=n_{i,0}+\sum_{j=1}^{r}\nu_{j,i}\varepsilon_j \qquad (i=1,2,3,\cdots,C) \tag{9-14}$$

$$n_t=\sum_{i-1}^{C} n_{i,t}=n_0+\sum_{j=1}^{r}\nu_j\varepsilon_j \tag{9-15}$$

$$y_i=\frac{n_{i,0}+\sum_{j=1}^{r}\nu_{j,i}\varepsilon_j}{n_0+\sum_{j=1}^{r}\nu_j\varepsilon_j} \tag{9-16}$$

可见，反应系统在任何时刻的组成是 r 个反应进度（ε_1，ε_2，…，ε_r）的函数。

【例 9-3】 用反应进度表示［例 9-1］中反应体系在任意时刻的组成。

解：取计算基准为 $n_{CH_4,0}=1mol$，则 $n_{H_2O,0}=2$。

反应方程组：

$$CH_4(g)+H_2O(g) \longrightarrow CO+3H_2 \tag{1}$$

$$CO + H_2O(g) \longrightarrow CO_2 + H_2 \tag{2}$$

的反应进度分别为 ε_1 和 ε_2。化学计量系数和组分的初始物质的量如下表：

组分	$n_{i,0}$	$\nu_{1,i}$	$\nu_{2,i}$
CH_4	1	−1	0
H_2O	2	−1	−1
CO	0	1	−1
H_2	0	3	1
CO_2	0	0	1
		$\nu_1=2$	$\nu_2=0$

应用式(9-16) 得到反应体系中各组分的组成：

$$y_{CH_4}=\frac{1-\varepsilon_1}{3-2\varepsilon_1},\quad y_{H_2O}=\frac{2-\varepsilon_1-\varepsilon_2}{3-2\varepsilon_1},\quad y_{CO}=\frac{\varepsilon_1-\varepsilon_2}{3-2\varepsilon_1}$$

$$y_{H_2}=\frac{3\varepsilon_1+\varepsilon_2}{3-2\varepsilon_1},\quad y_{CO}=\frac{\varepsilon_2}{3-2\varepsilon_1}$$

9.2.2 标准生成 Gibbs 自由能

生成 Gibbs 自由能（$\Delta_f G$）是从稳定单质生成单位量（一般为 1mol）该物质时所发生的 Gibbs 自由能变化。对其相关的标准态和稳定单质的规定同生成焓，其中 298K 的标准生成 Gibbs 自由能（$\Delta_f G_{298}^{\ominus}$）最重要，常用于计算实际反应过程的 Gibbs 自由能变（$\Delta_r G^{\ominus}$），进而求取反应平衡常数。

$\Delta_f G^{\ominus}$ 的数值不能直接由实验测得，需要通过如下定义式计算：

$$\Delta_f G_{298}^{\ominus}=\Delta_f H_{298}^{\ominus}-298.15\Delta_f S_{298}^{\ominus} \tag{9-17}$$

$$\Delta_f G_T^{\ominus}=\Delta_f H_T^{\ominus}-T\Delta_f S_T^{\ominus} \tag{9-18}$$

从 $\Delta_f H_{298}^{\ominus}$ 和 $S_{298}^{\ominus}$ 计算 $\Delta_f H_T^{\ominus}$ 及 $S_T^{\ominus}$，需要知道 C_p 的数据。相对于生成焓，熵的数据少得多，常成为计算 $\Delta_f G^{\ominus}$ 的难点。

在化学数据手册中，$\Delta_f G_{298}^{\ominus}$ 的数据常常与 $\Delta_c H_{298}^{\ominus}$ 和 $\Delta_f H_{298}^{\ominus}$ 一起编排，由于 $S_{298}^{\ominus}$ 的数据比较少，使 $\Delta_f G_{298}^{\ominus}$ 的数据相对要少一些，$\Delta_f G_T^{\ominus}$ 的数据则更少，仅在个别手册中有些以每 100K 为间隔的 $\Delta_f G_T^{\ominus}$ 计算值。

9.2.3 化学反应平衡的判据

任何反应物系都是由反应物和产物组成的多元混合物系。在一定的 T、p 和 dt 时间下，反应系统 Gibbs 自由能变为：

$$dG_{T,p}=\sum_{i=1}^{C}\mu_i dn_i=\sum_{i=1}^{C}\mu_i\nu_i d\varepsilon \tag{9-19a}$$

或

$$\left(\frac{\partial G}{\partial \varepsilon}\right)_{T,p}=\sum_{i=1}^{C}\nu_i\mu_i \tag{9-19b}$$

对于一个自发的反应过程，在恒定的温度 T 和压力 p 下，系统的 Gibbs 自由能随反应程度的增加而减小，即化学反应方向的判据为：

$$dG_{T,p}<0,\text{或}\ \Delta_r G_{T,p}<0 \tag{9-20}$$

图 9-1 为单一反应 Gibbs 自由能与反应进度的关系曲线，曲线中的箭头表示了反应过程中系统 Gibbs 自由能变化的方向，曲线的最低点对应化学平衡时的反应进度 $\varepsilon=\varepsilon^e$。达到化学平衡时，Gibbs 自由能最小，即

$$\left(\frac{\partial G}{\partial \varepsilon}\right)_{T,p}=0 \tag{9-21a}$$

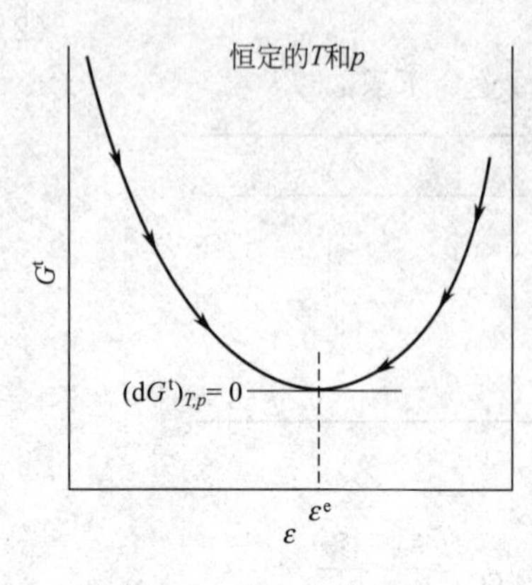

图 9-1 Gibbs 自由能与反应进度的关系

或 $$\sum_{i=1}^{C}\nu_i\mu_i=0 \tag{9-21b}$$

或 $$dG_{T,p}=0 \tag{9-21c}$$

式(9-21) 是反应平衡的判据。因为 Gibbs 自由能是状态函数，所以实际中如何达到平衡状态并不重要，只要平衡态的温度和压力一定，即可应用该判据。

由图可见，在一定 T、p 下，可逆反应 $\Delta_r G$ 的正负取决于反应物和产物的浓度。反应进度不同，反应的方向也会不同，但都趋向于达到 ε^e。

9.2.4 化学反应平衡常数

化学平衡计算的主要目的是确定化学反应中反应物与产物达到平衡时的组成关系，而反应平衡常数正是连接平衡组成与系统热力学性质关系的一个桥梁。

混合物中组分 i 的化学势 $\mu_i=\overline{G}_i$。将化学势与活度的关系 $\mu_i=\mu_i^{\ominus}+RT\ln\hat{a}_i$ 代入式(9-21b) 得到

$$\sum_{i=1}^{C}\nu_i\mu_i=\sum_{i=1}^{C}\nu_i(\mu_i^{\ominus}+RT\ln\hat{a}_i)=0$$

式中，$\mu_i^{\ominus}=G_i^{\ominus}$ 为标准态化学势，或 i 组分的标准 Gibbs 自由能。在化学平衡计算中，取纯组分在系统温度和固定压力下的状态为标准态（这与相平衡计算中的标准态压力不同）。经整理得到

$$\ln\Pi(\hat{a}_i)^{\nu_i}=-\frac{\sum\nu_i G_i^{\ominus}}{RT}$$

或 $$\Pi(\hat{a}_i)^{\nu_i}=\exp\left(-\frac{\sum\nu_i G_i^{\ominus}}{RT}\right)=K \tag{9-22}$$

式中，K 称为反应平衡常数。由于 $G_i^{\ominus}$ 表示纯物质 i 在固定压力的标准状态下的性质，仅与温度有关，故 K 仅是温度的函数。式(9-22) 可改写为

$$\Delta_r G^{\ominus}=\sum\nu_i G_i^{\ominus}=-RT\ln K \tag{9-23}$$

虽然原则上可以从实验值反求 K 值，但是要达到平衡可能需要相当长的时间，也难以确定和掌握，因此实际上这不是一个实用的方法。可用的方法是利用式（9-23）从反应的 Gibbs 自由能改变计算 K，即从反应物和生成物的 $\Delta_f G_T^{\ominus}$ 或 $\Delta_f G_{298}^{\ominus}$ 求取，在多相反应计算中需要注意各物质的标准态。通常情况下，从数据手册中可查到标准生成 Gibbs 自由能 $\Delta G_{f,298}^{\ominus}$，$\Delta_r G^{\ominus}$ 的计算可参照计算 $\Delta_r H^{\ominus}$ 的方法。

$\Delta_r G_T^{\ominus}$ 的正负决定 K 的大小。按照式(9-23)，当 $\Delta_r G_T^{\ominus}$ 为负时，其绝对值越大，K 值越大。但是当 $\Delta_r G_T^{\ominus}$ 为正时，只要其值不是很大，K 值就不会太小，反应仍然会自发进行。为了克服平衡的影响，需要不断分离移出产物，以促使反应继续进行。

下面以乙烯水合反应为例说明怎样由 $\Delta_r G^{\ominus}$ 计算平衡常数 K。

【例 9-4】 乙烯气相水合反应式如下：

$$C_2H_4(g)+H_2O(g)\rightleftharpoons C_2H_5OH(g)$$

计算 298K 的反应平衡常数。

解：由附录四查出乙烯、水蒸气和乙醇蒸气的标准热化学数据如下：

组分	相态	$\Delta_f H_{298}^{\ominus}/kJ\cdot mol^{-1}$	$\Delta_f G_{298}^{\ominus}/kJ\cdot mol^{-1}$
C_2H_4	g	52.5	68.5
H_2O	g	−241.8	−228.4
C_2H_5OH	g	−234.01	−166.7

$$\Delta_r G^{\ominus} = \sum \nu_i G_i^{\ominus} = -RT\ln K$$

$$K = \exp\left(-\frac{\sum \nu_i G_i^{\ominus}}{RT}\right) = \exp\left[-\frac{(-166.7+228.4-68.5)\times 10^3}{8.3145\times 298}\right]$$

$$= 15.55$$

9.2.5 温度对平衡常数的影响

根据热力学基本方程式 $dG = Vdp - SdT$

又因为
$$d\left(\frac{G}{RT}\right) = \frac{1}{RT}dG - \frac{G}{RT^2}dT$$

以及热力学性质间的关系
$$G = H - ST$$

所以
$$d\left(\frac{G}{RT}\right) = \frac{V}{RT}dp - \frac{H}{RT^2}dT$$

恒压时
$$\frac{H}{RT} = -T\left\{\frac{\partial[G/(RT)]}{\partial T}\right\}_p$$

在标准状态下
$$H_i^{\ominus} = -RT^2\,\frac{d[G_i^{\ominus}/(RT)]}{dT}$$

等式两边同时乘以 ν_i 并求和得到

$$\sum \nu_i H_i^{\ominus} = -RT^2\,\frac{d[\sum \nu_i G_i^{\ominus}/(RT)]}{dT}$$

所以
$$\Delta H^{\ominus} = -RT^2\,\frac{d[\Delta G^{\ominus}/(RT)]}{dT}$$

结合式(9-23) 得
$$\frac{d\ln K}{dT} = \frac{\Delta_r H^{\ominus}}{RT^2} \tag{9-24}$$

上式称为 van't Hoff 等压方程，式中 $\Delta_r H^{\ominus}$ 为化学反应的标准焓变。对于吸热反应，$\Delta_r H^{\ominus} > 0$，平衡常数 K 随温度升高而增大；放热反应，$\Delta_r H^{\ominus} < 0$，K 随温度升高而减小。如果温度变化范围不大，或 $\Delta_r H^{\ominus}$ 对温度不敏感，可近似地把 $\Delta_r H^{\ominus}$ 视为常数对式(9-24) 进行积分，得

$$\ln\frac{K_{T_1}}{K_{T_2}} = -\frac{\Delta_r H^{\ominus}}{R}\left(\frac{1}{T_1} - \frac{1}{T_2}\right) \tag{9-25a}$$

或
$$\ln K_{T_2} = \frac{\Delta_r H^{\ominus}}{R}\left(\frac{1}{T_1} - \frac{1}{T_2}\right) + \ln K_{T_1} \tag{9-25b}$$

或
$$\ln K = -\frac{\Delta_r H^{\ominus}}{RT} + I \tag{9-26}$$

式(9-26) 表明，$\ln K$ 与 $1/T$ 符合线性关系。式中 I 为积分常数，可由一组已知的反应热及平衡常数求得。

当 $\Delta_r H^{\ominus}$ 随温度有较大变化或讨论的温度范围较大时，可利用各反应物及产物的热容（C_p）关联式求出 $\Delta_r H^{\ominus}$ 与 T 的关系。按各物质 $C_p = a_0 + a_1 T + a_2 T^2 + \cdots$ 的形式，则

$$\Delta_r H^{\ominus}=\Delta H_0+\Delta AT+\frac{1}{2}\Delta BT^2+\frac{1}{3}\Delta CT^3+\cdots \tag{9-27}$$

式中，积分常数 ΔH_0 也要由某一温度下的 $\Delta_r H^{\ominus}$ 值来确定，结合式(9-24) 得

$$R\ln K=-\frac{\Delta H_0}{T}+(\Delta A)\ln T+\frac{1}{2}(\Delta B)T+\frac{1}{6}(\Delta C)T^2+\cdots+I \tag{9-28}$$

式中，积分常数 I 也是由某个温度的平衡常数来确定的。

【例 9-5】 计算［例 9-4］反应在 373K 温度下的平衡常数。

解：对式(9-24) 积分可计算温度对平衡常数的影响：

$$\int_{298}^{373}\frac{\mathrm{d}\ln K}{\mathrm{d}T}=\int_{298}^{373}\frac{\Delta_r H^{\ominus}}{RT^2}$$

因为温度变化范围不大，所以 $\Delta_r H^{\ominus}$ 可近似视为常数。积分得到

$$\ln K_{373}=\frac{\Delta_r H^{\ominus}}{R}\left(\frac{1}{298}-\frac{1}{373}\right)+\ln K_{298}$$

$$\Delta_r H^{\ominus}\approx\Delta_r H_{298}=\sum\nu_i\Delta_f H_{298}^{\ominus}=-234.01-(52.5-241.8)=-44.71\mathrm{kJ\cdot mol^{-1}}$$

将 $\Delta_r H^{\ominus}$ 和［例 9-4］中得到的 K_{298} 代入得

$$\ln K_{373}=\frac{-44710}{8.3145}\left(\frac{1}{298}-\frac{1}{373}\right)+\ln 15.55=-0.1919$$

$$K_{373}=0.825$$

9.2.6 单一反应平衡组成的计算

在分析和设计工业反应装置时，常常需要根据平衡常数来计算平衡组成，从而获得平衡转化率和产率的信息。为了比较简便地计算平衡组成，对于不同类型的反应，可将平衡常数与组成的关系用不同的形式表达。

9.2.6.1 气相反应

气体混合物中组分的化学势可用逸度表示为

$$\mu_i=\mu_i^{\ominus}+RT\ln(\hat{f}_i/f_i^{\ominus})$$

结合式(9-22) 可得

$$K=\Pi(\hat{a}_i)^{\nu_i}=\Pi(\hat{f}_i/f_i^{\ominus})^{\nu_i}=K_f \tag{9-29}$$

气体的逸度标准态是在同温下，压力为 100kPa 的理想气体状态，此时 $f_i^{\ominus}=100\mathrm{kPa}$。用逸度系数表示式(9-29) 为

$$K_f=\left(\frac{p}{100}\right)^{\sum\nu_i}\Pi\hat{\Phi}_i^{\nu_i}\Pi y_i^{\nu_i}=\left(\frac{p}{100}\right)^{\sum\nu_i}K_{\Phi}K_y \tag{9-30a}$$

式中，$K_{\Phi}=\Pi\Phi_i^{\nu_i}$、$K_y=\Pi y_i^{\nu_i}$。$p$ 是系统总压，单位为 kPa。如果压力和逸度均以 atm 为单位，则式(9-30a) 可转化为

$$K_f=p^{\sum\nu_i}K_{\Phi}K_y \tag{9-30b}$$

以上各式中，y_i 是组分 i 的平衡摩尔分数，K_f 无量纲。

【例 9-6】 反应 $C_2H_4+H_2O(g)\rightleftharpoons C_2H_5OH(g)$ 在 523K 和 3.4MPa 下的 $K_f=8.15\times10^{-3}$。若原料中 $H_2O:C_2H_4=5:1$（摩尔比），计算乙烯的平衡转化率和乙醇的平衡组成。

解：由式(9-30b) 得

$$K_y=K_fK_{\Phi}^{-1}\left(\frac{p}{0.101325}\right)^{-\sum\nu_i}=8.15\times10^{-3}\times\left(\frac{3.4}{0.101325}\right)^{-(1-1-1)}\times K_{\Phi}^{-1}=0.2735K_{\Phi}^{-1}$$

如果近似地按理想混合物计算，则

$$K_{\Phi}^{-1}=\frac{\Phi_{C_2H_4}\Phi_{H_2O}}{\Phi_{C_2H_5OH}}$$

其中 Φ_i 可由对比态舍项维里方程计算：

$$\ln\Phi_i=\frac{p_{ri}}{T_{ri}}[B^{(0)}+\omega_i B^{(1)}]$$

$$B^{(0)}=0.083-\frac{0.442}{T_{ri}^{1.6}},\qquad B^{(1)}=0.139-\frac{0.172}{T_{ri}^{4.2}}$$

由附录三查出的各组分临界数据，以及主要计算结果见下表：

组分	T_c/K	p_c/MPa	ω_i	T_{ri}	p_{ri}	$B^{(0)}$	$B^{(1)}$	Φ_i
C_2H_4	282.3	5.041	0.085	1.853	0.674	−0.074	0.126	0.977
H_2O	647.1	22.055	0.345	0.808	0.154	−0.511	−0.282	0.891
C_2H_5OH	514.0	6.137	0.637	1.018	0.554	−0.327	−0.021	0.831

$$K_{\Phi}=\frac{0.831}{0.977\times0.891}=0.9546$$

$$K_y=\frac{y_{C_2H_5OH}}{y_{C_2H_4}y_{H_2O}}=0.2735K_{\Phi}^{-1}=\frac{0.2735}{0.9546}=0.2865$$

又根据平衡组成与反应进度的关系得

$$y_i=\frac{n_i^e}{\sum_{j=1}^{C}n_j^e}$$

式中 $n_i^e=n_{i,0}+\nu_i\varepsilon^e$

取计算基准：$n_{C_2H_4,0}=1\text{mol}$

$$n_{C_2H_4}^e=n_{C_2H_4,0}+\nu_{C_2H_4}\varepsilon^e=1+(-1)\varepsilon^e=1-\varepsilon^e$$

$$n_{H_2O}^e=5-\varepsilon^e,\qquad n_{C_2H_5OH}^e=0+\varepsilon^e=\varepsilon^e$$

$$\sum_{j=1}^{C}n_i^e=6-\varepsilon^e$$

$$y_{C_2H_4}=\frac{1-\varepsilon^e}{6-\varepsilon^e},\qquad y_{H_2O}=\frac{5-\varepsilon^e}{6-\varepsilon^e},\qquad y_{C_2H_5OH}=\frac{\varepsilon^e}{6-\varepsilon^e}$$

$$K_y=\frac{\varepsilon^e(6-\varepsilon^e)}{(5-\varepsilon^e)(1-\varepsilon^e)}=0.2865$$

上式为 ε^e 的二次方程，解得两个根 0.192 和 5.808。

$$C_2H_4\text{的转化率}=\frac{n_{C_2H_4,0}-n_{C_2H_4}^e}{n_{C_2H_4,0}}=\frac{1-\ (1-\varepsilon^e)}{1}=\varepsilon^e$$

应取 $\varepsilon^e<1$ 的根，即 $\varepsilon^e=0.192$。所以 C_2H_4 转化率为 19.2%。

$$y_{C_2H_5OH}=\frac{\varepsilon^e}{6-\varepsilon^e}=\frac{0.192}{6-0.192}=0.033$$

计算了平衡浓度后，可以得出若干有用的结论：①本反应是放热反应，从热力学分析，温度宜低，但这是一个催化反应，反应温度还要由所选催化剂适应的温度来决定；②在 523K 下，反应平衡常数仅为 8.15×10^{-3}，对应的 $\Delta_r G_{523}^{\ominus}=20.9\text{kJ}\cdot\text{mol}^{-1}$，此值虽较大，但在一定条件下（包括压力、反应物配比），反应仍可有一定转化率；③ 加压和增加水蒸气配比可提高乙烯平衡化率，但设备费用增加，也增加能耗，并使得乙醇浓度太低，增加了分离的困难及成本；④计算平衡转化率后，可知大部分 C_2H_4 未反应，必须回用；⑤算出的平衡转化率指示了热力学的极限，若工业装置中接近这一平衡转化率，再开发新催化剂已无多大的可能。总之，化学平衡计算对工艺条件的选择及改进有重要作用。

9.2.6.2 单液相反应

液体的活度为 $a_i=\gamma_i x_i$。结合式(9-22) 得到反应平衡常数：

$$K=K_a=\prod(\hat{a}_i)^{\nu_i}=\prod\gamma_i^{\nu_i}\prod x_i^{\nu_i}=K_\gamma K_x \tag{9-31}$$

(1) 不添加溶剂的液相反应

反应体系是由反应物和产物组成的均相混合物，采用系统温度下的纯液体作为活度系数的基准态。式(9-31) 中的 $K_\gamma=f_1(T, x_i)$，$x_i=f_2(\varepsilon^e)$，需迭代计算出 ε^e，再求 x_i。如果混合物为理想溶液，则 $K=K_x$，计算简单得多，但这种情况极少见。对非理想溶液，因为 γ 值与组成有关，组成需要迭代求解。

(2) 添加溶剂的液相反应

如果溶剂量不大，按一般溶液计算活度系数，计算方法基本同上。

如果溶剂的量较大，按稀溶液处理可使问题得到简化。

对于溶质，$a_i=\gamma_i^* m_i$，i 为反应物或产物，其活度系数的基准态符合亨利定律，即稀溶液时 $a_i=m_i$，m_i 是组分 i 的质量分数；

对于溶剂，$a_s=\gamma_s x_s$，s 为溶剂，其活度系数的基准态符合 Lewis-Randall 规则，即稀溶液中溶剂的 $a_s=x_i$。

溶剂不参加反应时 $$K=\prod m_i^{\nu_i}=K_m$$

溶剂参加反应时 $$K=x_s^{\nu_s}\prod m_i^{\nu_i}=K_m x_s^{\nu_s}$$

【例 9-7】 在 298.15K 下，1mol 乙醇（Et）与 1mol 乙酸（Ac）的酯化反应在大量水（W）中进行，产物为乙酸乙酯（Ea）。反应方程式如下

$$Et_{aq}+Ac_{aq}=Ea_{aq}+W_1$$

反应开始时水的量为 1000mol，计算乙酸乙酯的平衡浓度。

解：溶质采用质量分数，溶剂（W）的标准态是纯水。

查得各组分在 298.15K 的标准生成 Gibbs 自由能数值如下：

组分	Et	Ac	Ea	W
$\Delta_f G^{\ominus}_{m,298.15}$/kJ·mol^{-1}	−180.8	−397.6	−332.7	−237.2

(1) 计算化学反应的 Gibbs 自由能变

$$\begin{aligned}\Delta_r G^{\ominus}_{m,298.15}&=(\Delta_f G^{\ominus}_{m,Ea}+\Delta_f G^{\ominus}_{m,W})-(\Delta_f G^{\ominus}_{m,Et}+\Delta_f G^{\ominus}_{m,Ac})\\&=(-332.7-237.2)-(-180.8-397.6)=8.5\text{kJ}\cdot\text{mol}^{-1}\end{aligned}$$

(2) 计算平衡常数

$$K^{\ominus}_{298.15}=\exp\left(\frac{-\Delta_r G^{\ominus}_{m,298.15}}{RT}\right)=\exp\left(\frac{-8.5}{8.3145\times298.15}\right)=0.0324$$

(3) 计算平衡浓度

因为溶液很稀，所以溶质和溶剂的活度系数接近于 1，由平衡常数关系得

$$K^{\ominus}_{298.15}=\frac{\hat{a}_{Ea}\hat{a}_W}{\hat{a}_{Et}\hat{a}_{Ac}}=\frac{\gamma^*_{Ea}\gamma_W}{\gamma^*_{Et}\gamma^*_{Ac}}=\frac{m_{Ea}x_W}{m_{Et}m_{Ac}}=0.0324$$

用反应进度表示各组分平衡时的量为

$$n_{Et}^{e}=n_{Et,0}^{e}-\varepsilon^{e}=1-\varepsilon^{e},\quad n_{Ac}^{e}=n_{Ac,0}^{e}-\varepsilon^{e}=1-\varepsilon^{e},\quad n_{Ea}^{e}=n_{Ea,0}^{e}+\varepsilon^{e}=\varepsilon^{e}$$

水的质量为 $(1000+\varepsilon^{e})\times 0.018\approx 18\text{kg}$，且 $x_W\approx 1$，因此

$$m_{Et}=m_{Ac}=\frac{1-\varepsilon^{e}}{18}\text{mol}\cdot\text{kg}^{-1},\quad m_{Ea}=\frac{\varepsilon^{e}}{18}\text{mol}\cdot\text{kg}^{-1}$$

代入平衡常数关系式得

$$\frac{18\varepsilon^{e}}{(1-\varepsilon^{e})^{2}}=0.0324,\qquad \varepsilon^{e}=0.00181\text{mol}$$

$$m_{Ea}^{e}=\frac{0.00181}{18}=1.01\times 10^{-4}\text{mol}\cdot\text{kg}^{-1}$$

9.2.6.3 气-固两相反应

在多相反应计算中，各相的标准态不同，表示含量的单位也不同。例如 $CaCO_3$ 的分解反应：

$$CaCO_3(s)\rightleftharpoons CaO(s)+CO_2(g)$$

体系中 $CaCO_3$ 和 CaO 都是纯固体，所以

$$f_{CaCO_3}=f_{CaCO_3}^{\ominus},\qquad f_{CaO}=f_{CaO}^{\ominus}$$

即

$$a_{CaCO_3}=a_{CaO}=1$$

【例 9-8】 979K 下 $CaCO_3$ 的分解反应平衡常数 $K_{979}^{\ominus}=0.15$，计算 979K、1atm 下 $CaCO_3$ 分解得到的 CO_2 分压。

解：

$$K_{979}^{\ominus}=\frac{a_{CaO}f_{CO_2}}{a_{CaCO_3}}=f_{CO_2}=p_{CO_2}=0.15\text{atm}$$

本 章 小 结

化学反应的热效应和化学平衡常数是设计反应装置和选择操作条件的重要依据。反应热通常由反应物系中各物质的标准生成热计算，但是标准生成热不易测量，而通常是由物质的燃烧热计算。燃烧是一类容易进行实验研究的反应，采用量热法能够测出物质的标准燃烧热。

$\Delta_r G^{\ominus}$ 是标准状态下化学反应的 Gibbs 自由能变化，用于计算平衡常数，但本身不能直接指明反应方向。$\Delta_r G$ 是实际反应条件下（包括温度、压力、组成）化学反应的 Gibbs 自由能变化。由 $\Delta_r G$ 符号的正负可判断反应进行的方向。化学反应平衡常数的大小表示了反应可进行的最大程度，可由反应物系中各物质的标准生成 Gibbs 自由能数据或者由标准反应热和标准反应熵来估算。对于放热反应，平衡常数随温度升高而减小；对于吸热反应，平衡常数随温度升高而增大。为了计算反应过程中某时刻的物质含量（或组成），本章引出“反应进度”的概念，反应系统在任何时刻的组成均可表示成反应进度的函数，从而消减了反应平衡关系式中的变量个数。

本章包括五个主要的知识点：①标准反应热和标准生成热；②化学反应平衡的判断；③化学反应进度；④反应平衡常数的计算及其影响因素；⑤单一化学反应平衡组成的计算。重点为反应热计算和单一化学反应平衡计算。

习 题

9-1 CO加氢合成甲醇的反应式为：

$$CO+2H_2 \rightleftharpoons CH_3OH(g)$$

原料组成（摩尔分数）为：$x_{H_2}=0.7$，$x_{CO}=0.12$，$x_{CO_2}=0.08$，$x_{N_2}=0.1$。系统内还同时发生以下反应：

$$CO_2+H_2 \rightleftharpoons CO+H_2O(g)$$

在277℃、5MPa下反应达到平衡，平衡常数分别为$K_1=6.741\times10^{-4}$、$K_2=1.728\times10^{-2}$。计算平衡混合物的组成。

9-2 在308K、100kPa下，N_2O_4分解为NO_2的平衡分解率为0.27，计算反应平衡常数以及10kPa下的平衡反应进度。

9-3 计算1000℃下，水煤气合成反应$C(s)+H_2O(g) \rightleftharpoons CO(g)+H_2(g)$的平衡常数和反应热。

9-4 在400℃下某异构化反应$A \rightleftharpoons B$可快速达到平衡，该温度下组分的蒸气压分别为$p_A^s=202.65kPa$、$p_B^s=253.31kPa$。将气相A和气相B混合后加入到带有活塞的管式反应器中，维持400℃，推动活塞，对反应器缓慢加压至222.92kPa时可观察到露点。假设体系为理想混合物，分别计算反应$A(g) \rightleftharpoons B(g)$和$A(l) \rightleftharpoons B(l)$的平衡常数。

9-5 乙酸和乙醇液相反应生成乙酸乙酯的反应方程式如下：

$$CH_3COOH(l)+C_2H_5OH(l) \rightleftharpoons CH_3COOC_2H_5(l)+H_2O(l)$$

将乙酸和乙醇按等摩尔量加入反应器，在373.15K和0.1013MPa下进行反应达到平衡。计算混合物中乙酸乙酯的摩尔分数。

9-6 在900K下，反应$SO_2(g)+\frac{1}{2}O_2(g) \rightleftharpoons SO_3(g)$的平衡常数为$K=6.827$。若假设体系为理想气体，原料配比为$SO_2:O_2=1:1$，要使$SO_2$的转化率达到85%，至少需加多大压力？

9-7 由C_5异构体组成的混合气体含有正戊烷（1）、异戊烷（2）和新戊烷（3）。已知400K的标准生成Gibbs自由能为$\Delta G_{f,1}=40.195kJ\cdot mol^{-1}$，$\Delta G_{f,2}=34.415kJ\cdot mol^{-1}$，$\Delta G_{f,3}=37.640kJ\cdot mol^{-1}$。估算400K、101.325kPa下混合物的平衡组成。

9-8 乙苯脱氢反应$C_6H_5C_2H_5(g) \rightleftharpoons C_6H_5CHCH_2(g)+H_2(g)$在常压和873K的反应平衡常数$K=0.224$。原料乙苯的流率为$400kg\cdot h^{-1}$，计算乙苯的平衡转化率。如果向反应系统中加入水蒸气，其流率为$600kg\cdot h^{-1}$，乙苯的平衡转化率将发生怎样的变化？

9-9 ZrO_2分解反应$ZrO_2(s) \rightleftharpoons Zr(s)+O_2(g)$的Gibbs自由能与温度的关系为$\Delta G=1087.59+18.12T\lg T-24.73T J\cdot mol^{-1}$。计算2000K下反应的平衡常数和氧的分压。

9-10 氧化银分解反应式为

$$Ag_2O(s) \rightleftharpoons 2Ag(s)+\frac{1}{2}O_2(g)$$

计算200℃下氧化银的分解反应平衡压力。

第10章 化工热力学在精细化工中的应用

20世纪初，化学工业得到快速发展。1913年，德国哈柏法合成氨投产，高温高压下化学平衡及相应的物理过程需要计算，其中包括高温高压下焓、熵、黏度、热导率等的计算。在20年代，石油化工开始发展，裂解制乙烯成为工业方法，石油化工产品成为化工产品的主流，对众多相平衡计算也有更高的要求。在此推动下，状态方程、对比态法和温度，压力对焓、熵计算方法得到发展，相平衡计算已有规律可循，至30年代化工热力学逐步趋于成熟，并已有了专著。总之，相当长时间内，化工热力学所提供的计算方法大多是为石油化工生产服务的，所涉及物质多为相对摩尔质量不大的化合物，都具有临界参数实验值，使用对比态法和状态方程法都没有困难。

20世纪60年代，石油化工仍在飞速发展，而精细化学品开始从石化产品中分离出来。精细化学品指产量小、品种多、价格高的化学品，如医药、农药、染料、颜料、香料、涂料、化学试剂、催化剂、溶剂、表面活性剂、食品添加剂、感光材料等，也包括产量不大，但经过加工配制，具有专门功能或最终使用性能的产品，即专用化学品。国内目前对此类化学工业与工程、工艺问题广泛使用“精细化工”名称。石油化工及其下游三大合成材料产品是国民经济中的支柱产品，精细化学品的单位产量具有高利润的特点，并直接改善人民生活，因此它们都是国民经济中重要组成部分，但精细化学品重要性越来越突出，并逐步占有更大比例。

精细化学品生产规模小，初期的化工计算比较简单、粗糙，随着精细化学品生产的完善，对其化学工程的内容要求增高，要把热力学计算引入到有关的产品中，指导工艺的改进。原则上，所有的热力学关系及计算方法在精细化工中是通用的，但也有一定的特殊性。

10.1 化工热力学在精细化工中应用的特点

化工热力学在精细化工中的应用有如下几个特点。

① 在精细化工中，原来的计算及设计都比较粗糙、简单，包括化工热力学在内的使用虽在逐步深化，但至今其可靠性及相应的要求还远远不如在石油化工中。

② 绝大多数精细化学品的摩尔质量都较大，升高温度时稳定性变差，有一大批化合物在沸点前即已分解或者聚合，当然也没有临界温度、临界压力、临界密度、偏心因子。在本书中重点讨论的对比态法和状态方程法都无法使用，而这些方法在发展石油化工的热力学计算中是发挥了巨大作用的。

③ 石油化工工艺中温度跨度很大，在100～1000K或更大的范围内，化工数据或计算方法都要与此对应。精细化工中温度范围小得多，大致在230～570K范围内，不需要很低或很高温度的数据。

④ 石油化工工艺中压力跨度也很大，可在1～(2.0×10^8)Pa。低压对热力学计算基本上没有特殊要求，只需要相应的数据。高压所带来的问题则大得多，因为高温高压使物系进入超临界状态，并相应地有一系列特殊的热力学性质及计算方法。精细化工中除了一些加氢操作在高压下进行外，多数反应是在常压下进行的，个别反应在低压下进行；分离中的精馏操作更多地在减压下进行，也有一些在常压下进行。由于基本上不需要加压下的操作，则在化工热力学中

重点讨论的压力效应在精细化工中无需使用。精细化学品的一些品种应具有极微蒸气压，如增塑剂、香料，其蒸气压甚至在10^{-10} Pa以下，但这只是物性测定中的难点，基本上不涉及热力学计算。

⑤ 能量计算是化工热力学的重要内容之一，当然也适用于精细化工，但使用范围及重要性都变小了，因为能量问题的重要性在精细化工中不占重要地位。

⑥ 在石油化工的原料和产品中，液体和气体占绝大部分，在一般化工热力学中，也更关注气、液性质的变化及计算。在精细化学品中固体占绝大部分，虽然在原料、中间品、副产品中也有许多气体和液体，但不得不同时关注有关固体的计算。气、液、固三相所遵循的热力学规律相同，但固体的物性是有特点的，例如在 p-V-T 关系中温度、压力对体积影响很小。

⑦ 化学反应在精细化工中占有重要地位，因为与石油化工相比有多得多的化学反应。石油化工中有许多反应受到平衡限制，但这些反应大体上已研究清楚。精细化工中有更多受到化学平衡限制的反应，为确定反应方向，需要平衡常数的计算，由于缺乏生成焓数据，更缺乏熵的数据，至今难以进行平衡常数及化学平衡的计算。

⑧ 组成（或浓度）的计算是化工热力学中最重要的内容，其中尤以相平衡计算为最，这是分离过程的基础，也与化学工业的能耗直接相关，因此相平衡计算在石油化工的技术进步中占有重要地位。在石油化工工艺的分离过程中，精馏所占比重最大，也常占能耗的大部分，因此其相平衡中汽液平衡是核心，也是研究重点。在精细化工中相平衡也是十分重要的，由于精细化学品大多是固体，因此固液平衡更重要些，也更关注其计算方法。在精细化工中，液液平衡、汽液平衡也很常见，但数据零散，计算方法也无特点。

⑨ 精细化学品的重要特点是涉及的化合物品种繁多。因此每个化合物的数据项目及内容虽有减少，例如减少了带压和高温、低温数据，减少了扩散系数、气体黏度、气体热导率等项目，p-V-T 关系也不重要，但是由于品种繁多，不可能全部实测，计算及估算仍是不可少的。

⑩ 精细化学品中有许多是多基团化合物，基团间的作用难以忽略，又缺乏足够的实验值以确定这类作用力的强度。因此，基团贡献法应用于精细化学品时可靠性差得多，也没有发展出专用的基团法。

⑪ 发展精细化学品需要物性数据总量极大，实测物性数据量很少，估算方法可靠性差，甚至无从进行，因此要花更大力量寻找实验值，即使温度、压力条件不同的数据，也常有很大参考意义。早年的数据手册中所提供的数据基本上集中在石油化工的相关物质中，而随着化工数据的发展，各类化工数据手册或网上化工数据库所涉及的化合物愈来愈多。尽可能查到所需物性数据是精细化工中化工热力学计算的重要出发点。

10.2　精细化学品的基础物性

基础物性一般指熔点、沸点、常温密度、临界性质等最常用的物性。精细化学品中有许多固体，因此首先必须有熔点（或凝固点）以确定固液的分界温度。虽然严格地说有气相压力问题，但由于外压对固液平衡影响很小，实际测定时可不考虑外压的影响，使测定在常压进行并大大简化。由于熔点常作为考核新化合物或新合成方法（产品）的依据，因此对大部分化合物熔点数据是齐全的，但有部分化合物在固、液转化时处于玻璃态，而没有固定的值。还有一些精细化学品在熔点前即已发生分解，而不存在熔点的现象也是较多的。

沸点（T_b）是很容易测定的物性，但是许多精细化学品常常在沸点前即已分解，因此在手册中 T_b 项目下常可见如下一些数值，例如 89^{12}，它表示该化合物缺乏常压沸点值，但在低压下（12mmHg）沸点温度为89℃。因为这些蒸气压数据都是在过去测定的，有的甚至已有一百年左右，而当时习惯以mmHg作为压力单位，这样的数据量极大，至今未系统地换算，并成为许多化工数据手册中SI系统的盲点。这些低蒸气压数据也常常是合成及提纯该化合物时研究者所提供的。如果能在手册中找到几个这样的数据，有时可尝试关联这些数据，并外推至101.325kPa，但若提供的蒸气压离101.325kPa甚远，则这种外推有很大的风险。由于数据量不足，关联时更常用Clapeyron方程。

蒸气压数据对精细化学品的提纯是必需的。目前数据零散，更难以找到Antoine或Clapeyron方程系数。

由于在精细化工中很少采用加压操作，因此气相 p-V-T 关系及相应计算不重要。对液相而言，绝大多数工艺操作条件的温度和压力范围有限，只要几个常温附近的液相密度就够用了。对固相的精细化学品，一般只用一个常温密度。

精细化学品没有临界参数实验值。由于大多是多基团化合物，基团间作用强烈，也有一些基团缺乏实验数据可供拟合，因此基本上不能用基团法估算复杂的精细化学品的临界性质。缺乏临界性质决定了对比态法不能用于精细化学品。

10.3 精细化工中的热化学计算

精细化学品产量小，价格高，能耗占成本比例不大，过去对能量计算不太重视。随着其产量增加，化学工程被广泛使用，间歇生产也进一步被优化，能量计算的可靠性开始被重视。

化工热力学中能耗计算的关键之一是温度、压力对焓的影响。由于加压操作不多，压力对焓影响的计算一般与精细化工无关，不同温度下的焓变是精细化工中的重要计算内容，为此需要液态、固态下的热容（C_p）值。由于绝大多数精细化学品缺乏 C_p-T 关联方程系数，而且工艺所涉及的温度范围不大，因此在精细化工计算中常用平均热容，甚至只用室温下的 C_p 计算整个过程的焓变。

在精细化工计算中需要熔化热和蒸发热。熔化热随化合物结构变化规律很复杂，极难估算，只能依靠实验值，实验数据比较多，也有良好的总结、很好的手册，但大部分精细化学品还缺乏该项数据。蒸发热只用于少数精细化学品，其实验值更缺乏，由于蒸气压数据也极少，由蒸气压数据计算蒸发热也难以使用。

反应热数据对精细化工的反应器设计是必需的，由于生成焓数据不多，因此只能满足极少数精细化工中反应器热平衡计算的需要。

10.4 精细化工中的相平衡计算

精细化工中也有许多分离操作，为了提纯，也需要相平衡数据。为了适应精细化工中的结晶操作和萃取操作，固液平衡及液液平衡对精细化工也是重要的。

精细化学品的固液平衡与一般化工热力学相同，也包括熔点相近物系及固体在液体中的溶解度，前者数据极少，后者只有一些在水中的零散数据。液态精细化学品在不同溶剂中的溶解度数据稀少，即使在水中的溶解度也只是零散的。

虽然有许多新的溶解度数据发表，但总的来说，相平衡数据不充分，活度系数关联式难以使用，严格的相平衡计算还未在精细化工中开展。

本章小结

化工热力学用于精细化工是把化学工程引入其生产的重要基础之一，也是提高其设计（计算）水平的重要途径。由于基础数据缺乏及某些计算方法的特殊性，目前应用还很有限，但可肯定这是一个发展方向。

习　题

10-1 从化学工业发展的角度总结热力学在精细化工中的应用。

10-2 列出精细化工中常用的化工数据，并说明在化工计算中的应用。

10-3 总结在精细化工中应用的主要化工热力学计算方法。

第11章　相平衡的估算

相平衡指混合物各相之间的温度、压力、组成关系。由于化工生产中各种组元间可能的组合非常多，即使对二元物系也不可能提供充分的实验数据，若考虑到多组元相平衡更为广泛及实验数据基本上空白，则估算更是必不可少的。

在各种相平衡关系中，汽液平衡是最重要的，相平衡的估算也是从此开始的。在相平衡计算中，最主要的方法是活度系数法和状态方程法，因此估算方法也应该是活度系数（γ）和状态方程中交互作用系数的估算，由于对后者尚无有效的方法，使用的方法主要是 γ 的估算。

不同物系的 γ 值相差极大，同一物系的 γ 值也随组成的不同而有较大变化，其估算必须提出一种浓度关系式，难度很大。在 20 世纪 50 年代，出现了无限稀释活度系数估算方法，局限性很大。目前，可供使用的方法是基团贡献法，特别是 1975 年发表的 UNIFAC 法。UNIFAC 法是在 UNIQUAC 模型基础上结合基团法的一种方法，其基本方程如下。

$$\ln\gamma_i = \ln\gamma_i^c + \ln\gamma_i^R \tag{11-1}$$

$$\ln\gamma_i^c = \ln\frac{\phi_i}{x_i} + \frac{Z}{2}q_i\ln\frac{\theta_i}{\phi_i} + l_i - \frac{\phi_i}{x_i}\sum_j x_j l_j \tag{11-2}$$

$$l_i = \frac{Z}{2}(r_i - q_i) - (r_i - 1) \tag{11-3a}$$

$$\theta_i = \frac{q_i x_i}{\sum\limits_j q_j x_j} \quad (11\text{-}3b) \qquad \phi_i = \frac{r_i x_i}{\sum\limits_j r_j x_j} \quad (11\text{-}3c)$$

$$q_i = \sum\nu_k^{(i)} Q_k \quad (11\text{-}3d) \qquad r_i = \sum\nu_k^{(i)} R_k \quad (11\text{-}3e)$$

式(11-1)～式(11-3) 与原 UNIQUAC 式十分相似或相同，只是把按分子计改为按分子中基团计。其中配位数 Z 仍取 10；θ_i 和 ϕ_i 分别是表面积分数和体积分数，它们分别由基团表面积参数 Q_k 和体积参数 R_k 计算而得；$\nu_k^{(i)}$ 是在分子 i 中基团 k 的数目，它是整数；γ_i^c 称为组合项活度系数，反映纯组元 i 分子构成和大小对 γ 的贡献，即只与纯组元结构和性质有关，计算 γ_i^c 需要的数据有两种微观参数 Q_k 和 R_k，分别反映基团的形状和体积大小，具体值见表 11-1，是本基团法的一部分；γ_i^R 是各基团间相互作用的贡献，称为剩余活度系数，计算式是

$$\ln\gamma_i^R = \sum\nu_k^{(i)}[\ln\Gamma_k - \ln\Gamma_k^{(i)}] \tag{11-4}$$

式中，Γ_k 是基团 k 的活度系数；$\Gamma_k^{(i)}$ 是在纯组元 i 中基团 k 的活度系数。在式（11-4）中引入 $\Gamma_k^{(i)}$ 是为了当 $x_i \to 1$ 时，组元 i 的 γ 为 1。$\Gamma_k^{(i)}$ 值只与 k 基团所在分子 i 的结构有关，$\Gamma_k^{(i)}$ 的表达式是

$$\ln\Gamma_k^{(i)} = Q_k\left\{1 - \ln\left[\sum_m \theta_m^{(i)}\psi_{mk}\right] - \sum_m \frac{\theta_m^{(i)}\psi_{km}}{\sum\limits_n \theta_n^{(i)}\psi_{nm}}\right\} \tag{11-5}$$

（m 和 n=1，2，…，N，所有的基团）

式中，$\theta_m^{(i)}$ 是 i 组元中基团 m 的表面积分数。

$$\theta_m^{(i)}=\frac{Q_m X_m^{(i)}}{\sum_n Q_n X_n^{(i)}} \tag{11-6}$$

Q_m 和 Q_n 是基团 m 和基团 n 的表面积参数，$X_m^{(i)}$ 是 i 组元中基团 m 的分数。

$$X_m^{(i)}=\frac{\nu_m^{(i)}}{\sum_k \nu_k^{(i)}} \tag{11-7}$$

以1-丙醇为例，由 CH_3、CH_2、OH 三种基团组成，其中 CH_3 和 OH 基团各占 0.25，而 CH_2 占 0.50。

混合物中基团 k 的活度系数 Γ_k 的计算式是

$$\ln\Gamma_k=Q_k\left[1-\ln\left(\sum_m \theta_m \psi_{mk}\right)-\sum_m \frac{\theta_m \psi_{km}}{\sum_n \theta_n \psi_{nm}}\right] \tag{11-8}$$

与式（11-5）不同，式（11-8）用溶液中分数 θ_m（基团 m 在溶液中的表面积分数）、X_m（溶液中基团 m 的分数）代替纯组元中的分数。

$$\theta_m=\frac{Q_m X_m}{\sum_n Q_n X_n} \tag{11-9}$$

$$X_m=\frac{\sum_i \nu_m^{(i)} x_i}{\sum_i \sum_k \nu_k^{(i)} x_i} \tag{11-10}$$

式(11-5) 和式(11-8) 中，ψ 表达基团间的相互作用，并用基团间相互作用参数 a_{nm} 来表达。

$$\psi_{nm}=\exp\left(-\frac{a_{nm}}{T}\right) \tag{11-11}$$

式中，T 为体系温度；a_{nm} 和 a_{mn} 不等，其单位为 K，该值是由汽液平衡（vle）数据回归而得的。该方法在 1975 年第一次发表时，所涉及基团数是 18 个，至 1991 年第 7 版时，已扩充为 50 个，至 2002 年、2003 年还有新的补充，2003 年版主基团又增至 64 个。从表 11-1 中还可见，基团又划分为主基团（50 个）和子基团（108 个），例如主基团 CH_2 是饱和烃基团，有 4 个子基团 CH_3、CH_2、CH、C，分别有各自的 Q_k 和 R_k 值；又例如 CNH_2 主基团包括 CH_3NH_2、CH_2NH_2、$CHNH_2$ 三个子基团。主基团只用于计算 a_{nm}，即同一主基团间 a_{nm} 是相同的。a_{nm} 值见表 11-2。表中还有许多空白，表明因实验数据缺乏，未能回归出相应的 a_{nm} 值。

表 11-1　UNIFAC 法基团体积和表面积参数

主基团序号	主基团	子基团	子基团序号	R_k	Q_k	基团划分实例
1	CH_2	CH_3	1	0.9011	0.848	正己烷：$2CH_3$，$4CH_2$
		CH_2	2	0.6744	0.540	2-甲基丙烷：$3CH_3$，1CH
		CH	3	0.4469	0.228	2,2-二甲基丙烷：$4CH_3$，1C
		C	4	0.2195	0.000	
2	C═C	CH_2═CH	5	1.3454	1.176	1-己烯：$1CH_3$，$3CH_2$，$1CH_2$═CH
		CH═CH	6	1.1167	0.867	2-己烯：$2CH_3$，$2CH_2$，1CH═CH
		CH_2═C	7	1.1173	0.988	2-甲基-1-丁烯：$2CH_3$，$1CH_2$，$1CH_2$═C
		CH═C	8	0.8886	0.676	2-甲基-2-丁烯：$3CH_3$，1CH═C
		C═C	9	0.6605	0.485	2,3-二甲基-2-丁烯：$4CH_3$，1C═C
3	ACH	ACH	10	0.5313	0.400	苯：6ACH
		AC	11	0.3652	0.120	苯乙烯：$1CH_2$═CH，5ACH，1AC

续表

主基团序号	主基团	子基团	子基团序号	R_k	Q_k	基团划分实例
4	$ACCH_2$	$ACCH_3$	12	1.2663	0.968	甲苯:5ACH,$1ACCH_3$
		$ACCH_2$	13	1.0396	0.660	乙苯:$1CH_3$,5ACH,$1ACCH_2$
		ACCH	14	0.8121	0.348	异丙苯:$2CH_3$,5ACH,1ACCH
5	OH	OH	15	1.000	1.200	异丙醇:$2CH_3$,1CH,1OH
6	CH_3OH	CH_3OH	16	1.4311	1.432	甲醇:$1CH_3OH$
7	H_2O	H_2O	17	0.92	1.40	水:$1H_2O$
8	ACOH	ACOH	18	0.8952	0.680	苯酚:5ACH,1ACOH
9	CH_2CO	CH_3CO	19	1.6724	1.488	2-丁酮:$1CH_3$,$1CH_2$,$1CH_3CO$
		CH_2CO	20	1.4457	1.180	3-戊酮:$2CH_3$,$1CH_2$,$1CH_2CO$
10	CHO	CHO	21	0.9980	0.948	乙醛:$1CH_3$,1CHO
11	CCOO	CH_3COO	22	1.9031	1.728	乙酸丁酯:$1CH_3$,$3CH_2$,$1CH_3COO$
		CH_2COO	23	1.6764	1.420	丙酸丁酯:$2CH_3$,$3CH_2$,$1CH_2COO$
12	HCCO	HCOO	24	1.2420	1.188	甲酸乙酯:$1CH_3$,$1CH_2$,1HCOO
13	CH_2O	CH_3O	25	1.1450	1.088	二甲醚:$1CH_3$,$1CH_3O$
		CH_2O	26	0.9183	0.780	二乙醚:$2CH_3$,$1CH_2$,$1CH_2O$
		CH—O	27	0.6908	0.468	二异丙醚:$4CH_3$,1CH,1CH—O
		FCH_2O	28	0.9183	1.1	四氢呋喃:$3CH_2$,$1FCH_2O$
14	CNH_2	CH_3NH_2	29	1.5959	1.544	甲胺:$1CH_3NH_2$
		CH_2NH_2	30	1.3692	1.236	丙胺:$1CH_3$,$1CH_2$,$1CH_2NH_2$
		$CHNH_2$	31	1.1417	0.924	异丙胺:$2CH_3$,$1CHNH_2$
15	CNH	CH_3NH	32	1.4337	1.244	二甲胺:$1CH_3$,$1CH_3NH$
		CH_2NH	33	1.2070	0.936	二乙胺:$2CH_3$,$1CH_2$,$1CH_2NH$
		CHNH	34	0.9795	0.624	二异丙胺:$4CH_3$,1CH,1CHNH
16	$(C)_3N$	CH_3N	35	1.1865	0.940	三甲胺:$2CH_3$,$1CH_3N$
		CH_2N	36	0.9597	0.632	三乙胺:$3CH_3$,$2CH_2$,$1CH_2N$
17	$ACNH_2$	$ACNH_2$	37	1.0600	0.816	苯胺:5ACH,$1ACNH_2$
18	吡啶	C_5H_5N	38	2.9993	2.113	吡啶:$1C_5H_5N$
		C_5H_4N	39	2.8332	1.833	3-甲基吡啶:$1CH_3$,$1C_5H_4N$
		C_5H_3N	40	2.667	1.553	2,3-二甲基吡啶:$2CH_3$,$1C_5H_3N$
19	CCN	CH_3CN	41	1.8701	1.724	乙腈:$1CH_3CN$
		CH_2CN	42	1.6434	1.416	丙腈:$1CH_3$,$1CH_2CN$
20	COOH	COOH	43	1.3013	1.224	乙酸:$1CH_3$,1COOH
		HCOOH	44	1.5280	1.532	甲酸:1HCOOH
21	CCl	CH_2Cl	45	1.4654	1.264	1-氯丁烷:$1CH_3$,$2CH_2$,$1CH_2Cl$
		CHCl	46	1.2380	0.952	2-氯丙烷:$2CH_3$,1CHCl
		CCl	47	1.0060	0.724	2-氯-2-甲基丙烷:$3CH_3$,1CCl
22	CCl_2	CH_2Cl_2	48	2.2564	1.988	二氯甲烷:$1CH_2Cl_2$
		$CHCl_2$	49	2.0606	1.684	1,1-二氯乙烷:$1CH_3$,$1CHCl_2$
		CCl_2	50	1.8016	1.448	2,2-二氯丙烷:$2CH_3$,$1CCl_2$
23	CCl_2	$CHCl_3$	51	2.8700	2.410	氯仿:$1CHCl_3$
		CCl_3	52	2.6401	2.184	1,1,1-三氯乙烷:$1CH_3$,$1CCl_3$
24	CCl_4	CCl_4	53	3.3900	2.910	四氯化碳:$1CCl_4$

续表

主基团序号	主基团	子基团	子基团序号	R_k	Q_k	基团划分实例
25	ACCl	ACCl	54	1.1562	0.844	氯苯:5ACH,1ACCl
26	CNO_2	CH_3NO_2	55	2.0086	1.868	硝基甲烷:$1CH_3NO_2$
		CH_2NO_2	56	1.7818	1.560	1-硝基丙烷:$1CH_3$,$1CH_2$,$1CH_2NO_2$
		$CHNO_2$	57	1.5544	1.248	2-硝基丙烷:$2CH_3$,$1CHNO_2$
27	$ACNO_2$	$ACNO_2$	58	1.4199	1.104	硝基苯:5ACH,$1ACNO_2$
28	CS_2	CS_2	59	2.057	1.65	二硫化碳:CS_2
29	CH_3SH	CH_3SH	60	1.8770	1.676	甲硫醇:$1CH_3SH$
		CH_2SH	61	1.6510	1.368	乙硫醇:$1CH_3$,$1CH_2SH$
30	糠醛	糠醛	62	3.1680	2.481	糠醛:1糠醛
31	DOH	$(CH_2OH)_2$	63	2.4088	2.248	乙二醇:$1(CH_2OH)_2$
32	I	I	64	1.2640	0.992	1-碘乙烷:$1CH_3$,$1CH_2$,1I
33	Br	Br	65	0.9492	0.832	1-溴乙烷:$1CH_3$,$1CH_2$,1Br
34	C≡C	CH≡C	66	1.2920	1.088	1-戊炔:$1CH_3$,$2CH_2$, 1CH≡C
		C≡C	67	1.0613	0.784	2-戊炔:$2CH_3$,$1CH_2$, 1C≡C
35	Me_2SO	Me_2SO	68	2.8266	2.472	二甲亚砜:$1Me_2SO$
36	ACRY	ACRY	69	2.3144	2.052	丙烯腈:1ACRY
37	ClCC	Cl(C=C)	70	0.7910	0.724	三氯乙烯:1CH=C,3Cl(C=C)
38	ACF	ACF	71	0.6948	0.524	六氟代苯:6ACF
39	DMF	DMF-1	72	3.0856	2.736	二甲基甲酰胺:1DMF-1
		DMF-2	73	2.6322	2.120	二乙基甲酰胺:$2CH_3$,1DMF-2
40	CF_2	CF_3	74	1.4060	1.380	全氟己烷:$2CF_3$,$4CF_2$
		CF_2	75	1.0105	0.920	
		CF	76	0.6150	0.460	氟甲基环己烷:1CH,$5CH_2$,1CF
41	COO	COO	77	1.38	1.20	
42	SiH_2	SiH_3	78	1.6035	1.2632	甲基硅烷:$1CH_3$,$1SiH_3$
		SiH_2	79	1.4443	1.0063	二乙基硅烷:$2CH_3$,$2CH_2$,$1SiH_2$
		SiH	80	1.2853	0.7494	七甲基三硅氧烷:$7CH_3$,$2SiO_2$,1SiH
		Si	81	1.0470	0.4099	六甲基二硅氧烷:$6CH_3$,1SiO,1Si
43	SiO	SiH_2O	82	1.4838	1.0621	1,3-二甲基硅氧烷:$2CH_3$,$1SiH_2O$,$1SiH_2$
		SiHO	83	1.3030	0.7639	1,1,3,3-四甲基硅氧烷:$4CH_3$,1SiHO,1SiH
		SiO	84	1.1044	0.4657	八甲基环四硅氧烷:$8CH_3$,4SiO
44	NMP	NMP	85	3.9810	3.200	*N*-甲基吡咯烷酮:1NMP
45	CClF	CCl_3F	86	3.0356	2.644	三氯氟甲烷:$1CCl_3F$
		CCl_2F	87	2.2287	1.916	四氯-1,2-二氟乙烷:$2CCl_2F$
		$HCCl_2F$	88	2.4060	2.116	二氯氟甲烷:$1HCCl_2F$
		HCClF	89	1.6493	1.416	1-氯-1,2,2,2-四氟乙烷:$1CF_3$,1HCClF
		$CClF_2$	90	1.8174	1.648	1,2-二氯四氟乙烷:$2CClF_2$
		$HCClF_2$	91	1.9670	1.828	氯二氟甲烷:$1HCClF_2$
		$CClF_3$	92	2.1721	2.100	氯三氟甲烷:$1CClF_3$
		CCl_2F_2	93	2.6243	2.376	二氯二氟甲烷:$1CCl_2F_2$
46	CON	$CONH_2$	94	1.4515	1.248	乙酰胺:$1CH_3$,$1CONH_2$
		$CONHCH_3$	95	2.1905	1.796	*N*-甲基乙酰胺:$1CH_3$,$1CONHCH_3$

续表

主基团序号	主基团	子基团	子基团序号	R_k	Q_k	基团划分实例
		$CONHCH_2$	96	1.9637	1.488	N-乙基乙酰胺:$2CH_3$,$1CONHCH_2$
		$CON(CH_3)_2$	97	2.8589	2.428	N,N-二甲基乙酰胺:$1CH_3$,$1CON(CH_3)_2$
		$CON(CH_3)CH_2$	98	2.6322	2.120	N,N-甲基乙基乙酰胺:$2CH_3$,$1CONCH_3CH_2$
		$CON(CH_2)_2$	99	2.4054	1.812	N,N-二乙基乙酰胺:$3CH_3$,$1CON(CH_2)_2$
47	OCCOH	$C_2H_5O_2$	100	2.1226	1.904	2-乙氧基乙醇:$1CH_3$,$1CH_2$,$1C_2H_5O_2$
		$C_2H_4O_2$	101	1.8952	1.592	2-乙氧基-1-丙醇:$2CH_3$,$1CH_2$,$1C_2H_4O_2$
48	CH_2S	CH_3S	102	1.6130	1.368	二甲硫醚:$1CH_3$,$1CH_3S$
		CH_2S	103	1.3863	1.060	二乙硫醚:$2CH_3$,$1CH_2$,$1CH_2S$
		CHS	104	1.1589	0.748	二异丙基硫醚:$4CH_3$,1CH,1CHS
49	吗啉	吗啉	105	3.4740	2.796	吗啉:1 吗啉
50	噻吩	C_4H_4S	106	2.8569	2.140	噻吩:$1C_4H_4S$
		C_4H_3S	107	2.6908	1.860	2-甲基噻吩:$1CH_3$,$1C_4H_3S$
		C_4H_2S	108	2.5247	1.580	2,3-二甲基噻吩:$2CH_3$,$1C_4H_2S$

表 11-2　UNIFAC 法中 a_{nm} 值

m \ n	1	2	3	4	5	6	7	8	9	10
1. CH_2	0.0	86.02	61.13	76.50	986.5	697.2	1318	1333	476.4	677.0
2. C═C	−35.36	0.0	38.81	74.15	524.1	787.6	270.6	526.1	182.6	448.8
3. ACH	−11.12	3.446	0.0	167.0	636.1	637.4	903.8	1329	25.77	347.3
4. $ACCH_2$	−69.70	−113.6	−146.8	0.0	803.2	603.3	5695	884.9	−52.11	586.8
5. OH	156.4	457.0	89.60	25.82	0.0	−137.1	353.5	−259.7	84.00	−203.6
6. CH_3OH	16.51	−12.52	−50.00	−44.50	249.1	0.0	−181.0	−101.7	22.39	306.4
7. H_2O	300.0	496.1	362.3	377.6	−229.1	289.6	0.0	324.5	−195.4	−116.0
8. ACOH	275.8	217.5	25.34	244.2	−451.6	−265.2	−601.8	0.0	−356.1	−271.1
9. CH_2CO	26.76	42.92	140.1	365.8	164.5	108.7	472.5	−133.1	0.0	−37.36
10. CHO	505.7	56.30	23.39	106.0	529.0	−340.2	480.8	−155.6	128.0	0.0
11. CCOO	114.8	132.1	85.84	−170.0	245.4	249.6	200.8	−36.72	372.2	185.1
12. HCOO	329.3	110.4	18.12	428.0	139.4	227.8	—	—	385.4	−236.5

m \ n	11	12	13	14	15	16	17	18	19	20
1. CH_2	232.1	507.0	251.5	391.5	255.7	206.6	920.7	287.8	597.0	663.5
2. C═C	37.85	333.5	214.5	240.9	163.9	61.11	749.3	280.5	336.9	318.9
3. ACH	5.994	287.1	32.14	161.7	122.8	90.49	648.2	−4.449	212.5	537.4
4. $ACCH_2$	5688	197.8	213.1	19.02	−49.29	23.50	664.2	52.80	6096	872.3
5. OH	101.1	267.8	28.06	8.642	42.70	−323.0	−52.39	170.0	6.712	199.0
6. CH_3OH	−10.72	179.7	−128.6	359.3	−20.98	53.90	489.7	580.5	53.28	−202.0
7. H_2O	72.87	—	540.5	48.89	168.0	304.0	243.2	459.0	112.6	−14.09
8. ACOH	−449.4	—	−162.9	—	—	—	119.9	−305.5	—	408.9
9. CH_2CO	−213.7	−190.4	−103.6	—	−174.2	−169.0	6201	7.341	481.7	669.4
10. CHO	−110.3	766.0	304.1	—	—	—	—	—	—	497.5
11. CCOO	0.0	−241.8	−235.7	—	−73.50	−196.7	475.5	—	494.6	660.2
12. HCOO	1167	0.0	−234.0	—	—	—	—	−233.4	−47.25	−268.1

续表

m \ n	21	22	23	24	25	26	27	28	29	30
1. CH_2	35.93	53.76	24.90	104.3	11.44	661.5	543.0	153.6	184.4	354.6
2. C═C	−36.87	58.55	−13.99	−109.7	100.1	357.5	—	76.30	—	262.9
3. ACH	−18.81	−144.4	−231.9	3.000	187.0	168.0	194.9	52.07	−10.43	−64.69
4. $ACCH_2$	−114.1	−111.0	−80.25	−141.3	−211.0	3629	4448	−9.451	393.6	48.49
5. OH	75.62	65.28	−98.12	143.1	123.5	256.5	157.1	488.9	147.5	−120.5
6. CH_3OH	−38.32	−102.5	−139.4	−44.76	−28.25	75.14	—	−31.09	17.50	—
7. H_2O	325.4	370.4	353.7	497.5	133.9	220.6	399.5	887.1	—	188.0
8. ACOH	—	—	—	1827	6915	—	—	8484	—	—
9. CH_2CO	−191.7	−130.3	−354.6	−39.20	−119.8	137.5	548.5	216.1	−46.28	−163.7
10. CHO	751.9	67.52	−483.7	—	—	—	—	—	—	—
11. CCOO	−34.74	108.9	−209.7	54.57	442.4	−81.13	—	183.0	—	202.3
12. HCOO	—	—	−126.2	179.7	24.28	—	—	—	103.9	—

m \ n	31	32	33	34	35	36	37	38	39	40
1. CH_2	3025	335.8	479.5	298.9	526.5	689.0	−4.189	125.8	485.3	−2.859
2. C═C	—	—	183.8	31.14	179.0	−52.87	−66.46	359.3	−70.45	449.4
3. ACH	210.7	113.3	261.3	—	169.9	383.9	−259.1	389.3	245.6	22.67
4. $ACCH_2$	4975	259.0	210.0	—	4284	−119.2	−282.5	101.4	5629	—
5. OH	−318.9	313.5	202.1	727.8	−202.1	74.27	225.8	44.78	−143.9	—
6. CH_3OH	−119.2	212.1	106.3	—	−399.3	−5.224	33.47	−48.25	−172.4	—
7. H_2O	12.72	—	—	—	−139.0	160.8	—	—	319.0	—
8. ACOH	−687.1	—	—	—	—	—	—	—	—	—
9. CH_2CO	71.46	53.59	245.2	−246.6	−44.58	—	−34.57	—	−61.70	—
10. CHO	—	117.0	—	—	—	−339.2	172.4	—	−268.8	—
11. CCOO	−101.7	148.3	18.88	—	52.08	−28.61	−275.2	—	85.33	—
12. HCOO	—	—	—	—	—	—	−11.40	—	308.9	—

m \ n	41	42	43	44	45	46	47	48	49	50
1. CH_2	387.1	−450.4	252.7	220.3	−5.869	390.9	553.3	187.0	216.1	92.99
2. C═C	48.33	—	—	86.46	—	200.2	268.1	−617.0	62.56	—
3. ACH	103.5	−432.3	238.9	30.04	−88.11	—	333.3	—	−59.58	−39.16
4. $ACCH_2$	69.26	—	—	46.38	—	—	421.9	—	−203.6	184.9
5. OH	190.3	−817.7	—	−504.2	72.96	−382.7	−248.3	—	104.7	57.65
6. CH_3OH	165.7	—	—	—	−52.10	—	—	37.63	−59.40	−46.01
7. H_2O	−197.5	−363.8	—	−452.2	—	835.6	139.6	—	407.9	—
8. ACOH	−494.2	—	—	−659.0	—	—	—	—	—	1005
9. CH_2CO	−18.80	−588.9	—	—	—	—	37.54	—	—	−162.6
10. CHO	−275.5	—	—	—	—	—	—	—	—	—
11. CCOO	560.2	—	—	—	—	—	151.8	—	—	—
12. HCOO	−122.3	—	—	—	—	—	—	—	—	—

续表

n / m	1	2	3	4	5	6	7	8	9	10
13. CH_2O	83.36	26.51	52.13	65.69	237.7	238.4	−314.7	−178.5	191.1	−7.838
14. CNH_2	−30.48	1.163	−44.85	296.4	−242.8	−481.7	−330.4	—	—	—
15. CNH	65.33	−28.70	−22.31	223.0	−150.0	−370.3	−448.2	—	394.6	—
16. $(C)_3N$	−83.98	−25.38	−223.9	109.9	28.60	−406.8	−598.8	—	225.3	—
17. $ACNH_2$	1139	2000	247.5	762.8	−17.40	−118.1	−341.6	−253.1	−450.3	—
18. 吡啶	−101.6	−47.63	31.87	49.80	−132.3	−378.2	−332.9	−341.6	29.10	—
19. CCN	24.82	−40.62	−22.97	−138.4	185.4	162.6	242.8	—	−287.5	—
20. COOH	315.3	1264	62.32	89.86	−151.0	339.8	−66.17	−11.00	−297.8	−165.5
21. CCl	91.46	40.25	4.680	122.9	562.2	529.0	698.2	—	286.3	−47.51
22. CCl_2	34.01	−23.50	121.3	140.8	527.6	669.9	708.7	—	82.86	190.6
23. CCl_3	36.70	51.06	288.5	69.90	742.1	649.1	826.8	—	552.1	242.8
24. CCl_4	−78.45	160.9	−4.700	134.7	856.3	709.6	1201	10000	372.0	—

n / m	11	12	13	14	15	16	17	18	19	20
13. CH_2O	461.3	457.3	0.0	−78.36	251.5	5422	—	213.2	−18.51	664.6
14. CNH_2	—	—	222.1	0.0	−107.2	−41.11	−200.7	—	358.9	—
15. CNH	136.0	—	−56.08	127.4	0.0	−189.2	—	—	147.1	—
16. $(C)_3N$	2889	—	−194.1	38.89	865.9	0.0	—	—	—	—
17. $ACNH_2$	−294.8	—	—	—	—	—	0.0	89.70	−281.6	−396.0
18. 吡啶	—	554.4	−156.1	—	—	—	117.4	0.0	−169.7	−153.7
19. CCN	−266.6	99.37	38.81	−157.3	−108.5	—	777.4	134.3	0.0	—
20. COOH	−256.3	193.9	−338.5	—	—	—	493.8	−313.5	—	0.0
21. CCl	35.38	—	225.4	131.2	—	—	429.7	—	54.32	519.1
22. CCl_2	−133.0	—	−197.7	—	—	−141.4	140.8	587.3	258.6	543.3
23. CCl_3	176.5	235.6	−20.93	—	—	−293.7	—	18.98	74.04	504.2
24. CCl_4	129.5	351.9	113.9	261.1	91.13	316.9	898.2	368.5	492.0	631.0

n / m	21	22	23	24	25	26	27	28	29	30
13. CH_2O	301.1	137.8	−154.3	47.67	134.8	95.18	—	140.9	−8.538	170.1
14. CNH_2	−82.92	—	—	−99.81	30.05	—	—	—	−70.14	—
15. CNH	—	—	—	71.23	−18.93	—	—	—	—	—
16. $(C)_3N$	—	−73.85	−352.9	−262.0	−181.9	—	—	—	—	—
17. $ACNH_2$	287.0	−111.0	—	882.0	617.5	—	−139.3	—	—	—
18. 吡啶	—	−351.6	−114.7	−205.3	—	—	2845	—	—	—
19. CCN	4.933	−152.7	−15.62	−54.86	−4.624	−0.5150	—	230.9	0.4604	—
20. COOH	13.41	−44.70	39.63	183.4	−79.08	—	—	—	—	−208.9
21. CCl	0.0	108.3	249.6	62.42	153.0	32.73	86.20	450.1	59.02	—
22. CCl_2	−84.53	0.0	0.0000	56.33	223.1	108.9	—	—	—	—
23. CCl_3	−157.1	0.0000	0.0	−30.10	192.1	—	—	116.6	—	−64.38
24. CCl_4	11.80	17.97	51.90	0.0	−75.97	490.9	534.7	132.2	—	546.7

续表

m \ n	31	32	33	34	35	36	37	38	39	40
13. CH_2O	-20.11	-149.5	-202.3	—	128.8	—	240.2	-274.0	254.8	—
14. CNH_2	—	—	—	—	—	—	—	—	-164.0	—
15. CNH	—	—	—	—	—	—	—	570.9	—	—
16. $(C)_3N$	—	—	—	—	243.1	—	—	-196.3	22.05	—
17. $ACNH_2$	0.1004	—	—	—	—	—	—	—	-334.4	—
18. 吡啶	—	—	-60.78	—	—	—	160.7	-158.8	—	—
19. CCN	177.5	—	-62.17	-203.0	—	81.57	-55.77	—	-151.5	—
20. COOH	—	228.4	-95.00	—	-463.6	—	-11.16	—	-228.0	—
21. CCl	—	—	344.4	—	—	—	-168.2	—	—	—
22. CCl_2	—	177.6	315.9	—	215.0	—	-91.80	—	—	—
23. CCl_3	—	86.40	—	—	363.7	—	111.2	—	—	—
24. CCl_4	—	247.8	146.6	—	337.7	369.5	187.1	215.2	498.6	—

m \ n	41	42	43	44	45	46	47	48	49	50
13. CH_2O	417.0	1338	—	—	—	—	—	—	—	—
14. CNH_2	—	-664.4	275.9	—	—	—	—	—	—	—
15. CNH	-38.77	448.1	-1327	—	—	—	—	—	—	—
16. $(C)_3N$	—	—	—	—	—	—	—	—	—	—
17. $ACNH_2$	-89.42	—	—	—	—	—	—	—	—	—
18. 吡啶	—	—	—	—	—	—	—	—	—	-136.6
19. CCN	120.3	—	—	—	—	—	16.23	—	—	—
20. COOH	-337.0	—	—	—	—	-322.3	—	—	—	—
21. CCl	63.67	—	—	—	—	—	—	—	—	—
22. CCl_2	-96.87	—	—	—	—	—	361.1	—	—	—
23. CCl_3	255.8	—	—	-35.68	—	—	—	565.9	—	—
24. CCl_4	256.5	—	233.1	—	—	—	423.1	63.95	—	108.5

m \ n	1	2	3	4	5	6	7	8	9	10
25. ACCl	106.8	70.32	-97.27	402.5	325.7	612.8	-274.5	662.3	518.4	—
26. CNO_2	-32.69	-1.996	10.38	-97.05	261.6	252.6	417.9	—	-142.6	—
27. $ACNO_2$	5541	—	1824	-127.8	561.6	—	360.7	—	-101.5	—
28. CS_2	-52.65	16.62	21.50	40.68	609.8	914.2	1081	1421	303.7	—
29. CH_3SH	-7.481	—	28.41	19.56	461.6	448.6	—	—	160.6	—
30. 糠醛	-25.31	82.64	157.3	128.8	521.6	—	23.48	—	317.5	—
31. DOH	139.9	—	221.4	150.6	267.6	240.8	-137.4	838.4	135.4	—
32. I	128.0	—	58.68	26.41	501.3	431.3		—	138.0	245.9
33. Br	-31.52	174.6	-154.2	1112	524.9	494.7		—	-142.6	—
34. C≡C	-72.88	41.38	—	—	68.95	—	—	—	443.6	—
35. Me_2SO	50.49	64.07	-2.504	-143.2	-25.87	695.0	-240.0	—	110.4	—
36. ACRY	-165.9	573.0	-123.6	397.4	389.3	218.8	386.6	—	—	354.0
37. ClCC	47.41	124.2	395.8	419.1	738.9	528.0	—	—	-40.90	183.8

续表

m \ n	11	12	13	14	15	16	17	18	19	20
25. ACCl	−171.1	383.3	−25.15	108.5	102.2	2951	334.9	—	363.5	993.4
26. CNO_2	129.3	—	−94.49	—	—	—	—	—	0.2830	—
27. $ACNO_2$	—	—	—	—	—	—	134.9	2475	—	—
28. CS_2	243.8	—	112.4	—	—	—	—	—	335.7	—
29. CH_3SH	—	201.5	63.71	106.7	—	—	—	—	161.0	—
30. 糠醛	−146.3	—	−87.31	—	—	—	—	—	—	570.6
31. DOH	152.0	—	9.207	—	—	—	192.3	—	169.6	—
32. I	21.92	—	476.6	—	—	—	—	—	—	616.6
33. Br	24.37	—	736.4	—	—	—	—	−42.71	136.9	5256
34. C≡C	—	—	—	—	—	—	—	—	329.1	—
35. Me_2SO	41.57	—	−93.51	—	—	−257.2	—	—	—	−180.2
36. ACRY	175.5	—	—	—	—	—	—	—	−42.31	—
37. ClCC	611.3	134.5	−217.9	—	—	—	—	281.6	335.2	898.2

m \ n	21	22	23	24	25	26	27	28	29	30
25. ACCl	−129.7	−8.309	−0.2266	248.4	0.0	132.7	2213	—	—	—
26. CNO_2	113.0	−9.639	—	−34.68	132.9	0.0	533.2	320.2	—	—
27. $ACNO_2$	1971	—	—	514.6	−123.1	−85.12	0.0	—	—	—
28. CS_2	−73.09	—	−26.06	−60.71	—	277.8	—	0.0	—	—
29. CH_3SH	−27.94	—	—	—	—	—	—	—	0.0	—
30. 糠醛	—	—	48.48	−133.2	—	—	—	—	—	0.0
31. DOH	—	—	—	—	—	481.3	—	—	—	—
32. I	—	−40.82	21.76	48.49	—	64.28	2448	−27.45	—	—
33. Br	−262.3	−174.5	—	77.55	−185.3	125.3	4288	—	—	—
34. C≡C	—	—	—	—	—	174.4	—	—	—	—
35. Me_2SO	—	−215.0	−343.6	−58.43	—	—	—	—	85.70	—
36. ACRY	—	—	—	−85.15	—	—	—	—	—	—
37. ClCC	383.2	301.9	−149.8	−134.2	—	379.4	—	167.9	—	—

m \ n	31	32	33	34	35	36	37	38	39	40
25. ACCl	—	—	593.4	—	—	—	—	—	—	—
26. CNO_2	139.8	304.3	10.17	−27.70	—	—	10.76	—	−223.1	—
27. $ACNO_2$	—	2990	−124.0	—	—	—	—	—	—	—
28. CS_2	—	292.7	—	—	—	—	−47.37	—	—	—
29. CH_3SH	—	—	—	—	31.66	—	—	—	78.92	—
30. 糠醛	—	—	—	—	—	—	—	—	—	—
31. DOH	0.0	—	—	—	−417.2	—	—	—	302.2	—
32. I	—	0.0	—	—	—	—	—	—	—	—
33. Br	—	—	0.0	—	32.90	—	—	—	—	—
34. C≡C	—	—	—	0.0	—	—	2073	—	−119.8	—
35. Me_2SO	535.8	—	−111.2	—	0.0	—	—	—	−97.71	—
36. ACRY	—	—	—	—	—	0.0	−208.8	—	−8.804	—
37. ClCC	—	—	—	631.5	—	837.2	0.0	—	255.0	—

续表

m \ n	41	42	43	44	45	46	47	48	49	50
25. ACCl	−71.18	—	—	−209.7	—	—	434.1	—	—	—
26. CNO_2	248.4	—	—	—	−218.9	—	—	—	—	−4.565
27. $ACNO_2$	—	—	—	—	—	—	—	—	—	—
28. CS_2	469.8	—	—	—	—	—	—	—	—	—
29. CH_3SH	—	—	—	1004	—	—	—	−18.27	—	—
30. 糠醛	43.37	—	—	—	—	—	—	—	—	—
31. DOH	347.8	—	—	−262.0	—	—	−353.5	—	—	—
32. I	68.55	—	—	—	—	—	—	—	—	—
33. Br	−195.1	—	—	—	—	—	—	—	—	—
34. C≡C	—	—	—	—	—	—	—	—	—	—
35. Me_2SO	153.7	—	—	—	—	—	—	—	—	—
36. ACRY	423.4	—	—	—	—	—	—	—	—	—
37. ClCC	730.8	—	—	26.35	—	—	—	2429	—	—

m \ n	1	2	3	4	5	6	7	8	9	10
38. ACF	−5.132	−131.7	−237.2	−157.3	649.7	645.9	—	—	—	—
39. DMF	−31.95	249.0	−133.9	−240.2	64.16	172.2	−287.1	—	97.04	13.89
40. CF_2	147.3	62.40	140.6	—	—	—	—	—	—	—
41. COO	529.0	1397	317.6	615.8	88.63	171.0	284.4	−167.3	123.4	577.5
42. SiH_2	−34.36	—	787.9	—	1913	—	180.0	—	992.4	—
43. SiO	110.2	—	234.4	—	—	—	—	—	—	—
44. NMP	13.89	−16.11	−23.88	6.214	796.7	—	832.2	−234.7	—	—
45. CClF	30.74	—	167.9	—	794.4	762.7	—	—	—	—
46. CON	27.97	9.755	—	—	394.8	—	−509.3	—	—	—
47. OCCOH	−11.92	132.4	−86.88	−19.45	517.5	—	−205.7	—	156.4	—
48. CH_2S	39.93	543.6	—	—	—	420.0	—	—	—	—
49. 吗啉	−23.61	161.1	142.9	274.1	−61.20	−89.24	−384.3	—	—	—
50. 噻吩	−8.479	—	23.93	2.845	682.5	597.8	—	810.5	278.8	—

m \ n	11	12	13	14	15	16	17	18	19	20
38. ACF	—	—	167.3	—	−198.8	116.5	—	159.8	—	—
39. DMF	−82.12	−116.7	−158.2	49.70	—	−185.2	343.7	—	150.6	−97.77
40. CF_2	—	—	—	—	—	—	—	—	—	—
41. COO	−234.9	145.4	−247.8	—	284.5	—	−22.10	—	−61.6	1179
42. SiH_2	—	—	448.5	961.8	1464	—	—	—	—	—
43. SiO	—	—	—	−125.2	1604	—	—	—	—	—
44. NMP	—	—	—	—	—	—	—	—	—	—
45. CClF	—	—	—	—	—	—	—	—	—	—
46. CON	—	—	—	—	—	—	—	—	—	−70.25
47. OCCOH	−3.444	—	—	—	—	—	—	—	119.2	—
48. CH_2S	—	—	—	—	—	—	—	—	—	—
49. 吗啉	—	—	—	—	—	—	—	—	—	—
50. 噻吩	—	—	—	—	—	—	—	221.4	—	—

续表

m \ n	21	22	23	24	25	26	27	28	29	30
38. ACF	—	—	—	−124.6	—	—	—	—	—	—
39. DMF	—	—	—	−186.7	—	223.6	—	—	−71.00	—
40. CF_2	—	—	—	—	—	—	—	—	—	—
41. COO	182.2	305.4	−193.0	335.7	956.1	−124.7	—	885.5	—	64.28
42. SiH_2	—	—	—	—	—	—	—	—	—	—
43. SiO	—	—	—	70.81	—	—	—	—	—	—
44. NMP	—	—	−196.2	—	161.5	—	—	—	−274.1	—
45. CClF	—	—	—	—	—	844.0	—	—	—	—
46. CON	—	—	—	—	—	—	—	—	—	—
47. OCCOH	—	−194.7	—	—	7.082	—	—	—	—	—
48. CH_2S	—	—	−363.1	−11.30	—	—	—	—	6.971	—
49. 吗啉	—	—	—	—	—	—	—	—	—	—
50. 噻吩	—	—	—	−79.34	—	176.3	—	—	—	—

m \ n	31	32	33	34	35	36	37	38	39	40
38. ACF	—	—	—	—	—	—	—	0.0	—	−117.2
39. DMF	−191.7	—	—	6.699	136.6	5.150	−137.7	—	0.0	−5.579
40. CF_2	—	—	—	—	—	—	—	185.6	55.80	0.0
41. COO	−264.3	288.1	627.7	—	−29.34	−53.91	−198.0	—	−28.65	—
42. SiH_2	—	—	—	—	—	—	—	—	—	—
43. SiO	—	—	—	—	—	—	—	—	—	—
44. NMP	262.0	—	—	—	—	—	−66.31	—	—	—
45. CClF	—	—	—	—	—	—	—	—	—	−32.17
46. CON	—	—	—	—	—	—	—	—	—	—
47. OCCOH	515.8	—	—	—	—	—	—	—	—	—
48. CH_2S	—	—	—	—	—	—	148.9	—	—	—
49. 吗啉	—	—	—	—	—	—	—	—	—	—
50. 噻吩	—	—	—	—	—	—	—	—	—	—

m \ n	41	42	43	44	45	46	47	48	49	50
38. ACF	—	—	—	—	—	—	—	—	—	—
39. DMF	72.31	—	—	—	—	—	—	—	—	—
40. CF_2	—	—	—	—	111.8	—	—	—	—	—
41. COO	0.0	—	—	—	—	—	122.4	—	—	—
42. SiH_2	—	0.0	−2166	—	—	—	—	—	—	—
43. SiO	—	745.3	0.0	—	—	—	—	—	—	—
44. NMP	—	—	—	0.0	—	—	—	—	—	—
45. CClF	—	—	—	—	0.0	—	—	—	—	—
46. CON	—	—	—	—	—	0.0	—	—	—	—
47. OCCOH	101.2	—	—	—	—	—	0.0	—	—	—
48. CH_2S	—	—	—	—	—	—	—	0.0	—	—
49. 吗啉	—	—	—	—	—	—	—	—	0.0	—
50. 噻吩	—	—	—	—	—	—	—	—	—	0.0

在增加基团及填补 a_{nm} 空缺的同时，也在尝试调整计算式，例如降低了 γ_i^c 的影响强度。

$$\ln\gamma_i^c=\ln\left(\frac{V_i'}{x_i}\right)+1-\frac{V_i'}{x_i},\quad V_i'=\frac{x_i r_i^{2/3}}{\sum_j x_j r_j^{2/3}} \tag{11-12}$$

也曾提出过折中的 γ_i^c 计算式：

$$\ln\gamma_i^c=1-V_i'+\ln V_i'-5q_i\left(1-\frac{\phi_i}{\theta_i}+\ln\frac{\phi_i}{\theta_i}\right),\quad V_i'=\frac{x_i r_i^{3/4}}{\sum_j x_j r_j^{3/4}} \tag{11-13}$$

式中，ϕ 是体积分数，用液体摩尔体积 V_L 的分数来表示。

$$\phi_i=\frac{V_{Li}x_i}{\sum_j V_{Lj}x_j} \tag{11-14}$$

另一修改方向是把 a_{nm} 变为温度的函数，以更适应温度对 γ 的影响。

$$\psi_{nm}=\exp\left(-\frac{a_{nm}+b_{nm}T+c_{nm}T^2}{T}\right) \tag{11-15}$$

UNIFAC 法首先是在 vle 中使用的，目前在一些著名的化工软件中，都已装入这一程序。随后不久，UNIFAC 法也已用于液液平衡、气液平衡、固液平衡、超额焓等方面，在使用时，针对不同应用场合，还进行了相应的修正。

本章小结

1. UNIFAC 法是基于 UNIQUAC 模型的，有一定理论基础的基团法。

2. UNIFAC 法已广泛用于多个化工软件的计算中，首要的是汽液平衡的估算，也可用于其他相平衡的估算，具有很大的重要性。

3. UNIFAC 法是一种估算法，其可靠性不如基于实验数据的关联方法，它是当缺乏关联系数时“没有办法的办法”，当计算相平衡时还是应该先尽可能寻找关联的方法。

4. 对具复杂分子结构的化合物，常有多种基团分析方法，由于缺乏实验值验证，难于选定合理性方案，还有更多基团至今缺乏交互作用系数项，这一些都限制了 UNIFAC 法的使用。

第 12 章　化工热力学的应用与展望

学习化工热力学不但要掌握热力学的方法和规律，还必须结合其应用，才能对其进一步理解。本章结合化工热力学的部分应用，从另一角度理解化工热力学。同时，并指出化工热力学的发展前景。

12.1　化工计算中应用化工热力学的几个实例

在化工计算或设计中要大量使用化工热力学，下面举出在化学工艺和化学工程中的几个典型例子，从中可知本书所有章节都有很强的实用意义。

(1) 受化学平衡限制的反应条件的选择

合成甲醇和合成氨是重要的化学工业产品，也是典型的化学平衡反应：

$$CO+2H_2 \rightleftharpoons CH_3OH$$

$$\frac{1}{2}N_2+\frac{3}{2}H_2 \rightleftharpoons NH_3$$

在 298.15K 下，气相反应的 $\Delta_r G_{298}^{\ominus}$ 分别为 $-25.31kJ \cdot mol^{-1}$ 和 $-16.40kJ \cdot mol^{-1}$，对应的平衡常数（K_f）分别为 26730 和 747，K_f 值足够大，完全可满足工业生产的要求，但在此温度下，没有合用的催化剂，反应无法在工业上实现。目前工业可用的催化剂，适用的反应温度约为 500K 和 670K，由于这两个反应是强放热反应，在高温下 K_f 大大下降，500K 下合成甲醇的 K_f 为 0.0060，700K 下合成氨的 K_f 为 0.0094，常压下产品平衡浓度太低。因为这两个反应都是分子数（或体积）减小的反应，加压可提高产品平衡收率，达到工业生产的要求。目前工业使用的是 5MPa 和 30MPa。为了计算平衡浓度，除需要平衡常数（K_f）外，还需要计算各组元在混合物中的逸度系数（ϕ_i），并组成 K_ϕ。

总之，除温度首先由催化剂的活性决定外，其他反应条件（反应压力、原料配比等）在很大程度上由化工热力学决定，当然反应条件要通盘考虑，其中包括设备及其加工、安全性、环保可靠性、过程的经济性等。

这一类反应是很多的，例如乙烯水合制乙醇、甲醇与 CO 反应制乙酸等。

要考虑化学平衡控制还有一些吸热反应，例如丁烷或丁烯脱氢制丁二烯及乙苯脱氢制苯乙烯。以 1-丁烯脱氢制 1,3-丁二烯为例，在 298.15K 下，K_f 仅为 8.9×10^{-15}，而此反应为强吸热反应，在 600℃以上 K_f 就足够大了。这类反应的温度由化学平衡条件决定，为提高产物平衡浓度，压力常选用低压，与化工热力学有关的是反应热与平衡浓度计算，前者决定反应热负荷及热的加入方式，后者决定压力或蒸汽（作为惰性气及载热体）配比。

(2) 工艺过程的热平衡

仍以合成甲醇或合成氨为例，工艺过程中要把原料气分步从常温常压升温升压至反应条件，需要的焓变（ΔH）是过程的能耗，ΔH 的计算包括两部分，首先是温度对焓的影响，这可从混合物的各物质气体比热容 C_p-$f(T)$ 关系式积分求得，另外还必须计算压力对焓的影响，因此在第 3 章中许多计算方法都是必不可少的，同时混合物的临界性质计算也是必需的。

还要指出，原料气在进入反应器前，要经过多个物理及化学过程，因此能量计算也是分阶段进行的。

这些反应的反应热很大，反应出口产物的温度很高，除可部分用于预热原料外，还应考虑可否产生高压蒸汽，求得有效能的更好利用。

(3) 加压塔塔径计算

所有精馏塔或吸收塔在塔径计算中都需要上升气相线速，这就需要气相 p-V-T 关系对常压塔，一般可按理想气体处理，而计算加压塔时，就需要选用状态方程法或对比态法，而在处理混合气体时，还不得不寻求使用交互作用系数或混合物临界性质。

加压流体管道的管径计算也有同样的要求。

(4) 多组元精馏中汽液平衡关系

在石油化工生产中大量使用精馏，在一些产品生产过程中，精馏占整个流程中能耗的最大部分，因此需要精确计算精馏。在精馏计算中，汽液平衡（vle）关系是必不可少的。在前几章已介绍了 vle 的计算方法，关键是要有相平衡实验值，并由此得出 γ-x 关系式或得出状态方程法中的交互作用参数。这两种方法各有优缺点，其共同特点是离不开二元体系实验值。虽然符合理想溶液体系的 vle 十分简单，不需要专门的 vle 实验值，但这样的体系极少。当缺乏 vle 实验值时，可用 UNIFAC 法进行估算（第 11 章），但并不能用于所有系统，对可用的系统，也可能有较大的误差。由于多组元汽液平衡测定工作量太大，实际上难于进行，工程计算中都是依靠二元数据求得多组元的 vle 关系，并计算多组元精馏塔。由于在化学工业中有极多的精馏过程，有更多物系组元间的组合，有大量的二元 vle 实验值，有多套实验数据手册，有经整理或评价的关联方程系数。

vle 计算是化工热力学中重要组成部分，也是化工设计或计算中重要内容，在化工应用软件计算中也占有重要地位。

除 vle 外，化工热力学中气液平衡、液液平衡、固液平衡等也是吸收、萃取、结晶等化工过程的必不可少的基础，也具有大量方程系数及数据，是化工设计或计算中的重要组成部分。

(5) 冷冻及压缩条件的选择

在石化生产中常需要低温操作，在大多数情况下，可用氨、丙烯、氟利昂作为冷冻剂，若需要比这些化合物沸点更低的温度，可以选用复迭冷冻循环，而多级冷冻中每一级的温度条件，需要按照工艺要求，也要用热力学方法计算能耗，确定其合理性。

在制冷过程或其他一些工艺中，压缩过程是不可少的。为减少压缩功消耗，当压缩比高时，可选择多级压缩，气量大时，还可选用透平压缩。

与工程热力学不同，在化学工业中被压缩的气体可以有许多品种，压缩后的升温将导致某些化合物不稳定（聚合或分解），因此需要用热力学方法计算压缩后气体温度，相应地也要影响压缩比的选择。

以上只从 5 个方面讨论了化工热力学在化工中的应用，还远远没有包括其他许多定性和定量的应用。从化学工程看，在流体力学、传热、传质、反应的计算中都离不开化工热力学的帮助；从学科看，分离工程、反应工程、过程模拟等都需要化工热力学的支持。

总之，化工热力学是一门理论学科，是一门模型、方程的学科，是一门计算的学科，更是一门应用性很强的学科，要学好化工热力学是必须结合应用的。

12.2　化工热力学与化工设计

上一节中，已从 5 个方面讨论了化工热力学的应用，下面再从化工热力学在化工设计中的应用，来理解化工热力学在化工中的地位。

化工设计主要包括如下内容：①生产方法选择；②物料、能量和设备计算；③多种图纸的绘制；④有关环境、安全、经济的安排或计算，其中物料、能量和设备计算是化工设计有效性的关键和核心之一。

在大量化工计算中，除存在于化工设计院所进行的新装置设计中，化工企业所进行的查产、设备平衡、扩产、技术更新、原料或产品改变所引起的工艺改变等生产问题中，也都有大量的化工计算，以上这些计算及相应的工艺安排也可列入广义的化工设计中。

在所有的化工计算中，涉及化工热力学的有很大比例，准确使用化工热力学方法，是使设计可靠又高效的重要保证。

(1) 在物料衡算中的化工热力学

物料衡算是化工设计计算的基础，其核心是确定物料量及其组成，而这是需要化工热力学方法的。在物料量的计算中，要用 pVT 关系，在涉及化学反应的计算中，要关注某些反应是受平衡限制的，平衡浓度是化学反应进行的极限，而反应条件的改变又能改变平衡浓度。纯物质的相平衡是由蒸气压（或对应的逸度）决定的，混合物在冷凝器、蒸发器、再沸器、闪蒸器中的数量及浓度分布都受相平衡的限制，精馏塔、吸收塔、萃取塔等更是一系列相平衡单元的叠加，并相应决定其组成分布。逸度或活度也是在相平衡和化学平衡计算中所需要的。

(2) 在能量衡算中的化工热力学

能量衡算也是化工设计计算中的重要组成部分，它是计算能耗的基础，也是许多设备的计算基础。

在能量衡算中占首位的是过程的焓变（热效应）。非相变物理过程的热效应包括温度和压力对焓的影响，相应的计算方法已在本书中详细讨论了。相变过程的热效应（相变热）中，数值大、影响也大的是蒸发热，其值在不同温度下有很大变化。在化学反应中有反应焓（热），其值可正可负，一般通过生成焓对其进行计算，求得 298.15K 标准态下的值是容易的，而要求得不同温度、压力下的反应焓变，又需要求算不同温度、压力下的焓值。

算出各类焓变后，就确定了反应设备、加热或冷却设备热负荷，也可以进一步计算加热蒸汽（或其他热源）用量或冷却水（或其他冷介质）用量。在反应器设计中，热负荷量也常常影响到反应器的选型及结构设计。

在能量衡算中还包括压缩功或冷冻负荷，这类能耗在某些产品中是成本的重要组成部分，而其工艺选择及数量计算也已在本书中进行了讨论。

(3) 在设备计算中的化工热力学

在精馏分离的物系中，绝大部分是非理想溶液系统，活度系数计算十分重要，若物系中有共沸物生成，则整个精馏方案及设备都要改变，在生成共沸物或相对挥发度十分接近时，可采用萃取精馏的方法，也要改变流程及设备。总之，精馏方案的确定是基于相平衡的，而在随后确定工艺条件、计算理论板数及回流比时，也必须基于相平衡。同样，在选择吸收、萃取、结晶等分离操作时，也要首先考察相平衡关系，并在计算这些分离设备高度或单元时，运用相平衡关系。

在计算分离设备时也需要 pVT 关系，例如用逸度系数法计算相平衡及计算精馏塔塔径时，都需要 pVT 关系。

从以上化工设计中的一些实例可以看到化工热力学不只是概念和公式，再结合上一节在化学工艺和化学工程中的应用可知：化工热力学是化工从定性走向定量的重要工具。

12.3 化工热力学在能源与环境中的应用

在21世纪，能源与环境是社会发展的两个关键问题，而化工热力学在这两个重大问题的研讨也是很有用的。

在能源问题中包括:①新能源的开发；②传统能源有效利用；③节能。前两项与化工热力学联系点主要是能量间的转换规律，包括势能、动能、机械能（功）间的转换，也包括化学能、热能、电能、光能、生物能间的转换，在这些转换中不但要减少能量损耗，也要减少有效能损耗。化工热力学的应用更体现在节能中，过程的能耗及使用效率的计算依赖于正确使用化工热力学，这样的化工设计及工艺条件才是最有效的，也是成本及投资最低的。

在环境问题中化工热力学主要应用于化学品在环境（气、液、固）中的分布，它们要符合相平衡规律，其特点已在环境热力学这一章详细讨论了。

12.4 化工计算软件中的化工热力学

目前世界上有一些知名的化工软件被广泛用于化工工艺设计或计算，其中应用最广的有ASPEN PLUS和PRO/Ⅱ。这些软件已被各化工设计院广泛使用，可以说，在一定程度上离开这些软件的化工工艺设计是没有竞争力的设计。

设计用化工软件由多个部分构成，其中主要有计算模型及方程、化工数据库、物性计算及估算、单元操作、人工智能系统、数学运算等。在这些单元中都有大量的化工热力学内容，例如可选择状态方程法或活度系数法进行精馏相平衡计算，而 pVT 关系、焓变计算等也是被广泛使用的。由此可知，没有良好的化工热力学知识，难于用好这些软件。

对化工软件可以有不同水平的用法。有的在人机对话中完全被动，一切全倚仗软件，数据库中缺乏的数据就全部依靠估算。另一种用法是主动、有效的使用，这就要求对各种模型、方程都能理解，由此选择最合理的，即使要用估算方法，也要用相对最可靠的，所用数据也不能只依靠软件。

12.5 化工热力学发展和展望

12.5.1 分子热力学与化工热力学

在绪论中已简要介绍了分子热力学的概念，在学习本课程后，还应再次说明分子热力学在化工热力学发展中的重要性。

经典热力学是一门演绎的科学，某些基础是基于假定的，在实际应用中追求纯物质或混合物性质，而其中的大部分来源于或基于实验。化工热力学的重要目标是利用热力学定律或其关系式使数据得到推广，达到少做实验而得到更多的物性值。

一般化工热力学属经典热力学范围，不涉及微观内容，不从分子角度讨论热力学问题，因此只讨论宏观的概念、事实和规律。分子热力学要从分子水平出发，为外推至宏观尺度，需要量子力学和统计力学的特殊方法，而出发点是微观的分子间作用力概念和模型，也可简化为分子对势能函数。目前最通用的是Lennard-Jones 12-6势能函数（简称LJ-12势能函数），虽然理论上并不严谨，但计算式简明又实用，其数学关系式中有两个参数，分别为碰撞直径 σ（或平衡距离 r_0）及能量参数 ε。从势能函数出发，可计算第二维里系数或气体黏度，也可完成它们之间的互算，并达到少做实验而得到物性的目的。分子热力学也扩展了物性范围，把黏度、热导率、扩散系数等都列入了热力学讨论范围。

分子热力学还包括超额性质模型的半理论推演，使活度系数模型从经验趋于理论或半理论。

利用统计热力学可从微观关系得到简单分子的气体熵和热容，联系了光谱数据与热力学性质。

总之，在传统的化工热力学内容中增加一些分子热力学内容，可使化工热力学的理论性增强，同时也扩展了热力学的应用。

12.5.2 化工热力学展望

(1) 有关缔合流体的热力学计算

缔合流体在气、液相均产生部分二聚（甚至多聚）现象，由于相对摩尔质量随温度、压力而变，使 pVT 关系发生根本性改变。有机酸类是最重要的强缔合流体，其中乙酸无论作为产品还是溶剂，在化学工业中都很重要。在酸类 pVT 或相平衡计算中，把二聚作为化学平衡因素加入热力学计算，取得了很好结果，后来也引入了分子热力学方法于该系统，取得了更好的结果，但也更复杂。

醇类属于弱缔合系统，在一般热力学计算中不考虑其缔合，但为了精确计算，也有分子热力学方法引入其中，但总的来说其严谨性还有待发展。

(2) 电解质溶液热力学

在电解质水溶液中，存在着离解平衡，解决这类溶液的相平衡用活度系数法，并用 i 组元浓度为单位浓度时，为虚拟的理想溶液，即此时 $\gamma_i=1$，此外，再引入平均离子活度和平均离子活度系数等概念，来表达实验数据。为整理及内插（甚至外推）实验值，需要建立及使用电解质溶液模型，其中最简单的是适用于很稀溶液的 Debye-Hückel 极限公式，而适合于较浓溶液的有知名的 Pitzer 模型及随后的一系列的修正方程，这些模型有不同的复杂性，有的结合局部组成模型，也有的使用更复杂的分子热力学关系。以上研究工作将可用于盐效应、盐析作用，或有盐存在的有机水溶液汽液平衡或气液平衡。

(3) 高分子溶液热力学

高分子化合物具有多个重复单元结构的特点。目前用分子热力学处理高分子溶液时广泛使用晶格模型理论，认为高分子每一个链节或溶剂分子都紧密排列在晶格中，都占有一个格子。以混合熵的估算为出发点，提出了一些模型及方程，其中最简明的是 Flory-Huggins 方程，随后有许多修正方程被提出，其最重要的目标是得出 $\ln\gamma_i$-x_i 关系式。高分子溶液模型还将用于溶液渗透压和聚合物溶液相分离的计算。由于聚合物的复杂性，在所有计算中不得不引入许多假定，例如聚合度分布均匀、聚合物充分柔软性等，因此计算所得大体上还是定性的，难以为化工计算或设计所用。

(4) 界面吸附热力学

在界面上物质受到从界面上指向体相内部的引力，若想增大界面面积，把内部的分子移动到界面上，需要外界克服这个引力做功。从热力学关系中，在系统的 Gibbs 自由能中增加一项界面自由能项 $\mathrm{d}G=\sigma\mathrm{d}A$，式中 σ 是界面张力，A 是相界面面积，并因含有单位表面积而获得的超额 Gibbs 自由能。由此出发，其他热力学函数及关系式都可相应求得，平衡吸附量也可相应导出，而著名的 Freundlich 或 Langmair 吸附等温式也可以有更好的理论解释。

界面吸附涉及复杂的表面，对于固体表面，即使是同一物质，也常有极大不同，所有计算只能各自关联，基本上难于预测，应用面有限。

(5) 与生化过程有关的热力学

相平衡计算已不限于化工中，在第 9 章中已提到在环境热力学中也有重要地位，而在生化过程中也有应用，其中最典型的是双水相萃取。它已用来分离蛋白质（包括酶）、核酸细胞等，而由聚合物、葡聚糖或盐和水构成两个液相，两液相中均含有大量的水，酶或其他生物物质在其间进行分配，从而得到分离。双水相间的相平衡借用热力学的计算方法及方程，由于生物质的复杂性，所有计算也只是用实验数据进行关联。总之，生化过程中相平衡的热力学计算只是个例。

(6) 分子模拟与化工热力学

分子模拟是力图从所有作用力出发，达到定性或定量理解所有物理和化学作用。由于各项作用力都十分复杂，只能以简化方式进行计算。以汽液平衡或状态方程计算为例，还是用统计力学并通过半经验的分子间势能函数进行计算的，与严格的从头算起相距甚远，在计算机运算过程中，最常用的汽液平衡计算法是 Gibbs 系统的 Monte Carlo（MC）法。

分子模拟并不是计算汽液平衡的常规方法，更不能取代实验数据，只是在难于进行实验时的一种“外推”方法，另外，也是一种考核模型的方法。

由于微观计算发展很快，软件功能也在很快增强，将推动量化计算（包括分子模拟）得到更快发展。对化工热力学，重要目标应该是通过计算直接求得热力学函数及物性值。

(7) 要开展更多的实验测定

除个别外，量化计算不能直接提供物性值，若考虑化合物品种极多，更有大量结构复杂的化合物，量化计算困难更大，因此在长时间内量化计算不能代替实验测定。

为使精细化学品的计算或设计达到化学工程的先进水平，需要大量物性值，目前已有的实验值远远不能满足需要，而对这类多基团化合物，所有估算方法都是难于应用的。

以上展望的几个方面大部分与扩展应用有关，也与更多计算和理论进展有关。从应用角度看，大致上以定性为主，还不能直接用于设计或工程计算；从理论进展上有较大难度，但有很好的前景。

本章小结

1. 化工热力学虽是一门传统学科，但与其他学科一样，也是在不断发展中的学科。

2. 化工热力学的理论进展重点是分子热力学的兴起，突破了经典热力学不涉及微观的限制，也使提出的模型更有理论基础。总的说，计算水平也相应提高。

3. 化工热力学是理论性和逻辑性很强的学科，更是应用性很强的学科，定性和定量的应用都推动了化工的发展。在定量计算中，重点是能量和组成的计算。

4. 化工热力学的应用领域还在扩展中，在使用分子热力学、统计热力学等方法基础上，已在多个非传统热力学方面取得了进展，提出了新的模型和方法，这些成果还是初步的，大部分是定性的或是关联方法的。化工热力学已应用于非化工领域，环境热力学的产生是一个实例。

5. 从学科发展看，新的理论进展（包括量化计算）和实验测定都很重要。

习　　题

12-1 请从化学平衡出发分析乙苯脱氢制苯乙烯的反应平衡，并讨论反应温度、压力条件。

12-2 请详细列出 pVT 关系在热力学内外的应用。

12-3 列出在本教材内容中与分子热力学有关的内容。

12-4 请总结化工热力学与化工单元操作之间的联系，即化工单元操作中需要哪些化工热力学的支持。

本书总结

回顾本课程，总结如下事实和规律：

1. 流体的 p-V-T 关系列于本书之初，但其使用是贯彻始终的，因此 p-V-T 关系是化工热力学的核心内容之一。

2. 相平衡作为分离过程的基础，也比较复杂，更是化工热力学核心内容之一。为了全面理解相平衡各种计算方法，需要掌握混合过程性质、超额性质、逸度、逸度系数、活度、活度系数等概念，也要掌握 p-V-T 关系，特别是混合物的 p-V-T 关系。

3. 不同温度、压力下的焓变是化工过程能耗计算的基础之一，此外还有反应焓变、压缩及冷冻过程焓变、相变中的焓变等，这些部分组合构成化工生产能耗的主要部分。

4. 工程热力学与化工热力学内容有一定交叉，其中有气体压缩与冷冻，这些内容在化学工业中都是很重要的。

5. 化工热力学是一门定量的学科，为化工生产提供定量关系或设计。有关计算可总结为能量计算和组成计算，前者主要是物理过程（温度或压力的改变）和化学过程（反应）的焓变，或对应的功、能转换；后者主要是不同条件下相平衡（各相组成）和化学平衡组成（不同组元组成）。

在定量计算的同时，从这些计算也可以得到许多定性的指引，例如温度、压力对相平衡或化学平衡是怎样影响的。

6. 化工热力学比较通用的计算方法有状态方程法、对比态法和基团贡献法。这些方法有一定的理论基础，又有近似性；有明显区别，又互相渗透，例如状态方程法和对比态法都要强烈依赖于临界参数；这些方法的共同优点是通用性，可计算许多热力学性质或物性，又有良好的可靠性。

在各种相平衡计算中，可选用状态方程法和活度系数法，这两种方法也是各有优缺点的。

7. 化工热力学应用于化学工业中的物理过程和化学过程。在化学过程中主要用于计算反应热和平衡组成，反应热的计算比较简单，在众多的化学反应中，只有小部分需要计算化学平衡，因为有许多反应平衡常数极大（例如氧化反应），无需考虑化学平衡。在物理过程中包括大量的能量或组成的计算，一般更复杂，也更重要。

8. 化工数据是化工热力学的一个分支，提供数据的寻找、评价、关联和估算，以保证化工热力学和化学工程中大量计算得以顺利进行。环境热力学是化工热力学的一个新分支，它要讨论化学污染物在大气、水体和固体物（包括土壤）中的分布，在环境热力学中最重要的内容是污染物的相平衡。

9. 化工热力学已很好地用于石油化工生产的设计和计算，但为了用于精细化学品生产的计算，在计算方法和实验技术上都需要有新的突破。

附　录

附录一中介绍了基本常数值。附录二是化工热力学中最常用的一些单位换算关系。附录三是基础物性数据表，包括沸点（t_b）、临界温度（T_c）、临界压力（p_c）、临界比体积（V_c）、临界压缩因子（Z_c）、偏心因子（ω）。附录四是不同相态下标准（298.15K）热化学数据，包括标准生成焓（$\Delta_f H^{\ominus}_{298}$）、标准熵（$S^{\ominus}_{298}$）、标准生成自由能（$\Delta_f G^{\ominus}_{298}$）、理想状态下热容（$C^{id}_{p298}$）。附录五是用 Antoine 方程表达的蒸气压数据。附录六和附录七分别是理想气体热容和液体热容与温度关联式系数。以上数据均取自实验值，并经过数据评价，关联所用的数据也是实验值。附录八和附录九是水和水蒸气的热力学性质表。附录十是空气的 T-S 图。附录十一是氨的 t-S 图。附录十二是氨的 $\ln p$-H 图。附录十三是 R12 的 $\ln p$-H 图。附录十四是 R22 的 $\ln p$-H 图。

附录一　基本常数表

真空中的光速	$c = 299792458 \mathrm{m \cdot s^{-1}}$
Avogadro 常数	$N_A = 6.0221367 \times 10^{23} \mathrm{mol^{-1}}$
Planck 常数	$h = 6.6260755 \times 10^{-34} \mathrm{J \cdot s}$
Boltzmann 常数	$k = 1.380658 \times 10^{-23} \mathrm{J \cdot K^{-1}}$
标准重力加速度常数	$g_0 = 9.80665 \mathrm{m \cdot s^{-2}}$
气体常数	$R = 8.314510 \mathrm{J \cdot mol^{-1} \cdot K^{-1}}$
	$= 8.314510 \mathrm{m^3 \cdot Pa \cdot mol^{-1} \cdot K^{-1}}$
	$= 8.314510 \times 10^3 \mathrm{cm^3 \cdot kPa \cdot mol^{-1} \cdot K^{-1}}$
	$= 1.987216 \mathrm{cal \cdot mol^{-1} \cdot K^{-1}}$
	$= 82.05783 \mathrm{cm^3 \cdot atm \cdot mol^{-1} \cdot K^{-1}}$

附录二　常用单位换算表

长度	$1\mathrm{m} = 100\mathrm{cm} = 3.28084\mathrm{ft} = 39.3701\mathrm{in}$
	$1\mathrm{ft} = 12\mathrm{in} = 0.3048\mathrm{m}$
	$1\mathrm{in} = 2.540 \times 10^{-2}\mathrm{m}$
面积	$1\mathrm{m^2} = 1 \times 10^4 \mathrm{cm^2} = 10.7639\mathrm{ft^2} = 1550.00\mathrm{in^2}$
	$1\mathrm{ft^2} = 144\mathrm{in^2} = 0.0929030\mathrm{m^2} = 929.030\mathrm{cm^2}$
体积	$1\mathrm{m^3} = 1 \times 10^3 \mathrm{L} = 1 \times 10^3 \mathrm{dm^3} = 1 \times 10^6 \mathrm{cm^3} = 35.3147\mathrm{ft^3} = 61023.7\mathrm{in^3}$
	$1\mathrm{ft^3} = 1728\mathrm{in^3} = 0.0283168\mathrm{m^3} = 28.3168\mathrm{dm^3}$
时间	$1\mathrm{h} = 60\mathrm{min} = 3600\mathrm{s}$
质量	$1\mathrm{kg} = 1 \times 10^3 \mathrm{g} = 0.001\mathrm{t} = 2.20462\mathrm{lb} = 35.2740\mathrm{oz}$
	$1\mathrm{lb} = 16\mathrm{oz} = 0.453592\mathrm{kg}$
密度	$1\mathrm{g \cdot cm^{-3}} = 1 \times 10^3 \mathrm{kg \cdot m^{-3}} = 62.4280\mathrm{lb \cdot ft^{-3}} = 0.0361273\mathrm{lb \cdot in^{-3}}$
	$1\mathrm{lb \cdot in^{-3}} = 1728\ \mathrm{lb \cdot ft^{-3}} = 27.6799\mathrm{g \cdot cm^{-3}}$
力	$1\mathrm{N} = 1\mathrm{kg \cdot m \cdot s^{-2}} = 1 \times 10^5 \mathrm{dyn} = 0.224809\ \mathrm{lb}$
压力	$1\mathrm{Pa} = 1\mathrm{N \cdot m^{-2}} = 1\mathrm{kg \cdot m^{-1} \cdot s^{-2}} = 1 \times 10^{-5} \mathrm{bar} = 10\mathrm{dyn \cdot cm^{-2}}$

	$1atm=760mmHg=101.325kPa$
	$1mmHg=1Torr=133.3224Pa$
	$1mmH_2O=9.806375Pa$
	$1\ lbf\cdot in^{-2}=6.895kPa$
温度	$T(K)=t(℃)+273.15$
	$t(°F)=\frac{9}{5}T(K)-459.67=\frac{9}{5}t(℃)+32=t(°R)-495.67$
	$1°F=\frac{9}{5}K=\frac{9}{5}℃$
功,热能,焓	$1J=1N\cdot m=1kg\cdot m^2\cdot s^{-2}=1W\cdot s=1\times10^7erg=1\times10^{-5}dyn\cdot m$ $=6.24146eV=2.77778\times10^{-7}kW\cdot h=0.239006cal_{th}$ $=0.238846cal_{IT}=9.86923\times10^{-3}L\cdot atm=9.48452\times10^{-4}Btu_{th}$
	$1W\cdot h=3.6kJ$
	$1cal_{th}=4.184J=4.12929\times10^{-5}L\cdot atm=3.96832\times10^{-3}Btu_{th}$
	$1cal_{IT}=4.1868J=1.16300kW\cdot h=3.96832\times10^{-3}Btu_{IT}$
	$1Btu_{th}=1055.79J$
	$1L\cdot atm=101.325J$
功率	$1W=1J\cdot s^{-1}=1\times10^7erg\cdot s^{-1}=1\times10^5dyn\cdot m\cdot s^{-1}=1kg\cdot m\cdot s^{-2}$
	$1Btu_{th}\cdot h^{-1}=0.2931W$
	$1cal_{IT}\cdot s^{-1}=4.1868W$
	$1HP=735.49875W$
热容,熵	$1J\cdot g^{-1}\cdot K^{-1}=0.239006cal_{th}\cdot g^{-1}\cdot K^{-1}=0.238846cal_{IT}\cdot g^{-1}\cdot K^{-1}$ $=0.239006Btu_{th}\cdot lb^{-1}\cdot °F^{-1}$
	$1cal_{th}\cdot g^{-1}\cdot K^{-1}=4.184J\cdot g^{-1}\cdot K^{-1}=0.999331cal_{IT}\cdot g^{-1}\cdot K^{-1}$ $=1Btu_{th}\cdot lb^{-1}\cdot °F^{-1}$
	$1cal_{IT}\cdot g^{-1}\cdot K^{-1}=4.1868J\cdot g^{-1}\cdot K^{-1}=1.00067cal_{th}\cdot g^{-1}\cdot K^{-1}$ $=1Btu_{IT}\cdot lb^{-1}\cdot °F^{-1}$
偶极矩	$1D=3.336\cdot10^{-30}C\cdot m$
	$1C\cdot m=1A\cdot s\cdot m$

附录三　一些物质的基本物性数据

序号	物　质	t_b/℃	T_c/K	p_c/MPa	$V_c/cm^3\cdot mol^{-1}$	Z_c	ω
1	甲烷	−162.15	190.56	4.599	98.60	0.286	0.011
2	乙烷	−88.6	305.32	4.872	145.5	0.279	0.099
3	丙烷	−42.05	369.83	4.248	200	0.277	0.152
4	丁烷	−0.50	425.12	3.796	255	0.274	0.199
5	2-甲基丙烷	−11.72	407.8	3.640	259	0.278	0.177
6	戊烷	36.07	469.7	3.370	311	0.268	0.249
7	2-甲基丁烷	27.85	460.4	3.38	306	0.270	0.228
8	2,2-二甲基丙烷	9.50	433.8	3.196	307	0.272	0.196
9	己烷	68.74	507.6	3.025	368	0.264	0.305
10	2-甲基戊烷	60.27	497.7	3.04	368	0.270	0.278
11	3-甲基戊烷	63.28	504.6	3.12	368	0.274	0.274
12	2,2-二甲基丁烷	49.72	489.0	3.10	358	0.279	0.234
13	2,3-二甲基丁烷	57.99	500.0	3.15	361	0.279	0.248
14	庚烷	98.3	540.2	2.74	428	0.261	0.351

续表

序号	物　质	t_b/℃	T_c/K	p_c/MPa	V_c/$cm^3 \cdot mol^{-1}$	Z_c	ω
15	辛烷	125.7	568.7	2.49	492	0.259	0.396
16	乙烯	−103.71	282.34	5.041	131.1	0.2815	0.085
17	丙烯	−48.11	364.9	4.60	184.6	0.2798	0.142
18	1-丁烯	−6.26	419.5	4.02	240.8	0.2775	0.187
19	顺-2-丁烯	3.72	435.5	4.21	233.8	0.272	0.203
20	反-2-丁烯	0.90	428.6	4.10	237.7	0.2735	0.218
21	异丁烯	−6.90	417.9	4.000	238.8	0.2749	0.189
22	1-戊烯	30.0	464.8	3.56	298.4	0.275	0.233
23	1-己烯	63.5	504.0	3.21	355.1	0.272	0.280
24	乙炔		308.3	6.138	112.2	0.2687	0.187
25	丙炔	−23.2	402.4	5.63	163.5	0.275	0.216
26	1-丁炔	8.3	440	4.60	208	0.262	
27	2-丁炔	27.4	488.7				
28	丙二烯	−34.5	394	5.25			0.160
29	1,3-丁二烯	−4.41	425	4.32	221	0.270	0.193
30	1,4-戊二烯	25.8					
31	异戊二烯	34.1					
32	环戊烷	49.26	511.7	4.51	259	0.275	0.194
33	甲基环戊烷	71.8	532.7	3.79	318	0.272	0.230
34	乙基环戊烷	103	569.5	3.40	375	0.269	0.272
35	环己烷	80.74	553.8	4.08	308	0.273	0.212
36	甲基环己烷	100.4	572.1	3.48	369	0.270	0.235
37	环戊烯	44.2	506.2	4.80	248	0.284	0.195
38	环己烯	83	560.5	4.45	286	0.274	0.214
39	苯	80.09	562.05	4.895	256	0.268	0.211
40	甲苯	110.63	591.75	4.108	316	0.264	0.264
41	乙苯	136.20	617.15	3.609	374	0.263	0.304
42	邻二甲苯	144.43	630.3	3.732	370	0.263	0.313
43	间二甲苯	139.12	617.0	3.541	375	0.259	0.326
44	对二甲苯	138.36	616.2	3.511	378	0.259	0.326
45	丙苯	159.24	638.35	3.200	440	0.265	0.346
46	异丙苯	152.41	631.0	3.209			0.338
47	丁苯	182	660.5	2.89	497	0.262	0.392
48	叔丁苯	170	648.3	2.979	472	0.261	0.266
49	对甲基异丙基苯	177.1	652	2.8			0.372
50	苯乙烯	145					
51	联苯	255.2	773	3.38	497	0.262	0.462
52	1,2,3,4-四氢萘	207.65	720	3.65	408	0.249	0.328
53	萘	217.99	748.4	4.05	407	0.265	0.302
54	四氟甲烷	−128.1	227.55	3.738	141	0.279	0.186
55	四氟乙烯	−76.3	306.5	3.941	170	0.270	0.226
56	氯甲烷	−23.7	416.26	6.697	139	0.269	0.153
57	三氯甲烷	71.3	536.01	5.328	243	0.291	0.213
58	四氯化碳	76.72	556.31	4.557	276	0.272	0.193
59	氯乙烷	12.4	460.4	5.269			0.204
60	1,1-二氯乙烷	57.3	523.4	5.061	236	0.275	0.244
61	1,2-二氯乙烷	83.7	561.6	5.380	225	0.259	0.288
62	1-氯丙烷	46.6	503.5	4.571	264.7	0.289	0.228
63	2-氯丙烷	34.8	482.4	4.261	242	0.257	0.224

续表

序号	物 质	t_b/℃	T_c/K	p_c/MPa	V_c/$cm^3 \cdot mol^{-1}$	Z_c	ω
64	氯乙烯	−13.4					
65	氯苯	131.7	632.4	4.52	308	0.265	0.251
66	氯二氟甲烷	−40.8	369.38	5.000	166	0.270	0.219
67	氟二氯甲烷	9.1	451.51	5.197	194	0.269	0.207
68	氯三氟甲烷	−81.5	301.89	3.901	180	0.280	0.180
69	二氟二氯甲烷	−29.8	385.08	4.129	213	0.275	0.180
70	氟三氯甲烷	23.7	471.15	4.478	247	0.282	0.184
71	氯五氟乙烷	−39.1	352.9	3.12	256	0.272	0.251
72	1,1-二氯四氟乙烷	3.0	418.7	3.303	294	0.279	0.263
73	1,2-二氯四氟乙烷	3.8	418.75	3.252	297	0.277	0.252
74	1,1,2-三氟三氯乙烷	47.7	487.44	3.41	331	0.278	0.255
75	甲醇	64.70	512.5	8.084	117	0.223	0.566
76	乙醇	78.29	514.0	6.137	168	0.241	0.637
77	1-丙醇	97.20	536.8	5.169	218	0.252	0.628
78	2-丙醇	82.26	508.3	4.764	222	0.250	0.669
79	1-丁醇	117.7	563.3	4.414	274	0.258	0.589
80	2-丁醇	99.6	536.2	4.202	269	0.253	0.571
81	2-甲基-1-丙醇	107.9	547.8	4.295	274	0.258	0.589
82	2-甲基-2-丙醇	82.42	506.2	3.972	275	0.259	0.616
83	1-戊醇	137.8	588.1	3.897	326	0.260	0.544
84	1-己醇	157.0	610.3	3.417	387	0.261	0.580
85	烯丙醇	97.1	545.1				
86	环己醇	161.1	650.1	4.26			0.514
87	乙二醇	197.3	720	8			1.137
88	1,2-丙二醇	187.6	676	5.9			1.107
89	1,3-丙二醇	214.4	722	6.3			1.152
90	1,4-丁二醇	228	727	6.2			1.189
91	苯酚	181.84	694.2	5.93			0.426
92	甲醚	−24.84	400.2	5.34	168	0.270	0.204
93	乙醚	34.55	466.7	3.644	281	0.264	0.285
94	甲基叔丁基醚	55.2	497.1	3.430			0.267
95	丙醚	89.6	530.6	3.028			0.370
96	异丙醚	68.3	500.3	2.832	386	0.263	0.338
97	乙基乙烯基醚	35.7	475	4.07			0.266
98	苯甲醚	155	646.5	4.24	341	0.269	0.347
99	二苯醚	257.9	767		529		
100	二甲氧基甲烷	45.5	491	3.96	213	0.207	0.290
101	1,2-二甲氧基乙烷	83.5	540	3.90	308	0.269	0.346
102	环氧乙烷	10.4	469	7.2	142	0.262	0.198
103	1,2-环氧丙烷	34	485	5.2	190	0.245	0.271
104	四氢呋喃	67	540.5	5.19	224	0.259	0.226
105	呋喃	31.4	490.2	5.3	218	0.294	0.200
106	四氢吡喃	88	572	4.77	263	0.264	0.218
107	1,4-二氧杂环己烷	101.5	588	5.21	238	0.254	0.280
108	乙醛	20.4	466		154		

续表

序号	物 质	t_b/℃	T_c/K	p_c/MPa	V_c/cm^3·mol^{-1}	Z_c	ω
109	丙醛	48.0	505	5.26	204	0.256	0.302
110	丁醛	74.8	537	4.32	258	0.250	0.345
111	异丁醛	64.1	544	5.1			0.370
112	丙酮	56.29	508.1	4.700	213	0.237	0.306
113	2-丁酮	79.64	536.7	4.207	267	0.252	0.324
114	2-戊酮	102.3	561.1	3.683	321	0.253	0.346
115	3-戊酮	102.0	561.4	3.729	331	0.264	0.350
116	3-甲基-2-丁酮	94.4	553.0	3.80	308	0.255	0.350
117	2-己酮	127.7	587.1	3.30	377	0.255	0.397
118	环己酮	156	665	4.6			0.450
119	苯乙酮	202	709.6	4.01	388	0.264	0.429
120	甲酸	100.7	588				
121	乙酸	117.9	590.7	5.78	171	0.201	0.201
122	丙酸	141	598.5	4.67	233	0.219	0.536
123	丁酸	163.4	615.2	4.06	292	0.232	0.604
124	异丁酸	154.7	605.0	3.70	290	0.213	0.618
125	乙酸酐	138.6	606	4.0			0.840
126	甲酸甲酯	31.8	487.2	6.00	172	0.255	0.254
127	甲酸乙酯	54.3	508.4	4.74	229	0.257	0.285
128	乙酸甲酯	56.9	506.5	4.750	228	0.257	0.325
129	乙酸乙酯	77.1	523.3	3.87	286	0.255	0.366
130	乙酸丙酯	101.5	549.7	3.36	345	0.254	0.394
131	乙酸异丙酯	88.5	531.0	3.31	344	0.258	0.355
132	乙酸丁酯	126.0	575.6	3.14			0.410
133	乙酸异丁酯	116.6	561	2.99	401	0.257	0.455
134	丙酸甲酯	79.5	530.7	4.00	282	0.256	0.318
135	丙酸乙酯	99.1	546.7	3.45	342	0.260	0.394
136	丁酸甲酯	102.8	554.5	3.47	340	0.256	0.381
137	丁酸乙酯	121.5	568.8	3.1	415	0.263	0.419
138	异丁酸乙酯	110	554	3.1	415	0.279	0.426
139	丙烯酸甲酯	80.5					
140	丙烯酸乙酯	99.7					
141	乙酸乙烯酯	72.5	519.2	4.185			0.338
142	草酸二乙酯	185.6	618	2.140	443	0.184	0.568
143	碳酸二甲酯	90.2	557	4.80	252	0.261	
144	碳酸二乙酯	126					
145	γ-丁内酯	204	731	5.13			0.369
146	乙二醇单甲醚	124.5	597.6	5.285	263	0.280	0.731
147	二乙二醇单甲醚	193	672	3.67			0.870
148	二乙二醇单乙醚	195	670	3.17			0.901
149	甲胺	6.33	430.8	7.62	138	0.295	0.281
150	二甲胺	6.88	437.2	5.340			0.294

续表

序号	物 质	t_b/℃	T_c/K	p_c/MPa	V_c/$cm^3 \cdot mol^{-1}$	Z_c	ω
151	乙胺	16.85	456.5	5.6	181	0.286	0.285
152	三甲胺	2.87	432.8	4.08	253	0.287	0.209
153	丙胺	48.5	499	4.74			0.296
154	异丙胺	32.4	472.2	4.55	221	0.256	0.279
155	苯胺	184.45	705	5.63	294	0.280	0.404
156	氢化腈	25.7	456.7	5.39	138	0.199	0.410
157	乙腈	81.6	545.5	4.85	173	0.185	0.338
158	丙烯腈	77.35	540	4.66			0.350
159	苯腈	191	705	5.63	294	0.280	0.352
160	吡咯	129.85	640	5.7			0.288
161	吡啶	115.26	620.0	5.64	247	0.270	0.239
162	硝基甲烷	101.2	588	6.31	173	0.224	0.348
163	甲硫醇	5.96	470	7.23	147	0.272	0.146
164	乙硫醇	35.0	499	5.49	207	0.274	0.192
165	甲硫醚	37.33	503	5.53	203.7	0.269	0.189
166	乙硫醚	92.1	557.8	3.90	317.6	0.267	0.294
167	噻吩	84.16	580	5.70	219	0.259	0.193
168	二甲亚砜	189	707	5.85	276	0.274	0.209
169	H_2	−242.76	33.18	1.313	64.2	0.305	−0.220
170	Ar	−185.87	150.86	4.898	74.6	0.291	0.000
171	N_2	−195.80	126.10	3.394	90.1	0.292	0.040
172	O_2	−182.98	154.58	5.043	73.4	0.288	0.022
173	O_3	−111.30	261.00	5.573	89.0	0.229	0.227
174	S	444.67	1313.0	18.21	158.0	0.264	0.262
175	F_2	−188.20	144.31	5.215	66.2	0.288	0.059
176	Cl_2	−34.03	417.15	7.711	123.8	0.275	0.069
177	Br_2	58.75	584.15	10.335	135.0	0.287	0.119
178	HF	19.52	461.15	6.485	69.0	0.117	0.383
179	HCl	−85.0	324.65	8.309	81.0	0.249	0.132
180	HBr	−66.7	363.15	8.552	100.3	0.284	0.069
181	NH_3	−33.43	405.65	11.278	72.5	0.242	0.252
182	H_2S	−60.35	373.53	8.963	98.5	0.284	0.083
183	H_2O	100.00	647.13	22.055	56.0	0.229	0.345
184	H_2O_2	150.20	730.15	21.684	77.7	0.278	0.360
185	CO	−191.45	132.92	3.499	93.1	0.295	0.066
186	CO_2	−78.45	304.19	7.382	94.0	0.274	0.228
187	COS	−50.2	378.80	6.349	135.1	0.272	0.097
188	CS_2	46.22	552.0	7.903	160.0	0.276	0.108
189	SO_2	10.05	430.75	7.884	122.0	0.269	0.245
190	SO_3	44.75	490.85	8.207	127.1	0.256	0.422
191	NO	−151.77	180.15	6.485	57.7	0.250	0.585
192	NO_2	20.85	431.35	10.133	82.5	0.233	0.849

附录四 一些物质的标准热化学数据

序号	物质	相态	$\Delta_f H^\ominus_{298}$ /$kJ\cdot mol^{-1}$	$S^\ominus_{298}$ /$J\cdot mol^{-1}\cdot K^{-1}$	$\Delta_f G^\ominus_{298}$ /$kJ\cdot mol^{-1}$	C^{id}_{p298} /$J\cdot mol^{-1}\cdot K^{-1}$
1	甲烷	g	−74.48	186.38	−50.5	35.69
2	乙烷	g	−83.85	229.23	−31.9	52.47
3	丙烷	g	−104.68	270.31	−24.3	73.60
4	丁烷	g	−126.8	309.91	−15.9	98.49
		l	−147.8	231.0	−15.2	139.79
5	2-甲基丙烷	g	−135.0	295.50	−21.4	96.65
		l	−154.3	217.94	−17.8	141.64
6	戊烷	l	−173.55	263.47	−10.00	167.33
		g	−146.82	349.56	−8.6	120.04
7	2-甲基丁烷	l	−178.57	260.54	−14.14	164.89
		g	−153.34	343.74	−13.5	118.87
8	2,2-二甲基丙烷	l	−190.37			170.9
		g	−167.99	306.00	−16.8	120.83
9	己烷	l	−198.7	296.10	−4.2	197.66
		g	−167.2	388.85	−0.1	142.59
10	乙烯	g	52.5	219.25	68.5	42.90
11	丙烯	g	20.0	266.73	62.5	64.32
12	1-丁烯	g	−0.5	307.86	70.4	85.56
		l	−21.1	229.06	73.2	128.9
13	顺-2-丁烯	g	−7.1	301.31	65.8	80.15
		l	−29.7	220	67.4	126.15
14	反-2-丁烯	g	−11.4	296.33	62.9	87.67
		l	−33.0			124.4
15	异丁烯	g	−16.9	293.20	58.4	88.09
		l	−37.5			131.0
16	乙炔	g	228.2	200.92	210.7	43.99
17	丙炔	g	184.5	248.47	193.5	60.73
18	丙二烯	g	190.5	243.77	201.3	59.03
19	1,3-丁二烯	g	110.0	278.78	150.6	79.88
		l	87.9	199.07	152.13	123.65
20	异戊二烯	g	75.8	314.67	146.3	102.69
		l	49.0	228.28	150.2	151.05
21	环戊烷	l	−105.8	204.26	36.5	126.87
		g	−77.1	292.86	39.0	82.76
22	甲基环戊烷	l	−137.9	247.94	31.97	158.70
		g	−106.2	339.9	36.7	109.5
23	乙基环戊烷	l	−163.43	279.91	37.60	186.10
		g	−126.9	378.2	45.1	133.6
24	环己烷	l	−156.19	204.35	26.72	155.96
		g	−123.29	297.39	32.1	105.34
25	甲基环己烷	l	−190.08	247.94	20.42	184.96
		g	−154.68	343.34	27.36	135.8
26	乙基环己烷	l	−212.13	280.91	29.24	211.79
		g	−172.09	382.58	38.97	163.9
27	环戊烯	l	4.4	201.25	108.62	122.38
		g	33.9	291.38	111.4	81.28

续表

序号	物　质	相　态	$\Delta_f H_{298}^{\ominus}$ /kJ·mol^{-1}	$S_{298}^{\ominus}$ /J·mol^{-1}·K^{-1}	$\Delta_f G_{298}^{\ominus}$ /kJ·mol^{-1}	C_{p298}^{id} /J·mol^{-1}·K^{-1}
28	环己烯	l	−37.99	216.19	102.47	148.8
		g	−4.52	310.63	107.0	101.5
29	1,3-环戊二烯	g	134.3	274.15	178.0	75.37
		l	105.9	182.7	176.8	115.3
30	苯	l	48.99	173.45	124.33	136.06
		g	82.89	269.30	129.8	82.43
31	甲苯	l	12.18	220.96	114.00	157.09
		g	50.2	320.99	122.3	103.75
32	乙苯	l	−12.34	255.18	119.92	185.57
		g	29.92	360.63	130.7	127.40
33	邻二甲苯	l	−24.35	246.61	110.46	187.65
		g	19.08	353.94	122.1	132.31
34	间二甲苯	l	−25.36	253.25	107.47	183.13
		g	17.32	358.65	118.9	125.71
35	对二甲苯	l	−24.35	247.15	110.30	182.22
		g	18.06	352.34	121.5	126.02
36	丙苯	l	−38.33	287.78	124.85	214.72
		g	7.91	398.19	138.16	146.90
37	异丙苯	l	−41.13	277.57	125.09	215.40
		g	4.02	386.11	139.1	159.69
38	苯乙烯	l	103.8	237.57	202.38	182.84
		g	147.9	345.10	214.42	122.09
39	联苯	c	99.4	205.9	252.0	195
		l	116.0	250.2	255.4	
		g	181.4	393.78	280.1	165.28
40	顺十氢萘	l	−219.37	265.01	69.10	232.0
		g	−169.16	378.81	85.6	168.14
41	反十氢萘	l	−230.62	264.93	57.87	228.5
		g	−182.09	373.81	74.2	168.56
42	萘	c	77.95	167.40	200.87	165.69
		g	150.41	333.26	224.3	131.92
43	茚满	l	11.5	234.35	151.6	190.25
		g	60.5	346.79	167.3	130.74
44	茚	l	110.6	214.18	217.8	186.94
		g	163.4	334.04	235.1	124.31
45	四氟甲烷	g	−933.5	261.40	−888.8	61.05
46	四氟乙烯	g	−658.6	300.12	−623.7	80.46
47	氯甲烷	g	−82.0	234.30	−58.4	40.73
48	三氯甲烷	l	−134.31	202.9	−73.93	114.2
		g	−102.9	295.61	−70.1	65.38
49	四氯甲烷	l	−128.41	216.19	−60.50	131.4
		g	−95.8	310.12	−53.5	83.43
50	氯乙烷	g	−112.3	275.89	−60.4	62.64
		l	−132.80	190.79	−55.73	108.8
51	1,2-二氯乙烷	l	−167.99	208.53	−82.42	128.9
		g	−132.84	305.96	−74.2	77.32
52	氯乙烯	g	28.5	264.08	41.1	53.60
53	3-氯丙烯	g		310.35		75.06
54	氯苯	l	11.0	209.2	89.4	153.8
		g	52.0	314.14	99.3	97.99

续表

序号	物　质	相　态	$\Delta_f H_{298}^{\ominus}$ /kJ·mol^{-1}	$S_{298}^{\ominus}$ /J·mol^{-1}·K^{-1}	$\Delta_f G_{298}^{\ominus}$ /kJ·mol^{-1}	C_{p298}^{id} /J·mol^{-1}·K^{-1}
55	氯三氟甲烷	g	−704.2	285.4	−663.6	66.87
56	二氟二氯甲烷	g	−490.8	300.6	−451.7	72.28
57	氟二氯甲烷	g	−283.7	309.9	−244.4	78.09
58	1,1,2-三氟三氯乙烷	g	−777.3	386.9	−702.1	121.0
		l	−805.8	289.5		172.8
59	甲醇	l	−239.1	127.24	−166.88	81.4
		g	−201.5	239.88	−161.6	44.66
60	乙醇	l	−276.98	161.04	−174.18	112.6
		g	−234.01	280.64	−166.7	65.71
61	1-丙醇	l	−302.71	192.80	−168.78	143.8
		g	−255.18	322.58	−159.8	85.56
62	2-丙醇	l	−317.86	180.58	−180.29	154.4
		g	−272.42	309.20	−173.6	89.32
63	1-丁醇	l	−327.31	226.4	−162.72	176.7
		g	−274.97	361.59	−150.6	108.03
64	2-丁醇	l	−342.75	223.0	−177.19	197.1
		g	−293.01	359.53	−167.9	112.74
65	2-甲基-1-丙醇	l	−333.93	214.5	−165.85	181.0
		g	−283.09			
66	2-甲基-2-丙醇	l	−359.24	192.88	−184.68	218.6
		g	−312.42	326.70	−177.6	113.63
		c	−365.89	170.58		146.1
67	烯丙醇	l	−171.8			138.9
		g	−124.5			
68	环己醇	l	−348.11	199.6	−133.3	212
		g	−286.10	353.06	−116.7	132.70
69	乙二醇	l	−455.34	153.39	−319.7	149.6
		g	−387.56	303.81	−296.6	82.7
70	1,2-丙二醇	l	−485.72			189.9
		g	−421.29			
71	1,4-丁二醇	l	−503.3	223.4		200.1
		g	−426.7			
72	甘油	l	−668.52	204.47	−476.98	218.9
		g	−582.8			
73	苯酚	c	−165.06	144.01	−50.46	127.44
		g	−96.40	314.92	−32.5	103.22
74	2-氯乙醇	l	−294.1			
75	甲醚	g	−184.1	267.34	−112.9	65.57
76	乙醚	g	−251.21	342.67	−121.1	119.46
		l	−279.3	253.5	−122.8	172.5
77	甲基叔丁基醚	l	−313.56	265.3	−119.96	187.5
		g	−283.47	357.8	−117.45	
78	乙基乙烯基醚	g	−140.08			
		l	−166.7			
79	苯甲醚	l	−114.8			199.0
		g	−67.9			
80	二苯醚	c	−32.1	233.91		216.56
		l	−14.90			
		g	52.01			

续表

序号	物质	相态	$\Delta_f H^{\ominus}_{298}$ /kJ·mol^{-1}	$S^{\ominus}_{298}$ /J·mol^{-1}·K^{-1}	$\Delta_f G^{\ominus}_{298}$ /kJ·mol^{-1}	C^{id}_{p298} /J·mol^{-1}·K^{-1}
81	二甲氧基甲烷	g	−348.15	335.72	−268.11	
		l	−377.06	244.01	−227.82	161.42
82	环氧乙烷	g	−52.63	242.99	−13.2	47.86
		l	−77.57	153.80	−11.59	
83	1,2-环氧丙烷	g	−94.68	281.15	−25.1	72.55
		l	−122.59	196.27	−28.66	122.5
84	四氢呋喃	g	−184.18	302.41	−81.1	76.25
		l	−216.27	203.9	−83.93	123.9
85	呋喃	l	−62.38	176.65	0.17	114.56
		g	−34.73	267.25	0.9	65.40
86	1,4-二氧杂环己烷	l	−355.1	195.27	−189.7	150
		g	−315.3	299.66	−180.8	92.18
87	甲醛	g	−108.57	218.76	−102.5	35.39
88	乙醛	g	−166.19	263.95	−133.0	55.32
		l	−192.88	117.3		89.05
89	苯甲醛	l	−87.0	221.20	6.3	
		g	−36.7	336.01	22.6	111.7
90	丙酮	g	−217.3	295.46	−152.8	74.52
		l	−248.1	200.00	−155.2	126.6
91	2-丁酮	l	−273.3	239.0	−151.4	158.9
		g	−238.7	339.47	−146.6	103.26
92	2-戊酮	l	−297.29	274.1	−145.23	184.2
		g	−259.05	378.7	−138.0	125.90
93	3-戊酮	l	−296.51	266.0	−142.09	190.9
		g	−257.95	370.10	−134.3	129.87
94	烯酮	g	−47.5	241.88	−46.6	51.75
		l	−67.9			
95	环己酮	l	−271.2			176.6
		g	−226.1	330.5	−89.2	
96	苯乙酮	l	−142.55	249.55	−16.99	
		g	−86.7	372.88	1.92	
97	甲酸	l	−425.1	131.84		99.04
		g	−378.7	248.99	−350.9	45.68
98	乙酸	l	−484.30	158.0		123.1
		g	−432.54	283.47	−38.31	63.44
99	丙烯酸	l	−383.76	226.4		144.2
		g	−323.5	307.73	−271.0	81.80
100	苯甲酸	c	−385.2	167.57	−245.3	146.5
		g	−290.1	369.10	−210.3	103.47
101	草酸	c	−829.94	115.6		115.9
		g	−732.03			
102	己二酸	c	−994.33	219.8		196.5
		g	−865.04			
103	对苯二甲酸	c	−816.13			
		g	−717.89			
104	乙酸酐	l	−624.4	268.6	−489.22	
		g	−572.5	389.9	−473.6	
105	顺丁烯二酸酐	c	−469.8			119
		g	−398.3	300.8	−350.5	

续表

序号	物质	相态	$\Delta_f H^{\ominus}_{298}$ /kJ·mol^{-1}	$S^{\ominus}_{298}$ /J·mol^{-1}·K^{-1}	$\Delta_f G^{\ominus}_{298}$ /kJ·mol^{-1}	C^{id}_{p298} /J·mol^{-1}·K^{-1}
106	邻苯二甲酸酐	c	−462.00			160.0
		g	−373.34	179.5	−332.38	
107	甲酸甲酯	l	−386.10			120
		g	−355.51	284.14	−297.82	66.53
108	甲酸乙酯	l	−430.5			144.3
		g	−398.3			
109	乙酸甲酯	l	−445.8			140.8
		g	−411.9	324.38	−325.4	86.03
110	乙酸乙酯	l	−478.82	259.4	−332.52	169.6
		g	−443.42	359.4	−326.90	
111	乙酸异丙酯	l	−526.85			196.6
		g	−489.65			
112	乙酸丁酯	l	−528.82			228
		g	−485.22			
113	丙烯酸甲酯	l	−362.21			160
		g	−333.00			
114	丙烯酸乙酯	l	−393.30			
		g	−354.22			
115	邻苯二甲酸二丁酯	l	−842.6	561.1		476.0
		g	−750.9			
116	碳酸二乙酯	l	−681.5			211
		g	−637.9			
117	糠醇	l	−276.2	215.47	−178.2	204
		g	−211.8			
118	二乙二醇	l	−628.5			265
		g	−571.2			
119	甲胺	l	−47.3	150.2		
		g	−23.0	242.89	32.2	50.05
120	二甲胺	l	−43.9			
		g	−18.6	270.69	69.1	70.46
121	乙胺	l	−74.1			
		g	−47.4	283.78	36.4	71.54
122	三甲胺	l	−45.7			
		g	−23.7	289.53		
123	苯胺	l	31.3	191.30	149.3	192.0
		g	87.1	317.90		107.90
124	氢化腈	l	109.50	113		
		g	130.45	201.83	119.4	35.86
125	乙腈	l	31.4	149.62	77.11	91.46
		g	64.3	243.40	82.4	52.25
126	丙烯腈	l	147.1	178.91	185.85	108.8
		g	180.6	273.98	191.1	63.94
127	苯腈	l	163.2	209.1		165.2
		g	215.7	321.15	257.8	109.08
128	吡啶	l	100.2	177.90	181.5	132.7
		g	140.4	282.55	190.7	77.62
129	硝基甲烷	l	−112.6	171.75		106
		g	−74.3	275.20	−6.5	57.22
130	甲硫醇	l	−46.7			

续表

序号	物　质	相　态	$\Delta_f H^\ominus_{298}$ /kJ·mol^{-1}	$S^\ominus_{298}$ /J·mol^{-1}·K^{-1}	$\Delta_f G^\ominus_{298}$ /kJ·mol^{-1}	C^{id}_{p298} /J·mol^{-1}·K^{-1}
		g	−22.9	255.14	−9.2	50.26
131	乙硫醇	l	−73.6	207.0	−1.6	118
		g	−46.3	296.25	−2.4	73.01
132	甲硫醚	l	−65.4	196.40	5.7	118.11
		g	−37.5	285.96	7.1	74.06
133	乙硫醚	l	−119.4	269.28	11.3	171.42
		g	−83.6	368.13	17.8	116.57
134	噻吩	l	80.2	181.2		122.4
		g	114.9	278.75	126.1	72.78
135	二甲基亚砜	l	−204.2	188.78	−100.2	153
		g	−151.3			
136	H_2	g	0	130.68	0	28.84
137	N_2	g	0	191.61	0	29.12
138	O_2	g	0	205.15	0	29.38
139	O_3	g	142.7	239.20	163.1	39.60
140	S	c	0	32.056	0	22.76
		g	277.0	167.83	236.5	23.67
141	F_2	g	0	202.79	0	31.30
142	Cl_2	g	0	223.08	0	33.95
143	Br_2	l	0	152.21	0	75.69
		g	30.9	245.39	3.1	36.05
144	C	c	0	5.740	0	8.512
		g	716.7	158.10	671.2	20.84
145	HF	g	−273.3	173.78	−275.4	29.14
146	HCl	g	−92.3	186.55	−95.2	29.14
147	HBr	g	−152.2	198.70	−169.3	29.14
148	NH_3	g	−45.9	192.77	−16.4	35.65
149	H_2S	g	−20.6	205.66	−33.4	34.12
150	H_2O	l	−285.83	69.950	−237.141	75.288
		g	−241.8	188.82	−228.4	33.58
151	H_2O_2	l	−187.78	109.60	−120.33	89.10
		g	−136.3	234.47	−106.1	42.37
152	CO	g	−110.5	197.66	−137.2	29.14
153	CO_2	g	−393.5	213.78	−394.4	37.13
154	COS	g	−138.3	231.57	−165.5	41.51
155	CS_2	l	89.66	151.04	65.44	78.99
		g	117.1	237.89	66.9	45.48
156	SO_2	g	−296.8	248.37	−300.1	40.05
157	SO_3	g	−395.7	256.63	−370.9	50.86
158	NO	g	90.3	210.70	86.6	29.87
159	NO_2	g	33.2	240.52	51.2	37.59

附录五 一些物质的 Antoine 方程系数

序号	物质	$\lg(p^s/\text{kPa})=A-\dfrac{B}{(T/\text{K})+C}$			
		A	B	C	$\Delta T/\text{K}$
1	甲烷	5.963551	438.5193	−0.9394	91～190
		6.49246	620.151	28.44	148～189
2	乙烷	6.0567	687.3	−14.46	90～133
		5.95405	663.72	−16.469	133～198
		6.106759	720.7483	−8.9237	160～300
3	丙烷	6.6956	1030.7	−7.79	101～165
		5.963088	816.4206	−24.7784	166～231
		6.079206	873.8370	−16.3891	244～311
		6.809431	1348.283	53.7621	312～368
4	丁烷	6.0127	961.7	−32.14	138～196
		5.93266	935.773	−34.361	196～288
		6.574609	1349.115	24.7281	320～423
5	2-甲基丙烷	5.32368	739.94	−43.15	120～188
		6.00272	947.54	−24.28	188～278
		6.392945	1177.903	7.6499	294～394
6	戊烷	6.6895	1339.4	−19.03	143～219
		5.99466	1073.139	−40.188	223～352
		6.28417	1260.973	−14.031	350～422
		7.47436	2414.137	141.919	418～470
7	2-甲基丁烷	5.95805	1040.73	−37.705	216～323
		6.39629	1325.048	1.244	320～391
		8.09160	3167.01	233.708	412～460
8	2,2-二甲基丙烷	5.83916	938.234	−37.901	259～298
		6.08953	1080.237	−17.896	312～385
		6.542310	1416.437	32.1790	343～433
9	己烷	6.89538	1549.94	−19.15	182～247
		6.00139	1170.875	−48.833	250～358
		6.4106	1469.286	−7.702	374～451
		7.30814	2367.155	111.016	445～508
10	乙烯	5.979965	612.5245	−15.1848	104～176
		6.402225	800.8744	14.0346	200～282
11	丙烯	6.48447	934.227	−14	100～163
		5.95606	789.624	−25.57	163～238
		6.088813	851.3585	−16.9080	244～311
		6.651058	1185.489	31.9977	273～364
12	顺-2-丁烯	6.38127	1086.09	−26.17	136～203
		6.00958	967.32	−35.277	205～298
		6.104010	1017.939	−28.4204	278～358
		6.94808	1643.833	104.145	388～431
13	反-2-丁烯	6.27279	1062.92	−23.86	168～201
		6.00827	967.5	−32.31	201～288
		6.54029	1274.473	7.499	313～385
		6.94808	1643.833	64.733	382～428
14	2-甲基丙烯	6.41259	1078.57	−19.41	133～194
		5.80956	866.25	−38.51	194～288
		6.27428	1095.288	−9.441	310～376
		7.64267	2336.466	160.311	371～418

续表

序号	物 质	$\lg(p^s/\mathrm{kPa})=A-\dfrac{B}{(T/\mathrm{K})+C}$			
		A	B	C	$\Delta T/\mathrm{K}$
15	1-戊烯	6.76566	1323.6	−18.74	138～222
		5.96914	1044.01	−39.7	222～318
		6.306944	1244.139	−13.9318	273～473
16	1-己烯	6.72775	1442.59	−25.04	156～247
		5.9826	1148.62	−47.81	247～358
17	乙炔	6.27098	726.768	−18.008	192～308
18	丙炔	6.24555	935.09	−29.57	187～266
		6.81779	1321.342	27.993	257～402
19	丙二烯	5.6752	734.57	−38.41	178～257
20	1,3-丁二烯	5.97484	931.996	−33.821	198～272
		5.99667	940.687	−33.017	270～318
		6.31615	1130.927	−5.606	315～382
		8.86984	3877.451	315.612	380～425
21	1,4-戊二烯	5.9643	1030.27	−39.5	150～237
		5.9904	1032.25	−40.05	235～310
22	异戊二烯	6.2276	1160.8	−31.4	160～250
		6.01054	1071.578	−39.637	254～316
23	环戊烷	9.7573	3319.68	112.45	124～236
		6.06783	1152.57	−38.64	236～348
		6.41769	1415.096	−0.66	381～455
		6.77782	1749.65	48.533	452～511
24	甲基环戊烷	6.18199	1295.54	−34.76	255～373
25	乙基环戊烷	6.00408	1293.71	−53.03	280～408
		6.15104	1396.62	−39.666	386～507
		7.4518	2858.104	159.371	499～569
26	环己烷	5.963708	1201.863	−50.3532	278～354
		6.03245	1244.124	−44.911	353～414
		6.36849	1519.732	−4.032	412～491
		6.861057	2028.844	70.2833	451～554
27	甲基环己烷	5.98232	1290.97	−49.449	277～398
		6.14677	1413.495	−32.726	373～511
		7.29186	2700.205	147.549	501～573
28	乙基环己烷	5.9702	1369.41	−59.55	301～433
29	环戊烯	6.04518	1121.202	−39.810	195～320
30	环己烯	6.07024	1260.609	−45.847	228～325
		5.99698	1221.700	−50.001	310～365
31	1,3-环戊二烯	4.90101	618.898	−100.673	271～314
32	苯	6.01907	1204.682	−53.072	279～377
		6.06832	1236.034	−48.99	353～422
		6.3607	1466.083	−15.44	420～502
		7.51922	2809.514	171.489	501～562
33	甲苯	7.5727	2124.65	5.95	181～278
		6.05043	1327.62	−55.525	286～410
		6.40851	1615.834	−15.897	440～531
		7.65383	3153.235	188.566	530～592
34	乙苯	5.6643	1250.06	−73.31	199～300
		6.06991	1416.922	−60.716	298～420
		6.36656	1665.991	−26.716	457～554
		7.49119	3056.747	159.496	549～617

续表

序号	物质	$\lg(p^s/\mathrm{kPa})=A-\dfrac{B}{(T/\mathrm{K})+C}$			
		A	B	C	$\Delta T/\mathrm{K}$
35	邻二甲苯	7.5862	2277.61	0.0	250～307
		6.09789	1458.076	−60.109	313～445
		6.46119	1772.963	−18.84	471～571
		7.91427	3735.582	229.953	567～630
36	间二甲苯	6.03914	1425.44	−60.15	227～303
		6.14051	1468.703	−57.03	309～440
		6.42535	1710.901	−24.591	461～554
		7.59221	3163.74	165.278	550～617
37	对二甲苯	6.14779	1475.767	−55.241	286～453
		6.44333	1735.196	−19.846	460～553
		7.84182	3543.356	208.522	551～616
38	丙苯	6.07664	1491.8	−65.9	324～455
39	异丙苯	6.06112	1460.766	−65.32	319～454
40	丁苯	6.42395	1785.05	−51.55	218～335
		6.10345	1575.47	−71.95	343～486
41	异丁苯	6.05978	1529.96	−68.51	334～470
42	仲丁苯	6.37569	1733.54	−49.35	215～329
		6.08173	1544.65	−67.48	335～476
43	叔丁苯	6.04927	1507.6	−69.42	332～472
44	苯乙烯	7.3945	2221.3	0.0	245～334
		6.08201	1445.08	−63.72	334～419
45	联苯	6.36895	1997.558	−70.542	342～544
		6.19175	1845.010	−87.641	408～600
46	顺十氢萘	6.00019	1594.46	−69.758	349～501
47	反十氢萘	5.98171	1564.68	−66.891	342～492
48	1,2,3,4-四氢萘	6.35719	1854.52	−54.257	311～481
		5.92319	1511.646	−94.199	428～550
		6.68706	2303.049	14.249	539～662
49	萘	6.13555	1733.71	−71.291	368～523
		6.13398	1735.26	−70.82	418～613
		6.53231	2162.181	−12.108	563～665
		7.74783	4042.567	227.985	661～750
50	茚满	6.10120	1581.723	−67.352	355～482
51	茚	6.34410	1749.215	−52.375	297～457
52	四氟甲烷	5.96254	513.129	−15.474	89～163
		6.23758	599.591	−3.252	160～197
		6.99757	936.128	45.844	195～227
53	四氟乙烯	6.02213	684.044	−27.195	142～208
		6.4595	875.14	0.0	197～273
		6.4291	866.84	0.0	273～306
54	氯甲烷	6.11875	902.201	−29.961	183～249
		6.04835	869.887	−33.773	247～310
		6.94638	1448.913	47.996	308～373
		6.94002	1447.601	48.385	368～416
55	三氯甲烷	5.96288	1106.94	−54.598	210～357
		6.11152	1173.606	−48.54	333～416
		7.89882	2879.244	161.978	410～481
		4.58922	181.802	−325.374	479～523

续表

序号	物　质	$\lg(p^s/\text{kPa})=A-\frac{B}{(T/\text{K})+C}$			
		A	B	C	$\Delta T/\text{K}$
56	四氯甲烷	6.10445	1265.63	−41.002	250～374
		5.97092	1195.903	−48.217	349～416
		6.22882	1392.458	−19.19	412～497
		6.36976	1439.651	−25.734	494～555
57	1,2-二氯乙烷	6.16284	1278.323	−49.456	242～373
		6.53278	1599.07	−3.303	356～558
58	氯乙烯	5.99348	895.539	−34.816	187～259
		5.21029	559.842	−84.717	259～327
59	1,1-二氯乙烯	6.09904	1100.431	−35.876	245～306
60	顺-1,2-二氯乙烯	6.99510	1659.237	0.0	240～278
		6.14603	1204.804	−42.600	274～357
		6.22178	1271.55	−30.557	332～495
61	反-1,2-二氯乙烯	6.09105	1142.553	−41.152	243～358
		6.38964	1307.342	−22.901	346～517
62	3-氯丙烯	6.0985	1117.987	−42.281	203～320
63	氯苯	6.10416	1431.83	−55.515	335～405
		6.62988	1897.41	5.21	405～597
64	氯三氟甲烷	5.99404	681.735	−20.784	133～185
		6.01518	694.106	−18.568	184～246
		7.52662	1630.607	112.164	268～302
65	二氟二氯甲烷	5.94677	839.6	−30.311	173～244
		5.92289	826.707	−32.274	236～285
		6.30541	1035.857	−1.496	282～345
		7.51271	2016.711	132.578	341～385
66	氟三氯甲烷	5.99652	1034.048	−37.672	213～301
		6.03083	1053.874	−34.955	295～363
		6.36472	1285.088	−0.653	357～429
		7.75501	2744.806	196.225	424～468
67	氯五氟乙烷	5.96194	804.316	−30.72	178～234
		6.2600	947.562	−11.015	262～317
		6.73898	1256.751	34.474	312～353
68	1,1,2-三氟三氯乙烷	6.01641	1115.812	−42.515	238～364
		6.53094	1500.489	12.469	360～473
69	甲醇	7.4182	1710.2	−22.25	175～273
		7.23029	1595.671	−32.245	275～338
		7.09498	1521.23	−39.18	338～487
		8.18215	2546.019	83.019	453～513
70	乙醇	8.9391	2381.5	0.0	210～271
		7.30243	1630.868	−43.569	273～352
		6.84806	1358.124	−71.034	370～464
		7.64893	2073.007	22.965	459～514
71	1-丙醇	8.7592	2506	0.0	200～228
		6.97878	1497.734	−69.056	321～368
		6.58415	1273.365	−92.178	369～407
		6.43938	1185.921	−102.916	401～482
72	2-丙醇	9.6871	2626	0.0	195～228
		6.86634	1360.183	−75.557	325～362
		6.40823	1107.303	−103.944	379～461
		7.02506	1588.226	−33.839	453～508

续表

序号	物质	$\lg(p^s/kPa)=A-\frac{B}{(T/K)+C}$			
		A	B	C	$\Delta T/K$
73	1-丁醇	8.9241	2697	0.0	209～251
		6.54172	1336.026	−96.348	323～413
		7.05559	1738.4	−46.544	413～550
74	2-丁醇	7.50959	1751.931	−52.906	210～303
		6.34976	1169.754	−103.388	303～403
		6.12622	1050.17	−117.808	395～485
		6.61842	1439.696	−55.524	476～536
75	异丁醇	9.8507	2875	0.0	202～243
		6.49241	1271.027	−97.758	313～411
		6.14833	1077.094	−121.099	401～493
		6.70286	1525.5	−50.929	483～548
76	叔丁醇	6.35045	1104.341	−101.315	299～375
		6.27388	989.74	−124.966	356～480
		6.87411	1577.41	−24.596	453～506
77	环已醇	6.27792	1381.8	−110.132	300～434
78	苯甲醇	8.963	3214	0.0	293～313
		6.39383	1655.003	−101.300	358～425
		6.7069	1904.3	−73.15	385～573
79	乙二醇	7.13856	2033.185	−74.24	338～573
80	1,2-丙二醇	7.91179	2554.9	−28.611	318～461
81	1,3-丙二醇	8.34759	3149.87	9.144	332～488
82	1,4-丁二醇	7.53422	2292.1	−86.69	380～510
83	甘油	10.39913	4480.5	0.0	293～343
		5.13022	990.45	−245.819	469～563
84	苯酚	6.57957	1710.257	−80.273	314～395
		6.25543	1515.182	−98.368	380～455
		6.34757	1482.82	−113.862	455～655
85	2-萘酚	7.22927	2827.5	−19.868	401～561
86	甲醚	6.44136	1025.56	−17.1	183～265
		6.09534	880.813	−33.007	241～303
		6.28318	987.484	−16.813	293～360
		7.48877	1971.127	122.787	349～400
87	乙醚	6.04972	1066.052	−44.147	212～293
		6.05933	1067.576	−44.217	305～360
		6.37811	1276.822	−14.869	351～420
		6.98097	1794.569	−57.993	417～467
88	甲基叔丁基醚	6.09111	1171.54	−41.542	287～351
89	乙基乙烯基醚	6.06857	1075.837	−43.943	221～364
90	苯甲醚	6.23361	1529.735	−65.088	347～427
91	苯乙醚	6.17151	1529.380	−76.018	365～443
92	二苯醚	8.7091	3351.9	0.0	313～333
		6.13606	1799.811	−95.394	477～544
93	二甲氧基甲烷	7.06105	1623.024	5.834	273～318
94	二乙二醇二甲醚	7.02673	2032.01	−28.261	286～433
95	环氧乙烷	6.25267	1054.240	−35.420	224～285
		6.45597	1170.93	−20.498	283～385
96	1,2-环氧丙烷	6.09487	1065.27	−46.867	225～308
		5.54571	799.767	−81.752	291～345

续表

序号	物　质	$\lg(p^s/kPa)=A-\frac{B}{(T/K)+C}$			
		A	B	C	$\Delta T/K$
97	四氢呋喃	6.59372	1446.150	−23.168	274～308
		6.12023	1202.394	−46.883	296～373
		6.63507	1626.656	15.041	379～479
		6.73137	1702.922	23.613	467～541
98	呋喃	6.10013	1060.851	−45.41	238～363
99	1,4-二氧杂环己烷	6.40318	1457.97	−42.888	285～375
100	甲醛	6.32524	972.500	−28.821	164～251
101	乙醛	6.3859	1115.1	−29.015	238～285
		6.45597	1170.93	−20.498	283～385
102	丙烯醛	6.19181	1204.95	−37.8	208～326
103	苯甲醛	7.4764	2455.4	0.0	273～373
		6.21282	1618.669	−67.156	312～481
		6.28780	1682.466	−58.948	465～541
		6.52485	1916.921	−26.699	529～599
104	丙酮	3.6452	469.5	−108.21	178～243
		6.25017	1214.208	−43.148	259～351
		6.69966	1542.465	0.447	374～464
		7.56948	2457.295	122.324	457～508
105	2-丁酮	6.247219	1294.53	−47.442	294～352
		6.22518	1286.794	−47.766	353～403
		6.45545	1456.517	−24.944	397～479
		8.56912	4050.052	282.032	473～537
106	2-戊酮	6.13931	1309.629	−58.585	336～385
		6.14908	1311.372	−58.928	375～495
		7.34104	2487.843	98.19	487～561
107	3-戊酮	6.14570	1307.941	−59.182	330～484
		7.14424	2259.87	71.059	494～561
108	烯酮	5.80297	711.14	−36.39	159～224
109	环己酮	6.10133	1494.166	−63.751	353～439
110	苯乙酮	6.28228	1723.46	−72.15	375～603
111	甲酸	6.5028	1563.28	−26.09	283～384
112	乙酸	6.5729	1572.32	−46.777	290～396
		6.82561	1748.572	−28.259	391～447
		7.22638	2101.805	12.244	437～535
		8.44129	3628.209	182.674	525～593
113	丙酸	6.67457	1615.227	−68.362	328～438
		9.24101	2835.99	−23.07	414～511
114	丁酸	11.53324	5291.631	128.778	301～358
		6.67596	1642.683	−85.137	350～452
		7.3554	2180.05	−29.337	437～592
115	丙烯酸	6.93296	1827.9	−43.15	341～414
116	苯甲酸	7.80991	2776.12	−43.978	405～523
117	己二酸	6.97589	2377.36	−132.475	432～611
118	乙酸酐	6.26759	1440.544	−73.774	337～413
		5.38392	2696.31	17.794	413～526
119	邻苯二甲酸酐	7.74204	3542.32	59.561	407～558
120	甲酸甲酯	6.225963	1088.955	−46.675	279～305
		6.39684	1196.323	−32.629	305～443

续表

序号	物　质	$\lg(p^s/\text{kPa})=A-\frac{B}{(T/\text{K})+C}$			
		A	B	C	$\Delta T/\text{K}$
121	甲酸乙酯	6.1384	1151.08	−48.94	213～336
		6.4206	1326.4	−26.867	327～498
122	乙酸甲酯	6.25449	1189.608	−50.035	260～351
123	乙酸乙酯	6.20229	1232.542	−56.563	271～373
		6.38462	1369.41	−37.675	350～508
124	乙酸丙酯	6.16547	1297.186	−62.849	290～399
		6.48937	1544.31	−30.623	374～542
125	乙酸异丙酯	6.45885	1436.53	−39.485	235～362
		6.13934	1243.119	−61.018	294～385
126	乙酸丁酯	6.25496	1432.217	−62.214	333～399
127	乙酸异丁酯	6.66966	1709.03	−24.779	252～391
128	丙酸甲酯	6.49537	1393.26	−42.656	231～353
		6.43771	1414.65	−33.767	353～486
129	丙酸乙酯	6.134869	1268.942	−64.849	306～372
		6.4443	1507.82	−32.549	372～538
130	丁酸甲酯	6.27187	1351.36	−58.739	246～375
		6.62592	1678.76	−12.021	375～545
131	丁酸乙酯	5.79321	1154.21	−89.57	263～404
132	异丁酸甲酯	6.51181	1459.48	−41.822	239～366
		6.36875	1432.58	−37.32	366～533
133	异丁酸乙酯	6.06445	1285.96	−66.535	249～393
		6.49953	1565.55	−34.996	383～483
134	丙烯酸甲酯	6.5561	1467.93	−30.849	316～354
135	丙烯酸乙酯	6.25041	1354.65	−53.603	244～373
136	甲基丙烯酸甲酯	3.20496	401.882	−146.685	228～277
		6.63751	1597.9	−28.76	293～374
137	甲基丙烯酸乙酯	7.137	2003	0.0	285～390
138	乙酸乙烯酯	6.85612	1782.604	0.0	
139	苯甲酸甲酯	8.183	2816.6	0.0	283～323
		6.20322	1656.25	−77.92	373～533
140	苯甲酸乙酯	8.23958	2922.167	0.0	288～333
		6.81152	2174.3	−34.071	358～487
141	草酸二乙酯	7.61183	2259.46	−55.688	320～459
142	邻苯二甲酸二甲酯	8.095	3327	0.0	371～547
143	邻苯二甲酸二乙酯	6.04308	1866.05	−115.9	345～453
		10.6902	6768.3	209.45	421～570
144	邻苯二甲酸二丁酯	6.8788	2538.4	−92.25	314～469
		5.76561	1744.738	−159.419	399～475
		7.97157	3385.9	−37.18	468～605
145	碳酸二乙酯	6.64355	1685.3	−36.13	308～400
146	γ-丁内酯	10.18937	5483.794	193.404	392～474
147	甲氧基乙醇	6.84907	1715.47	−43.15	333～423
148	2-乙氧基乙醇	6.944	1801.9	−70.15	336～408
149	糠醇	8.81987	3223.12	29.705	304～443
150	二乙二醇	11.9511	7046.39	190.015	364～518
151	二乙二醇单乙醚	8.13351	3019.21	17.729	318～475
152	三乙二醇	8.1182	3534	0.0	288～303
		8.82922	3778.12	2.204	387～552

续表

序号	物质	$\lg(p^s/\text{kPa})=A-\frac{B}{(T/\text{K})+C}$			
		A	B	C	$\Delta T/\text{K}$
153	水杨酸	5.53812	1049.95	−228.144	445～504
154	糠醛	5.76606	1236.745	−105.782	338～428
155	甲胺	6.6218	1079.15	−32.92	223～273
		6.76954	1174.666	−20.186	263～329
		6.32072	936.222	−50.047	319～381
		8.61285	3135.822	231.226	373～430
156	二甲胺	6.29031	993.586	−48.12	201～280
		6.20646	965.728	−50.151	277～360
		7.81489	2369.425	141.433	358～438
157	乙胺	6.57462	1167.57	−34.18	213～297
		6.43082	1140.62	−32.133	290～449
158	三甲胺	6.01402	968.978	−34.253	192～277
159	苯胺	8.1019	2728	0.0	273～338
		6.40627	1702.817	−70.155	304～458
		6.44338	1682.148	−78.065	455～523
160	己二胺	7.4439	2577.3	0.0	348～474
161	氢化腈	6.54538	1271.284	−18.778	259～299
		7.13596	1631.43	18.953	298～457
162	乙腈	6.34522	1388.446	−34.856	314～355
163	丙烯腈	6.12021	1288.9	−38.74	257～352
164	吡啶	6.30308	1448.781	−50.948	296～353
		6.16446	1373.263	−58.18	348～434
		6.284	1455.584	−48.272	431～558
		7.25663	2578.625	115.604	552～620
165	硝基甲烷	6.40194	1444.38	−45.786	328～410
		12.8267	3905.39	−13.15	405～476
166	硝基苯	6.22069	1732.222	−72.886	407～484
167	甲硫醇	6.19283	1031.216	−32.816	221～283
		6.13669	1006.199	−35.529	267～359
		6.53487	1278.361	5.318	345～424
		8.49935	3497.599	283.722	414～470
168	乙硫醇	6.07243	1081.984	−42.085	273～340
		6.42565	1328.598	−6.231	365～448
		7.84948	2874.377	200.657	442～499
169	甲硫醚	6.07043	1088.851	−42.594	268～319
		6.13402	1124.998	−37.961	307～379
		6.42655	1334.329	−7.456	372～453
		7.36327	2293.043	130.243	447～503
170	乙硫醚	6.04973	1256.013	−54.664	318～396
171	噻吩	6.06132	1232.35	−53.438	311～393
172	N_2	5.65650	260.222	−6.069	63～85
173	O_2	5.81534	319.165	−6.409	54～100
174	Cl_2	6.07922	867.371	−26.253	206～270
175	Br_2	6.72056	1571.194	1.662	343～383
176	HF	6.93862	1571.203	25.627	273～303
177	HCl	6.29250	744.4894	−14.45	137～200
178	HBr	5.40858	539.6239	−47.86	184～221
179	NH_3	6.48537	926.1330	−32.98	179～261

续表

序号	物质	$\lg(p^s/kPa)=A-\frac{B}{(T/K)+C}$			
		A	B	C	$\Delta T/K$
180	H_2S	6.11872	768.1323	−26.06	190～230
181	H_2O	7.074056	1657.459	−46.13	280～441
182	CO	5.36511	230.2716	−13.15	63～108
183	CO_2	8.93553	1347.785	−0.16	154～204
		7.52161	1384.861	74.84	267～304
184	COS	6.03357	804.990	−23.094	162～224
185	CS_2	6.06684	1168.621	−31.62	228～342
186	SO_2	6.40715	999.898	−35.97	195～280
187	SO_3	8.17573	1735.311	−36.66	290～332
188	NO	7.86786	682.937	−4.88	95～140
189	NO_2	8.04201	1798.540	3.65	230～320

附录六 一些物质的理想气体热容温度关联式系数

序号	物质	$C_p^{id}/R=a_0+a_1T+a_2T^2+a_3T^3+a_4T^4$					
		a_0	$a_1\times10^3/K^{-1}$	$a_2\times10^5/K^{-2}$	$a_3\times10^8/K^{-3}$	$a_4\times10^{11}/K^{-4}$	温度范围/K
1	甲烷	4.568	−8.975	3.631	−3.407	1.091	50～1000
		0.282	12.718	−0.520	0.101	−0.007	1000～5000
2	乙烷	4.178	−4.427	5.660	−6.651	2.487	50～1000
		0.001	11.202	1.928	−2.205	0.628	1000～1500
3	丙烷	3.847	5.131	6.011	−7.893	3.079	50～1000
4	丁烷	1.5780	71.769	−25.437	43.427	—	50～298
		5.547	5.536	8.057	−10.571	4.134	200～1000
5	2-甲基丙烷	3.351	17.833	5.477	−8.099	3.243	50～1000
6	戊烷	7.554	−0.368	11.846	−14.939	5.753	200～1000
7	2-甲基丁烷	1.959	38.191	2.434	−5.175	2.165	200～1000
8	2,2-二甲基丙烷	−11.428	156.037	−33.383	40.127	−17.806	200～1000
9	己烷	8.831	−0.166	14.302	−18.314	7.124	200～1000
10	乙烯	4.221	−8.782	5.795	−6.729	2.511	50～1000
		0.062	18.382	−0.920	0.216	−0.019	1000～3000
11	丙烯	3.834	3.893	4.688	−6.013	2.283	50～1000
		0.042	28.997	−1.516	0.380	−0.037	1000～3000
12	1-丁烯	4.389	7.984	6.143	−8.197	3.165	50～1000
13	顺-2-丁烯	5.584	−4.890	9.133	−10.975	4.085	50～1000
14	反-2-丁烯	3.689	19.184	2.230	−3.426	1.256	50～1000
15	异丁烯	3.231	20.949	2.313	−3.949	1.566	50～1000
16	乙炔	2.410	10.926	−0.255	−0.790	0.524	50～1000
		0.042	15.631	−1.050	0.336	−0.040	1000～3000
17	丙炔	3.158	12.210	1.167	−2.316	1.002	50～1000
18	丙二烯	3.403	6.271	3.388	−5.113	2.161	50～1000
19	1,3-丁二烯	3.607	5.085	8.253	−12.371	5.321	50～1000
20	异戊二烯	2.748	27.727	3.138	−6.354	2.839	50～1000
21	环戊烷	5.019	−19.734	17.917	−21.696	8.215	50～1000
22	甲基环戊烷	5.379	−8.258	17.293	−21.646	8.263	50～1000
23	乙基环戊烷	5.847	−0.048	17.507	−22.495	8.656	50～1000
24	环己烷	4.035	−4.433	16.834	−20.775	7.746	100～1000

续表

序号	物 质	$C_p^{id}/R=a_0+a_1T+a_2T^2+a_3T^3+a_4T^4$					
		a_0	$a_1\times10^3/K^{-1}$	$a_2\times10^5/K^{-2}$	$a_3\times10^8/K^{-3}$	$a_4\times10^{11}/K^{-4}$	温度范围/K
25	甲基环己烷	3.148	18.438	13.624	−18.793	7.364	50～1000
26	乙基环己烷	2.832	37.258	10.853	−16.463	6.594	50～1000
27	苯	3.551	−6.184	14.365	−19.807	8.234	50～1000
28	甲苯	3.866	3.558	13.356	−18.659	7.690	50～1000
29	乙苯	4.544	10.578	13.644	−19.276	7.885	50～1000
30	邻二甲苯	3.289	34.144	4.989	−8.335	3.338	50～1000
31	间二甲苯	4.002	17.537	10.590	−15.037	6.008	50～1000
32	对二甲苯	4.113	14.909	11.810	−16.724	6.736	50～1000
33	丙苯	4.759	23.956	11.859	−17.393	7.064	50～1000
34	异丙苯	2.985	34.196	11.938	−20.152	8.923	50～1000
35	苯乙烯	−3.3948	74.033	−4.8343	1.1940	—	298～1500
36	联苯	−0.843	61.392	6.352	−13.754	6.169	200～1000
37	顺十氢萘	−5.445	80.068	5.065	−11.756	5.088	298～1000
38	反十氢萘	−2.155	53.852	12.610	−20.981	9.066	298～1000
39	萘	2.889	14.306	15.978	−23.930	10.173	50～1000
40	茚满	−6.668	85.579	−2.843	−2.828	1.884	298～1000
41	茚	−7.247	90.987	−5.706	0.300	0.775	298～1000
42	四氟甲烷	2.643	15.383	0.850	−2.940	1.469	50～1000
43	四氟乙烯	2.223	36.551	−4.776	3.283	−0.931	200～1000
44	氯甲烷	3.578	−1.750	3.071	−3.714	1.408	200～1000
45	三氯甲烷	2.389	26.218	−3.145	1.857	−0.423	200～1000
46	四氯化碳	2.518	41.882	−7.160	5.739	−1.756	200～1000
47	氯乙烷	3.029	9.885	2.967	−4.550	1.871	200～1000
48	1,2-二氯乙烷	2.990	23.197	−0.404	−1.133	0.617	298～1000
49	氯乙烯	1.930	15.469	0.341	−1.692	0.833	200～1000
50	氯苯	0.104	38.288	1.808	−5.732	2.718	200～1000
51	氯三氟甲烷	2.369	23.861	−1.579	−0.366	0.528	50～1000
52	二氟二氯甲烷	2.185	31.251	−3.724	1.930	−0.323	50～1000
53	氟三氯甲烷	2.090	38.890	−6.079	4.542	−1.316	50～1000
54	1,1,2-三氟三氯乙烷	2.133	63.238	−8.916	6.140	−1.683	50～1000
55	甲醇	4.714	−6.986	4.211	−4.443	1.535	50～1000
56	乙醇	4.396	0.628	5.546	−7.024	2.685	50～1000
57	1-丙醇	4.712	6.565	6.310	−8.341	3.216	50～1000
58	2-丙醇	3.334	18.853	3.644	−6.115	2.543	50～1000
59	1-丁醇	4.467	16.395	6.688	−9.690	3.864	50～1000
60	2-丁醇	3.860	28.561	2.728	−5.140	2.117	50～1000
61	2-甲基-2-丙醇	2.611	36.052	1.517	−4.360	1.947	50～1000
62	环己醇	3.239	21.585	10.322	−14.762	5.885	50～1000
63	乙二醇	2.160	26.015	0.747	−2.802	1.306	298～1000
64	苯酚	2.582	17.501	8.894	−14.435	6.317	50～1000
65	甲醚	4.361	6.070	2.899	−3.581	1.282	100～1000
66	乙醚	4.612	37.492	−1.870	1.316	−0.698	100～1000
67	甲基叔丁基醚	6.415	16.641	8.530	−12.083	4.854	298～1000
68	环氧乙烷	4.455	−14.249	9.233	−11.320	4.443	50～1000
69	1,2-环氧丙烷	3.743	4.068	6.629	−9.047	3.638	50～1000
70	四氢呋喃	5.171	−19.464	16.460	−20.420	8.000	50～1000
71	呋喃	3.816	−10.453	12.446	−16.907	7.020	50～1000
72	1,4-二氧杂环己烷	3.730	1.851	11.781	−15.602	6.177	50～1000

续表

序号	物质	$C_p^{id}/R=a_0+a_1T+a_2T^2+a_3T^3+a_4T^4$					
		a_0	$a_1\times10^3/K^{-1}$	$a_2\times10^5/K^{-2}$	$a_3\times10^8/K^{-3}$	$a_4\times10^{11}/K^{-4}$	温度范围/K
73	甲醛	4.434	−7.008	2.934	−2.887	0.955	50～1000
74	乙醛	4.379	0.074	3.740	−4.477	1.641	50～1000
75	丙烯醛	3.437	11.032	3.604	−5.895	2.526	50～1000
76	苯甲醛	−3.003	64.902	−3.025	−1.200	1.103	298～1000
77	丙酮	5.126	1.511	5.731	−7.177	2.728	200～1000
78	2-丁酮	6.349	11.062	4.851	−6.484	2.469	200～1000
79	烯酮	3.053	10.924	0.197	−1.208	0.630	50～1000
80	环己酮	4.416	−1.248	17.367	−23.640	9.595	50～1000
81	甲酸	3.809	−1.568	3.587	−4.410	1.672	50～1000
82	乙酸	4.375	−2.397	6.757	−8.764	3.478	50～1000
83	丙烯酸	3.814	12.092	4.777	−7.988	3.515	50～1000
84	乙酸酐	−1.274	50.172	−1.459	−1.951	1.244	298～1000
85	甲酸甲酯	2.277	18.013	1.160	−2.921	1.342	298～1000
86	乙酸甲酯	4.242	14.388	3.338	−4.930	1.931	298～1000
87	乙酸乙酯	10.228	−14.948	13.033	−15.736	5.999	298～1000
88	乙酸乙烯酯	1.093	40.446	−1.043	−1.470	0.881	298～1000
89	γ-丁内酯	−1.250	40.401	0.335	−3.344	1.619	298～1000
90	甲胺	4.193	−2.122	4.039	−4.738	1.751	50～1000
91	二甲胺	2.469	15.462	2.642	−4.025	1.564	273～1000
92	乙胺	4.640	2.069	5.797	−7.659	3.043	50～1000
93	三甲胺	1.660	27.899	2.517	−5.097	2.190	298～1000
94	苯胺	2.598	19.936	8.438	−13.368	5.630	50～1000
95	氢化腈	1.746	40.864	5.752	−11.863	5.469	298～1000
96	乙腈	3.623	5.808	1.666	−2.317	0.891	200～1000
97	丙烯腈	3.317	11.545	1.971	−3.557	1.551	50～1000
98	苯腈	−2.830	66.784	−4.792	1.054	0.217	298～1000
99	吡啶	−3.505	49.389	−1.746	−1.595	1.097	298～1000
100	硝基甲烷	4.196	−1.102	5.158	−6.721	2.660	50～1000
101	甲硫醇	4.119	1.313	2.591	−3.212	1.208	50～1000
102	乙硫醇	3.894	12.951	2.052	−3.287	1.312	50～1000
103	苯硫醇	−3.317	65.938	−4.410	0.619	0.388	298～1000
104	甲硫醚	3.535	17.530	0.596	−1.632	0.696	273～1000
105	乙硫醚	4.335	26.082	3.959	−6.881	2.900	273～1000
106	噻吩	3.063	1.520	9.514	−14.129	6.088	50～1000
107	H_2	2.8833	3.6807	−0.7720	0.6915	−0.2125	50～1000
		3.2523	0.20599	0.02562	−0.008887	0.000859	1000～5000
108	N_2	3.5385	−0.2611	0.0074	0.1574	−0.09887	50～1000
		2.8405	1.64542	−0.06651	0.01248	−0.000878	1000～5000
109	O_2	3.6297	−1.7943	0.6579	−0.6007	0.17861	50～1000
		3.4480	1.08016	−0.04187	0.00919	−0.000763	1000～5000
110	O_3	4.106	−3.809	3.131	−4.300	1.813	50～1000
111	S	2.803	−0.036	0.143	−0.435	0.268	50～1000
112	S_2	3.2519	2.3027	0.0555	−0.3587	0.19497	50～1000
113	F_2	3.3469	0.4665	0.5264	−0.7936	0.33035	50～1000
114	Cl_2	3.0560	5.3708	−0.8098	0.5693	−0.15256	50～1000
115	HF	3.901	−3.708	1.165	−1.465	0.639	50～1000
116	HCl	3.827	−2.936	0.879	−1.031	0.439	50～1000
117	HBr	3.842	−3.098	0.917	−1.032	0.426	50～1000

续表

序号	物　质	$C_p^{id}/R=a_0+a_1T+a_2T^2+a_3T^3+a_4T^4$					
		a_0	$a_1\times10^3/K^{-1}$	$a_2\times10^5/K^{-2}$	$a_3\times10^8/K^{-3}$	$a_4\times10^{11}/K^{-4}$	温度范围/K
118	NH_3	4.238	−4.215	2.041	−2.126	0.761	50～1000
119	H_2S	4.266	−3.438	1.319	−1.331	0.488	50～1000
120	H_2O	4.395	−4.186	1.405	−1.564	0.632	50～1000
		0.507	7.331	−0.372	0.089	−0.008	1000～5000
121	CO	3.912	−3.913	1.182	−1.302	0.515	50～1000
		0.574	6.257	−0.374	0.095	−0.008	1000～5000
122	CO_2	3.259	1.356	1.502	−2.374	1.056	50～1000
		0.269	11.337	−0.667	0.167	−0.015	1000～5000
123	COS	1.983	15.456	−2.276	1.765	−0.547	298～1000
124	CS_2	2.803	13.475	−1.889	1.376	−0.408	298～1000
125	SO_2	4.147	−2.234	2.344	−3.271	1.393	50～1000
126	SO_3	3.426	6.479	1.691	−3.356	1.590	50～1000
127	NO	4.534	−7.644	2.066	−2.156	0.806	50～1000
128	NO_2	4.294	−4.805	2.758	−3.417	1.365	50～1000

附录七　一些物质的液体热容温度关联式系数

序号	物　质	$C_{p1}(J\cdot mol^{-1}\cdot K^{-1})=A+BT+CT^2+DT^3$				
		A	$B\times10^2/K$	$C\times10^4/K^2$	$D\times10^6/K^3$	温度范围/K
1	甲烷	−0.018	119.82	−98.722	31.670	92～172
2	乙烷	38.332	41.006	−23.024	5.9347	91～275
3	丙烷	59.642	32.831	−15.377	3.6539	86～333
4	丁烷	62.873	58.913	−23.588	4.2257	136～383
5	2-甲基丙烷	71.791	48.472	−20.519	4.0634	115～367
6	戊烷	80.641	62.195	−22.682	3.7423	144～423
7	己烷	78.848	88.729	−29.482	4.1999	179～457
8	乙烯	25.597	57.078	−33.620	8.4120	105～254
9	丙烯	54.718	34.512	−16.315	3.8755	89～328
10	1-丁烯	74.597	33.434	−13.914	3.0241	89～378
11	顺-2-丁烯	58.899	50.376	−19.765	3.5035	135～392
12	反-2-丁烯	36.162	79.379	−30.674	4.8919	169～386
13	异丁烯	57.611	56.251	−22.985	4.1773	134～376
14	丙炔	15.304	78.431	−31.665	5.1375	171～362
15	1,3-丁二烯	34.680	73.205	−28.426	4.6035	165～383
16	异戊二烯	42.3805	66.0360	−25.9042	3.89319	127～473
17	环戊烷	−23.8186	121.660	−38.6168	4.68038	173～493
18	甲基环戊烷	92.280	39.756	−12.966	2.0816	132～480
19	乙基环戊烷	109.808	41.311	−12.645	1.9260	136～513
20	环己烷	106.92745	−6.688358	6.9973	—	188～303
		−44.417	160.16	−44.676	4.7582	281～498
21	甲基环己烷	103.668	46.217	−13.973	2.0550	148～515
22	乙基环己烷	122.282	55.767	−16.020	2.1615	163～548
23	环己烯	75.841	47.761	−14.586	2.0271	171～504
24	苯	−31.662	130.43	−36.078	3.8243	280～506
25	甲苯	190.6049	−75.24756	29.7882	−2.783031	178～380
		83.703	51.666	−14.910	1.9725	179～533
26	乙苯	102.111	55.959	−15.609	2.0149	179～555

续表

序号	物　质	$C_{p1}(J \cdot mol^{-1} \cdot K^{-1})=A+BT+CT^2+DT^3$				
		A	$B\times10^2/K$	$C\times10^4/K^2$	$D\times10^6/K^3$	温度范围/K
27	邻二甲苯	56.460	94.926	−24.902	2.6838	249～567
28	间二甲苯	70.916	80.450	−21.885	2.5061	226～555
29	对二甲苯	−11.035	151.58	−39.039	3.9193	287～555
30	丙苯	123.471	61.973	−16.883	2.1608	175～575
31	异丙苯	124.621	63.293	−17.331	2.2146	178～568
32	苯乙烯	66.737	84.051	−21.615	2.3324	244～583
33	联苯	27.519	154.32	−31.647	2.5801	343～710
34	萘	−30.842	153.62	−32.492	2.6568	354～674
35	四氟甲烷	25.395	98.067	−70.731	21.219	91～205
36	三氯甲烷	28.296	65.897	−20.353	2.5901	211～483
37	四氯化碳	9.671	93.363	−26.768	3.0425	251～501
38	1,2-二氯乙烷	26.310	77.555	−22.271	2.6109	238～505
39	氯乙烯	45.366	28.792	−11.535	2.1636	120～389
40	氯苯	64.358	61.906	−16.346	1.8478	229～569
41	氯三氟甲烷	47.972	55.277	−31.183	8.0282	93～272
42	二氟二氯甲烷	53.463	46.913	−20.770	4.2398	116～346
43	氟三氯甲烷	29.120	30.976	−11.066	1.7185	163～424
44	甲醇	40.152	31.046	−10.291	1.4598	176～461
45	乙醇	59.342	36.358	−12.164	1.8030	160～465
46	1-丙醇	88.080	40.224	−13.032	1.9677	148～483
47	2-丙醇	72.525	79.553	−26.330	3.6498	186～457
48	1-丁醇	83.877	56.628	−17.208	2.2780	185～507
49	环己醇	−47.321	191.31	−48.388	4.7281	298～563
50	乙二醇	75.878	64.182	−16.493	1.6937	261～581
51	1,4-丁二醇	10.303	159.72	−38.628	3.7022	294～600
52	甘油	132.145	86.007	−19.745	1.8068	292～651
53	苯酚	38.622	109.83	−24.897	2.2802	315～625
54	甲醚	48.074	56.225	−23.915	4.4614	133～360
55	乙醚	75.939	77.335	−27.936	4.4383	158～420
56	甲基叔丁基醚	83.744	76.602	−26.132	3.9171	166～447
57	环氧乙烷	35.720	42.098	−15.473	2.4070	162～422
58	1,2-环氧丙烷	53.347	51.543	−18.029	2.7795	162～434
59	四氢呋喃	63.393	40.257	−12.686	1.8275	166～486
60	呋喃	33.281	65.201	−22.226	3.1164	189～441
61	乙醛	45.056	44.853	−16.607	2.7000	151～415
62	苯甲醛	72.865	70.427	−17.065	1.7622	248～626
63	丙酮	46.878	62.652	−20.761	2.9583	179～457
64	2-丁酮	61.406	75.324	−23.814	3.2240	187～482
65	环己酮	68.641	86.690	−22.835	2.4978	243～566
66	甲酸	−16.110	87.229	−23.665	2.4454	283～522
67	乙酸	−18.944	109.71	−28.921	2.9275	291～533
68	丙烯酸	−18.242	121.06	−31.160	3.1409	288～554
69	乙酸酐	71.831	88.879	−26.534	3.3501	201～512
70	甲酸乙酯	47.479	81.081	−26.421	3.6081	195～458
71	乙酸甲酯	57.308	63.751	−21.308	3.0569	176～456
72	乙酸丁酯	91.175	99.902	−29.032	3.6712	201～522
73	丙烯酸甲酯	54.109	80.399	−25.149	3.3155	197～482
74	丙烯酸乙酯	66.535	91.312	−27.675	3.5431	203～498

续表

序号	物　　质	$C_{p1}(J \cdot mol^{-1} \cdot K^{-1})=A+BT+CT^2+DT^3$				
		A	$B\times10^2/K$	$C\times10^4/K^2$	$D\times10^6/K^3$	温度范围/K
75	甲基丙烯酸甲酯	42.365	107.87	−31.551	3.7759	226～508
76	甲基丙烯酸乙酯	82.106	86.863	−25.461	3.2089	201～519
77	乙酸乙烯酯	63.910	70.656	−22.832	3.1788	181～472
78	邻苯二甲酸二丁酯	230.175	159.96	−34.754	3.4963	239～703
79	γ-丁内酯	73.029	43.496	−10.196	1.0527	231～665
80	甲胺	13.565	90.836	−34.881	5.2770	181～387
81	乙胺	15.784	87.144	−31.108	4.4673	193～411
82	苯胺	63.288	98.960	−23.583	2.3296	268～629
83	氢化腈	−123.155	177.69	−58.083	6.9129	261～411
84	乙腈	4.296	69.400	−20.870	2.4966	230～491
85	丙烯腈	33.362	58.644	−18.625	2.4956	191～482
86	吡啶	37.150	69.497	−18.749	2.1188	233～558
87	甲硫醇	46.472	37.853	−13.665	2.2085	151～423
88	乙硫醇	72.618	34.419	−11.990	2.0330	126～449
89	甲硫醚	50.108	55.593	−18.618	2.6910	176～453
90	噻吩	32.611	67.871	−19.074	2.2163	236～521
91	Cl_2	127.601	−60.215	157.76	−0.53099	172～396
92	HCl	73.993	−12.946	−78.980	2.6409	165～308
93	NH_3	−182.157	336.18	−143.98	20.371	195～385
94	H_2S	80.985	−12.464	−0.36053	1.6942	191～355
95	H_2O	92.053	−3.9953	−2.1103	0.53469	273～615
96	CS_2	94.329	−15.208	2.1058	0.32259	164～540
97	SO_2	203.445	−105.37	26.113	−1.0697	198～409
98	SO_3	5064.851	−4190.1	1195.9	−111.17	290～393

附录八　水和水蒸气表

1. 饱和水和蒸汽性质（温度）

t /℃	p /kPa	v_g /$m^3 \cdot kg^{-1}$	H_f /$kJ \cdot kg^{-1}$	H_g /$kJ \cdot kg^{-1}$	H_{fg} /$kJ \cdot kg^{-1}$	S_f /$kJ \cdot kg^{-1} \cdot K^{-1}$	S_g /$kJ \cdot kg^{-1} \cdot K^{-1}$	S_{fg} /$kJ \cdot kg^{-1} \cdot K^{-1}$
0.01	0.6117	205.991	0.00	2500.9	2500.9	0.0000	9.155	9.155
1	0.6571	192.439	4.18	2502.7	2498.6	0.0153	9.129	9.114
2	0.7060	179.758	8.39	2504.6	2496.2	0.0306	9.103	9.072
3	0.7581	168.008	12.60	2506.4	2493.8	0.0459	9.076	9.031
4	0.8135	157.116	16.81	2508.2	2491.4	0.0611	9.051	8.989
5	0.8726	147.011	21.02	2510.1	2489.0	0.0763	9.025	8.949
6	0.9354	137.633	25.22	2511.9	2486.7	0.0913	8.999	8.908
7	1.0021	128.923	29.43	2513.7	2484.3	0.1064	8.974	8.868
8	1.0730	120.829	33.63	2515.6	2481.9	0.1213	8.949	8.828
9	1.1483	113.304	37.82	2517.4	2479.6	0.1362	8.924	8.788
10	1.2282	106.303	42.02	2519.2	2477.2	0.1511	8.900	8.749
11	1.3130	99.787	46.22	2521.0	2474.8	0.1659	8.875	8.710
12	1.4028	93.719	50.41	2522.9	2472.5	0.1806	8.851	8.671
13	1.4981	88.064	54.60	2524.7	2470.1	0.1953	8.827	8.632
14	1.5990	82.793	58.79	2526.5	2467.7	0.2099	8.804	8.594

续表

t /℃	p /kPa	v_g /$m^3 \cdot kg^{-1}$	H_f /$kJ \cdot kg^{-1}$	H_g /$kJ \cdot kg^{-1}$	H_{fg} /$kJ \cdot kg^{-1}$	S_f /$kJ \cdot kg^{-1} \cdot K^{-1}$	S_g /$kJ \cdot kg^{-1} \cdot K^{-1}$	S_{fg} /$kJ \cdot kg^{-1} \cdot K^{-1}$
15	1.7058	77.876	62.98	2528.3	2465.4	0.2245	8.780	8.556
16	1.8188	73.286	67.17	2530.2	2463.0	0.2390	8.757	8.518
17	1.9384	69.001	71.36	2532.0	2460.6	0.2534	8.734	8.481
18	2.0647	64.998	75.54	2533.8	2458.3	0.2678	8.711	8.443
19	2.1983	61.256	79.73	2535.6	2455.9	0.2822	8.688	8.406
20	2.3393	57.757	83.91	2537.4	2453.5	0.2965	8.666	8.370
21	2.4882	54.483	88.10	2539.3	2451.2	0.3107	8.644	8.333
22	2.6453	51.418	92.28	2541.1	2448.8	0.3249	8.622	8.297
23	2.8111	48.548	96.46	2542.9	2446.4	0.3391	8.600	8.261
24	2.9858	45.858	100.65	2544.7	2444.0	0.3532	8.578	8.225
25	3.1699	43.337	104.83	2546.5	2441.7	0.3672	8.557	8.189
26	3.3639	40.973	109.01	2548.3	2439.3	0.3812	8.535	8.154
27	3.5681	38.754	113.19	2550.1	2436.9	0.3952	8.514	8.119
28	3.7831	36.672	117.37	2551.9	2434.6	0.4091	8.493	8.084
29	4.0092	34.716	121.55	2553.7	2432.2	0.4229	8.473	8.050
30	4.2470	32.878	125.73	2555.5	2429.8	0.4368	8.452	8.015
32	4.7596	29.527	134.09	2559.2	2425.1	0.4642	8.411	7.947
34	5.3251	26.560	142.45	2562.8	2420.3	0.4915	8.371	7.880
36	5.9479	23.929	150.81	2566.3	2415.5	0.5187	8.332	7.813
38	6.6328	21.593	159.17	2569.9	2410.8	0.5456	8.294	7.748
40	7.3849	19.515	167.53	2573.5	2406.0	0.5724	8.256	7.683
42	8.2096	17.664	175.89	2577.1	2401.2	0.5990	8.218	7.619
44	9.1124	16.011	184.25	2580.6	2396.4	0.6255	8.181	7.556
46	10.0994	14.534	192.62	2584.2	2391.6	0.6517	8.145	7.494
48	11.1771	13.212	200.98	2587.8	2386.8	0.6779	8.110	7.432
50	12.352	12.027	209.34	2591.3	2381.9	0.7038	8.075	7.371
52	13.631	10.963	217.71	2594.8	2377.1	0.7296	8.040	7.311
54	15.022	10.006	226.07	2598.3	2372.3	0.7553	8.007	7.251
56	16.533	9.1448	234.44	2601.8	2367.4	0.7808	7.973	7.192
58	18.171	8.3683	242.81	2605.3	2362.5	0.8061	7.940	7.134
60	19.946	7.6672	251.18	2608.8	2357.7	0.8313	7.908	7.077
65	25.042	6.1935	272.12	2617.5	2345.4	0.8937	7.830	6.936
70	31.201	5.0395	293.07	2626.1	2333.0	0.9551	7.754	6.799
75	38.595	4.1289	314.03	2634.6	2320.6	1.0158	7.681	6.665
80	47.414	3.4052	335.01	2643.0	2308.0	1.0756	7.611	6.535
85	57.867	2.8258	356.01	2651.3	2295.3	1.1346	7.543	6.409
90	70.182	2.3591	377.04	2659.5	2282.5	1.1929	7.478	6.285
95	84.608	1.9806	398.09	2667.6	2269.5	1.2504	7.415	6.165
100	101.418	1.6718	419.17	2675.6	2256.4	1.3072	7.354	6.047
105	120.90	1.4184	440.3	2683.4	2243.1	1.363	7.295	5.932
110	143.38	1.2093	461.4	2691.1	2229.6	1.419	7.238	5.819
115	169.18	1.0358	482.6	2698.6	2216.0	1.474	7.183	5.709
120	198.67	0.89121	503.8	2705.9	2202.1	1.528	7.129	5.601
125	232.24	0.77003	525.1	2713.1	2188.0	1.582	7.077	5.495
130	270.28	0.66800	546.4	2720.1	2173.7	1.635	7.026	5.392
135	313.23	0.58173	567.7	2726.9	2159.1	1.687	6.977	5.290

续表

t /℃	p /kPa	v_g /$m^3 \cdot kg^{-1}$	H_f /$kJ \cdot kg^{-1}$	H_g /$kJ \cdot kg^{-1}$	H_{fg} /$kJ \cdot kg^{-1}$	S_f /$kJ \cdot kg^{-1} \cdot K^{-1}$	S_g /$kJ \cdot kg^{-1} \cdot K^{-1}$	S_{fg} /$kJ \cdot kg^{-1} \cdot K^{-1}$
140	361.54	0.50845	589.2	2733.4	2144.3	1.739	6.929	5.190
145	415.69	0.44596	610.6	2739.8	2129.2	1.791	6.883	5.092
150	476.17	0.39245	632.2	2745.9	2113.7	1.842	6.837	4.995
155	543.50	0.34646	653.8	2751.8	2098.0	1.892	6.793	4.900
160	618.24	0.30678	675.5	2757.4	2082.0	1.943	6.749	4.807
165	700.93	0.27243	697.2	2762.8	2065.6	1.992	6.707	4.714
170	792.19	0.24259	719.1	2767.9	2048.8	2.042	6.665	4.623
175	892.60	0.21658	741.0	2772.7	2031.7	2.091	6.624	4.533
180	1002.8	0.19384	763.1	2777.2	2014.2	2.139	6.584	4.445
185	1123.5	0.17390	785.2	2781.4	1996.2	2.188	6.545	4.357
190	1255.2	0.15636	807.4	2785.3	1977.9	2.236	6.506	4.270
195	1398.8	0.14089	829.8	2788.8	1959.0	2.283	6.468	4.185
200	1554.9	0.12721	852.3	2792.0	1939.7	2.331	6.430	4.100
210	1907.7	0.10429	897.6	2797.3	1899.6	2.425	6.356	3.932
220	2319.6	0.086092	943.6	2800.9	1857.4	2.518	6.284	3.766
230	2797.1	0.071504	990.2	2802.9	1812.7	2.610	6.213	3.603
240	3346.9	0.059705	1037.6	2803.0	1765.4	2.702	6.142	3.440
250	3976.2	0.050083	1085.8	2800.9	1715.2	2.794	6.072	3.279
260	4692.3	0.042173	1135.0	2796.6	1661.6	2.885	6.002	3.117
270	5503.0	0.035621	1185.3	2789.7	1604.4	2.977	5.930	2.954
280	6416.6	0.030153	1236.9	2779.9	1543.0	3.069	5.858	2.789
290	7441.8	0.025555	1290.0	2766.7	1476.7	3.161	5.783	2.622
300	8587.9	0.021660	1345.0	2749.6	1404.6	3.255	5.706	2.451
310	9865.1	0.018335	1402.2	2727.9	1325.7	3.351	5.624	2.273
320	11284	0.015471	1462.2	2700.6	1238.4	3.449	5.537	2.088
330	12858	0.012979	1525.9	2666.0	1140.2	3.552	5.442	1.890
340	14601	0.010781	1594.5	2621.8	1027.3	3.660	5.336	1.675
350	16529	0.008802	1670.9	2563.6	892.7	3.778	5.211	1.433
360	18666	0.006949	1761.7	2481.5	719.8	3.917	5.054	1.137
365	19821	0.006012	1817.8	2422.9	605.2	4.001	4.950	0.948
370	21044	0.004954	1890.7	2334.5	443.8	4.111	4.801	0.690
373.95	22064	0.00311	2084.3	2084.3	0.0	4.407	4.407	0.000

注：1. 焓的基点是水的三相点（0.01℃，0.612kPa）。2. H_f 为饱和液体焓，H_g 为饱和气体焓，H_{fg} 为蒸发焓，S_f 为饱和液体熵，S_g 为饱和气体熵，S_{fg} 为蒸发熵。

2. 饱和水和蒸汽性质（压力）

p /kPa	t /℃	v_g /$m^3 \cdot kg^{-1}$	H_f /$kJ \cdot kg^{-1}$	H_g /$kJ \cdot kg^{-1}$	H_{fg} /$kJ \cdot kg^{-1}$	S_f /$kJ \cdot kg^{-1} \cdot K^{-1}$	S_g /$kJ \cdot kg^{-1} \cdot K^{-1}$	S_{fg} /$kJ \cdot kg^{-1} \cdot K^{-1}$
0.6117	0.1	205.991	0.00	2500.9	2500.9	0.0000	9.155	9.155
1.0	7.0	129.178	29.30	2513.7	2484.4	0.1059	8.975	8.869
1.5	13.0	87.959	54.68	2524.7	2470.0	0.1956	8.827	8.631
2.0	17.5	66.987	73.43	2532.9	2459.4	0.2606	8.723	8.462
2.5	21.1	54.240	88.42	2539.4	2451.0	0.3118	8.642	8.330
3.0	24.1	45.653	100.98	2544.8	2443.9	0.3543	8.576	8.222
3.5	26.7	39.466	111.82	2549.5	2437.7	0.3906	8.521	8.131
4.0	29.0	34.791	121.39	2553.7	2432.3	0.4224	8.473	8.051
4.5	31.0	31.131	129.96	2557.4	2427.4	0.4507	8.431	7.981
5.0	32.9	28.185	137.75	2560.7	2423.0	0.4762	8.394	7.918

续表

p /kPa	t /℃	v_g /$m^3 \cdot kg^{-1}$	H_f /$kJ \cdot kg^{-1}$	H_g /$kJ \cdot kg^{-1}$	H_{fg} /$kJ \cdot kg^{-1}$	S_f /$kJ \cdot kg^{-1} \cdot K^{-1}$	S_g /$kJ \cdot kg^{-1} \cdot K^{-1}$	S_{fg} /$kJ \cdot kg^{-1} \cdot K^{-1}$
6.0	36.2	23.733	151.48	2566.6	2415.2	0.5208	8.329	7.808
7.0	39.0	20.524	163.35	2571.7	2408.4	0.5590	8.274	7.715
8.0	41.5	18.099	173.84	2576.2	2402.4	0.5925	8.227	7.635
9.0	43.8	16.199	183.25	2580.2	2397.0	0.6223	8.186	7.564
10.0	45.8	14.670	191.81	2583.9	2392.1	0.6492	8.149	7.500
12	49.4	12.358	206.91	2590.3	2383.4	0.6963	8.085	7.389
14	52.5	10.691	219.99	2595.8	2375.8	0.7366	8.031	7.294
16	55.3	9.4306	231.57	2600.6	2369.1	0.7720	7.985	7.213
18	57.8	8.4431	241.96	2605.0	2363.0	0.8035	7.944	7.140
20	60.1	7.6480	251.42	2608.9	2357.5	0.8320	7.907	7.075
22	62.1	6.9936	260.11	2612.5	2352.4	0.8580	7.874	7.016
24	64.1	6.4453	268.15	2615.9	2347.7	0.8819	7.844	6.962
26	65.8	5.9792	275.64	2619.0	2343.3	0.9041	7.817	6.913
28	67.5	5.5778	282.66	2621.8	2339.2	0.9247	7.791	6.866
30	69.1	5.2284	289.27	2624.5	2335.3	0.9441	7.767	6.823
32	70.6	4.9215	295.52	2627.1	2331.6	0.9623	7.745	6.783
34	72.0	4.6497	301.45	2629.5	2328.1	0.9795	7.725	6.745
36	73.3	4.4072	307.09	2631.8	2324.7	0.9958	7.705	6.709
38	74.6	4.1895	312.47	2634.0	2321.5	1.0113	7.687	6.675
40	75.9	3.9930	317.62	2636.1	2318.4	1.0261	7.669	6.643
50	81.3	3.2400	340.54	2645.2	2304.7	1.0912	7.593	6.502
60	85.9	2.7317	359.91	2652.9	2292.9	1.1454	7.531	6.386
70	89.9	2.3648	376.75	2659.4	2282.7	1.1921	7.479	6.287
80	93.5	2.0871	391.71	2665.2	2273.5	1.2330	7.434	6.201
90	96.7	1.8694	405.20	2670.3	2265.1	1.2696	7.394	6.125
100	99.6	1.6939	417.50	2674.9	2257.4	1.3028	7.359	6.056
101.325	100.0	1.6732	419.06	2675.5	2256.5	1.3069	7.354	6.048
110	102.3	1.5495	428.8	2679.2	2250.3	1.3330	7.327	5.994
120	104.8	1.4284	439.4	2683.1	2243.7	1.3609	7.298	5.937
130	107.1	1.3253	449.2	2686.6	2237.5	1.3868	7.271	5.884
140	109.3	1.2366	458.4	2690.0	2231.6	1.4110	7.246	5.835
150	111.3	1.1593	467.1	2693.1	2226.0	1.4337	7.223	5.789
160	113.3	1.0914	475.4	2696.0	2220.7	1.4551	7.201	5.746
170	115.1	1.0312	483.2	2698.8	2215.6	1.4753	7.181	5.706
180	116.9	0.97747	490.7	2701.4	2210.7	1.4945	7.162	5.668
190	118.6	0.92924	497.9	2703.9	2206.0	1.5127	7.144	5.631
200	120.2	0.88568	504.7	2706.2	2201.5	1.5302	7.127	5.597
220	123.2	0.81007	517.6	2710.6	2193.0	1.5628	7.095	5.532
240	126.1	0.74668	529.6	2714.6	2185.0	1.5930	7.066	5.473
260	128.7	0.69273	540.9	2718.3	2177.4	1.6210	7.039	5.418
280	131.2	0.64624	551.4	2721.7	2170.3	1.647	7.015	5.367
300	133.5	0.60576	561.4	2724.9	2163.5	1.672	6.992	5.320
320	135.7	0.57017	570.9	2727.8	2157.0	1.695	6.970	5.275
340	137.8	0.53864	579.9	2730.6	2150.7	1.717	6.950	5.233
360	139.8	0.51050	588.5	2733.2	2144.7	1.738	6.931	5.193

续表

p /kPa	t /℃	v_g /$m^3 \cdot kg^{-1}$	H_f /$kJ \cdot kg^{-1}$	H_g /$kJ \cdot kg^{-1}$	H_{fg} /$kJ \cdot kg^{-1}$	S_f /$kJ \cdot kg^{-1} \cdot K^{-1}$	S_g /$kJ \cdot kg^{-1} \cdot K^{-1}$	S_{fg} /$kJ \cdot kg^{-1} \cdot K^{-1}$
380	141.8	0.48522	596.8	2735.7	2139.0	1.758	6.913	5.155
400	143.6	0.46238	604.7	2738.1	2133.4	1.776	6.895	5.119
420	145.4	0.44165	612.3	2740.3	2128.0	1.795	6.879	5.085
440	147.1	0.42274	619.6	2742.4	2122.8	1.812	6.864	5.052
460	148.7	0.40542	626.6	2744.4	2117.7	1.829	6.849	5.020
480	150.3	0.38950	633.5	2746.3	2112.8	1.845	6.834	4.990
500	151.8	0.37481	640.1	2748.1	2108.0	1.860	6.821	4.960
600	158.8	0.31558	670.4	2756.1	2085.8	1.931	6.759	4.828
700	164.9	0.27278	697.0	2762.8	2065.8	1.992	6.707	4.715
800	170.4	0.24034	720.9	2768.3	2047.4	2.046	6.662	4.616
900	175.4	0.21489	742.6	2773.0	2030.5	2.094	6.621	4.527
1000	179.9	0.19436	762.5	2777.1	2014.6	2.138	6.585	4.447
1200	188.0	0.16326	798.3	2783.7	1985.4	2.216	6.522	4.306
1400	195.0	0.14078	830.0	2788.8	1958.9	2.284	6.467	4.184
1600	201.4	0.12374	858.5	2792.8	1934.4	2.343	6.420	4.076
1800	207.1	0.11037	884.5	2795.9	1911.4	2.397	6.377	3.980
2000	212.4	0.09959	908.5	2798.3	1889.8	2.447	6.339	3.892
2200	217.2	0.09070	930.9	2800.1	1869.2	2.492	6.304	3.812
2400	221.8	0.08324	951.9	2801.4	1849.6	2.534	6.271	3.737
2600	226.0	0.07690	971.7	2802.3	1830.7	2.574	6.241	3.667
2800	230.1	0.07143	990.5	2802.9	1812.4	2.611	6.212	3.602
3000	233.9	0.06666	1008.3	2803.2	1794.8	2.646	6.186	3.540
3500	242.6	0.05706	1049.8	2802.6	1752.8	2.725	6.124	3.399
4000	250.4	0.04978	1087.5	2800.8	1713.3	2.797	6.070	3.273
4500	257.4	0.04406	1122.2	2797.9	1675.7	2.862	6.020	3.158
5000	263.9	0.03945	1154.6	2794.2	1639.6	2.921	5.974	3.053
6000	275.6	0.03245	1213.9	2784.6	1570.7	3.028	5.890	2.862
7000	285.8	0.02738	1267.7	2772.6	1505.0	3.122	5.815	2.692
8000	295.0	0.02353	1317.3	2758.7	1441.4	3.208	5.745	2.537
9000	303.3	0.02049	1363.9	2742.9	1379.1	3.287	5.679	2.392
10000	311.0	0.01803	1408.1	2725.5	1317.4	3.361	5.616	2.255
11000	318.1	0.01599	1450.4	2706.3	1255.9	3.430	5.554	2.124
12000	324.7	0.01426	1491.5	2685.4	1194.0	3.497	5.494	1.997
13000	330.9	0.01278	1531.5	2662.7	1131.2	3.561	5.434	1.873
14000	336.7	0.01149	1571.0	2637.9	1066.9	3.623	5.373	1.750
15000	342.2	0.01034	1610.2	2610.7	1000.5	3.685	5.311	1.626
16000	347.4	0.00931	1649.7	2580.8	931.1	3.746	5.246	1.501
17000	352.3	0.00837	1690.0	2547.5	857.5	3.808	5.179	1.371
18000	357.0	0.00750	1732.1	2509.8	777.7	3.872	5.106	1.234
19000	361.5	0.00668	1777.2	2466.0	688.9	3.940	5.026	1.085
20000	365.7	0.00587	1827.2	2412.3	585.1	4.016	4.931	0.916
21000	369.8	0.00500	1887.6	2338.6	451.0	4.106	4.808	0.701
22064	373.95	0.00311	2084.3	2084.3	0.0	4.407	4.407	0.000

注：焓的基点是水的三相点（0.01℃，0.612kPa）。

3. 过热蒸汽性质

	t	50	100	150	200	250	300	350
	ρ	0.00671	0.00581	0.00512	0.00458	0.00414	0.00378	0.00348
1.00kPa	H	2594.4	2688.6	2783.7	2880.0	2977.7	3077.0	3177.7
7.0℃	C_p	1.8761	1.8914	1.9139	1.9403	1.9692	1.9996	2.0312
	S	9.2430	9.5139	9.7531	9.9682	10.165	10.346	10.514
	ρ	0.06726	0.05815	0.05125	0.04582	0.04143	0.03781	0.03478
10.0kPa	H	2592.0	2687.5	2783.0	2879.6	2977.4	3076.7	3177.5
45.8℃	C_p	1.9280	1.9058	1.9199	1.9434	1.9710	2.0008	2.0319
	S	8.1741	8.4489	8.6892	8.9049	9.1015	9.2827	9.4513
	ρ		0.1750	0.1540	0.1376	0.1244	0.1135	0.1044
30.0kPa	H		2685.0	2781.6	2878.7	2976.8	3076.2	3177.2
69.1℃	C_p		1.9390	1.9337	1.9504	1.9750	2.0033	2.0337
	S		7.9365	8.1796	8.3964	8.5935	8.7750	8.9438
	ρ		0.2925	0.2571	0.2296	0.2074	0.1893	0.1740
50.0kPa	H		2682.4	2780.2	2877.8	2976.1	3075.8	3176.8
81.3℃	C_p		1.9743	1.9478	1.9574	1.9791	2.0059	2.0355
	S		7.6953	7.9413	8.1592	8.3568	8.5386	8.7076
	ρ		0.4702	0.4124	0.3679	0.3323	0.3030	0.2786
80.0kPa	H		2678.5	2778.1	2876.4	2975.2	3075.0	3176.2
93.5℃	C_p		2.0322	1.9696	1.9681	1.9852	2.0098	2.0381
	S		7.4699	7.7204	7.9400	8.1385	8.3208	8.4900
	ρ		0.5897	0.5164	0.4603	0.4156	0.3790	0.3483
100.0kPa	H		2675.8	2776.6	2875.5	2974.5	3074.5	3175.8
99.6℃	C_p		2.0766	1.9846	1.9754	1.9893	2.0124	2.0399
	S		7.3610	7.6148	7.8356	8.0346	8.2172	8.3866

	t	400	500	600	700	800	900	1000
	ρ	0.00322	0.00280	0.00248	0.00223	0.00202	0.00185	0.00170
1.00kPa	H	3280.1	3489.8	3706.3	3930.0	4160.7	4398.4	4642.8
7.0℃	C_p	2.0636	2.1309	2.2006	2.2716	2.3424	2.4114	2.4776
	S	10.672	10.963	11.226	11.468	11.694	11.906	12.106
	ρ	0.03219	0.02803	0.02482	0.02227	0.02019	0.01847	0.01702
10.0kPa	H	3279.9	3489.7	3706.3	3929.9	4160.6	4398.3	4642.8
45.8℃	C_p	2.0642	2.1312	2.2008	2.2718	2.3425	2.4115	2.4777
	S	9.6094	9.8998	10.163	10.406	10.631	10.843	11.043
	ρ	0.09660	0.08409	0.07446	0.06680	0.06058	0.05541	0.05106
30.0kPa	H	3279.6	3489.5	3706.1	3929.8	4160.5	4398.3	4642.8
69.1℃	C_p	2.0654	2.1319	2.2013	2.2721	2.3427	2.4116	2.4778
	S	9.1020	9.3925	9.6559	9.8984	10.124	10.336	10.536
	ρ	0.1611	0.1402	0.1241	0.1113	0.1010	0.09235	0.08510
50.0kPa	H	3279.3	3489.3	3706.0	3929.7	4160.4	4398.2	4642.7
81.3℃	C_p	2.0667	2.1326	2.2017	2.2724	2.3429	2.4118	2.4779
	S	8.8659	9.1566	9.4201	9.6625	9.8882	10.100	10.300
	ρ	0.2578	0.2243	0.1986	0.1782	0.1616	0.1478	0.1362
80.0kPa	H	3278.9	3488.9	3705.7	3929.5	4160.3	4398.1	4642.6
93.5℃	C_p	2.0686	2.1337	2.2024	2.2728	2.3432	2.4120	2.4781
	S	8.6485	8.9393	9.2029	9.4455	9.6712	9.8830	10.083
	ρ	0.3223	0.2805	0.2483	0.2227	0.2019	0.1847	0.1702
100.0kPa	H	3278.6	3488.7	3705.6	3929.4	4160.2	4398.0	4642.6
99.6℃	C_p	2.0698	2.1344	2.2029	2.2731	2.3434	2.4122	2.4782
	S	8.5452	8.8361	9.0998	9.3424	9.5681	9.7800	9.9800

续表

	t	150	200	250	300	350	400	450
	ρ	0.5233	0.4664	0.4211	0.3840	0.3529	0.3266	0.3039
101.3kPa	H	2776.5	2875.4	2974.5	3074.5	3175.8	3278.5	3382.8
100.0℃	C_p	1.9856	1.9759	1.9896	2.0126	2.0400	2.0699	2.1016
	S	7.6085	7.8294	8.0284	8.2110	8.3805	8.5391	8.6885
	ρ	0.7779	0.6923	0.6245	0.5691	0.5229	0.4838	0.4501
150kPa	H	2772.9	2873.1	2972.9	3073.3	3174.9	3277.8	3382.2
111.3℃	C_p	2.0238	1.9940	1.9998	2.0190	2.0443	2.0730	2.1039
	S	7.4208	7.6447	7.8451	8.0284	8.1983	8.3572	8.5068
	ρ	1.0418	0.9255	0.8341	0.7597	0.6979	0.6454	0.6004
200kPa	H	2769.1	2870.7	2971.2	3072.1	3173.9	3277.0	3381.6
120.2℃	C_p	2.0656	2.0133	2.0105	2.0256	2.0488	2.0762	2.1063
	S	7.2810	7.5081	7.7100	7.8941	8.0644	8.2236	8.3734
	ρ	1.5773	1.3958	1.2556	1.1424	1.0486	0.9694	0.9015
300kPa	H	2761.2	2865.9	2967.9	3069.6	3172.0	3275.5	3380.3
133.5℃	C_p	2.1590	2.0537	2.0324	2.0391	2.0578	2.0826	2.1110
	S	7.0791	7.3131	7.5180	7.7037	7.8750	8.0347	8.1849
	ρ	2.1237	1.8715	1.6801	1.5270	1.4006	1.2943	1.2032
400kPa	H	2752.8	2860.9	2964.5	3067.1	3170.0	3273.9	3379.0
143.6℃	C_p	2.2747	2.0969	2.0552	2.0529	2.0670	2.0891	2.1158
	S	6.9306	7.1723	7.3804	7.5677	7.7399	7.9002	8.0508
	ρ		2.3528	2.1078	1.9135	1.7539	1.6199	1.5056
500kPa	H		2855.8	2961.0	3064.6	3168.1	3272.3	3377.7
151.8℃	C_p		2.1429	2.0788	2.0670	2.0763	2.0957	2.1206
	S		7.0610	7.2724	7.4614	7.6346	7.7955	7.9465

	t	500	550	600	700	800	900	1000
	ρ	0.2842	0.2669	0.2516	0.2257	0.2046	0.1872	0.1725
101.3kPa	H	3488.7	3596.3	3705.6	3929.4	4160.2	4398.0	4642.6
100.0℃	C_p	2.1345	2.1684	2.2029	2.2732	2.3435	2.4122	2.4782
	S	8.8301	8.9649	9.0937	9.3363	9.5621	9.7739	9.9739
	ρ	0.4209	0.3952	0.3725	0.3341	0.3029	0.2771	0.2553
150.0kPa	H	3488.2	3595.8	3705.2	3929.1	4160.0	4397.8	4642.4
111.3℃	C_p	2.1363	2.1697	2.2040	2.2739	2.3440	2.4126	2.4786
	S	8.6485	8.7834	8.9124	9.1550	9.3808	9.5927	9.7927
	ρ	0.5614	0.5271	0.4968	0.4456	0.4040	0.3695	0.3404
200.0kPa	H	3487.7	3595.4	3704.8	3928.8	4159.8	4397.6	4642.3
120.2℃	C_p	2.1381	2.1712	2.2052	2.2747	2.3445	2.4130	2.4789
	S	8.5152	8.6502	8.7792	9.0220	9.2479	9.4598	9.6599
	ρ	0.8427	0.7911	0.7455	0.6685	0.6060	0.5543	0.5107
300.0kPa	H	3486.6	3594.5	3704.0	3928.2	4159.3	4397.3	4642.0
133.5℃	C_p	2.1417	2.1740	2.2075	2.2762	2.3456	2.4138	2.4795
	S	8.3271	8.4623	8.5914	8.8344	9.0604	9.2724	9.4726
	ρ	1.1244	1.0554	0.9945	0.8916	0.8082	0.7391	0.6809
400.0kPa	H	3485.5	3593.6	3703.2	3927.6	4158.8	4396.9	4641.7
143.6℃	C_p	2.1454	2.1769	2.2098	2.2778	2.3467	2.4147	2.4801
	S	8.1933	8.3287	8.4580	8.7012	8.9273	9.1394	9.3396
	ρ	1.4066	1.3200	1.2436	1.1149	1.0104	0.9240	0.8512
500.0kPa	H	3484.5	3592.7	3702.5	3927.0	4158.4	4396.6	4641.4
151.8℃	C_p	2.1490	2.1798	2.2121	2.2793	2.3479	2.4155	2.4807
	S	8.0892	8.2249	8.3543	8.5977	8.8240	9.0362	9.2364

续表

	t	200	250	300	350	400	450	500
	ρ	3.3333	2.9729	2.6924	2.4643	2.2739	2.1120	1.9722
700kPa	H	2845.3	2954.0	3059.4	3164.2	3269.2	3375.2	3482.3
164.9℃	C_p	2.2446	2.1287	2.0962	2.0953	2.1089	2.1303	2.1564
	S	6.8884	7.1070	7.2995	7.4746	7.6368	7.7886	7.9319
	ρ	4.8539	4.2965	3.8762	3.5398	3.2615	3.0262	2.8240
1000kPa	H	2828.3	2943.1	3051.6	3158.2	3264.5	3371.3	3479.1
179.9℃	C_p	2.4281	2.2106	2.1425	2.1248	2.1293	2.1452	2.1677
	S	6.6955	6.9265	7.1246	7.3029	7.4669	7.6200	7.7641
	ρ	7.5498	6.5785	5.8925	5.3594	4.9256	4.5624	4.2524
1500kPa	H	2796.0	2923.9	3038.2	3148.0	3256.5	3364.8	3473.7
198.3℃	C_p	2.9091	2.3685	2.2266	2.1768	2.1645	2.1705	2.1867
	S	6.4536	6.7111	6.9198	7.1036	7.2710	7.4262	7.5718
	ρ		8.9689	7.9677	7.2150	6.6131	6.1146	5.6921
2000kPa	H		2903.2	3024.2	3137.7	3248.3	3358.2	3468.2
212.4℃	C_p		2.5584	2.3203	2.2324	2.2013	2.1966	2.2062
	S		6.5475	6.7684	6.9583	7.1292	7.2866	7.4337

	t	550	600	650	700	800	900	1000
	ρ	1.8502	1.7427	1.6472	1.5617	1.4151	1.2939	1.1919
700kPa	H	3590.9	3700.9	3812.6	3925.8	4157.5	4395.8	4640.8
164.9℃	C_p	2.1856	2.2167	2.2492	2.2825	2.3501	2.4171	2.4820
	S	8.0679	8.1977	8.3220	8.4415	8.6680	8.8804	9.0807
	ρ	2.6479	2.4931	2.3557	2.2330	2.0227	1.8490	1.7030
1000kPa	H	3588.1	3698.6	3810.5	3924.1	4156.1	4394.8	4639.9
179.9℃	C_p	2.1943	2.2237	2.2548	2.2871	2.3534	2.4196	2.4839
	S	7.9008	8.0310	8.1557	8.2755	8.5024	8.7150	8.9155
	ρ	3.9838	3.7484	3.5401	3.3544	3.0368	2.7750	2.5553
1500kPa	H	3583.6	3694.7	3807.1	3921.1	4153.8	4392.9	4638.5
198.3℃	C_p	2.2091	2.2354	2.2643	2.2950	2.3590	2.4237	2.4870
	S	7.7095	7.8405	7.9658	8.0860	8.3135	8.5266	8.7274
	ρ	5.3278	5.0097	4.7289	4.4790	4.0528	3.7021	3.4081
2000kPa	H	3579.0	3690.7	3803.8	3918.2	4151.5	4391.1	4637.0
212.4℃	C_p	2.2241	2.2473	2.2740	2.3029	2.3645	2.4278	2.4902
	S	7.5725	7.7043	7.8302	7.9509	8.1790	8.3925	8.5936

	t	250	300	350	400	450	500	550
	ρ	14.159	12.318	11.043	10.062	9.2690	8.6060	8.0410
3000kPa	H	2856.5	2994.3	3116.1	3231.7	3344.8	3457.2	3569.7
233.9℃	C_p	3.0831	2.5414	2.3559	2.2801	2.2514	2.2464	2.2548
	S	6.2893	6.5412	6.7449	6.9234	7.0856	7.2359	7.3768
	ρ		16.987	15.044	13.618	12.493	11.568	10.788
4000kPa	H		2961.7	3093.3	3214.5	3331.2	3446.0	3560.3
250.4℃	C_p		2.8185	2.4976	2.3665	2.3097	2.2884	2.2865
	S		6.3639	6.5843	6.7714	6.9386	7.0922	7.2355

续表

	t	250	300	350	400	450	500	550
	ρ		22.053	19.242	17.290	15.792	14.581	13.570
5000kPa	H		2925.7	3069.3	3196.7	3317.2	3434.7	3550.9
263.9℃	C_p		3.1722	2.6608	2.4610	2.3717	2.3323	2.3193
	S		6.2110	6.4516	6.6483	6.8210	6.9781	7.1237
	ρ		27.632	23.668	21.088	19.170	17.646	16.388
6000kPa	H		2885.5	3043.9	3178.2	3302.9	3423.1	3541.3
275.6℃	C_p		3.6388	2.8497	2.5647	2.4376	2.3782	2.3531
	S		6.0703	6.3357	6.5432	6.7219	6.8826	7.0307
	ρ		37.394	30.818	27.052	24.395	22.346	20.686
7500kPa	H		2814.4	3002.8	3149.4	3280.9	3405.5	3526.7
290.5℃	C_p		4.7294	3.1938	2.7398	2.5447	2.4509	2.4059
	S		5.8646	6.1806	6.4071	6.5956	6.7623	6.9143

	t	600	650	700	750	800	900	1000
	ρ	7.5500	7.1200	6.7380	6.3970	6.0900	5.5590	5.1150
3000kPa	H	3682.8	3796.9	3912.2	4028.9	4146.9	4387.5	4634.1
233.9℃	C_p	2.2715	2.2934	2.3189	2.3466	2.3758	2.4361	2.4965
	S	7.5103	7.6373	7.7590	7.8758	7.9885	8.2028	8.4045
	ρ	10.115	9.5290	9.0110	8.5500	8.1350	7.4210	6.8250
4000kPa	H	3674.9	3790.1	3906.3	4023.6	4142.3	4383.9	4631.2
250.4℃	C_p	2.2963	2.3133	2.3351	2.3601	2.3871	2.4444	2.5028
	S	7.3705	7.4988	7.6214	7.7390	7.8523	8.0674	8.2697
	ρ	12.706	11.956	11.297	10.712	10.188	9.2860	8.5360
5000kPa	H	3666.8	3783.2	3900.3	4018.4	4137.7	4380.2	4628.3
263.9℃	C_p	2.3216	2.3335	2.3515	2.3737	2.3986	2.4528	2.5091
	S	7.2605	7.3901	7.5136	7.6320	7.7458	7.9618	8.1648
	ρ	15.322	14.402	13.597	12.884	12.248	11.156	10.250
6000kPa	H	3658.7	3776.2	3894.3	4013.2	4133.1	4376.6	4625.4
275.6℃	C_p	2.3476	2.3540	2.3682	2.3874	2.4101	2.4612	2.5155
	S	7.1693	7.3001	7.4246	7.5438	7.6582	7.8751	8.0786
	ρ	19.296	18.107	17.073	16.162	15.352	13.968	12.825
7500kPa	H	3646.5	3765.8	3885.2	4005.2	4126.1	4371.1	4621.1
290.5℃	C_p	2.3877	2.3855	2.3936	2.4083	2.4275	2.4738	2.5251
	S	7.0555	7.1884	7.3144	7.4346	7.5500	7.7682	7.9726

	t	350	400	450	500	550	600	650
	ρ	44.564	37.827	33.578	30.478	28.047	26.057	24.380
10000kPa	H	2924.0	3097.4	3242.3	3375.1	3502.0	3625.8	3748.1
311.0℃	C_p	4.0117	3.0953	2.7473	2.5830	2.4994	2.4576	2.4399
	S	5.9459	6.2141	6.4219	6.5995	6.7585	6.9045	7.0408
	ρ	87.100	63.812	54.121	48.014	43.583	40.127	37.308
15000kPa	H	2693.1	2975.7	3157.9	3310.8	3450.4	3583.1	3712.1
342.2℃	C_p	8.8167	4.1793	3.2670	2.8947	2.7095	2.6098	2.5555
	S	5.4437	5.8819	6.1434	6.3480	6.5230	6.6796	6.8233

续表

		t	700	750	800	850	900	950	1000
		ρ	22.937	21.678	20.564	19.570	18.675	17.865	17.126
10000kPa		H	3870.0	3992.0	4114.5	4237.8	4362.0	4487.3	4613.8
311.0℃		C_p	2.4370	2.4438	2.4571	2.4747	2.4952	2.5175	2.5411
		S	7.1693	7.2916	7.4085	7.5207	7.6290	7.7335	7.8349
		ρ	34.939	32.906	31.132	29.566	28.167	26.908	25.768
15000kPa		H	3839.1	3965.2	4091.1	4217.1	4343.7	4471.0	4599.2
342.2℃		C_p	2.5281	2.5174	2.5178	2.5256	2.5385	2.5548	2.5735
		S	6.9572	7.0836	7.2037	7.3185	7.4288	7.5350	7.6378
		t	400	425	450	500	550	600	650
		ρ	100.50	87.129	78.609	67.598	60.346	54.991	50.775
20000kPa		H	2816.9	2953.0	3061.7	3241.2	3396.1	3539.0	3675.3
365.7℃		C_p	6.3675	4.7633	4.0041	3.2825	2.9532	2.7788	2.6805
		S	5.5525	5.7514	5.9043	6.1446	6.3389	6.5075	6.6593
		t	700	750	800	850	900	950	1000
		ρ	47.318	44.403	41.895	39.701	37.759	36.024	34.459
20000kPa		H	3807.8	3938.1	4067.5	4196.4	4325.4	4454.7	4584.7
365.7℃		C_p	2.6245	2.5943	2.5806	2.5778	2.5826	2.5926	2.6062
		S	6.7990	6.9297	7.0531	7.1705	7.2829	7.3909	7.4950

注：1. 单位为 t,℃；ρ，$kg \cdot m^{-3}$；H，$kJ \cdot kg^{-1}$；C_p 及 S，$kJ \cdot kg^{-1} \cdot K^{-1}$。2. 压力下所注温度为饱和温度。

4. 超临界蒸汽性质

	t	400	425	450	500	550	600	650
	ρ	127.19	105.14	92.895	78.314	69.244	62.743	57.720
22500kPa	H	2713.1	2883.4	3008.2	3204.3	3368.0	3516.4	3656.5
	C_p	8.5750	5.6282	4.4903	3.5103	3.0887	2.8699	2.7464
	S	5.3655	5.6142	5.7899	6.0524	6.2578	6.4329	6.5890
	ρ	166.54	126.81	108.98	89.744	78.517	70.720	64.810
25000kPa	H	2578.6	2805.0	2950.6	3165.9	3339.2	3493.5	3637.7
	C_p	13.031	6.8145	5.0832	3.7639	3.2338	2.9653	2.8145
	S	5.1400	5.4707	5.6759	5.9642	6.1816	6.3637	6.5242
	ρ	357.43	188.73	148.43	115.07	98.277	87.377	79.431
30000kPa	H	2152.8	2611.8	2821.0	3084.7	3279.7	3446.7	3599.4
	C_p	25.534	10.892	6.6996	4.3560	3.5532	3.1688	2.9570
	S	4.4757	5.1473	5.4421	5.7956	6.0402	6.2373	6.4074
	ρ	474.97	291.21	201.73	144.25	119.79	105.01	94.649
35000kPa	H	1988.6	2373.4	2671.0	2997.9	3218.0	3398.9	3560.7
	C_p	11.675	15.627	8.9775	5.0663	3.9101	3.3879	3.1071
	S	4.2143	4.7751	5.1945	5.6331	5.9092	6.1228	6.3030
	ρ	523.34	394.09	270.89	177.84	143.17	123.62	110.46
40000kPa	H	1931.4	2199.0	2511.8	2906.5	3154.4	3350.4	3521.6
	C_p	8.7328	12.941	10.957	5.8701	4.2985	3.6199	3.2631
	S	4.1145	4.5044	4.9448	5.4744	5.7857	6.0170	6.2078
	ρ	577.79	497.70	402.04	257.07	195.41	163.72	143.74
50000kPa	H	1874.4	2060.7	2284.7	2722.6	3025.3	3252.5	3443.4
	C_p	6.7899	8.1964	9.5730	7.2889	5.1048	4.1028	3.5845
	S	4.0029	4.2746	4.5896	5.1762	5.5563	5.8245	6.0373

续表

	t	700	750	800	850	900	950	1000
22500kPa	ρ	53.653	50.254	47.348	44.820	42.592	40.607	38.822
	H	3791.9	3924.5	4055.6	4186.0	4316.2	4446.6	4577.4
	C_p	2.6747	2.6339	2.6126	2.6044	2.6050	2.6117	2.6227
	S	6.7318	6.8647	6.9898	7.1085	7.2220	7.3308	7.4356
25000kPa	ρ	60.084	56.171	52.848	49.973	47.449	45.207	43.196
	H	3776.0	3910.9	4043.8	4175.6	4307.1	4438.5	4570.2
	C_p	2.7260	2.6741	2.6451	2.6311	2.6274	2.6308	2.6392
	S	6.6702	6.8054	6.9322	7.0523	7.1668	7.2765	7.3820
30000kPa	ρ	73.242	68.208	63.990	60.377	57.230	54.453	51.976
	H	3743.9	3883.4	4020.0	4154.9	4288.8	4422.3	4555.8
	C_p	2.8322	2.7565	2.7111	2.6853	2.6727	2.6693	2.6722
	S	6.5598	6.6997	6.8300	6.9529	7.0695	7.1810	7.2880
35000kPa	ρ	86.786	80.505	75.310	70.904	67.097	63.757	60.792
	H	3711.6	3855.9	3996.3	4134.2	4270.6	4406.2	4541.5
	C_p	2.9421	2.8410	2.7783	2.7402	2.7184	2.7079	2.7054
	S	6.4622	6.6069	6.7409	6.8665	6.9853	7.0985	7.2069
40000kPa	ρ	100.71	93.052	86.799	81.546	77.040	73.111	69.640
	H	3679.1	3828.4	3972.6	4113.6	4252.5	4390.2	4527.3
	C_p	3.0551	2.9271	2.8463	2.7954	2.7642	2.7466	2.7385
	S	6.3740	6.5236	6.6612	6.7896	6.9106	7.0256	7.1355
50000kPa	ρ	129.59	118.82	110.22	103.13	97.121	91.941	87.405
	H	3614.6	3773.9	3925.8	4072.9	4216.8	4358.7	4499.4
	C_p	3.2857	3.1013	2.9831	2.9059	2.8556	2.8235	2.8041
	S	6.2178	6.3775	6.5225	6.6565	6.7819	6.9004	7.0131

	t	400	425	450	500	550	600	650
60000kPa	ρ	612.42	550.68	479.51	338.73	252.83	206.91	178.87
	H	1843.2	2001.8	2180.2	2570.3	2901.9	3156.8	3366.7
	C_p	6.0022	6.7255	7.5265	7.5206	5.7539	4.5607	3.8996
	S	3.9317	4.1630	4.4140	4.9356	5.3517	5.6527	5.8867
80000kPa	ρ	659.49	613.68	563.74	457.04	362.30	295.53	251.56
	H	1808.8	1944.2	2087.8	2397.4	2709.9	2988.1	3225.5
	C_p	5.2661	5.5730	5.9168	6.3665	5.9852	5.1317	4.4073
	S	3.8340	4.0314	4.2335	4.6473	5.0391	5.3674	5.6321
100000kPa	ρ	692.93	654.70	614.16	528.28	444.55	374.21	321.02
	H	1791.1	1915.7	2044.7	2316.2	2595.9	2865.1	3110.5
	C_p	4.8942	5.0696	5.2577	5.5688	5.5516	5.1682	4.6447
	S	3.7639	3.9455	4.1271	4.4900	4.8405	5.1581	5.4315

	t	700	750	800	850	900	950	1000
60000kPa	ρ	159.62	145.32	134.12	125.01	117.39	110.87	105.22
	H	3551.3	3720.5	3880.0	4033.1	4182.0	4328.1	4472.2
	C_p	3.5133	3.2735	3.1181	3.0148	2.9454	2.8989	2.8685
	S	6.0814	6.2510	6.4033	6.5428	6.6725	6.7944	6.9099
80000kPa	ρ	221.41	199.44	182.60	169.15	158.08	148.75	140.74
	H	3432.7	3619.7	3793.3	3957.7	4115.9	4269.8	4420.5
	C_p	3.9138	3.5878	3.3690	3.2192	3.1150	3.0420	2.9907
	S	5.8507	6.0382	6.2038	6.3537	6.4915	6.6199	6.7407
100000kPa	ρ	282.04	253.00	230.64	212.86	198.32	186.14	175.75
	H	3330.7	3530.5	3715.3	3889.3	4055.6	4216.3	4373.0
	C_p	4.1810	3.8298	3.5764	3.3949	3.2643	3.1698	3.1013
	S	5.6639	5.8642	6.0406	6.1991	6.3440	6.4782	6.6038

注：单位为 t,℃；ρ，$kg \cdot m^{-3}$；H，$kJ \cdot kg^{-1}$；C_p 及 S，$kJ \cdot kg^{-1} \cdot K^{-1}$。

附录九 空气的 *T-S* 图

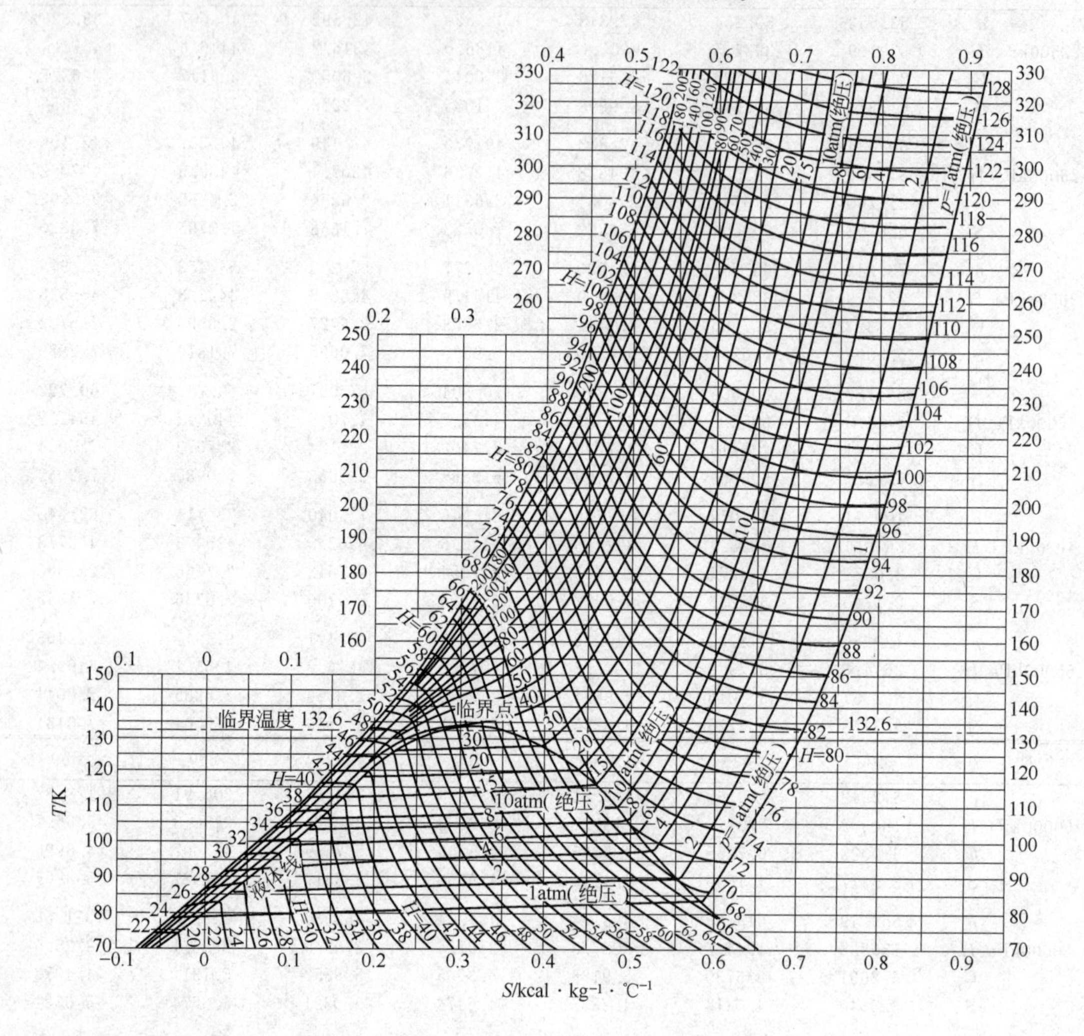
临界温度 132.6
临界点
液体线
10atm(绝压)
1atm(绝压)
p=1atm(绝压)
H=120
H=100
H=80
H=60
H=40
H=30
T/K
S/kcal · kg⁻¹ · ℃⁻¹

附录十 氨的 *t*-*S* 图

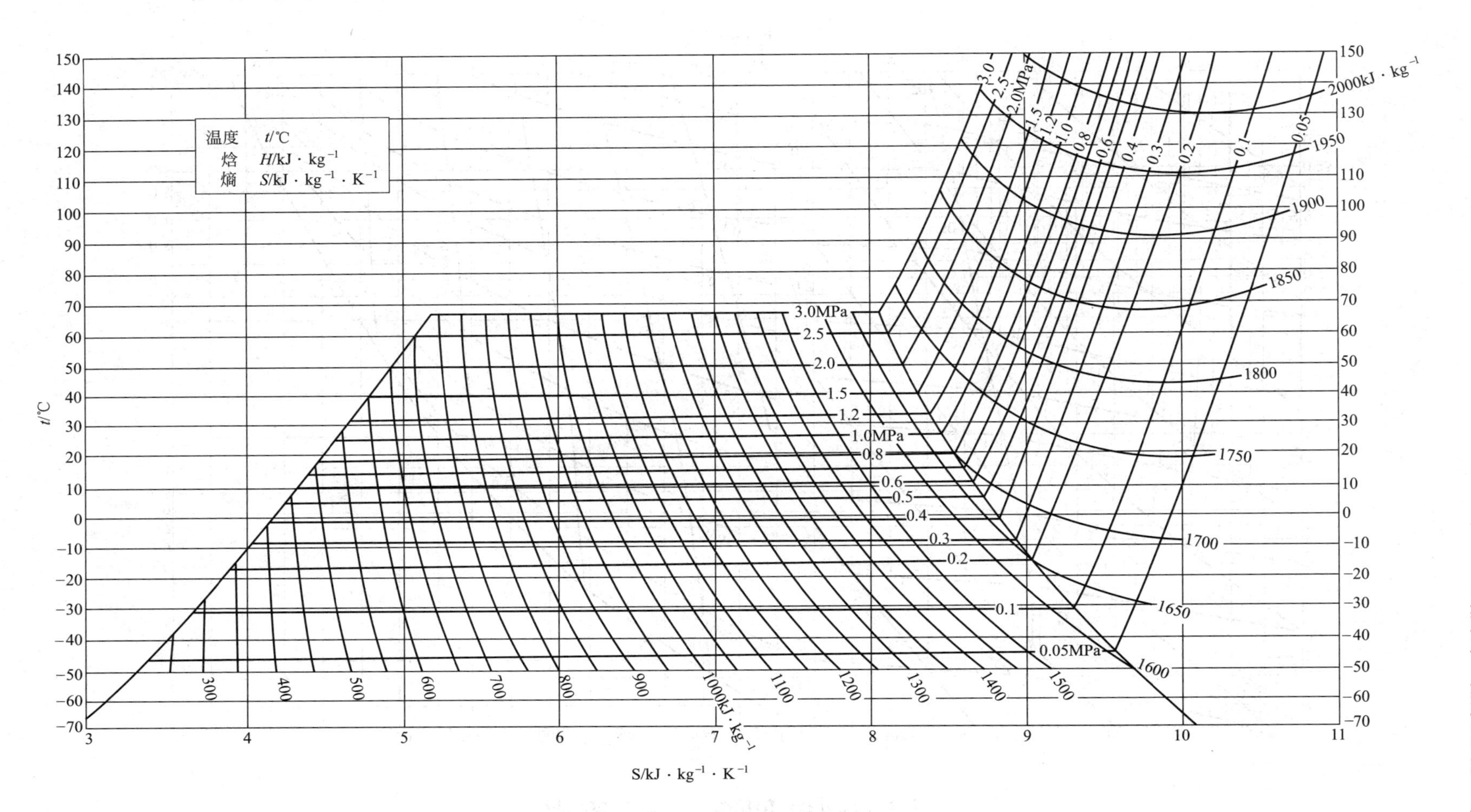
温度 t/℃
焓 H/kJ · kg⁻¹
熵 S/kJ · kg⁻¹ · K⁻¹
t/℃
S/kJ · kg⁻¹ · K⁻¹
2000kJ · kg⁻¹
1950
1900
1850
1800
1750
1700
1650
1600
1500
1400
1300
1200
1100
1000kJ · kg⁻¹
900
800
700
600
500
400
300
3.0MPa
2.5
2.0
1.5
1.2
1.0MPa
0.8
0.6
0.5
0.4
0.3
0.2
0.1
0.05MPa

附录十一　氨的 ln*p*-*H* 图

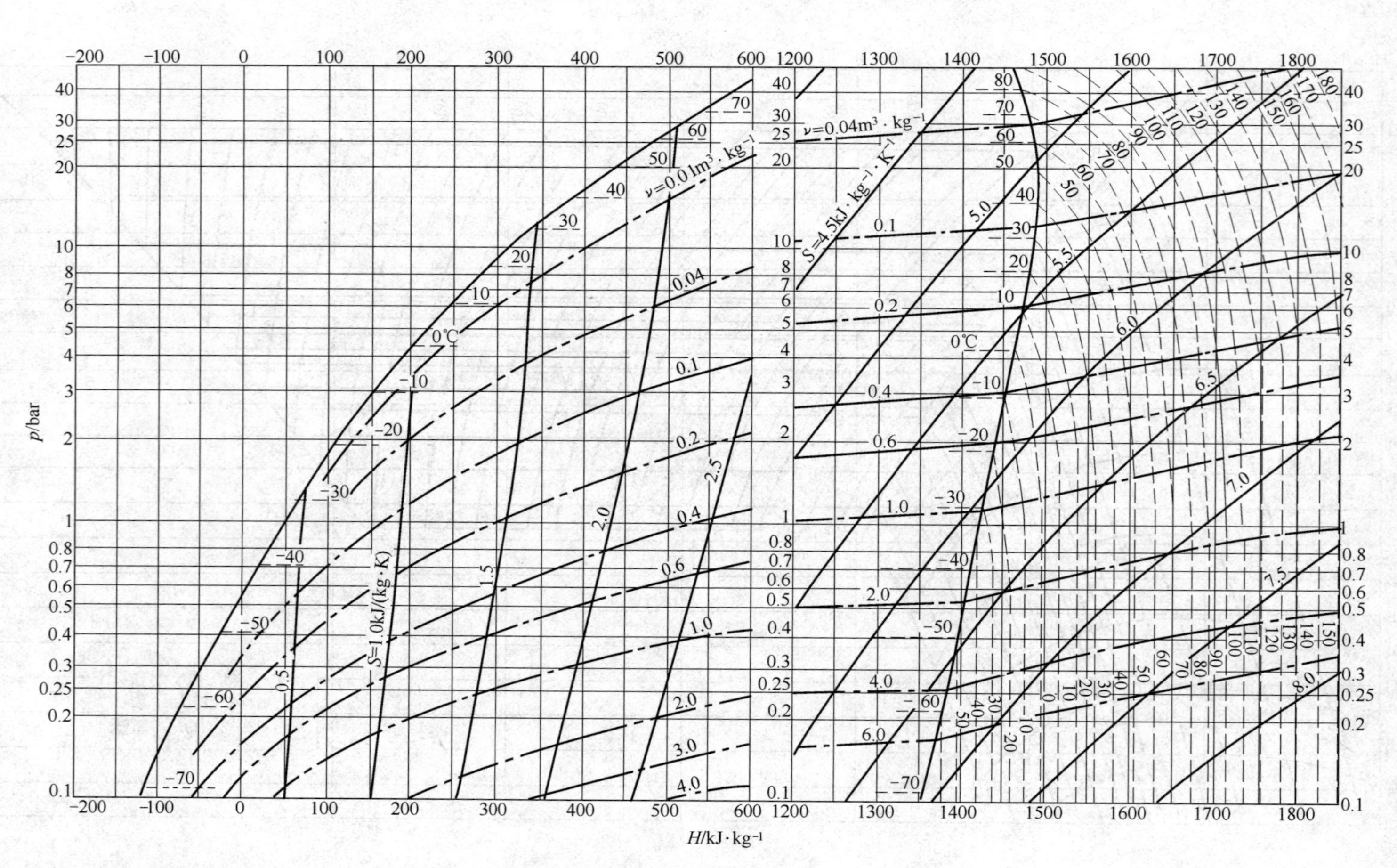

注：bar，巴，1bar=10^5Pa。

附录十二 R12(CCl_2F_2)的 ln*p*-*H* 图

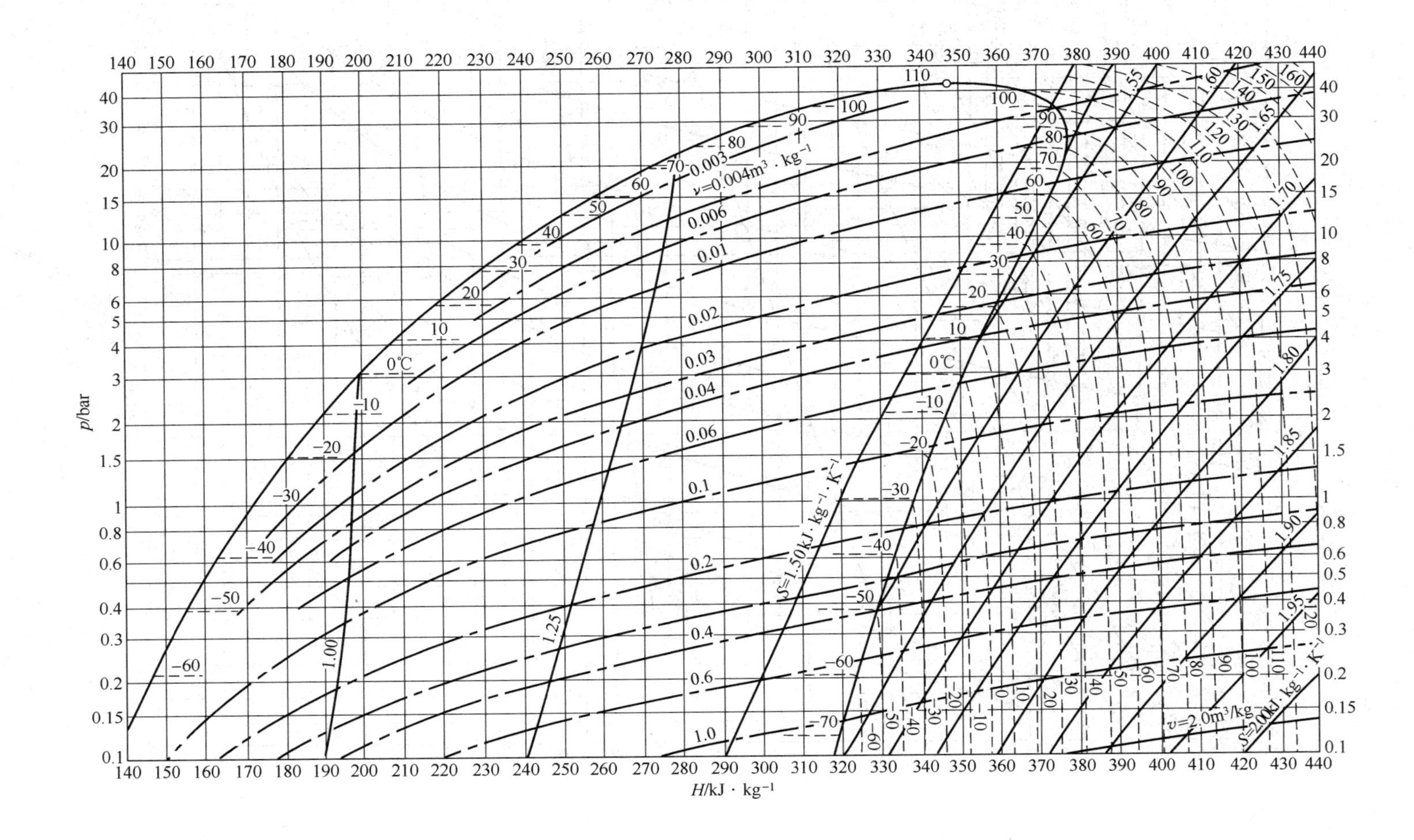

附录十三 R22($CHClF_2$) 的 ln$p$-H 图

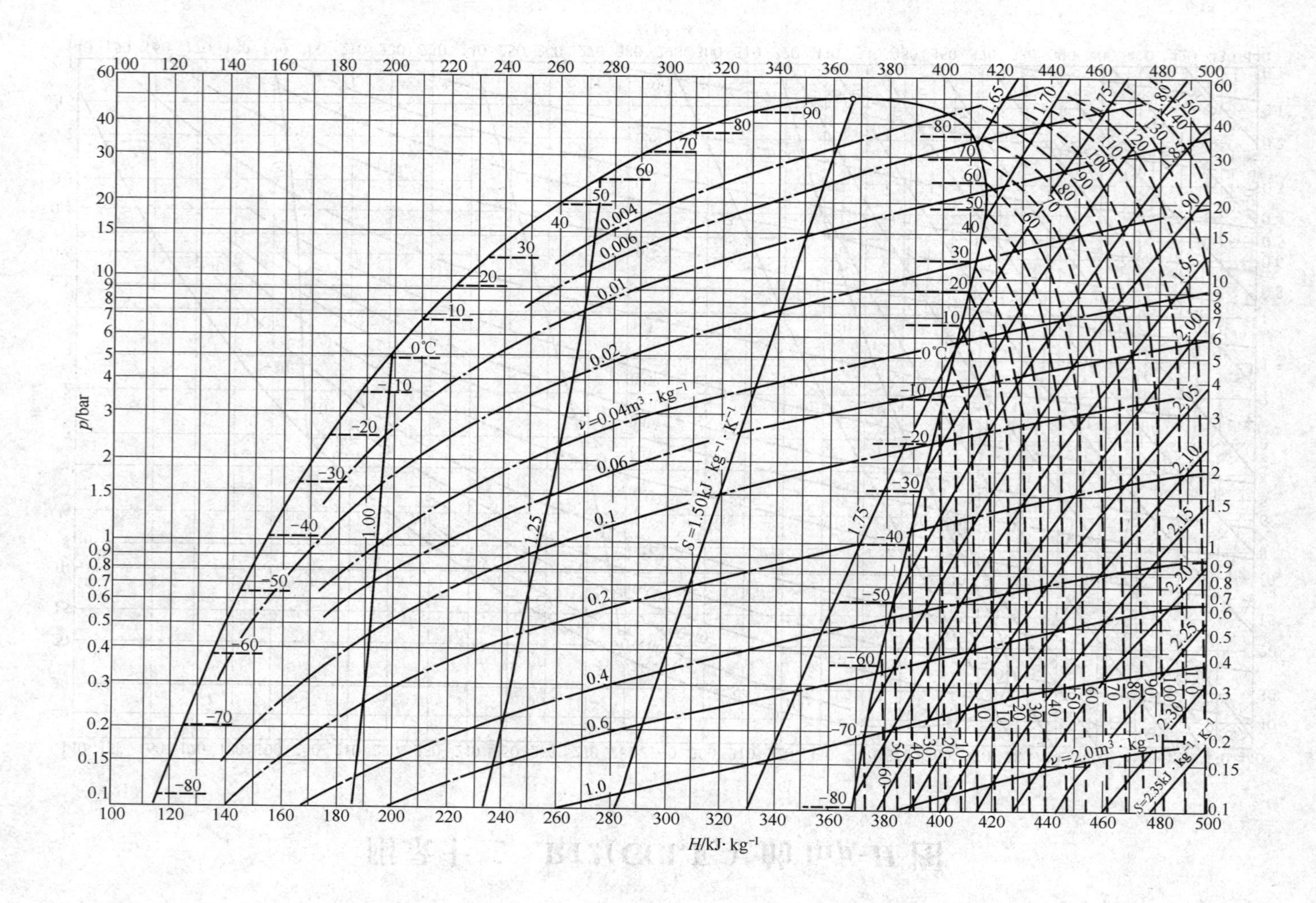

主要符号表

A	Helmholtz(亥姆霍兹）自由能
A	截面积
a	立方型状态方程参数
a_i	纯组元 i 的活度
$\hat{a}_i$	混合物中组元 i 的活度
B	第二维里（virial）系数
B_{ij}	交叉第二维里（virial）系数
b	立方型状态方程参数
C	第三维里（virial）系数
C_p	等压热容
C_V	等容热容
E	增强因子
E	能量
E_k	动能
E_l	有效能损失
E_p	势能
E_x	有效能
e	汽化分率
F	自由度
f	混合物的逸度
f_i	纯组元 i 的逸度
$\hat{f}_i$	混合物中组元 i 的逸度
G	Gibbs（吉布斯）自由能
g	重力加速度
H	焓
K	反应平衡常数
K_i	组元 i 的汽液平衡比
K_{ow}	辛醇/水分配系数
k	绝热压缩指数
k_i	组元 i 的 Henry（亨利）常数
l	液化分率
M	相对分子质量
M	摩尔广度热力学性质
$\overline{M}_i$	i 组元的偏摩尔性质
m	质量
m	高分子链节数
N	组元数
N_T	理论功率
n	物质的量
p	压力
p_i	组元 i 的分压
Q	热量
Q_0	制冷能力
q_0	单位制冷能力
R	通用气体常数
S	熵
S_g	熵产生
T	热力学温度
t	温度
U	内能，热力学能
u	速度
V	体积
W	功
W_{ac}	实际功
W_f	流动功
W_{id}	理想功
W_L	损失功
W_S	轴功
W_N	循环功
x	干度
x	气体的液化量
x_i	液相中组元 i 的摩尔分数
y_i	汽（气）相中组元 i 的摩尔分数
Z	压缩因子
Z	配位数
z	基准面以上的高度
z	总组成
γ_i	组元 i 的活度系数
Δ	差值符号；混合过程热力学性质的变化
δ	溶解度参数
ε	反应进度
ε	能量参数
ε	制冷系数
η	效率
η_t	热力学效率
μ	化学势
μ	偶极距
μ_J	节流效应
μ_r	对比偶极距
μ_S	等熵膨胀效应
ξ	热力学系数
π	渗透压
Π	相数
ρ	密度或相对密度
Φ_i	组元 i 的体积分数

ϕ	混合物的逸度系数
ϕ_i	纯组元 i 的逸度系数
$\hat{\phi}_i$	混合物中组元 i 的逸度系数
Ω	热力学概率
ω	偏心因子

上标

az	恒沸
ig	理想气体状态
$\ominus$	标准态
∞	无限稀释
E	超额性质
g	气相
id	理想溶液
l	液相
R	剩余性质
s	饱和状态
v	汽相

下标

b	沸点下
c	临界性质
f	生成
g	气体
l	液体
r	对比性质
rev	可逆
v	蒸发过程

参 考 文 献

[1] 陈钟秀，顾飞燕等. 化工热力学. 第2版. 北京：化学工业出版社，2001.
[2] 陈新志，蔡振云等. 化工热力学. 第3版. 北京：化学工业出版社，2009.
[3] 高光华，童景山. 化工热力学. 第2版. 北京：清华大学出版社，2007.
[4] 郑丹星. 流体与过程热力学. 北京：化学工业出版社，2005.
[5] 冯新，宣爱国等. 化工热力学. 北京：化学工业出版社，2009.
[6] 董新法. 化工热力学. 北京：化学工业出版社，2009.
[7] 施云海. 化工热力学. 上海：华东理工大学出版社，2007.
[8] 陈光进等. 化工热力学. 北京：石油工业出版社，2006.
[9] 张乃文，陈嘉宾等. 化工热力学. 大连：大连理工大学出版社，2006.
[10] Smith J M，van Ness H C，et al. 化工热力学导论. 刘洪来，陆小华等译. 北京：化学工业出版社，2008.
[11] Klotz I M，Rosenberg R M. Chemical Thermodynamics，Basic Concepts and Methods. 7th ed. Wiley，2008.
[12] Sandler S I. Cbemical and Engineering Thermodynamics. 3rd ed. New York：Wiley，1999.
[13] Prausnitz J M，Lichtenthaler R N，et al. 流体相平衡的分子热力学. 陆小华，刘洪来译. 北京：化学工业出版社，2006.
[14] Poling B E，Prausnitz J M，et al. 气液物性估算手册. 赵红玲，王凤坤等译. 北京：化学工业出版社，2006.
[15] 马沛生. 化工数据教程. 天津：天津大学出版社，2008.
[16] 马沛生. 有机化合物实验物性数据手册：含碳、氢、氧、卤部分. 北京：化学工业出版社，2006.
[17] Schwarzenbach R P，Gschwend P M，et al. 环境有机化学. 王连生等译. 北京：化学工业出版社，2004.